北京科技年鉴

BEIJING ALMANAC OF SCIENCE AND TECHNOLOGY

2017

北京市科学技术委员会 组编

北京科学技术出版社

图书在版编目(CIP)数据

北京科技年鉴 2017/北京市科学技术委员会组编. —北京：北京科学技术出版社，2018.6
ISBN 978-7-5304-9614-5

Ⅰ.①北… Ⅱ.①北… Ⅲ.①科学研究事业-北京-2017-年鉴 Ⅳ.①G322.71-54

中国版本图书馆 CIP 数据核字(2018)第 068220 号

北京科技年鉴 2017

作　　者：北京市科学技术委员会
责任编辑：周　珊
责任印制：李　茗
封面设计：樊润琴
出 版 人：曾庆宇
出版发行：北京科学技术出版社
社　　址：北京西直门南大街 16 号
邮政编码：100035
电话传真：0086-10-66135495（总编室）
0086-10-66113227（发行部）
0086-10-66161952（发行部传真）
电子信箱：bjkj@bjkjpress.com
网　　址：www.bkydw.cn
经　　销：新华书店
印　　刷：三河市国新印装有限公司
开　　本：889mm×1094mm　1/16
字　　数：887 千字
印　　张：28
插　　页：16
版　　次：2018 年 6 月第 1 版
印　　次：2018 年 6 月第 1 次印刷
ISBN 978-7-5304-9614-5/G·2746

定　价：158.00 元

《北京科技年鉴》指导委员会

《北京科技年鉴》编委会

《北京科技年鉴》编辑部

编辑说明

一、《北京科技年鉴》是一部反映北京地区科技事业发展变化的综合性资料工具书和史料文献。在北京市科学技术委员会、北京市教育委员会、北京市质量技术监督局、北京市知识产权局、北京市科学技术协会共同参与下，由北京市科学技术委员会主持编纂。

二、本年鉴以习近平新时代中国特色社会主义思想为指导，遵循实事求是的原则，科学、客观地反映实际情况。

三、本年鉴采用文章和条目两种体裁，以条目体为主，用规范的语体、记述体，直陈其事，文字力求言简意赅。

四、本年鉴从1987年开始，逐年编纂。至2003年出版时均是标注当年年度，自2004年起循通行做法改为标注出版时间，即当年出版的年鉴，记述上一年度北京地区科技系统所发生的重大事件和新的情况，为领导决策提供可资参考的依据，为社会各界了解、研究北京地区科技事业提供权威的信息，为开展科技交流、对外宣传提供基础资料。

五、本年鉴以记述北京市属科技系统各单位的情况为主，对境域内国家部门所属单位情况也适当记述，使主体突出而又概括全貌。

六、本年鉴所载为北京地区科技事业的基本情况，采用分类编纂法。根据年鉴的文字内容，设有特载、大事记、科技管理与服务、研究与开发、高新技术及其产业、知识产权、质量技术监督、高校科技、合作与交流、科学技术普及、各区科技、政策法规选、统计资料、附录等14个基本栏目。

七、本年鉴在附录中收有北京市科学技术委员会、北京市教育委员会、北京市质量技术监督局、北京市知识产权局、北京市科学技术协会等科技管理机构的名录。

八、选入本年鉴的文章和条目，均由北京市科学技术委员会、北京市教育委员会、北京市质量技术监督局、北京市知识产权局、北京市科学技术协会确定的专人负责撰写或提供，并经主要负责人审核。统计资料由北京市科技统计部门提供。

九、本年鉴反映2016年1月1日至12月31日期间北京地区科技事业发展变化情况，凡2016年事情，均直书月、日，不再写年份。

一、图片新闻

1月18日，“电动社区”行动计划暨北京市充电设施公共服务管理平台（e充网）媒体发布会在市科委举行

2月19日，市委、市政府在北京会议中心召开北京市科学技术奖励大会暨2016年北京市科技工作会议。大会表彰了获得2015年北京市科学技术奖的188项成果，部署了2016年科技工作

5月7日，北京市科委和中国农业大学在河北涿州共同举办北京农科城涿州农业科技成果创新示范园建设暨京津冀现代农业协同创新研究院发起研讨会

5月14—21日，2016年全国科技活动周暨北京科技周主场活动在北京民族文化宫举行。科技周以“创新引领 共享发展”为主题，主场活动通过大型科普博览的形式，向大家呈现了科技创新推动共享经济发展的主要成就，展现了北京建设全国科技创新中心的成果

5月18日，新一轮共建中国科学院研发实验服务基地签约仪式暨基地工作部署会召开，市科委、中科院北京分院签署新一轮共建首都科技条件平台中科院研发实验服务基地合作协议

5月20日，第四届国产检测仪器设备验证与综合评价技术服务推介会召开

5月22日，北京市科委与贵阳市政府共同主办的2016京筑创新驱动区域合作年会在贵阳举行。双方签署了共建大数据战略重点实验室协议，将围绕大数据理论创新研究、大数据政府治理研究和大数据发展与经济社会深度融合战略研究等方面开展深度合作

5月27日，首都创新大联盟2016年度工作推进会在市科委召开。会议发布了《北京地区产业联盟调研报告》和《产业联盟组建与发展指南》，启动北京市新技术新产品（服务）首发平台首都创新大联盟分平台

6月6日，第二届联合国教科文组织创意城市北京峰会在北京召开。联合国教科文组织总干事伊琳娜·博科娃为联合国教科文组织国际创意与可持续发展中心（ICCSD）授牌

6月7日，由市科委和市农科院共同主办，北京派得伟业科技发展有限公司承办的首都科技条件平台北京市农林科学院研发实验服务基地新一轮签约及工作部署会在北京召开

6月15日，市科委正式启动《北京市智能网联驾驶技术创新工程（2016年—2025年）》，同时宣布成立北京市智能网联驾驶技术咨询专家委员会

6月21日，30辆校园微循环纯电动车在清华大学正式投运。该工程重点针对“最后一公里”出行接驳，具有路程短、站点少、速度快、客流相对集中等特点，是对主干公共交通的有效补充

7月2日，由市科委指导，北京众创空间联盟、首都创新大联盟主办，第三代半导体产业技术创新战略联盟、国家半导体照明工程研发及产业联盟承办的专业化众创空间高峰论坛暨首届国际第三代半导体创新大赛启动仪式在北京召开

7月4日，市科委召开北京市石墨烯科技创新专项专家委员会成立大会，宣布正式启动《北京市石墨烯科技创新专项（2016年—2025年）》，同时成立北京市石墨烯科技创新专项专家委员会

7月8日，市政府新闻办公室和市科委共同举办的《北京技术创新行动计划（2014—2017年）》之生物医药产业跨越发展专项系列成果发布会在市政府新闻发布厅举行

7月22日，北京市科委与石家庄市政府共同举办首都科技条件平台石家庄合作站、北京技术市场石家庄服务平台授牌活动。北京市科委主任闫傲霜、党组书记呼文亮参加活动

8月1日，市科委、市财政局、市国税局、市地税局共同召开2016年北京市高新技术企业认定工作推进会

8月19日，第三期北京市科技新星路演推介会在北京举行

8月30日至9月1日，京津冀技术转移人才实训基地授牌启动仪式暨2016年技术转移高级人才实训班在北京举行。科技部火炬中心副主任段俊虎、市科委委员刘晖及天津、河北两地科技部门的相关负责人出席活动

9月6日，市委、市政府在北京会议中心召开北京市科技创新大会。会议深入学习贯彻全国科技创新大会精神，系统部署加强全国科技创新中心建设

9月23日，市政府新闻办公室、市科委共同举办《北京市“十三五”时期加强全国科技创新中心建设规划》新闻发布会。会上，市科委主任闫傲霜介绍了《规划》的编制背景和主要内容，并回答记者提问

10月13日，以“选择·行动——未来从现在开始”为主题的第四届节能与新能源汽车成果展在北京国家会议中心开幕。北京馆作为城市展馆，展示了4部分内容：北京市新能源汽车的发展情况、新能源汽车示范成果、新能源汽车基础设施建设成果以及新能源汽车关键零部件成果

10月27日，由北京市科委、中意技术转移中心、意大利科学城、那不勒斯大学、博洛尼亚大学、贝尔加莫大学共同承办的第七届中意创新合作周在意大利开幕。本届合作周以“中意携手 创新共赢”为主题，在那不勒斯设主会场，博洛尼亚、贝尔加莫两个城市设分会场

10月27—30日，第十一届中国北京国际文化创意产业博览会在北京国际展览中心举行。其中，设计创意展区由市科委主办，北京工业设计促进中心承办。该展区以“好设计 触手可得”为主题，搭建了一个设计创意产品与项目交易的合作平台

11月3日，由北京市科委、香港贸易发展局主办的第二十届北京·香港经济合作研讨洽谈会市科委专题活动在北京饭店举行。活动以“共建全国科技创新中心——科技创新驱动京港可持续发展”为主题

11月8日，市科委与通州区政府在通州区共同举办“科技资源通州行——北京城市副中心创新创业对接会”系列活动。启动仪式上，市科委与通州区政府签署了推进北京城市副中心科技创新合作协议

11月15日，由科技部和北京市政府共同主办，北京市科委承办的2016中国（北京）跨国技术转移大会暨第三代半导体国际会议在北京国际会议中心开幕

12月12日，2016中国设计红星奖颁奖典礼在北京举行。颁奖典礼以“中国精工——好设计·新供给”为主题，举办了颁奖、论坛、展览等多项活动

12月14日，由市委改革办、市委宣传部组织的“一把手话改革”系列媒体采访活动在市科委举行。市科委主任闫傲霜向媒体介绍在“尊重科技创新规律，切实增加科研人员的获得感”方面的工作成果

12月17日，北京生命科学与健康协同创新联合体正式成立，揭牌仪式在国家蛋白质科学中心（北京）举行，市科委主任闫傲霜，昌平区委常委、副区长苏贵光等出席揭牌仪式

二、成果新闻

2016年北京市科学技术奖一等奖：系列规格撬装式天然气液化装置技术开发及应用。图为撬装式天然气液化装置实物

2016年北京市科学技术奖一等奖：22纳米集成电路核心工艺技术及应用。图为工艺研发线设备安装调试

2016年北京市科学技术奖一等奖：哺乳动物细胞大规模灌流培养技术开发及抗体产业化应用。图为3000L发酵罐

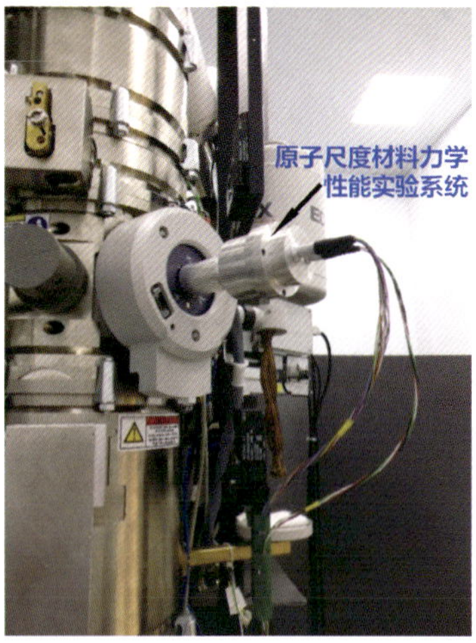

2016年北京市科学技术奖一等奖：材料弹塑性行为的微观机制研究。图为原子尺度材料力学性能实验系统

2016年北京市科学技术奖一等奖：纯电客车直驱600−2500Nm电机系统产品关键技术研发与产业化。图为600Nm电机

2016年北京市科学技术奖一等奖：高效节能环保双套管粉体输送技术的研究与应用。图为双套管输送系统受料点

2016年北京市科学技术奖一等奖：互联网多模态内容分析与识别关键技术及应用。图为互联网多模态内容分析与监管系统

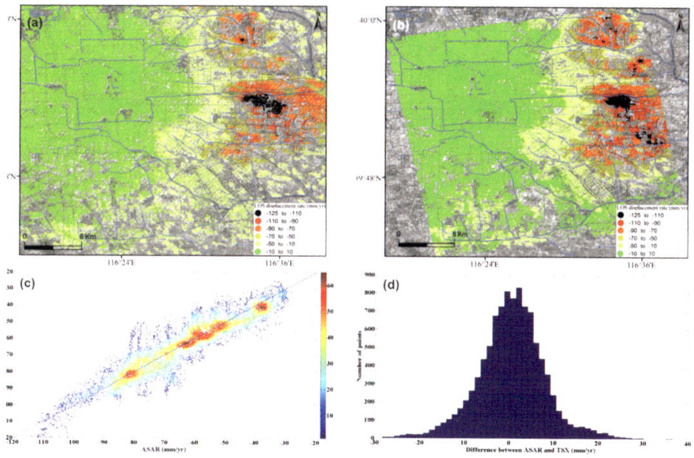

2016年北京市科学技术奖一等奖：京津冀地面沉降多元场耦合模型与调控机制研究。图为北京地面沉降InSAR监测结果

2016年北京市科学技术奖一等奖：纳米材料绿色打印印刷基础研究。图为绿色制版中心局部

2016年北京市科学技术奖一等奖：气体钻井中气体介质高效利用与回收新技术与新装备。图为第三代装备作业施工

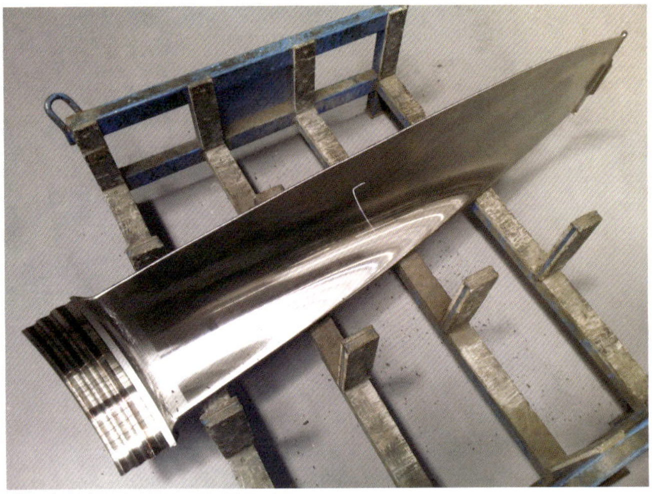

2016年北京市科学技术奖一等奖：叶片复杂型面精加工六坐标联动数控砂带磨关键技术研究与应用。图为100万等级核电末级叶片磨削效果

2016年北京市科学技术奖一等奖：中国HIV感染者免疫特征研究。图为研究团队合影

2016年北京市科学技术奖一等奖：中国盲文智能处理关键技术与应用。图为盲文系统录入

目　　录

CONTENTS

特　载

北京市科学技术委员会全国科技创新中心建设情况及2017年重点工作

北京市科学技术委员会

一、北京全国科技创新中心建设情况

自2014年习近平总书记明确提出北京"四个中心"战略定位的三年来，全市科技系统以总书记系列重要讲话精神为根本遵循，深入贯彻党中央、国务院决策部署，牢固树立"五大发展理念"，在市委、市政府坚强领导下，在市人大、市政协有效监督下，在科技部、国家发改委、教育部、工信部、国务院国资委、中科院等中央单位的大力指导支持下，全市各部门、各区、各单位和广大科技工作者深入学习，深化认识，转变观念，推动北京全国科技创新中心建设不断取得新进展。

（一）北京全国科技创新中心建设取得的新进展

从"设计图"到"施工图"，顶层设计系统有力。国务院批准印发《北京加强全国科技创新中心建设总体方案》《京津冀系统推进全面创新改革试验方案》，本市出台试验方案和"十三五"规划，勾画了远期、中期、近期"设计图"。按照量化、细化、具体化、项目化原则，制定实施了到2020年的重点任务方案，提出了完整的任务清单、项目清单和指标体系，形成一张全面系统、清晰明确的"施工图"。

加强央地协同，建立组织架构。不断深化与国家有关部门，在京中央科研机构、高校、企业和部队的合作机制。在科技创新中心建设领导小组框架下，完成了北京推进科技创新中心建设办公室组建，形成了包括"一处七办"在内的组织"架构图"。

深化先行先试，改革取得新突破。京津冀全面创新改革试验18项任务已落地7项，10余项中关村先行先试政策已推向全国。本市出台的28条财政科研项目和经费管理改革新政，以及"京校十条""京科九条"等一系列改革措施，为国家全面深化改革做出前期探索。

坚持创新引领，驱动经济转型发展。2016年全社会R&D经费支出达到1479.8亿元，位列全国第一，比2013年增长24.9%；研发投入强度5.94%，达到发达国家水平。万人发明专利拥有量达到76.8件。金融、信息、科技服务对经济增长的贡献率超过一半，技术合同成交额比2013年增长38.2%；科技对经济增长的贡献率超过60%。人才、技术、资本成为驱动经济社会转型发展的"新三驾马车"。

完善生态环境，激发创新创业活力。全市新经济增加值占地区生产总值比重达到32.7%。国家高新技术企业近1.6万家；年新增科技型企业8万家，累计达到43.2万家。"双创"指数全国第一，"首科指数"比2013年增加5.88点。

（二）加快全国科技创新中心建设所做的主要工作

一是央地协同提升自主创新能力。全面承接极大规模集成电路制造装备及成套工艺、新一代宽带无线移动通信网等11个国家科技重大专项，以及子午工程、凤凰工程等6个重大科技基础设施，培养吸引了王晓东、施一公等一批领军人才，在基础研究领域产生了一批重大成果。我国达到国际领先水平的219项技术中，北京占比55.7%。北京地区获得国家科学技术奖项目占全国的31.5%。中关村示范区企业累计发布国际标准229项，比2013年增长40%。

二是打造京津冀协同创新共同体。编制实施京津冀协同创新共同体工作方案和行动计划。支持曹妃甸示范区、天津滨海－中关村科技园、保定·中关村创新中心、北京·沧州渤海新区生物医药产业园等"4＋N"功能承接平台建设，中关村科技型企业在津冀设立分支机构近6000家。技术辐射带动作用明显，三年来向津冀输出技术合同成交额实现翻番，年均增长29.5%。

三是持续探索制度创新。外籍人才出入境管理政策中10项为全国首创试行，通过新政为336人办理"绿卡"，实现突破性增长。工商登记改革、投贷联动试点启动实施，中关村银行获批筹建，中关村硅谷创新中心、中关村并购资本中心成立。全市125家机构入选国家级众创空间，活跃在中关村的天使投资人占全国的80%。以政策与制度为先导的创新创业生态已成为全国典范。

加快促进科技成果转移转化。持续支持北京生命科学研究所、北京国家蛋白质组科学中心建设发展，推动成立北京协同创新研究院、北京石墨烯研究院等一批新型研发机构。增设北京市自然科学基金青年科学基金，创新基础研究领域PPP投入模式。首都科技条件平台已累计促进800余个国家级、市级科技创新平台价值227亿元科研仪器设备对外开放共享。全市技术合同成交额的72%向其他省区市辐射和出口。

四是引领支撑经济社会转型发展。为推进供给侧结构性改革，加快构建"高精尖"经济结构，制定实施技术创新行动计划和《中国制造2025》北京行动纲要，以重大专项为抓手，以技术创新引领产业转型升级、高端发展，支撑服务民生需求。三年来高技术产业、科技服务业增加值年均增速分别达到9.1%和12.9%。

大力发展高端产业。产生了高温铁基超导、55nm全系统多核高精度卫星导航定位芯片等一批具有国际影响力的重大创新成果。建设12英寸集成电路生产线，北京成为国内规模最大、技术最先进的集成电路创新基地。高性能大型钛合金构件激光增材制造技术首先实现了在航空发动机、汽轮机等装备上的应用。推动机器人整机在汽车制造、物流搬运、医疗健康、文化教育等领域广泛应用。生物医药成为新的千亿元级产业，销售利润率连续13年居全国首位。大力培育新能源汽车产业，首个国家制造业创新中心——国家动力电池创新中心落户北京；累计推广纯电动汽车10.9万辆，规模全国第一。与科技部共建北京国家现代农业科技城，搭建了5个国家农业科技支撑服务平台，本市农业科技进步率达到71%。

深入实施首都蓝天行动、清洁空气行动计划等科技惠民专项，开展垃圾处理、生态功能提升等领域的技术开发和示范应用，支撑区域污染物浓度下降和本市生活垃圾无害化处理率达到99.8%。利用物联网技术加强对燃气、热力、电力、给排水等"城市生命线"信息的实时监测。率先建成全国规模最大的重大疾病临床数据和样本资源库。开展冬奥会食品供应与质量安全保障关键技术研究，推动科技成果惠及民生。

五是不断加强自身建设。切实增强"四个意识"，深入开展党的群众路线教育实践、"三严三实"专题教育、"两学一做"学习教育，服务意识不断增强。坚持依法行政，持续深化"放管服"改革，加强对"三重一大"等事项的主动监督，科学技术奖励、自然科学基金等评审实现连续七年"零投诉"。

三年来，本市各区全面服务科技创新中心建设大局，坚持自身定位，实现差异化、特色化、高端化发展。东城、西城、朝阳大力促进科技与金融、文化深度融合，建设高端服务业聚集区和国际研发创新高地。丰台、石景山、门头沟、房山、通州和顺义加快科技成果转化，推进生产性服务业、战略性新兴产业和高端制造业创新发展。海淀、大兴、昌平、怀柔加快推进"三城一区"建设。平谷、密云、延庆重点推进低碳高端产业创新发展，着力建设冬奥会零碳排放试验区。经过三年的谋篇布局和努力，全市形成了功能清晰、导向明确的创新发展新格局。

二、2017年重点工作

中央发出了建设世界科技强国的动员令。市委、市政府将深入学习贯彻总书记重要讲话精神作为全市头等大事和重要政治任务。以总书记系列重要讲话精神作为奋斗纲领和行动指南，坚决贯彻落实市委、市政府决策部署，深入推进"三城一区"建设，以高校院所、创新型企业为主力军，以综合性国家科学中心为主支撑，以重大项目和科学工程为抓手，以深化改革为动力，调动起方方面面的积极性，努力在2017年交出优秀答卷。

（一）围绕加快建设“三城一区”抓落实

“三城一区”是科技创新中心建设的主战场，要坚持高起点建设，高标准推进。

中关村科学城创新资源最为密集、创新活动最为活跃。我们将以“主力要出征，地方须支前”的决心，深化央地合作机制，服务好中央创新“主力军”，打造自主创新主阵地。重点支持在网络空间安全、量子通信等领域产生一批原创技术成果，在人工智能、自主可信计算等领域突破一批关键核心技术，推动量子点微型光谱仪芯片、神经网络处理器等重大成果转化。加快建设国家“双创”示范基地，推进“双创”平台、金融平台发展。

怀柔科学城将建设综合性国家科学中心，引导多元主体协同，形成创新耦合效应。加快推动综合极端条件实验装置、地球系统数值模拟装置2个重大科技基础设施和先进光源技术研发与测试、材料基因组研究等5个交叉研究平台开工建设。充分发挥平台公司市场化配置资源作用，保障和引导更多土地和空间资源服务综合性国家科学中心建设，努力建设环境清新优美、创新活力彰显、创新成果领先的科学之城。

未来科学城将加快推进由科技城向科学城的转变。依托高层次创新创业人才团队，聚力关键技术研发，建设协同创新平台，搭建专业化众创空间，促进重大科技成果转移转化。加快推进科技成果股权和分红激励等政策在央企研究院落地实施，增强创新创业活力。

北京经济技术开发区将重点培育具有国际竞争力的产业创新体系，聚焦动力电池、石墨烯、人工智能等领域，建设国家级制造业创新中心，形成一批国际标准，引领提升产业技术创新能力，打造一批具有全球影响力的创新型产业集群。

（二）围绕加强创新源头供给抓落实

科技创新中心建设的核心就是要塑造更多依靠创新驱动、更多发挥先发优势的引领型发展。

一是筑牢基础研究根基。积极争取并服务保障国家实验室在京布局。承担好国家科技重大专项，推动专项成果应用和产业化。主动对接国家“科技创新2030－重大项目”，承接更多的重大项目和工程。发挥“北京高等学校高精尖创新中心”尖端研究条件和能力的优势，围绕关键科学问题、前沿技术和关键共性技术开展科技攻关。

二是深入实施北京技术创新行动计划。组织实施5G关键技术验证等11个基础前沿研究项目，支持大数据核心技术、网络空间安全防护技术等重大应用技术研发，推动一批重大科技成果转移转化。

三是推动军民深度融合创新。加快促进应急救援等军民两用技术双向转化，推进北斗导航定位共享平台建设，加强核心技术突破。创建中关村国家军民融合创新示范区，加快房山、大兴、昌平、顺义等军民融合特色园区和基地建设。

（三）围绕加强改革攻坚抓落实

深化改革是建设科技创新中心的重要突破口，必须抓好现有政策落地，攻坚克难，优化创新发展环境。

一是充分发挥中关村先行先试作用。抓好已有先行先试政策的精准实施。围绕扩大科研人员聘用和管理自主权、科研项目经费试行负面清单管理等方面，研究提出新的政策建议，争取国家有关部委适时推进试点。用好《建设中关村国家科技金融创新中心的意见》和近期出台的政策，探索科技金融创新举措。

二是大力推进全面创新改革试验。深入实施京津冀全面创新改革试验，探索推进股权激励及新型孵化机构税收优惠、区域创新政策交叉覆盖等改革举措。联合国家有关部门，推动中央在京创新主体试行市级相关创新政策。

三是进一步推进科技计划和资金管理改革。持续优化科技计划（专项、基金等）布局，抓好“28条”实施督导工作，将下放预算调剂权限等“规定动作”作为检查重点。

（四）围绕建设区域创新高地抓落实

推动京津冀协同发展是党中央、国务院做出的重大战略，我们将围绕“疏解”和“提升”两个维度，建设好京津冀协同创新共同体。

一是加快推进京津冀协同创新。完善政策互动、资源共享、市场开放等机制，探索共建联合实验室、协同创新联盟。建立跨区域协同创新平台、科技资源服务平台、成果转化对接与技术转移绿色通道，力争

2017年北京输出到津冀的技术合同成交额增长率保持在15%以上。

二是促进京津冀产业转型升级。围绕节能环保、新能源、高端制造等重点领域，支持三地创新主体开展联合研发、成果转化和示范应用。发挥京津冀钢铁行业节能减排产业技术创新联盟等新型产业组织作用，依托首都科技条件平台优势，为三地企业提供产品分析检测、工艺诊断与优化、技术解决方案于一体的“总工式”服务。探索“北京研发—津冀制造”机制与模式，逐步形成以区域协同为支撑的创新产业布局。

三是加快构建跨区域科技创新园区链。推进曹妃甸示范区、天津滨海—中关村科技园区、保定·中关村创新中心等特色园区、基地建设，服务北京新机场临空经济区建设，推动要素集聚、资源共享、产业上下游高效衔接。

（五）围绕构建高水平人才团队抓落实

科技创新中心建设根本上要靠人才。我们将实施更具吸引力、更加包容的人才政策，更好地激发科研人员的创新动力。

一是集聚顶尖人才。研究制定促进新型研发机构发展政策，支持在战略前沿等领域探索建设新型研发机构，吸引国际顶尖专家进入平台开展联合研究。建设国内与国际联动的人才服务平台，支持在京高校开展“双一流”建设，坚持创新引领、科教融合，促进学科、人才、科研与产业互动。

二是培养创新人才。依托科技重大专项与人才工程，组织实施全球顶尖科学家及创新团队引进计划。探索与国家自然科学基金建立联合基金等形式，服务与培育优秀学术带头人。

三是服务激励人才。完善高层次人才居留和出入境、落户、社会保障等方面的政策。深化职称制度改革，开展新兴领域职称评审试点，扩大中关村高端领军人才高级职称评审“直通车”适用范围。创新人才评价机制，加快推进基础研究、应用研究和科技成果转化等人才分类评价。

（六）围绕服务保障抓落实

按照市委、市政府决策部署，以咬定青山不放松的意志做好协调服务。

一是加强自身建设。牢记“看北京首先要从政治上看”的要求，旗帜鲜明讲政治，认真落实全面从严治党要求，严格履行党建主体责任，提高干部队伍素质，以行动和成效体现“四个意识”。

二是加强沟通协调。按照“抓战略、抓规划、抓政策、抓服务”要求，市科委将履行好秘书处职责，发挥承上启下的作用，做好与中央单位沟通汇报，加强与国家相关政策资源的对接互动，争取中央相关单位支持，并为七个专项办相关工作开展提供保障服务。

三是狠抓责任落实。拿硬任务、硬指标、硬考核，把“一处七办”的责任压实、考核抓实，建立抓落实的台账，做到跑表计时、到点验收。及时研究、协调解决落实中的困难和问题，用钉钉子精神推动各项任务落地见效。

四是做好宣传引导。充分利用各种新闻媒介，加强创新政策解读和重大科技成果宣传，大力传播创新文化，回应社会关切，营造有利于创新创业的良好氛围。

北京市知识产权局2016年工作总结及2017年重点工作

北京市知识产权局

一、2016年知识产权工作总结

一是深入谋篇布局，知识产权顶层设计不断深化。贯彻落实《关于新形势下加快知识产权强国建设的若干意见》，市知识产权局、市工商局、市新闻出版广电局、市科委等办公会议成员单位共同制定《关于加快知识产权首善之区建设的实施意见》，并以市政府名义印发。主动跟踪"一带一路"建设，《"一带一路"与知识产权的战略协同》研究报告得到国务院领导张高丽和王勇同志批示。制定《加强办公会议统筹协调职能 推进知识产权运用与保护工作方案》，着手建立运用与保护调度中心。制定《北京市"国家知识产权试点、示范和强区"管理办法》，加强对国家知识产权试点示范工作规范化管理，指导朝阳区、海淀区开展国家知识产权示范城区建设，深化西城区、石景山区、通州区、大兴区等六区国家知识产权试点城区建设，推荐房山区、顺义区和昌平区申报国家知识产权试点城区，知识产权服务区域经济发展的能力显著提升。

二是发挥统筹协调作用，首都知识产权战略推进扎实有力。适应新形势，增补北京市中医管理局为市知识产权办公会议成员单位，总数增加到42家。一年来，办公会议各成员单位统一思想，凝心聚力，在各自领域深入推进战略实施。办公会议办公室年初发布了《2016年首都知识产权战略推进计划》，明确七大工作重点和61项具体工作措施。召开四次办公会议成员单位联络员会议，对相关工作进行部署。市知识产权局联合市公安局、市工商局、市文化执法总队、市高院、市检察院、北京海关等单位共同形成《北京地区知识产权创造及保护数据统计分析报告》，全面反映首都知识产权发展情况。市商务委积极推进首都老字号企业非物质文化遗产保护和传承工作。市工商局深入实施商标品牌战略，推动首都品牌经济发展。市高院下发《北京法院知识产权案件委托调解工作指南》，进一步完善了知识产权纠纷诉调对接工作机制。区域知识产权战略扎实推进，朝阳区发布《知识产权重点企业培育促进办法》，海淀区深入推进"知识产权强区工程"建设，丰台区完善《专利促进与保护管理办法》"1+6"政策体系，石景山区以"两基地一平台"为依托整合资源，对接需求，加速成果转化。

三是注重培育引导，知识产权创造水平不断提升。多措并举，提升企业、大专院校和科研院所等创新主体的知识产权创造能力。市知识产权局与市国资委、市经信委等单位联合实施"千件专利企业"培植计划，打造具有国际影响力的知识产权优势企业群。全市17家单位专利申请量超千件，8家单位专利授权量超过千件。全国企业发明专利授权量前10名中北京市占5席。国家知识产权优势企业87家；国家知识产权示范企业39家，占全国14%。深度助力"双创"，组织国家知识产权局93名审查员进驻50余家企业开展实践，为企业提升专利质量提供帮助。2016年，北京市专利申请量达189129件，同比增长21%；发明专利申请量突破10万件，达104643件，同比增长17.7%，在国内专利申请量较大的省市中结构最优。专利授权量超过10万件，达100578件，同比增长7%；发明专利授权量为40602件，同比增长15%。PCT国际专利申请达6651件，同比增长48.1%。截至年底，北京市有效注册商标87.3万件，中国驰名商标229件，北京市著名商标683件。共有平谷大桃、大兴西瓜、昌平草莓等地理标志保护产品11个。

四是加大促进力度，知识产权运用能力显著增强。加速推进知识产权运用，推动科教智力资源转化为创新发展实力。市知识产权局加快构建知识产权交易运营体系，全市知识产权试点运营机构73家，国家级运营机构32家,占全国的28%。全年专利质押贷款总额达50.69亿元,位居各省市之首,同比增长50.9%。推动新建高端精密机电等5个产业知识产权联盟,共有18家联盟通过国家知识产权局备案,位居全国第一。市教委投入资金1350万元,支持26个大学科技园和12个北京市技术转移中心实施成果转化项目27个,推动高校科技成果转化。市科委推动成立北京新技术新产品首发平台首都创新大联盟分平台,引导产业联盟等社会组织,把一批技术先进、质量可靠、具有自主知识产权和自主品牌的新技术新产品推广应用。市经信委推动构建政、产、学、研、金、服六位一体知识产权运用体系。市版权局积极搭建版权贸易平台,推动版权输出"远航工程"。

五是加大打击力度,知识产权保护环境进一步优化。年初,北京市知识产权办公会议与市政府新闻办联合召开知识产权保护状况新闻发布会,对外发布《2015年北京知识产权保护状况》白皮书。2016年,全市法院知识产权庭共受理一审民事、行政案件24410件,同比增长11.5%;审结一审民事、行政案件22890件,同比增长10.7%。共受理二审民事、行政案件4425件,同比增长26.0%;共审结二审民事、行政案件4110件,同比增长16.3%。深入开展"双打"行动,净化创新环境。市公安局共破获侵犯知识产权案件858起,抓获885人,涉案价值5亿元。市食药监局严厉打击食品药品违法行为,办结食品药品侵权案件395件。市文化执法总队查办"10·26"特大网络销售侵权盗版图书案等一批盗版侵权案件。市知识产权局全年查处假冒专利和专利侵权案件842件,同比增长24.4%。联合东城、大兴等区共出动执法人员约600人次,进驻第四届京交会、第十九届科博会等各类大型展会30多个开展展会执法。在中关村科技园门头沟园、延庆园分别建立了知识产权保护服务工作站,标志着市、区、创新创业载体三级知识产权保护公共服务实现了16区全覆盖。

六是瞄准国际高端,知识产权国际交流合作取得新成效。在市财政局、市外办的大力支持下,市知识产权局积极配合国家知识产权局成功举办"一带一路"知识产权高级别会议,国务委员王勇和50个沿线国家以及国际组织高级官员、18个驻华大使馆和6个联合国驻华机构代表出席大会。继习近平主席访英之后,配合国家知识产权局,举办了第三届中英知识产权研讨会。以"构建发明资本市场,保护和创造持续繁荣"为主题举办了2016知识产权与创新大会、法国知识产权保护和运用研讨会、美国知识产权保护研讨会。依托6家首都知识产权国际交流合作基地,在亚、美、欧、澳等设立了22个海外站点,积极拓宽对外交流合作渠道,并积极开展人才培训、涉外研讨、专题研究等活动。不断扩大与世界知识产权组织的合作领域和范围,在京首次举办中国暑期学校、全球调解与仲裁研讨会以及全球专利数据库培训等系列活动,知识产权在"树立北京国际形象"中的作用不断加大。市商务委组织老字号企业参与渝洽会、世界旅游经济论坛等展会论坛,鼓励企业开拓国内外市场,扩大影响力。

七是深度聚焦重点,中关村知识产权工作实现新突破。贯彻落实市委市政府举全市之力建设中关村精神,各部门大力加强对中关村知识产权工作的支持力度。市知识产权局与中关村管委会联合实施《2016—2018年中关村知识产权推进计划》,通过实施中关村知识产权改革试验工程等7个重点工程,促进中关村创新创业环境进一步优化。2016年,培育了联想、百度、京东方、奇虎360等48家中关村知识产权领军企业,支持其开展知识产权战略制定、专利预警等工作,提升领军企业知识产权能力。国家知识产权局正式批复中关村成为全国首批国家知识产权服务业集聚发展示范区和质押融资示范区。市质监局与中关村管委会联合印发《中关村标准化行动计划(2016—2018年)》,加速技术标准化,提升中关村企业的国际地位。

八是注重区域协同,京津冀知识产权一体化取得新进展。加速推进京津冀知识产权一体化进程,促成国家知识产权局与三地政府签署《知识产权促进京津冀协同发展合作会商议定书》,合作会商机制正式建立。着力推进京津冀全面创新改革试验,三地紧密配合、共同努力,加紧推进18项创新改革试验举措实施,2016年三地重点在完善知识产权运营服务机制等5个方面开展工作。推动京津冀三地123家创新型企业和32家知识产权服务机构作为发起单位,成立京津冀知识产权发展联盟,利用本市知识产权优势资源服务津冀企业创新发展。三地联合在河北廊坊召开了京津冀知识产权协同发展高层论坛,共商京津冀知识产权发展大计。三地加强在立案协作、委托取证、联合执法等方面的合作,推进京津冀知识产权协同保护。

北京12330联合天津、河北12330共建了“京津冀家居行业12330知识产权保护服务工作站”，实现了三地知识产权维权服务资源的共建共享。

九是加大扶持力度，知识产权服务业发展成效显著。贯彻落实市政府《关于进一步优化提升生产性服务业加快构建“高精尖”经济结构的意见》，大力推进知识产权服务业发展。深入推进知识产权和标准化一条街建设，形成了中关村知识产权大厦、国际技术转移中心、致真大厦和银谷大厦四大集聚点，百余家各类知识产权服务机构在知识产权一条街集聚发展，形成以康信、路浩等综合性服务机构，东方灵盾、连城资产评估等特色服务机构，北知公司、七星天等高端运营机构，思博网、知果果等新型互联网服务机构为代表的一批品牌机构，成为各自服务领域内的龙头企业。加强监管和服务，促进专利代理行业稳步发展，对60家知识产权服务品牌机构进行了培育。加强知识产权服务业的人才培养，为行业持续发展提供支撑。北京大学、清华大学、中国人民大学、北京科技大学和北京工业大学等5所院校按计划合作开展了2016年知识产权实务教学课程。截止到2016年12月底，北京市共有专利代理机构444家，占全国总量的29.38%；共有执业专利代理人5972名，占全国总数的40.15%。

十是不断加大投入，知识产权基础建设不断推进。在市发改委支持下，全市知识产权公共信息服务平台全面建成，涵盖103个国家和地区的文献数据近1亿件，为开展大数据服务奠定坚实基础。办公会议成员单位和各区利用“4·26”世界知识产权日等重要节点，围绕“知识产权战略实施”“世界知识产权日”等重大活动大力推进知识产权文化宣传，社会大众知识产权意识进一步提升。为提升青少年知识产权意识，市知识产权局与市教委联合印发《北京市中小学知识产权教育工作方案》，编写印刷并发放《中小学知识产权教育读本》80000册，在昌平区和通州区全面推开中小学知识产权教育。

二、2017年重点工作

2017年，首都知识产权工作将全面贯彻党的十八大及十八届三中、四中、五中、六中全会精神，坚持以习近平总书记视察北京重要讲话精神为根本遵循，按照建设科技创新中心和构建“高精尖”经济结构的要求，顺应首都发展“新常态”，坚持“稳中求进”总基调，坚持以提高质量和效益为中心，深入实施知识产权战略，着力提高知识产权创造、运用、保护和管理能力，加快建设知识产权首善之区。重点做好以下工作。

（一）贯彻落实中央和市委市政府决策部署，加强顶层设计和政策布局

进一步完善知识产权政策体系。加强知识产权政策与产业、科技、财政、金融、税收等政策的有效衔接。推动《关于加快知识产权首善之区建设的实施意见》落地实施。制定《意见》实施细则，在知识产权办公会议框架内和各区层面明确任务和分工，定期督查考核，确保落到实处。制定本市知识产权密集型产业专项发展规划，建立产业指导目录。推进《北京市奥林匹克知识产权保护规定》修订工作，全力保障冬奥会知识产权保护。

进一步健全知识产权统筹协调机制。加强北京市知识产权办公会议职能和作用，完善成员单位信息共享和协调通报制度机制，建立知识产权运用与保护调度中心，统筹协调全市知识产权工作。制定《2017年首都知识产权战略行动计划年度推进计划》，推动知识产权战略纵深实施。按照中央深化改革领导小组《关于开展知识产权综合管理改革试点总体方案》精神要求，研究探索本市知识产权管理体制机制改革方案和路径。

进一步加强区域知识产权发展顶层设计。以国家知识产权试点示范城市（城区）和知识产权助推区域经济发展专项工作为抓手，整合资源，分类指导，促进区域自主创新能力提升。支持有条件的区开展知识产权综合体制改革试点。指导各区结合自身特色开展知识产权强区建设，在海淀区开展市区合作“知识产权强区工程”，指导朝阳区推进国家知识产权示范城区建设，在丰台、密云等区深化国家知识产权试点城区建设工作。

（二）充分发挥知识产权在建设科技创新中心中的作用，进一步提升知识产权创造水平

不断完善知识产权创造支撑体系。发挥专利申请资助等专项政策的激励作用，引导重点产业领域专利申请数量持续增长、规模体量不断加大、布局结构更加优化。推动以市场需求为导向的产学研专利联合创造，引导在京高校和科研院所智力成果向企业有序释放；加强对企业知识产权创造的科学引导和高质量专业服务，提升企业知识产权创造水平。实施中小微企业知识产权托管扶助计划，促进中小微企业专利挖掘与组合布局，助力“大众创业、万众创新”。

实施专利质量提升工程。研究制定《北京市重点产业专利创造指引》，对高质量、有价值的专利创造方法和路径进行全程引导。加强对国家知识产权优势、示范企业和北京市专利试点、示范单位培育专项工作，深入实施《在京央企知识产权领先工程》和《北京千件专利企业培植计划》，打造一批“专利过千、质量过硬、管理规范、运用科学”的知识产权强级企业。促进《企业知识产权管理规范》国家标准推行，广泛开展企业专利质量提升专题培训和专业指导，着力构建全球视野下的专利组合和战略资源支撑体系。

引导创新主体加强知识产权海外布局。筹建知识产权国际注册政策和法律服务中心，扶持外向型企业进行商标国际注册、以 PCT 等途径对外申请专利，为北京企业“走出去”提供支持。加强对企业在“一带一路”沿线国家和地区进行知识产权布局的工作指导，引导外向型企业制定符合自身海外发展需求的知识产权管理体系和品牌战略。

（三）充分发挥知识产权在“首都构建高精尖经济结构”中的作用，进一步增强知识产权运用能力

深入推进企业知识产权运用水平提升。加强专利试点、示范企业的专利运用绩效引导，大力推动企业专利产品化、产业化、市场化，不断扩大国际市场占有率和发展空间。推动专利商业化促进、专利质押融资贴息资助政策实施，鼓励企业进行专利转让、许可、股权投资、技术合作、资产重组。推动产业知识产权联盟建设与发展，加快产业提质增效升级。促进知识产权密集型产业发展。发挥北京市重点产业知识产权运营基金作用，引导社会资金投入知识产权运营，支撑重点产业发展。

加速构建北京市知识产权运营服务体系。推动高校科研院所与所在区政府共建专利运营办公室，建立专业化的专利转移转化机构或委托第三方专业服务机构承担专利运营工作，进一步激发高校院所知识产权运用活力。遴选一定数量的运营试点单位在不同领域研究探索有效的知识产权运营模式，全方位多层次促进北京市知识产权运营机构能力提升。

完善知识产权金融服务机制。推动设立北京市知识产权质押融资补偿和促进资金，有效扩大北京市知识产权质押贷款规模。支持金融机构创新知识产权质押融资产品，鼓励相关机构为知识产权质押融资提供担保服务。深入开展知识产权金融政策宣讲和培训活动，为企业和金融机构搭建对接平台。

（四）充分发挥知识产权在“树立北京良好国际形象”中的作用，推动首都知识产权内外环境不断优化

加大知识产权保护力度。完善行政执法和司法保护两条途径优势互补、有机衔接的知识产权保护模式。完善知识产权审判、检察工作机制，推进知识产权民事、刑事、行政案件“三合一”综合审判工作。加强知识产权行政管理部门的执法协作，建立统一协调的知识产权保护机制，严厉打击侵犯知识产权和制售假冒伪劣商品等违法行为。不断完善电子商务、大数据等新业态、新领域知识产权保护措施，努力实现重点电子商务平台专利执法覆盖，构建良好的创新创业环境。加强对移动互联网技术、商业模式等创新成果的知识产权保护。

加强知识产权保护公共服务。发挥三级知识产权保护服务体系作用，制定《创新创业载体知识产权保护服务指引》，做好高端创新创业人才服务，建立高端创新创业人才知识产权维权援助机制。推动本市设立重点产业知识产权保护中心 1～2 家，为创新主体提供快速审查、确权、维权的协同保护服务。指导建立“北京海外知识产权保护联盟”，形成知识产权海外维权合力。

推动国际交流合作不断深化。积极推进与国际组织及其他国家和地区知识产权机构的交流合作。积极参与世界知识产权组织中国周相关活动，向世界展示首都创新成果和传统文化。充分发挥首都知识产权国际交流合作基地优势，持续推进知识产权海外站点建设。积极争取国家知识产权国际合作基地、WIPO 技术创新支持中心落户北京。

（五）充分发挥知识产权在"疏功能、调结构、转方式"中的作用，推动重点区域工作实现新突破

推动中关村知识产权工作取得新成果。全力服务"三城一区"建设。深化中关村国家知识产权服务业集聚发展示范区和专利导航产业发展实验区建设。继续实施《中关村知识产权推进计划》，不断提升一区多园的知识产权综合实力。深入开展中关村知识产权领军企业培育工作，加强典型宣传和经验推广。制定中关村"双创"企业知识产权帮扶计划，支持中关村知识产权服务业联盟成员单位入驻"双创"基地开展帮扶，力争帮助500家中关村"双创"企业实现知识产权零突破。

实施北京经济技术开发区知识产权支撑产业发展工程。围绕重点产业建立专利专题库，培育知识产权密集型企业，推进特色产业知识产权集群管理，推动开发区建设成为国家级知识产权密集型产业集聚区。持续推进知识产权"三个三"工程，全方位支撑开发区高端产业发展。

加快推进京津冀知识产权一体化进程。落实京津冀"一局三地知识产权议定书"，开展跨区域联合监管，形成三地联合执法机制。关注我市功能疏解外迁企业落地服务需求、新形成的产业聚集区以及与津冀两地共建园区的需求，继续在重点产业园区共建12330工作站。依托北京市知识产权公共信息服务平台，调动京津冀优质知识产权服务资源，帮助京津冀重点企业全球知识产权战略布局。

（六）充分发挥知识产权在"提升城市发展质量"中的作用，推进知识产权服务管理和文化建设不断深入

推动知识产权服务业高端发展。加强专利运营服务和涉外知识产权服务机构的引进，鼓励国内外优秀知识产权服务机构落户中关村。探索建立首都军民深度融合知识产权服务基地。拓展知识产权服务范围，培育"互联网+知识产权"服务新模式，鼓励知识产权服务机构借助互联网平台依法开展服务。开展第四批知识产权服务业品牌机构评选和培育工作，培育一批熟悉国际规则的高端知识产权服务机构。完善代理机构事中事后监管机制，对违法行为依法进行惩戒，将服务机构失信行为纳入北京市企业信用信息公示系统。

进一步完善知识产权管理体系。加强分类指导，逐步完善各区知识产权管理体制机制，增加知识产权经费投入。争取专利权质押融资登记全流程服务在北京试点。建立覆盖全市的知识产权信息服务主站、分站、网点组成的三级服务体系。集成知识产权信息资源，推出手机App，方便大众查询。推广北京知识产权信息公共服务平台二期工程建设成果，举办大数据—知识产权论坛。创新工作机制，支持各类社会团体参与知识产权社会管理和公共服务。

不断推进知识产权文化建设。利用"4·26"世界知识产权日、专利周、"12·4"宪法日等契机，加大知识产权的社会宣传力度，提升公众对知识产权的认识程度，构建全社会"尊重知识、崇尚创新、诚信守法"的知识产权文化环境。继续推进中小学知识产权教育，拓宽知识产权文化教育培训渠道。落实《北京市中小学知识产权教育实施方案》，与市教委联合，加大对知识产权教育示范区、示范校的培育力度。2017年中小学知识产权教育覆盖120所学校。充分发挥中小学知识产权教育的辐射带动作用，形成"教育一个学生，影响一个家庭，带动整个社会"的局面。

北京市教育委员会科研工作
2016年工作总结和2017年重点工作

北京市教育委员会科学技术与研究生工作处

一、2016年工作总结

(一)推进高精尖创新中心建设工作

完成计划预期建设规模。根据《北京高校高精尖创新中心建设计划》和《北京高校高精尖创新中心建设管理办法》,开展北京大学未来基因诊断等8个高精尖创新中心的宏观论证与领域论证,完成新一批高精尖创新中心的增补工作。截至2016年年底,经市教委批准立项建设的高精尖创新中心合计21个。

建立健全管理制度与机制。根据高精尖创新中心建设计划要求,科研处起草并印发了《北京高等学校高精尖创新中心建设计划实施方案》(京教研〔2016〕5号),进一步加强了高精尖创新中心制度建设。各中心依托所在高校优势特色和实际需求,进行了改革创新探索,在运行管理、经费预算、绩效评价等方面制定了规章制度,特别是在汇聚国内外高水平科研人员方面进行了较大的突破。

进一步明确中心建设目标。按照高精尖中心建设计划要求,科研处组织各高精尖创新中心编制中长期建设规划草案,并组织专家对各中心的规划草案逐一论证。各中心根据专家论证意见修订完善建设规划,并报市教委备案。

推动中心服务城市副中心建设。经多次调研及论证,组织北京林业大学"林木分子设计育种高精尖创新中心"、中央美术学院"视觉艺术高精尖创新中心"和北京建筑大学"未来城市设计高精尖创新中心"深入参与北京城市副中心建设工作,并与通州区签订了全面合作协议。三个中心将依托其在艺术设计、城市规划、建筑设计、园林绿化等方面所具备的科研优势和人才优势,为城市副中心建设提供有效的智力支撑。

(二)开展北京地区高等学校"双一流"建设调研论证与整体规划

启动北京市属高校学科专业普查工作。为深入贯彻落实国家"双一流"的政策和要求,做好北京高校"一流大学、一流学科和一流专业建设"工作,委托学位与研究生教育发展中心对北京市市属高校学科情况进行数据收集和评估,形成北京市属高校学科情况报告,从而较为全面地掌握北京市属高校学科现状,特别是学科与北京市发展的适应度、学科的发展潜力及学科的开放度等情况,为整体规划北京高校"双一流"建设奠定基础。

拟定"北京市属高校一流大学、一流学科和一流专业建设"工作方案。按照国务院印发的《统筹推进世界一流大学和一流学科建设总体方案》(国发〔2015〕63号)精神,市教委多次调研、研究,并学习借鉴上海、广东、江苏、陕西等省市的经验做法,初步完成了"北京市属高校一流大学、一流学科和一流专业建设"工作方案,提出了建设指导思想、基本原则、建设目标、建设任务及保障措施等内容。

(三)扎实做好科学研究工作,进一步提升高校科技创新能力

组织开展2017年度科研计划项目申报、评审和立项工作。经项目申报、学校推荐、专家评审等程序,产生了2017年度北京市教育委员会科技计划和社科计划资助项目共451项。其中,科技计划资助项目264项,包括重点项目申报30项;社科计划资助项目187项,包括重点项目32项。

推进北京实验室、协同创新中心、北京市重点实验室等科研基地建设。进一步完善协同创新体制机

制，推进高校与科研院所、行业、企业、国际创新力量深度协同；积极围绕京津冀协同发展和构建“高精尖”经济结构等重大改革任务，加强首都基础研究和应用研究平台建设；完成首批15个北京高校协同创新中心中期评估工作，指导各中心继续加强机制创新、人才培养和制度建设等工作。

完成北京高校科技成果转化相关工作。联合中关村管委会、市科委、市财政局等单位组织开展了北京高校科技成果转化政策宣讲活动，就《促进科技成果转化法》《国务院关于印发实施〈中国人民共和国促进科技成果转化法〉若干规定的通知》及《京校十条》相关实施细则进行了解读和宣讲；完成对2015年度市属高校提升计划项目和重大成果转化项目的中期检查评估工作。

（四）加强学位与研究生工作，提升学科与研究生培养水平

完成2016年度北京地区博士、硕士学位授权学科和专业学位授权类别动态调整工作。按照国务院学位委员会关于《开展博士、硕士学位授权学科和专业学位授权类别动态调整工作的通知》要求，组织北京地区高校开展了学位授权的动态调整工作，10所院校通过调整，撤销各类学位的70个学科点，增列20个学科点。

完成独立学院学位授予资格评估工作。对2016年学士学位授权期满的北京邮电大学世纪学院、首都师范大学科德学院、北京工业大学耿丹学院、北京工商大学嘉华学院、北京第二外国语学院中瑞酒店管理学院等5所独立学院的学士学位授予资格进行了新一轮评估工作，经专家审核论证，申请的11个本科专业通过学士学位授权评估。

召开第四届北京市学位委员会第四次会议。筹备并召开第四届北京市学位委员会第四次会议，审议了北京开放大学学士学位授权组织评审工作，并通过北京开放大学及其专业增列为学士学位授权单位和学士学位授权点；听取了2016年北京地区博士、硕士学位授权学科和专业学位授权类别动态调整及独立学院学位授予资格评估等相关工作的汇报。

提高学术型研究生的创新能力和应用型研究生实践能力。开展了学术型研究生课程建设改革试点工作，在北京大学、北京协和医学院和首都医科大学进行了临床医学博士专业医教协同改革试点工作；对市属高校MBA教育开展情况进行调研，全面了解北京高校MBA教育开展情况；指导市属高校落实教育部《关于统筹全日制和非全日制研究生管理工作的通知》文件要求，推动研究生教育内涵式发展。

（五）服务哲学社会科学研究，推动首都高校哲学社会科学繁荣发展

完成北京市第十四届哲学社会科学优秀成果评奖（教育系统）评选、推荐工作。根据市委宣传部、市教委、市人力社保局的工作部署，完成北京市教育系统哲学社会科学优秀成果的推荐工作，在北京地区78个教育单位申报的477项研究成果中，经学科评审组专家评审会和系统评审委员会的评审，共评选出189项成果推荐到市评奖办公室。

开展北京市哲学社会科学研究基地建设。联合市社科规划办对建设期满的15个研究基地进行了检查评估。经过检查评估，共有马克思主义研究基地（中国人民大学）等6个研究基地被评为“优秀”；新增语言战略与政策研究基地、北京科技创新中心研究基地和北京市政治文明建设研究中心，截至目前，合计批准建立了57个北京市哲学社会科学研究基地；完成了中国农业大学、北京开放大学申请哲社研究基地的前期调研工作。

总结梳理市属高校特色教育资源库项目十年建设成果。完成2015年市属高校特色教育资源库项目验收工作。组织召开系列研讨会，全面梳理了市属高校特色教育资源库项目建设十年成果，研究制定市属高校特色教育资源库项目优化提升方案。项目作为“高等学校特色专业优质资源共建共享机制探索”教育部教育信息化专项试点内容通过专家验收。

（六）统筹开展全市教育信息化工作

完成教育部第一批教育信息化试点项目验收。28个北京市试点单位全部通过专家验收，信息化建设成果显著，为北京市教育信息化的快速发展演进提供了理念、技术、应用、机制等方面的有益经验。

组织研究北京市“十三五”时期教育信息化规划工作。形成北京市“十三五”时期教育信息化研究报告（讨论稿），全面梳理了“十二五”时期北京教育信息化建设所取得的成就，初步确立了“十三五”时期北京

教育信息化的建设目标和重点工程。

开展北京地区教育行业网络安全检查工作。按照教育部、市委网信办等主管部门要求，与市教工委联合印发了《关于组织开展教育行业网络安全管理专项整治工作的通知》（京教函〔2016〕545 号），对北京地区教育行业开展网络安全管理专项整治工作，指导和督促各单位全面掌握网络安全现状、建立健全网络安全组织领导机构、落实信息安全等级保护制度、制定自查整改方案等，确保北京地区教育行业网络安全的可管可控。

完成“首都网络安全日”及“网络安全宣传周”等系列活动。按照《国家网络安全宣传周活动实施方案》《2016 年国家网络安全宣传周北京市工作方案》的总体部署与分工，研究制定并下发了《北京市教育委员会关于组织大中小学校开展专题网络安全宣传教育活动的通知》（京教函〔2016〕405 号），指导北京地区高等学校、中等职业学校、区教委、中小学制定本单位网络安全宣传周工作方案，开展丰富多彩的网络安全宣传活动。市教委组织全市大中小学校开展网络安全专题讲座，并及时完成了活动宣传和总结工作。

二、2017 年重点工作

（一）持续推进北京高校高精尖创新中心建设计划

完善高精尖管理制度，优化科研组织方式，支持和推动各高精尖中心开展平台建设、人才聚集、制度配套、科学研究等各项工作，在政策协调、业务方向、工作协同、过程评价、绩效考核等方面给予明确规定，进行改革创新，服务北京全国科技创新中心建设和高精尖经济结构调整。

启动实施“北京高等学校卓越青年科学家计划”，支持北京高校年轻、有发展潜力、有能力组织并领导高水平科研团队的教师和科研人员，造就一批具有国际影响力的科学家和领军人才。

（二）开展一流大学和一流学科建设工作

按照教育部、财政部和国家发展改革委出台的“双一流”建设实施办法，制定北京高校一流大学和一流学科建设方案，在政策、机制、经费等方面给予支持，引导北京地区高校加大特色学科（专业）建设，发挥优势，提高对国家和北京市区域社会经济发展贡献，进一步提升北京高校学科（专业）的整体实力。

（三）构建科学的高校科研组织体系和科技创新平台体系

研究制定《北京高校科技创新能力提升计划》，紧密围绕国家和北京市经济社会发展的战略需求，创新机制，优化布局，完善北京高校高层次创新人才培养体系，系统实施项目计划，打造北京高校科技创新平台新链条，构建科学合理的高校科研组织体系和科技创新平台体系，全面提升创新服务能力，引领支撑创新驱动发展战略。

（四）完善人文社会科学研究体系建设

加强人文社科项目的组织管理，搭建学术研究平台，完善人文社会科学研究体系，推动成果宣传和社会应用，系统提升人才培养和服务社会的水平。深度整合北京高校哲学社会科学优质研究资源，加强哲学社会科学研究基地建设，打造高水平的哲学社会科学“思想库”“智囊团”。

（五）做好学位授权新增单位和授权点评审及授权点动态调整工作

根据国务院学位委员会部署，认真组织开展北京地区学位授予单位硕士、博士学位授权新增单位以及新增一级学科授权点评审工作。开展北京地区 2017 年各学位授予单位学位授权点动态调整工作，鼓励各学位授予单位以学位授权点动态调整为契机，进一步优化学科结构，着力打造新兴、交叉和特色学科，更好地服务北京经济社会发展。

（六）统筹推进北京市教育信息化工作

适应“互联网＋”的时代发展趋势，统筹推进首都教育信息化建设，持续提升教育信息化水平，全面建设智慧校园。进一步加强校园网络安全管理，大力提升信息技术安全保障能力。

北京市科学技术协会2016年工作总结和2017年重点工作

北京市科学技术协会

一、2016年工作总结

（一）深入贯彻落实中央和市委的决策部署，促进班子能力建设新提升

突出党性原则，坚定理想信念，打造政治忠诚的班子。政治性是科协事业发展的灵魂，领导班子不断加强政治理论的学习，提高政治鉴别能力，增强党性原则和遵守政治纪律的自觉性。很好地坚持了党组中心组学习制度，通过中心组理论学习、党支部学习、党日党课、集中培训与专题研讨等，保证习近平总书记的重要讲话精神、中央和市委对科协的要求，根植于党员干部心中，牢固树立政治意识、大局意识、核心意识、看齐意识。认真开展了“两学一做”学习教育，领导班子带头开展了学习活动，努力走在前面、深学一层。注意加强学习转化，把学习成果转化为谋划工作的思路、推动工作的措施、破解难题的本领。

突出作风建设，推进干事创业，打造管理严格的班子。领导班子始终坚持严以律己、以上率下，将改进作风的要求落实到了实处。严格落实中央八项规定和市委十五条意见，坚持作风建设在路上，持之以恒抓落实，加强班子作风建设。班子同志加大了下基层调研力度，拓展了调研深度，坚持深入实地，坚持与一线的科技工作者面对面交流，班子成员带队累计调研达111次、83天。严肃党内政治生活，增强班子战斗力，每半年召开一次民主生活会，切实提高了民主生活会质量，形成了勇争一流的精神风貌。完善了集体领导和个人分工负责相结合的工作机制，提升了班子凝聚力，做到了分工不分家，班子成员之间常沟通、勤商量，营造了真抓实干、凝心聚力的良好氛围。认真执行《党政干部选拔任用工作条例》，严格程序，选好用好干部。

突出廉洁自律，强化一岗双责，打造风清气正的班子。领导班子主动履行党风廉政建设主体责任，把落实党风廉政建设责任制作为反腐倡廉建设的重要工作来抓。认真学习遵守廉洁从政有关规定，加强了自查自纠，修订完善了《北京市科协落实党风廉政建设主体责任监督责任实施办法》，增强了实施办法的可操作性。班子成员自觉履行“一岗双责”，切实强化责任意识，把责任扛在了肩上，科协主要领导与领导班子成员之间，签订了2016年度党风廉政建设责任书。严格执行“三重一大”制度，完善了党组议事规则，落实了重大事项报告制度、重大问题集体研究决策。结合民主生活会和市委专项巡视工作，认真查找问题，切实把党风廉政建设工作落到实处。

（二）全面履行职责，推动科协事业实现新发展

1. 围绕创新驱动，积极发挥科技支撑引领作用

聚焦企业技术创新。坚持以企业需求为导向，大力推进院士专家工作站建设，新建立25个院士专家工作站，1家院士专家服务中心。累计建站125家，院士专家服务中心11家，引进院士206位。完善工作站评估管理机制，规范申报管理流程和考核评价体系，促进良性发展。发挥科协组织跨部门、跨学科、跨领域的优势，促进学会之间横向联系和学科之间交叉融合，推动学会与产业联盟深度结合，形成相互交融、充满生命力的“创新簇”。组织28个学会，在北京经济技术开发区建成4个“创新簇”示范站，围绕重点产业发展和原始创新能力提升，服务企业创新决策、研发投入、成果转化。强化金桥工程项目组织力度，组织申报385个项目，重点支持战略性新兴产业类项目，资助52个具有创新潜力的项目。开展国外专利推介服务，

服务企业用户950家,培训专利应用工程师和企业高管1214人。开展创新理论培训系列活动7次,培训科技工作者540人。依托海智计划工作平台,组织推介50项优秀海智项目与企业转型升级需求对接。

聚焦科技成果转化。联合首都科技服务业协会提出并发布全国第一个科技服务业团体标准《科技成果转化成熟度评价规范》,为科技机构开展科技成果转化提供评价依据和操作规范,引领和规范科技服务业产业发展,实现科技服务标准化,助推国家标准化体系建设。组织87家科技社团签署科技成果转化平台共建协议,与北京气象学会等4家科技社团签署科技成果市场转化成熟度评价及推广服务协议,征集科技社团科技成果320余项,新增评价师150余名。举办第八届首都创新驱动发展展示交流活动、第五届大学生科技创新作品与专利成果展示推介会,不断拓宽成果转化渠道。

聚焦都市型现代农业。继续推进都市型现代农业基站建设,完善"六个中心"功能,为首都农业发展提供系统化、可持续的支撑。10个区基站各具特色,示范效果显著,门头沟区基站在废旧矿山上实施生态修复,发展果品观光、彩叶展示等综合旅游业,推动产业升级;房山区基站构建"种植—养殖—沼气发酵"的生态农业循环模式,实现一二三产业有效融合;延庆区基站"互联网+菊花"营销,开通公众微信号及微商城,全年销售额达600万元。推进科普惠农兴村计划的实施,规范奖补机制,加强新型农民培养,服务新农村建设。推动"银会合作",联合市农技协、中国邮政储蓄银行北京分行整合资金和技术,支持农业科技组织和现代化农业发展。

聚焦京津冀协同发展。充分发挥三地科技社团的人才和智力优势,助力大众创业、万众创新,为京津冀经济社会发展提供强大的科技和智力支撑。搭建京津冀科协科技成果转化平台,举办项目推介会发布成果120项,面向全国分中心系统集成推介科技成果270余项,确定重点项目立项150个。实施"首都科技工作者助力河北创新发展"行动计划,组织学会60余家,专家200余人次深入河北廊坊、唐山等11个地市与相关企业科技创新需求进行有效对接,签署合作协议94份。搭建京津冀学术交流活动平台,联合开展京津冀科技协同创新战略研究,促进三地学会间交流合作。举办两界联席会议高峰论坛,以"创新发展的路径与突破口:建设全国科技创新中心与京津冀协同发展战略"为主题,为首都城市战略发展提供对策思路。

2. 深化资源整合,着力提高科普工作实效

扎实推进科学素质纲要实施工作。编制《北京市全民科学素质行动计划纲要实施方案(2016—2020年)》,明确提出到2020年北京市公民具备科学素质的比例达到24%,并由市政府办公厅印发,相关内容纳入《北京市国民经济和社会发展第十三个五年规划纲要》。加强统筹协调,强化联络沟通、任务分工、市区共建等机制,不断推动公民科学素质建设目标任务的落实。全面开展"十二五"纲要实施工作总结,编印"十二五"纲要工作总结材料和工作纪实,加强成果宣传,全面反映纲要实施工作的新进展、新经验。

积极推进科普理念与实践活动"双升级"。围绕公民科学素质提升存在需求差异化、渠道网络化、参与社会化等挑战,提出了从科普行为的转变、科普机制的转变以及科普手段信息化等三个方面提升科普理念、创新科普实践的思路。着重从"被动传授""单向发射"的传统科普,向"主动寻求""互动交流"的现代科普转变,促进公益性科普事业与经营性科普产业共同发展。倡议全体科普工作者做到"加强科普理论研究、引领科普理念更新、创新科普机制模式、推动科普产业发展、促进科普区域协同",得到各学会、区科协、基层组织的积极响应。

稳步推进科普信息化建设。实施"互联网+科普"工程,推动科普信息化与传统科普深入融合,将信息化贯穿于科学普及与创新驱动的各个环节,依托互联网宣传和展示科技创新成果。打造"蝌蚪五线谱"网站品牌,加强微博、微信订阅号和手机APP平台建设。开展第五届"网上科幻小说大赛"线上科普创作、青少年科普知识竞答等系列活动。与市文化局联合开展"科普文化进万家"活动,建立科普中国乡村e站和社区e站40余个。落实中国科协科普信息化建设试点工作,全面梳理北京市科协科普信息化建设体系,研究形成北京市科协科普信息化建设框架。

深入打造品牌科普活动。精心组织以"创新放飞梦想·科技引领未来"为主题的2016年全国科普日北京主场活动和第六届北京科学嘉年华活动,来自10个国家和地区的55家科普机构参展,10万余公众到场参观。举办第36届北京青少年科技创新大赛和第16届北京青少年机器人竞赛,两场大赛同期同址举

行，扩大了赛事的影响力。组织召开2016年国际科学节圆桌会议，30家国际科学节组织参加，参会机构全部签署合作谅解备忘录。首都科学讲堂、科普超市行、科普新媒体创意大赛、北京科学表演大赛、“科普舞起来”广场舞比赛等系列活动形成声势，充分满足了广大群众对科普知识的广泛需求。

不断整合科普资源。探索加强科普资源联盟建设，依托北京数字内容产业协会成立市科协数字内容产业协作中心，已有82家数字产品企业加入。加快推进北京科学中心建设工作，调研借鉴辽宁、宁波、杭州等科技馆建设运营经验，确保科学中心后期工作顺利开展，形成特色和优势。加大科普创作资金扶持力度，做好科普创作出版资金资助项目选题征集和评审工作，面向社会征集选题142项，《胡同里的科学家》等25个评选题获得资助出版。制作《院士专家讲科普》公益系列宣传片10部，把人物宣传和公益科普结合起来，传播科学精神和理念。

3. 建设高端智库，为党和政府科学决策提供智力支持

推进科技思想库建设。进一步明确智库建设目标，积极构建“小中心、大外围”的新型科技智库体系，发挥科协在首都新型智库建设中的重要作用。加强智库人才培养，完善激励机制，努力培养一批政治素质好、政策水平高，能胜任科技创新和决策咨询组织工作的复合型人才，开拓100余家优质资源单位作为思想库支撑单位，丰富专家人才库，吸收1803位专家入库。建立灵活多样的科技思想库来源体系，重视科技工作者建议的采集和分析归纳整理，注重研究成果的推广应用，整理编发《科技参考》《科技人力资源专报》等，为领导重大决策和科技管理提供信息服务。

抓好重点调研课题。围绕首都经济社会发展的热点难点，把握宏观性、战略性、前瞻性要求，突出科技特色、科协特点，广泛征集调研课题，组织开展《京津冀科技资源整合策略研究》《北京科技工作者职业生涯发展状况调查》等16个重点调研课题。大力组织创新发展专题调研，先后组织开展《京津冀科技资源整合策略研究》《北京小微企业创新驱动激励政策研究》《“众创空间”发展趋势研究》等专题调研，不断加强研究成果的转化和运用。

提高科技工作者建议质量。引导科技工作者把专业知识与决策咨询活动有机结合起来，征集科技工作者建议92项，及时上报市委、市政府、中国科协。围绕京津冀协同发展、首都城市功能定位、科技人才战略、科技体制改革等主题，组织开展“京津冀一体化轨道交通协同发展沙龙”等16期决策咨询沙龙，推动学术研讨成果及时转化为可操作的政策建议，择优报送市委、市政府相关部门参阅。拓宽智库成果宣传渠道，提高党委、政府和社会的关注和认可。

4. 发挥渠道优势，助力科技工作者成长成才

繁荣学术交流活动，畅通学术能力提高的渠道。举办“创新驱动·协同发展”为主题的第19届北京科技交流学术月，聚焦机械制造、电子科技、物联网与人工智能以及科技期刊，集中组织100余场高水平的学术交流活动，数万名科技工作者参与。资助学会开展重点学术活动，促进青年科技工作者开展学术交流、活跃学术思想、提高学术水平，各类学术交流活动全年累计近千项。组织第十七届北京青年学术演讲比赛，800余名青年科技工作者参赛。支持青年科技工作者出版学术专著，参加国际科技学术活动。举办创新链接——国际智慧城市和智慧生活专题研讨会，百余位国内外专家围绕“互联网＋智慧”产业领域的应用与实践，开展深入有效的沟通交流。组织第一届北京—弗罗伊登科技经贸交流活动、第十届北京—意大利科技经贸周活动，推动科技成果与技术需求对接。举办京台青年科学家论坛，400余位两岸青年科学家、企业家围绕热点问题探讨交流。

有序承接政府转移职能，畅通科技社团价值实现的渠道。开展首批科技社团承接职能评价推荐工作，重点对20家的科技社团进行针对性评估。开展学会承接转移职能情况统计和调研，了解存在的困难和问题，探索引入竞争机制，规范工作流程，初步形成一套保证转接工作有序进行的制度办法。加强与政府各有关部门的沟通，50家科技社团承接150余项政府转移职能和购买服务。

广泛开展民主协商，畅通参政议政的渠道。加强与政协科技委的沟通合作，积极筹划科技工作者参与民主协商工作平台建设。在党和政府与科技工作者之间建立稳定的双向沟通渠道，使广大科技工作者更加紧密地团结在党的周围。完善科技工作者状况调查站点建设，规范站点管理，推动发挥作用，引导科技

工作者主动参与建言献策和调研课题。

组织人才举荐、表彰和宣传，畅通同行及社会认同的渠道。积极推荐求是杰出青年成果转化奖、全国优秀科技工作者、中国青年女科学家奖北京地区候选人。开展第十九届茅以升北京青年科技奖评审工作，15名一线青年科技人才获得奖励。加强和改进市科协的科技人才工作，对3643名北京优秀青年工程师获奖者进行跟踪调查，分析梳理科技奖项对企业青年工程技术人员的激励作用和人才成长规律。与中国科协联合举办首都高校科学道德和学风建设宣讲教育报告活动。举办第十届首都科技工作者摄影展。在《北京科技报》《北京科协》开辟专栏，加大对基层一线优秀青年科技工作者的宣传力度。

5. 推进改革创新，提升联系服务科技工作者的能力水平

积极推进科协深化改革实施。准确把握中央对科协系统深化改革的要求，落实中办印发的《科协系统深化改革实施方案》，牢牢抓住改革的主线，坚持问题导向，推动制定《北京市科协系统深化改革实施方案》。把握科协组织的“三性”要求，突出重点任务，切实把中央精神融入北京市科协系统深化改革当中，确保中央和市委关于群团工作改革的要求落到实处，努力在治理结构和体系改革、密切联系科技工作者机制、服务科技工作者机制等主攻方向上取得实质进展。深入调查研究、开展专题研讨，广泛征求意见。聚焦深化改革，举办四直辖市科协党组书记联席会议。借鉴上海、重庆等中央确定的改革试点经验，完善改革方案。目前，北京市科协系统改革的基本思路和目标任务日益清晰，具体措施明确。与市委组织部、市编办进行了充分沟通，达成一致意见。

积极筹备市科协九大召开。按照科协章程实施细则，积极开展换届筹备工作，制定筹备工作方案，成立领导小组，将各项筹备工作任务进行细化，明确各项工作完成的时间节点，实现工作落实到部门、责任到人。围绕科协章程细则的修订、科协组织体系建设、未来五年工作等前瞻性研究内容开展专题调研，广泛征求各方面意见和建议。面向市学会、基金会，区科协、基层组织，认真履行民主程序，严格坚持条件，认真做好选举市科协九大代表和推选委员会委员候选人工作。

加强科协组织建设。不断壮大基层科协组织，按照“六个哪里”要求，推动科协组织向高校和企业延伸，清华大学、中国地质大学成立高校科协，北京东方计量测试研究所等10家企(事)业成立科协。指导区科协组织建设，走访16个区科协形成调研报告，创新区科协建设思路。指导东城、西城、房山区科协按时完成换届选举工作。加强对学会的引导和管理，指导学会按时年检，促进学会组织建设。围绕提升学会整体能力，支持40家“百强社团”创建单位开展相关活动。增强干部队伍作风建设，实现工作前移、重心下移，选派青年干部到基层交流挂职。

二、北京市科协2017年重点工作

(一)学习贯彻中央和市委决策部署，全面加强对首都科技界的思想政治引领

持续深入学习习近平总书记系列重要讲话精神。紧密联系科协改革和科技创新的实际，着力用习近平总书记系列重要讲话精神指导改革发展的实践，把学习成效转化为促进科协事业持续健康发展的思路和举措，转化为全面深化改革的具体行动。带领首都科技界深入学习贯彻习近平总书记视察重要讲话精神，在京津冀协同发展、城市规划建设、筹办北京冬奥会等中心工作中，提高政治站位，增强行动自觉。组织科协干部职工和广大科技工作者认真学习党的十九大报告，举办十九大精神辅导讲座、专题培训等。

组织召开好科协九大。加强领导，精心筹备，组织召开好市科协第九次代表大会，提升科协组织的凝聚力和影响力。结合换届工作，进一步提高常委、委员、代表中基层一线科技人员的比例。落实代表任期制，组织开展九大代表履职培训，不断提升代表服务工作。组织宣传大会精神，贯彻落实大会要求，激发首都广大科技工作者的热情活力，聚焦创新驱动发展和全国科技创新中心建设。

加强科技社团党建工作。加大推进科技社团党建工作力度，努力实现党的组织和党的工作全覆盖目标，完善社会组织党建工作体系。继续推进社会组织党建工作小组的建立，发挥党建工作小组政治核心作用。积极培育科技社团优秀党建活动品牌、党建项目，推广经验做法。

（二）深化改革举措，全面推进“十三五”科协事业发展

推进科协系统深化改革工作。贯彻中央和市委关于群团工作的要求，推动《北京市科协系统深化改革实施方案》的批准和各项任务的落实。严格按照改革方案确定的改革工作路线图和时间表，推动改革工作深入进行，推动“十三五”科协事业发展。加强科协深化改革工作的宣传力度，营造深化改革的良好氛围。

全面改革学会治理结构和治理方式。指导科技社团完善内部治理结构和运行机制，建立规模适中的理事会和常务理事会、责权明晰的监事会，推进秘书处实体化和秘书长聘任制。大力发展个人会员，做好会员服务，增强团体凝聚力。引导学会主动围绕经济社会建设需求，发挥自身优势，开展各类社会公益服务工作，提供多元化科技类公共服务产品。提升学会对外科技交往能力，鼓励学会参加有影响力的国际会议和活动，推荐科技工作者参与国际科技组织的工作。

聚焦京津冀协同发展。联合三地科协深入开展协同创新研究，共建科技成果转化平台，开展学术交流。落实京津冀科普资源共享合作协议，创建科普资源共享服务平台，深化三地科普领域合作交流。

（三）激发科协组织活力，服务全国科技创新中心建设

组织实施创新驱动工程。围绕增强企业创新能力，构建服务企业创新网络、打造服务企业创新平台，确保创新驱动工程有效实施，全面提升科协系统服务创新驱动发展战略水平。大力推进创新簇示范站建设，不断完善示范站运行机制，加强科技社团与示范站对接。抓好企业创新服务中心试点建设，形成可复制的经验和模式。继续开展创新方法培训、科技信息推广，加强金桥工程的项目评审、资助及考核表彰。做好第六届大学生科技创新作品与专利成果展示推介会相关工作。

实施首都科技工作者服务创新发展行动计划。开展科技套餐配送工程，完善都市型现代农业示范站，推进科技精准扶贫工作。依托科技成果转化平台，围绕科技创新企业的人才和技术需求，拓宽科研成果转化为现实生产力的途径。支持科技社团开展跨学科、跨地域合作交流，对接企业需求，提供科技服务。

开展经理学术探索。鼓励和支持学会广泛开展学术评估、成果鉴定、人才评价等多种形式的经理学术实践，发挥学会学术专业优势，丰富学术交流平台，提升学术水平，培养创新人才，营造良好的学术生态，提升学会学术专业优势和吸引力。积极推动成立北京工程师学（协）会，示范引领科技社团按照经理学术的理念，进行治理结构和治理方式改革。

推进学会承接政府转移职能。完善学会承接政府转移职能的运行机制、评审方式和相关配套制度。完善枢纽型社会组织信息化平台，建立动态跟踪的数据分析体系。组织学会秘书长及相关人员参加承接政府转移职能的专题培训。

加强院士专家工作站建设。充分发挥院士专家及其创新团队的作用，增加建站数量，提升建站质量。完善院士专家工作站评估管理机制，出台院士专家工作站管理办法及考核评价细则，提高院士专家工作站科学化管理水平，对现有院士专家工作站进行重新确认。

（四）实施《科学素质纲要》，构建普惠共享的现代科普体系

推进科普理念和科普实践双升级。围绕科学普及的形势、任务变化，着力加强科普理论研究，引领科普理念更新。提高对科普理念的认识，务实推动科普实践活动的创新升级，创新科普服务模式，推动科普产业发展，促进科普区域协同。建设与具有全球影响力的科技创新中心地位相称的北京科学中心，充分发挥科学传播、科技教育、科技交流、成果展示作用，带动科普实践的创新发展。

加强纲要工作实施。充分发挥《北京市全民科学素质行动计划纲要（2016—2020 年）》成员单位工作主动性和积极性，加强业务工作培训，扎实抓好 2017 年全民科学素质工作任务落实。指导各区制定本地区《全民科学素质行动计划纲要（2016—2020 年）》实施方案。

开展科普品牌活动。精心组织全国科普日暨北京科学嘉年华活动，突出“创新驱动发展・科学破除愚昧”主题，创新活动模式，提高项目质量。提升北京青少年创新大赛、北京青少年机器人竞赛国际化水平。继续办好科学达人秀、科普之春、科普之夏、科普文化进万家、科普新媒体创意大赛、科学表演大赛、首都科学讲堂、广场科普舞起来等活动，创新科普活动模式，打造具有影响力的科普品牌。实施“基层科普行动计划”，扎实推进对口支援工作。

加强科普信息化建设。落实北京市科普信息化实施方案，按照“两级建设四级应用”的要求，构建科普信息化体系。落实中国科协“科普中国·百城千校万村行动”的要求，进一步推动社区e站、乡村e站、校园e站建设，促进科普信息化资源建设与共享。加强“蝌蚪五线谱”网站建设，运用网络、微博、移动多媒体等新技术、新手段，加强线上科普活动的开发。继续发布“科学流言榜”，做好流言榜服务商标的申请，确保信息内容权威专业。

（五）打造科技智库，积极为党和政府科学决策服务

推进科技创新智库建设。聚焦科技创新中心建设、科技体制改革、科学素质建设等领域，重点在市学会、高校科协及研究机构，设立一批跨学科、跨领域的智库型研究基地。加强智库人才建设，凝聚一批专业优势明显、创新能力突出、协作方式灵活的研究团队。

组织开展重点课题调研。认真做好调研课题选题、调研、评审等工作，积极推动课题成果转化。围绕北京城市副中心建设、全国科技创新中心建设等重大战略举办系列决策咨询沙龙，编发《科技人力资源专报》《科技参考》等专题刊物，为市政府提供科学化的决策依据。继续推动自然科学和社会科学两界联席会议工作开展。

提升决策咨询工作能力。完善科技工作者状况调查站点建设管理，及时了解、准确把握首都科技工作者的动态，团结凝聚科技界主动服务党委政府科学民主决策。拓宽科协参与民主协商渠道，会同政协科技委共同举办科技论坛。高质量完成市政协团体提案和界别提案。

（六）坚持以人为本，竭诚为科技工作者服务

精心组织“全国科技工作者日”纪念活动。市科协在首个全国科技工作者日，以创新争先为主题，组织开展系列纪念活动。积极动员各学会、区科协、基层组织，结合各自特点和实际，组织开展主题活动。动员引导广大科技工作者积极参与，以实际行动庆祝自己的节日。

实施“创新争先行动”。以“创新争先行动”为统领，带动科协各方面工作转型升级，带领科技工作者“短板攻坚争先突破、前沿探索争相领跑、转化创业争当先锋、普及服务争做贡献”。做好首届全国创新争先奖评选推荐工作。

大力举荐、表彰科技人才。做好北京地区中国工程院院士候选人、茅以升北京青年科技奖、北京优秀青年工程师等推荐、评选和表彰工作。支持学会开展专业领域内的表彰奖励，形成在全国有影响力的行业奖项。鼓励有条件的企业创建优秀青年工程师创新工作室。

实施“青年人才托举工程”。重点资助青年科技人才自主开展原创性研究，着力培养、发现能够承担重任的拔尖青年科技人才。继续开展“北京青少年科技后备人才早期培养计划——拔尖人才培养”试点工作。广泛宣传青年科技人才创新创业的典型事迹，推动形成良好的社会舆论导向。

组织开展北京科技交流学术月活动。举办第20届北京科技交流学术月，围绕京津冀协同发展、北京城市副中心建设、疏解北京非首都功能等重大问题，打造针对性和实效性突出的高端学术交流平台。以学术月活动为引领，积极培育学会联合体。继续支持学会办好学术年会和高水平国际国内学术交流活动，积极组织市属学会参加全国学会的学术交流活动。

加强对外民间科技交流。发挥科协组织对外民间科技交流主渠道作用，推进海智计划创新升级，健全海智专家队伍，加强海智科技创新服务。做好北京—意大利科技经贸周、创新链接国际专题研讨会、海智工作基地会议和联席会议、京台青年科学家论坛的组织工作。协调北京科学嘉年华、北京国际科学节圆桌会议、北京青少年科技创新大赛所涉外事工作。

（七）抓好建家交友，加强科协组织自身建设

做好联系服务科技工作者工作。开展“建家交友”活动，努力用优质高效服务吸引凝聚科技工作者。积极吸收在科技工作者中有号召力、有威信的科学家，以及在学术研究、科技创新、科学普及等方面有突出才华和建树的人才，到科协组织担任一定的职务。发挥首都老科技工作者作用，积极开展“四技”服务。维护科技工作者的合法权益，反映广大科技工作者的意见、呼声，激发科技人才的创新创造活力。

开展“百强社团”创建。严格“百强社团”创建活动的申报和评审。推进科技社团改革，加强能力建设。

支持学会办好学术期刊，提升学科领域影响力。加强科学道德和学风建设，创新活动方式，扩大影响力。

加强科协组织协同发展。加强市、区两级科协联动，统筹市级优质资源支持区科协、基层组织发展，带动形成一个富有活力、统一协调、共同发展的科协工作机制。加强与全国学会的联系，充分运用中央在京资源，提升市区科协的协同发展能力。

不断扩大基层组织覆盖面。大力发展企业科协，巩固并扩大首都高校、科研院所科协组织队伍，促进乡镇、街道科协健康发展。积极开展企业科协、高校科协拓展职能和发挥作用的研究探索。

加强科协党的建设。认真落实全面从严治党要求，继续开展"两学一做"学习教育，引导干部党员坚定理想信念，坚守政治纪律和政治规矩，强化"四个意识"。加强党风廉政建设，认真落实主体责任和监督责任。结合市委巡视组对市科协提出的反馈意见和要求，积极制定整改方案，立行立改。加强人事、财务等重点岗位人员的业务培训，提高廉政风险防控意识，不断完善监督检查机制。

抓好干部队伍和干部作风建设。严格落实《党政领导干部选拔任用工作条例》，加强干部的教育培训、选拔任用和管理监督，调整配强基层班子。加强后备干部队伍建设，形成梯队结构。加强青年干部培养，认真做好挂职部长（主任）助理、干部交流等工作，为青年干部成长进步提供舞台。积极改进工作作风，增强服务意识，推动领导干部深入一线调查研究。

大事记

2016年北京市科学技术大事记

1 月

5日，工业信息化部公布2015年认定国家级工业设计中心名单和2013年认定国家级工业设计中心通过复核名单。全市6家设计创新中心成为国家级工业设计中心。

7日，市科委“无人机安全运营管理系统研发”项目的系统集成和试飞验证在平谷区北京通航产业基地举行。

8日，2015年度国家科学技术奖励大会在北京召开。北京共有71个项目获得国家科学技术奖，占国家奖通用项目授奖总数的30.5%，居全国首位。

14日，北京人民调解协会首个专业委员会——知识产权专业委员会举行成立仪式。

17日，全国首个大型育种云服务平台在北京正式发布上线，推动我国由传统育种向商业育种、由经验育种向精确育种转变，为北京建设“种业硅谷”夯实基础。

18日，“电动社区”行动计划暨北京市充电设施公共服务管理平台（e充网）媒体发布会在市科委举行。市科委、市发展改革委、市物业服务指导中心、市电力公司，以及朝阳、海淀、通州、大兴4个区的相关负责人等出席会议。

20日，京津冀钢铁联盟协同创新研究院在河北迁安成立。京津冀钢铁联盟协同创新研究院由北京市科委、河北迁安市政府、京津冀钢铁行业节能减排技术产业联盟共同成立。

28日，北京材料基因工程创新联盟成立仪式暨第一次全体会员大会在中科院物理所举行。大会审议通过联盟章程，选举产生联盟理事长单位，3家副理事长单位，以及10家常务理事单位。

2 月

3日，百济神州（北京）有限责任公司在美国纳斯达克挂牌上市，公开发行660万股，发行价24美元/股，募集资金1.58亿元，总股本达2980万股，开盘上涨18%，收盘价为28美元/股。

15日，由市科委和西城区政府共建的北京DRC工业设计创意产业基地成为科技部备案的“众创空间”，并纳入国家级科技企业孵化器管理服务体系。

19日，市委、市政府举行2015年度北京市科学技术奖励大会，表彰了获得2015年北京市科学技术奖的188项成果，包括一等奖29项、二等奖54项、三等奖105项。

19日，市委、市政府召开2016年北京市科技工作会议。市委常委苟仲文、副市长隋振江、市委副秘书长郭广生、市科委主任闫傲霜、市科委党组书记呼文亮等出席会议。苟仲文主持会议。闫傲霜做了题为《全面深化改革，推动创新发展 全国科技创新中心迈向新征程》的报告。隋振江做了讲话。

26日，市民政局公布2015年度市级社会组织评估等级结果，北京数控装备创新联盟被评为5A级优秀社会组织。

29日，故宫博物院举行“故宫文物医院”揭牌仪式。故宫博物院院长单霁翔等为“故宫文物医院”揭牌，市科委委员刘晖出席揭牌仪式。

3 月

2 日，首都科技条件平台组织相关专家和工作人员赴石家庄开展首都科技条件平台石家庄资源推介、成果发布活动。

18 日，英国葛兰素史克公司公共卫生研究所在北京成立，总投资 2000 万英镑（约合人民币 1.84 亿元），是该公司在华成立的第二家研发中心。

18—19 日，由北京食品学会、张家口供销合作社共同主办的首届京津冀农产品（食品）加工与品牌建设高端峰会在河北省张家口市产业聚集区新合作农产品物流园举行。

22 日，由市科委主办的 2016 年第三届“首都特色・创新驱动临床研究”论坛在国家会议中心召开。论坛以“创新驱动临床研究”为主题，通报市科委 2016 年“首都临床特色应用研究”专项的组织情况，邀请领域知名专家就临床研究方案设计进行培训。

25 日，中国互联网金融协会成立暨第一次会员代表大会在上海召开。北京软件产品质量检测检验中心作为首批正式会员参加了本次成立大会。

25—27 日，由市科协、市教委、市科委、市知识产权局、怀柔区政府共同主办的以“发现、创新、责任”为主题的第 36 届北京青少年科技创新大赛在中国科学院大学雁栖湖校区举行。

25—27 日，由市科协和怀柔区政府共同主办的以“诚信伴我成长，科技创造未来”为主题的第 16 届机器人竞赛在中国科学院大学雁栖湖校区举行。

29 日，北京市科委与内蒙古科技厅、赤峰市政府共同召开京蒙（赤峰）科技合作洽谈会。北京市科委按产业链组织北京农科城参展科技企业与当地企业进行合作洽谈。

29 日，京津冀知识产权发展联盟在北京经济技术开发区宣布成立。北京市知识产权服务中心、北京奇虎科技有限公司等 6 家单位作为联盟成员代表签署战略合作协议。

4 月

12 日，首都科技条件平台新兴产业科技资源发布暨能源环保领域技术对接洽谈会在唐山召开。首都科技条件平台中科院、北京师范大学等研发实验服务基地，能源环保领域中心和丰台工作站成员单位的 10 余位专家，以及唐山市企业代表 100 余人进行对接洽谈。

12 日，京津冀钢铁科技协同创新与绿色发展座谈会暨京津冀钢铁行业节能减排产业技术创新联盟与河北省迁安市对接科技成果签约仪式在北京科技大学举行。

18 日，默沙东中国研发中心新园区在北京正式启用。该研发中心是默沙东公司美国本土以外的全球第二大研发中心，总投资 3 亿美元，建筑面积约 47000 平方米。市科委主任闫傲霜出席活动并致辞。

22 日，市知识产权局举行北京企业知识产权管理标准化认证推进会，全市首批 15 家企业通过知识产权管理标准化认证。

24 日，苏州图书馆与中国设计红星奖战略合作签约暨苏州设计图书馆启动仪式在苏州举行，红星奖正式落户苏州，与苏州图书馆共同建设全国首家“设计图书馆”。

26 日，由泰国科技部等机构组成的科技代表团一行 7 人到访中国国际技术转移中心（CITTC）。CITTC 组织部分入驻研发机构以及首都创新大联盟共 13 家机构的代表与来访客人进行座谈交流。

28 日，由北京市知识产权局与香港贸易发展局共同主办的 2016 知识产权与创新大会在北京召开。会议以“构建发明资本市场，保护创造持续繁荣”为主题。

5 月

5 日，市科普工作联席会议在市政府召开，联席会议 41 家成员单位及 16 个区政府负责人参加会议。

7 日，北京农科城涿州农业科技成果创新示范园建设暨京津冀现代农业协同创新研究院发起研讨会在中国农业大学涿州国家农业科技园区举行。

14 日，首都科技志愿服务联合会主办的首都科技志愿服务站授牌仪式暨关爱鲁甸在京学生活动在民族文化宫举行。

14—21 日，2016 年全国科技活动周暨北京科技周主场活动在北京民族文化宫举行。本届科技周以“创新引领 共享发展”为主题，展览面积约 6000 平方米，集中呈现 200 余个科技创新成果，共吸引了 8 万余人次到现场参观体验。

18—22 日，第十九届中国北京国际科技产业博览会举行。本届科博会以“推动科技创新 引领产业转型”为主题，共有 22 万余人次参加各项活动，期间签署技术交易、产业合作项目协议总金额 796.42 亿元。

20 日，北京众创空间联盟新技术新产品（服务）首发分平台第三批新品在太库正式发布。现场发布 8 项代表性新技术新产品。

20 日，以“汇聚国际科技创新政策信息”为主题的科技外交官信息对接活动在北京举行。

22 日，北京市科委与贵阳市政府共同主办的 2016 京筑创新驱动区域合作年会在贵阳举行。

26 日，第五届国家现代农业科技城北京现代种业博览会在北京农科城通州园开幕。开幕式上，北京农科城通州种业园分别与河北省大厂国家现代农业科技园区、山东省东阿县政府签订战略合作协议。

27 日，由海淀区政府与北京知识产权运营管理有限公司共建的中关村核心区知识产权质押贷款风险处置资金池启动仪式在北京举行。该资金池首期规模为 4000 万元。

28 日，由市科委和北京协和医院共同主办的第二届临床试验机构管理及伦理审查协和论坛在协和医院召开。

28 日至 6 月 1 日，第四届京交会在北京国家会议中心举行。在市科委的支持下，中国国际技术转移中心承办京交会科技创新板块，以“实施创新驱动发展战略 建设全国科技创新中心”为主题。会议组织来自英国、澳大利亚、韩国、加拿大等国及国内的 13 家企业参展。

6 月

5—7 日，由联合国教科文组织、中国联合国教科文组织全国委员会、市政府、市教委共同主办的第二届联合国教科文组织创意城市北京峰会在北京召开，主题为“创意与可持续发展”。开幕式上，联合国教科文组织总干事伊琳娜·博科娃为联合国教科文组织国际创意与可持续发展中心授牌，全球首个以“创意和可持续发展”为主题的联合国教科文组织第二类中心落户北京。峰会发布了《第二届联合国教科文组织创意城市北京峰会宣言》，参加人数超过 1500 人次。

6 日，2016 年市科技教育领导小组扩大会议暨首都科技界学习贯彻全国科技创新大会精神座谈会举行，市委副书记、市长王安顺，副市长隋振江，中科院副院长王恩哥等出席会议。

8 日，市科委召开北京市科技创新创业服务实体经济工作推进会。会上，与会领导为首批 16 家北京市科技创新创业专业开放平台机构和第三批 76 家“北京市众创空间”机构授牌。

15 日，市科委正式启动《北京市智能网联驾驶技术创新工程（2016 年—2025 年）》，同时宣布成立北京市智能网联驾驶技术咨询专家委员会。

17 日，由市科委主办，北京生物技术和新医药产业促进中心、中国农科院生物技术研究所共同承办的农业生物技术百人讲坛·2016 暨第九届国际生物技术与农业峰会在北京召开。本届峰会以“前沿生物技术的创新与突破”为主题，聚焦基因组编辑在动植物生物技术中的研究与应用，着重探讨食品与酶制剂等前沿领域的进展与突破。

17 日，由北京市农林科学院牵头，天津市农业科学院、河北省农林科学院共同发起，联合北京市科委农村发展中心、京津冀地区农业科研院所、高等院校、涉农企业等23家成员单位，在北京召开京津冀农业科技创新联盟成立大会。

21—22日，由北京测绘学会主办，北京高博特广告有限公司承办的“尖兵之翼——第七届中国无人机大会暨展览会”飞行展示及技术论坛在北京举行。

23日，第四届中国网络安全大会在国家会议中心举行。大会主题为“全球化的网络安全”。

23日，“京冀科技协同 共促双创发展”论坛暨京张科技协同发展战略合作协议签约仪式在张家口市宣化区举行。

24日，市科委召开“建设好城市副中心”新闻发布会，发布会的主题是“凝聚科技创新资源 支持城市副中心建设”。

29日，首届北京市知识产权运营论坛即融知2016高峰论坛举行。此次论坛以“知识产权金融化，创新在路上”为主题。

13日，越南国际青年干部高级研修班29名代表到访联合国教科文组织国际创意与可持续发展中心，双方就青年创新创业话题进行交流。

19—21日，市科委组织北京农科城产业联盟12家成员单位参加2016中国新丝绸之路锡林郭勒草原畜牧业创新品牌展示交易会。

22日，北京市科委与石家庄市政府共建的首都科技条件平台石家庄合作站、北京技术市场石家庄服务平台（简称“京石一站一台”）授牌仪式在北京市科委举行，北京技术交易促进中心作为条件平台支撑单位主办本次授牌仪式。

26日，首都科技服务业协会与市科协召开发布会，发布首个团体标准《科技成果转化成熟度评价规范》。

28日，第四届中国青少年汽车模型科技创意大赛总决赛在北京汽车博物馆举行，来自全国16个省、直辖市、自治区的青少年队伍参赛。

30日，第四届北京科普超市行系列活动首场活动在海淀区世纪金源购物中心举行。首场活动以“航天梦之旅”为主线。

7 月

1日，市政府办公厅印发《北京市全民科学素质行动计划纲要实施方案（2016—2020年）》（京政办发〔2016〕31号），对全市“十三五”期间全民科学素质工作的发展目标、重点任务、保障措施等做出全面部署和安排。

3—5日，市科委组织北京农科城产业联盟9家企业参加第十三届中国（满洲里）北方国际科技博览会，成果展示和现场签约取得实效。

11日，由北京生产力促进中心、中科院光电研究院、东方敦煌教育咨询中心、东方敦煌歌舞团共同主办的“东方少年——科技·艺术嘉年华”专场活动在北京西区剧场举行。

13日，国家发展改革委、科技部联合印发《北京系统推进全面创新改革试验加快建设全国科技创新中心方案》（发改高技〔2016〕1547号）。该方案包括5个方面重点发展任务和7类全面创新重大改革举措。

8 月

4日，北京生产力促进中心、视觉中国集团、国家图书馆出版社在北京共同举办北京生产力促进中心与视觉中国集团战略合作签约仪式暨“花样无言－唤醒有声”中华元素设计新主张设计大赛启动仪式。

14日，第31届全国青少年科技创新大赛在上海华东师范大学拉开帷幕。北京代表队连续15年蝉联第一。

16日，2016全球科技投融大赛总决赛在中关村展示中心落下帷幕。本次大赛历时2个月，吸引230余个科创项目的参与，其中海外项目50余个。

16日，北京高端精密机电产业知识产权联盟成立大会在北京召开。市知识产权局副局长周砚和北京京仪集团总工程师董建伟共同为联盟揭牌。

17日，2016中国设计红星原创奖评审会在北京举行，来自北京、广州、上海、杭州、大连等地的7

位专家担任本届评委。最终有16件作品获原创奖各奖项。

22—28日，由市科委和市公园管理中心主办，北京科普基地联盟、北京市可持续发展科技促进中心、北京植物园承办的“魅力科技”2016家庭亲子科普活动周在北京植物园科普馆举行。

23日，第二届中国国际“纳米之星”创新创业大赛北京地区赛暨中国·北京创新创业大赛季新材料、新能源及节能环保主题赛决赛在国际会议中心举行。

30日至9月1日，京津冀技术转移人才实训基地授牌启动仪式暨2016年技术转移高级人才实训班在京举行。科技部火炬中心副主任段俊虎、北京市科委委员刘晖及天津、河北两地科技部门的相关负责人出席活动，并为首家京津冀技术转移人才实训基地——北京大学创业训练营揭牌。

9　月

1日，市委办公厅、市政府办公厅共同印发《北京市进一步完善财政科研项目和经费管理的若干政策措施》（京办发〔2016〕36号），该措施从5个方面完善财政科研项目和经费管理。

1日，国务院常务会议审议通过《北京加强全国科技创新中心建设总体方案》。该方案明确北京加强全国科技创新中心建设的总体思路、发展目标、重点任务和保障措施，致力于使北京成为全球科技创新引领者、高端经济增长极、创新人才首选地、文化创新先行区和生态建设示范城。

2日，中国·北京创新创业大赛季（2016）先进制造与文化科技领域主题赛在融创动力文化创意产业园落幕。本次大赛共吸引153个创新项目参赛，最终确定36支参赛队伍晋级，其中团队组12支、企业组24家。

6日，市委、市政府召开北京市科技创新大会。中共中央政治局委员、市委书记郭金龙，全国政协副主席、科技部部长万钢，市委副书记、市长王安顺出席会议并讲话，市人大常委会主任杜德印、市政协主席吉林出席会议，约1000人参加会议。大会期间，印发了《关于进一步完善财政科研项目和经费管理的若干政策措施》。

8日，北京市科技教育领导小组和北京市人才工作领导小组共同印发《关于引进全球顶尖科学家及其创新团队的实施意见》。《意见》围绕首都经济社会发展战略目标，引进一批能承接重大任务、取得尖端成果、做出卓越贡献、形成塔尖效应的顶尖科学家及其创新团队。

8日，第二届中国国际“纳米之星”创新创业大赛总决赛在北京举行。泰科天润半导体科技（北京）有限公司、北京派和科技股份有限公司、中科森辉微球技术（苏州）有限公司夺得企业组前三名；大吉科技、亿美新磁团队、智烃科技夺得团队组前三名。

17—23日，2016年全国科普日北京主场活动暨第六届北京科学嘉年华在北京奥林匹克公园举行。活动汇集80多家中外科普机构的近500多项科学互动体验项目。

22日，《北京市“十三五”时期加强全国科技创新中心建设规划》由市政府正式印发。该规划由市科委牵头，市发展改革委、市经济信息化委、中关村管委会和北京经济技术开发区管委会共同编制，共分三大部分、6个章节。

22日，中国设计红星奖终评评审会在北京举行，来自中国、德国、美国、意大利、澳大利亚、奥地利的12位顶级设计专家担任评委，对现场近300件产品进行评审。

23日至10月7日，由文化部与市政府共同主办的2016北京国际设计周举行。本次活动秉承“智慧城市 设计之都”的理念，以“设计2020”为主题。设计周涵盖9项主体内容，吸引2000余人参会。

10　月

8日，由市委宣传部和市科委共同主办，北京科技协作中心和北京电视台承办的2016（第五届）首都科技盛典在北京电视台科教频道播出。活动评选出20名盛典人物。

12 日，市政府与国务院国资委召开中央企业与北京市创新发展合作推进会。会上，双方签署《国务院国有资产监督管理委员会、北京市人民政府共同推进创新发展战略合作协议》。

12 日，2016 全国大众创业、万众创新活动周北京会场启动仪式举行，国家知识产权局局长申长雨将"国家知识产权示范城区"的铭牌颁发给海淀区区委书记崔述强，标志着海淀区进入国家知识产权示范城市行列。

13 日，以"选择 · 行动——未来从现在开始"为主题的 2016（第四届）中国国际节能环保汽车展览会暨节能与新能源汽车产业发展规划成果展览会在北京国家会议中心开幕。展会为期 4 天，吸引了 40 多个汽车品牌、100 多款节能与新能源未上市及新近上市车型参展。北京馆作为城市展馆，展示了 4 部分内容。

17 日，由市科委支持的"北京银行—太库杯中国 · 北京创新创业大赛季（2016）"颁奖典礼在北京丰大国际大酒店举行。北京生产力促进中心组织推荐 20 支参赛队伍组成"先进制造与文化科技团队"，在总决赛中独得两冠，获奖 9 项。

18 日，由世界知识产权组织（WIPO）仲裁与调解中心与北京市知识产权局共同主办、WIPO 中国办事处提供支持的 WIPO 调解和仲裁研讨会在北京举行。

19 日，2016 首都创新与协同发展国际论坛在北京召开。论坛由市科委支持、北京科学技术开发交流中心主办，俄罗斯联邦总统研究院协办。论坛以"首都城市创新与区域协同发展"为主题，邀请中国、俄罗斯及其他亚太经合组织（APEC）成员专家，围绕城市间跨区域融合、首都功能再定位、城市科技创新驱动力 3 个议题开展讨论。

24 日，在第二届亚欧科技创新合作促进可持续发展研讨会上，在中希两国政府及亚欧各国代表的见证下，亚欧科技创新合作中心欧洲协调机构在希腊授牌，标志着亚欧科技创新中心落户欧洲。

24—25 日，第二届亚欧科技创新合作促进可持续发展研讨会在希腊雅典召开，本次会议由亚欧科技创新合作中心主办，北京市科委、希腊研究与技术基金会承办。研讨会分为两大专题，共组织了 10 场专题报告。

25 日，由市科委主办、北京生物技术和新医药产业促进中心承办的第二十届北京国际生物医药产业发展论坛在北京召开。本次论坛以"打造创新生态，共享健康未来"为主题，共邀请 79 位演讲嘉宾做报告并参与讨论，吸引国内外代表 300 余位参与。

25—27 日，第七届中意创新合作周开幕式在意大利那不勒斯科学城举行。本届合作周以"中意携手 创新共赢"为主题，以高端论坛、分领域平行专场、项目对接、创新成果展览展示以及科技园区调研 5 种形式展开。中方参会代表 530 多人，意方参会代表 1000 多人。

27—30 日，以"激发文化活力 引领产业创新"为主题的第十一届中国北京国际文化创意产业博览会在北京国际展览中心举行。其中设计创意展区由市科委主办，北京工业设计促进中心承办。

11　月

2 日，市政府办公厅印发《北京市促进科技成果转移转化行动方案》（京政办发〔2016〕50 号）。

3 日，由北京市科委、香港贸易发展局主办的第二十届北京 · 香港经济合作研讨洽谈会市科委专题活动在北京饭店召开，活动以"共建全国科技创新中心——科技创新驱动京港可持续发展"为主题。

8 日，市科委与通州区政府在通州区共同举行"科技资源通州行——北京城市副中心创新创业对接会"系列活动。

11 日，北京科技协作中心主办的 T100 新技术新产品创新力行动发布盛典在国家会议中心举行。来自企业、投资机构、媒体的代表共 427 人参加发布盛典。

15 日，京津冀蛋鸡产业协同创新研究院授牌仪式在伟嘉（通州）生物技术产业园举行。

15 日，第十三届中国国际半导体照明论坛在北京召开。本届论坛以"新经济 新动能——LED 产业多维度发展新机遇"为主题。论坛吸引演讲及项目推介嘉宾 153 位，参会 1400 余人，参加机构约 300 家。

15 日，由第三代半导体产业技术创新战略联盟(CASA)和国家半导体照明工程研发及产业联盟(CSA)共同主办的黄金半导·创新未来——首届国际第三代半导体创新创业大赛在北京国际会议中心落幕。最终,10个创新创业团队脱颖而出。

15—17日,2016中国(北京)跨国技术转移大会暨第三代半导体国际会议在北京国际会议中心举行。大会以“开放创新 共享共赢”为主题,以“技术维度”作为第一条主线,安排了26个专场活动;以“国别与地区间合作维度”为第二条主线,安排了3个论坛研讨与对接活动。大会吸引来自全球40个国家和地区的500余位国际精英参会。

16日,第十八届中国国际高新技术成果交易会在深圳开幕。由市科委牵头,会同中关村管委会组成“北京科技代表团”参会,设立全国科技创新中心和中关村科技创新成果两个展区,展览面积达500平方米,展示39家科技企业的近百项科技成果。

16日,新能源汽车与智能驾驶技术论坛在北京国际会议中心召开。此次论坛以“新能源汽车与智能驾驶”和“新能源汽车配套技术与服务”为主题,吸引国内外150余名专业人士参会。

18日,北京生物医药产业跨越发展工程(G20)企业拜耳医药保健有限公司北京工厂综合扩建项目启用,这是拜耳全球最大的处方药包装基地。

26日,由市科委、市卫生计生委主办的第七届重大疾病防治科技创新高峰论坛在国家会议中心举行。本届论坛以“融合创新·健康惠民”为主题,邀请全国46位知名专家对医学科技发展的热点、难点进行探讨。参会人员600余人。

12 月

8日,京津冀城市轨道交通联合技术中心成立。中心围绕京津冀轨道交通建设运营管理需求,搭建技术、人才等资源共享平台,促进三地技术、人才、资本等互通交流,推动京津冀轨道交通业可持续发展。

12日,2016中国设计红星奖颁奖典礼在北京举行。颁奖典礼以“中国精工——好设计·新供给”为主题,举办了颁奖、论坛、展览等多项活动。在本届红星奖312件获奖产品和作品中,北京有37家企业的56件产品获奖,占全部获奖产品总数的18.9%。

14日,市委改革办、市委宣传部组织的“一把手话改革”系列媒体采访活动在市科委举行。市科委主任闫傲霜向媒体介绍“尊重科技创新规律,切实增加科研人员的获得感”情况。

17日,北京生命科学与健康协同创新联合体启动仪式在国家蛋白质科学中心(北京)举行。协同创新联合体由15家机构共同发起成立,聚焦于七大研究方向,争取实现引领性技术的创新突破和应用发展。

19日,第六届北京市自然科学基金委员会成立大会在北京召开。第六届市基金委由29名委员和6名顾问组成,共有两院院士6名、国家杰出青年科学基金获得者12名、长江学者11名,委员专业领域覆盖市基金九大学科门类。

22日,2016北京—特拉维夫创新大会暨以色列信息通讯技术中国巡展在北京开幕。本次大会以“协同创新 共享共赢”为主题,组织五大板块活动,邀请代表近300人与会。

26日,市科委牵头12个委办局共同制定、印发《落实〈关于加强首都科技条件平台建设 进一步促进重大科研基础设施和大型科研仪器向社会开放的实施意见〉实施推进方案》(京科发〔2016〕689号)和《北京市重大科研基础设施和大型科研仪器向社会开放评价考核实施细则(试行)》(京科发〔2016〕688号)。

27日,北京农科城通州园研发中心开工建设。新建研发中心位于通州种业园区内,总占地面积75.6亩(1亩≈667平方米),建设规模为8.2万平方米。

29日,市科委与市人力社保局、市农村委等12个单位联合印发《关于深入推进科技特派员工作的实施意见》。

29日,北京院市合作协同创新联盟成立大会在国际会议中心举行。会议由北京科学技术开发交流中心发起并组织筹备。中科院14家在京单位、北京30余家高新技术企业及金融机构代表作为第一届联盟成员参加会议。

30日,市科委印发《北京市科技计划项目(课题)管理办法》(试行)。此次修订反映中央财政科技计划管理改革的总体精神,体现政府推进简政放权、放管结合、优化服务的改革思路。

科技管理与服务

综合管理

【北京获多项国家科学技术奖】 1月8日,2015年度国家科学技术奖励大会在京隆重召开,北京主持完成的71项成果获得国家科学技术奖,占国家奖通用项目授奖总数的30.5%,连续4年超三成。71个获奖项目包括:国家自然科学奖12项(二等奖12项)、国家技术发明奖17项(二等奖17项)、国家科技进步奖42项(特等奖2项,一等奖2项,二等奖38项)。

(北京市科学技术奖励工作办公室)

【北京市科学技术奖励大会召开】 2月19日,北京市科学技术奖励大会召开,表彰获得2015年北京市科学技术奖的188项成果,包括一等奖29项、二等奖54项、三等奖105项。中共中央政治局委员、市委书记郭金龙,市委副书记、市长王安顺等领导出席。

(北京市科学技术奖励工作办公室)

【北京市科技工作会议召开】 2月19日,市委、市政府召开2016年北京市科技工作会议。市委常委苟仲文、副市长隋振江、市委副秘书长郭广生、市科委主任闫傲霜、市科委党组书记呼文亮等领导出席会议。苟仲文主持会议。闫傲霜做了题为《全面深化改革,推动创新发展,全国科技创新中心迈向新征程》的报告。隋振江做了讲话。中央部委、各区和市相关部门、高等学校、科研院所、高新技术企业、北京市科学技术奖获奖单位、市政府专家咨询委员会、首都科技发展战略研究院、市重点实验室和工程技术研究中心、新闻单位以及有关方面的负责人出席会议。

(北京市科学技术奖励工作办公室)

【北京市科技新星计划春季交流会举行】 3月25日,市科委举办2016年北京市科技新星计划入选人员春季交流会,90余人次参加。春季交流会以普及科技成果转化知识为主题,搭建交流平台,为科技新星创新创业提供条件。交流会邀请中国人事科学研究院佟亚丽、阿基米德医疗科技有限公司马今和北京京北投资管理有限公司于进勇做创新创业方面的报告。来自各个领域的新星分别围绕生物医疗、信息装备和材料能源3个主题开展学术论文及参加分组交流讨论。

(市科委人事处)

【30人入选科技领军人才培养工程】 4—9月,市科委完成2017年科技北京百名领军人才培养工程选拔工作。此次共计178人申报,经过形式审查、专家咨询评审、依托单位公示和综合评定会、委主任办公会审定,共产生30名入选人员。从入选人员类型来看,创新类领军人才居高不下,创新类21人,创业类9人;从依托单位类别来看,中央与地方比例相当,30名拟入选人员中,中央单位15人,地方单位15人;从所属专业领域来看,与北京市重点发展产业布局相一致,电子信息、生物医药、节能环保、装备制造领域人数较多,均占10%以上。

(市科委人事处)

【120人入选北京市科技新星计划】 4—9月,市科委完成2017年北京市科技新星计划选拔工作,共120人入选。此次选拔工作紧密围绕首都经济社会发展需求,坚持公开、公平、公正,以选才、育才、用才为原则,突出"人才+项目+领域"的选拔思路,采取面向社会的公开选拔和联合培养选拔两种途径,依托单位限额申报,注重对企业申报宣传贯彻的力度,强化分类评审。入选人员首都特色"突出",队伍结构合理。从依托单位类别来看,中央单位81人,地方单位39人;从依托单位属性来看,企业30人,事业单位90人;从所属专业领域来看,医疗卫生、电子信息、新材料等领域占比较大,分别占22%、14%、12%,与北京市重点发展产业布局相一致。

(市科委人事处)

【市科普工作联席会议召开】 5月5日,市科普工作联席会议在市政府召开,会议由市科普工作联席会议副主席、市科委主任闫傲霜主持,市科普工作联席会议副主席、市政府副秘书长刘印春出席会议并讲话。市科普工作联席会议副主席、市科协党组书记马林和联席会议41家成员单位及16个区政府的负责人参加了会议。会上播放了"十二五"时期全市科普工作和全民科学素质纲要实施工作总结视频;市科委副主任朱世龙汇报了市"十三五"时期科普规划和2016年科普工作要点;市科协副主席刘晓勘汇报了《北京市全民科学素质纲要实施方案(2016—2020年)》;科技部政策法规与监督司人才与科普处调研员邱成利介绍了2016年全国科技活动周方案;市科委科技宣传与软科学处处长汤健汇报了2016年全国科技活动周暨北京科技周主场方案。

(市科委科宣处)

【首都科技志愿服务站授牌仪式举行】 5月14日,由首都科技志愿服务联合会组织的“首都科技志愿服务站授牌仪式暨关爱鲁甸在京学生活动”在民族文化宫举行。活动由北京科技协作中心副主任周晓柏主持,市科委、北京市志愿服务指导中心的相关领导,首都科技志愿服务站首批试点建设单位代表,北大附属实验学校领导及云南鲁甸37名在京学生参加活动。首都科技志愿服务联合会自成立以来,重点开展了志愿服务老科学家、首都科技创新创业志愿服务和关爱鲁甸在京学生等志愿服务项目,并定向遴选北京大学科技园、北京林业大学科技园、北京联合大学团委三家单位为首批首都科技志愿服务站试点建设单位,开展大学生创新创业志愿服务工作。

(北京科技协作中心)

【首都科技界学习贯彻全国科技创新大会精神】 6月6日,2016年北京市科技教育领导小组扩大会议暨首都科技界学习贯彻全国科技创新大会精神座谈会举行。市委副书记、市长王安顺,副市长隋振江,中科院副院长王恩哥等出席会议。会议由市委常委、常务副市长李士祥主持。市科委主任闫傲霜汇报了关于《北京市贯彻落实全国科技创新大会精神的意见》的初步考虑,市科委党组书记呼文亮汇报了《关于引进全球顶尖科学家及其创新团队的实施意见》,并在会议上通过。会上,中科院副院长王恩哥,清华大学副校长薛其坤,北京市政府专家咨询委员会委员、军事医学科学院国家生物医学分析中心主任张学敏,北京生命科学研究所所长王晓东,北京市政府专家咨询委员会委员、优客工场董事长毛大庆,京东方科技集团股份有限公司高级副总裁同关山等围绕贯彻落实大会精神做了交流发言。

(市科委科宣处)

【科技创新创业服务实体经济推进会召开】 6月8日,市科委召开北京市科技创新创业服务实体经济工作推进会。科技部火炬中心、市科委,以及市相关委办局和各区有关领导出席会议。会上,与会领导为首批16家北京市科技创新创业专业开放平台机构和第三批76家北京市众创空间机构进行授牌。

(北京高技术创业服务中心)

【2016年第一期依法行政培训班开班】 6月23—24日,市科委举办了2016年第一期依法行政培训班。培训班围绕“北京市行政规范性文件合法性审查和备案的理论与实践”“依法行政与行政处罚案卷制作相关问题”“依法行政与行政诉讼典型案例”等主题,专题培训行政规范性文件制定、行政处罚、行政诉讼等内容。市科委机关、直属单位及各区科委近百人参加培训。

(市科委法规处)

【科技资源助力北京城市副中心建设】 6月24日,市科委召开“建设好城市副中心”新闻发布会,发布会的主题是“凝聚科技创新资源 支持城市副中心建设”。发布会上,市科委副主任伍建民介绍市科委已经在城市副中心布局和即将布局的重点工作。截至6月,副中心已承担市级以上科技计划项目(课题)近百个,高新技术企业413家,其中中关村国家自主创新示范区通州园占275家,园内高新技术企业全年总收入突破1000亿元。

(市科委科宣处)

【“星创天地”工作推进会召开】 7月5日,市科委组织部分国家农业科技园区、新农村发展研究院、科研院所、大专院校、农业企业及合作组织等单位代表,召开北京市“星创天地”建设工作推进会,对“星创天地”申报工作相关事宜进行沟通和交流。会上,市科委农村处、农村中心相关人员详细讲解“星创天地”建设工作背景、申报要求和工作流程,围绕“星创天地”建设工作进行沟通和交流。

(市科委农村中心)

【京津冀技术转移人才实训基地揭牌】 8月30日至9月1日,“京津冀技术转移人才实训基地揭牌仪式暨2016年技术转移高级人才实训班”在北京顺利举行。科技部火炬中心副主任段俊虎、市科委委员刘晖及天津、河北两地科技部门相关负责人出席活动,并为首家京津冀技术转移人才实训基地——北京大学创业训练营揭牌。京津冀技术转移人才实训基地是京津冀技术转移协同创新联盟与北京大学创业训练营共同搭建的一个为企业、院校、社会培养高级技术转移人才的综合培训平台。来自京津冀三地67家高校、院所、科研机构、高新技术企业的109位学员代表出席活动,其中包括来自北京大学科技开发部、天津市高新技术成果转化中心、河北大学技术转移中心等23家国家级技术转移机构的代表。揭牌仪式后，首届京津冀技术转移高级人才实训班开班。培训围绕国际转移、知识产权交易、技术经营、创新融资转型等方面，通过导师授课、学员实战分享、项目对接等环节，从理论到实践为学员剖析技术转移管理与运作模式研究。

（市科委高新处）

【科技资源共享主管部门协调会召开】　8月31日，市科委组织市财政局、市教委、市发展改革委、市国资委、市质检局、市卫生计生委、市农委、市经济和信息化委、市人力社保局、中关村管委会、北京海关11个委办局召开科技资源共享主管部门协调会第一次会议。各委办局共同学习《国务院关于国家重大科研基础设施和大型科研仪器向社会开放的意见》（国发〔2014〕70号），明确"稳步推进、工作留痕"的原则，交流和研讨促进重大科研基础设施和大型科研仪器向社会开放的分工及进度安排。

（市科委条财处）

【北京市科技创新大会召开】　9月6日，市委、市政府召开北京市科技创新大会。中共中央政治局委员、市委书记郭金龙，全国政协副主席、科技部部长万钢，市委副书记、市长王安顺出席会议并讲话，市人大常委会主任杜德印、市政协主席吉林出席会议。郭金龙强调，要抓好4个方面的工作：第一，积极支持国家实验室建设；第二，着力推进京津冀协同创新共同体建设；第三，扎实推进"三大科技城"建设；第四，深入抓好中关村示范区建设。大会期间，印发了《关于进一步完善财政科研项目和经费管理的若干政策措施》。市委、市人大、市政府、市政协有关部门，市级群众团体，各区，高等学校、科研机构、企业、社会组织、科研人员代表以及各方面专家、科技计划项目负责人、新闻媒体人员，约1000人参加会议。

（市科委科宣处）

【中央企业与北京市创新发展合作】　10月12日，市政府与国务院国资委召开中央企业与北京市创新发展合作推进会。市委书记郭金龙、国务院国资委党委书记张毅出席会议并讲话。会上，双方签署了《国务院国有资产监督管理委员会、北京市人民政府共同推进创新发展战略合作协议》。协议重点聚焦六大主题：大力提升创新能力；着力实施融合发展；深化推进双创平台建设；深化改革推进科技成果转移转化；加强科技金融和人才交流服务、深化城市治理合作；加快未来科技城建设。市科委、市国资委、中关村管委会等北京市有关部门和国务院国资委有关厅局的负责人出席会议。80余家在京中央企业的主要负责人，北京科技创新代表、市属国企和中关村企业代表、北京未来科技城入驻机构代表共100余名参加会议。

（市科委重大办）

【2016年第二期依法行政培训班开班】　10月12—13日，市科委举办2016年第二期依法行政培训班。培训班围绕"正当程序与行政程序法治化""行政处罚法条文串讲"进行专题讲座，组织行政执法资格考试，还安排赴北京知识产权法院参观并旁听庭审环节。市科委机关、直属单位及各区科委近百人参加培训，60余人参加了行政执法资格考试。

（市科委法规处）

【科技资源通州行】　11月8日，市科委与通州区政府在通州区共同举办"科技资源通州行——北京城市副中心创新创业对接会"系列活动。市科委主任闫傲霜，党组书记呼文亮，通州区委副书记、代区长张力兵等领导出席会议。此次系列活动分两个阶段进行，第一阶段为启动仪式，第二阶段为科技支持城市副中心建设专家座谈会、专题对接暨成果发布会（包括促进双创、环境保护与可持续发展、医疗大健康和现代农业与生态宜居4场专题对接暨成果发布会）、北京科技政策法规宣讲会。启动仪式上，市科委与通州区政府签署推进北京城市副中心科技创新合作协议。

（市科委科宣处）

【科技资源开放共享系列培训会召开】　11—12月，市科委联合市卫生计生委、市农委、市质监局、市国资委、市教委、北京市科学技术研究院组织召开了5场专场培训会，同时召开2016年北京科技基础条件资源调查培训会。系列培训会对《关于加强首都科技条件平台建设 进一步促进重大科研基础设施和大型科研仪器向社会开放的实施意见》（京政办发〔2016〕34号）文件精神和要求进行了培训。培训会详细解读政策文件，并讲解首都科技条件平台信息系统数据填报要求和注意事项，解答各管理单位关于政策和数据填报的具体问题，同时讲解了海关对科研教学单位免税设备共享使用的管理要求。来自136家市属管理单位的近300人参加培训。

（市科委条财处）

【第四期领军人才高级研修班开班】　11月23—25日,科技北京百名领军人才培养工程第四期高级研修班暨2017年入选人员发布会在市委党校第一分校举行。本期高级研修班由市委组织部、市科委、市委党校第一分校共同举办,会议发布2017年度入选人员名单并向入选人员颁发了证书,随后启动第四期高级研修班。研修班采用主题讲座、交流讨论、实地参观调研等多种研修方式,40余名历年入选人员参加了高级研修班。本期的主题演讲围绕北京市促进科技成果转化政策、北京市人才计划实施等话题展开,交流讨论中20余名学员分别介绍各自研究方向、领域科研动态及合作需求。

（市科委人事处）

【北京市科技新星培训举行】　11月29—30日,市科委举办北京市科技新星计划2017年度入选人员培训,100余名入选人员参加。培训的主要内容包括:北京市科技新星计划专项管理注意事项;北京市科技计划项目申报系统使用、任务书填报流程;北京市科技新星计划定位、培养目标、主要培养方式及项目管理要求;新星计划交叉学科项目的重点支持方向、申报要求以及合作模式等。

（市科委人事处）

【北京市科技新星计划冬季交流会举行】　12月9日,2016年北京市科技新星计划入选人员冬季交流会举行,约120人次参加。冬季交流会的主题是“科研国际化”,会议邀请2012年领军人才神州数码控股有限公司谢耘讲述人工智能、大数据、信息文明的现状和发展,通过创新引出未来社会形态的变化,提出人类自由发展空间的概念。香港应用科技研究院梁路宏讲述了应用科技研究院的研发及科技转移技术。中国科学技术交流中心马乐举讲述了国际人才项目基金申请事宜。本次交流会还引进了系统思维训练——角色扮演体验课。

（市科委人事处）

【市科委参加“一把手话改革”媒体采访活动】　12月14日,市委改革办、市委宣传部组织的“一把手话改革”系列媒体采访活动在市科委举行,市科委主任闫傲霜向媒体介绍了“尊重科技创新规律,切实增加科研人员的获得感”情况。推进科技领域“放管服”改革,很重要的一点就是遵循科研规律,尊重科技人员的创造,变科技管理为服务创新,不断释放改革红利,让“人财物”充分发挥作用。活动由市科委副主任伍建民主持。市委改革办,市委宣传部,市科委法规处、计划处、条财处、人事处的负责人,以及中央和市属的20余家媒体参加活动。

（市科委科宣处）

【联合国教科文组织合作研习班开班】　12月17日,中国联合国教科文组织全国委员会与联合国教科文组织驻华代表处举办的联合国教科文组织合作研习班在北京开班授课。此次研习班的举办旨在帮助各单位加深对教科文组织及其运作模式的了解,加强参与教科文组织计划活动的能力建设,服务对外工作大局和经济社会建设。研习班吸引来自国内世界遗产、创意城市网络、二类中心的近百名代表参会,联合国教科文组织国际创意与可持续发展中心工作人员参与活动。

（北京工业设计促进中心）

【第六届北京市自然科学基金委员会成立】　12月19日,第六届北京市自然科学基金委员会成立大会在北京召开。第六届市基金委由29名委员和6名顾问组成,共有两院院士6名、国家杰出青年科学基金获得者12名、长江学者11名,委员专业领域覆盖了北京市自然科学基金九大学科门类。在第五届市基金委任期内,市基金经费规模实现了翻番,投入经费近6亿元,资助项目3516项,共2万余人参与市基金资助项目研究工作。完成项目验收1948项,验收项目发表论文13265篇(其中SCI收录10574篇),获授权专利1072项,获国家级奖励24项,省级奖励187项,240项成果得到了应用。培养了一批领军人物,共有谭天伟、韩德民、彭永臻等13位基金项目负责人当选院士,郭雪峰、王金淑、贺永等24人获国家杰出青年科学基金资助;培养了一批青年人才,共有107人入选科技新星;吸引和培育了一批优秀海归人才。

（北京市自然科学基金委员会办公室）

【北京市科技新星计划英语培训班开班】　年内,市科委举办北京市科技新星计划英语培训班。在5—8月的3个月内,20余名历年科技新星参加周末集中学习。培训课程邀请中国社会科学院研究生院教授和美籍教师授课,共计完成了30课时的课堂练习。培训课程结束后,为学员颁发了结业证书。

（市科委人事处）

【举办北京市科技新星计划路演推介会】　年内,市科委在1月、4月、8月分别举办了3期北京市科技新星计划路演推介会,选取较为成熟的生物医药、新材料、机器人等领域交叉学科合作课题成果为推介对象，通过召开投资人、技术专家、科技新星等参加的面对面演讲及交流形式的线下项目路演，让投资方真正读懂科技成果，从而做出更为准确的投资判断和指导建议。3期路演推介会共收到60余个项目，公开路演36个，收到约110封投资机构邀约函，已获得投资超过5项、投资基金超过5000万元。

（市科委人事处）

【北京实验动物生产使用许可情况】 年内，根据《北京市实验动物管理条例》的规定，北京市实验动物管理办公室对北京市行政区域内从事实验动物工作的单位的生产使用许可证情况进行梳理。经统计，2016年度共颁发生产许可证12个，使用许可证51个。截至年底，北京市实验动物有效许可证的情况为：生产许可证58个，使用许可证218个。

（北京市实验动物管理办公室）

【首度科技条件平台启动再准入工作】 年内，首度科技条件平台启动再准入工作，与52家成员单位签订联合共建协议（2016—2020年）。再准入签约工作的启动是深入贯彻落实《国务院关于国家重大科研基础设施和大型科研仪器向社会开放的意见》（国发〔2014〕70号），做好“十三五”期间首都科技条件平台工作的重要内容。中科院北京分院、北京市农林科学院等部分条件平台成员单位举行了签约仪式。

（市科委条财处）

【高新技术成果转化服务移址】 年内，北京市高新技术成果转化项目受理窗口从北京高技术创业服务中心调整到北京市行政服务大厅。

（北京市高新技术成果转化服务中心）

【持续开展网络视频评审和答辩服务】 年内，北京市科技信息中心共协助科技部、市科委完成北京地区各类科技计划项目的网络评审及答辩会议约1860场，涉及创新人才推进计划会议评议、调整项目及市科委电装处评审项目、领军人才结题验收、电子信息领域储备项目等多个专题，实现项目申报全程信息化管理。

（北京市科技信息中心）

【680项市基金项目验收工作顺利完成】 年内，市自然科学基金委按照《北京市自然科学基金项目管理办法》《北京市自然科学基金资助项目管理工作规范》的相关要求，对680项资助项目开展验收相关工作。验收项目共发表SCI期刊论文2021篇，获得国际专利授权21项、国内专利授权400项、软件著作权登记153项。验收项目负责人中，有10位获得了国家级奖项，有80位获得省部级奖项。资助项目已有52项成果得到推广，累计实现经济效益约2亿元。

（北京市自然科学基金委员会办公室）

【北京市农业科技项目管理培训会召开】 年内，市科委农村处、农村发展中心召开3次北京市农业科技项目（课题）管理培训会。农业科技项目承担单位百余人参加培训。培训针对实施方案填报存在的主要问题和如何实现预算与研究相匹配等关键点，就项目（课题）实施方案编写及经费管理办法和项目（课题）全程管理工作要点进行解读，对项目（课题）任务执行、经费执行过程和信用管理过程做了详细介绍。

（市科委农村处、农村中心）

【2015年度北京地区科普统计数据发布】 年内，市科委发布2015年度北京地区科普统计数据。数据表明，2015年北京地区科普事业保持平稳发展。据统计，2015年北京地区拥有科普人员4.83万人，较2014年增了6524人，每万人口拥有科普人员22.24人（北京市2015年常住人口2170.5万人）。兼职科普人员年度实际投入工作量4.69万人月，人均投入工作量1.15人月。注册科普志愿者2.41万人。北京地区共有科普场馆116个（建筑面积500平方米以下的不列入统计）。科普场馆建筑面积116.08万平方米，每万人拥有科普场馆建筑面积534.82平方米。展厅面积49.52万平方米，每万人拥有展厅面积228.18平方米，科普场馆年参观人数为1674.70万人次。科普画廊4268个，城市社区科普（技）活动专用室1112个，农村科普（技）活动场地1832个，科普宣传专用车62辆。2015年北京地区出版科普图书4595种，年出版总册数7334.46万册，比2014年增加4539.03万册，占全国年出版科普图书总量1.34亿册的54.7%。本次统计工作由市科委组织，统计范围为北京地区的中央国务院部门、市属委办局、人民团体和16个区，共回收有效调查表1575份。

（市科委科宣处）

计划实施

【全国首个大型育种云服务平台建成】 1月17日，全国首个大型育种云服务平台在北京正式发布上线，推动我国由传统育种向商业育种、由经验育种向精确育种转变，为北京建设"种业硅谷"夯实基础。金种子育种云平台是由市科委支持北京市农林科学院攻关研发，集成应用计算机、地理信息系统（GIS）、人工智能等技术，实践大数据、物联网等现代信息技术与传统育种技术的融合创新，构建的全国首个自主知识产权"互联网+"商业化育种大数据平台。该平台面向全国育种企业和科研院所提供种质资源管理、试验规划、性状采集App、品种选育、品种区试、系谱管理、数据分析、基于电子标签（RFID）的育种全程可追溯等服务。

（市科委农村处、农村中心）

【2016年度市基金委-北科院联合资助情况】 5月，北京市自然科学基金委员会-北京市科学技术研究院联合资助试点工作启动，12项申请项目得到批准，资助总经费348万元。年内北京市自然科学基金委员会-北京市科学技术研究院联合资助试点工作管理办公室共验收联合资助项目11项。验收联合资助项目共计发表论文76篇，其中SCI等核心期刊论文73篇，国际国内会议论文3篇，平均每个项目发表论文约6.9篇；申请专利22项，获得专利授权9项；取得软件著作权登记1项。

（北京市自然科学基金委员会办公室）

【智能网联驾驶技术创新工程启动】 6月15日，市科委正式启动《北京市智能网联驾驶技术创新工程（2016年—2025年）》（以下简称"创新工程"），同时宣布成立北京市智能网联驾驶技术咨询专家委员会。"创新工程"提出了北京市智能网联驾驶技术研发、示范应用及产业发展目标，在关键技术研发和应用、测试验证体系建立、示范运营、试验环境建设及产业培育等5个方面组织重点工作任务。市科委副主任张继红主持会议，介绍了智能网联驾驶技术专家委员会筹建情况。专家委员会由清华大学李克强教授等23名专家组成，分为整车组、感知组、通信及信息组、标准及验证组等4个专业组，并设总体组统筹推进专家组工作，李克强教授担任专家组组长。市科委主任闫傲霜宣布智能网联驾驶技术专家委员会成立，并授予专家聘书。与会的16位专家充分讨论了"创新工程"，并积极部署启动"创新工程"相关工作任务。

（市科委双新处）

【新一代移动通信专项系列成果发布会召开】 7月12日，《北京技术创新行动计划（2014—2017年）》系列成果发布之"新一代移动通信技术突破及产业发展"专场在市政府新闻发布厅举行。发布会由市政府新闻办公室和市科委共同举办，会上，大唐移动通信设备有限公司、北京中科晶上科技有限公司、曙光信息产业（北京）有限公司、北京京东尚科信息技术有限公司、北京千方科技股份有限公司等多个北京市科技计划项目承担单位发布本单位的技术成果及相关实施案例情况。

（市科委电装处）

【《北京系统推进全面创新改革试验加快建设全国科技创新中心方案》印发】 7月13日，国家发展改革委、科技部联合印发《北京系统推进全面创新改革试验加快建设全国科技创新中心方案》（发改高技〔2016〕1547号）。该方案包括5个方面重点发展任务和7类全面创新重大改革举措。

（市科委法规处）

【现代服务业专项系列成果发布会召开】 7月14日，市政府新闻办公室和市科委共同举办《北京技术创新行动计划（2014—2017年）》"现代服务业创新发展"专项系列成果发布会。会上，北京新联铁集团有限公司、北京世纪高通科技有限公司、北京金鸿泰科技有限公司、北京市建筑设计研究院有限公司、北京词网科技有限公司5家单位发布本单位的技术成果及相关实施案例情况。

（市科委高新处）

【数字化制造专项系列成果发布会召开】 7月15日，市政府新闻办公室和市科委共同举办《北京技术创新行动计划（2014—2017年）》"数字化制造技术创新及产业培育"专项系列成果新闻发布会。会上，北京航空航天大学、北京大学第三医院、纳恩博、康力优蓝、航空625所多个北京市科技计划项目承担单位发布本单位的技术成果及相关实施案例情况。

（市科委电装处）

【加强首都科技条件平台建设文件出台】 7月23

日，市政府办公厅发布《关于加强首都科技条件平台建设 进一步促进重大科研基础设施和大型科研仪器向社会开放的实施意见》（京政办发〔2016〕34号）。34号文明确了以首都科技条件平台为主线，强化对市属科技资源开放共享及优化配置等服务，推动中央在京科研机构科技资源共享服务，进一步推动首都科技条件平台建设。市科委条财处在首都之窗及科委网站上发布了对34号文的编制思路、主要任务以及组织保障等的详细解读。

（市科委条财处）

【《科技成果转化成熟度评价规范》发布】　7月26日，首都科技服务业协会联合市科协召开发布会，正式发布首个团体标准《科技成果转化成熟度评价规范》。《评价规范》是由首都科技服务业协会牵头，市科协、中国标准化研究院、中关村天合科技成果转化促进中心参与制定的，旨在为科技机构开展科技成果转化提供评价依据和操作规范，引领和规范科技服务业产业发展，实现科技服务标准化，助推国家标准化体系建设。《评价规范》共分为7个部分，规定了科技成果市场转化成熟度的术语与定义、评价原则、评价内容、评价方法、评价流程和评价报告等内容，适用于项目成果拥有方、需求方、金融机构、第三方评价机构及政府管理部门等对科技成果转化成熟度的评价。

（北京科技协作中心）

【首都食品安全专项系列成果发布会召开】　7月29日，市政府新闻办公室和市科委共同举办《北京技术创新行动计划（2014—2017年）》“首都食品质量安全保障”专项系列成果新闻发布会。会上，北京三元食品股份有限公司、中粮营养健康研究院有限公司、北京二商集团有限责任公司、北京市食品安全监控和风险评估中心等多个北京市科技计划项目承担单位分别发布本单位的技术成果及相关实施案例情况。

（市科委农村处、农村中心）

【轨道交通专项系列成果发布会召开】　8月19日，市政府新闻办公室和市科委共同举办《北京技术创新行动计划（2014—2017年）》“轨道交通产业发展”专项系列成果新闻发布会。会上，北京全路通信信号研究设计院有限公司、北京交通大学、北京鼎汉技术股份有限公司、北京佳讯飞鸿电气股份有限公司、中车北京二七机车有限公司等多个北京市科技计划项目承担单位分别发布本单位的技术成果及相关实施案例情况。

（市科委重大办）

【能源结构专项系列成果发布会召开】　8月23日，市政府新闻办公室和市科委共同举办《北京技术创新行动计划（2014—2017年）》“面向未来的能源结构技术创新与辐射带动”专项系列成果新闻发布会。会上，中电普瑞电力工程有限公司、中国石油集团海洋工程有限公司、北京国电智深控制技术有限公司等多个北京市科技计划项目承担单位分别发布本单位的技术成果及相关实施案例情况。

（市科委重大办）

【完善财政科研项目和经费管理】　9月1日，市委办公厅、市政府办公厅共同印发《北京市进一步完善财政科研项目和经费管理的若干政策措施》（京办发〔2016〕36号），该措施从5个方面完善财政科研项目和经费管理：简化财政科研项目预算编制和评审程序；赋予承担单位和科研人员开展科研更大的自主权；创新财政科研经费投入与支持方式；加快科技成果转化与推广应用；提高科研项目和经费的管理服务水平。

（市科委法规处）

【《关于引进全球顶尖科学家及其创新团队的实施意见》印发】　9月8日，北京市科技教育领导小组和北京市人才工作领导小组共同印发《关于引进全球顶尖科学家及其创新团队的实施意见》，紧紧围绕首都经济社会发展战略目标，引进一批能承接重大任务、取得尖端成果、做出卓越贡献、形成塔尖效应的顶尖科学家及其创新团队，辐射和带动一批优秀高层次人才来京创新创业。

（市科委人事处）

【《北京加强全国科技创新中心建设总体方案》印发】　9月11日，《北京加强全国科技创新中心建设总体方案》印发实施。该方案明确了北京加强全国科技创新中心建设的总体思路、发展目标、重点任务和保障措施，致力于使北京成为全球科技创新引领者、高端经济增长极、创新人才首选地、文化创新先行区和生态建设示范城。方案提出5个方面的任务：强化原始创新，打造世界知名科学中心；实施技术创新跨越工程，加快构建“高精尖”经济结构；推进京津冀协同创新，培育世界级创新型城市群；加强全球合作，构筑开放创新高地；推进全面创新改革，优化创新创业环境。

（市科委法规处）

【《北京市“十三五”时期加强全国科技创新中心建设规划》印发】 9月22日，《北京市“十三五”时期加强全国科技创新中心建设规划》由市政府印发。《规划》由市科委牵头，市发展改革委、市经济和信息化委、中关村管委会和开发区管委会共同编制，《规划》共分三大部分、6个章节。

（市科委计划处）

【第五届首都科技盛典举行】 10月8日，由市委宣传部和市科委共同主办，北京科技协作中心和北京电视台承办的“2016(第五届)首都科技盛典”在北京电视台科教频道播出。市委副秘书长郭广生、市政府副秘书长刘印春、市科委主任闫傲霜、市委宣传部副部长余俊生等领导出席并为科技人物颁奖。自2010年开始举办首都科技盛典以来，至今已成功举办5届，共推选出90位盛典人物。在本次评出的20名盛典人物中，女性候选人2名；中国工程院院士1名，外籍人士1名；曾在国家级评选中获得荣誉或取得相应成就者17人，其中3人取得国际性成就；候选人大都具有相关海外工作及教育经历；近半数人员所在单位性质为中央在京科研院所、高校及其他科研机构，整体水平较高。首都科技盛典已成为首都科技界展示科技英才的舞台、弘扬科学精神的窗口。活动共有18个委办局和各区政府、14个区科委，以及93家中央在京院所和企业代表共计200余人参加。

（北京科技协作中心）

【京蒙科技合作现代农业技术转移平台启动】 10月31日，京蒙两地科技部门共同举办京蒙科技合作现代农业技术转移平台启动仪式。启动仪式上，内蒙古自治区生物技术研究院分别与北京现代农业科技创新服务联盟签署平台共建协议，与北京神舟绿鹏农业科技有限公司签署了航天育种、种苗代繁战略合作协议，与中农绿康(北京)生物技术有限公司签署了微生物菌剂产品及配套技术转移协议；内蒙古农牧业技术工程中心分别与北京绿山谷芽菜有限责任公司签署家庭园艺芽苗菜技术及产品产业化技术转移协议，与北京易农农业科技有限公司签署基质栽培蔬菜高产技术转移协议，与北京中捷四方生物科技股份有限公司签署昆虫信息素为核心的绿色防控技术转移协议等合作项目6项。

（市科委办公室）

【首都科技条件平台信息系统建成】 10月，首都科技条件平台在原有系统上进行升级改造，初步建成全市统一的科技资源开放共享网络管理平台——首都科技条件平台信息系统。该系统完善原有的科技资源(仪器、专家、成果、专利等)的报送及绩效考评功能，增加主管部门及管理单位、管理制度、科研设施与仪器、服务记录和服务成效等5类信息，实现与科技资源调查系统的合并，实现与北京海关、国家网络管理平台的数据交互，核心数据字段涉及160余项。该系统与国家网络管理平台完成了数据交互测试。

（市科委条财处）

【《北京市促进科技成果转移转化行动方案》印发】 11月2日，市政府办公厅印发《北京市促进科技成果转移转化行动方案》(京政办发〔2016〕50号)。该方案按照多主体参与、全要素设计、全链条部署的思路，继续强化技术、资本、人才、服务等创新资源的深度融合与优化配置，建立健全符合科技创新规律和市场经济规律的科技成果转移转化体系，不断提升科技成果转移转化效率和整体服务能力。

（市科委法规处）

【T100新技术新产品创新力活动】 11月11日，由北京科技协作中心和中国民营科技促进会(由科技部主管)共同主办，北京科技协作咨询服务中心和北京科技报社承办的“T100新技术新产品创新力行动发布盛典”在国家会议中心举行。来自企业、投资机构、媒体的代表共427人参加发布盛典。“T100新技术新产品创新力行动”从5月开始，面向全国征集10大类具有代表性的新技术新产品，其中包括智慧生活、医疗健康、信息网络、能源环保、智能出行、高端制造、现代农业、公共安全、新型材料和绿色建筑。经过资格审查，1042项新技术新产品以及52个创业先锋团队进入项目初评阶段。活动最终推出了“2016中国黑科技百强”——新技术新产品TOP100，以及创新创业先锋团队TOP10。

（北京科技协作中心）

【首都科技大数据平台建设工作启动】 11月，北京市科技信息中心协助市科委启动“首都科技大数据平台应用与研发”项目，通过梳理整合科技创新资源，实现科技数据关联，深化数据资源增值开发应用。首都科技大数据平台以业务需求为驱动，以大数据平台技术应用研究为手段，支撑全国科技创新中心的功能与发展量化展示，支撑科技资源地图、科技前沿预判与跟踪、企业创新活动、区域协同等八大应用专题的建设，协助研判科技创新发展趋势，提升大数据对科技创新的支撑能力，推进大数据在科技管理、科技决策和公共服务领域的应用。

（北京市科技信息中心）

【昌平区与华为企业云战略合作】 12 月 16 日，昌平区政府、北京未来科技城分别与华为公司签署云计算战略合作协议。双方在共建云计算、大数据、高端智能制造等领域达成全方位战略合作，共同推进华为（昌平）云计算服务基地建设，搭建统一的基础公共云计算平台。该平台位于未来科技城，双方共同将其建设成为辐射周边地区的区域数据中心，并为未来科技城智能城市上层应用提供计算、存储与网络等相关的云计算服务。

（市科委电装处）

【北京生命科学与健康协同创新联合体成立】 12 月 17 日，北京生命科学与健康协同创新联合体启动仪式在国家蛋白质科学中心（北京）举行，协同创新联合体以中关村生命科学园为区域载体，以“推动首都不同隶属、不同领域的创新资源深度融合，促进多元主体共同协作，形成强大的科技攻关合力”为协同目标，由北京生命科学研究所、国家蛋白质科学中心·北京、生物芯片北京国家工程研究中心、北京市药品检验所等 15 家机构共同发起成立。聚焦于感染及天然免疫、衰老及相关疾病、癌症与精准医学、脑认知与脑医学、干细胞与再生医学、生命组学、系统生物学与合成生物学等七大研究方向。

（北京生物技术和新医药产业促进中心）

【34 号文实施推进方案和考核实施细则出台】 12 月 26 日，为落实《关于加强首都科技条件平台建设进一步促进重大科研基础设施和大型科研仪器向社会开放的实施意见》（京政办发〔2016〕34 号），市科委、市财政局、市教委、市发展改革委、市国资委、市质检局、市卫生计生委、市农委、市经济和信息化委、市人力社保局、中关村管委会、北京海关 12 个委办局共同制定、印发《落实〈关于加强首都科技条件平台建设 进一步促进重大科研基础设施和大型科研仪器向社会开放的实施意见〉实施推进方案》（京科发〔2016〕689 号）和《北京市重大科研基础设施和大型科研仪器向社会开放评价考核实施细则（试行）》（京科发〔2016〕688 号）。

（市科委条财处）

【《关于深入推进科技特派员工作的实施意见》印发】 12 月 29 日，市科委与市人力社保局、市农工委等 12 个单位共同印发了《关于深入推进科技特派员工作的实施意见》。《意见》围绕切实提升农业科技创新水平、完善新型农业社会化科技服务体系、加快推动农村科技创业和精准扶贫提出 7 项重点工作。

（市科委农村处、农村中心）

【科技计划项目（课题）管理办法修订】 12 月 30 日，市科委印发《北京市科技计划项目（课题）管理办法（试行）》。《办法》历经政策研究、广泛调研、集中起草、征求意见 4 个阶段。《办法》落实“全面激发科研人员的创新热情”“落实承担单位的法人主体责任，强化社会公众的监督”等改革措施，反映中央财政科技计划管理改革的总体精神，体现了政府推进简政放权、放管结合、优化服务的改革思路。

（市科委计划处）

【《北京市“十三五”时期科学技术普及发展规划》发布】 年内，市科普工作联席会议办公室发布《北京市“十三五”时期科学技术普及发展规划》和任务分工。《规划》提出到 2020 年，全市公民具备基本科学素质比例达到 24%，人均科普经费社会筹集额达到 50 元，每万人拥有科普展厅面积达到 260 平方米，每万人拥有科普人员数达到 25 人，打造 30 部以上在社会上有影响力、高水平的原创科普作品，培育 3 个以上具有一定规模的科普产业集群和 5 个以上具有全国或国际影响力的科普品牌活动。

（市科委科宣处）

【设立交控科技轨道交通联合基金】 年内，市自然科学基金在调研北京交通大学、北京地铁运营公司、中国铁道科学研究院等轨道交通领域优势单位的基础上，瞄准京津冀城市轨道交通的重大需求，同交控科技新设北京市自然科学基金－交控科技轨道交通联合基金，项目经费全部由交控科技提供，首次实现以输出基金品牌资源为主的合作模式。年内联合基金围绕轨道交通信号控制、关键系统可靠性等征集相关项目 40 项，经评审共资助 10 项，资助总经费 287.5 万元，有效吸引清华大学、北京邮电大学、北京航空航天大学等行业外科研单位参与城市轨道交通领域关键问题的解决。

（北京市自然科学基金委员会办公室）

【智能硬件产品设计创意评估与众包平台开发】 年内，由市科委支持、北京工业设计促进中心管理的“智能硬件产品设计创意评估与众包平台开发”课题面向智能硬件开发团队，建立集合众包、孵化、体验式购买、消费行为分析的开放式创新服务平台，服务于从创意到商品的全产业链条，为初创者提供创意评价、设计、生产对接、销售渠道、体验消费、数据分析等服务，较好地解决初创者所面临的商业化和可持续发展问题，具有一定的创新示范作用。截至4月，该平台孵化产品12个，其中6个上市、5个正在研发中，孵化产品估值累计超过10亿元。

（北京工业设计促进中心）

【创新设计服务平台助力照明行业智能化发展】 年内，由市科委支持、雷士（北京）光电工程技术有限公司执行开发的创新设计服务平台，有效整合电子信息、互联网、物联网、人体交互、生物健康等资源形成跨学科平台，集聚不同学科优势资源开展创新研究，所具有的展示体验功能也有利于创新产品效果的评估和推广。

（北京工业设计促进中心）

【景观设计行业孵化服务集成平台建设完成】 年内，由市科委支持的景观设计行业协同创新与孵化服务集成平台建设完成。该课题由北京北大科技园建设开发有限公司承担，北京工业设计促进中心管理，依托行业龙头企业，建立景观设计行业服务流程、质量控制体系以及协同创新服务集成与知识管理平台，并开发了景观设计企业孵化服务系统。该项目取得了良好的社会和经济效益：一是促进传统景观设计产业转型升级，在网络平台实现资源优化配置，节约成本并拓展创作空间；二是推进景观设计产业链条整合，促进景观设计交易，项目执行期间实现交易额达5.8亿元；三是实现景观设计产业集群发展壮大，项目执行期间共孵化服务410余家景观设计企业。

（北京工业设计促进中心）

辅助决策

【农业科技园区建设座谈会召开】 1月19日，市科委召开国家农业科技园区建设座谈会，总结园区建设经验和成效，谋划“十三五”时期农业科技园区发展，加快推进北京农科城建设。

（市科委农村处、农村中心）

【京津冀蒙联盟工作会在廊坊召开】 2月3日，京津冀蒙联盟常务理事单位扩大会暨廊坊研讨会在廊坊召开。联盟5家常务理事单位、3家理事单位、中国生产力绿色制造生态管理系统（5A智能）专委会和3个孵化器（园区）的相关领导30余人出席本次会议。四省市参会单位分别就本地科技资源情况、特色业务、引导促进政策、协同服务、2016年联盟工作进行交流，并就京津冀创新创业大赛、中国铸造协会京津冀分会对接京津冀蒙联盟、企业技术研发与知识管理系列培训与对接、5A智能、创客空间整合等合作项目进行对接及研讨。本次研讨会是在全面贯彻落实京津冀协同发展和大众创业、万众创新的新形势下，四省市生产力促进中心创新模式、强强联合、促进发展的研讨大会，有利于发挥联盟成员单位优势，培育和打造京津冀蒙科技服务生态链，促进各地中小微企业发展。

（北京生产力促进中心）

【首都现代农业科技创新工作专家研讨会召开】 3月25日，首都现代农业科技创新工作专家研讨会召开。研讨会由市科委委员张虹主持，来自科技部农村中心、农业部农研中心、农业部科技发展中心、国家发展改革委、中国人民大学、北京市农林科学院和北京市农业局的7名专家学者参会。会议围绕全国科技创新中心建设和京津冀协同发展的新要求，共同研讨首都现代农业科技工作的新定位和重点方向，以进一步深化北京农科城建设。

（市科委农村处、农村中心）

【临床试验机构管理及伦理审查论坛召开】 5月28日，市科委和北京协和医院共同主办的第二届临床试验机构管理及伦理审查协和论坛在协和医院召开。29家企业、20家医药研发合同外包服务机构（CRO公司）和37家机构（协会）的200余名代表参加此次会议。本次论坛的召开，为监管部门及临床试验的参与各方搭建了一个交流平台，通过监管部门解读政策、指导工作，机构、企业与CRO公司之间交流经验、互相学习，以及研究参与各方的沟通与交流，达到充分理解政策法规、进一步改善机构的管理、提高研究者的临床试验水平的目的。

（市科委生物医药处）

【促进都市型现代农业创新发展研讨会召开】 6月21日，“落实全国科技创新大会精神，促进都市型现代农业创新发展”工作研讨会召开。会议由市科委委员张虹主持，重点围绕如何贯彻落实全国科技创新大会精神，更好地发挥各部门的创新作用，进一步推进科技体制改革，强化农业科技创新主体建设，加快成果转化和产业化，以及科技创新需求等内容展开专题研讨。来自市农委、市园林绿化局、市水务局、市食药局、市农业局、市农林科学院的专家参加研讨会。

（市科委农村处、农村中心）

【第四届中国网络安全大会召开】 6月23日，第四届中国网络安全大会（NSC2016）在国家会议中心举行，大会由中国国际技术转移中心、赛可达实验室、国家计算机病毒应急处理中心、国家网络与信息系统安全产品质量监督检验中心、首都创新大联盟共同主办。大会主题为“全球化的网络安全”，由主题峰会和云安全和电商安全、威胁情报实践与应用、网络安全新技术与企业安全应用论坛、大师讲堂4个分论坛组成，聚焦探讨安全热点技术与行业应用话题，引入、借鉴国际信息安全领域最前沿的防护理念与技术成果，洞见交流全球信息安全最新发展趋势，从而推动我国网络安全保障体系建设，提升国家重点行业网络安全防护水平。

（北京技术交易促进中心）

【铁路“十三五”科技创新发展规划专家座谈会召开】 6月30日，市科委重大办、北京生产力促进中心召开铁路“十三五”科技创新发展规划专家座谈会，参会专家主要来自中国中车股份有限公司、北京全路通信信号研究设计院有限公司、中国铁道科学研究院、北京交通大学、中国铁路总公司、中国铁建股份有限公司等铁路领域在京优势中央单位，专家就各自单位“十三五”时期轨道交通领域科技创新发展规划和重点部署、北京轨道交通领域科技创新和产业发展工作、如何加快企业科技成果转化落地等进行了交流探讨。

（市科委重大办）

【大数据在科技前沿预判中的应用研讨会召开】 11月23—24日，市科技信息中心召开“大数据在科技前沿预判中的应用”研讨会，来自中科院文献情报中心、化工信息中心等情报机构的知名专家学者和龙信数据、数据堂等业界领军企业同聚一堂，与会人员围绕深入挖掘科技大数据、大数据共享与预测、研判科技新方向等内容展开讨论，为如何发挥大数据在前沿预判中的作用献计献策。

（北京市科技信息中心）

【双创服务决策咨询沙龙举行】 12月3日，首届“创新驱动·双创服务发展研讨峰会”暨“双创服务决策咨询沙龙”在北京工业大学耿丹学院举行。大学生双创导师、高校领导、校团委、教务处等老师代表以及参与本届活动师生代表共20人参加会议。各方代表分别从不同角度就创新创业经验分享和科协如何服务于双创工作两个话题展开深入研讨。

（市科协）

科技条件

【北京市6家设计创新中心升级】 1月5日，工信部公布2015年认定国家级工业设计中心名单和2013年认定国家级工业设计中心通过复核名单。小米科技、中电三十八所、曙光信息、北京全路通信信号研究设计院被认定为2015年国家级工业设计中心，联想、洛可可科技通过复核。北京市6家设计创新中心成为国家级工业设计中心。

（市科委文科处）

【北京纳米科技产业工作推进会召开】 1月25日，北京纳米科技产业创新联盟召开纳米科技产业工作推进会暨北京纳米联盟理事（扩大）会议，共商纳米科技产业发展大计。科技部、市科委、怀柔区等部门相关领导，纳米联盟理事、成员单位代表以及联盟技术委员会、产业委员会委员，苏州、上海、安徽、江西、湖北、陕西等省市代表，“纳米之星”创业大赛获奖企业与团队代表近100人参会。会议举行首届北京国际“纳米之星”新材料创业大赛颁奖、2家纳米众创空间揭牌以及《北京纳米科技产业发展技术路线图（2016—2025年）》发布等仪式，成立了全国纳米联盟筹建工作小组，并围绕2016年工作重点进行讨论。

（市科委双新处）

【北京材料基因工程创新联盟成立】 1月28日，北京材料基因工程创新联盟成立仪式暨第一次全体会员大会在中科院物理所举行。中科院化学所朱道本院士、清华大学王崇愚院士、中国钢研科技集团王海舟院士、中科院物理所陈立泉院士、北京科技大学谢建新院士到会表示祝贺，会议由中科院物理所汪卫华院士主持，科技部、中科院、国家基金委、市科委等相关单位领导参会。大会审议通过联盟章程，选举产生了联盟理事长单位中科院物理所，3家副理事长单位——北京科技大学、北京新材料发展中心和宁德时代新能源科技股份有限公司，以及10家常务理事单位。中科院物理所孟胜研究员当选为联盟秘书长。

（市科委双新处）

【DRC基地成为国家级“众创空间”】 2月15日，由市科委和西城区政府共建的北京DRC工业设计创意产业基地成为科技部备案的“众创空间”，并纳入国家级科技企业孵化器的管理服务体系。

（北京工业设计促进中心）

【北京数控装备创新联盟被评为5A级优秀社会组织】 2月26日，市民政局公布2015年度市级社会组织评估等级结果，北京数控装备创新联盟被评为5A级优秀社会组织。本次评估由市民政局委托专业评估机构从基础条件、内部治理、工作绩效（业务活动与诚信建设）、社会评价等方面进行评估。参加评估的社会组织共计406个，其中被评为5A的社会组织共50个。

（北京生产力促进中心）

【软件产品质量检测中心成为中国互联网金融协会首批会员单位】 3月25日，中国互联网金融协会成立暨第一次会员代表大会在上海召开。北京软件产品质量检测检验中心作为首批正式会员参加大会。检测中心自2010年以来，针对支付业务系统的功能、性能、安全、风控等标准方面开展持续研究，截至2015年年底，共完成91个测试项目，涉及互联网支付、预付卡、移动电话（远程）、移动电话（近场）、数字电视支付、固定电话支付、银行卡收单等多个业务领域，逐渐形成一支12人的检测专家团队。除检测项目外，中心参与支付业务设施漏洞检查列表内容的制定，以及《互联网支付安全规范》和《JRT0098.6—2012中国金融移动支付检测规范》的制修订工作，从安全性、性能、功能、可靠性等方面提出建议并参与标准编写的工作。

（北京软件产品质量检测检验中心）

【默沙东中国研发中心新园区正式启用】 4月18日，美国默沙东制药公司（Merck&Co.，Inc.）中国研发中心新大楼在北京建成并投入运营。该研发中心是默沙东公司美国本土以外全球第二大研发中心，总投资3亿美元，建筑面积约47000平方米。市科委主任闫傲霜出席启用仪式并致辞。闫傲霜在致辞中表示，默沙东中国研发中心新园区的启用，是北京建设全国科技创新中心和持续汇聚全球创新资源、营造国际创新生态系统的又一显著成果。北京鼓励和支持更多的全球优质企业、研发中心、顶尖人才在北京发展。

（市科委生物医药处）

【DRC基地被认定为中关村特色孵化服务平台】 5月12日，由市科委和西城区政府共建的北京DRC工业设计创意产业基地被中关村科技园管委会认定为中关村特色孵化服务平台。DRC基地具有企业孵化、搭建科技条件平台和人才培养等重要功能。以“资源共享、协同创新”的理念，孵化设计企业、整合高新技术，培养设计人才。

（北京工业设计促进中心）

【众创空间联盟新产品发布】 5月20日，北京众创空间联盟新技术新产品（服务）首发分平台第三批新品在太库正式发布。现场发布包括领导高端装备制造技术领域的“激光加速器”、聚焦于高端头颅手术的“无框架脑立体定向手术系统—神经外科机器人”和大幅提高太阳能转化效率的“柔性晶硅太阳能电池板”等8项代表性新技术新产品。

（北京高技术创业服务中心）

【京津冀蒙服务联盟荣获服务贡献奖】 5月23日，由中国生产力促进中心协会主办的“德阳杯”2016年中国好技术、生产力促进奖颁奖大会暨中国生产力发展研讨会在四川省德阳市隆重召开。会议对2015年度“生产力促进奖”获奖单位、个人，以及2014、2015年度“中国好技术”项目进行表彰。京津冀蒙生产力促进服务联盟获得首个全国“生产力促进奖”服务贡献奖。京津冀蒙联盟成员单位及四地获奖企业颇多，其中发展成就奖5个、服务贡献奖12个、创新发展奖12个、服务精英奖21个。北京生产力促进中心作为联盟首届理事长单位获得“生产力促进奖”服务贡献奖，理事长张泽工主任获得生产力联盟优秀组织奖，秘书长刘平获得生产力促进服务精英奖。

（北京生产力促进中心）

【首都创新大联盟2016年度工作推进会召开】 5月27日，首都创新大联盟2016年度工作推进会在市科委召开，会议由北京技术交易促进中心主办。来自科技部、市科委、市财政局、中关村园区管委会、市民政局等部门的领导，首都创新大联盟理事单位、联盟成员，以及新闻媒体代表100余人参加会议。会议总结了2015年工作成效，确定了2016年工作思路，发布《北京地区产业联盟调研报告》和《产业联盟组建与发展指南》，启动北京市新技术新产品（服务）首发平台首都创新大联盟分平台。

（市科委高新处）

【北京网络信息安全技术创新产业联盟成立】 6月3日，北京网络信息安全技术创新产业联盟成立大会在中关村软件园国际会议中心三层会议厅举行，相关领导、网络安全专家以及来自全市网络信息安全行业的100多名代表出席成立大会。中科院信息工程研究所副所长荆继武教授当选为产业联盟首任理事长。产业联盟是在市科委的支持与指导下，由北京软件产品质量检测检验中心牵头，联合网络安全行业内知名企业自愿发起成立的行业性、非营利性社会团体法人。产业联盟成立后的重点工作：第一是以技术创新为核心，搭建网络安全产业的技术研究、信息交流、应用推广、教育培训、展览展示的平台，承接北京市及国家重大创新项目，并探索和建立科技成果转化基金；第二是维护联盟会员的合法权益，维护网络安全产业从业者的利益；第三是协助政府相关部门制定网络安全产业政策，协调起草相关技术标准；第四是推动技术交流、产品与服务的推广，筹备网络安全科技金融服务平台，搭建科技中介服务平台，推动网络安全科技孵化器的建设。

（北京软件产品质量检测检验中心）

【联合国教科文组织第二类中心落户北京】 6月6日，在第二届联合国教科文组织创意城市北京峰会开幕式上，联合国教科文组织总干事伊琳娜·博科娃为联合国教科文组织国际创意与可持续发展中心（ICCSD）授牌，全球首个以“创意和可持续发展”为主题的联合国教科文组织第二类中心落户北京。

（市科委文科处）

【红星奖与阿里巴巴集团签署战略合作协议】 6月7日，第二届联合国教科文组织创意城市北京峰会“青年对创意的贡献论坛”在京召开。该论坛由中国设计红星奖承办。论坛上，红星奖与阿里巴巴集团签署战略合作协议。这表明中国创意通过国际化、专业化、商业化的平台得到最大限度的推广和转化，以实际行动推动落实大众创业、万众创新。

（市科委文科处）

【国际创意与可持续发展中心成立首个海外分部】 6月19日，联合国教科文组织国际创意与可持续发展中心（ICCSD）在意大利罗马举办首次国际“绿色设计工作营”，并向米兰中欧创新中心授牌成立ICCSD意大利分部，这是ICCSD成立后在海外推动的第一个国际合作项目。市科委主任闫傲霜率队参加了当天的活动，并向米兰中欧创新中心荣誉主席、意大利国会议员玛丽娜·贝林格丽授牌。

（北京工业设计促进中心）

【北京农科城顺义园通过科技部验收】 7月1日，科技部专家对国家农业科技园区北京农科城顺义园进行验收。专家们就园区主导产业培育、花卉示范与展示区建设、花卉种苗设施生产、节能减排科技设施使用、物流渠道和电商平台建设、促进农村富余劳动力就业等方面进行现场考察，对园区建设工作给予充分的肯定，并予以验收。

（市科委农村处、农村中心）

【北京农科城组团参加北方国际科技博览会】 7月3—5日，市科委组织北京农科城产业联盟9家企业参加了“第十三届中国（满洲里）北方国际科技博览会”，展示效果和现场签约取得实效。北京现代农业科技创新服务联盟与满洲里国际技术转移中心、京东集团与满洲里政府2个项目进行了现场签约，北京现代农业科技创新服务联盟成员单位与俄罗斯伊尔库茨克州农业中心召开对接交流会，有3个项目达成合作意向，项目的对接有助于支撑“一带一路”建设，拉动北京农科城成果在“一带一路”国家的转化应用。

（市科委农村处、农村中心）

【十家单位入选首批国家“星创天地”】 10月12日，科技部公示首批“星创天地”备案名单，北京市农科汇星创天地、小汤山农业园星创天地、悠上星创天地、智慧农业星创天地、都市农职星创天地、智能农装星创天地、智慧云集星创天地、农业梦星创天地、航天新农星创天地、泰迪低碳星创天地被纳入国家级科技企业孵化器的管理和服务体系。

（市科委农村处、农村中心）

【北京市银行高新技术产业贷款继续增长】 年内,北京市银行高新技术产业贷款继续增长,截至年底,北京市中资银行高新技术产业人民币贷款余额(不含票据融资)3029.1亿元,同比增长7.5%。其中,国家重点支持的高新技术领域中的电子信息技术、新材料技术、新能源及节能技术、高新技术改造传统产业余额增速分别为44.1%、67.5%、31.2%、50.7%。

(市科委条财处)

【北京市银行文化创意产业贷款继续大幅增长】 年内,北京市银行文化创意产业贷款继续大幅增长。截至年底,北京市中资银行文化创意产业人民币贷款余额(不含票据融资,下同)1316.7亿元,同比增长38.8%,1—12月累计发放1401.1亿元,同比增长38.1%。其中,文化艺术、软件网络及计算机服务、广告会展、艺术品交易、旅游休闲娱乐等子行业贷款余额增速分别为18.0%、68.1%、13.0%、96.0%、83.7%。

(市科委条财处)

【北京地区私募股权投资市场呈现平稳增长】 年内,北京地区私募股权投资市场呈现平稳增长态势。截至年底,北京市已在证监会完成登记的私募股权投资管理机构为2019家,管理资金总量约1.4万亿元。备案数和管理资金总量均居全国第一。募资方面,私募股权机构在京共新募集210只基金,募资金额为1169.31亿元;投资方面,北京地区私募股权投资市场共计发生2678起投资案例,同比微升3.2%;涉及投资金额2546.86亿元,同比上涨73.9%,平均单笔投资金额为1.49亿元;退出方面,北京私募股权投资市场共发生退出案例1014起,同比上升66.2%。北京私募股权投资仍然主要集中在战略性新兴产业、文化创意产业等领域。具体而言,北京地区战略性新兴产业领域有1982家企业获得私募股权投资基金支持,占本市投资案例总数的74.0%,投资金额1839.46亿元,占本市股权投资总金额的72.7%。从全国范围来看,北京地区战略性新兴产业股权投资案例数占全国战略性新兴产业占比为32.0%,金额占比为40.6%。

(市科委条财处)

【科技金融】 年内,北京市高新技术成果转化服务中心通过北京银行,为获得立项支持的企业进行对接,开展科技成果转化贷工作,全年共为11家科技企业协调银行科技贷款14258万元。

(北京市高新技术成果转化服务中心)

【北京技术市场成果显著】 年内,全市输出技术74965项,成交额3940.8亿元,同比增长14.1%,占全国总量的34.6%。其中,电子信息领域成交额998.3亿元,增长32.8%;现代交通领域合同成交额878.7亿元,增长99.0%;城市建设与社会发展领域合同成交额786.1亿元,增长1.6%;环境保护与资源综合利用领域合同成交额564.0亿元,增长14.3%。

(北京技术市场管理办公室)

【科技服务业持续平稳增长】 年内,市科技服务业实现增加值2077.9亿元,增速10.2%,高于GDP增速3.5个百分点,为首都"高精尖"产业结构调整提供了有力支撑。

(北京生产力促进中心)

【北京技术助力"一站一台"区域合作】 年内,北京输出与市科委开展区域科技合作的16个省区市的技术合同达7701项,成交额643.9亿元,同比增长56.3%。其中,重庆市、黑龙江省、石家庄市、贵阳市和银川市5个建立"一站一台"(首都科技条件平台合作站和北京技术市场服务平台)的区域吸纳北京技术成交额366.2亿元,增长1.9倍。市科委面向全国开放共享创新资源,积极推广"一站一台"等合作模式,建立跨区域科技资源服务平台,推动科技人才、科研条件、金融资本、科技成果服务全国创新发展。

(北京技术市场管理办公室)

【首都科技创新券服务显成效】 年内,首都科技创新券政策在首都科技条件平台工作的基础上,通过对小微企业和创业团队创新投入成本进行补贴,实现了由支持科技资源开放方向支持需求方的拓展,构建了对科技资源参与创新创业全链条支持的闭环。年内引入中科院、清华大学、北京大学等25家单位、577家实验室的创新资源供给方;设立74家创新型孵化器、行业协会等多种科技服务机构的推荐机构;服务667家小微企业和17家创业团队的创新资源需求方,形成"三位一体"的创新券组织体系,共支持696个创新券项目。在降低小微企业和创业团队创新创业成本的同时,也优化了首都创新创业环境。

(市科委条财处)

【首都科技条件平台成果显著】 年内,首都科技条件平台探索形成的创新资源开放共享"北京模式",累计推动801个国家级和市级重点实验室和工程中心、价值227亿元的科研仪器设备向社会开放共享,整合600多项较成熟的科研成果促进其转移转化,聚集1万多名专家,产生超过1.5万项知识产权和技术标准,年均服务收入超过20亿元。

(市科委条财处)

【市属单位科技资源开放共享稳增】 年内,市属单位科研设施与仪器开放共享小步稳增。截至年底,6个委办局推荐的95家市属管理单位所报送、审核并汇交到国家网络管理平台的开放数据信息包括:科学仪器共2819台套、价值38亿元。其中,单台套价值在50万元及以上的科学仪器设备由前期开放的1130台套、价值16.06亿元增加至2686台套、价值37.65亿元,分别增长137%、134%。开放科学仪器中心5个,科学仪器服务单元18个,国家级科研基地12个,科学数据库11个,生物种质和实验材料资源库2个。

(市科委条财处)

【高新技术成果转化项目】 年内,北京市高新技术成果转化服务中心共受理高新技术成果转化项目853项,经过专家评审,立项150项,其中新一代信息技术71项、节能环保28项、生物医药13项、高端装备制造业21项、新材料7项、新能源7项、新能源汽车3项。2016年度认定的150个项目实施效果良好。据统计,项目取得专利、软件著作权、集成电路布图设计专有权、国家新药等各类知识产权5432项(平均每个项目获36项),79个项目的产品获得新技术新产品认定,占认定项目总数的52.7%。项目实际完成投资总额212亿元,是专项资金支持总额的近100倍。项目上年实现销售收入457.4亿元,同比增长48.9%;缴税32.6亿元,同比增长58%;实现净利润81.4亿元,同比增长58%。带动企业实现销售收入1524.4亿元,同比增长13.7%;缴税72.8亿元,同比增长37.1%;实现净利润152.6亿元,同比增长46.9%。据统计,认定企业中146家为高新技术企业,49家企业获得过社会投资,34家已上市。83家企业获得国家和北京市重点实验室、工程技术研究中心、企业技术中心等认定,82人入选千人计划、海聚工程、"科技北京"百名领军人才等。企业科技人员占职工总人数达50%。上年度科技活动经费占销售收入比例达到12.5%。

(北京市高新技术成果转化服务中心)

【战略性新兴产业科技成果转化基地认定】 年内,共认定战略性新兴产业科技成果转化基地12家,这些基地均具有较好的建设基础、较强的科技成果转化和产业化承载能力,主导产业突出,与所在区域主导产业结合度高,符合北京市产业发展布局。12家基地规划土地面积4104公顷,入驻企业总数近5200家,其中国家高新技术企业151家。上年基地入驻企业实现销售收入约750亿元,上缴税金达47亿元。12家认定基地中,生物领域占42%,新一代信息技术领域占25%,新材料领域17%,节能环保领域8%,高端装备制造8%。

(北京市高新技术成果转化服务中心)

【资助自然科学基金项目869项】 年内,市自然科学基金共受理343个依托单位的2017年度项目申请6176项。经评审,决定资助869项,其中重点项目24项、面上项目543项、预探索项目57项、青年科学基金项目245项。涉及数理科学21项、化学与材料科学89项、工程科学58项、信息科学110项目、生物科学42项、农业科学52项、医药科学367项、城建与环境科学83项、管理科学47项。资助总金额15291万元。

(北京市自然科学基金委员会办公室)

【市重点实验室和工程技术研究中心认定】 年内,市科委经资格审查、专家评审和现场考察,共认定北京市重点实验室69个,北京市工程技术研究中心33个。截至年底,累计培育认定北京市重点实验室/工程技术研究中心773家,其中北京市重点实验室457家,北京市工程技术研究中心316家。累计培育认定市级企业研发机构466家。领域布局日臻完善,初步形成重点战略领域覆盖、优势特色领域聚焦、前沿热点领域培育的格局。

(市科委法规处)

科技服务

【红星奖亮相第二届中国设计大展】 1月9日至3月13日,中国设计红星奖在深圳举办的第二届中国设计大展及公共艺术专题展上亮相。作为此次展览中"设计案例展"的重要组成部分,红星奖精选包括戴森风扇、哈曼音箱、土耳其安卡拉不锈钢地铁模型、小米电视、折叠自行车等30余件获奖产品参展，展示了优秀设计和中国工业设计的发展历程。

（北京工业设计促进中心）

【京蒙（赤峰）科技合作洽谈会召开】 3月29日，北京市科委联合内蒙科技厅、赤峰市政府召开京蒙（赤峰）科技合作洽谈会，市科委委员王建新、内蒙科技厅副巡视员云涛、赤峰市政府副秘书长孟和巴特尔出席座谈并讲话。洽谈会上，北京市科委按产业链组织北京农科城参展科技企业与当地企业进行合作洽谈，通过一对一交流，展示科技成果，交流合作经验，实现科技需求精准对接，输出北京的新技术、新产品。通过洽谈，6家企业初步达成合作意向，推动、完善了"高端研发、品牌服务和营销管理在京，生产加工在外"（即两端在内，中间在外）的京蒙区域科技合作新模式。

（市科委办公室）

【交易中心助力北京·十堰技术创新对接会】 4月7日，北京·十堰技术创新对接会举行。北京技术交易促进中心组织智慧农业物联网联盟、药用植物联盟等首都创新大联盟机构成员以及首都科技条件平台中科院基地参加对接会，针对企业需求就相关技术进行了探讨交流。

（北京技术交易促进中心）

【北京发明创新大赛10届回顾纪实活动开展】 5月10日，国家图书馆艺术中心举办大道如虹——北京发明创新大赛10届回顾活动。10年来，共有1000家机构、4000位自然人参加北京发明创新大赛。10年间，大赛共收到参赛项目11531项，其中获奖项目1550项。在10届大赛回顾中选出最具社会影响力项目、最有创意项目和最具应用价值项目进行表彰。

（北京发明协会）

【第十九届科博会举行】 5月18—22日，第十九届中国北京国际科技产业博览会举行。本届科博会以"推动科技创新，引领产业转型"为主题，服务国家创新驱动发展战略，集结科技创新领军企业，集中高新技术成果，推介优质项目，探索科技产业发展新理念、新模式，促进国际科技创新与合作交流。为期5天的科博会共有22万多人次参加各项活动。其中，展览会4天接待观众20万多人次；12场项目推介交易活动吸引了国内外近6000位客商参与；6场论坛共182位国内外知名人士登台演讲，听众5500多人次。来自3个国际组织、34个国家的39个境外代表团组和29个省区市代表团参展参会。据不完全统计，本届科博会期间签署技术交易、产业合作项目协议总金额796.42亿元人民币。与往届相比，签约项目呈现4个特点：一是科技成果转化应用的项目多，涉及电子信息、光机电一体化、智慧交通、农业科技等领域；二是兄弟省区市科技项目签约金额明显增加，占签约总额的28%，其中中西部地区签约项目金额占总签约额的12%，彰显国家级平台效应；三是新一代信息技术与"互联网+"产业项目占19%，显示大数据正得到广泛应用，物联网、智慧城市建设正在创造一批新业态；四是创新平台建设项目占15%，显示创新创业生态更加完善。

（科博会官网）

【科学验证推动国产仪器行业创新发展】 5月20日，国产检测仪器设备验证与综合评价技术服务推介会在第十九届科博会上举行。本次推介会由北京出入境检验检疫局、北京市科委共同主办，中国仪器仪表行业协会、北京科学仪器装备协作服务中心协办，北京出入境检验检疫局检验检疫技术中心、首都科技条件平台检测与认证领域中心和仪器信息网承办。推介会邀请国产检测仪器设备行业及检测机构的相关专家及代表分析解读行业状况及相关政策，介绍技术验证的成功案例及经验，推动国产检测仪器设备厂商与评价机构的交流洽谈。政府部门和相关协会领导，检测及认证机构、仪器企业、实验室、检验检疫等相关部门负责人200余人出席推介会。

（北京科学仪器装备协作服务中心）

【第五届北京现代种业博览会召开】 5月26日，第五届国家现代农业科技城北京现代种业博览会在北京农科城通州园开幕。开幕式由市科委委员张虹主持。开幕式上，北京农科城通州种业园分别与河北省大厂国家现代农业科技园区、山东省东阿县政府签订战略合作协议。为期一周的博览会集中展示近200家单位的蔬菜新品种2600余个、新技术100余项，农机装备及智能化精密装备50余台。通过搭建成果展示、示范和交流平台，进一步推进北京与外阜的种业技术交流、信息共享和产业合作。

（市科委农村处、农村中心）

【科技创新板块亮相第四届京交会】 5月28日至6月1日，第四届京交会在北京国家会议中心举行。在市科委的支持下，中国国际技术转移中心承办京交会科技创新板块，组织英国、澳大利亚、韩国、加拿大等国以及国内13家企业参展。本届京交会科技创新板块以“实施创新驱动发展战略 建设全国科技创新中心”为主题，以“国际技术转移”“前沿技术”“大众创业、万众创新”“新能源汽车”4个展区亮相第四届京交会，展区面积为272平方米。

（北京技术交易促进中心）

【高新技术企业认定及科技金融政策专题宣讲会】 7月7日，北京科技政策法规宣讲团与中关村新兴科技服务业产业联盟、北京生产力促进中心及北京市科技金融促进会共同召开高新技术企业认定及科技金融政策专题宣讲会。本次宣讲活动同时在联东U谷、密云等地设立分会场，采用网络平台同步直播，覆盖创新主体千余家。宣讲会上，市科委高新处成员详细解读了《高新技术企业认定管理工作指引》，中关村管委会创新能力建设处成员详细解读了《创新能力建设专项资金管理办法》。宣讲团成员还与参会代表进行了互动交流。

（市科委法规处）

【促进首都科技资源开放服务会召开】 7月7日，市科委与首都科技条件平台北京大学研发实验服务基地、房山工作站，在房山良乡高教园区北京高校大学生创业园共同召开贯彻全国科技大会精神促进首都科技资源开放服务现场会。房山区与北京大学的合作方式，是首都科技条件平台资源服务区域发展的一个重要实践，符合平台服务区域的方向。房山工作站围绕央属高校资源落户房山，携手高教园区管委会，采取“筑巢引凤”的服务模式，促成北京大学研发实验服务基地与良乡大学城管理委员会的合作。

（市科委条财处）

【“设计之都”建设政策专题宣讲会】 7月8日，北京科技政策法规宣讲团与北京市中小企业公共服务平台和海淀区文化创意产业协会共同召开“设计之都”建设政策专题宣讲会，来自企业的200余名负责人参加会议。会上，市科委文化科技发展处、北京工业设计促进中心及北京生产力促进中心成员分别围绕创新主体所关注的北京市支持科技文化融合和设计产业发展相关政策、市科委2017年“设计之都”建设科技专项科技文化融合和设计领域储备课题申报政策，以及2016年首都设计提升计划项目申报政策等内容进行了深入解读，并与参会人员进行了现场交流。

（市科委法规处）

【红星T台项目路演活动举行】 7月14日，北京DRC工业设计创意产业基地市科委科技成果转化引导基金支持的设计产业基金——中创红星设计创业投资基金，以及北京设计产业联盟、瞪羚企业家创新合作组织等单位，在DRC基地4K影视体验展示中心共同举办“智能改变世界——2016瞪羚秀场·红星T台”项目路演活动。此次路演活动围绕“智能+”的主题，共有5家企业参加，项目内容涉及大数据脑波识别、智能机器人应用底层语言、节能热泵、个性化定制智能柔性生产线、智能投顾等领域，邀请了君紫资本、大唐财富、清控科创资本等近30家投资机构的投资人，对项目进行现场点评和资源对接。

（北京工业设计促进中心）

【农科城参加畜牧业创新品牌展示交易会】 7月19—21日，市科委组织北京农科城产业联盟12家成员单位参加2016中国新丝绸之路锡林郭勒草原畜牧业创新品牌展示交易会。交易会重点展示生物饲料、牧草、防疫、养殖、屠宰、加工、市场销售等全产业链上30余项科技成果。通过科技成果展示和企业科技需求对接，北京农科城发挥首都科技的辐射带动作用，促进了内蒙古草原新丝绸之路经济带的建设。

（市科委农村处、农村中心）

【京石“一站一台”授牌】 7月22日，市科委与石家庄市政府共建的首都科技条件平台石家庄合作站、北京技术市场石家庄服务平台（京石“一站一台”）授牌仪式在市科委举行，北京技术交易促进中心作为条件平台支撑单位承办本次授牌仪式。市科委主任闫傲霜授牌仪式上表示，京石“一站一台”的授牌使得北京科技创新资源和科技创新成果得以走出去，让河北在创新资源共享上实现与北京的“同步化”。仪式后，石家庄科技大市场与北京软件产品质量检测检验中心、中科合创（北京）科技推广中心以及中国国际经济合作投资公司，就共建京石软件质量检测公共服务平台、知呱呱石家庄工作站、中经河北国际创新谷签署合作协议。

（北京技术交易促进中心）

【国家地理探讨打造“第五空间”】 7月25日，中国国家地理杂志社与北京全景地理书业有限公司在朝阳区融创空间中小企业服务平台，与北京生产力促进中心就共建“国家地理（北京）文创空间”事宜达成战略合作，将在融创空间园区内建设占地1800平方米的办公、孵化及展示空间，中国国家地理下属图书公司、“地道风物”团队、博物文创、丘山志文创等文创团队将陆续入驻，实现科普体验、文创产品研发等服务功能，成为融创空间园区继创客咖啡、集中办公、科技体验、综合服务之后的第五个场景体验空间。

（北京生产力促进中心）

【2016红星奖初评在北京举行】 7月27日，2016中国设计红星奖初评在北京举行。中国工业设计协会会长刘宁、中国设计红星奖执行主席陈冬亮出席评审会，并为来自北京、上海、广东、江苏、湖南以及辽宁的12位评委颁发聘书。本届红星奖共征集到了来自全球1657家企业的6250件产品，澳门企业首次参评，中国34个省、市、自治区以及港澳台地区全部参评。德国奥迪、瑞典爱立信、美国图灵、韩国锦湖等全球知名公司参与了此次初评。

（北京工业设计促进中心）

【中华传统元素设计大赛启动】 8月4日，北京生产力促进中心、视觉中国集团、国家图书馆出版社在北京共同举办“北京生产力促进中心与视觉中国集团战略合作签约仪式暨‘花样无言—唤醒有声’中华元素设计新主张设计大赛启动仪式”。启动仪式上，北京生产力促进中心与视觉中国集团现场签订了战略合作协议。双方将共同建设视觉文化体验中心，举办文化设计领域创新创业大赛，推动视觉文化产品的创意创作和推广，致力于打造集文化产品展示体验、设计服务资源共享、文化交流活动组织、文化产品电商服务于一体的综合性产业公共服务平台。

（北京生产力促进中心）

【全球科技投融大赛总决赛举行】 8月16日，2016全球科技投融大赛总决赛在中关村展示中心圆满落下帷幕。本次大赛历时2个月，吸引来自智能硬件、人工智能、新技术新材料、VR（虚拟现实）、消费升级、泛娱乐、大数据、企业服务等领域的230余个科创项目的参与，其中海外项目50余个。赛事共评选出最受欢迎项目奖、最佳商业模式创新奖、最佳智能生活奖、最佳先锋科技奖、最具投资潜力奖等优秀项目10余个。该项赛事由创客全球孵化器与中关村核心区战略性新兴产业促进联席会（SEIPC）共同主办，北京生产力促进中心、中国文化产业发展集团公司作为特别支持单位参与举办事宜。

（市科委高新处）

【2016红星原创奖评审举行】 8月17日，2016中国设计红星原创奖评审会在北京举行，来自北京、广州、上海、杭州、大连等地的7位专家担任本届评委。中国工业设计协会副会长赵卫国、中国设计红星奖执行主席陈冬亮出席评审会并为评委颁发聘书。本届红星原创奖共征集到来自全国29个省、市、自治区的80余所院校、数十家创新企业的1000余件作品，同时也收到了来自韩国和英国知名艺术院校的年轻设计师作品。最终，有16件作品获原创奖各奖项。

（北京工业设计促进中心）

【发明创新基地授牌仪式暨北京发明创新大赛进北汽活动举行】 8月18日，北京汽车产业研发基地举办发明创新基地授牌仪式暨北京发明创新大赛进北汽活动。中国发明协会、北京发明协会、北汽集团的领导出席会议。北汽集团与北京发明协会共同打造北汽创新创业平台，进一步推进和做好发明创新工作。

（北京发明协会）

【纳米创新创业大赛北京地区赛举行】 8月23日，第二届中国国际“纳米之星”创新创业大赛北京地区赛暨中国·北京创新创业大赛季新材料、新能源及节能环保主题赛决赛在北京国际会议中心举行。大赛由北京创业孵育协会、北京纳米科技产业创新联盟、清华科技园主办，北京新材料发展中心、启迪之星（北京）科技企业孵化器有限公司、北京科方创业科技企业孵化器有限公司承办。大赛于5月启动，总参赛报名项目130项，其中企业报名数量超过60%。最终决赛产生新材料企业组前三名：北京派和科技股份有限公司、泰科天润半导体科技（北京）有限公司、北京八度阳光科技有限公司，团队组前三名：亿美新磁团队、国家纳米科学中心魏志祥团队、量子点红外成像芯片；新能源及节能环保企业组前三名：北京大城绿川科技有限公司、北京热华能源科技有限公司、北京嘉克新兴科技有限公司，团队组前三名：北京华清环保科技创新团队、可变体积隔热材料——让全世界节能十分之一、乙醇云商。

（市科委双新处）

【科普文章创作撰写培训会召开】 9月2日，北京市科学技术奖励工作办公室召开2016年度北京市科学技术奖初审入围项目科普文章创作撰写培训会，启动科普图书《创新在闪光2016》编辑工作，共200余家单位的近300名科技工作人员参加此次培训。

（北京市科学技术奖励工作办公室）

【先进制造与文化科技领域主题赛落幕】 9月2日，中国·北京创新创业大赛季（2016）先进制造与文化科技领域主题赛在融创动力文化创意产业园落幕。该赛事是在市科委、北京创业孵育协会、北京众创空间联盟共同指导下，由北京生产力促进中心及中国北京（海淀）留学人员创业园、北京市中小企业公共服务平台共同主办，多家企业承办的科技型创新创业赛事盛典。本次大赛历时两个多月，吸引众多创业者的积极参与，涉及智能硬件、人工智能、虚拟现实（VR）、大数据、文娱消费等领域共153个创新项目。通过网络评审和复赛的选拔，最终确定36支参赛队伍晋级大赛季先进制造与文化科技领域主题赛决赛，其中团队组12支队伍，企业组24支队伍。最终团队组“WIMEM－未膜科技”、企业组“翱旗创业（北京）科技有限公司”摘取本次比赛桂冠。

（市科委文科处）

【纳米创新创业大赛总决赛举行】 9月8日，第二届中国国际“纳米之星”创新创业大赛总决赛在北京举行。本届大赛由纳米科技产业技术创新战略联盟筹备工作组、清华科技园主办，北京纳米科技产业创新联盟/北京新材料发展中心、启迪之星（北京）科技企业孵化器有限公司、北京科方创业科技企业孵化器有限公司等单位共同承办。大赛历时117天，最终泰科天润半导体科技（北京）有限公司、北京派和科技股份有限公司、中科森辉微球技术（苏州）有限公司夺得企业组前三名；大吉科技、亿美新磁团队、智烃科技夺得团队组前三名。此外，大赛还评选出3个单项奖，即技术领先奖、投资价值奖、商业模式奖，分别由泰科天润半导体科技（北京）有限公司、北京派和科技股份有限公司、苏州中科纳福材料科技有限公司获得。

（市科委双新处）

【科技类社会组织政策专题宣讲会】 9月13日，北京科技政策法规宣讲团与北京市社会团体管理办公室和北京市科学技术评价研究所共同召开北京市科技类社会组织政策专题宣讲会，近200名科技类社会组织、企业和相关单位负责人参加会议。宣讲会首先传达学习了北京市科技创新大会精神。随后，市科委政策法规处围绕北京全国科技创新中心建设“十二五”期间取得的成就和“十三五”时期的工作部署，以及新发布的《关于进一步完善财政科研项目和经费管理的若干政策措施》等内容进行详细解读；北京市社会团体管理办公室和市科委高新处分别围绕2016年新颁布实施的《中华人民共和国慈善法》以及北京市支持科技服务业和高新技术企业发展的相关政策进行深入解读。会后，宣讲团成员同与会各组织和单位负责人进行了互动交流。

（市科委法规处）

【2016红星奖终评举行】 9月22日，中国设计红星奖终评评审会在北京举行，来自德国、美国、意大利、澳大利亚、奥地利和中国的12位顶级设计专家担任评委，对现场近300件产品进行评审。最终有近300件产品获奖，来自北京的获奖产品超过40%。本次评审具有开放和共享的特点，吸引中央电视台、《北京日报》等主流媒体的关注，并首次邀请到淘宝网、网易家居、花瓣网等媒体平台开展直播活动，有近3万名观众与红星奖评审活动形成互动。

（北京工业设计促进中心）

【2016北京国际设计周在北京举行】 9月23日至10月7日，由文化部与市政府共同主办的2016北京国际设计周举行。本次活动秉承“智慧城市 设计之都”的理念，以“设计2020”为主题，涵盖开幕活动、主题展览、主宾城市、经典设计奖、北京设计论坛、设计市场、创新设计服务大会、国际设计贸易交易会、设计之旅等9项主体内容，覆盖京津冀地区各大文化创意场所，集中展示、推介文化创意和设计服务与相关产业融合发展的创新成果，吸引参会设计师、机构代表、学术专家超过2000人，注册媒体百余家，观众超过500万人次。

（市科委文科处）

【国际注册技术经理人认证培训开班】 9月26日，由中国国际技术转移中心、英国普雷塞斯中心以及聚思睿管理咨询（北京）有限公司共同举办的“国际注册技术经理人认证（RTTP）”系列培训课程在北京中关村鼎好电子大厦举行。来自全国多个省区的近30名学员参加培训。本次培训班课程为期12天，由3个递进式模块构成，以技术转移从业核心技能为切入点，讲解前沿技术的研发创新、技术成果的价值发现、初创企业的知识产权运营、融资风险及商业模式设计等，对其中关键知识点及实用方法进行集中授课和实践演练。

（北京技术交易促进中心）

【2016双创周活动举行】 10月12日，2016年全国大众创业、万众创新活动周（双创周）启动。本届双创周以"发展新经济、培育新动能"为主题，设立深圳主会场、北京会场，并在全国多地设立分会场。其中，双创周北京会场暨中关村创新创业季活动在中关村国家自主创新示范区展示中心启动，并在10月12—21日期间举办全球创新峰会、2016年京津冀全面创新改革论坛、中国创业投资行业峰会、人工智能论坛、共享经济论坛、K12少年创客挑战赛、创业世界杯中国区总决赛、央地协同创新创业论坛等24场活动，展示北京市创新创业发展成果，推动全国科技创新中心建设。中关村国家自主创新示范区展示中心布置的"双创"项目主题展示区，分为构建创新创业新生态、引领新经济澎湃新动能、京津冀协同创新共同体、创业文化和双创活动以及室外展示的创业服务机构5个板块，集中展示来自京津冀地区涉及人工智能、新材料、生物技术、节能环保、智能机器人、互联网+等前沿技术和产业领域的195个项目。京津冀项目亮相北京会场，成为本届双创周的一大亮点。

（市科委高新处）

【北京创新创业大赛季】 10月17日，市科委支持的"北京银行——太库杯中国·北京创新创业大赛季（2016）"颁奖典礼在北京丰大国际大酒店举行。此次大赛季共分25个赛区，近6000个创新创业项目参加，历时半年，近200家单位入围大赛季总决赛。由北京生产力促进中心组织推荐的20支参赛队伍组成先进制造与文化科技团队，成为此次最大赢家。其中，彼乐智慧科技（北京）公司、何理互动设计团队分别荣获企业组、团队组第一名，北京极智嘉科技有限公司、华清科盛（北京）信息技术有限公司、北京润和微光科技有限公司、北京升哲科技有限公司、北京八度阳光科技有限公司、未膜科技、优护家等7支队伍分别获得企业组、团队组第二、三名。

（北京生产力促进中心）

【红星奖参展第22届义博会】 10月21—25日，第22届中国义乌国际小商品博览会在义乌国际博览中心举行。本次红星奖受邀参展义博会，共展出近50件获奖精品，其中不仅有历年的优秀获奖产品，更有部分2016年参评产品的首次亮相。作为红星奖与电商平台合作的进一步成果，本次红星奖展区的部分产品可以扫描产品说明中的二维码直接购买。

（北京工业设计促进中心）

【加强全国科技创新中心建设政策专题宣讲会】 10月27日，北京科技政策法规宣讲团针对北京地区科技型企业召开北京加强全国科技创新中心建设政策专题宣讲会。300余名科技型企业负责人出席宣讲会。宣讲会首先传达学习了北京市科技创新大会精神。随后，市科委政策法规处人员就北京创新驱动发展的新形势和新任务、《关于进一步完善财政科研项目和经费管理的若干政策措施》及北京市支持企业发展的科技政策等内容进行了详细解读；市科委发展计划处人员围绕《北京市"十三五"时期加强全国科技创新中心建设规划》，回顾总结了"十二五"时期科技发展成效，集中解读了"十三五"时期全国科技创新中心建设的总体思路、发展目标和重点任务等内容；市科委高新技术产业化处人员就北京市支持企业技术创新的相关政策以及正在组织申报的北京市新技术新产品（服务）认定政策进行了深入解读。宣讲会后，宣讲团成员同与会企业负责人进行了互动交流。

（市科委法规处）

【第十一届北京文博会举行】 10月27—30日，以"激发文化活力 引领产业创新"为主题的第十一届中国北京国际文化创意产业博览会在北京国际展览中心举行。其中，"设计创意展区"由市科委主办，北京工业设计促进中心承办。该展区以"好设计触手可得"为主题，搭建了一个设计创意产品与项目交易的合作平台，为企业提供品牌提升、上下游资源整合的合作机会，为设计师提供国际化的展示空间和交流机会。

（市科委科宣处）

【农科城组团参加杨凌农高会】 11月5日，市科委组织北京市国家农业科技园区代表参加第二十三届中国杨凌农业高新科技成果博览会。博览会展示了北京农科城在农业科技创新、示范带动、电子商务、智慧农业以及体制机制创新等方面的新成果、新技术，开展线上、线下展示。

（市科委农村处、农村中心）

【首届国际第三代半导体创新创业大赛收官】 11月15日，在科技部火炬高技术产业开发中心、市科委、广东省科技厅的指导和支持下，由第三代半导体产业技术创新战略联盟（CASA）和国家半导体照明工程研发及产业联盟（CSA）共同主办的黄金半导·创新未来——首届国际第三代半导体创新创业大赛在中国北京国际会议中心收官。本次大赛经过3个月的项目征集，共收到269个海内外项目报名，其中通过初审并具有自主知识产权的高新技术项目共108个。这些技术项目涉及半导体照明、光电子、电力电子、微波射频领域。最终，10个创新创业团队脱颖而出，北京的参赛团队和企业技术创新实力突出，清华Paers、华碳元芯、智慧光达包揽团队组前三名，泓雁嵘昌、派和科技获得企业组二、三等奖。

（市科委双新处）

【39家企业携科技成果参展深圳高交会】 11月16日，第十八届中国国际高新技术成果交易会在深圳开幕。由市科委牵头，会同中关村管委会组成北京科技代表团参会。北京科技代表团共设立“全国科技创新中心”和“中关村科技创新成果”两个展区，展览面积达500平方米，展示39家科技企业的近百项科技成果，包括智能机器人、智能硬件、3D打印、VR虚拟交互等前沿科技创新产品。两个展区突出北京市在加快构建“高精尖”经济结构，培育新技术、新模式、新业态等方面取得的新成果和新突破，展示中关村国家自主创新示范区对全国创新驱动发展的示范引领作用，宣传全国科技创新中心建设成效。

（市科委科宣处）

【获奖成果完成人交流会举行】 12月1日，北京市科学技术奖励工作办公室召开北京市科学技术奖获奖成果完成人交流会，140余位北京市科学技术奖获奖代表参会。会上，中国工程院院士彭苏萍和中科院自动化所机器人中心副主任乔红分别就“地质雷达在道路防治中的应用”及“手—眼—脑的智能研究”做主题讲座。主题讲座后，市奖励办介绍了市奖励办在扩大科技成果影响力及推动科技成果转化方面所做的工作及未来的工作设想。

（北京市科学技术奖励工作办公室）

【2016红星奖颁奖典礼举行】 12月12日，2016红星奖颁奖典礼在北京举行，揭晓获奖结果。颁奖典礼以“中国精工——好设计·新供给”为主题，举办颁奖、论坛、展览等多项活动。在本届红星奖312件获奖产品和作品中，北京有37家企业的56件产品获奖，占全部获奖产品总数的18.9%。其中，中国中车的“时速350公里中国标准动车组”荣获至尊金奖，北京上品极致产品设计公司的“心脏介入磁导航系统”获得金奖，北京飞米科技公司的“小米无人机”等5个产品获得银奖（北京荣获至尊金奖、金奖、银奖的产品占42.1%），代表了中国创新设计的最高水平。

（北京工业设计促进中心）

【农业领域高新技术企业政策培训会召开】 12月21日，北京科技政策法规宣讲团、北京市科委农村发展中心、北京现代农业科技创新服务联盟、中关村量子生物农业产业技术创新战略联盟共同举办农业领域高新技术企业政策宣讲专场培训会，来自农业领域的高新技术企业和即将申报的高新技术企业的相关人员150余人参加培训。培训中，参训者学习2016年度《高新技术企业认定管理办法》《高新技术企业认定工作指引》《高新技术企业认定管理办法》《高新技术企业认定工作指引》等文件的政策解读；听取市科委高新处相关人员就2016年农业领域高新技术企业评审情况、申报要点和注意事项的详细解读，以及高博智融集团总裁、执业律师潘志华对高新技术企业农业知识产权创造与保护策略的介绍。

（市科委农村处、农村中心）

【专项资金推动中小微企业服务模式创新】 年内，北京市科技服务业促进专项资金推动中小微企业服务模式创新，取得系列成果。首先，支持易科学、盛景网联等67家企业以“互联网+科技服务”开展研发、检测等科技服务，年收入达152.5亿元，累计服务企业超过66万家。其次，支持嘀嘀无限、神州锐达等29家企业通过共享经济模式整合资源，向社会提供开放服务，年服务收入超过17.6亿元，覆盖企业客户4.36万家，个人客户超过2.5亿人。最后，支持技术转移机构向专业化平台发展，推进科技咨询、科技金融、知识产权等服务高效对接，已促成技术转移项目3462项，服务客户16万家。

（北京生产力促进中心）

【科学仪器行业可靠性培训】 年内，科学仪器行业可靠性基础培训在北京举行。本次培训共4期，由北京科学仪器装备协作服务中心主办，上海瑞卓软件股份有限公司承办，来自北京市计量院、海光、雪迪龙等10余家行业内龙头企业的高管及业务骨干共计60余人参加培训。本次培训是装备中心围绕首都科技条件平台检测与认证领域中心业务工作开展的面向在京企业的系列培训，旨在提升国产仪器生产企业研发人员对于产品可靠性基础理论的认识水平及专业技术素养，为企业开展可靠性工作提供基础支撑。

（北京科学仪器装备协作服务中心）

研究与开发

基础研究

【新型荧光蛋白的开发研究】 年内，中科院生物物理研究所徐平勇研究员主持完成的市基金重点项目“应用于双色超高分辨率成像的新型荧光蛋白的开发”（项目编号：7131011），在活细胞超高分辨成像探针和方法方面开展了系统研究。发展了反复光激活荧光蛋白 Skylan－S，具有极高的光学稳定性和信噪比，且不影响目标蛋白的定位和功能，是目前用于光学波动超高分辨成像技术（SOFI）成像性质最好的荧光蛋白。发展了可逆光激活荧光蛋白 Skylan－NS，具有高亮度、开/关（on/off）对比度高、光学稳定性高等特性。还发展了光激活非线性结构光照明新方法，将光功率降低到 100 瓦特/厘米^2（W/cm^2），将成像空间分辨率从 100 纳米提高到 45～65 纳米，将时间分辨率推进至 0.25 秒，并能够采集 40 个时间点的数据。相关研究成果发表在《科学》（*Science*）、《美国化学会纳米》（*ACS Nano*）、《美国科学院院报》（*PNAS*）等国际顶级期刊。

（北京市自然科学基金委员会办公室）

【骨质疏松治疗研究取得技术突破】 年内，军事医学科学院放射与辐射医学研究所张令强研究员主持完成的市基金重点项目“CKIP1 在骨组织中调控成骨细胞参与骨形成的分子机制与骨质疏松成骨治疗研究”（CKIP1：酪蛋白激酶相互作用蛋白 1）（项目编号：7131012）通过细胞—指数富集的配基系统进化技术（Cell－SELEX 技术）筛选获得特异结合成骨细胞的脱氧核糖核酸（DNA）适配子 CH6，而后与脂质纳米颗粒组装成特异靶向成骨细胞的小干扰核糖核酸（siRNA）递送系统，携带 CKIP－1 siRNA，可在大鼠体内显著刺激骨形成（但不影响骨吸收）、增加骨密度、改善骨的微结构，有效治疗骨质疏松。该研究提供了骨质疏松症的有效治疗方法，突破了传统的以对抗骨吸收为主的治疗思路，为解决已丢失骨量难以补回的医学难题奠定了基础，为深入揭示泛素化修饰与人类疾病的发生机制、研发治疗药物提供了科学依据。项目研究成果发表在国际顶级期刊《自然医学》（*Nature Medicine*）上，引起国际同行的关注，《自然评论风湿病学》（*Nature Reviews Rheumatology*）和《自然评论内分泌学》（*Nature Reviews Endocrinology*）杂志发表专题述评，对该成果的精准靶向技术和临床转化前景均给予很高评价。

（北京市自然科学基金委员会办公室）

【IgA 肾病发病机制研究取得理论突破】 年内，北京大学第一医院张宏教授主持完成的市基金重点项目“致病性 IgA1 分子在 IgA 肾病发病机制中的作用及临床意义研究”（项目编号：7131016），发现 IgA 肾病患者来源的循环 IgA1 复合物可活化系膜细胞，上调系膜细胞趋化因子 1（CXCL1）和转化生长因子－β（TGF－β1）的表达。通过大样本 IgA 肾病临床队列和预后分析证明系膜细胞源性的尿液 CXCL1 水平是 IgA 肾病患者长期肾脏不良预后的独立危险因素，联合传统临床指标后，能提高 IgA 肾病长期肾脏预后的预测效能；揭示了致病性 IgA1 复合物通过 CXCL1/TGF－β1－CXCR2 轴介导的系膜细胞－足细胞交互作用，最终致足细胞脱落损伤的 IgA 肾病肾脏固有细胞损伤机制。项目研究成果发表在肾脏病领域排名第一的《美国肾脏病学会杂志》（*JASN*）上，为未来 IgA 肾病治疗策略的研究提供了潜在的治疗靶点。

（北京市自然科学基金委员会办公室）

【系统性红斑狼疮研究取得理论突破】 年内，中国医学科学院北京协和医院张烜教授主持完成的市基金重点项目“系统性红斑狼疮 CD200/CD200R1 调控免疫耐受机制研究”（项目编号：7141008）（CD200 与其受体 CD200R 均是免疫球蛋白超家族成员，同属 Ⅰ 型跨膜糖蛋白），系统阐明了 CD200/CD200R1 诱导系统性红斑狼疮（SLE）中树突细胞（DC）免疫耐受、调节初始 T 细胞（naiveT 细胞）分化增殖以及介导调节性 T 细胞（Treg）免疫调控的机制，并在 SLE 小鼠模型中明确 CD200 信号干预确实对 SLE 疾病活动、脏器受累及预后有治疗作用。表明 CD200/CD200R1 轴在 SLE 患者中包括凋亡细胞和 DC 中存在明显表达异常，且对 T 细胞增殖和向 Treg 分化具有调控作用，提示 CD200/CD200R1 缺陷在 SLE 免疫发病机制中具有重要意义。研究发现 CD200 通路有可能通过调控介导 DC 和 Treg 而成为 SLE 新的免疫治疗靶向。项目后续还获得了国家杰出青年科学基金的支持，在国际知名期刊《科学引文索引》（*Science Citation Index*，简称 SCI）发表论文近 30 篇。

（北京市自然科学基金委员会办公室）

【肺动脉高血压疾病基因研究取得进展】 年内，中国医学科学院阜外医院荆志成教授主持完成的市基金重点项目“全外显子组测序克隆中国人肺动脉高压新的疾病基因”（项目编号:7141009），建立了全球最大中国肺动脉高压临床研究队列，还建立了肺动脉高压患者和遗传性家系的永生化淋巴细胞和诱导多能干细胞生物样本库，为今后的相关研究奠定了物质基础；发现了多个全新的肺动脉高压可能致病基因和遗传修饰基因，为理解肺动脉高压发病机制提供了新的方向；初步描绘出中国人肺动脉高压外显子基因突变图谱，为肺动脉高压患者的基因分型和精准医疗打下基础。项目研究成果发表在《柳叶刀呼吸医学》（*Lancet Respiratory Medicine*）等国际顶级期刊。

（北京市自然科学基金委员会办公室）

【探究帕金森病的分子机制研究取得进展】 年内，首都医科大学基础医学院杨慧教授主持完成的市基金重点项目“磷酸化 alpha－突触核蛋白在帕金森病中的变化——早期预警标志物的探索”（项目编号:7131001），建立了 S129 磷酸化修饰的 α－突触核蛋白（α－SYN）聚集体酶联免疫吸附检测系统（ELISA 检测系统），利用此方法检测帕金森病患者血浆和对照组相比具有明显的差异（$P<0.0001$）；发现α－SYN 的磷酸化与磷酸酶 PP2A（蛋白磷酸酶 2）的活力下降有关。无论在环境毒素鱼藤酮的作用下、还是帕金森病相关基因 α－SYN 的过表达、葡萄糖脑苷脂酶 GBA 的缺失及帕金森病患者血浆中都证明 S129 磷酸化的 α－SYN 的增加并且聚集与 PP2A 活力下降相关。以 PP2A 分子为荜茇生物碱 PIP 药物作用的靶点，进行帕金森病模型的干预研究，发现 PIP 可以激活 PP2A 的活力，通过抑制凋亡激活自噬而发挥治疗作用，对进一步抗帕金森病药物研发有重要意义。项目研究成果发表在自噬研究的顶级杂志《自噬》（*Autophagy*）上，并获得两项国家发明专利的授权。

（北京市自然科学基金委员会办公室）

【秸秆分离转化制生物汽柴油研究取得理论突破】 年内，中科院过程工程研究所吕兴梅研究员主持完成的市基金重点项目“基于离子液体的生物质溶解分离及转化合成生物汽油的基础研究”（项目编号:2131005），将单一离子液体、离子液体＋添加剂二元体系及两步法离子液体体系用于秸秆的溶解分离，大幅提升了再生纤维素的收率及纯度；研究了离子液体中秸秆的细胞壁及微纤丝的溶解过程，发现了氢键在溶解过程中起到了重要作用；发展了基于离子液体的秸秆－纤维素－生物汽油的溶解转化一体化新方法，获得了高支链化的高辛烷值生物汽油燃料。研究成果发表在《绿色化学》（*Green Chemistry*）上，并被十余家国际媒体长篇报道和评述。

（北京市自然科学基金委员会办公室）

【CO_2 捕集与储存中金属构件服役损伤及控制的研究获得成果】 年内，北京科技大学高克玮教授主持完成的市基金重点项目“CO_2 捕集、储存中金属构件服役损伤及控制的研究”（项目编号:2131004），计算得出不同温度下水在超临界 CO_2 相中的溶解度极限，研究了含水量、温度、氯离子、O_2 含量以及微量 H_2S 条件下钢在超临界 CO_2 环境中的腐蚀行为；研发了气液双相缓蚀剂，使得钢在水溶液中缓蚀效率达到 99%，在高温高压气态 CO_2 相中，不发生局部腐蚀，在超临界 CO_2 相中，局部腐蚀缓蚀效率高达 98%；明确了钢的超临界 CO_2 腐蚀机制，研究了含水量、温度和压力对钢在超临界 CO_2 腐蚀影响的协同作用，建立了超临界 CO_2 相中液滴内碳钢的电化学腐蚀机制模型。项目研究成果对碳捕集与储存（CCS）技术领域的管线选材具有指导价值。

（北京市自然科学基金委员会办公室）

【数据空间理论与关键技术研究取得进展】 年内，北方工业大学韩燕波教授主持完成的市基金重点项目“面向大规模流式数据处理的数据空间理论与关键技术研究”（项目编号:4131001），以大型城市交通关联感知和协同调度背后的实时数据处理为切入点，研究大规模流式数据有序化组织、动态集成与智能联动、并行处理以及可用性保障等关键问题，提出和深化了数据服务模型、数据服务超链模型、数据智能路由与动态集成方法、并行化处理编程模型及框架以及高可用性保障机制等，探索了如何利用服务空间将大数据共享和关联查询问题转化成更便利和可控的服务集成问题；研发了 DeCloud 流数据实时处理云服务平台，从而支持基于百万级并发长连接数据、计算量达 1000 亿次/秒的单项业务计算，支持 10 项不同交通业务的并行计算，总计算量 10000 亿次/秒以上，满足智能交通车辆检测、协同布控等业务对大规模交通流式数据实时处理的需求。

（北京市自然科学基金委员会办公室）

【揭示神经胶质母细胞瘤的源驱动力研究取得进展】 年内，中国科学院生物物理研究所刘光慧研究员主持完成的市基金重点项目"基于成体干细胞致癌突变靶向导入的新型人类恶性肿瘤模型"发现PTEN基因（gene of phosphate and tension homology deleted on chromsome ten，PTEN，第10号染色体缺失的磷酸酶及张力蛋白同源的基因）缺失能够选择性诱发人神经干细胞（HNSC）发生致瘤性转化，确证了PTEN－PAX7通路在神经胶质母细胞瘤（GBM）发病过程中的关键作用，提出了PTEN保护HNSC的新机制；建立了基于PTEN缺失HNSC的抗神经母细胞瘤（GBM）药物筛选平台，从临床上已使用的抗肿瘤药物库中筛选出丝裂霉素C能够选择性诱导PTEN缺失HNSC发生凋亡，为针对携带特定基因突变GBM的精准治疗提供了新型靶点和思路。项目研究成果在国际顶级期刊《细胞》（*Cell*）、《科学》（*Science*）、《干细胞》（*Cell Stem Cell*）等发表论文13篇，刘光慧研究员后续还获得国家杰出青年基金，2016年入选首都"十大疾病科技攻关创新型科技进展"。

（北京市自然科学基金委员会办公室）

社会发展科技

【无人机安全运营管理系统进行系统集成试飞验证】 1月7日，市科委"无人机安全运营管理系统研发"项目的系统集成和试飞验证在平谷北京通航产业基地举行，市科委副主任郑焕敏进行现场考察和指导。该项目以实现无人机运营企业安全飞行和空域管理部门对无人机飞行有效管控为根本出发点和落脚点，突破了无人机飞行网络化服务体系架构设计、北斗/3G/4G多网络融合通信技术、无人机飞行冲突探测技术等关键技术，研制了无人机飞行安全管理系统、无人机空域协调管理系统和无人机空管仿真系统。

（市科委电装处）

【加快推动充电设施建设】 1月18日，"电动社区"行动计划暨北京市充电设施公共服务管理平台（e充网）媒体发布会在市科委举行。市科委、市发展改革委、市物业服务指导中心、市电力公司，以及朝阳、海淀、通州、大兴4个区相关负责人出席会议。会议达成4项共识。一是分类管理提高建桩率：具有固定车位及电源条件的社区，遴选500家建设充电桩；无固定停车位的社区，建设公用充电桩；无安装条件的社区，投放500台移动车充电车。二是探索社区充电桩建设运营模式，在朝阳、海淀、通州、大兴等4个区试点，鼓励物业在公共区域建设公用充电桩。三是实施国标改造，按新国标完成社会公用领域既有5000根充电桩升级。四是建设充电设施公共服务管理平台，打造覆盖广泛、信息准确、运行高效的互联互通平台。

（市科委双新处）

【航天易联推出全国首个被动式人体安检仪】 1月，航天易联将被誉为"改变未来世界十大技术"之一的太赫兹电磁波技术与安检仪结合，自主研发出全国首个被动式人体安检仪，该技术将太赫兹电磁波与安检仪结合，推出安检设备被动式成像系统，利用人体反回的X光进行检测，无辐射危害，可提高分辨率，1秒内迅速成像，可实时检测隐藏在人体衣物的金属、非金属、液体等违禁品。与传统安检设备相比，该安检仪精度提高10倍以上，检测效率提高5倍以上。该产品打破了外国的技术垄断，已应用于亚欧安防博览会等活动中。

（市科委社发处）

【两项轨道交通技术入选国家示范工程】 3月，由北京交控科技股份有限公司、北京市轨道交通建设管理公司等单位自主研发的"城市轨道交通互联互通列车控制系统"和"地铁全自动无人驾驶系统关键技术及设备"，入选国家发展改革委城市轨道交通领域国家示范工程，分别在重庆市轨道交通互联互通项目和北京地铁燕房线首次示范应用。

（市科委社发处）

【抑尘剂有效减少大气污染物排放】 3月，由北京首创博桑环境科技股份有限公司、北京市环境保护科学研究院等单位自主研制的可降解道路抑尘剂，经秋冬两季在朝阳区200万平方米实际道路的喷洒示范应用，喷洒后14天内对道路环境PM10和PM2.5的平均抑制率约为5%和7%。同时，对颗粒物前驱物二氧化硫和氮氧化物也具有抑制作用。

该道路抑尘剂为北京空气环境治理提供了新的技术手段。

（市科委社发处）

【LTE－M 纳入城市轨道交通行业规范】 5月，北京交通大学、中国铁路通信信号研究设计院等单位编制的基于第4代移动通信（LTE）技术的城市轨道交通车地无线通信系统（LTE－M），被中国城市轨道交通协会纳入城市轨道交通行业规范。北京地铁燕房线，乌鲁木齐地铁1号线，重庆地铁5号线、10号线和环线，青岛地铁13号线，沈阳地铁9号线、10号线已采用LTE－M系统。

（市科委社发处）

【启动国内首个绿色校园微循环电动车示范】 6月21日，30辆校园微循环纯电动车在清华大学投运。该工程重点针对“最后一公里”出行接驳，具有路程短、站点少、速度快、客流相对集中等特点，是对主干公共交通的有效补充。

（市科委双新处）

【新能源汽车国家监管平台落户北京】 10月25日，工业和信息化部向北京理工大学下达了建设新能源汽车国家监管平台的工作任务。该监管平台依托市科委支持的北京市公共领域电动汽车运营保障平台，已稳定运行5年，负责北京市公交、环卫、出租、物流、商用车等公共领域新能源汽车的远程数据监控和安全预警工作，是全国接入车型、企业和领域最多的第三方新能源汽车基础信息平台。

（市科委双新处）

【新能源环卫作业车助力首都碧水蓝天】 12月29日，北京环卫集团全系列纯电动环卫车交车仪式在北京市顺义区马坡环卫装备制造基地举行。此环卫车之后将逐步应用于长安街、二三环主辅路、四环辅路、天安门区域、奥林匹克园区等重要道路、重要区域。

（市科委双新处）

【园林绿化科技创新建设初显成效】 年内，园林绿化科技创新建设初显成效。在副中心、中心城区、冬奥会场地周边及沿线建设增彩延绿科技创新示范区4处；累计栽植新优乔灌木2万余株，新优地被50余万株，全面展示新优植物品种30余种。此外，全力打造“绿色科技多彩生活”科普活动品牌，开展“森林音乐会”“森林大篷车”等自然体验教育系列活动67场。

（市科委社发处）

【快速液体安检设备研制成功并投入使用】 年内，北京中盾安民分析技术公司研制出我国首台同时具备包裹和液体探测功能的快速通道式安检设备，在国际上首次解决了不开包检出违禁液体的难题。该设备传送带速度为0.2米/秒，误报率低于10%。使用一台机器即可同时完成固体危险品和液体危险品的探测。该设备已在北京南站高铁站、首都博物馆进行示范应用。

（市科委社发处）

【建立餐饮油烟在线监测与管理系统】 年内，北京市建立餐饮油烟在线监测与管理系统。该系统可在餐饮企业关闭净化设备进行偷排、直排或净排放浓度高时，立即进行异常报警。该系统已在石景山区、西城区、通州区、北京经济技术开发区等近200家餐饮企业安装应用，实现对辖区餐饮企业油烟净化设施运行状态的实时监管。

（市科委社发处）

【成功研制出大气重金属在线监测系统】 年内，北京市研制出大气重金属在线监测系统。该系统可在线监测铅、贡、铬、铜等多种重金属含量，既可实现重金属浓度（总量）的实时测量，又能提供这些重金属的来源信息，解决了“快速解析大气颗粒物中重金属总量及其来源”这一难题，为北京市大气、工业污染源的重金属污染治理提供了科学依据和技术手段。该系统已在中国环境科学研究院等单位应用。

（市科委社发处）

【推进复合型路灯充电桩建设，破解充电难题】 年内，已制造100根复合型路灯充电桩，在城六区安装52根。复合型路灯充电桩整体配有安防摄像头、环境传感器等，集市政照明、电动汽车充电、环境信息采集等功能于一体，用户可以通过手机APP预约充电并实时了解充电状态。

（市科委双新处）

【多方式出行及公交一体化关键技术研究】 年内，北京工业大学陈艳艳教授主持完成的市基金重点项目“多方式出行链协同机理及公交一体化关键技术研究”（项目编号:8131001）在掌握海量个体公交出行全过程数据的基础上，对不同方式间竞争合作的公共交通选择行为进行建模分析；在揭示个体公交出行选择激励的基础上，研究了城市多层次公共交通线网协同优化方法以及面向个性化公交出行需求的门到门主动式信息服务技术及公交一体化发展模式。项目研究成果在一定程度上填补了城市综合公共交通运营领域的研究短板，在相关政府部门和企事业单位得到了广泛应用。

（北京市自然科学基金委员会办公室）

【城市水循环理论与模拟研究取得突出进展】 年内，北京师范大学徐宗学教授主持完成的市基金重点项目“北京市典型区域城市洪涝致灾机理与减灾对策研究”（项目编号:8141003），研发了以分布式水文模型、水动力学模型和承灾体脆弱性评价模型为主体的城市暴雨洪涝灾害模拟和评价关键技术体系，建立了基于暴雨洪水全过程的致灾机理分析方法，通过对北京市“7.21”等典型暴雨洪水过程的模拟，验证了上述模型的合理性；基于情景分析方法，采用构建的模型体系对北京市典型区域、易涝积水点及其不同水平年的洪涝灾害和灾害损失的空间分布特征进行了模拟，分析了区域洪涝灾害致灾机理，并给出了相应的防灾减灾对策与建议。项目研究成果提高了北京市在面对特大暴雨时的灾害应对能力，已在相关政府和企业等单位得到了实际应用，并服务于北京市防汛抗旱和新机场建设，实现了科研成果的转移转化。

（北京市自然科学基金委员会办公室）

【霾的形成机制和变化规律研究】 年内，中国气象局北京城市气象研究所赵普生副研究员主持完成的市基金重点项目“北京地区气溶胶物理化学特征及其对低能见度形成的影响研究”（项目编号:8131003），明确了霾的形成机制和发展变化规律，研究其主要影响因素及条件，分析气溶胶的分粒径消光和吸湿增长能力，进而划分雾霾条件下气溶胶的消光粒径等级，为大气化学数值模式的改进及相关业务应用提供有力的研究基础。项目研究成果为北京地区乃至京津冀区域开展区域性大气复合型污染研究和建立霾的城市污染气象预报系统提供方法依据，为实现根据气象条件开展气溶胶污染防治和能见度改善工作提供研究基础和科技支撑。相关成果进入国家级决策服务材料“环首都圈雾霾特点及大气污染防治对策建议”及“北京市2017年PM2.5控制目标的分析报告”。

（北京市自然科学基金委员会办公室）

【居民能源消费模式与节能途径研究】 年内，中国人民大学魏楚副教授主持完成的市基金面上项目“北京市家庭居民能源消费模式与节能途径研究”（项目编号:9152011），针对北京市居民微观消费数据进行入户调查和系统收集，在此基础上开展了系统研究；建立了2290户北京市居民在2002—2014年间能源消费微观数据库，识别出北京市居民能源消费的模式和影响因素；提出了北京市居民生活节能的主要领域、途径和对策建议。项目研究成果对生活能源、居民消费行为的科学研究提供了基础性的调查数据和观测样本。后续研究获得国家优秀青年基金项目的支持。

（北京市自然科学基金委员会办公室）

【市基金设立重点研究专题项目】 年内，市基金设立“永定河流域生态修复的研究”重点研究专题，北京市水利规划设计研究院刘培斌教授领衔，组织中国水利水电科学研究院、北京市水利规划设计研究院的研究团队获得资助，针对永定河北方缺水型季节河流的特点，深入研究强人类活动影响下生态水文演化机制，建立新的生态修复模式方法，为永定河生态修复工程建设提供科技支撑；设立“面向慢病管理的移动健康服务关键技术”重点研究专题，中日友好医院王辰院士的研究团队、首都医科大学郭秀花教授领衔，组织中科院电子学研究所、北京大学、北京信息科技大学的研究团队参与。王辰院士的研究团队拟开展面向慢性呼吸疾病管理的移动健康服务关键技术研究，实现对慢性呼吸疾病患者的远程、实时管理。郭秀花教授领衔的团队拟开展监测血糖的可穿戴设备相关研究，有助于减少糖尿病并发症和住院率。

（北京市自然科学基金委员会办公室）

【建筑垃圾资源化处置技术取得重要进展】 年内，北京市政路桥建材集团有限公司、北京市市政工程研究院、北京市政路桥集团有限公司联合北京工业大学、北京建筑大学开展建筑垃圾分类、预处理工艺和再生混凝土性能提升等研究，成功开发建筑垃圾流动性回填材料、建筑垃圾再生保温砂浆等新型再生产品，建筑垃圾的资源化率达到90%以上，使用建筑垃圾制造的混凝土骨料100%得到利用；取得专利3项，编制标准和技术指南7部。大兴区庞各庄镇建筑垃圾资源化处置示范线已进入设备安装调试阶段。

（北京生产力促进中心）

【百度深度语音识别系统获得认可】 年内，美国权威杂志《麻省理工科技评论》公布了2016年十大突破技术，百度新一代深度语音识别系统 Deep Speech2 入选，为本次入选的唯一一家来自中国的科技成果。该系统通过深度学习技术，专注于提高嘈杂环境下的英语语音识别准确率，出错率比谷歌、微软以及苹果的语音系统低10%以上。此外，汉语语音查询功能的识别准确率可达94%。

（市科委电装处）

【人工神经器件研究取得重要成果】 年内，北京航空航天大学费尔北京研究院首席科学家、2007年诺贝尔物理学奖获得者费尔教授带领的研究团队，利用自旋电子理论创造性地研制出高速度、低功耗的人工神经突触器件，通过计算机模拟构建神经网络计算系统，验证了自旋波人工神经突触的高性能和低功耗特性，有利于北京市神经网络芯片和通用人工智能（强人工智能）的开发。

（市科委电装处）

【骨传导耳机开发设计为听障患者带来福音】 年内，由北京美尔斯通科技发展股份有限公司设计研发的"骨传导耳机开发设计"项目，通过颅骨振动将声音直接传递到内耳感知声音，结合骨传导特点并运用人体工程学设计，改善了产品外形、色彩、性能以及与旅游市场终端的匹配度。不同于国际上类似产品，该骨传导产品既能够满足正常人群，又能够满足听障患者。截至年底，该款产品是国内唯一通过国家食药监局（CFDA）认证的骨传导产品，入选科技部科技惠民计划，获得2015国家旅游局特色旅游商品大赛金奖。在民政部的支持推广下，与全国16个省民政厅建立听力服务中心，并启动"天籁工程"等项目，为聋人、老年人提供服务。该项目上年实现销售收入1.2亿元，税收近2000万元。

（北京工业设计促进中心）

【现代科技手段助力中国杂技团新发展】 年内，市科委支持、北京工业设计促进中心管理的"下肢肌腱量化训练装置"课题由中国杂技团设计研发，填补了中国杂技行业缺乏专门针对杂技训练辅助器材的空白。传统杂技基本功的训练主要依靠个人经验展开，不仅难以提高训练效率，而且极易出现误伤，给演员和杂技院团造成巨大精神和经济负担。"下肢肌腱量化训练装置"通过对肌腱运动与损伤以及杂技压腿训练规律的研究总结，实现量化功能和循序渐进的训练程序，有效提高训练效率，有效避免训练过程中意外伤害的风险，对杂技专业训练手段创新发展和科学化改良训练方法起到了积极推动作用。

（北京工业设计促进中心）

【设计助力城市更新新模式】 年内，由市科委支持，北京工业设计促进中心管理的重大项目"北京典型街区与传统村落设计提升示范项目"启动。该项目的实施是针对北京市典型街区提升、传统村落保护中运用的有机更新模式，形成用于对其保护发展的新技术、新材料、新能源。

（北京工业设计促进中心）

【轨道交通车载储能与传动关键技术研究启动】 年内，市科委与中国中车股份有限公司共同出资，支持中车工业研究院有限公司与北京交通大学研制统一化、标准化、模块化的轨道交通专用车载储能系统，开发与之匹配的牵引传动技术，并建立统一的测试标准和测试平台。课题下设车载储能系统集成技术、牵引传动能效提升技术、车载储能技术标准与实验能力建设、车载储能与高效能传动动车组车辆运行验证4个子课题。

（市科委重大办）

【基于医药分离的处方药品流通管理系统研制成功】 年内，北京九州通医药有限公司承担的"基于医药分离处方药品流通管理系统研发与配送模式探索"课题通过专家验收。该课题开发出满足医药分离的处方药品流通管理系统，以及面向个人的用药服务管理平台，建立了线上处方电子化和线下药品配送同步的新型药品流通模式，实现电子处方和药品订单直接在医院和专业零售药店间流转，个人可就近选择专业药店上门购买或由物流直接配送到家，并将医院从繁杂的药品发放管理中解脱出来，降低医疗机构的药品管理成本。成果已在大兴区红星医院和15家药店试运行，处理订单近7000份，为推动药品流通专业化、降低流通成本提供新的模式。

（市科委重大办）

【轻型高机动应急抢险系列化装备研制成功】 年内，市科委组织实施的"轻型高机动应急抢险破障车、悬索架设车研制"课题通过专家验收。课题引入部队高机动机械化的工程装备技术和作战理念，采用东风猛士底盘，对国内原有救援装备进行改造，研制出智能化轻型高机动救援装备，具有高机动性、标准化、模块化等特点。通过课题研发，已形成9个系列19台车，具备抢险、破拆、排水、后勤保障等功能，可用于地震、泥石流、洪涝等自然灾害的快速救援和应急保障。部分装备已于7月20日北京市强降雨过程中，在丰台区造甲村东里居民小区、韩庄子北小区及新村一里、总部基地写字楼的排水救援中发挥重要作用。

（市科委重大办）

【大城市道路交通实时主动防控技术平台建成】 年内，由市科委作为项目组织单位，清华大学与中国人民公安大学等单位共同承担的“十二五”国家科技支撑计划项目“大城市道路交通实时主动防控技术集成示范”在北京通过验收。项目研究了城市动态交通信息交互与特征提取、大城市交通拥堵主动防控以及基于交通状态综合分析的公共安全实时预警等关键技术，研制了大城市交通拥堵实时主动防控系统、基于交通状态综合分析的公共安全实时预警系统和动态交通信息交互与特征智能化分析系统，集成开发了大城市道路交通实时主动防控技术集成平台。项目成果在市公安局交通管理局和首都国际集成公安分局指挥中心进行了示范应用，实现对交通拥堵的主动防控以及城市公共安全的智能化监测预警，提高了交通预警管理能力及响应速度。

（市科委重大办）

现代农业

【首都现代农业科技推广体系课题研讨会召开】 1月19日，北京山区发展研究会召开“发挥枢纽型社会组织优势 促进科技团体服务首都现代农业科技推广体系”课题研讨会。与会专家介绍了上海蔬菜食用菌行业协会、上海市农村能源行业协会在行业发展中所起到的作用以及成功经验；北京涉农学会如何有效承接政府的相关职能，建立适合发挥枢纽型社会组织及科技型社团作用的农业推广体系；农业领域科技社团的工作重点；枢纽型社会组织应准确抓住企业、合作社、农户的需求点，发挥科技型社团作用等。与会专家分别从各自的专业领域提出了建议。

（市科协）

【北京农科城种业技术经纪培训班开班】 1月19日，北京农科城国际合作交流中心和北京农科城通州国际种业园区共同开办2015国家现代农业科技城种业技术经纪培训班，来自国内种业科技企业、北京农科城园区种业企业的代表50余人参加了培训。通过加大新型职业农民培育力度，加强自主创新与系统集成，强化条件能力建设，完善现代农业产业技术体系。

（市科委农村处、农村中心）

【“互联网+”现代农业培训会举行】 1月20日，市科委农村中心举行农业科技创新创业服务体系建设培训会，就“互联网+”现代农业创新科技服务进行培训。各区科委和农业企业代表80余人参会。会上，市农科院信息中心陈天恩博士围绕“互联网+”现代农业做了全面讲解；京东集团农村电商部李敏博士对“互联网+”电子商务做了介绍；北京农管家科技有限公司首席运营官李瑞琳全面介绍了互联网行业的发展趋势、农管家服务模式及其成功合作的案例。市科委农村处、农村发展中心的相关人员介绍了农村科技工作内容和未来重点发展方向，并现场征集农业企业在研发、产业化、创新能力建设、科技融资等方面的需求，为今后开展科技服务提供方向。通过培训，参训者对“互联网+”现代农业有了更加全面和深入的了解，提高了对农业电子商务的认识。

（市科委农村处、农村中心）

【2016年京台农业技术培训班在通州开班】 4月27日，北京农业信息技术研究中心、北京市星火科技培训中心、北京农业信息化学会、通州区妇联、通州区漷县镇政府在通州区共同开办2016年京台农业技术系列培训班，来自房山、昌平、大兴、密云、通州等区的农技干部和农业基地负责人共68人参加培训。此次培训班是2016年京台青年科学家论坛的系列活动，由市科协和市台办共同支持。培训中，台湾蔬果花卉产业科技发展协会秘书长谢武雄应邀讲授了白玉苦瓜种植技术及休闲农场经营管理方法并现场指导参训学员进行育苗操作。

（市科委农村处、农村中心）

【考察都市现代农业现场】 4月28日，农业部副部长屈冬玉带领全国都市现代农业现场交流会代表团一行100余人到顺义区参观。代表团实地查看了北京农科城顺义园花卉展示区、生产区、能源中心、鲜花工厂等区域，并对鲜花港在郁金香花期控制、清洁能源开发使用、B2C电商运营等方面实现创新经营，大力推广都市型现代农业发展的成果表示肯定。

（市科委农村处、农村中心）

【京科968玉米新品种亮相科技创新成就展】 6月1—7日，由市科委支持选育的京科968玉米新品种作为我国“十二五”科技攻关重点成果，参加国家“十二五”科技创新成就展。市委书记郭金龙等领导到展台参观时指出，北京市农业发展种业是重点，要体现科技创新中心，要将京科968等农业科技重点成果推向全国，要为全国农业多做贡献。

（市科委农村处、农村中心）

【航天育种试验取得新成果】 10月17日，北京农科城通州园园区入驻企业北京神舟绿鹏农业科技有限公司通过搭载神舟十一号飞船，进行部分种子的航天育种试验。该企业通过搭载试验，拥有航天育种新品种26个，拥有经空间诱变的农作物种子九大类396个品系，选育出9000多份易变材料。此次航天育种试验采用种子、组培苗试管和菌种试管等搭载形式，共计29份种质资源，将育成芒果、丹参、食用菌等新品种。

（市科委农村处、农村中心）

【农科城通州园研发中心开建】 12月27日，北京农科城通州园研发中心开工建设。新建的研发中心位于通州种业园区内，总占地面积75.6亩（1亩≈667平方米），建设规模为8.2万平方米。该建设项目作为园区的核心功能之一，通过兴建种子技术孵化器、国家级种子实验室、种业品种实验基地、种子检测实验室、先进育种技术人才培育基地等，加快从常规育种向分子育种转化，不断提高种业科技创新能力。

（市科委农村处、农村中心）

【航天育种工作取得成效】 年内，北京市航天育种工作取得成效。在通州种业园建设航天育种工程技术研发中心，包括分子育种实验室、智能温室和田间露地实验示范展示区。建立以航天种质资源为对象的植物作物分子标记数据库，构建番茄和辣椒SNP（Single Nucleotide Polymorphism）和SSR（Simple Short Repeat）分子标记数据库，获得95份番茄和246份辣椒亲缘关系进化谱系图；形成番茄和辣椒栽培技术草案，在北京、海南和云南试验示范250亩。为甘肃中牧山丹马场等国内育种企业开展航天新品种种植技术培训，已接待2.2万人次。北京市的小浆果、水稻等3类作物种子，伴随6月26日长征七号返回舱安全着陆，成功实现航天搭载，为培育出高产高抗、高品质特性的新种质奠定了基础。

（市科委农村处、农村中心）

【打造首都现代种业产业链成效显著】 年内，市科委打造首都现代种业产业链取得成效。建设五大种业创新体系，开展分子育种、基因组学等技术攻关，产生世界首个西瓜全基因图谱、世界最大的玉米标准DNA指纹库等原始创新成果。主要农作物品种审定数达205个，获得转基因育种专利194件，占全国总量的37.7%。建立国内首个种业成果托管平台，1万余项成果实现托管；建设种业科技成果产权交易平台，17项科研成果确权交易额达7737万元；京科968玉米推广面积达1600万亩，成为我国第三大玉米品种。组建北京玉米联合体、种质资源共享平台、种子电商交易平台等，蔬菜种子销售占全国的25%，上年北京种业销售额达115亿元。

（市科委农村处、农村中心）

【新发地菜篮子建设成效显著】 年内，市科委支持新发地开展以“生产基地—企业配送—社区门店”为主要模式，进行安全蔬菜进社区直供物流配送科技示范，实施菜篮子工程建设。在生产基地环节开展生物肥料应用、绿色防控体系建设、产品安全检测、生产信息记录、生产服务队伍建设，实现直供蔬菜安全生产控制；在物流配送环节进行环境信息采集、物流车辆监控，实现直供蔬菜物流配送监测；在社区销售环节示范交易电子秤应用、交易集成平台开发、产品追溯系统构建，实现社区交易管理与追溯。同时，新发地连锁菜店经营单位北京志广富庶农产品有限公司在北京市建立蔬菜便民配送直通车126辆和社区直营店108家，服务覆盖3个区、100余个社区，涉及首都居民150多万人次，实现从基地到餐桌的全程把控，为社区居民提供安全优质蔬菜，为首都菜篮子建设提供科技保障。

（市科委农村处、农村中心）

【为婴幼儿配方奶粉提供科技支撑】 年内，市科委通过“安全健康婴幼儿配方乳粉的研究与产业化”项目支持三元食品组建国家母婴健康工程技术研究中心，成立涉及母婴营养研究、产品开发、临床研究、肠道微生态等研究领域近200人的创新研发队伍，建立“中国人母乳成分数据库”、婴儿肠道微生物指纹图谱和尿代谢指纹图谱，研发了舒释爱力优、金钻爱力优、敏彤豆基奶粉、金装爱力优4类10种婴幼儿配方乳粉产品，上市3类9种产品，其中“超级金装爱力优”婴幼儿配方乳粉营养均衡、全面、安全性好，能够完全满足婴幼儿正常生长发育所需要的全部营养。中国统计信息中心发布上半年中国婴幼儿奶粉口碑报告，三元奶粉再次夺冠，连续6次蝉联中国婴幼儿奶粉口碑榜榜首，为做大做强国产乳粉品牌、振兴奶业做出贡献。

（市科委农村处、农村中心）

【奶牛良种选育与繁育体系建设取得新进展】 年内，由北京奶牛中心承担完成的“奶牛良种自主繁育体系建立及关键技术研究”课题，充分发挥首都奶牛种源与技术优势，依托以基因组选择为核心的现代奶牛育种技术，在构建北京地区奶牛良种自主繁育体系，组建先进生产水平的万头规模高产奶牛良种群体等方面取得显著成效。该课题建立全国首个奶牛基因组选择参考群体及技术平台，主要性状遗传评估准确性60%以上，填补了我国荷斯坦牛育种早期选择关键技术空白，获软件著作权2项。奶牛生产性能测定年均规模达4万头以上。推广冻精1532.68万剂、性控冻精29.26万剂、胚胎9680枚，年改良母牛110万头，推广范围内平均单产提高了806.1千克，年提供后备牛5500头。建立5919头的基因组参考群体，健全基因组技术平台，主要性状（产奶量、乳脂率、乳蛋白率、体细胞数、体型评分）基因组遗传评估准确性超过60%。项目累计选配种子母牛1046头，培育备选公犊356头，获验证公牛60头。

（市科委农村处、农村中心）

【中单系列玉米商业化育种实现创新】 年内，市科委以“中单系列玉米商业化育种及产业化开发”项目支持中国农科院作物科学研究所与北京市中农良种有限责任公司围绕中单系列玉米品种的选育和开发，实现“育繁推一体化”种业全产业链创新。引进国际玉米小麦改良中心（CIMMYT）热带玉米种质220份，开展2196份育种材料抗病性等综合表型的多点鉴定，筛选出39份优良资源。挖掘与粗缩病、灰斑病、抗旱、耐低磷相关基因位点60多个。制作了55K SNP芯片（单核苷酸多态性芯片），建立分子标记数据库，提升首都籽种产业自主创新能力和水平。建立集种质改良、田间测试、技术应用、品种选育、示范推广、中试加工生产、市场服务一体化的网络数据库，建立大范围工程化品种测试点60个，形成成熟的中单系列生产技术方案进行快速推广。中国农科院作物科学研究所与北京市中农良种有限责任公司等5家企业签订产学研协议，通过生产经营权为纽带，组成联合企业开发体，建设全产业链新型现代种业科企合作新模式，3年累计推广面积2005万亩。

（市科委农村处、农村中心）

【国产蛋鸡良种覆盖率显著提升】 年内，市科委通过“‘京白1号’及‘农大5号’蛋种鸡新品种选育及产业化”项目支持北京市华都峪口禽业有限责任公司和北京北农大动物科技有限责任公司两大蛋种鸡企业联合创新，建立1套高效的分子育种方案，培育出“京白1号”和“农大5号”2个蛋鸡新配套系。构建科学高效的遍布全国的推广体系，建立“公司+规模养殖农场”的养殖模式。在河北、山东等地建设蛋鸡产业科技园9个，建设节粮蛋鸡和高产蛋鸡生产示范基地共34个。推广京红1号、京粉1号、京粉2号、农大3号商品代蛋鸡8.26亿只，销售收入超过20亿元，商品的市场占有率由原来的35%提高到49.7%。

（市科委农村处、农村中心）

【果树新品种选育研究取得新进展】 年内，市科委以“都市农业果树新品种选育及科技示范”项目支持市农林科学院开展适合都市农业发展的果树新品种选育研究，建立集品种、技术于一体的“一站式”都市农业果树新品种展示示范基地，建立都市农业果树良种“五带百村千园”示范推广模式，为都市现代农业建设提供科技支撑。从国内外收集果树资源161份，创制鲜食品质优良果树新种质12份，选育果树新品种10个。获得专利授权7项，发表论文25篇，制定国家标准1项、出版论著4部。建立展示示范基地1375亩，集成展示果树优新品种（系）和栽培新技术，辐射带动苹果、梨、桃、樱桃、柿子五大优势产业带的100个村、1000个果园，总面积达52万亩。

（市科委农村处、农村中心）

【“圃林一体化”科技示范成效显著】 年内，市科委以“北京林木种苗产业提升及‘圃林一体化’科技示范”项目支持市园林绿化局联合优势单位积极拓展苗圃的生态景观、科普、休闲游憩等功能，提高林地综合产出，优化产业结构。通过对植物观赏性和抗逆性等指标评价，筛选出23种滞纳PM2.5能力强、观赏效果好的树种；制定出标准化苗木培育技术规程3套，并建立标准化育苗技术示范区220亩。收集和保存林下耐荫植物品种55种，建立林下耐荫植物种质资源圃22亩，筛选出15种适宜在林下种植的耐荫植物品种。在延庆区建立5230亩耐荫植物林下栽培推广示范区，建立4个企业标准和技术规程，形成栽培技术体系3套。研究形成生态景观型、休闲游憩型和科普教育型等3种“圃林一体化”发展模式，建立3种类型示范区共5360亩。

（市科委农村处、农村中心）

【小昆虫做成大产业】 年内，市科委通过“都市型现代农业天敌昆虫产业化技术研究与示范工程”项目支持，由市农业局牵头，联合科研院所、生产企业和推广部门开展都市型现代农业天敌昆虫产业化技术研究与示范工程建设。研发并形成我国6种优势天敌昆虫标准化生产工艺流程，优化6种优势天敌的工厂化生产关键技术，制定其工厂化生产技术和质量检验企业标准；建立6种天敌昆虫生产线，年生产能力达到650亿头，并进行国内首个螟黄赤眼蜂和巴氏新小绥螨的生物农药登记。参与项目的2家企业2015年共生产捕食螨98.6万袋，共计1.972亿头，繁育寄生蜂235.5亿头，企业年产值达3000万元以上，降低天敌生产成本30%以上，有效推动了我国天敌昆虫产业的发展。

（市科委农村处、农村中心）

【粮油“适度加工”研究取得新进展】 年内，市科委通过“粮油‘适度加工’关键技术研究与产业化”项目支持中粮营养健康研究院牵头开展粮油适度精炼、营养成分富集、特膳食品和食品级变性淀粉研发等关键技术攻关，形成关键技术12项，开发出新产品15种，上市5种，建立中试生产线3条，实现新增产值8000余万元。研发出的适度精炼大豆油与传统大豆油相比，其内源性维生素E提高29.2%，甾醇提高28.2%，反式脂肪酸实测0.02%，每吨油耗能降低7.4%；通过对稻谷种类、加工条件的组合优化，相对于传统精白米加工出米率提升了7个百分点，产品留胚率达75%以上。粮油“适度加工”全面提升了粮油加工产品的营养、食用及商品品质，推动了我国粮油加工的产业化升级，促进了粮食加工业向优质、营养、高效利用的可持续方向发展。

（市科委农村处、农村中心）

高新技术及其产业

电子信息与先进制造技术

【故宫文物医院揭牌仪式举行】 2月29日，故宫博物院举行故宫文物医院揭牌仪式，院长单霁翔等人为故宫博物院揭牌，市科委委员刘晖出席揭牌仪式。故宫文物医院是国内面积最大、功能门类最完备、科研设施最齐全、专业人员数量最多的文物科技保护机构，也是服务于“平安故宫”工程子项目“院藏文物抢救性科技修复保护”的重要工程。其建筑面积1.3万平方米，划分为科技保护区、分析检测区、书画修护区、综合工艺修护区、综合艺术品修护区、金属钟表维护区六大区域，配备计算机X线断层摄影机（CT机）、无损探伤等专用设备100余台，专业文物保护修复人员达200人，作为常规展馆向公众开放。

（北京生产力促进中心）

【外骨骼康复机器人实现产业化】 4月，北京首都科技发展集团成立产业化实体——北京大艾机器人科技公司，对北京航空航天大学研制的外骨骼康复机器人进行股权投资，投资额度1200万元。外骨骼康复机器人是市科委重大项目“穿戴式下肢外骨骼智能康复机器人系统装备研制”的研究成果，该项目由北京航空航天大学与北京自动化技术研究所、北京积水潭医院共同承担，2015年3月研制成功。

（北京生产力促进中心）

【国内最大直径土压平衡盾构机首发应用】 12月21日，由中铁六局自主研发、直径达12.14米的土压平衡盾构机，突破大坡度浅覆土分体始发技术难题，在太原铁路枢纽西南环线首发应用。相比应用于当前地铁单洞单线隧道、直径6.2米左右的同类盾构机，该盾构机直径比其大近一倍，为国内最大直径的土压平衡盾构机，同时设计配置针对复杂地层的复合式刀盘、刀具及传输装置，可实现平均掘进速度30毫米/分、最大月掘进速度达260米，可满足不同地质条件下“一洞双线”“双层多车道”隧道建设需求。

（市科委重大办）

【超级基站工程样机成功研制】 年内，北京中科晶上科技有限公司与中科院计算所研制的计算与通信融合的超级基站工程样机。该超级基站支持广域协同多点传输与资源智能动态分配，可集中接入2G/3G/4G/5G/宽带无线/卫星等各种无线通信，全面颠覆当前组网模式，符合未来移动通信网络绿色、智能、高效的需求（容量提升1000倍、能耗降低1000倍），被业内认为是实现集中式接入网架构的核心技术，该技术已应用于我国空天地一体化通信系统。

（市科委电装处）

【全球首个5G大规模天线设备研制成功】 年内，大唐电信研制出全球首个5G大规模天线设备，峰值速率超过4Gbps（传输速度为每秒1000兆位即1Gbps），未来3个月内可达到6Gbps的传输速率；相比于4G，其频谱效率提升了5～10倍，数据传输速率提升数十倍，可满足未来5G移动通信对广域连续覆盖的需求，并为无人驾驶汽车、工业互联网、虚拟现实（VR）等高速率业务提供技术保障。

（市科委电装处）

【4G通信技术应用于铁路货运指挥调度系统】 年内，北京佳讯飞鸿电气股份有限公司承担的“基于4G通信技术的铁路货运指挥调度系统研制”课题，自主开发基于4G通信技术的新一代铁路货运指挥调度系统，解决了铁路运输通信系统存在的网络带宽窄及信号场强覆盖受限的问题。该成果应用于朔黄铁路30吨轴重重载运输成套技术创新，满足了开行2万吨及以上重载列车的要求，成为我国首次完成的重载铁路基于第四代无线移动通信技术的研发与应用。

（市科委重大办）

【高端装备制造产业结构进一步优化】 年内，北京高端装备制造产业结构进一步优化。市规模以上高端装备制造企业实现主营业务收入1139.2亿元，利润总额213.4亿元，产业结构不断优化。其中，机器人及自动化板块稳步发展，实现主营业务收入149.2亿元；高端数控装备板块实现主营收入113.4亿元，同比增长3.3%；微电子板块实现主营业务收入521.3亿元，增长7.3%，利润总额39.6亿元。

（北京生产力促进中心）

【中低速磁浮C型钢铝复合导电轨试用成功】 年内，中国铁建电气化局集团研制出中低速磁浮C型成套钢铝复合导电轨，该成果突破原有钢铝的结合形式，改进辅助结构及配件，提高了导电性、耐磨性并且更易于安装，样品通过铁道部产品质量监督检验中心检测，在南车株洲电力机车有限公司磁浮系统研究所的试验线上经过6个月的试验运行，情况良好。在国内首条完全拥有自主知识产权的中低速磁浮商业运营铁路——长沙磁浮快线完成试用，标志着中国磁浮技术实现了从研发到应用的全覆盖，成为世界上少数几个掌握该项技术的国家之一。

（市科委重大办）

【中国标准动车组制动闸片装车试运行】　年内，北京天宜上佳新材料有限公司承担的"中国标准动车组（时速350千米）制动闸片研制"课题通过专家验收。课题按照中国铁路总公司印发的《时速350千米中国标准动车组暂行技术条件》的技术要求，通过对粉末冶金摩擦材料、制动盘性能、摩擦块排列方式、弹性浮动结构等开展研究，研制出具有完全自主知识产权的制动闸片，获得中铁检验认证中心（CRCC）认证报告，已在中国标准动车组两辆样车装车，签订订单1245对，实现了批量供货。

（市科委重大办）

生物工程与新医药技术

【科兴生物Ⅰ类新药EV71疫苗获批上市】　1月，G20企业北京科兴生物制品有限公司自主研发的预防用生物制品Ⅰ类新药——肠道病毒71型灭活疫苗（VERO细胞）通过国家食品药品监督管理总局（CFDA）生产注册申请，获得新药证书及药品注册批件。项目上市后，可替代同类进口药物，减轻患者经济负担，实现北京医药产业创新成果真正惠民。

（北京生物技术和新医药产业促进中心）

【百济神州登陆纳斯达克市场】　2月3日，百济神州（北京）有限责任公司在美国纳斯达克挂牌上市，公开发行660万股，发行价24美元/股，募集资金1.58亿元，总股本达2980万股，开盘上涨18%，收盘价为28美元/股。百济神州尚无产品上市，但是作为首个赴美上市的中国创业型生物制药企业，上市首日总市值达到7.2亿美元，开启了国内专注创新药研发尚无产品上市的生物技术企业登陆国外资本市场的先例，表明中国创新生物医药企业的研发标准和水平已经逐步与国际接轨，正不断吸引着国际制药业巨头和投资者。

（北京生物技术和新医药产业促进中心）

【人类疾病动物模型新进展】　2月，中国生物技术创新服务联盟（ABO联盟）成员北京维通达生物技术公司应用CRISPR－Cas9基因编辑技术，研发出国际上首例Rag2基因和Il2rg基因双敲除的大鼠品系F344RG。

（北京生物技术和新医药产业促进中心）

【抗糖尿病创新中药研发取得重大进展】　3月3日，北京五和博澳药业有限公司承担的市科委科技计划课题"抗糖尿病创新中药桑枝总生物碱片开发"通过了专家验收。通过本课题实施，完成国内首个以化药为对照、国际金标准"糖化血红蛋白"为指标，"以拜唐苹为对照的非劣效"和"以安慰剂为对照的优效"的临床研究。为推进产业化进程，北京五和博澳投资2.5亿元在北京构建年产2亿片的生产质量管理规范的（GMP）现代化生产线，在广西宜州构建1000亩桑枝种植基地和占地150亩的国内首条数字化天然药物连续逆流提取分离全自动生产线，日药材处理量200吨。

（市科委生物医药处）

【GSK第二家中国研发中心在京成立】　3月18日，英国葛兰素史克公司（GlaxoSmith－Kline，GSK）公共卫生研究所在京成立，总投资2000万英镑（约合人民币1.84亿元），是GSK在华成立的第二家研发中心。该中心重点针对中国患者开展耐多药细菌感染及传染病预防领域的新药研发。

（北京生物技术和新医药产业促进中心）

【首都特色·创新驱动临床研究论坛召开】　3月22日，市科委主办的2016年第三届首都特色·创新驱动临床研究论坛在国家会议中心召开。论坛邀请了北京地区医院的领导、临床医生和科管人员参加，吸引河北省部分医院的同行参会，到会人数达到600多人。论坛以"创新驱动临床研究"为主题，通报了市科委2016年"首都临床特色应用研究"专项的组织情况，邀请领域知名专家就临床研究方案设计进行培训。市科委"首都特色"专项是面向京区所有医疗机构公开征集的以支持临床创新性研究为目标的科技专项。实施7年来，科技投入已达2.4亿元,申报课题近4000项。本届论坛的临床研究方案培训部分,突破以往专家报告的形式,从疾病的诊断、治疗、疗效观察和预后等不同研究阶段选择4个案例,采用圆桌论坛的形式邀请专家与课题负责人进行面对面交流,并就临床医生提出的具体问题进行细致讲解和剖析。

(市科委生物医药处)

【ABO联盟拓展"一带一路"周边国家合作】 3月,中国生物技术创新服务联盟(ABO联盟)成员北京科润维德生物技术有限责任公司与蒙古新亚洲集团公司合作,共同开发信息菌素兽药在蒙古畜牧业领域的应用,打造不用传统抗生素生产的高安全性畜牧产品。蒙古国总理赛汗比勒格接见了项目相关人员。

(北京生物技术和新医药产业促进中心)

【第十六届北京生命科学领域学术年会召开】 5月14日,第十六届北京生命科学领域学术年会在北京河南大厦召开。本届会议主题为"肿瘤早期诊治的分子基础"。京区重点院校医学院系、医院,以及北京部分医药企业的230余位专家参会。会议聚焦肿瘤前沿领域创新研究,围绕肿瘤的个体化治疗、临床诊疗、细胞治疗、基因组学等方面开展学术研讨。

(北京生物技术和新医药产业促进中心)

【第九届国际生物技术与农业峰会召开】 6月17日,由市科委主办,北京生物技术和新医药产业促进中心、中国农科院生物技术研究所共同承办的"农业生物技术百人讲坛·2016暨第九届国际生物技术与农业峰会"在京召开。本届峰会以"前沿生物技术的创新与突破"为主题,聚焦基因组编辑在动植物生物技术中的研究与应用,着重探讨食品与酶制剂等前沿领域的进展与突破,吸引美国杜邦先锋、孟山都、丹麦诺维信、瑞士先正达等跨国公司高层,三元集团、大北农集团、奥瑞金种业等国内骨干企业负责人,中科院、中国农科院、中国农业大学,北京、上海、吉林、山西等地方农业科研院所代表参会。科技部中国农村技术开发中心主任贾敬敦以"农业前沿生物技术的发展战略"为题做大会主旨报告。

(市科委农村处、农村中心)

【第五期G20工程高级研讨班开班】 7月18日,由市委组织部、市人力社保局和市科委主办,北京生物技术和新医药产业促进中心承办的生物医药领域高端人才创新创业能力建设高级研修班暨第五期北京生物医药产业跨越发展工程高级研讨班("高研班")在北京市委党校一分校开班。本次高研班以京区北京生物医药产业跨越发展工程(G20)三期企业主要负责人、优秀创新企业的高管为主要对象,同时围绕京津冀一体化和北京市对口支援工作的要求,组织包括天津、河北、广东、新疆等地区的生物医药企业主要负责人参加,学员共计70人。高研班的学习使学员进一步了解国家对生物制品产业发展的总体思路和国家人才发展建设的顶层设想。

(北京生物技术和新医药产业促进中心)

【北生所十年绩效顺利通过第三方评估】 9月,中国科协创新战略研究院作为第三方评估的实施单位,以发展的眼光和国际的视角,全面客观地评估北京生命科学研究所(北生所)建所以来的学术成果、人才培养、体制机制创新、文化环境氛围等方面的成就与贡献;分析总结发展的经验、存在的不足和面临的挑战。截至7月,北生所正式运行12年,已经建设成为一家拥有25个实验室、12个辅助中心,包括博士后和硕博士研究生在内共800余名科研人员的现代科研院所,实现了"出成果、出人才、出机制"的建所目标。2004年1月至2016年7月,被爱思唯尔(Elsevier)Scopus数据库收录的所有学术文献中,以北生所署名的论文共计825篇,被引次数为227396次,其中有54篇发表在《自然》《科学》和《细胞》三大期刊上。截至7月,在德温特专利情报数据库可检索到以北生所署名的专利申请记录27条,其中,授权专利8个。

(北京生物技术和新医药产业促进中心)

【北京国际生物医药产业发展论坛开幕】 10月25日,由市科委主办、北京生物技术和新医药产业促进中心承办的第二十届北京国际生物医药产业发展论坛在北京召开。本次论坛以"打造创新生态,共享健康未来"为主题,共邀请79位演讲嘉宾做报告,吸引了默沙东公司、强生公司、赛诺菲公司、上海联影医疗、北京华素制药、江苏扬子江海燕药业等众多优秀企业代表300余人出席。围绕国家医药发展创新思路、北京生物医药产业跨越发展工程(G20)建设、中美医药科技交流、中日互联网形势下医疗康复与智能养老领域合作、药物一致性评价中关键技术平台、精准医学与基因检测发展等热点领域设计分组会,以促进产业信息交流和重大项目对接,从而进一步推动北京生物医药产业发展。

(北京生物技术和新医药产业促进中心)

【拜耳医药全球最大处方药基地在北京启用】 11月18日,北京生物医药产业跨越发展工程(G20)企业拜耳医药保健有限公司北京工厂综合扩建项目启用,这是拜耳全球最大的处方药包装基地。本次综合扩建项目的启用用于保证拜耳处方药产品的稳定供应,帮助更多中国患者和医护人员获得高品质的治疗方案,从而更有效地满足中国日益增长的慢病管理需求。拜耳医药北京工厂生产能力的提升有助于提升拜唐苹、拜新同、拜阿司匹灵等G20工程大品种的产能,进而有助于全面支撑G20工程三期目标的实现,促进北京生物医药产业结构的再升级。

(北京生物技术和新医药产业促进中心)

【重大疾病防治科技创新高峰论坛召开】 11月26日,市科委、市卫生计生委主办的第七届重大疾病防治科技创新高峰论坛在国家会议中心举行。本届论坛以"融合创新 健康惠民"为主题,邀请全国46位知名专家对医学科技发展的热点、难点进行探讨。同时,通过成果展示、视频播放等方式对首都十大疾病科技攻关与管理工作前期工作成效进行回顾和展示。论坛内容包括开幕式、大会报告、圆桌会议和6个学术分论坛,参会人员包括来自北京地区各大医疗机构的领导、院士、专家及科技骨干等600余人。

(市科委生物医药处)

【抗帕金森病相关研究取得重大进展】 年内,中国医学科学院药物研究所研究员陈乃宏主持完成的市基金重点项目"天然产物中抗帕金森病相关基因α-突触核蛋白损伤先导化合物的发现"(项目编号:7131013),基于突触核蛋白为靶点,在分子、细胞和动物水平开展系统研究,建立10个帕金森病相关的研究模型,筛选化合物约5000样次,得到了3个帕金森病相关活性化合物,并对神经保护机制进行了深入研究。该项目研究发现天麻联苄化合物20C具有抗氧化应激作用,连翘提取物具有抗炎作用,黄皮提取物具有促神经分化的作用。其中,天麻联苄化合物20C作为"十三五"新药创制重大专项候选药物准备列入国家项目进行临床前研究。项目研究成果对北京市帕金森病的治疗和改善老龄化人员的健康具有重要意义。

(北京市自然科学基金委员会办公室)

【骨科康复临床路径研究成果丰硕】 年内,北京市骨科常见疾病术后康复模式临床路径研究成果丰硕,建立了康复医师、骨科医师共同参与的骨科常见疾病术后康复一体化模式。该模式在北京市9家三甲医院成功建立并运行3年,患者术后重返工作比率提高23%,回归社会时间平均缩短11天;提出了三级医院腰椎疾病术后和四肢骨折内固定术后康复临床路径,填补了国内骨科单病种临床路径中康复内容的空白,并进行2180例骨科患者的临床验证,证实了该临床路径的实施可使患者术后功能改善率提高8%;制定了骨科常见疾病术后分级康复方案和指导手册,该方案和手册简洁明了、操作性强,普及了骨科术后的康复理念,使患者致残率降低了17%,提高了患者出院后的康复水平。

(市科委生物医药处)

【胃癌个体化治疗技术取得重要进展】 年内,市科委在"生命科学领域前沿技术培育"专项中设立的"基于蛋白质组学的胃癌个体化治疗技术研究"课题取得重要进展,胃癌蛋白质组全套检测时间缩短至1天,达到国际领先水平。该研究由北京蛋白质组研究中心牵头,联合301医院、307医院等,将国际前沿的蛋白质组学技术应用到临床诊断领域,开展胃癌的个体化诊疗研究。课题组利用蛋白质组学和生物大数据手段,建立了标准化、高效、高精度的临床个体化医疗蛋白质组学技术策略,可以在1天内完成一个胃癌病例的癌组织、癌旁组织蛋白质组的全套检测,而国际上其他技术策略达到此覆盖度和精度需要3周。

(市科委生物医药处)

新材料与新能源技术

【北京纳米领域获奖总数领跑全国】 1月8日,在上年度国家科学技术奖励大会上,北京纳米领域共有4项成果获得国家科技奖励,获奖数量占全国纳米领域通用项目获奖总数的44%,"十二五"期间连续5年领跑全国。获奖项目中,清华大学"石墨烯的电分析化学和生物分析化学研究"获得国家自然科学奖二等奖,热景生物公司"基于稀土纳米上转发光技术的即时检测系统创建及多领域应用”、北京化工大学“节油轮胎用高性能橡胶纳米复合材料的设计及制备关键技术”、北京大学“特种液晶材料及调光膜制备技术”等3项市科委前期支持成果分别获得国家技术发明二等奖。据统计,“十二五”期间,北京纳米领域通用项目获奖总数达到34项,超过全国获奖总数(62项)的一半,并涌现出10纳米碳基集成电路CMOS(互补金属氧化物半导体)器件、金属纳米晶催化剂等多项国际领先的原创性技术成果,形成了纳米绿色制版、荧光纳米材料试剂盒等一批产业化成果,同时产生了碳纳米高性能橡胶复合材料、纳米材料绿色地铁票卡等一批具有具备广阔前景的应用技术成果。“十二五”期间,市科委还通过创新机制与怀柔区共建纳米科技产业园,实现科技与产业对接,截至2015年年底,落户园区纳米科技成果转化项目超过40项,总投资约50亿元。

(市科委双新处)

【热景生物荧光纳米试剂盒产品亮相】 4月17—20日,热景生物公司的荧光纳米试剂盒产品,包括上转发光全定量POCT(即使检测)免疫分析仪UPT-3A,全自动MQ60液相免疫分析仪,肝炎肝癌、心脑血管疾病及感染诊断系列产品,亮相第75届中国国际医疗器械博览会(CMEF)。UPT-3A是中国首台上转发光全定量POCT免疫分析仪,核心技术荣获国家技术发明奖,成为此次热景展台的一大亮点。此外,肝炎肝癌血清学新的肝损伤、肝纤维化诊断产品高尔基体蛋白73、获《脂蛋白相关磷脂酶A2临床应用中国专家建议》认可的心脑血管产品脂蛋白磷脂酶A2(Lp-PLA2),以及获中国医学装备协会推荐的诊断系列产品高敏PCT(降钙素原)均备受瞩目。

(市科委双新处)

【石墨烯亮点产品与成果亮相第四届京交会】 5月28日至6月1日,市科委双新处和北京纳米科技产业创新联盟组织北方国能科技有限公司、北京碳世纪科技有限公司、北京生美鸿业科技有限公司、中航工业航空材料研究院、北京丰泰新材料检测院有限公司、新材料与产业技术北京研究院等单位参加了第四届中国(北京)国际服务贸易交易会。在交易会上展示的石墨烯亮点产品和成果引起良好的反响,其中北京碳世纪科技有限公司展示的石墨烯材料“光致推动”效应吸引了众多关注,装在真空容器中的石墨烯小球在激光笔和白光手电的照射下即可发生位移。碳世纪公司还展示了单层石墨烯、石墨烯发动机油节能改进剂等相关产品。北方国能公司展示了石墨烯-碳纳米管杂化物及超级电容器和锂硫电池电极等相关产品。

(市科委双新处)

【纳米成果集体亮相科技成就展】 6月1—7日,科技部、发展改革委、财政部、军委发展装备部共同主办的国家“十二五”科技创新成就展在北京展览馆举行。清华大学量子反常霍尔效应、北京大学碳纳米管CMOS(互补金属氧化物半导体)器件和集成电路、清华大学超长碳纳米管和超顺排碳纳米管薄膜、中科院化学所石墨炔、纳米能源所纳米发电机、中科院高能所纳米材料生物安全性评估方法、国家纳米中心“肿瘤捕手”肿瘤早诊技术、集盛星泰公司纳米材料超级电容器、碧水源公司纳米膜净水产品等一大批北京市国际领先和国际一流纳米科技成果、创业项目和创新产品的集中亮相,彰显了北京在纳米领域领先的创新优势。

(市科委双新处)

【第二届新材料、新器件与生物检测协同创新论坛召开】 6月4日,市科委与中国生物检测监测产业技术创新战略联盟、北京科技大学、军事医学科学院微生物流行病研究所、病原微生物生物安全国家重点实验室、中国科学院理化技术研究所共同举办了第二届新材料、新器件与生物检测协同创新论坛。会议围绕生物检测监测相关技术进行交流研讨,涵盖材料、器件、生物识别、智能传感等多学科,贯穿“学研产用”全链条,其应用领域更是渗透到各个领域,上至国家安全的生物反恐、疾控应急,下到日常民生的临床检验、食品安全监测。

(市科委人事处)

【世界首根百米级铁基超导长线研制成功】 9月,中科院电工研究所马衍伟研究员带领科研团队成功研制出国际首根100米量级铁基超导长线。这一成果标志着铁基超导材料从实验室研究走向产业化进程。

(市科委双新处)

【第四届节能与新能源汽车成果展开幕】 10月13日,以“选择·行动——未来从现在开始”为主题的2016(第四届)中国国际节能环保汽车展览会暨节能与新能源汽车产业发展规划成果展览会(2016 IEEVChina,简称节能与新能源汽车成果展)在北京国家会议中心开幕。展会为期4天,吸引国内外主流节能与新能源汽车企业，以及电池、电机、电控和充电配套设施供应商集体参展。展会通过整车展区、核心零部件展区、推广应用城市成果体验区、乘驾体验区、智能网联汽车展区、充电技术服务和BMS（电池管理系统）展区、车内空气质量评价展示展区等七大展示区，全面展示节能汽车、环保汽车、新能源汽车发展的最新成果，吸引了40多个汽车品牌、100多款节能与新能源未上市及新近上市车型参展。北京馆作为城市展馆，展示4个部分内容，即北京市新能源汽车的发展情况，新能源汽车示范成果，新能源汽车基础设施建设成果以及新能源汽车关键零部件成果；展示了包括新能源汽车分时租赁项目；新能源汽车运行服务与管理平台，新能源汽车超市，充电设施公共服务管理平台，超低温电池、电机及控制系统，移动储能小车，路灯充电桩系统等多项成果。

（市科委双新处）

【新能源汽车与智能驾驶技术论坛召开】 11月16日，新能源汽车与智能驾驶技术论坛在北京国际会议中心召开。这次论坛是2016中国（北京）跨国技术转移大会暨第三代半导体国际会议的专题论坛之一，以“新能源汽车与智能驾驶”和“新能源汽车配套技术与服务”为主题，吸引了整车制造企业、基础设施生产商、新能源汽车配套服务商等国内外150余名专家和代表参会。论坛由北京市新能源汽车发展促进中心和新能源汽车报承办，包括主题演讲、高端对话以及企业对接交流等环节，邀请国内知名专家以及来自美国、德国、韩国、斯洛文尼亚等国家的企业、高校及研究机构代表出席并发言。参会代表围绕我国电动汽车充电基础设施、新能源汽车积分管理、碳交易、自动驾驶技术等方面展开研讨。论坛共计达成推介项目4项、合作意向2项。

（北京市新能源汽车发展促进中心）

【纳米摩擦电空气净化技术在北京发布】 11月21日，摩擦纳米发电技术在空气净化领域应用发布会暨中国科学院北京纳米能源与系统研究所与北京大清创业投资有限公司合作签约仪式在纳米能源所科研大楼举行。会上，纳米能源所所长、首席科学家王中林院士介绍了基于摩擦纳米发电原理的一种全新的空气净化技术，该技术作为纳米能源所的首个科技成果转化项目，与北京大清创业投资有限公司签订投资合作协议，即将落户怀柔雁栖经济开发区，完成从技术成果到商品的产业化过程。该产品样机已经通过多项国家标准测试和认证，批量化生产正在进行中。

（市科委双新处）

【高通量抗污染PVDF纳米膜材料研制成功】 12月13日，在市科委“高通量、抗污染PVDF纳米膜材料的制备技术与应用”课题的支持下，北京碧水源膜科技有限公司与北京泰纳科新材料科技有限公司共同开发出高亲水性、高水通量和抗污染的PVDF（聚偏氟乙烯）中空纤维膜材料。该材料借助纳米TiO_2（二氧化钛）良好的光催化性、亲水性、杀菌性和吸附性，解决了膜分离技术在水处理领域的瓶颈问题，该产品应用于处理量30万米^3/天的大型污水处理厂后，运行通量提高20%，抗污染效果明显提高，在线清洗周期从5天延长到7天，膜使用寿命延长1年以上。

（市科委双新处）

【电动车整车集成生产核心技术实现突破】 年内，北京新能源汽车股份有限公司成功研发整车高压控制模块系统，实现了整车控制器、电机控制器、车载充电机、直流转直流电源（DC/DC）、高压配电等5个高压功能模块的集成，系统部件数量比原系统减少21个，重量减轻26%，成本降低36%，已在北汽EU260实现搭载。

（市科委双新处）

【快速充电动力电池研究及应用取得进展】 年内，中信国安盟固利公司成功开发快速充电电池单体及模块，电池单体额定容量25安时。运行数据显示，每辆电动公交车运行约60千米后回站充电，充电时间15分钟，实现与传统公交车调度时间基本一致。盟固利公司已完成年产5000万安时快充动力电池的产能建设，为全市电动汽车快速充电应用提供了技术和产品支持。

（市科委双新处）

【全固态锂离子电池关键技术研究获突破】 年内，中科院物理所研究团队成功研发10安时级固态锂电池，能量密度达到240～390瓦时/千克，综合性能处于该研究领域先进水平。同时，该团队探索出了可工程化的固态锂电池技术方向，已成功实现科技成果转化，与宁德时代新能源科技股份有限公司、贝特瑞等单位签订了合作协议。另外，在房山成立初创公司——北京卫蓝新能源科技有限公司，旨在进一步推进固态电池技术发展。

（市科委双新处）

【3300V/50A 碳化硅二极管成功研制】 年内，在市科委“1200V/20A 碳化硅二极管研发”课题的支持下，全球能源互联网研究院研制了 3300V/50A 碳化硅二极管并封装 3300V/600A 碳化硅二极管与硅 IGBT（绝缘栅双极型晶体管）的混合模块，关断时间不超过 80 纳秒，开关速度提高了 10 倍以上，以较低成本大幅度提高了 IGBT 模块的性能，加速碳化硅在高压装置领域的应用；建设了 3600 平方米面向电网应用的国际先进水平的 6 英寸压接型电力电子器件中试线，投资 3.1 亿元，工艺线宽 0.35 微米，满足 10 千伏碳化硅二极管及主流开关器件的整套工艺制备及压接式封装、测试需求，对掌握碳化硅器件制备核心技术、支撑电力电子领域原始创新具有重大意义。

（市科委双新处）

【国内第一个产品级碳化硅 1200V/10A MOSFET 管研制成功】 年内，泰科天润半导体科技（北京）有限公司研发成功国内第一个产品级碳化硅 1200V/10A MOSFET（金氧半场效晶体）管，并以此为基础研制成功碳化硅 MOSFET 器件、模块和高频充电机，成果已初步形成产业化。公司还开展了碳化硅模块和器件在电动汽车充电桩的应用研究，已取得初步成效，推动了轨道交通领域的创新进步和转型升级。

（市科委双新处）

【石墨烯温度流量一体化传感器件研制取得进展】 年内，清华大学朱宏伟教授团队和北京华大智宝电子系统有限公司合作开发出石墨烯温度流量一体化传感器件。针对热力系统检测用石墨烯流量、温度传感器的应用需求，通过对石墨烯传感的作用与规律研究，突破石墨烯材料在热量表流量计应用的关键技术，开发热力系统检测用石墨烯流量、温度传感器件，解决了现有传感器表面结垢、功耗高等问题，形成了批量制备能力。

（市科委双新处）

【自驱动电子皮肤研究取得重要进展】 年内，北京大学信息科学技术学院张海霞教授课题组硕士研究生师马跃和本科生张进鑫基于摩擦起电原理与横向的静电感应效应相结合的原理，研制出一种新型自驱动的柔性透明多功能电子皮肤。相关研究成果以《自供电模拟智能皮肤》（*Self - powered analogue smart skin*）为题，3 月下旬发表于纳米技术领域权威期刊《美国化学会 · 纳米》（*ACSNano*）。美国化学会将该项成果选作“美国化学会主编推荐”（ACSEditors' Choice），在其主页进行重点报道，并将上述文章开放获取以利于其广泛传播。同时，美国化学会新闻周刊发表《机器人利用自供电模拟皮肤将会变敏感》（*Robots could get touchy with self - powered smart skin*），为该项工作专门撰写了新闻稿进行推荐。

（市科委双新处）

【磁性智能材料新体系研制取得重要进展】 年内，中科院物理所研究员吴光恒课题组承担的市科委项目“高韧性磁相变智能材料研制”取得重要进展，研制出国际上具有原创性自主知识产权的磁性智能材料体系 d - metal（d - 金属）合金，该材料体系与国际上现有的 Heusler（哈斯勒）合金和 MMX（多媒体扩展指令集技术）六角结构合金形成了三足鼎立的局面。d - metal 合金在磁性和相变性质方面不低于已有材料体系，同时具备突出优异的综合力学性质，解决了传统磁相变材料易发生脆断而无法加工和影响使用的问题。

（市科委双新处）

【碳纳米管集成电路研制取得重大进展】 年内，北京大学彭练矛教授团队承担的市科委项目“100kHz 碳纳米管 CPU 研制”，针对如何将碳纳米管从晶体管推向集成电路的世界性难题开展系统研究，取得重大进展。课题组通过对碳纳米管材料、器件尺寸与结构、制备工艺的优化，实现了成品率 100% 的碳纳米管晶体管批量制备，使用该材料制备的晶体管已接近商用 65 纳米技术节点硅基 CMOS（互补金属氧化物半导体）晶体管的水平；制备出包含 140 个晶体管的碳纳米管四位全加器电路和两位乘法器电路，该电路的研制成功说明碳纳米管技术已具备制作大规模集成电路的能力，有利于加快碳纳米管集成电路的实用化进程。

（市科委双新处）

【纳米肽材料高通量合成领域取得重要进展】 年内，北京中科纳泰生物科技有限公司联合国家纳米科学中心承担的市科委课题“纳米肽材料高通量合成中试技术开发”取得重大进展，成功研制出最高日产肽材料超过 500 条的高通量微量化的肽材料生产设备，并形成年产能 10 万条多肽的生产线。该成果不仅服务于微量、高通量肽材料的供应，也有助于先进蛋白质组学技术、早期纳米诊断技术及个性化治疗策略制定等纳米生物医学技术的开拓与推广。

（市科委双新处）

【高饱和磁感应强度非晶材料制备取得重大突破】 年内，在市科委“高饱和磁感应强度非晶材料中试工艺开发”课题支持下，安泰科技公司、北京科锐配电公司以及华北电力大学共同开发出新型高饱和磁感应强度的Fe82.5Si6B6P5C0.5非晶材料，并建成一条年产能300吨的中试线。该材料饱和磁感应强度达到1.71特（斯拉）、矫顽力位2.3安/米，具有低损耗、高磁导率等优点。该材料已成功应用于SCBH15－630/10干式变压器，在满足国家标准的前提下，降低8.4%铁芯材料，5.1%铜材料的用量。这项成果突破了现有非晶材料体系的成分及结构设计技术，推动高饱和磁感应强度非晶材料在配电变压器和高速主轴电机产业中的应用，提升了我国新型高饱和磁感应强度非晶材料、高功率密度非晶变压器和非晶电机的国际竞争力。

（市科委双新处）

【NiO（氧化镍）纳米线研究取得技术突破】 年内，中国石油大学（北京）相文峰副教授主持完成的市基金面上项目“基于NiO纳米线的光电效应与紫外光电探测器件”（项目编号：4142047），在NiO纳米线的光电特性以及纳米线光电探测器集成化制备方面开展系统的研究，在传统化学还原法制备的基础上提出了滴加法制备技术，成功实现了NiO纳米线直径调控制备，首次把纳米线直径降到100纳米以下。研究发现化学还原法制备的NiO纳米线的矫顽力的变化规律与电化学沉积技术制备的不同，其变化规律符合单球链模型理论。利用磁场排列技术与传统CMOS技术（互补金属氧化物半导体技术）相结合成功制备出了NiO纳米线阵列光电探测器阵列，这为NiO纳米线器件的产业化生产以及与其他器件的集成提供了技术支持。项目研究成果获得授权实用新型专利3项，具有良好的应用价值。

（北京市自然科学基金委员会办公室）

【纳米结构硬质合金涂层的规模化制备技术】 年内，北京工业大学宋晓艳教授主持完成的市基金重点项目“高性能纳米结构WC基涂层的关键技术及控制机理研究”（项目编号：2131001）发明了具有高松装密度、高流动性的纳米结构碳化钨（WC）基热喷涂粉料的制备技术，创制出高致密且控制分解脱碳的纳米结构WC基涂层的制备技术，揭示了影响纳米结构硬质合金涂层性能的关键因素及其作用机制；在国际上首次建立低温固相原位合成纳米WC－Co（碳化钨－钴）类复合粉末的规模化制备技术，从根本上解决了纳米粉末作为初始材料在热喷涂中发生严重分解脱碳的国际技术难题。该项目系列自主知识产权的专利技术在粉末冶金、硬质合金和表面工程等领域具有非常重要的推广应用价值；开发的高性能WC基喷涂材料和耐磨耐蚀硬质合金防护涂层，在航空航天、石油钻探、煤炭开采、钢材加工等关系国计民生的重要工程领域，获得批量应用，产生了显著的间接经济效益。

（北京市自然科学基金委员会办公室）

【红外辐射陶瓷材料技术及应用】 年内，中科院理化技术研究所研究员李江涛主持完成的市基金重点项目“高效节能红外辐射陶瓷材料的制备新技术及其辐射节能机制”（项目编号：2131006），成功验证了辐射节能原理在热工装备节能方面的有效性，为热工装备的高端制造指明方向；以等离子体球化技术实现了对氧化物陶瓷的掺杂和纳米尺度的共晶相结构的调控；完成了1～5微米波段内具有高发射率的红外陶瓷粉体材料的制备技术创新；成功研制了3类红外辐射节能产品，在高温热工装备上应用后实现年节能率大于10%的目标。项目研究成果已与多家行业优势企业合作开展红外辐射节能产品的中试生产线建设和工程应用推广工作，产生较好的经济效益。

（北京市自然科学基金委员会办公室）

【机电系统稳定性劣化趋势预示新方法】 年内，北京信息科技大学徐小力教授主持完成的市基金重点项目“面向新能源装备的复杂机电系统运行稳定性劣化趋势方法研究”（项目编号：3131002），揭示了典型传动系统及其关键部件稳定性劣化发展演变的规律，建立基于机电系统动态特性变化规律及性能退化趋势的动力学模型；提出早期故障发展趋势弱信息的信号处理方法，实现在低信噪比情况下的早期故障微弱信息的有效分解；构建典型机电系统运行稳定性劣化趋势预测模型与预测系统，提出系统运行稳定性劣化状态评价方法，实现状态劣化趋势预测及运行状态评估。项目成果应用于以风电机组为代表的新能源装备安全监测与故障预警，提升了相关安全监测仪器的研发水平，项目研究成果在多家单位获得了推广应用，具有良好的应用价值。

（北京市自然科学基金委员会办公室）

知识产权

专利管理与服务

【强国建设文件宣传解读会在北京举行】 2月26日,《国务院关于新形势下加快知识产权强国建设的若干意见》宣传解读会在北京举行,标志着全国范围内对《意见》的宣传解读拉开帷幕。国家知识产权局副局长甘绍宁从背景、核心要点和贯彻落实3个方面对《意见》做了解读。来自北京市相关委办局、各区知识产权局、科研院所、知识产权试点示范企业、中介机构等单位的代表共300余人参加会议。

(市知识产权局)

【知识产权服务机构工作会召开】 3月9日,首都知识产权服务机构工作会召开。市知识产权局局长汪洪、国家知识产权局条法司副司长董铮出席会议并讲话。市金融局、中国人民银行北京营业管理部、北京银监局、北京证监局、北京保监局相关处室负责人以及北京市知识产权服务机构代表200余人参加会议。会上,市知识产权局副局长李钟做了题为《大力发展知识产权服务业为科技创新中心建设提供坚强支撑》的工作报告,公布了北京市第二批知识产权服务品牌机构培育单位,对2015年度北京市优秀专利代理机构和优秀专利代理人进行表彰。会上还对《进一步推动首都知识产权金融服务工作的意见》进行解读。

(市知识产权局)

【开展中小微企业知识产权创业扶助对接】 3月18日,市知识产权局赴海淀留学人员创业园、金种子创业谷开展中小微企业知识产权创业扶助专项对接活动。市知识产权局产业处、海淀留创园管理部门有关负责人和留创园企业代表参加对接会。对接会上,海淀留创园负责人介绍留创园整体建设情况、企业孵化情况和知识产权工作情况。产业处负责人重点介绍了小微企业知识产权创业扶助工作思路、方式、内容和整体工作方案,就进入海淀留创园开展有针对性的小微企业知识产权创业扶助专项工作提出具体建议,并共同确定要落实的多项具体工作内容。

(市知识产权局)

【15家企业通过知识产权管理标准化认证】 4月22日,市知识产权局举行北京企业知识产权管理标准化认证推进会,首批15家企业通过知识产权管理标准化认证,这是北京市在"大众创业,万众创新"的时代背景下,积极引导、推动企业运用知识产权创新创业和持续发展的重要体现。来自北京市企业和知识产权专业辅导机构的代表120余人参加会议。首批通过《企业知识产权管理规范》国家标准认证的15家企业分布在海淀、朝阳和昌平等7个区,涵盖了电子信息、生物医药和先进制造等多个战略性新兴产业。会上,与会领导为15家企业颁发《企业知识产权管理规范》国家标准认证证书。

(市知识产权局)

【知识产权与创新大会在北京召开】 4月28日,由市知识产权局与香港贸易发展局共同主办的2016知识产权与创新大会在北京召开。来自北京市知识产权领域、金融投资领域等相关单位的200余名代表参加会议。会议以"构建发明资本市场,保护创造持续繁荣"为主题,邀请世界知识产权组织中国办事处、北京知识产权法院以及来自京港台地区的知识产权知名专家,针对知识产权资本化、知识产权司法保护、知识产权运营以及海外知识产权保护和运用等诸多热点问题进行专题研讨。

(市知识产权局)

【首个知识产权质押贷款风险处置资金池设立】 5月27日,中关村核心区知识产权质押贷款风险处置资金池启动仪式在北京举行。国家知识产权局、中国建设银行北京市分行等部门相关负责人,以及金融投资机构、企业和媒体代表近180人参加启动仪式。中关村核心区知识产权质押贷款风险处置资金池由海淀区政府与北京知识产权运营管理有限公司共建,首期规模为4000万元,主要用于海淀区企业通过"智融宝"进行知识产权质押贷款融资的风险补偿。

(市知识产权局)

【知识产权运营培训班开班】 6月29—30日,市知识产权局举办知识产权运营培训班。北京市100余家知识产权运营机构代表参加培训。本次培训采用论坛与授课、分组讨论相结合的方式进行。在论坛环节,澎石资产、小米科技有限公司、连城资产评估有限公司、上海盛知华知识产权服务有限公司和汇桔网的主要负责人做了主题演讲,并就"知识产权运营模式的创新与落地"主题举行圆桌沙龙;

在授课环节，专家就国家知识产权运营政策，专利运营模式、问题与对策，企业、科研院所专利运营实务等内容进行讲解；在分组讨论环节，生产型企业、服务机构和科研院所等负责人展开讨论。

（市知识产权局）

【全球专利数据库培训会召开】　9月21日，由市知识产权局、世界知识产权组织（WIPO）中国办事处和北京工业大学共同主办，北京市知识产权信息中心承办的WIPO在线检索服务及北京市知识产权公共信息服务平台培训会在北京工业大学召开。来自北京市高校、企业、知识产权服务机构的近百名人员参加培训。会上，WIPO市场交流部的官员对WIPO的专利合作协定制度及在线检索服务系统做了介绍，并对参会人员感兴趣的问题做详细解答。北京市知识产权信息中心的负责人对平台具体功能进行了宣讲。

（市知识产权局）

【知识产权公共信息服务平台各区培训会开展】　11月15日，市知识产权局开展知识产权公共信息服务平台各区专题培训，来自16个区和经济技术开发区知识产权局及重点企业的专利信息服务工作人员近120人参会。培训会上，专家讲解信息平台总体功能，演示了互联网门户、政务网门户、移动门户及微信公众号的使用方法；针对各区知识产权局工作人员的实际需求，详细讲解区分平台的使用、管理、维护方法；有针对性地讲解专利检索、管理决策支持、重点企业监测等典型系统。通过专题培训，各区知识产权管理人员和重点企业全面了解了信息平台，初步掌握了信息平台的使用方法，有利于信息平台在各区的推广应用。

（市知识产权局）

【北京市专利试点、示范企业培训】　年内，市知识产权局面对新一批申报的专利试点申报单位，开展企业知识产权管理与战略运用、海外知识产权风险防范等专题培训4期，培训知识产权管理人员600余人。面向市专利示范单位高级知识产权管理人员开展企业知识产权标准化管理与认证、海外专利组合布局与风险管理及知识产权价值实现等知识产权专业培训，培训人员100余人。通过相关培训工作，新认定北京市专利试点单位245家、北京市专利示范单位55家。

（市知识产权局）

【专利代理机构和代理人数量稳定增长】　年内，专利代理机构和代理人数量稳定增长。截至年底，北京市共有专利代理机构444家，占全国专利代理机构总量的29.38%；共有执业专利代理人5972名，占全国执业专利代理人总数的40.15%；持有专利代理资格的人有10140名，占全国持有专利代理资格人总数的31.65%；共有知识产权类民办非企业单位6家、社会团体3家。

（市知识产权局）

专利保护

【专利保护进驻第14届北京国际汽车展】　4月25日至5月4日，市知识产权局组织相关专家和专利执法人员进驻第14届北京国际汽车展，设立展会知识产权保护办公室，开展展会知识产权咨询、调解知识产权纠纷、查处假冒专利行为活动。

（市知识产权局）

【知识产权服务品牌机构培训活动举行】　5月4日，市知识产权局举办北京市知识产权服务品牌机构培训活动。来自北京市40家知识产权服务品牌机构和其他相关机构的近200人参加了活动。活动邀请国家知识产权局、北京知识产权法院、知识产权服务机构的相关专家，围绕专利代理行业政策、专利复审与无效、知识产权诉讼和知识产权运营等主题进行讲解。

（市知识产权局）

【侵权案件审理】　5月10日，市知识产权局就苹果电脑贸易（上海）有限公司iPhone6、iPhone6 Plus两款手机外观设计专利侵权案件进行审理，认定苹果电脑贸易（上海）有限公司侵权成立并责令苹果电脑贸易（上海）有限公司停止销售iPhone6、iPhone6 Plus两款手机。

（市知识产权局）

【举办知识产权金融培训会】　5月10—11日，市知识产权管理处与朝阳区知识产权局共同举办知识产权金融培训会。来自朝阳区专利试点、示范企业，高新技术企业等100余个单位的相关人员参加了培训。此次培训的目的是通过加快知识产权金融创新，促进创新资源与金融资源对接，进一步推动北京市知识产权保护和运用工作，支撑和引领首都高端发展、转型发展和科学发展。在培训活动中，来自金融机构、评估机构、知识产权服务机构的专家就专利质押贷款、专利价值评估、拟上市企业知识产权风险防范等内容进行了讲解，金融机构与企业进行洽谈与对接。

（市知识产权局）

【进驻第4届北京国际服务贸易交易博览会】　5月28日至6月1日，市知识产权局组织工商、文化执法、专利执法和国家专利复审委等单位人员进驻第4届北京国际服务贸易交易博览会，设立展会知识产权保护办公室和知识产权展区，开展展会知识产权保护服务。知识产权保护办公室负责开展展会知识产权咨询、调解知识产权纠纷、查处假冒专利行为活动；知识产权展区面积约330平方米，组织16家国内外服务机构参展，共为参展商和观众解答知识产权相关咨询96件，巡查专利展品5件，规范专利标注标识1件。

（市知识产权局）

【世界知识产权组织调解和仲裁研讨会举行】　10月18日，由世界知识产权组织（WIPO）仲裁与调解中心和市知识产权局共同主办、WIPO中国办事处提供支持的WIPO调解和仲裁研讨会在北京举行。中外100余名企事业单位、服务机构的代表参加会议。本次研讨会主题集中在知识产权调解与仲裁，邀请来自WIPO的资深调解员和仲裁员做专题演讲，这些专家在知识产权领域中都具有多年的从业经验，掌握了大量鲜活的实践案例，让各位与会代表受益匪浅。研讨会进一步扩展了知识产权从业者的国际化视角，提升其专业水平，推动知识产权调解和仲裁工作进一步发展。

（市知识产权局）

【北京城建科促会知识产权纠纷调委会成立】　12月15日，在北京12330的推动下，北京城建科技促进会知识产权纠纷人民调解委员会成立揭牌仪式在北京建工大厦举行。市司法局副局长马燕，市知识产权局副巡视员周立权，市住房和城乡建设委员会、市社会团体管理办公室相关负责人及城建科技行业的企业代表30余人参加仪式。

（市知识产权局）

【12330分中心及工作站体系建设实现新突破】　年内，北京市保护知识产权举报投诉服务中心（北京12330）与门头沟区、延庆区知识产权局在中关村分园设立12330工作站，实现了北京12330工作站对北京市16个区和北京经济技术开发区的全覆盖。北京12330与天津、河北12330共建了京津冀家居行业12330知识产权保护服务工作站，延伸服务职能、整合三地优质知识产权保护公共服务资源，有利于加快区域经济一体化进程。

（市知识产权局）

【加强知识产权人才培养】　年内，市知识产权局联合各高校培养知识产权实务人才。北京大学、清华大学、中国人民大学、北京科技大学和北京工业大学等5所院校按计划合作开展2016年知识产权实务教学课程，开展专利代理人实务技能培训和相关税法知识培训。

（市知识产权局）

知识产权统筹协调

【北京人民调解协会成立知识产权专委会】　1月14日，北京人民调解协会首个专业委员会——知识产权专业委员会（知识产权专委会）举行成立仪式。会上，北京人民调解协会通报了知识产权专委会筹备情况，与会领导为知识产权专委会委员颁发了聘书，北京市保护知识产权举报投诉服务中心介绍了2015年知识产权纠纷人民调解工作情况，并提出2016年知识产权专委会的工作计划。截至2015年年底，6家知识产权纠纷人民调解组织累计受理法院委托和当事人申请调解案件194件，调解成功133件，成功率达69%，在缓解司法审判压力及提升权利人维权效率方面发挥了积极作用。

（市知识产权局）

【北京知识产权保护协会会员代表大会召开】　1月15日，北京知识产权保护协会在北京举行第三届会员代表大会暨三届一次理事会。来自各类行业组织、科研院所及相关企事业等68家单位的代表出席会议。会上，全体与会代表审议并通过上一届理事会、监事会工作报告，表决通过新章程草案和相关制度性文件，并投票选举新一届理事会、监事会及领导机构成员。北京奇虎360科技有限公司当选为协会第三届理事长单位，董事长兼首席执行官周鸿祎当选理事长。在协会第三届领导机构中,百度、小米、京东方、同方威视、飞天诚信、中讯四方等6家企业当选为副理事长单位,中粮集团、神华集团、中国铝业等8家企业当选为常务理事单位,中科院有关院所、联想 乐视等31家企事业单位当选为理事单位。

(市知识产权局)

【首届融知2016高峰论坛在北京举行】 6月29日,首届北京市知识产权运营论坛即融知2016高峰论坛举行。来自北京、上海、广东等地的150余名金融投资界、知识产权界、产业界专家和企业代表出席论坛。此次论坛以“知识产权金融化,创新在路上”为主题,澎石资产、连城评估、上海盛知华、汇桔网、小米科技等机构的业界资深从业者就知识产权与金融创新的模式和方法发表主题演讲,并以圆桌沙龙的形式探讨知识产权运营模式的创新与落地。此次论坛是全面推进知识产权运营试点工作,完善北京市知识产权运营体系建设,加强对运营机构业务指导的有效举措之一。

(市知识产权局)

【北京高端精密机电产业知识产权联盟成立】 8月16日,在市知识产权局的指导和支持下,北京高端精密机电产业知识产权联盟成立大会在北京召开,市知识产权局副局长周砚和北京京仪集团总工程师董建伟共同为联盟揭牌。联盟由北京京仪集团、北京京仪科技孵化器有限公司、北京京仪绿能电力系统工程有限公司等京仪集团直属企业,北京睿步科技有限公司等京仪入孵企业以及中科院计算所等单位组建,成员涵盖了高端精密机电产业设计、制造、测试、相关装备和材料等产业链上下游企业以及相关科研院所,相关软件开发、系统制作、互联网、内容与服务等企事业单位和社会团体组织,共有15家创始成员单位。

(市知识产权局)

【海淀区入选国家知识产权示范城区】 10月12日,在2016全国大众创业、万众创新活动周北京会场启动仪式上,国家知识产权局局长申长雨将“国家知识产权示范城区”的铭牌颁发给海淀区区委书记崔述强,这标志着海淀区进入国家知识产权示范城市行列。北京市国家知识产权示范城区达2家,为海淀区、朝阳区;国家知识产权试点城区达6家,为西城区、丰台区、石景山区、通州区、大兴区和密云区。试点示范城区总量在全国各直辖市中居首位。

(市知识产权局)

【与陕西省知识产权局签署战略合作(框架)协议】 11月3日,北京市知识产权局与陕西省知识产权局签署战略合作(框架)协议,旨在加强知识产权创造、保护、服务业发展、知识产权运营及对外合作交流等方面的合作。

(市知识产权局)

【与审协北京中心开展知识产权战略合作】 11月18日,市知识产权局与国家知识产权局专利局专利审查协作北京中心(审协北京中心)在北京举办知识产权战略合作框架协议签约仪式。合作旨在全面落实国务院关于新形势下加快知识产权强国建设决策部署,深入实施国家知识产权战略,支持北京全国科技创新中心和知识产权首善之区建设。合作坚持“相互尊重、合作共赢”的原则。此次战略合作协议的签订,是在以往干部交流、课题研究、知识产权保护公共服务的基础上,市知识产权局与审协北京中心的进一步全方位合作,双方在知识产权领域建立了更为紧密的合作伙伴关系和长效合作机制。

(市知识产权局)

【《关于加快知识产权首善之区建设的意见》通过】 12月7日,市政府召开常务会议,研究加快知识产权首善之区建设等事项。会上,市知识产权局局长汪洪就《关于加快知识产权首善之区建设的意见》的起草背景、起草过程、主要内容及特点做了说明。会议审议通过《关于加快知识产权首善之区建设的意见》。

(市知识产权局)

【企业知识产权教育实践基地建设】 年内,市知识产权局在中国铁建、东旭集团、猎豹移动、汉王科技等规模化企业新建企业知识产权教育基地4家。这是市知识产权局首次实践在大型民营企业建立企业知识产权教育基地,丰富和深化培训教育内容,创新企业研发及管理人员知识产权培训教育模式;支持东旭集团知识产权教育基地联合重点高校首次实现校企联合培养企业专利工程师,东旭集团首期25名一线技术研发人员获得企业专利工程师结业证书。

(市知识产权局)

【助推专项促进区域经济发展】 年内,市知识产权局选出《丰台区国家专利导航产业实验区知识产权现状研究及工作推进建议》《通州区知识产权(专利)区域布局分析》《北京市密云区高端装备制造产业专利导航分析项目》《北京经济技术开发区产业联盟与知识产权融合机制的构建模式》《怀柔区知识产权(专利)资源分析研究》和《石景山区知识产权战略实施及区域知识产权发展促进机制论证》6个项目进行资助,助推知识产权促进区域经济发展。

(市知识产权局)

质量技术监督

标准化

【发布地方标准年度复审结果】 1月6日，市质监局公布地方标准上年度复审结果，本次共计复审地方标准130项，其中继续有效95项、修订14项、废止20项、转化为推荐性标准1项。截止2015年年底，全市现行有效地方标准共计1307项。此次复审在常规年度复审的同时，还开展专项复审，确定复审工作方案，明确复审要求和工作程序。

（市质监局）

【2016年中关村标准化推动会召开】 1月8日，2016年中关村标准化推动会召开，会议由中关村管委会、市质监局主办，市标准化研究院、中关村标准创新服务中心承办，近300人参加会议。会议对2015年中关村标准化工作进行总结，对2016年工作进行部署，并发布中关村管委会、市质监局《中关村国家自主创新示范区标准化试点示范单位培育工作方案（2015年—2017年）》。工业信息化部规划司、国家标准委工业一部、中关村管委会分别以解读《中国制造2025》、团体标准培育发展的指导意见解读、标准与专利协同创新为主题进行专题演讲。

（市质监局）

【两个项目入选全国服务业标准化示范项目】 1月15日，市质监局参与并推荐的西城区行政服务标准化示范项目和北京第一社会福利院养老服务标准化示范项目，入选全国服务业标准化示范项目。西城区行政服务标准化示范项目是由西城区政府作为承担单位，构建以区行政服务中心为龙头、区级行政服务大厅为主体、街道公共服务大厅为支撑、社区服务站为基础的三级行政服务标准体系，组织制定744项标准。第一社会福利院注重将标准化与实现养老服务精细化紧密结合，以养老服务经验为基础，参与制定国家、行业标准各1项，作为主要编写单位编制《养老机构社会工作服务规范》《养老机构老年人健康档案技术规范》等多项地方标准。

（市质监局）

【2015年发布地方标准统计】 1月，市质监局对2015年发布的地方标准进行统计。2015年共计发布地方标准226项，其中城市管理与服务类标准192项，占总数85%，全面完成年度立项计划。至此，2012年启动的百项节能标准项目累计发布地方标准113项，百项节能标准项目阶段性任务完成。

（市质监局）

【八项国家级服务业标准化试点通过验收】 2月14日，市质监局组织专家评估组对8项2013年度国家级服务业标准化试点项目进行考核评估。来自北京、上海、山东、山西、河北、安徽等地相关行业和标准化方面的30名专家组成考核评估组，先后来到密云区“三级联动”政务服务标准化试点、大兴生物医药产业基地综合服务标准化试点、亦庄生物医药园区工业物业服务标准化试点、中央电视塔旅游服务标准化试点、密云区网格化社会管理服务标准化试点、海淀区北下关街道社区居家养老服务标准化试点、国家会议中心会展服务标准化试点、汉华国际饭店服务标准化试点进行考核评估，8个试点项目全部通过评估验收。截至2月，全市共有19个试点项目通过了国家级服务业标准化试点评估。

（市质监局）

【两个项目被列为国家高端装备制造业标准化试点】 2月16日，国家标准委办公室、工业和信息化部办公厅共同印发通知，在全国11家单位开展国家高端装备制造业标准化试点工作。中关村科技园区丰台园管委会的轨道交通领域高端装备制造业试点和顺义科技创新产业功能区的汽车领域高端装备制造业试点两个项目入选。

（市质监局）

【承办国际数据通信标准化领域会议】 2月29日至3月4日，WAPI产业联盟（中关村无线网络安全产业联盟）和无线网络安全技术国家工程实验室参与承办国际数据通信标准化领域的最高规格会议——国际标准化组织（ISO）和国际电工委员会（IEC）第一联合技术委员会（JTC1）第六分技术委员会（SC6）全会及工作组会议（SC6年会）。SC6年会的主办单位为国家标准化管理委员会，来自中国、美国、法国、韩国、奥地利、丹麦、瑞士、比利时、西班牙等国家的共计40位专家参会。会议审议23项提案，5项与中国成员体相关。

（市质监局）

【推进强制性地方标准整合精简工作】 3月17日，市质监局召开推进强制性地方标准整合精简工作动员培训会，全市20个行业部门的代表参加会议。会议传达国务院印发强制性标准整合精简工作方案和市领导的重要批示。市质监局标准化处就制定印发的《北京市强制性地方标准整合精简工作实施细则》及信息化平台操作等内容进行培训。全市现行有效强制性地方标准和制修订计划项目共计281项，由20个不同的行业主管部门归口管理，涉及环境保护、工程建设、卫生、公安、安全生产等领域。

（市质监局）

【闪联与KETI全面合作】 3月18日，第二次中韩产业合作部级对话在北京举行，工业和信息化部部长苗圩与韩国产业通商资源部长官周亨焕出席会议并致辞。会上，闪联信息产业协会作为中国产业组织唯一代表，与韩国电子部品研究院（KETI）签署了合作意向书。这也是本次对话中韩两国产业组织代表的唯一签约，本次合作意向书的签署有利于推进中韩两国在建设产业技术、合作商业平台以及构建合作网络方面的工作，为推动东北亚地区间的产业合作创造条件。

（市质监局）

【数字电视中国峰会在京召开】 3月22日，由国家新闻出版广电总局无线电台管理局、CCBN（中国国际广播电视信息网络展览会）组委会、国家新闻出版广电总局广播科学研究院和中关村数字电视产业联盟共同举办的“CCBN 2016第十届数字电视中国峰会”在五洲大酒店召开。峰会以“融合创新引领无线未来”为主题，是CCBN 2016的重要活动之一。来自国家新闻出版广电总局及相关主管部门的领导、业界知名专家、相关运营商与国内外主流厂商约300人参加本次峰会。

（市质监局）

【首批地方标准制修订项目计划公布】 3月22日，市质监局公布年度首批市地方标准制修订项目159个，其中一类项目（制定项目）132项、二类项目（研究项目）27项。项目数量与去年同期相比保持稳定，项目涉及重点领域主要聚焦在城市管理与服务和全国科技创新中心建设两大方面。

（市质监局）

【市技术标准制修订补助政策宣讲会召开】 3月30日，市质监局召开2016年市技术标准制修订补助政策宣讲会，全市企事业单位及负责受理和评审工作的区局、市标准化研究院工作人员200余人参加会议。会上，市质监局标准化处相关负责人说明启动2016年技术标准制修订补助项目申报工作的目的，介绍申报项目条件、申报单位资格、标准补助额度、申报材料、申报方式及要求、申报时间、联系方式7个方面的内容，并进行政策解读和答疑解惑。

（市质监局）

【市标准化工作会议召开】 3月30日，2016年市标准化工作会议召开。副市长隋振江出席会议并讲话。市质监局局长赵长山主持会议并做工作报告。市质监局副局长姚娉，全市各委办局、各区人民政府负责人，标准化试点示范企业和标准化技术机构代表，各区质监局有关负责人参加会议。市质监局局长赵长山在工作报告中总结2015年的工作并提出2016年市标准化工作重点，副市长隋振江为确保完成2016年市标准化工作任务做出指示。

（市质监局）

【首都单位积极参与国家标准制定】 4月6日，国家标准委公布最新一批867项国家标准立项项目，中国电子技术标准化研究院、北京航空航天大学、北京华三通信技术有公司、北京荣之联科技股份有限公司、曙光信息产业股份有限公司、中国国际展览中心集团公司等首都单位参与创制，共计参与起草项目434项，占50.0%；其中牵头起草项目308项，占35.5%。项目主要涉及可穿戴产品领域、云计算领域、会展服务领域。

（市质监局）

【7家国家级服务业标准化试点项目评估合格】 4月11日，7家国家级服务业标准化试点项目评估合格，分别是密云区“三级联动”政务服务标准化试点、大兴生物医药产业基地综合服务标准化试点、亦庄生物医药园区工业物业服务标准化试点、中央电视塔旅游服务标准化试点、海淀区北下关街道社区居家养老服务标准化试点、国家会议中心会展服务标准化试点、汉华国际饭店服务标准化试点。这些项目和首都城市功能定位密切契合，在服务保障民生、改进完善城市管理服务等方面效果显著。

（市质监局）

【国家酿酒葡萄农业综合标准化示范项目通过考核验收】 4月18日，市质监局组织中国农业大学、中国农科院植物保护研究所、市农林科学院果树研究所及市标准化研究院等单位的多名专家，对第八批国家农业综合标准化示范项目——国家酿酒葡萄综合标准化示范项目进行考核验收。专家组一致认为,由房山区酒庄葡萄酒协会承担,包含莱恩堡酒庄、紫雾酒庄、丹世红酒庄、仙露堡酒庄、龙熙堡酒庄、佳年酒庄和酿酒葡萄良种技术推广站在内的国家酿酒葡萄综合标准化示范项目,完成了任务书中的计划任务,创建工作符合《国家农业标准化示范区管理办法(试行)》的要求,考核结果为优秀。截至验收,该示范项目已有签约酒庄33家,总种植面积达20000余亩。

(市质监局)

【2015十大创新标准榜单发布】 4月21日,由中关村社会组织联合会主办的2015中关村品牌推介系列活动举行。活动发布了十大创新标准,分别是:TD产业联盟(北京电信技术发展产业协会)、大唐电信科技产业集团 3GPP TR36.828;3GPP:36.523《LTE TDD上下行干扰管理和业务自适应增强、用户设备一致性规范》等6项标准;WAPI产业联盟ISO/IEC 9798-3:1998/Amd.1:2010(E)《Te-PA三元对等鉴别(信息技术 安全技术 实体鉴别 第3部分:采用数字签名技术的机制)》;北京数字电视国家工程实验室有限公司ITU-R BT.1206-2《用于数字地面电视广播的频谱限制掩模》;北京维信诺科技有限公司IEC 62341-6-1:2009《有机发光二极管显示器件 第6-1部分:光学和光电参数测试方法》;北京紫光测控有限公司IEC 60255-151:2009《量度继电器和保护装置 第151部分:过/欠电流保护功能要求》;中关村半导体照明工程研发及产业联盟(国家半导体照明工程研发及产业联盟)ISA TCS—90012014《LED照明产品加速衰减试验方法》;中关村智联软件服务业质量创新联盟SJ/T 11463—2013《软件研发成本度量规范》;北京超图软件股份有限公司GB/T 30320—2013《地理空间数据库访问接口》;北京中电华大电子设计有限责任公司GM/T 0035.1~5—2014《射频识别系统密码应用技术要求 第1部分:密码安全保护框架及安全级别》《第2部分:电子标签芯片密码应用技术要求》《第3部分:读写器密码应用要求》《第4部分:电子标签与读写器通信密码应用技术要求》《第5部分:密钥管理技术要求》;北京精雕科技集团有限公司JB/T 11569.1~2—2013《五轴联动雕刻加工中心 第1部分:精度检验》《第2部分:技术条件》。

(市质监局)

【京津冀标准化协同工作研讨会在京召开】 4月,首都标准化委员会办公室召开京津冀标准化协同工作研讨会。国家标准委、首标委、市质监局、河北省质监局的相关领导,国家标准委地方部、市质监局、天津市市场监管委、河北省质监局相关部门的负责人参加会议。会上,市质监局标准化处的负责人结合前期落实国家标准委要求的情况,对京津冀标准化协同工作方案做详细介绍。与会人员就工作方案的内容进行研究并提出修改建议。

(市质监局)

【《关于进一步加强本市安全生产监管执法工作的通知》通过】 5月3日,市政府常务会议审议通过《北京市人民政府办公厅关于进一步加强本市安全生产监管执法工作的通知》。《通知》明确安全生产监管执法机构为政府行政执法机构,对企业安全生产主体责任的落实,可引入社会中介进行督促;同时,将利用3年时间,建立完善符合首都产业结构调整和城市安全运行要求的安全生产地方标准体系,重点加强标准化评审标准和危险化学品、事故应急救援、城市基础设施运行维护等重点行业领域安全生产地方标准的制修订及实施工作。结合安全生产工作实际,积极促进京津冀三地安全生产地方标准的协同规划、发布和实施工作。

(市质监局)

【中关村标准化试点示范单位名单发布】 5月10日,中关村管委会、市质监局共同发布中关村国家自主创新示范区标准化试点示范单位名单。其中,"中关村标准化试点单位"88家和"中关村标准化示范单位"10家。该名单经组织申报、形式审查、专家评审和网上公示后确定。这98家单位重点在建立健全适合本单位需要的标准体系、创制核心标准,促进标准产业协同发展、承担标准化技术委员会秘书处或相关领导职务,加强标准推广示范应用和培养标准化骨干人才开展标准创新示范工作。

(市质监局)

【首个后勤服务管理国家级服务标准化试点项目启动】 5月18日,启动首个针对政府后勤服务管理的国家级服务标准化试点项目,引入专业化的物业企业对石景山区政府所属30多个委办局实施统一物业管理。

(市质监局)

【"十三五"时期标准化和计量发展规划发布】 5月27日，市质监局、市发展改革委共同发布市级专项规划《北京市"十三五"时期标准化和计量发展规划》（京质监〔2016〕44号）。规划明确未来5年的15项重点任务和10项重点项目。

（市质监局）

【首个高技术服务业国家级标准化试点落地海淀】 6月23日，2016年度国家级服务业标准化试点——北京软件和信息服务交易所（北京软交所）在中关村知识产权大厦正式启动，此为全市首个高技术服务业领域的标准化试点项目。北京软交所的核心要素是以交易所的模式做标准化交易，推出了采购标准、交付标准及价格标准三大标准，并采用规范化的交易流程，围绕软件产品、信息化咨询、人才交易、招标采购、大数据、云产品在线交易等一系列服务产品，制定软件标准化交易体系，解决软件产品非标准化的交易难题。

（市质监局）

【中关村标准创新试点顺利通过验收】 6月30日，中关村国家自主创新示范区标准创新试点工作通过国家标准委组织的专家验收。前国务院参事、中国标准化专家委员会荣誉主任郎志正任专家考核组组长。专家组经过考核，认为中关村标准创新试点工作全面完成试点工作目标，一致同意中关村标准创新试点工作通过验收。

（市质监局）

【三项国家级社会管理和公共服务综合标准化试点通过验收】 6月30日，市质监局组织专家评估组对部分第一批国家级社会管理和公共服务综合标准化试点项目进行考核评估。由北京、山东、江苏、山西等地相关行业和标准化方面的15名专家组成的考核评估组，先后来到市政排水和污水处理公共服务综合标准化试点、西城区社会保障公共服务标准化试点、西城区城市环境分类分级管理标准化试点进行考核评估，对3个试点项目运用标准化手段提升城市精细化管理水平、创新社会管理方式、改善社会发展质量方面所取得的效果给予肯定，并全部通过评估验收。

（市质监局）

【增材制造云服务及其模式规范提案获预立项】 7月11—14日，国际标准化组织ISO/TC 261（增材制造）第8届国际会议在日本召开。全国增材制造标准化技术委员会秘书处组织来自清华大学、广东工业大学、青岛理工大学等单位的6名专家参加会议。会上，中关村园区企业代表中国就"增材制造云服务及其模式规范"做了报告，得到各国专家的广泛认可，并决定就该内容设立预备工作项目（ISO/PWI52913），由中国牵头开展相关工作。

（市质监局）

【公共服务设施设置规范主题宣传活动】 7月14日，市政市容委、市规划委、市交通委、市质监局、市城管执法局、东城区政府在新世界百货广场共同开展"贯彻标准、规范设置、还路于行、物物皆景——贯彻落实《城市道路公共服务设施设置规范》"主题宣传活动。在宣传活动中，组织单位通过展板解读条款，现场解答问题，发放宣传材料，让市民百姓了解规范内容，引导全社会更加关注设施规范设置与管理工作。

（市质监局）

【《中关村标准化行动计划（2016—2018年）》印发】 7月27日，市质监局、中关村管委会印发《中关村标准化行动计划（2016—2018年）》（京质监发〔2016〕48号）。《行动计划》明确未来3年重点开展"促进重大科技成果产业化""推进'高精尖'经济结构建设""提高中关村标准国际话语权""建设'中关村标准'品牌""提升标准化基础能力"5个方面的重点工作，着力抓好国际标准抢滩工程、团体标准培育工程、核心标准引领工程、标准化高端人才培育工程等5个工程。

（市质监局）

【密云国家蜂业综合标准化示范区通过考核验收】 8月1日，市质监局组织有关专家组成项目考核组，对北京京纯养蜂专业合作社承担的第八批国家级农业综合标准化示范区项目之一进行目标考核和绩效考核。经考查，该示范区建立了覆盖蜜蜂养殖、蜂产品加工及蜂文化旅游一、二、三产的综合标准化架构；自主创新研发了蜂农专利产品抖蜂器、距离夹、饲料搅拌器等设备；参与了国家标准《王台型蜂王浆》的制定。考核组专家认为，该示范区通过3年建设，建立并实施了较为完善的标准体系、检测体系和保障服务体系，带动了合作社蜂农增产增收，达到了预期目的，一致通过考核验收。

（市质监局）

【2016年市地方标准制修订增补项目计划公布】 8月15日，市质监局公布年度首批市地方标准制修

订增补项目计划，共计 86 个项目列入计划，其中，一类项目（制定项目）83 项，二类项目（研究项目）3 项。本次增补立项重点聚焦在 3 个方面：一是已完成前期研究工作、形成草案的节能低碳和循环经济相关标准项目；二是涉及交通、人力资源服务业、特种设备安全领域的 7 项拟制定京津冀区域协同标准的项目；三是居家养老服务体系和制度建设项目。

（市质监局）

【2016 年市技术标准制修订补助项目公布】 9 月 2 日，市质监局审议通过年度市技术标准制修订补助项目并向社会公布，共有 74 家单位的 139 项标准获得补助资金，共计 1200 万元。从评审结果看，高新技术领域标准获得补助资金占比达 43%，连续第三年实现占比第一，一批支撑构建"高精尖"经济机构的新技术、新材料、新能源标准申报入围；在各级标准中，国际标准获得补助资金占比 15.8%，比前两年有明显增加；市属企事业单位数量在标准创制中占比达 79.7%，为历年最高。

（市质监局）

【第 39 届国际标准化组织（ISO）大会在北京召开】 9 月 9—14 日，第 39 届国际标准化组织（ISO）大会在北京召开，来自 163 个国家的 700 余名代表参加大会。大会由国际标准化组织（ISO）主办，国家质检总局、国家标准委以及北京市政府承办，北京市质监局等单位协办。9 月 12 日，大会开幕式在国家会议中心举行。国家主席习近平发来贺信，向大会表示热烈祝贺。9 月 14 日，国务院总理李克强出席大会并发表致辞。北京市作为本次大会的承办单位之一，同时作为举办大会的东道主城市，向世界各国展示了北京市标准化工作成果，加强了同各国标准化组织的沟通与交流。

（市质监局）

【中国标准创新贡献奖公布】 10 月 8 日，国家质检总局公布了 2016 年中国标准创新贡献奖获奖名单。由国家技术标准创新基地（中关村）推荐申报的团体标准《LED 照明应用接口要求：自散热、控制装置分离式 LED 模组的路灯/隧道灯》（CSA 016—2013）荣获 2016 年中国标准创新贡献奖二等奖，这是社会团体编制的技术标准首次在全国范围评比当中获此荣誉。《风电场接入电力系统技术规定》（GB/T 19963—2011）等 59 项（组）标准获 2016 年中国标准创新贡献奖项目奖，其中一等奖 10 个、二等奖 19 个、三等奖 30 个。16 家中关村企业荣获 14 个标准项目奖，占全国 59 个标准项目奖比例的 23.7%。中国电力科学研究院获得组织奖第一名，中关村企业中冶建筑研究总院有限公司朱建国、闪联信息技术工程中心有限公司皇晓琳分获个人突出贡献奖和优秀青年奖。

（市质监局）

【开展"世界标准日"主题宣传活动】 10 月 14 日，2016 年"世界标准日"主题宣传活动在国家级服务业标准化试点单位北京汽车博物馆举行。北京市各有关委办局、市质监局标准化处，各区质监局、市标准化研究院、北京标准化协会、全市各专业标准化技术委员会负责人及标准化协会会员共计 100 余人参加活动。会议期间，与会人员参观北京汽车博物馆，了解该馆在建设服务业标准化试点方面的工作成果。市质监局标准化处负责人和 301 研究所的标准化专家接受首都之窗专题访谈，向全社会详细解读《北京市"十三五"时期标准化和计量发展规划》相关内容。

（市质监局）

【海淀区国家观光休闲农业综合标准化示范区通过考核】 10 月 19 日，市质监局组织专家对列入第八批国家农业综合标准化示范区的海淀区国家观光休闲农业综合标准化示范区开展目标考核、绩效考核和示范区提升工程的考核工作。海淀区国家观光休闲农业综合标准化示范区最终以目标考核 94.6 +2 分、绩效考核 94.5 分通过考核验收。

（市质监局）

【参与 2016 年第三批国家标准制修订计划】 11 月 3 日，国家标准委下达了 2016 年第三批国家标准制修订计划的通知，共计 191 项标准列入本批计划。市质监局组织首都单位参与国家标准制修订工作，共计参与起草项目 86 项，占比达 45%，其中，牵头起草项目 61 项，占比 32%。在本批国家标准立项项目中，涉及民众较为关注的《电动平衡车通用技术条件》《电动平衡车安全要求及测试方法》等。截至 11 月，2016 年国家标准委共计下达国家标准制修订计划 748 项，首都单位参与起草项目 392 项，占比达 52%，其中，牵头起草项目 292 项，占比 39%。

（市质监局）

【第八批国家农业综合标准化示范区项目通过考核】 11 月 16 日，市质监局组织专家对全市第八批共10项国家农业综合标准化示范区开展目标考核和绩效考核，所有示范区均通过考核验收。第八批国家农业综合标准化示范项目计划是国家标准委2013年年底下达的，建设期为2014—2016年，涉及海淀、门头沟、房山、昌平、通州、平谷、延庆、密云等8个区。各示范区承担单位开展了标准综合体（标准体系）建设、标准实施推广、配套的硬件设施建设等一系列工作，涌现出房山酿酒葡萄、门头沟蜂业、海淀观光休闲农业园、西山试验林场森林多功能经营等一批典型示范项目，建设规模达1160公顷，带动农户7153户，开展标准化生产技术培训累计达3.7万人次，实现经济效益4.8亿元。

（市质监局）

【两个项目入选全国服务业标准化示范项目】　12月1日，由市质监局推荐的北京汽车博物馆科教文化旅游服务标准化示范项目和亦庄生物医药园工业物业服务标准化示范项目入选2016—2017年度全国服务业标准化示范项目。北京汽车博物馆科教文化旅游服务标准化示范项目，承担单位为北京汽车博物馆，该单位先后开展了市旅游标准化试点和国家级服务业标准化试点，形成了集旅游业和科教文化产业于一体的服务综合体，助览及互动体验服务、讲解服务、项目管理、财务管理等系列标准具有创新性。亦庄生物医药园工业物业服务标准化示范项目形成了安保、保洁、绿化、客户、装饰装修、设备维护保养等服务为一体的多功能综合性服务体系，印制了图文并茂、指导性强的标准化岗位操作口袋书，改善硬件设施17项、完善标识标牌8500余个，实现了管理与服务的无缝衔接。

（市质监局）

【《北京市消费品标准升级和质量提升规划（2016—2020年）》审议通过】　12月7日，第136次市政府常务会议审议并通过《北京市消费品标准升级和质量提升规划（2016—2020年）》。《提升规划》由市质监局牵头起草，提出打造与国际标准接轨的北京标准升级版，构建消费品目录及安全、绿色标准体系的总体目标，明确加快消费品标准与国际接轨、提升消费品标准化水平、强化消费品科技创新、保障消费品质量安全、推动消费品产业绿色发展、优化市场环境、推动重点领域消费品质量提升等7个方面的主要任务。

（市质监局）

【开展全市地方标准实施情况年度评价工作】　12月7日，市质监局组织19个行业主管部门对2014年发布、实施满1年的117项地方标准实施情况进行年度评价。在社会效益方面，20项地方标准起到了资源节约效果，29项标准起到环境保护效果，34项标准提升安全管理水平，61项标准有助于实现城市精细化管理，45项标准提高顾客满意率，58项标准产生其他社会效益；在经济效益方面，41项地方标准直接或间接产生经济效益7.7641亿元，36项标准提高生产率。

（市质监局）

【中关村标准化协会成立】　12月16日，中关村标准化协会成立大会暨首批中关村标准发布仪式在北京万寿宾馆召开。会上，中关村标准化协会发布首批涵盖新能源技术、智能交通、智能制造、医疗健康、新一代信息技术等核心领域的7项中关村标准。截至11月，中关村已发布的国际标准达到229项。中关村标准化协会是由36家中关村重点产业联盟、企业和科研院所共同发起，以研究、制定、发布和实施“中关村标准”为目标的创新标准化组织。本次会议上，北京银行中关村分行与中关村标准化协会签署金融服务与标准化工作深切融合的战略合作协议。

（市质监局）

【首项微机电系统国际标准发布】　年内，由中关村园区企业牵头制定的中国第一项微机电系统（MEMS）领域国际标准《半导体器件 微机电器件 第25部分：微键合区剪切和拉压强度检测方法》（IEC 62047-25:2016）发布。

（市质监局）

【发布地方标准统计】　年内，市质监局多次发布各类地方标准。截至10月，共计发布地方标准77项。其中，4月29日，市质监局批准发布《城市道路公共服务设施设置与管理规范》等29项地方标准；5月18日，市质监局与市规划委、市住建委联合发布11项工程建设地方标准；8月15日，市质监局批准发布《居住区绿地设计规范》等17项地方标准；10月21日，市质监局批准发布《车用汽油》等19项地方标准。

（市质监局）

计 量

【公交行业能源计量审查宣贯会召开】 1月5日，市质监局召开全市公交行业重点用能单位能源计量审查与管理制度宣贯会，北京地铁、北京邮政、首汽集团等20家交通行业重点用能单位共100人参加会议。会议讲解了《能源计量监督管理办法》《重点用能单位能源计量审查规范》，对全市59家重点用能单位开展能源计量审查工作情况、行业能源计量审查与管理制度建设要求进行了说明。北京公交集团技术部的负责人做了经验交流。

（刘　勇）

【能源计量进校园宣讲活动开展】 1月13日，市质监局走进首都师范大学，开展能源计量进校园宣讲活动，首都师范大学100多名教职员工参加宣讲活动。市质监局计量处以“节能减排精细化与能源计量管理”为主题，结合节能减排培训教育计划，重点对气候变化形势和中国节能减排战略。节能减排精细化是应对气候变化的必由之路。能源计量服务支撑节能减排精细化。节约型校园建设和能源计量管理实例等内容进行宣讲，同时，还介绍了能源计量相关法律法规、计量技术规范和标准，并对校园能源计量工作提出要求。

（谭云超）

【电动充电设施计量管理研讨会召开】 1月14日，市质监局召开电动汽车公用充电设施计量管理研讨会，市计量院、市能源计量监测中心负责人，北京特来电新能源科技、北理工大学电动车辆国家工程实验室、杭州中恒电气、华商三优新能源科技等单位的专家学者参加会议。会议围绕计量相关政策措施、计量检测技术、相关单位充电计量工作现状、保障电动汽车充电计量公平和公正等展开研讨。会议还就《北京市新能源小客车公用充电设施投资建设管理办法》中有关充电计量的工作计划和时间表等内容进行研讨。

（刘　勇）

【计量工作视频会议召开】 2月2日，市质监局召开2016年计量工作视频会议。会议总结了2015年全市落实计量发展规划、推进京津冀协同发展、完善风险防控体系建设、计量惠民及监督管理、城市能源计量示范、计量服务保障技术能力提升，创新人才培养和宣传等方面的工作，分析了计量工作面临的形势，提出树立“创新为索、协调为统、绿色为本、开放为怀、共享为策”的工作理念，并部署2016年全市计量工作。

（谭云超）

【出租车计价器强制检定工作会议召开】 3月8日，市质监局、市交通委共同召开全市出租车计价器强制检定工作会议，市质监局计量处、市交通委运输管理局出租处、市计量院有关负责人，各区出租车管理部门、出租车计价器检定机构、全市出租汽车企业的代表共220人参加会议。会议宣读市质监局、市交通委运输管理局在2015年度共同发布的《关于加强出租车计价器监督管理落实企业主体责任的通知》，通报2015年本市出租车计价器周期检定情况，部署2016年出租车计价器强制检定有关工作。

（刘　勇）

【“3·15”诚信计量媒体座谈会召开】 3月10日，市质监局邀请中央及市属新闻媒体记者，就诚信计量工作开展情况进行交流座谈。会上，市局计量监督处介绍了市质监局发布的《农贸市场公平秤设置与管理规范》。两家市场主责单位代表分别介绍了采纳《农贸市场公平秤设置与管理规范》地方标准的有关情况和积极作用。市局计量处展示了在计量执法检查工作中查获的作弊电子秤，并对消费者应如何识别和防范作弊秤进行安全提示和知识讲解。与会记者重点针对市场计量监督检查有关工作情况、计量投诉与处理难点、公平秤设置规范细节及诚信计量违法处罚等方面的内容进行提问，并与相关人员进行交流。

（谭云超）

【计量走进首都图书馆和市方志馆】 3月11日，市质监局向首都图书馆、市方志馆赠送6套《新中国计量史》，市质监局计量处负责人、首都图书馆党委书记肖维平、副馆长陈坚等出席赠书仪式。《新中国计量史》是国家质检总局组织上百位专家、学者编纂完成，分上下两册，共270万字，记载了新中国成立以来计量工作取得的重大成就和全国各地计量工作的发展历程。赠送的《新中国计量史》存放于首都图书馆、北京市方志馆，供读者免费查阅。

（谭云超）

【“十三五”水务发展规划计量及标准基础建设研讨会召开】 3月31日，市质监局与市水务局召开“十三五”水务发展规划计量、标准基础建设研讨会。与会人员对“十三五”水务发展规划实施中有关计量、标准化、量化考核及第三方认证等方面的服务需求进行研讨。双方就进一步梳理现有标准、补充完善标准体系、推进标准实施，共同研究制定水资源计量标准体系，完善水资源计量设施的配备，推进计量远程监管及建立长期合作机制等项内容达成共识。

（刘　勇）

【法定计量单位使用专项检查培训】 4月13日，市质监局、市新闻出版广电局共同下发通知，组织在全市新闻出版电视领域开展法定计量单位使用情况监督检查。为做好此次监督检查工作，两局共同召开法定计量单位使用专项检查部署培训会。培训主要对象是全市新闻出版电视机构一线工作人员，包括各单位负责新闻广告业务、科技图书、大中小学教科书及其他刊物内容审查工作人员。培训围绕计量单位的历史、古今计量单位量值比较、国际单位制、法定计量单位、常见计量单位使用错误等内容进行讲解，并要求各单位结合培训发放教材，进行内部自查自纠，组织有关岗位人员学习。

（谭云超）

【第七期各区计量技术骨干培训】 4月20日至7月20日，市质监局组织开展第七期计量技术骨干培训工作，14名各区计量检测所和20名计量院新进人员参与。培训为期3个月，内容涉及计量基础知识、不确定度评定、最小二乘法应用、计量标准、法定机构考核规范、法制计量、能源计量和量传溯源体系等专业知识。

（谭云超）

【为救护车打表收费提供计量保障】 4月22日，市质监局完成全市580辆救护车计价器的计量检测工作。从5月1日开始，580辆安装计价器的救护车投入使用，北京成为全国首个使用计价器确定救护车里程计费的城市。为保障急救车使用的计价器计量性能准确可靠，市计量院使用自主研发的移动式出租车计价器检定装置进行检测。

（谭云超）

【“五一”计量执法检查活动开展】 4月30日至5月2日，市质监局开展旅游市场和粮食市场计量执法检查活动。全市计量行政执法人员对商场超市，农贸市场，餐饮企业，粮食生产、销售和收购单位进行检查，重点检查贸易结算用衡器计量合格状态，商场超市和农贸市场公平秤设置，国家计量允差规定的预包装商品的商品量，定量包装粮油及加工制品称量和计量作弊违法行为等情况。全市共出动执法检查人员389人次，执法185起，检查旅游市场主体（商场超市、农贸市场、餐饮店及其他旅游场所）146家，粮油生产、销售、收购单位66家，计量器具2363台件，合格率97%，抽查定量包装商品398批次，全部合格。本次检查，执法人员共立案6起，现场处罚18起，罚没款金额1550元，受理计量投诉举报案件12件，解决10件。

（谭云超）

【重点用能单位能源计量器具配备监督检查】 5月10日，市质监局召开关于开展重点用能单位能源计量器具配备专项监督检查工作会议，部署能源计量监督检查工作。市发展改革委资环处负责人，各区局、分局计量科、市能源计量监测中心、通州区节能站、怀柔区节能站等单位70余人参加会议。会上，市发展改革委资环处人员介绍全市重点用能单位能源计量基础能力建设进展情况，强调能源计量基础能力对促进节能减排精细化管理等方面的重要意义。市质监局计量监督处人员解读了能源计量专项监督检查的工作背景，部署专项监督检查工作任务，提出工作要求。市能源计量监测中心人员就专项监督检查工作涉及的法律法规条款、技术规范要求、能源计量监督检查流程和关键环节等内容进行讲解。

（刘　勇）

【能源计量审查部署启动会召开】 5月12日，市质监局与公交集团共同召开能源计量审查工作部署启动会。市质监局计量监督处、丰台区质监局、市计量院、公交集团公司所属各单位、相关社会能源供应机构等单位负责人参加会议。会议对公交集团能源计量审查工作、公交行业纯电动客车电动充电设施能效计量检测比对工作进行部署。

（刘　勇）

【计量走进狼垡一村】 5月17日，第17个世界计量日到来之际，市质监局与大兴区狼垡一村村委会共同开展了“三进两促”结对共建帮扶计量宣传活动。活动中，市质监局计量处宣讲计量工作在日常生活中的重要性，介绍市质监局在计量惠民、保障民生方面的具体措施和实施效果。市计量院专业技术人员讲解电子秤作弊揭秘与防范、家庭常用电器待机能耗比较等计量知识。大兴区计量检测所现场开展计量咨询与血压计计量器具检测服务,发送便民老花镜、计量宣传材料千余份,免费检测血压计65台。

(谭云超)

【计量走进校园活动】 5月18日,市质监局开展“5·20世界计量日”计量进校园宣传活动。市质监局计量处走进首都经济贸易大学信息学院,就信息技术、互联网+、大数据应用及计量工作与师生进行交流座谈。信息学院院长介绍学院通过引进人才、重点培养等手段,在互联网+和云计算领域开展大数据管理运营等方面的科研攻关和技术合作成果。双方就发挥各自优势,建立“产检学研政”长效交流合作机制达成初步意向。

(谭云超)

【计量走进企业】 5月19日,市质监局副局长姚娉带队走进北京市琉璃河水泥有限公司和北京可视化节能科技股份有限公司,市局计量处、市计量院、房山区质监局、首都经贸大学相关人员参加活动。会上,琉璃河水泥有限公司负责人介绍公司能源计量基础能力建设的基本情况、企业能源管理中心建设情况和能源计量的服务需求。可视化节能科技股份有限公司负责人介绍节能服务公司服务企业能源管控精细化、促进企业节能减排和智慧能源云平台服务的相关情况。与会人员就利用能源管控平台服务企业节能减排、推广能源计量服务产业发展的标准化模式进行交流沟通。

(谭云超)

【计量走进媒体】 5月20日,在第17个世界计量日到来之际,市质监局计量处负责人、市计量院能源资源及远程监测研究所负责人走进首都之窗直播间,就国家城市能源计量中心北京分中心的筹建背景和建设现状、开展能源计量服务的重点领域以及未来能源计量校验的优化措施等方面话题与网民进行交流。

(谭云超)

【计量检定员项目培训】 5月25日,市质监局举办“计量大讲堂”培训活动,参加市第四届技能大赛的170名计量检定员参加培训。此次技能竞赛项目选取了压力表项目。培训分别对计量基础知识、压力表计量检定规程、压力表检定实际操作注意事项、竞赛须知和评分标准等内容进行讲解。

(谭云超)

【落实计量发展规划培训班举办】 6月13—17日,市质监局举办计量人员能力提升培训班,各区局计量科、计量所、市计量院、北京计量协会、部分授权单位共80人参加培训。培训中,各相关领域专家讲解了计量科技与生活、中国制造2025、电子商务、智慧能源、性格分析、北京市交通节能减排发展形势、北京市环境形势分析、太空安全等内容。

(谭云超)

【刑事技术机构资质认定工作部署会召开】 6月23日,市公安局与市质监局共同召开全市刑事技术机构资质认定工作部署会,公安部五局,市公安局刑侦总队,市质监局计量处的负责人及市公安、交通、铁路、海关等部门相关单位代表共110余人参加会议。会议传达了《关于开展北京市刑事技术机构资质认定工作的通知》文件精神,对全市启动刑事技术机构资质认定工作进行动员部署。国家认监委认证认可技术研究所专家对资质认定内审员进行培训,宣讲资质认定发展沿革、资质认定评审准则、刑事技术机构补充要求、现场评审有关要求等内容。

(谭云超)

【计量检定员项目大赛举行】 8月24日,市第四届职业技能大赛计量检定员项目决赛圆满结束。全市共有20个单位42名人员进入决赛。决赛分为理论考核和实践技能考核两部分。北京、天津、河北三地计量院的10名省级专家评判比赛结果。大赛紧扣“技能助力中国梦”主题,通过理论知识、实际操作等方面的比拼,检验计量行业从业人员的基本技能,有利于北京计量人才队伍的建设和发展。

(谭云超)

【计量走进医疗卫生行业】 9月28—29日,市质监局举办以“加强医疗卫生单位计量管理,提升医疗卫生单位质控水平”为主题的“以案释法”宣讲培训活动。全市质监部门及医疗卫生单位200余名计量管理人员参加培训。培训中,宣武医院和北医三院参会代表围绕“医疗卫生单位质控管理”主题做交流发言,国家质检总局、国家计量院知名专家讲解医疗卫生单位涉及的计量法律法规和计量检测技术,市质监局信息中心工作人员介绍市计量管理信息系统客户端应用软件。

(谭云超)

【北斗导航产业计量国际学术交流会召开】 10月24日，由市计量检测科学研究院主办的北斗卫星导航产业计量国际学术交流会在京召开。本次国际交流会是市外国专家局“请进来”培训项目“导航与5G通信计量项目”的重要内容。英国国家物理实验室（NPL）的首席研究员及国内知名专家围绕导航计量、5G通信、信号处理等领域内容做专题学术讲座。来自高校、高新技术企业、事业单位技术人员及专业骨干通过分享和交流先进的学术前沿成果，共同研讨卫星导航产业计量的科技前沿和未来发展方向，推动北京乃至全国北斗卫星导航产业计量的发展。

（谭云超）

【首个京津冀共建地方计量检定规程】 11月25日，京津冀三地质监部门在河北省计量院召开《户用超声波燃气表》计量检定规程审定会，三地质监部门计量处、计量院的负责人，山东、辽宁、浙江、内蒙古、山西等地的计量专家、学者，企业单位和燃气集团代表参加审定会。《户用超声波燃气表》计量检定规程由三地协同起草，是三地首个计量技术规范共建项目，国家在此领域仍属空白。会议审定了检定规程送审稿、编写说明、征求意见表、试验报告和不确定度报告。审定会专家审定通过计量检定规程并建议修改完善后报三地政府计量行政部门发布。

（谭云超）

产品质量监督

【开展采暖季劣质煤专项整治】 1月13日，市质监局专题召开煤炭质量监督工作电视电话会议。全面排查煤炭生产加工企业责任落实，指出存在的问题并督促整改；全覆盖式检查固定场所有照销售煤炭企业，全面检查各类煤场、销售点、个体经营户等煤炭销售企业；加大煤炭使用单位监督抽查，督促落实进货验收制度；主动向当地区政府报告，协同配合乡镇、街道，选取一定比例已实施优质煤替代的村、社区开展质量调查；强化源头治理，协调环保、新农办等部门开展联合执法，加大宣传力度，公开曝光违法行为，促进社会共治。

（市质监局）

【平板电脑交流电源线部分召回】 1月，微软（中国）有限公司向市质监局提交主动召回计划，自1月21日起，召回Surface Pro、Surface Pro2及2015年7月15日之前售出的Surface pro3平板电脑配备的交流电源线。本次召回范围内的交流电源线因消费者在使用时过度弯曲或过紧缠绕，可能会导致过热现象。微软公司将为消费者更换电源线。

（市质监局）

【部署2016年产品质量监督工作】 2月25日，市质监局部署2016年产品质量监督工作，分析研判当前产品质量监督工作面临的新形势，对涉及公共安全、生态环境保护、食品相关产品及消费品质量的安全监管工作提出具体实施意见。

（市质监局）

【部署市服装纺织产品质量工作】 3月24日，市质监局联合市工商局、市经济和信息化委、市商务委部署市服装纺织产品质量工作，通报2015年全市生产领域服装纺织品质量安全风险监控情况，对出现的质量安全风险及问题进行解读分析；通报2015年北京市服装纺织产品市场监测总体情况，介绍2016年市场监测计划；部署国家质检总局儿童服装企业产品质量承诺相关工作，对市双打办开展2016年度“清风”行动实施计划的主要内容进行说明。组织《缺陷消费品召回管理办法》、2015年全市纺织服装产品质量情况分析和质量问题风险管理等专题培训。

（市质监局）

【产品质量安全风险监控工作媒体座谈】 4月27日，市质监局安排北京市2015年产品质量安全风险监控工作媒体研讨，通报《北京市2015年产品质量安全风险监控工作报告》。多家中央及市属新闻媒体记者参加座谈。媒体记者针对报告以及市民关心的产品质量热点问题进行研讨交流。上年，市质监局共采集工业产品质量安全风险信息5267条，其中，汽车、服装及针织品、家用电热器具、计算机、助力车、玩具、家具、家用卫生及保健器具、电池、家用空调、充电器等21类产品风险信息约占信息总数的70%。

（市质监局）

【联合部署学生装监管】 4月29日，市质监局与市教委联合部署学生装监管工作，安排年度学生装生产企业专项检查和监督抽查工作，并结合《纤维制品质量监督管理办法》对学生装生产企业和使用单位提出要求；通报推荐工作中实地核查发现的问题，要求生产企业及时整改。各生产企业必须严格遵守《纤维制品质量监督管理办法》，各单位要督促企业做好原材料采购验收、生产过程控制、成品出厂检验等产品质量保证工作，加强检查验收，从严查处不履行产品质量义务的违法行为。

（市质监局）

【民用燃煤产品质量追溯体系建设研讨】 5月12日，市质监局组织研讨民用燃煤产品质量追溯体系建设问题。相关人员介绍本市民用燃煤产品质量追溯信息平台的建设进展情况，研讨交流信息平台建设内容。煤炭企业对平台建设提出建议并表示配合该平台的建设和运行。建设北京市民用燃煤产品质量追溯信息平台，旨在应用物联网、大数据等信息化新技术、新理念，以支撑采集和记录民用燃煤产品生产、流通、消费环节质量追溯信息，与企业生产、配送、仓储紧密关联，与企业内部管理相结合，实现来源可查、去向可追、责任可究。

（市质监局）

【部署2016年煤炭质量监督工作】 6月8日，市质监局部署2016年煤炭质量监督工作。依据《产品质量法》《大气污染防治法》等法律法规和北京市关于生态环境建设有关工作要求，切实加强生产领域的大气环境相关重点产品实施质量监督，特别是要持续加强燃煤质量监督，鼓励群众投诉举报，自觉抵制劣质燃煤，形成社会共治合力。加强农村地区“减煤换煤”优质煤替代的燃煤质量监督工作，推动燃煤生产加工企业建立产品可追溯制度，建立燃煤生产加工企业约谈制度。

（市质监局）

【部署产品质量检验机构监督管理工作】 6月24日，市质监局部署2016年产品质量检验机构监督管理工作，总结2015年全市产品质量检验机构工作质量分类监管和质检机构监督管理工作，部署2016年全市产品质量检验机构工作质量分类监管和监督检查工作任务。各单位要高度重视分类考评工作，重点针对所承担的产品质量监督抽查、风险监测、工业产品许可证检验任务以及授权检验领域业务开展自查自纠，强化责任意识和服务意识，规范检验行为，进一步提高检验工作质量；各考评专家要廉洁自律，公平公正地开展考核评价，保证考核质量；各区质监局要督促辖区内检验机构开展自查自纠，依法查处违法违规行为。

（市质监局）

【部署煤炭生产加工企业质量监管工作】 6月24日，市质监局集中专题部署煤炭生产加工企业质量监管工作：突出重点实施大气污染防治强化措施，下大力推进“煤改清洁能源”和“减煤换煤”政策落实；煤炭生产加工企业要确保“减煤换煤”优质煤替代任务按计划完成；市质监局依法推动煤炭生产加工企业严格执行北京市煤炭地方标准，落实产品质量检验检测制度、产品质量承诺制度、产品质量追溯制度、售后服务制度“四项制度”，健全完善质量管理体系。

（市质监局）

【产品质量监督及煤炭产品追溯体系建设媒体座谈】 9月1日，市质监局组织大气环境相关重点产品质量监督及煤炭产品追溯体系建设媒体座谈，主要介绍2016年大气环境相关重点产品质量监督总体情况和民用煤炭产品追溯体系建设情况，以及企业民用煤炭产品追溯体系建设情况。媒体记者针对产品质量监管和煤炭产品追溯体系建设等问题进行研讨交流。

（市质监局）

【“减煤换煤”优质煤供应企业现场考核】 9月20日，市质监局、市新农办、市环保局及相关专家组成联合考评小组开展2016年全市“减煤换煤”优质煤供应企业现场考核评查工作。到10月底前，完成35家相关供煤企业的现场考评。此次现场考评主要针对企业基本情况、环保措施落实情况、生产经营、质量控制及售后服务5个方面开展。

（市质监局）

【空气重污染应急处置】 12月29日，市空气重污染应急指挥部发布空气重污染橙色预警，市质监系统启动空气重污染应急工作机制，按照《产品质量监督空气重污染应急预案》规定，各区局加强《低硫煤及制品》（DB11/097—2014）、《车用汽油》（DB11/238—2016）和《车用柴油》（DB11/239—2016）标准的宣传，加大对煤炭加工企业检查力度，对发现的违法行为及时处置或通报；燕山分局加强对燕山石化油品生产监督检查。市质检院及相关检验机构合理调配检验能力，提高工作时效，及时将检验结果报有关部门（单位）；油品检验机构按照市局计划落实好抽样检验工作。

（市质监局）

【烟花爆竹检验机构监督管理】 12月，市质监局组织开展产品质量检验机构考核工作，规范技术机构烟花爆竹检验服务，做好进京烟花爆竹质量管控。市质监局就检验资质、检验标准、实验室技术条件、质量管理体系、检验设备和人员状况等方面对全市烟花爆竹质量监督检验站进行督导，了解2017年进京烟花爆竹质量检验进展，要求市烟花爆竹质量监督检验站加强管理，严格按照产品标准和操作规程开展检验。

（市质监局）

【“两节”质量安全保障】 12月，市质监局要求全市各区认真按照预案做好涉及大气污染治理相关产品质量监督的应急措施。截至12月，质监部门在全市生产领域累计抽查危险化学品、危险化学品包装物容器、建筑防火构件、灭火器材、消防水带、防火阻燃材料、消防应急照明灯具、火灾报警产品、食品用塑料制品、食品用纸制品、食品工业用（含复合主剂）洗涤剂、餐具（含果蔬）用洗涤剂、工业和商用电器设备等13类产品共122批次，其中114批次合格，抽查合格率96.2%。“两节”期间，全市质监部门加强应急值守保障。

（市质监局）

【加强钢铁水泥等产业管控】 年内，市质监局加强对钢铁、水泥等行业的监督管理。落实产业政策，严格审查，严控新增产能，对不符合产业政策和清理整顿要求的企业停止许可受理和审批，对存在违规产能、不具备必要条件的企业吊销或撤销生产许可。京津冀实行区域行政许可互认，在企业技术改造、产品升级、兼并重组等方面简化许可受理、审批、注销等程序，支持企业健康发展和有序退出。全市钢铁获证在产企业已由12家减至2家，水泥在产企业由28家减至3家。

（市质监局）

【加强煤炭质量监督】 年内，市质监局高度重视大气污染防治，进一步强化煤炭质量监督。在质量监督工作中，加大监督抽查力度与频次，根据煤炭生产加工季节性特点，上半年每月抽查一次，下半年每周抽查一次。截至12月19日，市质监系统共开展执法检查3274人次，检查煤炭企业1637家次；组织煤炭质量监督抽查1354批次，不合格检出率2%；立案查处煤炭质量违法案件41起，处罚金额48.2万余元。9月以来，对农村地区“减煤换煤”乡镇（街道）留取的煤炭样品进行质量检测924个，不合格61个，协同配合主管部门全部实施召回更换。

（市质监局）

【产品质量检验机构分类监管】 年内，市质监局组织开展2016年度全市产品质量检验机构分类监管工作。考核组从检验机构基本情况、检验仪器设备、抽样与样品管理、检验过程、检验报告、科技创新能力等方面对83家产品质检机构检验工作质量进行现场考核评价，重点检查产品质量监督抽查、工业产品生产许可证发证检验及产品质量风险监测工作质量，及时指出考评中发现的问题，并反馈给所考核机构和区质监局，督促相关检验机构对问题及时进行整改。

（市质监局）

【年度煤炭检验比对试验】 年内，市质监局组织完成2016年度煤炭检验比对试验工作。31个煤炭检验实验室参加煤炭检验比对，其中检验机构实验室5个、主导实验室1个、主要供煤企业25个。本次煤炭检验比对由煤炭科学技术研究院有限公司下属国家煤炭质量监督检验中心作为主导试验室，采取单一水平能力验证方式，对试验煤样的灰分、挥发分、全硫、发热量4个参数进行检验，通过稳健统计方法对比对检验结果进行统计，用Z比分数法对各比对实验室检验结果进行评定。共有13个实验室获得满分，其中检验机构实验室5个、供煤企业实验室8个。

（市质监局）

高校科技

【开展北京市哲学社会科学研究基地建设】 3月，市教委与市社科规划办聘请专家对建设期满的15个研究基地进行检查评估。经过检查评估，共有马克思主义研究基地（中国人民大学）等6个研究基地被评为“优秀”；新增语言战略与政策研究基地、北京科技创新中心研究基地和北京市政治文明建设研究中心。截至3月，已经批准建立57个北京市哲学社会科学研究基地。

（张　豫）

【第一批教育信息化试点项目全部通过验收】 4月，市教委组织开展教育部第一批教育信息化试点项目验收工作，28个全市第一批教育信息化试点单位全部通过专家验收，信息化建设成果显著，为全市教育信息化的加速演进提供了理念、技术、应用、机制等方面的有益经验。

（张　豫）

【市属高校特色教育资源库项目十年建设成果】 5月11日，市教委科研处组织完成上年度市属高校特色教育资源库项目验收工作。截至5月11日，高校特色教育资源库已建设457个涵盖服装、电影等11个领域的主题资源包，整合图片212.8万张，音视频9.2万个，文字6272.5万字，网页设计13.9万个；4月22日，项目作为“高等学校特色专业优质资源共建共享机制探索”教育部教育信息化专项试点内容通过专家验收；市教委召开系列项目研讨会，对市属高校特色教育资源库项目建设十年成果进行梳理。

（张　豫）

【开展市属高校创新能力提升计划项目中期检查】 12月21—22日，市教委对上年度市属高校创新能力提升计划32个项目开展中期检查。检查要求各项目负责人提交市属高校创新能力提升计划项目进行中期检查报告。市教委优化中期评估程序，组织专家组直接审阅报告进行评估，既减少科研人员的负担，又充分依靠客观材料。经过评估，32个项目全部通过中期检查，进入下一阶段资助。专家组认为提升计划项目实施进展良好，项目围绕国家和北京急需开展研究，尤其是为解决京津冀协同发展中的热点和难点问题提供了有利的科技支撑和政策支持。

（高　飞）

【开展中央在京高校重大成果转化项目中期检查】 12月22—23日，市教委对上年度4个中央在京高校重大成果转化项目开展中期检查。检查要求项目承担单位组织项目负责人提交“中央在京高校重大成果转化项目中期检查报告”、带有标注的成果汇编、以重大成果转化项目为基础而新承担的国家重大科研任务的证明材料等。市教委通过组织专家对相关材料进行评估，认定15个项目全部通过中期检查，进入后期资助。专家组认为中央在京高校重大成果转化项目实施成效显著，多项高校重大科技成果已经实现转移转化，并经产品化开发进入市场。

（高　飞）

【科研情况综述】 年内，北京地区高校开展科研活动的单位共118个，北京地区高校及附属医院共有教学与科研人员10184人，其中科研活动人员77212人；科研经费总投入253.60亿元；承担研究项目99328项；发表学术论文118193篇，出版著作7018部；获省部级及以上奖励417项；现有研究机构921个，当年经费内部支出106.02亿元，年末固定资产原值245.91亿元。

（刘　帅）

【增补认定北京高校高精尖创新中心】 年内，市教委继续推进北京高校高精尖创新中心建设计划。开展高精尖创新中心新增工作，经过高校申报、专家论证等程序，新认定8个高精尖创新中心。其中，4个建设在中央高校，3个建设在市属高校，1个由中央高校和市属高校合作建设。印发《北京高等学校高精尖创新中心建设计划实施方案》（京教研〔2016〕5号），进一步明确高精尖创新中心建设的指导思想、目标任务、组织实施等内容，指导各中心建设。

（翟　昊）

【451个项目入选2017年度科研计划项目】 年内，市教委基本完成2017年科研计划项目评审。经过项目申请、学校初选推荐、市教委评审等程序，共批准来自32所高校的科研项目451个。其中，“科技发展计划”重点项目30个、面上项目234个，“人文社会科学研究计划”重点项目32个、面上项目156个。批准项目资助经费总额6080.2万元，其中，“科技发展计划”项目经费4838.2万元、“人文社会科学研究计划”项目经费1242万元。

（高　飞）

【开展第十四届社科优秀成果评奖教育系统评审工作】 年内，市教委开展北京市第十四届哲学社会科学优秀成果评奖教育系统评审工作。全市教育系统78个单位申报477项研究成果,经教育系统学科评审组专家评审会和系统评审委员会会议的评审、讨论、投票,推荐189项成果上报市评奖办公室。

(张　豫)

【科技人员及投入】 年内,北京地区74所设有理工农医类的高校(含25所附属医院)共有教学与科研人员74265人,其中具有教授职称的8195人,具有高级职称的19248人(不含教授);研究与发展人员36772人;科技经费投入共231.10亿元,其中政府资金投入153.31亿元,企事业单位委托投入70.56亿元。市属44所设有理工农医类的高校(含16所附属医院)共有教学与科研人员32786人,其中具有教授职称的1569人,具有高级职称的7267人;研究与发展人员12094人;科技经费投入共28.87亿元,其中政府资金投入21.13亿元,企事业单位委托投入6.53亿元。

(刘　帅)

【科技活动】 年内,北京地区74所设有理工农医类的高校(含25所附属医院)共有科研活动机构690个;开展科技课题61006项,其中研究与发展课题52767项、研究与发展(R&D)成果应用及科技服务课题8239项;派遣进修访问学者5487人次,接受进修访问学者5433人次;出席国际学术会议33732人次,交流论文16397篇。44所市属设有理工农医类的高校(含16所附属医院)共有科研活动机构148个;开展科技课题10612项,其中研究与发展课题9962项、R&D成果应用及科技服务课题650项;派遣进修访问学者847人次,接受进修访问学者724人次;出席国际学术会议5882人次,交流论文2321篇。

(刘　帅)

【科技产出】 年内,北京地区高校共出版科技专著595部,大专院校教科书452部,编著345部;发表学术论文87213篇,其中在国外学术刊物发表37706篇;SCI收录论文(科学引文索引)29694篇、EI(工程索引)28538篇、ISTP(科技会议索引)5651篇;鉴定成果201项,获奖成果442项,其中国家级奖64项,省部级奖274项。市属高校出版科技专著224部,大专院校教科书188部,编著120部;发表学术论文17344篇,其中国外学术刊物发表4960篇;SCI收录论文(科学引文索引)3643篇、EI(工程索引)2222篇、ISTP(科技会议索引)759篇;鉴定成果22项,获奖成果36项,其中国家级3项、省部级19项。

(刘　帅)

【科技推广】 年内,北京地区高校共签订技术转让合同1011项,总金额10.51亿元,实际收入6.63亿元;专利出售745项,合同金额8.51亿元,实际收入5.19亿元;申请专利14948项,授权10564项,其中申请发明专利12300项,授权8116项。市属高校签订技术转让合同226项,总金额7.25亿元,实际收入5.18亿元;专利出售38项,合同金额9432万元,实际收入8327万元;申请专利2746项,授权2161项,其中申请发明专利2129项,授权1452项。

(刘　帅)

【社科人员及投入】 年内,北京地区91所设有人文社科全日制普通本科的高校共有人文社会科学活动人员35919人,其中R&D人员40440人;53所市属高校人文社会科学活动人员13724人,其中R&D人员12314人。北京地区高校共筹集人文社科研究经费22.50亿元,其中政府资金13.59亿元,企事业单位委托经费6.59亿元,其他资金经费2.32亿元;市属高校当年筹集社科研究经费4.06亿元,其中政府资金2.96亿元,企事业单位委托经费1.02亿元,其他资金经费0.08亿元。

(刘　帅)

【社科活动】 年内,北京地区91所设有人文社科全日制普通本科的高校共有在研人文社科课题38322项,当年投入人员折合7311.8人年,拨入经费16.32亿元;举办学术会议1682个,参加学术会议30769人次,提交论文13291篇;受聘讲学派出4016人次,来校受聘讲学5773人次。进修学习派出2504人次,来校进修学习2925人次。合作研究课题1352项。市属高校当年在研课题8749项,当年投入人员折合2327.8人年,拨入经费2.37亿元;市属高校当年举办学术会议185个,参加学术会议4519人次,提交论文1954篇。受聘讲学派出959人次,来校讲学1711人次;进修学习派出1317人次,来校进修学习682人次;合作研究课题274项。

(刘　帅)

【人文社科研究成果】 年内,北京地区91所设有人文社科全日制普通本科的高校共发表学术论文30980篇,出版著作4234部,获奖成果79项。市属高校发表学术论文7599篇,出版著作1193部,获奖成果8项。

(刘　帅)

合作与交流

京津冀协同

【京津冀营养治疗进社区项目启动仪式举行】 1月9日,市卫生计生委、北京医学会、北京市临床营养治疗质量控制和改进中心等共同举办的京津冀"营养治疗进社区"项目启动仪式暨北京医学会临床营养学分会2015年会在北京举行。会上,市卫生计生委与河北、天津卫生计生委共同发起"营养治疗进社区"试点工作。北京市各区第一批10家社区卫生服务中心入围试点工作,并逐步延伸至其他各区。启动仪式结束后,召开临床营养学分会2015学术年会。多位临床营养专家就"妊娠期糖尿病概述及营养管理""骨质疏松与肌少症""危重症患者的代谢与营养支持""消化系统疾病""鼠李糖乳杆菌的临床应用进展""肠源性感染及全身性炎症反应的防治与调控"等内容做专题报告。200余位专家出席会议。

(市科协)

【京津冀科技企业投融资路演会召开】 1月19日,京津冀科技企业投融资路演活动在石家庄高新区举行。来自京津冀三地的50余家创业投资机构和来自河北的150余家科技企业的代表参加此次活动。3家投资机构与科技企业签署意向投资协议。

(市科委条财处)

【京津冀钢铁联盟协同创新研究院成立】 1月20日,京津冀钢铁联盟协同创新研究院在河北迁安成立。京津冀钢铁联盟协同创新研究院由市科委、河北迁安市政府、京津冀钢铁行业节能减排技术产业联盟共同成立,采取企业化运营、市场化运作模式,围绕钢铁行业节能减排、能源综合利用、产品质量升级等方面,开展科技研发、技术转化及产业化、高新技术企业孵化、科技服务等工作,致力推动京津冀钢铁行业节能减排与产业转型升级。

(市科委社发处)

【首届京津冀农产品加工与品牌建设峰会召开】 3月18—19日,由北京食品学会、张家口供销合作社共同主办的首届京津冀农产品(食品)加工与品牌建设高端峰会"在河北省张家口市产业聚集区新合作农产品物流园举行。与会专家围绕如何充分发挥京津冀三地的潜在优势、全国蔬菜产业存在的问题、张家口蔬菜产业现状等问题展开讨论。峰会分别举行"优势品牌投资与建设""奥运食品安全保障与供给"嘉宾对话活动。来自全国各地食品行业的专家学者、企业家300余人参会。

(市科协)

【京津冀知识产权发展联盟在京成立】 3月29日,京津冀知识产权发展联盟在北京经济技术开发区宣布成立。会上,三地知识产权局局长与三家发起单位的负责人共同按下启动球,北京市知识产权服务中心、北京奇虎科技有限公司等6家单位作为联盟成员代表签署战略合作协议,标志着联盟成立。京津冀知识产权发展联盟是为贯彻落实京津冀协同发展战略,在京津冀三地政府的指导下,由首都知识产权服务业协会、天津科学学研究所和河北省知识产权研究会共同倡议发起的。联盟发起成员单位包括120家创新型企业和30家知识产权服务机构。联盟的成立旨在充分调动京津冀优质知识产权服务资源,解决企业发展过程中遇到的与知识产权相关的问题和困难,提升京津冀三地企业在国内外市场的核心竞争力,为企业"走出去"保驾护航。北京市知识产权局、天津市知识产权局、河北省知识产权局相关负责人及来自三地的企业和知识产权服务机构代表共计100余人参加会议。

(市知识产权局)

【京津冀协同推进钢铁产业节能减排和科技创新】 4月12日,京津冀钢铁科技协同创新与绿色发展座谈会暨京津冀钢铁行业节能减排产业技术创新联盟(京津冀钢铁联盟)与河北省迁安市对接科技成果签约仪式在北京科技大学举行。活动达成系列合作协议:建设以河北迁安为重点的北京—迁安科技创新协同共同体,打造迁安市钢铁行业节能减排与转型升级科技示范区;为北京鼎鑫钢联科技协同创新研究院和京津冀钢铁联盟(迁安)协同创新研究院揭牌,二者采用企业化、市场化运作模式,推动京津冀区域节能减排和产业转型;共同签署迁安市"十三五"钢铁产业转型升级规划编制、烟气多污染物净化技术与装备创新工程实验基地建设等6项合作协议;发起成立国内首个钢铁业节能减排创新基金,一期规模10.5亿元,用于推动企业技术创新、成果转化和产业升级。来自中国人民银行营管部、金融机构代表以及联盟理事单位、会员单位代表等100余人参加座谈会及签约仪式。

（市科委社发处）

【京津冀菜篮子保障与科技示范】 4月21日，市科委农村发展中心、北京现代农业科技创新服务联盟在天津蓟县召开“京津冀菜篮子保障与科技示范”课题推进会暨蔬菜全产业链质量安全研讨会。京津冀三地农业科技管理部门、科研院所及农业企业、行业协会、农业专家等30余人参加本次会议。通过交流与研讨，明确京津冀三地蔬菜安全生产基地建设及安全投入品使用中存在的问题及改进方向，确定共同建立京津冀三地蔬菜全产业链质量安全生产标准，为下一步更好地开展京津冀协同创新奠定基础。

（市科委农村处、农村中心）

【农科城在涿州建立成果创新示范园】 5月7日，北京农科城涿州农业科技成果创新示范园挂牌暨京津冀现代农业协同创新研究院成立仪式在中国农业大学涿州国家农业科技园区举行。相关单位的领导出席活动，京津冀三地农业高校院所和重点农业龙头企业代表近百人参会。会上，北京农科城涿州农业科技成果创新示范园建设启动，目标是把涿州园建设成为北京农科城科技资源和成果在京津冀进行集成创新、转化应用和辐射推广的重要空间载体。同时，举行京津冀现代农业协同创新研究院发起仪式。京津冀现代农业协同创新研究院由中国农业大学、中国农科院、北京市农林科学院、北京农学院、天津市农科院、天津农学院、河北省农林科学院、河北农业大学、首农集团、大北农集团等10家单位共同发起成立。

（市科委农村处、农村中心）

【第三届京津冀食品产业协同发展论坛举行】 6月14日，由市科协、沧州渤海新区管委会主办的第三届京津冀食品产业协同发展论坛在沧州渤海新区渤海国际酒店召开。与会专家围绕“京津冀食品产业发展的意义与思考”“京津冀食品产业协同创新与升级”“行业组织在京津冀食品产业协同发展过程中的作用”做大会主题报告。论坛分别举行产业升级思考对话会、京津冀食品产业协同发展沙龙、食品技术转化推介会及签约仪式。来自京津冀高校、科研院所的专家学者及业内知名食品企业代表200余人参会。

（市科协）

【京津冀农业科技创新联盟在京成立】 6月17日，由北京市农林科学院牵头，天津市农科院、河北省农林科学院共同发起，联合北京市科委农村发展中心、京津冀地区农业科研院所、高等院校、涉农企业等23家成员单位，在京召开京津冀农业科技创新联盟成立大会。联盟主要任务包括：从京津冀区域整体出发，开展区域农业功能定位、农业产业布局、农业结构优化等区域农业产业发展战略研究；对接国家和地方科技发展战略规划和区域现代农业协同发展科技需求，研究分析区域农业协同发展的重大科技问题，策划凝练农业重大科技项目；联合开展科技创新攻关与成果转化，构建具有区域特色的现代农业科技创新与转化体系，提升区域现代农业自主创新能力；通过共建联合实验室、共建创新团队、共享科技条件资源、共同培养创新人才、设立创新合作基金等方式，构建开放、协同、畅通、共享的农业科技合作平台。

（市科委农村处、农村中心）

【京冀科技协同发展论坛举行】 6月23日，“京冀科技协同 共促双创发展”论坛暨京张科技协同发展战略合作协议签约仪式在张家口市宣化区举行。论坛由北京科技开发交流中心、张家口市科学技术与地震局、张家口市宣化区政府共同主办，并得到民盟北京市委的支持。会上，会议主办方签订京张科技协同发展战略合作协议，三方将在孵化器基地建设、科技金融服务、人才引进、交流对接等方面进一步整合资源，实现优势互补，促进京张协同创新发展。

（北京科学技术开发交流中心）

【京津冀高端装备制造业发展研讨会召开】 8月20日，京津冀协同创新共同体下北京高端装备制造业发展研究研讨会在四川驻京办事处召开。会议由北京技术经济和管理现代化研究会主办。与会专家围绕京津冀三地的高端装备制造业的发展规模比较、北京市产业升级状况、北京生态经济结构特征等展开研讨，并就全市产业升级与协调发展对策建议方面，进行讨论交流。40余位专家参加论坛。

（市科协）

【首届京津冀制冷空调科技创新论坛举行】 9月7—8日，由北京制冷学会、天津市制冷学会、河北省制冷学会共同举办，北京制冷学会承办的首届京津冀制冷空调科技创新高峰论坛在北京召开。来自京津冀科研院所、高校、企事业等单位的近150

名权威专家、学者、业界知名人士、企业家代表,围绕"弘扬科学精神、坚持绿色发展、创新引领未来"的论坛主题,交流国内外暖通空调、冷链物流、低温超导、建筑节能、低温医疗等创新技术和成果在京津冀地区的推广应用,探讨如何发挥三地各自的技术、资源和地缘优势,加强京津冀地区制冷空调领域产学研合作。

(市科协)

【京津冀科技期刊创新发展论坛举行】 9月21日,京津冀科技期刊协作发展联盟成立大会暨京津冀科技期刊创新发展论坛在北京经济技术开发区举行。活动由北京市科协、北京经济技术开发区管委会共同主办,北京科学技术期刊学会、天津市科技期刊学会、河北省科技期刊编辑学会承办,这是第19届北京科技交流学术月主场活动的第三场。诺贝尔医学奖得主、美国得克萨斯医学院综合生物学、药理学和生理学系主任穆拉德博士,做"科学研究与传播"的主旨报告。与会专家就科技期刊发展的政策环境、自身作用、前景探索、领域发展等展开研讨。来自京津冀三地的科技期刊工作者以及信息、知识产权界的专家学者近200人参加活动。

(市科协)

【京津冀协同创新发展合作交流座谈会召开】 10月20日,京津冀协同创新发展合作交流座谈会在北京召开。会议由北京科技开发交流中心主办,来自石家庄、唐山、承德、廊坊等地的京津冀相关单位代表共20余人参加会议。与会领导就京津冀协同创新发展的政策及相关工作进行系统解读,重点阐述北京市支持科技创新的主要政策、"十二五"期间建设全国科技创新中心成效以及"十三五"时期北京科技创新工作部署,并介绍京津冀协同创新工作的进展情况。会上,与会领导、专家与京津冀科技工作者就本地协同创新工作中出现的相关问题进行交流和讨论。

(北京科学技术开发交流中心)

【社会化绿色城市发展论坛举行】 10月26日,在2016北京科技学术交流月期间,由市科协主办,北京城市管理科技协会等机构共同承办的京津冀一体化背景下的社会化绿色城市发展论坛在中国科技会堂召开。论坛的主题是"京津冀一体化 + 社会化绿色城市发展"。与会者围绕京津冀一体化绿色发展中的政府职责及国家战略、公共服务领域企业发展中的探索与实践、新商业模式的搭建及政府和社会资本合作(PPP)理论实践等专题展开研讨。来自专业机构、企业事业单位、科研机构、大专院校的约80名与会者参加论坛。

(市科协)

【京津冀蛋鸡产业协同创新研究院成立】 11月15日,京津冀蛋鸡产业协同创新研究院授牌仪式在伟嘉(通州)生物技术产业园举行。研究院的目标是立足京津冀、引领全国、面向世界,以蛋鸡产业为对象,建设优质蛋白质食物产业链研究平台。来自京津冀三地科技部门相关领导、中国农业大学和京津冀三地的专家学者、北京大伟嘉生物技术股份有限公司等企业负责人、科技日报及新华网等媒体近百人出席授牌仪式。

(市科委农村处、农村中心)

【京冀科协行动沧州对接洽谈会召开】 12月1—2日,"首都科技工作者助力河北创新发展"行动计划沧州对接活动举行。北京部分科技社团的专家、沧州市相关单位和企业代表200余人参加活动。对接会上,北京地区科技社团和沧州企业签署合作意向11个。由北京汽车工程学会承办的北京汽车促进京津冀汽车产业人才发展学术研讨会同期举行,重点探讨了汽车技术人才建设和中高级工程师的职称评审工作。

(市科协)

【京津冀一体化发展与智慧健康体系会议召开】 12月7日,由北京物联网研究会主办的京津冀一体化发展与智慧健康体系会议在北京科技大学召开。与会专家为大家讲述社会医疗方面的研究与大数据技术结合的重要性和必要性,展示利用物联网技术、数据分析、深度学习等信息技术在医疗领域的研究成果,提出医疗行业对于大数据和计算机技术的需求。会议就技术应用、数据研究等领域的合作展开进一步探讨。

(市科协)

【第五届京津冀畜牧兽医科技创新论坛举行】 12月7—8日,第五届京津冀畜牧兽医科技创新论坛暨北京畜牧兽医学会"瑞普杯"新思想、新观点、新方法演讲会在北京农业职业学院举行,同时召开京津冀畜牧兽医业协同发展战略研讨及动物疫病防控2016北京论坛。会议分为两个分会场进行。与会专家围绕世界和我国在畜牧业发展中的新技术和动物疫病防控中的安全管理等问题,以及首农集团和河北省"十三五"期间的规划做报告,并对"十三五”期间京津冀三地的发展规划进行深入的讨论和展望。会议征集论文160篇，其中一等奖5项、二等奖15项。来自京津冀三地的科研工作者300余人参加会议。

（市科协）

【京津冀城市轨道交通联合技术中心成立】 12月8日，京津冀城市轨道交通联合技术中心成立。该中心由北京市轨道交通建设管理有限公司、天津轨道交通集团有限公司和石家庄轨道交通有限责任公司组成，目标是围绕京津冀轨道交通建设运营管理需求，搭建技术、人才等资源共享平台，促进三地技术、人才、资本等互通交流，推动京津冀轨道交通业可持续发展。

（市科委重大办）

【第二届京津冀互联网气象减灾创新论坛召开】 12月20日，由天津市科协、北京市科协主办，天津气象学会、北京减灾协会、北京气象学会承办的第二届京津冀互联网气象减灾创新论坛在天津举行。来自中国气象局，京津冀三地气象部门、北京减灾协会、北京气象学会、互联网公司、气象服务公司等相关领域的专家、学者出席，探讨在“互联网+”时代下，如何推动气象与科技的融入式发展，在第一届京津冀互联网气象减灾创新论坛成果的基础上，进一步探讨和研究气象服务、气象防灾减灾工作创新发展理念的新方式和新前景。

（市科协）

【2016年京津冀（北京）技术成果交流对接会】 年内，北京科技协作中心与天津北方技术交易市场、河北省科技开发中心共同举办了2016年京津冀（北京）技术成果交流对接会。此会议举办两场。第一场对接会在北京举行，来自市发展改革委、水利部科技推广中心、冶金工业经济发展研究中心、中国城镇供热协会、清华大学等单位的领导和专家在会上做主题报告。京津冀三地政府机构和企事业单位的代表200余人参加会议。第二场对接会在天津举行，科技部火炬中心、河北工业大学、北京科技大学环境工程学院的领导和专家分别就京津冀协同创新与产业合作、我国智能制造前景及发展方向、京津冀节能减排领域的合作方向与前景做主题演讲。京津冀三地政府科技主管部门和企事业代表共计150余人参会。

（北京科技协作中心）

【京津冀基础研究合作专项聚焦城际铁路】 年内，京津冀三地基金办（基础处）着眼于解决大城市病和支撑“高精尖”产业结构构建，围绕“京津冀一体化城际铁路系统发展基础理论与关键技术”部署基础研究合作专项。三地共接收申请113项，经评审共资助14项，资助总额278万元，资助项目具体围绕城际铁路设计规划理论、节能减排方法、噪声防控机制、高架桥损伤机制、路基地面沉降监测技术等方面开展协同研究。

（北京市自然科学基金委员会办公室）

【京津冀食品区域一体化信息互认体系建设】 年内，京津冀食品区域一体化信息互认体系建设取得成效。制定京津冀地区统一的畜禽及水产品食品安全信息互通与共享规范，确定了各环节数据采集的内容和形式，实现企业基本信息、养殖、加工、运输、餐饮等环节信息互通与共享。在京冀两地建设牛肉类产品和鱼类产品全流程信息互通与共享数据库应用示范线。确立四大类20项实验室检测互认标准和检测结果互认规范，同步推进京津冀地区检验报告防伪互信技术体系研究。

（市科委农村处、农村中心）

国内合作与交流

【北京生物医学工程学会学术交流年会召开】 1月9日，北京生物医学工程学会在中国科技会堂召开学术交流年会。大会报告了2015年度工作汇报及2016年工作计划、财务报告和监事会工作汇报。学术交流年会以“精准医疗”为主题，邀请市科委杨仁全做相关政策解读报告。与会专家就医学影像、手术机器人、生物医学领域最新成果等内容进行主题交流。120余位代表出席。

（市科协）

【首都创新大联盟服务正定企业创新需求】 1月20日，首都创新大联盟调动资源，赴河北省石家庄市正定县开展科技合作。北京技术交易促进中心作为首都创新大联盟秘书处单位，组织全国印刷电子产业联盟、中国科技自动化联盟、钢铁研究总院、安泰钢研超硬材料制品公司等机构的专家赴正定为当地企业实现技术创新突破、转型升级等提供科技服务,并达成了一批合作意向。

（北京技术交易促进中心）

【首都科技条件平台赴石家庄开展资源推介活动】 3月2日,首都科技条件平台组织相关专家和工作人员赴石家庄开展首都科技条件平台石家庄资源推介、成果发布活动。活动主要包括首都科技条件平台石家庄资源推介、成果发布,以及石家庄合作站建设研究。活动邀请科技部平台中心、石家庄科技局的领导,平台中科院、北京大学、北京科技大学研发实验服务基地的专家以及平台相关工作人员参加。会后,与会人员共同参观石家庄科技大市场的软硬件设施和对外服务情况。

（市科委条财处）

【农科城企业代表团亮相2016赤峰农博会】 3月29—31日,市科委组织北京农科城近30家科技企业和近10家大型电商企业参加2016赤峰中国北方农业科技成果博览会暨全国农高会新丝绸之路创新品牌展示交易会。参展企业接待各类咨询千余人次,展示了北京农科城的科技资源优势和北京现代农业科技创新服务业的引领优势。

（市科委农村处、农村中心）

【江苏农委一行赴农科城通州种业园考察】 4月5日,江苏省农委一行到北京农科城通州种业园考察。考察团先后参观通州种业园区规划示意沙盘、园区物联网中控中心、高通量分子育种实验室、航天育种组培车间及展示基地,对园区建设情况和高科技服务平台的搭建做了深入了解。江苏省农委领导与通州种业园管委会领导围绕园区建设规划思路、运行管理机制、土地流转新举措、四大科技服务平台搭建等方面的经验进行交流。江苏省农委领导对通州种业园的建设发展、科技平台的搭建和农业信息化建设成效给予高度评价。

（市科委农村处、农村中心）

【冬奥会和制冷技术专题论坛】 4月7—9日,第二十七届中国制冷展在北京中国国际展览中心（新馆）举行。国内外约1100家企业参展,并举行了多项论坛活动。其中,“冬奥会和制冷技术”专题论坛由北京制冷学会承办。与会专家围绕奥运会食品冷链物流研究、室内滑雪场设计、奥运会能源效率及对环境的影响、可持续使用“冷”资源等方面展开讨论,来自科研院所、企事业单位和大专院校的近80人参加专题活动。

（市科协）

【首都科技条件平台走进唐山】 4月12日,首都科技条件平台新兴产业科技资源发布暨能源环保领域技术对接洽谈会在唐山召开。唐山市科技局、中科院北京分院、北京技术交易促进中心领导出席会议。首都科技条件平台中科院、北京师范大学等研发实验服务基地,能源环保领域中心和丰台工作站成员单位的10余位专家,以及唐山市企业代表100余人共聚唐山进行对接,发挥首都科技条件平台科技资源优势,服务唐山产业创新发展。首都科技条件平台中科院基地具体承办了此次会议。会议征集到有反馈的需求18项,并最终促成了务实有效的项目对接,取得了较好的对接效果,现场达成对接意向5项。

（市科委条财处）

【测绘地理信息新技术及新产品研讨会举行】 4月19日,由北京测绘学会主办,北京天力发科贸有限责任公司承办的“2016年天力发测绘地理信息新技术及新产品研讨会”在国家测绘地理信息局召开。与会专家围绕最新低空航摄工业级无人机及行业应用解决方案、低空影像和倾斜摄影等问题展开讨论。会议还邀请多名行业专家结合具体案例进行技术交流,展出了法国、德国、瑞士等国家出产的多款无人机、三维激光扫描仪、全站仪、全球导航卫星系统（GNSS）接收机等最新的测绘仪器设备。200余名学会会员单位代表和测绘地理信息行业代表参加会议。

（市科协）

【智能制造控制大数据技术应用论坛举行】 4月24日,北京机械工程学会主办的推动智能制造控制大数据技术应用,构建“政产学研”合作新模式高峰论坛举行。各分会及相关企业代表、管理人员150人参会。论坛4个主题报告分别是:“智能制造的思考与实践”“构建‘政产学研’合作新模式,助推中国制造实现‘标准化管理,数据化决策’”“基于成组技术且面向高效工艺设计的零件分类标准研究与应用”“德国双元制对中国职业教育的启示及DE技术推广与人才培养协同创新情况报告”。与会者就企业遇到的实际问题进行深入研讨。

（市科协）

【共建设计图书馆】 4月24日,苏州图书馆与中国设计红星奖战略合作签约暨苏州设计图书馆启动仪式在苏州举行,红星奖落户苏州,与苏州图书馆共同建设全国首家“设计图书馆”。该馆具备情报收集、公共阅读、科普教育、产品展示、信息传播等职能，汇聚设计产业数据、信息、实例，为公众打开一扇走进设计、认知设计、消费设计的大门，为设计师研发好产品、解决实际问题提供帮助，为产业研究和发展决策提供参考依据，让更多企业了解设计理念、方法和价值。

（北京工业设计促进中心）

【北京农业考察团赴台交流学习】 5月13—19日，北京农业科技考察培训班一行13人进行为期7天的赴台交流学习活动。本次交流考察由北京市星火科技培训中心和中国台湾蔬果花卉产业科技发展协会主办，成员包括各区休闲农庄及乡镇企业主管休闲农业相关负责人。本次交流学习主要围绕中国台湾地区生态创意农业产业展开。期间，成员参观访问草莓文创博物馆、台宿集团、中国台湾合作社联合会等10余个知名休闲农业示范点，参访过程中认真听取了当地从事农业工作的专家学者、农事组织和农业企业等的介绍，并进行相关学术交流，详细了解当地生态农业、观光休闲农业、生态创意农业和花卉苗木种植的发展情况。

（市科委农村处、农村中心）

【油气管道监测检测及定位技术研讨会召开】 5月17日，油气管道监测、检测及定位技术研讨会在中国石油大学（北京）召开，本次学术会议由北京石油学会、中国石油大学（北京）共同主办。会议共征集学术论文24篇。与会专家分别就当今油气管道监测、检测及定位技术的热点问题做了专题演讲。40多家单位的近百位代表出席会议。

（市科协）

【第十二届UPS供电系统及基础设施技术峰会举行】 5月20日，由北京电子学会、中国计算机用户协会、中国绿色数据中心推进联盟主办，UPS应用杂志社承办的2016第十二届UPS供电系统及其基础设施技术峰会暨用户满意度调查结果揭晓大会在北京召开。大会围绕“活力·创变·融合·发展”的主题，通过权威学者和行业专家的深刻解读和全面分析，阐述UPS（不间断电源）及相关行业的现状和发展趋势，从技术与实践角度探讨UPS技术与市场中的创新与应用。大会还通过一年一度的用户问卷调查活动和颁奖大会等特色活动，解密UPS行业热点，分享厂商经营之道。会议对2016第十二届UPS供电系统用户满意度调查结果进行揭晓，并为获奖者颁奖。300余人参会。

（市科协）

【第七届首都先进制造应用技术研讨会举行】 5月20日，由北京光学学会、北京光机电一体化协会、北京工业大学科协、北京机械工程学会和北京模具行业协会共同主办的第七届首都先进制造应用技术研讨会在北京工业大学举行。科研院所及相关高校的专家、学者、研究生近110人参会。与会专家分别以“工业4.0与中国制造”“航天器舱体结构变极性等离子弧穿孔立焊关键技术与应用”“增材制造（3D打印）技术在工业企业中的应用与发展”和“高功率激光智能制造先进技术应用”为题，向大会做了报告。会后，与会人员参观了北京工业大学数字化医疗3D打印工程技术研究中心。

（市科协）

【京筑创新驱动区域合作】 5月22日，北京市科委与贵阳市政府共同主办的2016京筑创新驱动区域合作年会在贵阳举行。首都创新大联盟、北京众创空间联盟，首都高校、科研机构及企业等30余家机构的代表，贵州省、贵阳市有关部门以及在筑相关科技企业的代表共100余人参加活动。本次活动中，大数据战略重点实验室共建工作领导小组召开第一次会议。北京市科委与贵阳市政府签署“共建大数据战略重点实验室协议”，双方围绕大数据理论创新研究、大数据政府治理研究和大数据发展与经济社会深度融合战略研究等方面开展深度合作。本次年会中，北京市科委与贵阳市政府还共同举办了包括实地调研贵阳大数据发展及文创资源、贵阳创新型中心城市建设（科技专题）专家研讨会，贵阳智能网联汽车综合试验基地建设研讨，京筑军民融合科技创新工作座谈会，文化科技跨界融合论坛等丰富的活动，为京筑两地的企业、创业者之间搭建交流合作的平台。

（市科委办公室）

【无人机飞行展示及技术论坛举行】 6月21—22日，北京测绘学会主办，北京高博特广告有限公司承办的“尖兵之翼——第七届中国无人机大会暨展览会”飞行展示及技术论坛在京举行。来自国内11家无人机生产企业的13种无人机进行飞行展示，来自中国台湾、泰国的3位获得国际大奖的选手进行无人机花式表演。海洋、测绘、国土资源无人机应用技术论坛，在中关村国家自主创新示范区展示中心举行。来自国家海洋中心、中国测绘科学研究院和北京市测绘设计研究院等科研单位以及北京韦加无人机公司等企业的5名专家做技术讲座。近200名会员、高校学生参加此次活动。

（市科协）

【参加2016成都创交会技术成果交易专场】 6月24日，北京技术交易促进中心作为首都科技条件平台承担单位，组织中科院基地、北方工业大学基地、科技金融领域中心、技术转移领域中心、丰台工作站参加2016中国·成都全球创新创业交易会技术成果交易专场活动。会议由中国国际技术转移中心承办。

（北京技术交易促进中心）

【2016年科技援藏暨京藏技术转移大会举行】 6月28日，由市科委与拉萨市政府、北京援藏指挥部共同主办的2016年科技援藏暨京藏技术转移大会在拉萨举行。北京技术市场协会、首都创新大联盟、北京众创空间联盟以及10余家北京技术转移机构，拉萨市各区县、委办局以及相关企事业代表单位的200余人参加活动。本次活动中，两地还共同组织了包括京藏技术转移项目对接会、拉萨首批技术经纪人培训班、京藏科技文化交流座谈会等分场活动，为京藏两地企业、创业者之间搭建交流合作的平台。同时，会场外还举行了企业信息展示和产品体验活动。

（北京技术交易促进中心）

【大脑认知与机器智能青年科学家论坛举行】 6月29日，由北京市图像图形学学会主办，中科院自动化所智能感知与计算研究中心承办，市科协支持的"大脑认知与机器智能"青年科学家论坛在中科院自动化所召开。来自各地高校及研究所的60余位科技工作者参会。与会专家围绕大脑认知和机器智能领域的热点问题展开交流和讨论。

（市科协）

【粘接技术与古建筑修复研讨】 7月2日，北京粘接学会在北京工业大学举办粘接技术与古建筑修复研讨会，会议旨在探讨粘接技术在古建筑修复中的应用。研讨会进行了两场学术报告：胶黏剂在出水瓷器保护修复中的应用需求和古建地面砖损伤修复技术的研究与应用。与会代表围绕报告提出的有关文物修复的观念和实施方法与专家进行交流。有关企事业单位30余名技术人员及部分文物修复用户参加研讨会。

（市科协）

【科学与艺术研讨会贵阳分论坛举行】 7月23日，由贵阳孔学堂文化传播中心、北京数字科普协会、北京联合大学共同举办的科学与艺术研讨会贵阳分论坛暨科学、艺术与传统文化论坛在贵阳孔学堂举行。与会专家学者围绕传统文化的传承和创新发展、大数据与传统文化传播等问题展开研讨。

（市科协）

【北京科技专家拉萨行】 7月30日至8月5日，中国工程院院士曹福亮、中国工程院办公厅主任董庆九、投资人陈立、北京科技咨询中心主任何素兴等一行11人，作为2016年首批北京科技专家团队赴拉萨开展对口支援工作。院士团队首先深入拉萨经济技术开发区、达孜工业园、柳梧新区进行实地考察，随后与拉萨市代表团进行座谈。座谈会后，曹福亮院士与拉萨市科技局签署共建院士服务中心协议。投资人陈立表示在拉萨市计划投资1000万元成立拉萨院士专家科技转化中心有限公司。中国工程院、南京林业大学、北京市科协科普部、北京科技咨询中心等单位的相关人员一同进藏参加活动。

（市科协）

【京台都市型现代农业项目推介会召开】 8月16日，在市科委农村中心的支持下，北京市星火科技培训中心和北京农业信息技术研究中心共同举办2016京台青年科学家论坛——京台都市型现代农业项目推介会，通过现场研讨、项目推介、成果对接、京台科技示范基地授牌和合作企业签约等形式，为促进北京与台湾在都市农业科技领域的交流与合作，提升北京现代农业发展水平提供机遇。两岸农业企业、合作组织的代表近70人参会。

（市科委农村处、农村中心）

【新技术发展下的工业物联网研讨会召开】 8月26—27日，由北京物联网研究会主办、北京至成恒业科技发展有限公司承办的新技术发展下的工业物联网专题研讨会在房山区召开。20余位科研及企业专家进行现场交流与探讨。与会者围绕"物联网新技术发展趋势""工业物联网实验"和"工业物联网安全"三大主题展开深入研讨。

（市科协）

【甘肃省和政县开展科技交流对接】 8月，应甘肃省和政县邀请，北京科技开发交流中心组织中国食品发酵工业研究院、北京三元食品股份有限公司、农信通集团以及北京壹陆多彩旅游文化股份公司等单位赴和政县，针对当地提出的在牛奶制品先进技术、食品深加工、涉农电商以及旅游休闲策划等方面的需求，开展考察、对接、指导及交流活动。北京科技开发交流中心一行与和政县扶贫办、招商局、旅游局、农牧局、林业局、奋斗村委会等相关部门开展了座谈交流，考察了当地多家公司和文化旅游项目，并进行了现场交流，为和政产业发展建言献策。

（北京科技开发交流中心）

【第三届“科技入滇”北京推介活动举行】 9月5—6日，北京市科委、北京市理工大学、云南省科技厅共同组织云南省“科技入滇”专场推介对接会，对接会分为北京市科委专场和北京高校专场。北京市上百家企业及北京大学、中国农业大学、北京理工大学等10多所高校均组团参加。北京市科委专场推荐会上，科技部农村中心、创发司、发展司、火炬中心、信息中心等相关部门负责人也莅临会场指导。首都创新大联盟参加了北京市科委专场推介会，北京技术交易促进中心组织先进医疗设备联盟、农业装备联盟、现代有机农业联盟等10家产业联盟参加对接活动，与云南省相关政府部门和科技机构进行交流互动。

（北京技术交易促进中心）

【林学会联席会第三届学术研讨会召开】 9月5—7日，华北五省（市区）林学会联席会第三届学术研讨会在山西省晋中市召开。来自北京、天津、河北、山西、内蒙古的代表，交流区域经济林品种与标准化生产实践的经验，共商发展趋势。与会代表围绕有机果品生产理论与实践，北京市板栗、核桃主要病虫害防治技术，主要干鲜果品经济林生产培育开展深入交流，并考察了太谷县小白乡万亩红枣基地与榆次区晋丰元核桃基地。五省（市区）代表讨论并签署《关于加强华北五省（市区）区域经济林良种选育与绿色生产标准化的倡议》。

（市科协）

【第十届节能环保新技术研讨会召开】 9月10日，北京生产力学会在北京化工大学举办第十届节能环保新技术新工艺交流研讨会。与会专家围绕北京“十三五”规划环保工作面临的问题和措施、大力开展普及建筑节能、关于再生水节能建议、完善中水回收系统措施、天然气分布式能源系统发展趋势、对燃煤系统改造的建议、关于整治水资源环境的建议等做学术演讲，并进行讨论交流。北京化工大学、对外经济贸易大学、环境保护部环境规划院等单位专家及北京化工大学的师生80余人参加会议。

（市科协）

【第十九届北京科技交流学术月拉开帷幕】 9月19日，第十九届北京科技交流学术月开幕式暨中国制造2025报告会在北京经济技术开发区举行，为期一个多月的学术月活动开幕。中国工程院院士吴澄、德国先进工业科技研究院总裁托马斯等出席开幕式。本届学术月以“创新驱动、协同发展”为主题，聚焦全国科技创新中心建设，集中举办100余场高水平的学术交流活动。这次学术交流活动在开发区召开，也为开发区企业提供很好的交流机会。开幕式上，市科协党组书记、常务副主席马林，北京经济技术开发区工委委员、管委会副主任绳立成为首批4个科技社团创新簇企业示范站颁牌。在中国制造2025报告会上，吴澄院士围绕数字化、网络化、智能化制造，托马斯总裁围绕德国工业4.0的规划和落实分别做主旨报告。

（市科协）

【高校科学道德和学风建设教育报告会召开】 9月20日，2016年首都高校科学道德和学风建设宣讲教育报告会在北京大学百年讲堂举行。本次报告会由全国科学道德和学风建设宣讲教育领导小组与北京市科学道德和学风建设宣讲教育领导小组共同主办，北京大学承办。中国工程院副院长、第四军医大学西京消化病医院院长樊代明院士做了题为“三千年医学的进与退”的报告。中国科协党组成员、书记处书记王春法代表全国宣讲教育领导小组致辞。来自首都高校、科研院所和学会团体的研究生代表、本科生代表、研究生导师、科研骨干代表共2000余人参加报告会。

（市科协）

【2016年北京循环经济论坛举行】 9月21日，由北京企业技术开发研究会承办的2016年循环经济论坛在燕山石化公司召开。中国工程院院士、清华大学化工系教授金涌以“生态文明与绿色发展”为主题进行演讲。中国石化水处理中心主任李本高教授以“中国炼化企业节水减排技术进展”为主线，阐述中国石化节水减排总体趋势。近百人参加了论坛。

（市科协）

【能源互联网时代电力电子论坛举行】 9月22

日，第十四届电力电子论坛——能源互联网时代的电力电子在北京经济技术开发区举行。本次活动由市科协和北京经济技术开发区管委会共同主办，北京电力电子学会承办，这是第十九届北京科技交流学术月第四场主场活动。与会专家分别从“能源互联网发展与思索”“支撑全球能源互联网的直流输电技术与核心装备”“面向能源互联网的能量路由器”“电力电子变压器相关器件研究”“10千伏配电网用电力电子变压器研究”“宽禁带半导体材料与器件发展现状”等方面做了深入的论述，并和与会者进行互动。来自北京、上海、浙江等地的120余位专家学者参加论坛活动。

（市科协）

【2016年科学与艺术研讨会召开】 9月22日，由市科协指导，北京数字科普协会、北京联合大学和中科院网络科普联盟共同主办的2016年科学与艺术研讨会在北京联合大学举行，主题为“科学与艺术·绿色 创新与协调发展”。与会专家围绕主题做大会报告，深入探讨科学与艺术之间的关系，探究科学艺术与社会、教育、技术、媒体、传播、农业、科普之间的融合，探究如何推动科技与文化艺术融合创新，如何推动新科技产品、文化产品、文化服务新业态普惠公众。在开幕式上，主办单位为北京高校大学生博物馆微视频创作进行颁奖，并为北京数字科普协会与北京水晶石科技股份有限公司合作建立的VR实验室授牌。各大专院校、博物馆等单位的专家、学者、艺术家、科学家、教育工作者160余人参加研讨会。

（市科协）

【2016信息通信网技术业务发展研讨会召开】 9月22日，北京通信学会在中国科技会堂举办2016信息通信网技术业务发展研讨会。研讨会以“信息与通信技术（ICT）创新 共享发展”为主题，围绕“ICT创新、智能互联、网络变革、信息安全”等专题，针对信息通信新技术、新业务、新应用以及未来网络技术发展和社会关注的重点、热点问题进行研讨。会议共征集录用论文142篇，评选出优秀论文33篇。250多名专家、学者及会员代表参加会议。

（市科协）

【第七届北京城市发展战略论坛召开】 9月24号，由市科协主办，北京自然辩证法研究会、北京工业大学马克思主义学院承办的第七届北京市城市发展战略论坛暨北京自然辩证法第八届三次理事会在北京工业大学召开。会议共征集论文20余篇。论坛围绕“科学技术、创新驱动与城市发展”和“大众创业、万众创新与人才培养”两个方面内容进行，15位专家做了发言，40余位专家参加会议。

（市科协）

【北京一带一路建设学术研讨会召开】 9月26日，北京技术经济和管理现代化研究会在国谊宾馆召开北京一带一路建设学术研讨会。会议认为：建设“一带一路”不仅是经济方面的合作，也包括文化教育、发展政策、环境保护等多方面的合作。货物、人员和信息的交流都要依托现代化的基础设施网络，“一带一路”不仅不能以牺牲生态环境为代价，而且要有利于生态环境的保护。各位专家从不同的角度提出了意见、观点和建议。专家、学者及大专院校博士生共计40余人参加会议。

（市科协）

【推动信息服务发展创新高层论坛举行】 10月14—15日，市科协第十九届北京科技学术月推动信息服务发展创新高层论坛在北京林业大学举行。与会专家围绕“互联网时代情报收集、分析与应用”“大数据关键技术与服务创新”“高校图书馆学科服务创新探索”“竞争情报与科技信息服务创新”“精准科技信息与服务”“数字图书馆发展与创新”“数字资源效益评估与信息服务”等做学术报告，并展开讨论。100余位专家参加会议。

（市科协）

【创意休闲农业论坛举行】 10月20日，由北京现代农业科技创新服务联盟、台湾蔬果花卉产业科技发展协会主办，北京星火科技培训中心、养品（北京）农业发展有限公司、京台生态创意农业工作室（北京）、台湾区观光协会联合会、台宿集团、中华商管科技学会、台湾家长会共同承办的第十九届京台科技论坛——创意休闲农业论坛在台湾成功举行。本届论坛以“农业高端创新 生态创意开发 产业合作共赢”为主题，旨在促进京台一、二、三产业深度融合发展，实现双方产业合作共赢。来自京台两地休闲农业领域的近110位业界嘉宾莅会交流。

（市科委农村处、农村中心）

【北京—承德科技金融“双优”对接会召开】 10月20日，由北京科技开发交流中心、承德市科技局、北京顺义科技创新集团有限公司共同举办的北京—承德科技金融“双优”对接会在顺义科创集团召开。与会期间，北京市优质投资机构与来自承德市的5家优质企业就"新形势下的企业转型升级新思维"议题进行充分交流，承德市5家优质企业进行路演。通过企业与创业投资机构、私募股权投资、并购基金公司、知名行业专家一对一的对接，帮助两地企业达成合作意向。

（北京科技开发交流中心）

【2016北京青年通信科技论坛举行】　10月20日，由北京通信学会主办，北京通信学会青年工作委员会和清华大学电子工程系共同在清华大学举办2016北京青年通信科技论坛。来自运营商、设备商、互联网公司、科研院所、高校等的中青年专家围绕新一代信息通信技术、宽带网络建设、互联网发展、信息化应用、网络与信息安全等领域的新产品、新技术、新业务、新模式以及社会关注的重点、热点问题进行研讨。200余位青年科技工作者参加会议。

（市科协）

【材料保护技术研讨会召开】　10月21日，北京航空航天学会和北京腐蚀与防护学会共同举办的材料保护技术研讨会在北京化工大学召开。会议邀请金属材料保护业内专家做主题报告，与会专家围绕材料保护技术及其应用展开研讨。有关高校及企业的代表80余人参加会议。

（市科协）

【创新驱动与绿色发展综合论坛举行】　10月22日，由市科协主办，中国农业大学人文与发展学院与北京自然辩证法研究会共同承办的综合论坛在中国农业大学召开。专家学者围绕"创新驱动与科技创新中心""绿色发展与和谐宜居之都"等问题做了发言。

（市科协）

【北京细胞生物学会2016年学术大会召开】　10月30日，北京细胞生物学会2016年学术大会在中科院遗传发育所召开。来自清华大学、中科院、首都医科大学、北京大学分子医学研究所等单位的教授学者在会上做了报告。会议期间还进行了优秀墙报展示交流评选活动，经代表投票，评选出优秀墙报奖，北京大学、清华大学以及首都医科大学等单位的5位代表获奖。来自北京地区20余家科研院校的210余名教授学者、研究生及生命科学领域的多家企业代表等参会。

（市科协）

【第二十届京港洽谈会北京市科委专题活动召开】
11月3日，由北京市科委、香港贸易发展局主办的第二十届北京·香港经济合作研讨洽谈会北京市科委专题活动在北京饭店召开，活动以"共建全国科技创新中心——科技创新驱动京港可持续发展"为主题，交流探讨京港两地在科技成果转化、创业孵化、人才交流与培养等方面的科技合作模式与内容，探索京港两地科技创新融合的新途径与机制。北京市科委副主任朱世龙和京泰集团总经理孟芳共同为"中国国际技术转移中心香港分中心"和"京港青年创新创业服务平台"揭牌。随后，在北京北京市科委的推动下，北京市科委人才交流中心和香港应用科技研究院就研发人才的输送、培养与交流签署合作备忘录。来自京港的9位科技界代表发表了主题演讲。

（市科委科宣处）

【第三届中国·云南桥头堡建设对接活动举办】
11月3—4日，首都创新大联盟赴云南省参加"第三届中国·云南桥头堡建设科技入滇对接活动"（京滇专场），北京技术交易促进中心组织中国农科院、汉义生物、比洋生物等成员单位的代表赴云南参会并开展需求对接，调研相关单位。中国农科学院等5家单位同云南省有关科技机构达成明确的合作意向。

（北京技术交易促进中心）

【第十二届核应用技术学术交流会召开】　11月9—11日，北京核学会第十二届（2016）核应用技术学术交流会在上海召开，来自北京、上海、四川、湖北、广东等地的近80位代表出席。会议邀请6位专家做特邀报告，分别介绍核技术分子靶向诊治精准医疗的临床转化应用、辐照技术研制耐洗涤功能纺织品、压水堆重大专项示范工程（CAP1400）进展、核技术与环保、核电仪控技术现状及前沿概述、"推进全球实施退役和环境治理计划国际会议"综述。会议举办优秀青年科技论文评选活动，7位青年科技人员提交的论文获奖。本届会议征集到学术论文近100篇，择优80篇录入2016年年会论文集。会后，代表赴中科院上海应用物理研究所参观了我国规模最大的科学装置——上海光源。

（市科协）

【北京数字科普协会举办两界论坛】　11月17日，由北京数字科普协会和中国博物馆协会数字化专业委员会共同主办的"虚拟现实——改变博物馆的未来"论坛在北京科技活动中心召开。这是市科协与市社科联两界联席会议的一部分，两界联席会议已经运行14年,现已成为首都智库品牌。来自京津冀三地文博界的专家学者、高校、科研院所、相关企业代表参会,探讨新科技如何使博物馆和古建筑的保护及展示达到一个新的层次,从而更好地服务于我们国家的公共文化服务体系建设。部分嘉宾对新技术应用于各种类型的博物馆,增加对公众的吸引力,共同提升城市的公共文化服务能力和服务水平提出建议。

(市科协)

【首次智慧城市建设联合体沙龙举行】 11月21日,由北京测绘学会、北京电子学会和北京交通工程学会共同发起的智慧城市建设联合体首次筹建沙龙在北京市测绘设计研究院举行。市科协有关领导就科协引导所属学会筹建和打造智慧城市学会联合体,共同推动相关领域资源共享、优势互补的工作思路做出说明。与会专家结合各自研究领域,分别从测绘地理信息技术在智慧城市建设中的应用、智慧城市建设总体发展现状问题与应对措施、智慧园区与智慧城市建设的经典案例解析等不同角度对智慧城市建设进行解读。与会人员经过充分交流,就筹建智慧城市建设联合体的工作思路、工作模式、组织形式和合作机制等形成初步共识。

(市科协)

【2016年无线及移动通信技术发展研讨会召开】 11月24日,北京通信学会在中国联通北京市分公司举办2016年无线及移动通信技术发展研讨会。研讨会主题是"智慧互联 移动新时代"。研讨会围绕业务发展、网络能力及运营支撑,邀请业内知名专家、学者,从物联网、车联网、电信云、大数据4个方面的视角展开讨论,共同探讨智慧互联网时代,应如何实现移动网络的协同发展、智慧互连的运营支撑。来自业界的240多名专家、学者、科技工作者参加研讨会。

(市科协)

【北京科技情报学会2016年学术年会举办】 11月25日,北京科学技术情报学会2016年学术年会——创业、创新与科技情报发展论坛在北京金龙潭大饭店举行。北京、江苏等地的14位国内外科技情报服务界的院士及专家学者在会上做学术报告。大会围绕"十三五"科技创新政策、科技成果转化问题与对策,中国最前沿科技创新,如何为企业提供精准科技情报等内容进行深入探讨。各科研院所、高等院校、企业等单位的200余名会员和科技情报工作者参加会议。

(市科协)

【第八届食品科技北京论坛举行】 11月28—29日,在市科协的大力支持下,由北京食品学会、北京食品协会、中国社科院食品药品产业发展与监管研究中心、中国保健协会健康产业监督监测分会、中关村天合科技成果转化促进中心共同举办的第八届食品科技北京论坛暨第五届中国方便与休闲食品产业发展论坛在中国国际展览中心举行。论坛以"政策与法规""研发与创新"为主题,分为两个会场进行学术报告,分别围绕营养保健食品、运动食品、特殊医学用途食品、食品新技术进行交流。

(市科协)

【第八届全国制冰机产业链研讨会举办】 12月7—9日,北京制冷学会、全国商业冷藏科技情报站、国家商用制冷设备质量监督检验中心在北京共同举办第八届全国制冰机产业链研讨会暨第十一届北京冷藏链高级研讨会。来自全国各地百余名专家、学者、业界知名人士、企业家代表参会,围绕"冰雪·健康·奥运"主题,交流国内外制冰技术最新研究成果与未来发展趋势、国内外冷链物流技术与装备发展趋势、低温医疗技术最新研究成果与应用前景、超低温保存技术、制冷与空调技术在冬奥会的应用等,并对国内制冰机行业相关政策、法规、标准进行解读,就北京冬奥给制冷产业带来的机遇和当前行业发展问题进行交流。会后,与会者到北京二商集团西郊食品冷冻厂进行考察交流。

(市科协)

【科技成果产业化学术沙龙举行】 12月11日,由市科协主办,北京自然辩证法研究会与蒲公英创业驿站共同承办的"科技成果产业化:困境与出路"学术沙龙在蒲公英创业驿站举行。学术沙龙包括调研参观、专家主题发言、学术研讨3个环节。在学术研讨环节,与会者针对科技项目的选择原则、科技中介组织如何在科技成果产业化过程中发挥作用,以及科技成果产业化的商业属性与公益属性等问题,进行深入细致的探讨。

(市科协)

【红星奖论坛暨绍兴市首届工业设计周举行】 12月21—23日,中国设计红星奖论坛暨绍兴市首届工业设计周在浙江绍兴举行。本次论坛由红星奖委员会与绍兴市经济和信息化委员会共同主办。主论坛以"中国精工——好设计·新供给"为主题,三场分论坛分别以“绿色·创新·可持续发展”“市场出发到达市场”“文化传承·设计创新 智慧科技·创意生活”为题。活动邀请14位设计行业专家、获奖企业代表，与绍兴市工业企业及主管部门代表分享设计推动供给侧改革的经验和成果。本次论坛活动共吸引1300名企业家和高校师生到会，展览观众超千人。

（北京工业设计促进中心）

【第23届集中式空调运行管理技术研讨会召开】 12月22日，由北京制冷学会、北京经济技术开发区企业协会主办，北京网电盈科科技发展有限公司承办的第23届集中式空调运行管理技术高级研讨会暨工业净化空调运行总裁培训班在亦庄开发区举行。研讨会以“工业净化、节能调适”为主题，围绕政府与企业的关注点，特邀有关专家就我国工业净化空调现状及发展趋势，工业、医疗及电子车间净化，洁净室及冷库检测等做主题报告。会议发起成立“北京净化空调运维联盟”的倡议，介绍了北京制冷学会承担北京市“热能与暖通空调”初中级专业技术职称的评审工作情况。近120位科技工作者参加会议。

（市科协）

【红星奖参展2016杭州国际设计周】 12月24日，中国设计红星奖接受2016杭州国际设计周组委会邀请，60余件获奖设计作品在设计周进行为期10天的展示，作品包括时速350千米的中国标准动车组模型、高端智能测温型红外热像仪、Amazfit手环、小米小钢炮蓝牙音箱、坚果智能移动影院等产品。以此次展览为起点，红星奖与杭州国际设计周今后将开展更加密切的合作。

（北京工业设计促进中心）

【京蒙科技合作成效显著】 年内，京蒙科技合作成效显著。呼和浩特建立京蒙合作现代农业技术转移中心，分别在乌兰察布、赤峰、锡林郭勒、满洲里建立农业技术转移工作站，转移先进技术100余项，服务企业60余家，京蒙企业共签科技合作项目200余项。实施“京蒙帮扶乌兰察布蛋鸡养殖科技扶贫”项目，引进“农大三号”节粮型蛋鸡和北京油鸡良种共2万只，直接带动当地40户贫困户养鸡，户均收入达8000元；在翁牛特旗实施“草原有我一只羊”电商精准扶贫项目，带动240户农户增收脱贫。北京凯达恒业农业科技公司在内蒙古察右前旗投资5亿元，建设现代化的全自动薯条加工厂，带动当地农民订单种植土豆5万亩，解决就业400人；北农大集团在赤峰敖汉旗成立赤峰北农大动物科技公司，投资5000万元建设“节粮蛋鸡内蒙古蛋鸡产业园”；北京伟嘉集团在包头市东河区建设嘉云检测服务中心，辐射带动包头市、鄂尔多斯市等周边地区发展养鸡产业，推广养鸡标准。

（市科委农村处、农村中心）

【加强对口支援地区的培训工作】 年内，北京科技开发交流中心顺利完成河南省农业科技园区创新创业培训班、内蒙古院士专家工作站培训班、湖北省巴东县党政干部培训班、河南省对口协作管理培训班及玉树优秀妇女干部培训班共5个对口支援地区的培训工作，由各省市选派的210名学员在北京参加专业培训。开发交流中心紧贴每个培训班的主题，编排培训课程，聘请专家学者授课，重点安排农业科技园区建设、院士工作站建设和发展、基层党建、对口协作机制与管理、妇女干部工作等相关内容。培训采取专题讲座、现场教学与互动教学相结合的方式，组织安排学员集体前往首都博物馆、北京大北农科技集团院士专家工作站、中关村科技园区、抗日战争纪念馆等地参观学习，并展开分组讨论和交流研讨，使学员之间相互分享培训经验，及时反馈培训成果。

（北京科学技术开发交流中心）

国际合作与交流

【第九届国际食品安全高峰论坛举行】 4月8—9日，由北京食品学会、北京食品协会共同主办的第九届中国北京国际食品安全高峰论坛在北京举行。来自国内外知名食品企业的400余位代表参会。北京食品学会副理事长、中国食品工业（集团）公司总经理蔡永峰致开幕词。参会人员围绕企业责任与诚信体系建设、技术创新与质量监控等问题展开演讲和讨论。

（市科协）

【泰国科技代表团到访中国国际技术转移中心】 4月26日，来自泰国科技部等机构的科技代表团一行7人到访中国国际技术转移中心（CITTC）。

CITTC组织部分入驻研发机构以及首都创新大联盟共13家机构的代表与来访客人进行座谈交流。中国科学技术交流中心以及市科委国际合作处相关负责人参加座谈会。座谈会上，中国国际技术转移中心介绍CITTC的发展历程和现状，针对泰国方面关心的问题，重点介绍了CITTC与泰国的科技合作情况，包括2015年举行的中泰太阳能光伏发电技术对接会以及人才培训等，对未来双方继续开展合作以及泰国科技部在北京设立代表处的构想等提出积极的建议。会上，多家单位介绍了各自的情况以及拟与泰国合作的项目。

（市科委国际合作处）

【举办中美联合短期培训】 5月15—17日，由美国查尔斯河（Charles River）公司、北京市实验动物管理办公室、北京维通利华实验动物技术有限公司、首都医科大学、北京市实验动物行业协会、北京实验动物学学会共同举办的第六届查尔斯河亚洲短期培训在北京龙泉宾馆举行。本次培训共计150余人参加。国际顶尖实验动物机构Charles River的资深专家和国内实验动物领域专家为大家现场讲授了实验动物和动物实验相关的前沿知识。

（北京市实验动物管理办公室）

【动物模型研究与应用国际研讨会召开】 5月17—20日，由北京市实验动物管理办公室、中国农科院哈尔滨兽医研究所和中科院模式与特色动物实验平台主办，北京实验动物行业协会与北京实验动物学学会承办，北京赛特明强医药科技有限公司与山东新华医疗器械股份有限公司协办的2016年动物模型研究与应用国际研讨会在北京龙泉宾馆召开。本次研讨会共计300余人参加，与会专家围绕动物模型制作、保存与应用中的关键技术和难点问题进行交流和讨论。

（北京市实验动物管理办公室）

【科技外交官对接大会举行】 5月20日，以“汇聚国际科技创新政策信息”为主题的科技外交官信息对接活动在北京举行。由北京技术交易促进中心主办，创为信国际技术咨询公司承办的此次活动为中外科技交流合作提供了有效的平台。北京技术交易促进中心主任黄平担任本次活动主持人，市科委国际科技合作处处长陈刚出席并介绍北京国际科技合作的情况。来自加拿大、法国、波兰、葡萄牙、澳大利亚、新西兰和日本等国家和地区的驻华使馆科技外交官分别介绍了各自国家的科技创新政策、资源及发展趋势。

（北京技术交易促进中心）

【北京国际SMT技术交流会召开】 5月25—27日，北京电子学会和智能制造委员会共同举办的第21届北京国际表面组装技术（SMT）交流会在北京召开。来自北京、河北、天津、西安、重庆等地的代表340余人参加会议。会议由学会常务理事、智能制造委员会主任、电信科学技术仪表研究所副所长董恩辉主持。德国位移传感器公司（ASM）、振华兴、神州视觉、日联科技、天一正认证中心等国内外企业机构的专家分别在会上做演讲，带来了最新的设备、工艺与管理方式。与会期间，委员会组织120余名会员前往位于河北省燕郊的汉王制造有限公司参观SMT、喷涂、模具及注塑车间。

（市科协）

【北京国际听力学大会召开】 5月28日，由市科协和北京听力协会共同主办的2016北京国际听力学大会在北京国际会议中心召开。会议主题为“新产品・新技术・新服务”。北京听力协会会长万敏发表了题为“让我们成为一个更好的行业”的大会致辞。会议围绕学术、听力学基础与诊断、听力补偿效果评估及儿童助听器验配、行业政策/技术演示4个专题进行深入探讨和广泛交流。大会在邀请国内外专家学者做报告的同时，注重为中青年学者提供展示的舞台，而微信互动专业交流平台更是初次尝试，在专业信息处理、筛选和上传中取得了成效。大会同期举行听力行业展览会，内容覆盖听力辅助设备、配套产品、学术展区等，旨在全方位展示技术变革、产品创新和服务提升。

（市科协）

【两个亚欧创新合作中心建立】 5月，在亚欧科技创新合作中心秘书处的推动下，中国电子科技集团和比利时微电子研究中心（IMEC）等多家单位共同发起成立亚欧科技创新合作中心微系统中心，依托机械科学研究总院成立亚欧科技创新合作中心智能制造分中心。亚欧科技创新合作中心致力于促进科技成果转化、推动创新创业与打造产业生态体系相结合，开展行业内项目对接、平台搭建、技术转移、产业聚集等一系列工作。

（市科委国际合作处）

【联合国教科文组织创意城市北京峰会举行】 6月5—7日，由联合国教科文组织、中国联合国教科文组织全国委员会、北京市政府、北京市教委共同主办的第二届联合国教科文组织创意城市北京峰会在北京召开,主题为"创意与可持续发展"。峰会发布《第二届联合国教科文组织创意城市北京峰会宣言》,峰会包括开幕式、全体大会、3 个平行论坛、市长圆桌会议及配套展示等活动,来自 31 个国家 55 个城市的代表出席,参会人数超过 1500 人次。

(市科委文科处)

【中意联合短期培训举行】 6 月 26—28 日,由北京市实验动物管理办公室、北京实验动物行业协会、北京实验动物学学会、泰尼百斯(中国)共同举办的第二届泰尼百斯短期培训课程在北京龙泉宾馆举行。本次培训共计 100 余人参加,会议旨在通过搭建培训课程交流平台,将国际最新理念与最前沿的动向融入课程,增进国内实验动物行业管理、科技工作者与国际同行之间的交流,促进我国实验动物行业的发展。本次培训课程邀请了国内外顶级实验动物兽医总监,资深动物设施设计及管理专家,讲解动物实验设施的设计管理、实验动物福利以及实验动物病理学检测等最前沿知识。培训中专家引用亲身的实际案例为大家做讲解,将前沿理论与最鲜活的实践经验结合起来,使参训者将学到的知识与实际工作联系起来。

(北京市实验动物管理办公室)

【越南国际青年干部高级研修班考察 ICCSD】 7 月 13 日,越南国际青年干部高级研修班 29 名代表到访联合国教科文组织国际创意与可持续发展中心(ICCSD)。双方就青年创新创业话题进行交流,并参观考察北京 DRC 工业设计创意产业基地,为未来开展业务合作奠定基础。

(北京工业设计促进中心)

【第八届中－荷(欧)生命伦理学研讨会召开】 7 月 19 日,由市科协主办、北京自然辩证法研究会承办的第八届中－荷(欧)生命伦理学学术交流会在人民大学举行。中国人民大学的刘大椿教授、中国科学院大学的李醒民教授分别做了主题为"学习科学、审度科学"和"科学精神的规范结构"的学术报告。10 多位专家做了会议发言。与会的专家围绕研究伦理、科研诚信和负责任的研究和创新等问题进行讨论。会议编制了会议文集。多名专家和研究生通过提交论文的形式参加交流。

(市科协)

【参加联合国教科文组织创意城市网络年会】 9 月 14—16 日,第十届联合国教科文组织创意城市网络年会在瑞典厄斯特松德召开,来自近 100 个联合国教科文组织创意城市网络成员城市的代表出席这次年会,其中包括 22 位创意城市的市长。联合国教科文组织国际创意与可持续发展中心应邀参加此次年会,并在年会的"创意与地区可持续发展"研讨会上对创意城市网络未来研究议题参与讨论。

(市科委文科处)

【第 19 届国际植物学大会系列活动举行】 9 月 17 日,由第 19 届国际植物学大会(IBC)组委会主办、北京植物学会承办、北京植物园及北京自然博物馆协办的大型宣传活动第 19 届国际植物学大会多地联动之北京站科普系列活动在北京植物园科普馆拉开帷幕。参加开幕式的领导嘉宾参观了红树林展览及科普馆展览。活动是为庆祝 2017 年国际植物学大会召开而举行的。国际植物学大会每 6 年举行一次,是全球植物科学家讨论植物科学热点问题、交流最新研究、提出学术观点的重要集会,也是国际植物学届享有极高声誉的学术盛会。北京植物学会会员 60 余人参加活动。

(市科协)

【北海道札幌市副市长一行参访融创动力】 9 月 23 日,日本北海道札幌市副市长町田隆敏一行受邀参访北京融创动力科技文化创意产业园。札幌市经济观光局国际经济战略室北市至、日中经济协会北京事务所札幌经济交流室高田英基随行。町田副市长一行首先参观融创动力内部职能空间,北京生产力促进中心负责人对其中空间布局、科技文化产品、入孵企业等做详细介绍。在之后的研讨中,双方重点关注文化创意、科技文化创新、产业观光、生物医药、健康食品、大数据等札幌优势领域,提倡科技文化融合。

(市科委文科处)

【搭建亚欧科技创新合作网络平台】 9 月,亚欧科技创新合作中心秘书处围绕亚欧科技创新合作中心建设工作,搭建亚欧科技创新合作网络平台:建立亚欧科技创新合作线上对接平台,拓展亚欧政府间和创新主体间的合作渠道,促进亚欧之间在新能源汽车、节能环保、高端制造等领域的创新合作,鼓励有实力的专业服务机构在该平台上开展市场化技术合作和技术转移;建立亚欧科技创新合作线下对接平台,通过产品和技术展示、举办面对面的对接会、进行企业路演、举行大型推介活动等促进亚欧大学院所、企业的创新合作。亚欧科技创新合作涉及的国家和科技资源数量众多,科技合作空间巨大,需要有多功能的线上对接和资源展示的网络平台向众多服务对象提供服务,尤其考虑到亚欧科技创新参与对象的跨地域、跨国家的特征,更加需要发挥互联网无国界、随时随地访问、沟通的纽带作用,通过建设支持科技创新的信息化平台,延伸到线下,并与线下对接紧密配合,共同实现亚欧科技创新成果的市场化转移和应用。

(市科委国际合作处)

【参加中国-南非高技术展示交流会】 10月13日,市科委组织和带领北京矿冶研究总院、北京谊安医疗系统股份有限公司、机械科学研究总院先进制造技术研究中心、北京工业设计促进中心、碧海舟(北京)节能环保装备有限公司等10余家北京的企业、机构参展首届中国-南非高技术展示交流会。交流会在南非约翰内斯堡杉藤国际会议中心召开,中国科技部副部长侯建国、南非科技部总司长姆吉瓦拉出席开幕式。此次展示交流会由中南两国科技部合办,中南多家企业、研究院所携带创新成果参展。作为大会的共同承办方,北京市科委参与了展会相关筹备工作。据初步统计,在"一对一合作洽谈"环节,来自北京的参展机构和南非方面的67家机构进行了洽谈,达成14个合作意向。

(市科委国际合作处)

【世界绿色设计论坛布鲁塞尔峰会召开】 10月13—19日,世界绿色设计论坛布鲁塞尔峰会在比利时举行。本次峰会主题为"中欧绿色设计合作新机遇",来自20多个国家的政府官员、国际组织、专业机构、企业界、设计界代表围绕这一主题展开对话,旨在促进全球生态环境保护与绿色产业发展、促进中欧双方交流与合作。峰会由北京市科协所属会员单位北京光华设计基金会与世界绿色设计组织主办。

(市科协)

【第六届国际生物医学和环境科技大会举办】 10月14—17日,第六届国际生物医学和环境科技大会暨第七届DNA损伤国际研讨会在成都举行。大会由四川大学、DNA损伤应答北京市重点实验室、北京细胞生物学会和中国细胞生物学会细胞信号转导分会共同主办。来自国内外大学和研究机构的270余名专家和青年学者参会。大会共进行70多场报告,其中包括3个主旨报告、11个特邀报告以及10场分会场专题研讨会。大会报告人都是来各自研究领域的著名专家学者,报告内容代表了相关研究领域的前沿技术。大会征集交流论文70余篇,内容涵盖DNA损伤应答与信号通路、DNA甲基化与人类疾病、DNA复制应激反应与忠实性、基因组不稳定性与人类疾病、肿瘤信号通路与肿瘤转移等,共评选出5篇优秀墙报展示论文。

(市科协)

【2016中国国际粘接技术大会召开】 10月16—19日,2016中国国际粘接技术大会(CIB06)在陕西西安古都文化大酒店举行。会议由市科协、北京粘接学会、西安市科协主办,北京粘接学会、西安市粘接技术协会、西北工业大学和北京化工大学共同承办。会议的主题为"粘接创新成就未来"。来自德国、法国、韩国、日本、瑞士的专家及中国科学院、清华大学等高校、科研院所的研究人员和相关公司研发代表170多人参加会议。与会专家学者就粘接机制、粘接理论等前沿理论和科技动态进行探讨和研究,内容涉及表面处理、聚合物、木材胶、结构胶、压敏胶、建筑胶、复合膜、光固化、生物质、密封胶及古建筑修复等。

(市科协)

【2016首都创新与协同发展国际论坛开幕】 10月19日,2016首都创新与协同发展国际论坛在北京召开。论坛由北京市科委支持,北京科技开发交流中心主办,俄罗斯联邦总统研究院协办。北京市科委、河北省科技厅及石家庄等地市科技局的相关人员,北京市高新技术企业的代表参加了此次论坛。论坛以"首都城市创新与区域协同发展"为主题,邀请中国、俄罗斯及其他亚太经合组织(APEC)成员多方专家,围绕城市间跨区域融合、首都功能再定位、城市科技创新驱动力3个议题开展讨论,将京津冀、大莫斯科两大首都城市群研究置于同一平台,对"京津冀协同发展战略"与"大莫斯科发展战略"进行深入研讨。

(北京科学技术开发交流中心)

【亚欧科技创新合作中心欧洲协调机构成立】 10月24日,第二届亚欧科技创新合作促进可持续发展研讨会上,在中希两国政府及亚欧各国代表的见证下,亚欧科技创新合作中心欧洲协调机构在希腊正式授牌,标志着亚欧科技创新中心正式落户欧洲。亚欧科技创新合作中心欧洲协调机构是由 20 多个亚欧会议成员国家经过协商一致决定成立，依托希腊研究与技术基金会，是亚欧科技创新合作中心建设的阶段性重大成果。

（市科委国际合作处）

【亚欧科技创新合作促进可持续发展研讨会召开】 10 月 24—25 日，第二届亚欧科技创新合作促进可持续发展研讨会在希腊雅典召开，本次会议由亚欧科技创新合作中心主办，北京市科委、希腊研究与技术基金会承办。北京市科委副主任、亚欧科技创新合作中心秘书处秘书长朱世龙带队参加。来自亚欧会议成员国代表及中国相关政府部门、企业及高校的代表参加研讨会。研讨会分为两大专题，共组织了 10 场专题报告。代表们就亚欧科技创新合作中心的建设、亚欧科技创新合作中心欧洲协调机构职能、亚欧科技创新合作实现共同可持续发展的机遇与挑战、科技合作领域内存在的资金和政策及法律障碍、亚欧重点科技领域及前沿技术合作、知识产权保护等议题进行互动研讨。

（市科委国际合作处）

【第七届中意创新合作周在意大利举行】 10 月 25—27 日，第七届中意创新合作周开幕式在意大利那不勒斯科学城举行。本届中意创新合作周由中国科技部和意大利教育大学、科研部共同主办，北京市科委、中意技术转移中心、意大利科学城、那不勒斯大学、博洛尼亚大学、贝尔加莫大学共同承办，意大利贝尔加莫、博洛尼亚、那不勒斯 3 个城市同期举行，其中那不勒斯为主会场，博洛尼亚、贝尔加莫两个城市设分会场。本届合作周以“中意携手创新共赢”为主题，聚焦中国和意大利创新合作的关键技术领域、创新创业核心资源，共吸引来自北京、河北、上海、重庆、江苏等 25 个省（自治区、直辖市）的 310 多家机构赴意参会。中方参会代表 530 多人，意方参会代表 1000 多人。合作周以高端论坛、分领域平行专场、项目对接、创新成果展览展示以及科技园区调研 5 种形式展开。在本届合作周上，中意两国青年“创客”路演比拼成为合作周一大亮点。

（市科委国际合作处）

【参加中国南非高科技展示交流会】 10 月，北京市科委文科处处长李国光率领设计中心一行人访问南非和肯尼亚。代表团参加中国南非高技术展示交流会，访问联合国教科文组织驻内罗毕办事处、四达时代传媒（肯尼亚）有限公司，与联合国教科文组织驻内罗毕办事处建立了交流渠道，推动“北京设计”品牌走向海外，促进北京与非洲的科技文化交往合作。

（市科委文科处）

【第七届国际计算智能与工业应用研讨会举行】 11 月 3—6 日，第七届国际计算智能与工业应用研讨会暨 2016 年度北京自动化学会学术年会在北京理工大学国际教育交流大厦举行。会议由北京自动化学会、北京理工大学、国际模糊系统协会、日本模糊论与智能信息学学会、日本学术振兴会主办，日本富士技术出版社、凯蒂亚半导体制造设备有限公司协办，欧姆龙自动化（中国）有限公司赞助。会议包括 16 组口头报告，主题分别为自适应学习系统、控制理论与应用、模糊与神经系统、遗传算法与进化计算、机器人、不确定性动态状态估计、人机交互、信号与图像处理等。会议颁发了“最佳论文奖”“青年学者奖”“最佳组织者奖”。国内外 35 所高校和科研单位的 200 余名专家学者参加大会。

（市科协）

【创新联盟企业赴以色列交流考察】 11 月 14—21 日，北京现代农业科技创新服务联盟组织联盟成员单位一行 17 人赴以色列参加“以色列交流周”活动，旨在以此为契机，学习借鉴以色列高科技农业技术应用，推进联盟企业开展国际科技合作。活动中，联盟一行对以色列现代农业进行深入考察。

（市科委农村处、农村中心）

【中国国际半导体照明论坛在北京召开】 11 月 15 日，第十三届中国国际半导体照明论坛在京召开。本届论坛围绕“新经济 新动能——LED 产业多维度发展新机遇”主题，以促进半导体照明技术和应用的国际交流与合作，引领半导体照明新兴产业的发展方向为活动宗旨，内容全面覆盖行业工艺装备、原材料，技术、产品与应用的创新发展。论坛吸引演讲及项目推介嘉宾 153 位，参会 1400 余人，参加机构约 300 家，涉及 18 个国家和地区，以及国内约 20 个省、自治区、直辖市。

（市科委国际合作处）

【跨国技术转移大会暨第三代半导体国际会议举行】 11 月 15—17 日，2016 中国（北京）跨国技术转移大会暨第三代半导体国际会议在北京国际会议中心举行。大会由科技部与北京市政府主办，北京市科委承办。大会以“开放创新 共享共赢”为主题，以“技术维度”作为第一条主线，按照“第三代半导体、健康产业、绿色发展、新一代信息技术”四大技术方向，安排了26个专场活动；以“国别与地区间合作维度”为第二条主线，按照“科技外交官、一带一路、重点国别与区域”3个板块，安排了3个论坛研讨与对接活动。首次促成以国际科技创新合作为主题，集聚中国东盟技术转移中心、中国阿拉伯国家技术转移中心、中以创新合作中心、国家技术转移中国中亚中心、中国南亚技术转移中心等全国各大技术转移中心与“一带一路”沿线国家相关机构共聚北京，共议“一带一路”政策和实践成果。大会吸引来自全球40个国家和地区的500余位国际精英，近3000名参会代表参会，共收集、梳理国内外700余项技术需求与供给，实现1600多项次跨国项目对接，重点达成600余个合作意向；通过前期的预对接和交流，形成涉及产业化落地、国际合作平台、基金与园区合作的15个签约成果，签约金额达40亿元。

（市科委国际合作处）

【中东欧青年干部考察团参观调研DRC基地】 11月25日，中东欧青年干部“青年的责任与中东欧合作”研修班到访联合国教科文组织国际创意与可持续发展中心（ICCSD），与中国青年代表进行了“青年参与和中国－中东欧合作”主题沙龙，并参观考察北京DRC工业设计创意产业基地。中东欧青年干部研修班考察团成员一行20人，主要来自塞尔维亚、罗马尼亚、马其顿、阿尔巴尼亚和黑山五国的政党青年干部、政府青年事务机构负责人和全国性青年组织等。DRC基地是以工业设计为特色的产业基地，具备企业孵化、平台搭建和人才培养的功能，也是全国和北京市的科普教育基地、共青团中央的“青年就业创业见习基地”及首都科技条件平台。

（北京工业设计促进中心）

【2016北京－特拉维夫创新大会召开】 12月22日，“2016北京－特拉维夫创新大会暨以色列信息通讯技术中国巡展”（BTIC2016）在北京开幕。本次大会由北京市科委、中国科技交流中心、以色列创新署、以色列驻华使馆贸易与投资处主办，中以创新合作中心、北京特拉维夫创新中心、北京高创天成国际企业孵化器共同承办。本次大会以“协同创新 共享共赢”为主题，组织了开幕式主题报告、重点项目路演推介、技术产品展览展示暨中以合作成果展、中以企业B2B对接洽谈、中以创业孵化联合体创新项目路演优胜赛等五大板块活动。会议邀请来自中以两国的政府、高校、科研院所、企业和行业组织等机构的代表近300人参会。

（市科委国际合作处）

【驻华外交官科技考察活动在北京举行】 12月14日，由市政府外办、市科协、平谷区政府等共同举办的2016驻华外交官科技考察活动在平谷区进行。近20名来自法国、比利时、澳大利亚、土耳其等国驻华使馆的科技、农业、经济及文化领域的外交官参加。围绕“智慧农业和智慧乡村”，外交官们参观了北京农众物联科技有限公司和西柏店村，较深入地了解了平谷在农业科技发展方面取得的成果。

（市科协）

【对外合作交流活动基金促进交流合作】 年内，对外合作交流活动基金围绕生命科学前沿、纳米新材料、新一代移动通信、清洁能源和新能源、轨道交通及智能交通等领域，共资助13个国际学术会议，共吸引2000余人参加会议。这些会议特别邀请了来自美国、德国、法国、瑞典、意大利、英国、加拿大、韩国、新西兰等30多个国家和地区及国内的诸多顶级专家参会并发表主题演讲，有效促进了国内外专家学者的交流与合作。

（北京市自然科学基金委员会办公室）

科学技术普及

城乡科普

【中医药专家到密云区太师屯镇巡诊】　3月3日，由市科协主办，北京中医药学会、北京环境诱变协会承办的“中医药专家健康班车”送医下乡巡诊活动拉开帷幕，首站走进密云区太师屯社区卫生服务中心。两学会组织会员单位专家参与活动。专家手把手教授基层医务人员，同时为居民提供相关疾病的咨询。活动吸引了附近100多名居民参加。

（市科协）

【牵手蓝天环保科普公益活动举行】　4月26日，由市科委农村中心和顺义区科委共同组织的牵手蓝天环保科普公益活动在顺义区石园北三社区科普体验厅举行。该活动是由市科委与北京电视台新闻频道共同启动的环保科普公益活动之一。活动中，科普体验厅相关人员向社区居民讲解了体验厅内低碳环保科技成果对“蓝天”的作用，居民们亲身体验了低碳健身系统、饮料瓶回收系统、生态驾驶等科技成果，在参与和体验中了解低碳节能常识，掌握低碳环保的科学生活知识，形成低碳环保的生活理念。活动还举办了低碳环保科普知识有奖问答活动。

（市科委农村处、农村中心）

【“航天之旅一日行”活动举行】　5月6日，北京生产力促进中心与航天五院生产力促进中心共同组织“航天之旅一日行”活动。北京、天津、廊坊等地区生产力中心和有色金属、化工、建材、医药等行业生产力中心及相关单位近20家机构参加本次活动，学习和了解航天科技知识及成果。联盟成员分别参观了北京农业嘉年华航天农业馆和航天城，听取了航天五院负责人介绍了东方红一号卫星、航天飞船、航天技术应用在智慧城市、电力渔业监控、天气预报、位置监控、生物育种、卫星组网通讯等方面取得的成果，并参与太空登月、飞船出舱、航天员空间训练等场景体验。

（北京生产力促进中心）

【“简约生活·创意无限”设计大赛启动】　7月27日，由西城区科协主办，北京DRC工业设计创意产业基地、DRC创億梦工厂协办的西城区2016年第五届“简约生活·创意无限”设计大赛在北京启动。活动旨在倡导低碳生活，普及设计知识，将再生资源回收利用、可持续理念引入社区，提升公众环保意识，激发生活中的设计灵感，将设计的快乐带给每个居民，创造新的生活方式。本次大赛共征集作品237件，参赛作品共分为创意产品、低碳纪实摄影两类，创意产品共计207件，低碳纪实摄影作品共计30件，征集范围涉及西城区15个街道。

（北京工业设计促进中心）

【“科普超市”行系列活动首场活动举行】　7月30日，第四届北京“科普超市行”系列活动首场在海淀区金源燕莎商业中心举行。该系列活动是由市科协和市商务委主办，市科委支持，北京科普发展中心、北京市连锁经营协会和航天人才开发交流中心承办的创新性常态化民生科普活动。科普超市行首场活动以“航天梦之旅”为主线，将静态展示、知识问答、交互体验及科技秀结合，搭建一个集学习、娱乐、休闲于一体的航天科普主题展。本届“科普超市行”航天主题活动共设置星际漫步展示区、航天梦之旅体验区、太空科技秀互动区等3个部分。首场活动举行后，陆续还有6场同样的活动在海淀区政府、昌平科技产业孵化基地、怀柔大星发超市、全国科普日北京主场中国科技馆、大兴荟聚中心、通州第五季生态园等地举行。

（市科委科宣处）

【科技助力秦皇岛市青龙县创客发展】　9月5日，北京科技开发交流中心与秦皇岛市青龙满族自治县政府、寰亚太（北京）教育投资有限公司，共同在当地开展“STEAM（STEAM即科学、技术、工程、艺术以及数学的英文首字母）创客教育科技普及”系列活动。寰亚太公司副总裁在秦皇岛市青龙职教学院发表主题为“创客教育解析及解决方案”的演讲，深入细致地解析了STEAM教育内容、创客教育发展，以及发展中问题的相应解决方案；详细讲解了创客实验室的建设及课程设置。寰亚太公司讲师为到场的学校师生及家长们讲解了机器人组装课程，并现场指导学生如何组装及调试。随后，交流中心与青龙县政府、县教育局、县科技示范校领导在青龙县青少年活动中心召开座谈会，各方就教育机器人以及创客教育的未来发展，以及如何促进青龙县科技教育工作的开展进行深入的探讨。

（北京科技开发交流中心）

【创客机器人讲堂走进延庆大榆树中学】　9月27

日，北京科技开发交流中心与延庆区科委、寰亚太（北京）教育投资有限公司，在延庆区大榆树中学举办创客机器人讲座。寰亚太公司的机器人教学讲师为同学们讲解机器人的种类、重要构成部件、制作工具等，并进行机器人演示；学生们在讲师的指导下，现场完成了简易机器人的组装和调试。在随后的座谈会上，活动双方探讨了机器人及创客教育的发展方向，为促进延庆区创客教育的发展建言献策。

（北京科技开发交流中心）

【健康科普活动走进红卫路社区】　11月25日，北京科技开发交流中心联合环球健友（北京）科技有限公司，在石景山区五里坨街道红卫路社区居委会开展了健康科普活动。活动分为健康科普讲座和生理功能检测两部分。在健康科普讲座上，专家讲解了亚健康概念及管控、科学健身等健康方面的知识，并现场回答参加活动居民提出的健康问题，为居民发放健康类书籍。讲座结束后，进行现场生理功能检测，测试分为亚健康筛查和下肢经络测评。测评人员对受试者的测试结果做了具体分析，并提出健康建议。

（北京科技开发交流中心）

【国产检测资源走进社区】　12月8日，北京科学仪器装备协作服务中心与北京服装学院，在朝阳区小关街道惠新北里社区开展“生活中的检验与检测——‘穿衣的学问’科普活动”。活动分为科普讲座和现场互动两个部分。北京服装学院的老师就服装面料的分类、纺织品中的有毒有害物质、生态纺织品检测执行的相关标准及方法、国内相关检测仪器的研发与应用、生态纺织行业现状及未来发展等方面为居民们进行详细的讲解。讲座结束后又进行了现场答疑。本次活动是“生活中的检验与检测”系列科普活动第一次走进社区，将检测技术与检测知识带给百姓，近距离地让百姓学习检测科普知识，了解高端检测科技成果的一次尝试。

（北京科学仪器装备协作服务中心）

【科技套餐工程】　年内，科技套餐工程办公室针对13个区的农业产业需求，全年组织36家涉农科技社团提供各类科技服务项目203项，组织动员科技人员下乡1000余人次，与各区科协联合发放各类资料3万余份、光盘1.5万余张，受益人数4万余人次，辐射面积达6.5万亩。其中，开展农民培训113次、讲座30场，进行现场指导288次；组织各类观摩参观活动72次、推广各类科学技术39项、引进优新品种45种，为基层农业组织提供优良籽种685千克，提供各类生态菌剂、生物菌肥等640千克。积极助力京冀农业协同发展，举办首都科技工作者服务河北行动计划活动，协调24家科技社团、专家72人次赴河北参加对接会6次，与当地涉农组织和企业签订50份合作意向；横向联合天合转促中心资源，充分发挥平台优势和作用，集成人才和成果资源，实施青龙现代农业示范基站项目建设。横向联合10余家科技社团，多次走进张家口市南刘家窑村和保定市淮北村，针对碹窑旅游文化开发及产业发展提出建设性意见。

（市科协）

青少年科普

【举办青少年航模比赛】　1月30日，北京航空航天学会与首欣教育科技有限公司共同在北航体育馆举办北京青少年无人机大赛，近60名中学生参加比赛。在规定的时间内通过遥控装置操纵四旋翼直升机，通过大赛设置的8道障碍，用时短、起落少的为比赛优秀选手。大赛组委会为20名参赛选手颁发了获奖证书。

（市科协）

【第36届北京青少年科技创新大赛举行】　3月25—27日，由市科协、市教委、市科委、市知识产权局、怀柔区政府共同主办的以“发现、创新、责任”为主题的第36届北京青少年科技创新大赛在中国科学院大学雁栖湖校区举行。参加本届大赛的共有来自澳大利亚、捷克、丹麦、以色列、意大利、马来西亚、俄罗斯、南非、乌克兰、美国等10个国家，以及中国香港、澳门、台湾地区的14个代表团，国外及中国港澳台地区代表共81人。参与本届大赛初赛的全市青少年共计30余万人，各区上报参赛的初评作品达1937项。大赛最终评选出小学生科技创新成果项目一等奖36项、二等奖76项、三等奖109项；中学生科技创新成果项目一等奖99项、二等奖200项、三等奖260项，其中境外项目评选出一等奖13项、二等奖15项；少年儿童科学幻想绘画项目一等奖82项、二等奖194项、三等奖275项;青少年科技实践活动一等奖11项、二等奖25项、三等奖25项;科技辅导员创新成果项目一等奖30项、二等奖41项、三等奖52项;创意竞赛项目一等奖15项、二等奖22项、三等奖37项;评出十佳科技辅导员10名,优秀科技辅导员7名。

（市科协）

【第16届北京青少年机器人竞赛举行】 3月25—27日,由市科协和怀柔区政府共同主办以“诚信伴我成长,科技创造未来”为主题的第16届机器人竞赛在中国科学院大学雁栖湖校区举行。本届竞赛项目包括机器人综合技能、创意、足球、FLL挑战赛、VEX工程挑战赛、ASC能力挑战赛6项。比赛共产生60个一等奖、62个二等奖和57个三等奖,产生18枚金牌。北京代表队共获得9个一等奖、9个专项奖。

（市科协）

【2016大学生科协创新发展论坛举行】 4月9日,第五届大学生科技创新作品与专利成果展示推介会校园行专场活动——2016大学生科协创新发展论坛在北京联合大学举行。本场活动由北京、河北两地21所高校的22个大学生科协、社团共同举办,100余名大学生科协主席和社团干部参加。论坛由主论坛和分论坛两部分组成,主论坛由北京市科协、中科院科学传播局、中国青年报、中科院文献情报中心的代表就大学生创新创业服务相关工作做介绍,并与同学们深入交流;分论坛由各高校大学生科协干部就各自协会发展、校际百科知识竞赛、社会机构合作、引入校外资源等主题进行深入讨论。本次论坛旨在为大学生科技社团提供一个沟通和交流的平台,增进各社团之间的了解并协同开展活动,同时邀请社会机构向大学生科协介绍创新活动,拓宽大学生科协干部的视野。

（市科协）

【科技·艺术嘉年华活动举行】 7月11日,由北京生产力促进中心、中科院光电研究院、东方敦煌教育咨询中心、东方敦煌歌舞团共同主办的“东方少年——科技·艺术嘉年华”专场活动在北京护国寺西区剧场举行。活动吸引市内各学校家长、学生近300人参加。主办方在精彩的文艺表演中,精心准备了一场科技体验之旅。小鱼桌面机器人、微跑小娃体感游戏、平衡车、智能机器人、智能篮球、颜值机、微信照片打印机、巧克力3D打印机、怡鼓(创意乐器)、太空花卉和蔬菜、DNA基因检查技术和北斗导航等众多代表“北京新技术首发平台”的体验产品,让学生、家长、老师们零距离地接触和体验高科技产品带来的欢乐。本次活动是北京科普探索科教融合的新实践,开启了科技、艺术融入青少年教育的新尝试,进一步推广、普及新技术、新产品、新模式、新理念。

（市科委科宣处）

【青少年高校科学营北京营活动举行】 7月16—22日,由市科协、市教委联合北京大学、清华大学、北京师范大学、中国农业大学、北京理工大学、北京航空航天大学、北京科技大学、北京交通大学、国防科技大学、北京化工大学等10所高校以及中国航天科技、中国兵器、国家天文台、中粮集团共同组织实施了2016年青少年高校科学营北京营活动。科学营期间,营员们与名师面对面感受科学大师风采;走进重点实验室亲身感触前沿科技;感受高校文化底蕴,培养团队精神。

（市科协）

【青少年汽车模型科技创意大赛举行】 7月28日,第四届中国青少年汽车模型科技创意大赛总决赛在北京汽车博物馆举行,来自全国16个省、直辖市、自治区的青少年队伍,在北京汽车博物馆展开角逐。大赛是结合科技教育普及与创新人才培养理念的一个重要平台,旨在点燃青少年的智慧火花、激发青少年的创新潜能。大赛分为创意车绘画、创意车壳彩绘、越野车障碍挑战赛、MINI－Z竞速赛、创意车制作5个竞赛单元。

（北京汽车博物馆）

【全国青少年科技创新大赛举行】 8月14日,第31届全国青少年科技创新大赛在上海华东师范大学拉开帷幕。来自全国31个省、自治区、直辖市、新疆生产建设兵团、香港特别行政区、澳门特别行政区的34支代表队,近500名青少年和200名科技辅导员,以及来自美国、德国、法国、日本、俄罗斯等15个国家的70余位国际代表参赛,共有500余项科技创新成果亮相。北京代表队连续15年蝉联第一。本届大赛北京队在青少年科技创新成果板块中获得10项一等奖(一等奖获奖比率达到42%,位居全国第一)、10项二等奖、4项三等奖;在青少年科技创意板块中斩获“创意之星”4项。人大附中李作林老师和北京学生活动管理中心师丽花老师荣获“十佳科技辅导员”称号。北京市朝阳区青少年活动中心获得“十佳科技实践活动奖”;北京市五路居第一中学(安贞二小校区)获得“十佳科技教育创新学校”奖;北京市育才学校获得“十佳科技教育创新学校之星”称号;北京四中许艺涵、王砚弈,北京八十中袁若为,师大附中张曦文,八中黄语琦,人大附中李雨霏6名同学荣获英特尔英才奖,同时获得参加“英特尔国际科学与工程大奖赛”冬令营的资格。张曦文同学还获得博通国际交流奖,将有机会作为博通大师中国代表,参加2016年5月在美国举行的博通大师赛全球总决赛。

(市科协)

【第15届“明天小小科学家”奖励活动】 10月26日,第15届“明天小小科学家”奖励活动终评在北京结束。北京共有29名学生参加终评,北京四中的施则威同学凭借“穿戴式老年人平衡能力智能检测仪”赢得“明天小小科学家”称号,并获5万元奖学金。还有5名学生获一等奖、10名学生获二等奖、13名学生获三等奖,北京队连续12年蝉联全国第一。

(市科协)

【第七届全国青少年科学影像节】 11月11—15日,第七届全国青少年科学影像节展映展评活动在辽宁省科技馆举行。北京有6部作品进入全国现场展评,其中,《科技改变生活》《蔬菜焯水的秘密》和《薄荷糖能和可乐一起吃吗?》入围“十佳公众喜爱作品”。同时,《科技改变生活》《薄荷糖能和可乐一起吃吗?》《快递包装脏不脏》《创新节能从使用节能灯做起》和《测量太阳直径和日地距离》5个作品获得一等奖,《蔬菜焯水的秘密》获得二等奖。来自北京市陈经伦中学嘉铭分校的3名同学拍摄的科学微电影《科技改变生活》,获得“科学原理一点通优秀作品奖”(全国共10个)。北京青少年科技中心获得“优秀组织单位奖”。

(市科协)

【国际竞赛成绩优异】 年内,第48届国际化学奥林匹克竞赛中,刘静嘉同学获得金牌,这是近20年来北京获得的首枚国际化学奥林匹克竞赛金牌;第17届亚洲物理奥林匹克竞赛,韩子钊同学荣获金牌;第57届国际数学奥林匹克,贾泽宇同学荣获金牌。在第28届丹麦青年科学家展览与竞赛中,北京22中的李淏昱同学的项目“S形越障轮”获得二等奖及200美元奖学金,丹麦王子阿基姆出席了颁奖典礼并亲自为选手颁奖。

(市科协)

【开展青少年走进工程院活动】 年内,市科协共举办31场青少年走进工程院活动,超额完成7场任务。31位我国各领域的权威院士和专家为青少年做报告。累计有来自30多所学校和高校科学营的4500余名中学生走进中国工程院聆听院士报告,参观中国工程科技成就展、院士展等。

(市科协)

重点科普活动

【科技运动嘉年华活动举行】 3月4—5日,由北京生产力促进中心、融创动力(北京)科技孵化器有限公司、北京康力优蓝机器人科技有限公司、纳恩博科技有限公司、北京微跑科技有限公司、微票儿等10家机构共同主办的科技运动嘉年华活动在融创空间举行。本次科技运动嘉年华汇集了顽石智能篮球、30迈自行车、纳恩博平衡车、微跑小蛙、UU系列机器人等众多科技创意产品,让近300位到场参与者零距离接触高科技产品,进行沉浸式参观互动体验。

(北京生产力促进中心)

【电视系列宣传片《创新者说》正式播出】 4月11日,由市科委、北京电视台主办,市科学技术奖励工作办公室、北京电视台科教频道承办的北京市科学技术奖获奖成果电视系列宣传片《创新者说》在北京电视台科教频道正式播出。该片通过获奖者的讲述及科普化、艺术化的展示,向公众介绍最新的科技成果,在弘扬科学精神、营造创新氛围的同时,体现科技惠民取得的实效,展示北京建设全国科技创新中心的进展和成果。全片共20集,全年在北京电视台科教频道累计播出320集次,并已在首都之窗、新华网等网站上线。

(北京市科学技术奖励工作办公室)

【新能源汽车试乘试驾系列活动启动】 4月22日,由北京汽车博物馆和北京市新能源汽车发展促进中心共同主办的2016年北京汽车博物馆新能源汽车试乘试驾系列活动在北京汽车博物馆启动。

活动当天汇集了腾势、北汽新能源、江淮新能源、比亚迪新能源、长安新能源、上汽荣威、华泰新能源、华晨宝马、吉利、知豆等众多新能源汽车品牌，给市民提供了近距离体验新能源汽车、感受绿色出行方式的机会。试乘试驾基地启动后，每周六下午都在北京汽车博物馆面向市民开放新能源汽车的试乘试驾体验。

（北京市新能源汽车发展促进中心）

【社区科普工作者能力提升培训】 5月11—13日，市科协社区科普工作者能力提升计划培训班在北京市科技进修学院举行。来自全市16个区的100名社区科普工作者及区科协工作人员参加培训。培训就运用信息技术手段开启科普新时代、科普信息化背景下的社区科普发展、基层科普问题与对策、北京科学达人秀活动介绍和参赛方式等内容进行专题讲解。培训还安排了优秀科普社区代表典型经验介绍、分组讨论以及实践教学的内容。通过此次3天的讲座、交流和实践教学，学员们了解了全媒体时代基层科普工作的特点和挑战，学习了开展社区科普工作的基本规律、工作流程与实践技巧，熟悉了策划和举办科普活动、管理科普项目的方式方法。

（市科协）

【北京科技周主场活动吸引8万观众】 5月14—21日，2016全国科技活动周暨北京科技周在北京民族文化宫举行。本届科技周以“创新引领 共享发展”为主题，主场活动通过大型科普博览的形式，向大家呈现了科技创新推动共享经济发展的主要成就，展现了全国科技创新中心的魅力。本届科技周主场展览面积约6000平方米，以“梦想大道”为展示主线，以科学重器、北京众创空间3.0、创新梦工场、“一带一路”科普驿站、科普乐园、新能源汽车、航天员出舱体验为主要内容，采取模拟场景风格设计，集中呈现200余个科技创新成果，首次参加科技周主场活动的项目占总数的90%，让百姓参与科技周、学在科技周、乐在科技周、玩在科技周，享受科技创新给生活带来的魅力。本届北京科技周主场共吸引8万余人次到现场参观体验，还有超过3000万人次通过新华网、中国科技网观看主场活动直播、浏览新闻。通过“2016北京科技周”“科技北京”“科普北京”等微博、微信参与互动，线上、线下同步玩转科技周活动。统计显示，此次活动在社会化媒体中的传播范围十分广泛，数十个知名账号对此次活动进行了报道，超过6000万用户获得了信息。

（市科委科宣处）

【清华大学科学技术协会成立】 5月15日，清华大学科学技术协会成立大会暨“科技梦·中国梦——中国现代科学家主题展”巡展启动仪式在清华大学图书馆北馆举行。中国科协、北京市科协、清华大学的领导及相关部门负责人，清华大学科学技术协会会员代表参加成立大会。会议选举薛其坤为主席，聂建国、吴清玉为副主席，提名周羽为秘书长。成立大会后，与会领导和清华大学科协委员共同参观了“科技梦·中国梦——中国现代科学家主题展”。该展览由中国科协与教育部、文化部等八部委共同主办，市科协和清华大学等单位承办，展览呈现了中国科学家为科技进步、国家发展所做的突出贡献，帮助社会公众更好地了解中国现代科学家群体诞生、发展、壮大的历史。这也是清华大学科协成立后，面向大众开展科普教育的第一项活动，清华大学师生及校外嘉宾300余人参观了首日展览。

（市科协）

【全国少儿科技大赛举行】 6月1日，由共青团中央网络影视中心、市科委指导，未来网、北京欢乐谷和北京科技传播中心共同举办的“探索欢乐科学奥秘，寻找未来科技新星”第二届全国少年儿童科技创新大赛颁奖仪式在欢乐谷举行。本届大赛自3月启动，历时2个月，覆盖全国20个省、自治区、直辖市的上千所学校，其中，北京地区有16个区的150余所学校参赛。截至5月23日，征集参赛作品近万幅，最终有200个作品获奖，其中，一等奖3项、二等奖5项、三等奖7项、优秀参与奖30项、网络人气奖36项、辅导奖60项、活动优秀组织单位30个。据统计，本次大赛征集的作品中，科技、环保、节能、减排创意作品达72%，充分体现了当代少年儿童的创新与创造意识。

（市科委科宣处）

【公务员科学素质大讲堂活动开展】 6月14日，“2016年公务员科学素质大讲堂”开讲仪式暨首场讲座在新大都首创国际会议中心举行，市科协副主席刘晓勘、市人力社保局副局长杨晋京出席启动仪式并做讲话。大讲堂活动从6月至12月在北京市各区及部分市属委办局中相继开展，邀请刘嘉麒、欧阳自远等院士及知名专家就节能减排、科技创新、健康生活、信息安全等社会热点问题进行专题讲座。2016年共开展讲座20讲,受众人数达4500人,通过讲座活动提升了公务员的科学素质水平。

(市科协)

【北京国际科普创作讲坛举行】 6月26日,2016北京国际科普创作讲坛在北京科学出版社格格府会议中心召开。论坛由市科协主办,北京科普发展中心、北京国际科技协作中心、北京科普创作协会、北京科技报社/北科传媒共同承办。来自全国各大出版机构的编采人员、科普创作者、青少年科技教师、科研工作者、在校大学生等出席本次活动。活动还汇集外籍华人、美籍专家、意大利科学家等各国知名科普创作代表。本次国际科普创作讲坛整体活动分为:外籍专家主题科普演讲,VR图书技术演讲与体验,市科协科普创作出版资金资助项目讲解和第四届科普征文活动启动仪式四大板块。讲坛活动邀请意大利籍超导理论和凝聚态物理学领域专家安德烈·瓦尔拉莫夫(Andrey Varlamov),旅美作家、自由学者、美籍华人王新国,瑞士籍遗传统计研究博士欧尤戈(Jurg Ott),以及易视互动创始人孙屹做演讲。

(市科协)

【《北京市全民科学素质行动计划纲要实施方案(2016—2020年)》印发】 7月1日,市政府办公厅印发《北京市全民科学素质行动计划纲要实施方案(2016—2020年)》(京政办发〔2016〕31号),对北京市"十三五"期间全民科学素质工作的发展目标、重点任务、保障措施等做全面部署和安排。

(市科协)

【汽博馆参加2016米兰国际博协第24届大会】 7月3日,北京汽车博物馆受邀参加在意大利米兰举行的第24届国际博协大会中国展区的展览。米兰国际博协大会期间,来自世界各地的4000多名博物馆馆长、专家学者和管理人员相聚于此,北京汽车博物馆把中国古代车马文化带到了这里,用"车马文化"讲述华夏文明,还通过"车"字的演变过程,向全世界展示了从早期甲骨文到金文,再从小篆到隶书的演变过程。此外,北京汽车博物馆还将中国国车"红旗"的故事带到意大利,让意大利的观众和世界观众从红旗轿车60年的演变过程中了解中国社会的历史变迁。

(北京汽车博物馆)

【市科协开展科普信息化建设试点工作】 7月14日,中国科协办公厅印发《中国科协办公厅关于公布全国科普信息化建设试点名单的通知》(科协办函普字〔2016〕156号),确定市科协为综合应用试点单位,探索优质科普信息化建设与汇集共享、科普信息精准服务和落地应用、科普服务和管理信息化等模式。市科协严密筹措、集中研讨,明确北京市科协科普信息化网络体系框架,研究制定了《北京市科普信息化(试点)建设实施方案》。11月15日,中国科协科普部下发《关于全国科普信息化建设试点单位实施方案的批复》,同意北京市科协的实施方案。

(市科协)

【家庭亲子科普活动周举行】 8月22—28日,由市科委和市公园管理中心主办,北京科普基地联盟、北京市可持续发展科技促进中心、北京植物园承办的"魅力科技"2016家庭亲子科普活动周在北京植物园科普馆举行,中科院心理所、中科院自动化所、北京市营养源研究所、北京神舟航天文化创意传媒有限公司等20家单位的30余项互动体验项目集中展出。本次活动周以"创新引领 共享发展"为主题,展览面积约400平方米,主要展示近几年市科委科普项目资助的科普产品和展品。展区共分4个主题,分别是科技资源科普化、创客教育+机器人、航天军事、科普乐动。活动首日吸引200多个家庭和游客近1000余人参观体验。

(市科委科宣处)

【北京科学嘉年华举行】 9月17—23日,2016年全国科普日北京主场活动暨第六届北京科学嘉年华在北京奥林匹克公园举行。活动汇集80多家中外科普机构的近500项科学互动体验项目,内容涵盖航空航天、能源、环境保护、天文等学科,共有创新光耀北京、未来创客城堡、创新乐园、创客汽车城、国际科技园、炫彩科普中国等六大活动板块和科学表演秀场。

(市科协)

【北京国际科学节圆桌会议】 9月17日,2016年北京国际科学节圆桌会议在北京会议中心开幕,主题为"腾飞科普之翼"。会议由市科协主办,北京科普发展中心和北京国际科技协作中心承办。来自中国、德国、法国、南非、土耳其等13个国家及地区的27位科学节组织代表和科普领域专家与会。圆桌会议平台旨在推动世界各国科学节组织机构开展更深入广泛的联系,促进各方在科学传播理论交流、资源和设施共建共享、项目的开发与合作等方面开展更深层次合作。

（市科协）

【科技运动嘉年华走进义乌】 11月18—23日，由市科委支持、北京生产力促进中心打造的首都科普活动之一“科技运动嘉年华”走进义乌。中心与中科院、北京创新创业大赛优秀团队首次携无人机、智能机器人、增强现实技术/虚拟现实技术（AR/VR）、智能穿戴、智能安防等16款科技智能产品亮相2016中国义乌国际装备博览会暨第六届智能博览会，共同搭建200多平方米的场景式科普宣传互动体验平台，呈现首都智能新产品、新技术以及科普宣传的新理念、新模式。

（市科委科宣处）

【京津冀科普资源推介会举行】 12月22日，以“e连互通·融合发展”为主题的首届京津冀科普资源推介会在中国气象局气象会堂举行。京津冀科协领导，以及来自京津冀地方科协、科普专业机构、科普企业的500多名代表参加。推介会举办了京津冀科普资源共享合作协议签约仪式、京津冀科普发展论坛、京津冀科普资源展示推介、京津冀“科普理论创新与实践发展”学术沙龙、科学秀表演、北京地区全国科普教育基地和基层科普场馆调研等6项活动。活动展出内容包括科普信息化、青少年科技教育、青少年创客教育、智慧社区、航空航天科普、军事科普等40多个科普项目。

（市科协）

【科普创作出版资金资助工作】 年内，科普创作出版资金资助工作重点资助反映重要领域科技成果转化、重大科研成就、社会热点延伸以及民生科普等具有创新性、前沿性和时代性的科普创作选题。经过选题申报、初审、初评、答辩、终评等环节，共征集选题142项，其中25项通过评审，符合资助条件；另资助首都科学讲堂项目1项，共计资助科普创作26项。

（市科协）

【新能源汽车展示体验基地系列活动】 年内，北京汽车博物馆新能源汽车展示体验基地共计开展新能源汽车试乘试驾活动40余场、新能源汽车知识课堂6场、新能源汽车公益行活动4场、新能源汽车城市巡游活动3场、新能源汽车进商场3场，活动参与人数约5000人次。同时，通过北京电视台、北京交通广播、北京日报、搜狐汽车、优酷等数十家电视、电台、报纸、网络以及配合微信平台的宣传推广，让北京市民多渠道了解和体验新能源汽车，实现绿色出行。

（北京市新能源汽车发展促进中心）

【公务员科学素质知识竞赛活动开展】 年内，全市2016年公务员科学素质知识竞赛活动相继开展。活动在公务员科学素质大讲堂的基础上，以《领导干部和公务员科学素质读本》及相关科普读物为参考，围绕“科学精神 科学思想 科学方法 科学知识 科学决策与管理”等方面选题，以演讲、辩论、现场答题等多种形式进行。各单位根据区域特点开展不同形式的科学素质竞赛活动，其中大兴区开展了现场科普知识答题比赛及网上科普答题比赛活动；石景山区开展了三期“把握新常态 科技伴我行”演讲比赛活动；房山区举办了两期“如何提高科学素养，做一名合格公务员”的演讲比赛活动；丰台区围绕不同主题开展了两期“公务员科学素质即兴演讲比赛”；东城区开展了三期围绕提高科学素养为主题的演讲比赛活动等。全年共组织了20场竞赛活动，受众人数2800余人。活动有利于激发公务员爱科学、学科学、用科学的热情，促进各单位公务员科技素养的提升。

（市科协）

【第十三届北京百万家庭数字生活技能大赛】 年内，由市科协、市经济信息化委、市妇联主办的第十三届北京百万家庭数字生活技能大赛举行，活动以“互联网+我们家”为主题，于6月正式启动，持续到12月结束。本次活动具体包括E家起跑线、E家科学课和E家英雄会3个板块，开展了网上知识答题活动、数码摄影比赛活动，推出社区科普专题“96156社区大课堂——E家社区科学课”。截至10月底，E家科学课在全市各区共组织培训30余场，与北京市社区服务中心共同开展“E家社区科学课”30场，共计60余场，累计参与人数6000余人。大赛活动自启动以来，共有265217人参与网上知识竞赛，在全市社区、街道以及活动现场张贴宣传海报2000份，发放宣传折页1.2万张。活动通过传统媒体、网络媒体、微信、楼宇电视、户外大屏等多种渠道展开了宣传。

（市科协）

各区科技

东城区

【概况】 东城区科委加挂东城区知识产权局牌子。区科委(区知识产权局)是负责本区科技工作和知识产权工作的区政府工作部门。年内,全区新认定高新技术企业276家,比上年度增长48.39%。技术合同成交额474.7亿元,增长13.02%,位列全市第四位。专利申请量为10490件,同比增长8.29%;专利授权量为6629件,同比增长0.26%;全区年专利电子申请率为95.79%,居全市第二位。经市科委认定"众创空间"共5家,比上年增加2家;由科技部认定的区域内国家级科技企业孵化器3家,比上年增加1家。面向重点产业征集区科技计划项目79个,其中立项支持31个。组织完成2016年市级绿色通道项目申报工作。以区政府名义推荐市科委绿色通道项目2个。新增10家单位为市专利试点单位,全区专利试点单位累计共152家。新增2家市专利示范单位,全区专利示范单位共10家。为178家企业出具费减证明1119份,减免申请费用近143万元。全年共查处23件假冒专利违法行为。组织全区有关单位开展2016年东城科技周活动,共开展各项活动129场,受益人数1.9万人次。建设完成5个科普专项。组织开展7项基层特色科普活动,19项街道(社区)、中小学校和科普基地对接活动,11项科普志愿者活动,区科委对符合要求的活动予以资金支持。

(邓　天)

【"南馆中水科普展览馆"项目通过验收】 3月1日,由区科委、南馆公园共同承担的"南馆中水科普展览馆"项目,经专家组评审通过结题验收。项目以南馆低碳生活示范园及中水处理站为依托,紧紧围绕中水主题,通过实物、模型、互动、游戏、动画、视屏、交互操作等多种表现形式,生动直观地向观众普及中水知识,倡导节能、低碳、生态的环保理念。

(邓　天)

【知识产权服务】 3月18日,区知识产权局与北京12330邀请国家工商总局商标局审查员志愿专家到区内老字号企业便宜坊和老字号秘书长单位大道信通科技股份有限公司开展"一对一"知识产权服务。专家对两家企业在知识产权创造、运用、保护和管理中出现的问题进行指导和解答,重点对企业在对外发展中遇到的商标注册、管理、保护等疑难问题进行专业指导,提出切实可行的建议和相关解决方案。

(邓　天)

【科普体验厅建设】 3月28日,东华门街道社区科普体验厅通过市科委组织的专家验收。体验厅围绕国际安全社区建设,以"智能居家生活"为主题,从绿色生活、安全生活和健康生活3个方面,设置节能灯与白炽灯能耗体验台、智能玻璃体验台、跨步电压体验台等7台科普互动设备,以及藏书2000余册的科普书吧1个、放映室1个、手工室1个。全区已建成4个各具特色的社区科普体验厅,分别是东花市街道枣苑社区科普体验厅、广外南里社区科普体验厅,东华门街道银闸社区科普体验厅以及南馆公园(民安)社区科普体验厅。

(邓　天)

【景泰蓝艺术博物馆被命名为市级科普基地】 4月11日,经区科委推荐,区科普基地景泰蓝艺术博物馆被市科委正式命名为北京市科普教育基地。中国景泰蓝艺术博物馆是景泰蓝行业第一个市级科普教育基地,主要任务是面向各大专院校、中小学及社会各界,开展形式多样、生动活泼的非遗科普教育活动。通过普及景泰蓝制作技艺的相关知识、开设手工技艺体验课、举办主题展览、编撰非遗书籍等形式,从小培养青少年对中国传统文化的兴趣,为弘扬中国传统文化做出积极贡献。截至4月,全区内已有自然博物馆、青少年科技馆、北京自来水博物馆、北京王府井古人类文化遗址博物馆等国家级和市级科普基地32家,数量居全市第四名。

(邓　天)

【科技计划项目专家评审工作完成】 4月15日,区科委在北京大宝饭店组织全年区级科技计划项目专家评审会。会上邀请北京网络多媒体实验室、中国环境保护产业协会技术部等单位的15位相关领域专家参与评审。专家评审会分综合组、电子信息组、生物医药及医疗器械3个组,对62个项目进行评审。

(邓　天)

【非遗科普活动举行】 4月19日,区科委组织市、区科普基地和街道科普干部参加"非遗科普教育——走进珐琅厂”活动，参观景泰蓝的生产制作现场和中国景泰蓝艺术博物馆，开展景泰蓝制作工序“掐丝”体验比赛。

（邓　天）

【知识产权保护服务工作站成立】　4月22日，北京12330、区知识产权局、东城工商分局在区工商分局共同举办全区老字号协会12330知识产权保护服务工作站成立仪式。会上，北京12330与区知识产权局、老字号协会签署“东城区老字号协会12330工作站”合作协议。区商务委、区文化委、区法院、东城工商分局、中关村科技园区东城园及区内老字号企业和部分科技企业近50人参加活动。

（邓　天）

【开展知识产权进校园活动】　4月22日，中央戏剧学院，北京12330、区知识产权局与区中小企业服务中心12330工作站共同开展知识产权进校园活动。活动邀请北京君合律师事务所知识产权律师深入中央戏剧学院为该校创业大学生商标侵权一事进行维权服务，现场近30名创业大学生参加答疑互动活动。区人才服务中心、北京嘉诚文化科技融合孵化基地分别就大学生创业提供后续服务支持和共建合作创业基地等方面进行工作对接。

（邓　天）

【知识产权日主题宣传活动举行】　4月26日，第十六个世界知识产权日宣传活动在南锣鼓巷举行。区知识产权局、区法院知识产权庭、区文化委、区工商分局、区司法局等全区知识产权工作领导小组成员单位负责人20余人参加主题为“加强知识产权保护运用，加快知识产权强国建设”的现场宣传咨询服务活动。北京12330东城区分中心、南锣鼓巷工作站、交道口司法所参加宣传活动。活动发放《创业知识产权宝典》《知识产权漫画读本》《北京12330分中心、工作站》折页等知识产权宣传材料5000余份，开展专利申请、商标注册、知识产权司法保护等知识产权问题的咨询解答。

（邓　天）

【区级科技计划项目验收】　5月12日，区科委在北京大宝饭店召开2015年区级科技计划项目结题验收评审会。邀请北京网络多媒体实验室5位相关领域专家参与评审。项目验收涉及电子信息、高技术服务、节能环保、医疗器械和医药卫生等领域。专家组由4位技术专家和1位财务专家组成，对22个项目进行结题验收评审。

（邓　天）

【科技计划项目交办会召开】　7月15日，在东四十一条会议室召开全区2016年度科技计划项目交办会。承担全区2016年度科技计划项目的企事业单位负责人和项目主管近50人参加会议。

（邓　天）

【知识产权服务平台使用培训会举行】　7月22日，区知识产权局与北京知识产权信息服务中心在北京大宝饭店共同举办北京市知识产权公共信息服务平台使用培训会。区科委副主任李伟冰参加并主持会议，来自区内的市级专利试点（示范）企业、高新技术企业、文化创意企业等单位80余人参加培训。

（邓　天）

【东四九条小学科普中心建设】　7月25日，东四九条小学可持续发展科普中心项目通过专家组验收，建成并投入使用。该项目在东四九条小学已有基础上建成“一室七站”：“一室”为核心实验室，为科普中心信息资源枢纽和科普教育主场地；“七站”为小小气象站、小小中水站、小小厨余站、小小光伏站、小小光导站、小小光热站、小小种植站7个主题展示工作站。

（邓　天）

【科普基地与街道（社区）和中小学校对接】　8月3日，区科委在北京古观象台主持召开科普基地与街道（社区）和中小学校对接科普活动工作布置会，正式启动区内科普基地与街道（社区）和中小学校的科普活动对接工作。中国景泰蓝艺术博物馆（北京市珐琅厂有限责任公司）和体育馆路街道办事处共同申报的“走进珐琅厂，探秘景泰蓝”、北京自然博物馆和广渠门中学共同申报的“自然科学学习之旅”等24项对接科普活动，涉及体育馆、交道口等7个街道，东直门中学、崇文小学等6所中小学，自然博物馆、北京电力展厅等15个市、区科普基地。此次对接的19项科普活动，分别涉及参观、展示展览、讲座、入校教学、科技制作、课堂实践、课题研究、动手体验等形式，内容以景泰蓝技艺、古代天文科技、电力知识与安全、绿色城市、高速铁路、中医药、中水知识、科学健身、自然科学、模型制作、动物和植物研究等方面为主，受益人数约4500人次。

（邓　天）

【科技政策法规培训会召开】　9月9日，区科委在北京大宝饭店召开科技政策法规培训会。来自全区80多家科技企业的95人参加此次培训会。会上，东城区科委业务科室负责人张付晓传达了北京市科技创新大会主要精神，组织学习了《北京市进一步完善财政科研项目和经费管理的若干政策措施》（京办发〔2016〕36号）。市科委专家就相关内容为企业做了详细讲解并现场回答了企业提出的问题。会上，为参会企业人员发放了北京12330知识产权漫画读本和创业宝典等宣传手册。

（邓　天）

【知识产权服务进园区活动举行】 9月20日，区知识产权局与北京12330在中华珍品艺术博物馆共同举办知识产权服务进园区活动。邀请中国版权保护中心等部门专家，深入东城文创科技园，为该园区及来自东方嘉城科技融合园区、金宝和空间创业园区、北京妇联“巾帼信息科技汇”成员单位等近20家企业开展专家问诊活动。活动中，通过现场咨询互动等形式，了解各企业知识产权方面存在的问题，为企业进行把脉答疑，并提出相关处理建议，为提升创业企业专利权、著作权、商标注册申报水平和维权能力奠定基础。

（邓　天）

【开展知识产权专题培训】 10月17日，区知识产权局与中关村科技园区东城园在歌华大厦开展知识产权专题培训。北京嘿哈科技有限公司、北京桥融科技有限公司等文化科技类企业及航星园、科技寺、嘉润创业等创新创业孵化器的负责人近40人参加培训。北京12330举报投诉部领导做“企业知识产权要论”专题讲座。培训从知识产权概念、特征入手，结合相关案例介绍专利权、商标权、著作权、商业秘密等主要知识产权种类及保护策略，向与会人员介绍企业在参加展会、“走出去”、被侵权等过程中如何采取有效手段维护权利。

（邓　天）

【科技项目申报和科技经费管理培训会举行】 10月28日，区科委在北京大宝饭店举办科技政策法规培训会。区科委副主任李伟冰及管理科全体人员，全区50多家科技企业的80多人参加了此次培训会。会上，市科委专家讲解了北京市科技经费最新的使用规定，特别是强调中央简政放权之后，项目承担单位的法人权限比重增加，科技经费支出有较大变化，详细解读了各项费用的开支范围及要求。针对科技项目申报需要把握的原则及注意事项，邀请相关专家从宏观上讲解了科技创新的重要性；从微观上分析了申报文本及格式容易出现的倾向性问题并提出纠改措施。

（邓　天）

【科普志愿者活动】 年内，区科委面向全区科普志愿者各分队征集并开展一系列科普志愿者活动。交道口街道、体育馆路街道、和平里医院、永定门外社区卫生服务中心、北京自然博物馆等单位，充分发挥科普志愿者作用，组织开展科普宣传、讲座、制作、表演、参观等多种形式的科普活动十余次，受益人数近2000人次。

（邓　天）

西城区

【概况】 西城区科信委挂西城区知识产权局牌子。区科信委（区知识产权局）是负责本区科技发展、信息化管理和知识产权工作的区政府工作部门，内设办公室、法制科（监察科）、社会发展科、知识产权办公室、技术创新促进科、信息化管理科和信息化促进科7个机构。区科信委下属3个事业单位：生产力促进中心、中小企业服务中心和信息化建设中心。区科信委积极贯彻创新驱动发展战略，落实国家、北京市和区委区政府各项决策部署，以实施创新驱动发展为核心，深入推进科技创新，加快全国科技创新中心建设；以建设大数据中心为契机，积极构筑智慧西城的神经网络；以申报国家知识产权试点城市为抓手，持续优化创新环境；以提升履职能力为目标，全力做好科技与信息化各项工作。

（王立民）

【市区联动加强知识产权保护】 2月24日，第十二届亚洲运动用品与时尚展在国家会议中心举行。市知识产权局执法处联合区知识产权局驻会执法检查，查出参展商展位海报、宣传品及产品包装涉及专利标识18家，检索专利近百件，其中7件专利违法宣传，涉及3个展位。

（王立民）

【“智慧西城十三五规划”课题通过验收】 3月24日，区科信委召开“智慧西城十三五规划”课题验收会暨“智慧西城十三五规划”征求意见会，会上，该课题通过结题验收。该课题以信息基础设施提升建设为基础，以大数据中心建设为核心，统筹建设智慧政务、智慧城市管理、智慧公共服务三大体系的智慧西城工作思路，规划8个任务方向，梳理七大领域的重点工程。

（王立民）

【商业企业知识产权培训会召开】 4月21日，在第16个世界知识产权日到来之际，区知识产权局与工商局西城分局共同举办全区商业企业知识产权培训会。会上，知识产权专家与培训人员就有关专利查询、著名商标标注等问题进行交流，全区25家无冒充专利、无冒充商标示范商场的相关人员参会。

（王立民）

【软件著作权培训举行】 4月27日，“4·26”世界知识产权宣传周期间，普天德胜孵化器与北京12330共同举办软件著作权实务培训，邀请中国版权保护中心计算机软件登记部专家为参会代表讲解软件著作权的有关法律法规，以及软件著作权申请流程和注意事项。知识产权专家与培训人员就软件注册类型、名称及委托开发和合作开发如何申请等问题进行交流，孵化器内20余家软件企业的相关人员参加培训。

（王立民）

【全国科普统计工作全面启动】 5月4日，“2015年度全国科普统计（西城区）工作动员会”召开，区相关委办局、街道、医院、学校、公园、图书馆及市级教育基地等单位的近百名科普工作人员参会。会上对全区科普统计做工作部署，科普专家对与会人员进行专项培训。

（王立民）

【科博会上体验西城“互联网+”生活】 5月19—22日，第十九届中国北京国际科技产业博览会在中国国际展览中心举行。西城区以“智慧西城，安心生活”为主题，通过各种神奇的“衣食住行”智能产品展示，让人们亲身体验区内“互联网+”时代的美好生活。在展区现场可以体验保障老人孩子安全的智能穿戴设备，实时查看从源头到餐桌的食品安全，触摸智能家居相关高科技产品，体验智能雾霾监控、智能行车记录仪等智能出行设备。科博会期间，面向全区各委办局、街道发放参观门票8000张。

（王立民）

【老字号品牌国际保护论坛举行】 5月29日，“老字号品牌国际保护论坛”亮相第四届京交会。论坛上举行“老字号”企业代表申请马德里国际注册商标签约仪式，发布区政府扶持老字号国际注册项目。此次论坛是2014年世界知识产权组织中国办事处落户西城区以来，双方开展的成功合作。

（王立民）

【知识产权进入公务员培训课程开课】 6月15日，区知识产权局举办全区第五期科级公务员高级研修班，由中国人民大学知识产权学院教授姚欢庆主讲“如何认识新时期的知识产权”。全区50个单位的60名公务员参加培训，这是知识产权内容首次进入全区科级公务员培训课程。

（王立民）

【首都科技条件平台对接交流活动举行】 6月30日，首都科技条件平台西城工作站与北京师范大学研发实验服务基地和北京金丰和科技企业孵化器有限责任公司在金丰和孵化器会议室，共同举办“西城区高新技术企业与首都科技条件平台北京师范大学研发实验服务基地对接交流活动——金丰和孵化器专场”。本次活动是首都科技条件平台“百家实验室进千家企业”系列活动之一。

（王立民）

【西城区参展第二届智博会】 7月29—31日，第二届中国智慧城市国际博览会在北京展览馆举行。西城区以“打造智慧城市样板”为主题，通过智慧愿景、智慧政务、智慧产业三大板块全面展示全区“十二五”成绩及“十三五”蓝图。

（王立民）

【开展“老字号”维权援助行动】 8月3日，针对老字号企业在经营中频繁遇到字号、商标被侵权问题，区知识产权局邀请区人民法院知识产权庭的法律工作者就注册商标的选择、审判过程中如何区分商标的相同和相似等问题为大栅栏琉璃厂商会企业领导人阐明如何领用商标防御对手不正当竞争。张一元、全聚德、戴月轩、瑞蚨祥、内联升等众多老字号企业的负责人参加培训。

（王立民）

【高新技术企业新政策培训】 8月25日，中关村企业信用促进会、西城信用工作平台在同春园饭店举办高新技术企业新政策培训会，300余名企业代表参加。培训会对高新技术企业认定的最新政策变化进行详细解读，内容包含认定及复审的必备条件、需提交的相关资料等，解决企业在认定及复审中的疑问。

（王立民）

【中小学生知识产权教育】 10月26日，北京市中小学知识产权教育工作推进大会在北京十二中召开。区内八中、四中、实验二小、北师大二附中4所学校获得首批北京市中小学知识产权教育示范学校称号，占首批12所示范学校的1/3。

（王立民）

【科技企业政策培训会举行】 11月24日，区科信委举办全区科技政策及知识产权业务培训会。培训内容在科技政策的基础上增加优秀人才项目申报、企业商业秘密保护等内容，会上向参会企业发放科技企业需求调查问卷，收回有效问卷59份。问卷涉及企业融资需求、知识产权服务需求、对政策培训的建议等内容，便于政府更有针对性地为企业服务。

（王立民）

【社区科普干部“三个一”活动举行】 12月13日，西城区社区科普干部“三个一”活动在北京天文馆举行。15个街道、256个社区的近400名科普干部听取了天文馆馆长的报告，观看了《奇妙的星空》《天上的宫殿》《穿越寒武纪》3部科普影片，领取了获第四届中国科普作家协会优秀科普作品奖金奖的科普书籍《中国的星空》。“三个一”活动是持续开展十余年的特色科普品牌活动，最先面向领导干部和公务员群体，现扩展到街道社区的科普干部。

（王立民）

【技术合同成交】 年内，全区输出技术合同4901项，输出总额249.1亿元，同比增长57.56%；全区吸纳技术合同7641项，吸纳总额358.4亿元，同比增长44.81%。

（王立民）

【专利申请与授权】 年内，全区专利申请16636件，其中发明专利9155件，占55.03%；专利授权12884件，其中发明专利6335件，占49.17%；PCT专利申请260件。全区专利申请及授权量位居全市第3位。

（王立民）

【重大项目软件测评和监理工作】 年内，完成区政府办等20个单位的37个项目的安全等保测评招标工作，并推动开展测评工作。完成区卫生计生委等5个单位的8个项目的软件测评招标工作，并推动开展测评工作。完成2017年区重大信息化项目监理入围招标工作，发布《关于公布全区重大信息化项目监理服务定点供应商的通知》和《全区重大信息化项目监理服务管理规定》。统筹区政府办、区统计局等9个单位的31个项目的监理服务。签订27个三方监理服务合同。

（陈秋怡）

【信息化项目全流程管理工作】 年内，区科信委受理27个单位追加申报的51个信息化项目，其中39个项目通过评审。完成2017年集中申报审查，7月，组织2017年信息化项目申报培训，9—12月收到42个单位申报的217个项目，其中173个项目通过评审。受理11个项目的变更申请。本度通过审批的项目99个完成验收。

（陈秋怡）

【筹划区大数据工作】 年内，启动西城区大数据中心建设工作，组织相关部门赴贵阳、深圳、佛山南海区等大数据发展典型地区调研，并组织调研了本区主要街道。完成《西城区大数据中心建设方案》（草案）、《大数据中心技术框架设计》（草案）的编制，初步制定了数据交换与整合、接口与服务、目录服务及管理等技术标准规范的框架。

（陈秋怡）

【资源共享】 年内，区科信委为重点业务应用和跨部门协同工作提供数据共享和整合服务，累计交换数据约9亿条；新开通数据共享服务节点6个，新增数据交换链路13条，完成区共享交换平台升级改造工作。

（陈秋怡）

朝阳区

【概况】 朝阳区科委是区政府主管全区科技工作的综合职能部门。区知识产权局与区科委合署办公，负责全区知识产权保护组织协调和专利工作，内设办公室、监察科、综合科（知识产权科）、计划管理科、高新技术产业发展科，下属朝阳区生产力促进中心、朝阳区知识产权服务中心、朝阳区知识产权快速维权中心。年内，全区技术合同输出6778

项，同比增长1.8%；技术合同成交额754.7亿元，占全市19.2%，同比增长16.2%，高于全市增速。全区国内专利申请38611件，同比增长46%；专利授权17780件，同比增长10%。全区专利申请和授权量占全市比重分别为20%和18%，排名第二。区内国家高新技术企业1939家，占全市高新企业总数12.14%，排名第二，同比增长45.13%。

（李小骏）

【四家众创空间纳入国家级科技孵化器体系】 1月29日，科技部正式公布区内洪泰创新空间、融创空间、云研社、极地国际创新中心4家众创空间纳入国家级科技企业孵化器管理服务体系。

（李小骏）

【创业大赛举行】 2月2日，香港科技大学百万奖金国际创业大赛启动会在区内国家级科技企业孵化器洪泰创新空间举行，科技部火炬中心、市创业孵育协会、区科委、区生产力中心、香港科技大学等单位的负责人出席，区科技企业孵化器联盟相关单位及全市各类创新型众创空间的代表参加。

（李小骏）

【条件平台资源进孵化器活动举行】 3月11日，区科委、区生产力中心与北京工业大学、电科院三所，在创亿谷孵化器举办“条件平台资源进孵化器”主题宣传活动暨需求征集会，区内36家电子信息领域在孵企业参会。

（李小骏）

【高校联盟平台培训】 3月14日，朝阳区－高校发展合作联盟秘书处在北京联合大学召开联盟信息平台上线培训暨2016年联盟工作座谈会，区科委副主任李晓霞、戚道铎出席会议。中国传媒大学、北京联合大学、北京工业大学等20余家联盟成员单位科技（研）、区域合作主管部门的领导参加会议。

（李小骏）

【专利联合执法】 3月31日，区知识产权局牵头组织城六区专利行政执法人员开展联合执法行动。市知识产权局执法处副处长陈军、区知识产权局负责人王洪涛及各区行政执法骨干12人参加此次执法行动。本次执法行动分成两组，重点对区内3家红星美凯龙家居建材市场、1家大型商场、1家家乐福超市进行执法检查，共检查专利商品1000余件，立案查处假冒专利案件17件，对涉案商品进行下架处理，并对商场和市场负责人进行约谈。

（李小骏）

【电动汽车充电桩安装】 4月14日，区科委与区社会办、区农委等部门对70余家社区进行调研，初步摸清全年拟安装充电桩示范试点社区基础信息，组织区农委、区社会办、区发展改革委、区规划分局、区房管局等有关部门召开工作会，就此项工作进行讨论研究，并积极推进电动汽车充电基础设施建设示范试点工作，为全区20个示范试点小区建设电动汽车充电桩103个，总功率2300千瓦，覆盖居民约3万户。

（李小骏）

【“十三五”知识产权事业发展规划座谈会召开】 4月20日，区知识产权局召开全区“十三五”时期知识产权事业发展规划征求意见座谈会。会议由区知识产权局副局长高连顺主持，各相关单位领导及知识产权专家参与座谈。

（李小骏）

【世界知识产权日宣传活动举行】 4月26日，第十六个“世界知识产权日”，区知识产权局与区委宣传部、工商朝阳分局、望京科技园等部门，围绕“加强知识产权保护运用，加快知识产权强国建设”的主题，组织开展具有区域特色的“一推、三会、五进”知识产权系列宣传活动。活动覆盖机关、产业园区、大学校园、商场市场、大型展会等，将知识产权文化传播至区内近50余家商（市）场、1000余家企业；培训300余人次，发放宣传资料2000余份，受众3000多人次。

（李小骏）

【创客社团进社区科普活动举行】 4月29日，区科委与区学生活动管理中心、青少年活动中心，在小关街道安全教育馆举行“创客培育、体验科普”全区系列科普第一场活动——创客社团进社区。

（李小骏）

【知识产权政策业务培训会举行】 5月10—11日，区知识产权局与市知识产权局在蟹岛度假村召开知识产权政策及业务培训会，培训内容包括专题培训和政策及业务培训。市知识产权局副局长周砚出席开班仪式并讲话。区内试点、示范企业、专利项目实施单位、高新技术企业及知识产权服务机构等单位130余人参加此次培训。

（李小骏）

【金融工作研讨会召开】 5月12日，由区科委、区生产力促进中心主办的全区科技金融工作研讨会在瀚海博智众创空间召开。区政协委员张小文、区科委副主任戚道铎、区生产力促进中心负责人刘悦镔出席会议,民生银行、邮储银行、科技金融领域中心、瀚海博智科技孵化器、汉唐通信、普华永道、水木资本等16家投融资机构、孵化器及众创空间等企业的代表参会。

（李小骏）

【区科技企业技术创新项目评审会召开】 5月17日,由区生产力促进中心组织的2016年度全区科技企业技术创新专项项目专家评审会在亚奥国际酒店召开。本次项目评审会组织33位专家,对全区范围内征集到的143项科技企业技术创新项目进行评审,项目范围涉及科技服务业、电子信息、能源环保、科技金融等多个领域。

（李小骏）

【高校联盟需求对接会召开】 5月25日,由区科委、区生产力促进中心主办,中科院、中国建材院、北京工业大学、北京师范大学协办的首都科技条件平台朝阳工作站"百进千"暨朝阳区－高校发展合作联盟需求对接会召开。国家科技基础条件平台中心处长卢凡、市科委条财处处长李建玲、区科委副主任戚道铎出席,中科院、中国建材院、北京工业大学、北京师范大学基地及成员单位负责人,区内15家企业代表50余人参会。

（李小骏）

【知识产权联席会召开】 6月15日,全区召开知识产权联席会议工作会,总结2015年工作,交流经验体会,部署下一阶段工作。区委常委、副区长马继业出席会议并讲话。知识产权联席会议各成员单位主管领导参加会议。

（李小骏）

【专利信息利用能力提升培训会举行】 6月17日,区知识产权局与市知识产权信息服务中心举办专利信息利用能力提升培训会。区内50余家骨干企业、试点示范单位和代理机构70余人参加培训。

（李小骏）

【首都科技条件平台朝阳工作站签约】 7月12日,首都科技条件平台朝阳工作站再准入签约仪式举行。市科委副主任郑焕敏,区委常委、副区长马继业代表双方出席签约仪式。首都科技条件平台区县工作站、领域中心、研发实验服务基地及区内优秀科技企业代表100余人参会。

（李小骏）

【创业投资引导基金提案办理】 7月21日,由区政协领导督办、区科委承办的第125260号提案"关于在朝阳区设立创业投资引导基金支持创新创业的建议"协商座谈会召开。区政协副主席王文远及17位政协委员出席会议。区政府办、区科委、区发展改革委、区财政局、区人力社保局、区政协提案处、区政协经济处等相关部门的领导参会。

（李小骏）

【参加首都科技条件平台绩效考评验收会】 7月27日,首都科技条件平台朝阳工作站参加市科委组织的首都科技条件平台绩效考评验收会。朝阳工作站负责人刘悦镔向市科委领导和专家组汇报全年工作开展情况及下一步工作计划。朝阳工作站全年建立工作站与孵化器联盟、高校联盟的联动机制,联合重点实验室开展平台资源进孵化器主题活动,开展对接活动40余次,对接科技需求300余项,实现合同金额近1000万元。首都科技条件平台朝阳工作站发展成员单位160余家,向79家小微企业和创业团队发放创新券482.5万元。

（李小骏）

【奥运村街道科普讲师团成立】 8月4日,奥运村街道科普讲师团宣告成立。在奥运村街道组织的体验厅启动仪式上,区科委主任冯守华、奥运村街道办事处主任韩军等出席活动,中科院生物物理所、中国科技大学等单位的10位退休老专家(同时也是科学园社区的居民)被聘请为奥运村街道科普讲师团成员。

（李小骏）

【科普嘉年华校园社区巡展活动举行】 8月23日,"科学来啦"科普嘉年华校园社区巡展活动在望京街道南湖东园社区举行。此次活动是由区科委2016年科普专项支持、思麦星(北京)教育科技公司具体承办,将在区内中小学和社区陆续开展科普嘉年华活动8场。项目旨在通过形式多样、内容丰富的科普巡展活动,向青少年和社区居民普及科学知识和科学方法,有效提升朝阳区居民综合科学素养。

（李小骏）

【"飞行的奥秘探索"科普活动举行】 8月31日,由市科委"创客培育 体验科普"全区系列科普活动支持,区科委和香河园街道共同主办,松博科技公司和香河园街道9个社区共同承办的“飞行的奥秘探索”科普主题活动举行。

（李小骏）

【朝阳区“十三五”规划展暨北京CBD国际商务节开幕】 9月7日，区“十三五”规划展暨2016北京CBD商务节在朝阳区规划馆开幕。以“创新驱动发展，科技引领未来”为主题，本次活动充分结合全区发展实际情况，突出创新、协调、绿色、开放、共享理念，以北京CBD国际商务节为契机，向广大市民展示朝阳新风采。

（李小骏）

【科普嘉年华校园社区巡展活动进社区】 9月29—30日，“科学来啦”科普嘉年华校园社区巡展活动分别在朝阳区樱花园实验学校和来广营街道北苑家园莲葩园社区举行。

（李小骏）

【《朝阳区“十三五”时期科技创新发展规划》发布】 12月11日，《朝阳区“十三五”时期科技创新发展规划》发布实施。《规划》明确“十三五”时期全区科技创新发展指导思想、发展目标、重点任务及保障措施，是指导全区未来5年科技创新发展的行动指南。

（李小骏）

【10家孵化企业获专项支持】 12月13日，市科委组织开展2016年度“创新创业服务机构建设促进”专项申报工作。经区科委推荐，区内3W空间、公司宝、优客工场、氪空间、星库空间等10家优秀孵化企业获得项目支持。

（李小骏）

【科普体验厅建设情况】 年内，朝阳区加强社区科普体验厅建设，2015年度奥运村市级社区科普体验厅通过市科委验收；推荐来广营、东坝两个社区获批2016年市级社区科普体验厅，全区科普体验厅数量达8个。

（李小骏）

【孵化器与众创空间情况统计】 年内，全区共47家孵化器和众创空间，在21家孵化器中，市级以上孵化器9家；众创空间26家，其中获得市级认定的众创空间17家。孵化器和众创空间办公场地面积102.6万平方米，在孵企业1371家，收入总额超过31亿元。

（李小骏）

【知识产权保护情况】 年内，北京朝阳（设计服务业）知识产权快速维权中心向国家知识产权局申请，在国家知识产权局批复的4个类别基础上，新增加服装和服饰用品类外观设计专利纳入快速申请通道。全区企事业单位对于02、06、11、14、21这5个类别的外观设计专利，均可通过快速通道进行申请。全年新增备案企业34家；受理478件外观设计专利的快速申请，同比增长25.5%，其中386件已获授权。

（李小骏）

【国际科技合作基地认定情况】 年内，市科委开展4批国际科技合作基地认定工作，全区市级国际科技合作基地370家，基地总数61家，占总数16%，在全市位列第二。

（李小骏）

【科技人才建设项目通过验收】 年内，由区生产力促进中心承担的区委组织部人才项目“朝阳区孵化器联盟创新创业人才集聚服务体系建设”和“搭建创新平台开展‘双创’人才建设”通过结题验收，其中“搭建创新平台开展‘双创’人才建设”项目被评为全区人才工作的优秀项目。

（李小骏）

【社会发展项目实施】 年内，围绕节能技术示范推广、沙子营、亮马河等河流水体修复、垃圾处理、智慧城市、卫生事业发展等重点问题开展技术示范及科技成果推广应用，安排经费600万元支持实施社会发展项目26项。加强重点用能单位的节能管理与服务，区科委负责的中国计量科学院等9家单位获2015年度节能考核优秀奖励。

（李小骏）

【科普基地建设情况】 年内，新增汉能清洁能源展示中心、奇虎360等6家科普基地。全区市级科普基地50家，占全市总数的19.2%。

（李小骏）

【科普项目获支持】 年内，组织实施2016年区级科普项目。科普互动产品开发、科普导览App、科普基地能力提升和科普活动进学校、进社区等8个项目获支持。

（李小骏）

【协同创新项目获支持】 年内，以科技与文化融合、智能制造产业发展，支持中国传媒大学、北京联合大学重点协同创新中心建设为主，支持协同创新项目22项；依托高校院所资源支撑企业开展关键技术研发攻关和居家养老、创新创业基地建设等技术研发与成果应用;支持开展移动互联技术应用、艺术惠民等6场大型主题论坛,营造创新创业良好氛围。

(李小骏)

【北京市科技奖获奖情况】 年内,市科委公布2015年北京市科学技术奖获奖成果名单,共有188项成果获奖。全区有24家单位单独或与相关单位共同申报获奖成果29项,其中一等奖8项、二等奖5项、三等奖16项。

(李小骏)

海淀区

【概况】 海淀区科委与中关村科技园区海淀园自2012年以来合署办公,成为海淀区政府统一领导协调海淀科技工作的综合部门。年内,海淀科技工作坚持以创新、协调、绿色、开放、共享五大发展理念为统领,以"产业先行、聚焦尖端、存量挖潜、双创联动"为着力点,围绕"核心区就是海淀区,海淀区就是核心区"的发展思路,深入落实"减人、添秤、服务"的核心任务,强化顶层设计,扎实推进区域产业稳步发展。海淀园总收入超过1.8万亿元,增速10%以上,占整个中关村示范区的40%左右,高新技术企业研发投入同比增长17.3%,企业研发投入强度达4.7,高于全市平均水平。知识产权体系建设不断深入。知识产权工作以创新工作举措,落实重点任务,扩大知识产权工作影响力,促进科技成果转化,对创新主体及专业服务机构的知识产权工作给予大力支持,支持经费8000余万元。海淀区被国家知识产权局确定为国家知识产权示范城区,并被认定为全国首批11家专利质押融资示范地区之一。

(程晓荷)

【智慧书堂进驻中关村创业大街】 1月,全国首家知识产权服务与创新创业主题书店——智慧书堂进驻中关村创业大街,并于4月29日在中关村知识产权论坛上启动。智慧书堂是在区知识产权局的支持倡导下,由知识产权出版社有限责任公司建设的新型知识产权服务平台。该平台旨在通过提供知识产权创新服务模式、提升创新创业质量和效率。

(程晓荷)

【创之翼创业图书咖啡吧落户】 2月26日,国内首家以知识产权为主题的图书咖啡吧——创之翼暨知识产权之家创业图书咖啡吧在中关村知识产权大厦开始运营。市、区知识产权局副局长周砚、区知识产权局局长王英出席启动运营座谈会。该图书咖啡吧致力于打造知识产权人交流、提升与体验的专属平台,集咖啡休息吧、知识产权图书库、知识产权孵化器、专业知识充电站、专业研讨会、知识产权沙龙等多种形式为一体,创建知识产权从业者之家,建设知识产权人专属的培训、交流与休闲修身平台,促进企业知识产权管理人员、专利代理人、商标代理人、版权经纪人、知识产权律师等在内的知识产权相关人员的交流与合作,优化知识产权文化建设环境。

(程晓荷)

【中关村知识产权调解中心调解员培训会召开】 3月24日,中关村知识产权调解中心调解员培训会在海淀招商大厦召开,来自海淀及其他区的80余名律师参加此次培训。

(程晓荷)

【知识产权服务机构阳光早餐会】 4月21日,区知识产权局举办知识产权服务机构阳光早餐会,组织协调区域内9家优秀知识产权服务机构企业家代表以早餐会的形式与区委书记崔述强、区长于军、常务副区长孟景伟、知识产权处处长王英就知识产权服务业的发展状况、未来规划及对目前区域内知识产权服务业发展的意见和建议进行深入交流探讨。

(程晓荷)

【知识产权执法宣传】 4月26日,区知识产权局与区商务委、区文化委、区工商分局、区质监局在当代商城门前广场举办主题为"保护知识产权,打击侵权假冒"的宣传活动。通过展示知识产权内容展板、发放宣传彩页和便民实用手册、现场咨询等多形式宣传解答市民有关商标、著作权、专利、假冒电子产品等问题。

(程晓荷)

【望远知识产权众筹平台启动】 4月29日,全国首家知识产权众筹平台——望远知识产权众筹平台在中关村知识产权论坛启动。该平台是区知识产权局支持和指导的项目,是以"知识产权保护为重点”的众筹平台兼孵化器。

（程晓荷）

【世界知识产权宣传周活动举行】 4月29日，在第十六个世界知识产权日宣传周期间，海淀区举行以“知识产权运营与保护”为主题的中关村知识产权论坛，国家知识产权局等政府部门，北京大学、中科院等科研院所，区内高新技术企业、知识产权服务机构、知识产权律师队伍、技术转移机构的近千人参加论坛。此次论坛还发布《2015年海淀区知识产权白皮书》。

（程晓荷）

【知识产权专题讲座】 4月，接连举办两场知识产权专题讲座。22日，海淀创业园12330工作站举办知识产权系列之“企业专利挖掘、分析与布局”主题讲座，园区企业30余人参加。23日，区知识产权局与中关村创业大街新社会阶层人士联谊会共同主办“版权运营与知识产权保护”主题讲座。此次讲座邀请中国文字著作权协会领导宣讲，来自创业大街的30多名创业者参加本次讲座。

（程晓荷）

【“智融宝”推出】 5月27日，中国首个知识产权质押融资产品“智融宝”在中关村核心区发布，该产品为企业创新发展提供“知识产权运营＋投贷联动”全方位的金融服务。

（程晓荷）

【中关村智造大街启动】 7月23日，中关村智造大街启动，全长380米，以创意转化和硬件实现为目标，全链条服务和创新为特色，围绕智能硬件产业链，涵盖敏捷制造、工业设计、技术研发等支撑创新的北斗七星产业生态，云智造、神州泰科、Plug and Play孵化器等第二批中关村智能硬件公共服务平台和中关村智能硬件孵化器挂牌。

（程晓荷）

【创建国家专利质押融资示范区】 8月，海淀区通过国家知识产权局认定，成为首批11家专利质押融资示范地区之一。为充分发挥知识产权投融资工作对国家创新发展的积极促进作用，海淀区制定了《北京市海淀区知识产权质押融资示范地区工作方案》，进一步拓宽科技型中小企业融资渠道，提升区域知识产权质押融资服务能力，助力中关村国家自主创新示范区核心区建设。

（程晓荷）

【协同创新券政策宣讲会召开】 12月20日，中关村协同创新服务平台与启迪之星共同举办协同创新券政策首期专题宣讲会，多家服务机构的代表与60余位科技企业负责人参会。海淀园科技发展处副处长梁爱民为到会企业介绍协同创新券的使用方法。

（程晓荷）

【国家科技奖获奖情况】 年内，获2016年度国家科学技术奖的项目中，区内单位主持完成获奖项目37项，占全市通用获奖项目的52%，占全国的17%。其中，国家自然科学奖10项，占全市国家自然科学奖的76.9%，占全国的23.8%。国家技术发明奖通用项目7项，占全市国家技术发明奖通用项目的70%，占全国的14.9%。国家科技进步奖通用项目20项，占全市国家科技进步奖通用项目的42.6%，占全国的15.5%。赵忠贤院士荣获国家最高科学技术奖。

（程晓荷）

【北京市科学技术奖获奖情况】 年内，2016年北京市科学技术奖评选完成。区内共82个项目获奖，占全市获奖项目总数的45.56%。其中，一等奖13项，占一等奖项目的48.19%；二等奖26项，占二等奖项目的43.33%；三等奖43项，占三等奖项目的46.24%。

（程晓荷）

【赵忠贤院士获国家最高科学技术奖】 年内，2人获得国家最高科学技术奖。来自海淀区中科院物理研究所的赵宗贤院士因其在高温超导领域的突出贡献，获得国家最高科学技术奖。

（程晓荷）

【TD－LTE项目获国家科学技术进步奖特等奖】 年内，海淀区“第四代移动通信系统（TD－LTE）关键技术与应用”项目获国家科学技术进步奖特等奖。该项目由中国移动通信集团公司、工业和信息化部电信研究院牵头，联合电信科学技术研究院、华为、中兴、展讯以及北京邮电大学、清华大学等企业、高校、研究单位，提出并主导TD－LTE国际标准，实现移动通信产业的创新突破。

（程晓荷）

【DTMB项目获国家科技进步一等奖】 年内，由清华大学数字电视中心团队发明的适用于复杂地面数字电视传输环境的LDPC（低密度奇偶校验码）纠错编码专利技术，成为国际上第一个在数字电视领域采用LDPC码的标准，并获得国家科技进步一等奖。

该技术完成DTMB(数字电视地面广播传输系统帧结构、信道编码和调制)系统成套的实现技术和算法代码,推动我国DTMB产业链及专利池建设。

(程晓荷)

【协同创新母基金建设】 年内,协同创新母基金总规模增至12亿元,一期1.21亿元已到位。第一只子基金“北京协同创新京福基金”组建完成,总额度4.5亿元,一期资金到位2.5亿元,撬动民间资本超过75%。总规模1亿元的“北京协同创新电子信息基金”和2亿元的“北京协同创新源驰大数据产业基金”,撬动民间资本超过80%。

(程晓荷)

【中关村协同创新服务平台运行】 年内,中关村协同创新服务平台网站已有注册会员2241个,促成服务交易额约20929万元。为加强与各类研发服务平台的合作,增设创新驿站28家,新增创新导师275人,新增服务机构278家。全区科技项目公开招标平台已征集各类需求687项,匹配相应资源370项,举办各类活动17次,促成31项专利技术招标。平台征集、审核需求信息量687项,匹配需求信息量356项,对接项目137项,促成招标项目31项。

(程晓荷)

【海淀协同创新券发放】 年内,协同创新券平台已注册会员160家,其中通过认证审核的企业131家,服务机构71家。在通过认证审核的企业中,协创券已申领完成的企业14家,促成交易项目17项,总计244.79万元,发放协创券380万元。

(程晓荷)

【高校成果落地】 年内,清华大学与盖茨基金会合作成立全球药物研发中心落地东升科技园,旨在建立拥有全球集聚和研究实力的药物研发中心,并共建清华大学技术转移中心、北京大学技术转移中心。清华大学技术转移中心完成32项重大产业化项目在北京落地。其中30个项目落地在海淀,占比93.8%。北京大学技术转移中心促成24个项目在北京产业化,其中23个项目落地在海淀,占比95.8%。北大·海淀重大科技成果孵育基金已完成压敏发电技术、二氧化碳空气源热泵、高性能同轴电缆宽带接入芯片及其解决方案等投资项目8项,投资金额2500万元。清华大学在中关村智造大街建设清华双创孵化器并将清华大学校长杯创新挑战赛、全国大学生创新创业大赛等获奖项目落在中关村智造大街双创基地。

(程晓荷)

【生物工程与新医药产业成果统计】 年内,海淀区依托中关村医学工程转化中心,引进审评中心、专业服务机构等4家及创新创业企业110家,引入专利技术成果343项,汇聚高端精英创业人才170余人,初步形成集科研临床开发、检验注册认证、投资运营管理及相关配套服务为一体的医药创新创业生态系统。全区为医药行业搭建成果转化平台举办2016北京国际生物医药创新展览会,并开展“生物工程和新医药批件落地专项”等政策宣讲和专项申报评审工作。市科委与北京首都科技发展集团有限公司共同成立北京脑科学与智能技术研究院。园区课题“国家食药新政背景下打造核心区千亿级生物与大健康产业集群发展路径研究”将调查研究与推动工作有效融合。

(程晓荷)

【文化和科技融合产业成果统计】 年内,全区文化和科技融合特色园区及孵化器收入3000亿元,特色双创平台服务累计孵化、合作项目100余项,实现销售额近30亿元。商汤科技是首个获得“计算机视觉奥林匹克”世界冠军的中国企业。互联网教育创新中心建成全国首个基于互联网、媒体等多种技术融合的“未来教室”。全区规模以上文化创意产业单位收入突破6000亿元,其中文化和科技融合特色的产业领域收入占全部文创产业收入的80%以上。

(程晓荷)

【智能硬件产业成果统计】 年内,海淀区依托中关村智造大街,打造具有全球竞争力的智能硬件产业集聚区。筹建中关村智能硬件产业基金,一期规模1亿元,已吸引创新主体42家。同时加快海龙大厦等传统电子卖场转型升级,打造智能硬件创新中心。引入智车优行、硬蛋空间、优客工场等40多家创新企业和创业孵化器。依托清河－西三旗区域打造北京市智能制造创新中心,形成《金隅天坛智能制造创新园产业规划方案》。

(程晓荷)

【中关村软件园校企协同平台发展】 年内,在中关村软件园区2.6平方千米的土地上聚集企业400多家,总产值逾1600亿元,研发投入175亿元(占比10.9%),博士后科研工作站10家,科技成果转化334项,制定200余项国家、国际行业标准。园区累计孵化企业近650家，吸引留创企业150家。获得政府创新创业类授牌20余项，建立创业支撑类公共服务平台25个，线上聚集100多家各类投融资机构。中关村软件园校企合作体系经过10年的发展，与超过120所高校建立合作关系，与20所高校开展专业共建。园区实训基地10年来累计培训超过4万名大学生，超过3万人进入中关村企业实习或就业。

（程晓荷）

【高新技术企业认定情况】　年内，全区高新技术企业共认定2687家（其中首次申报企业1775家），至此，全区国家高新技术企业累计7580家。

（程晓荷）

【专利申请与授权情况】　年内，全区专利申请量、授权量、企业专利申请量、授权量稳居全市首位。专利申请70327件，同比增长19%，占全市的37.2%。其中发明专利申请46649件，同比增长16.7%，占全市的44.6%。专利授权34899件，同比增长11.9%，占全市的34.7%。其中发明专利授权17396件，同比增长11.4%，占全市的42.8%。企业发明专利授权7397件，同比增长24.4%。区内单位在第十八届中国专利奖表彰中获3项专利金奖，14家知识产权服务机构获评首批北京市知识产权服务品牌机构，占获评机构总数的近3/4。

（程晓荷）

【技术合同登记与成交情况】　年内，技术合同登记51104件，成交总额1523.9亿元，同比增长6.1%。组织技术市场政策法规宣传培训8次，培训企业人员1500多人次。

（程晓荷）

【中小微企业知识产权托管工程实施情况】　年内，海淀区筛选10家中关村创业大街孵化器作为首批北京知识产权托管服务示范基地。

（程晓荷）

【知识产权海外维权平台搭建】　年内，海淀区分别与德国、法国、芬兰等发达国家的5家知名知识产权服务机构建立知识产权海外维权援助基地。至此，海淀区已建设知识产权海外维权援助基地6个，覆盖英国、法国、德国、芬兰等国家，并在“4·26”知识产权宣传周期间对知识产权海外维权援助基地举行授牌仪式。

（程晓荷）

丰台区

【概况】　丰台区深入贯彻京津冀协同发展、创新驱动重大国家战略，抓好国家、全市科技体制机制改革有关精神在区内的落地工作，坚持向创新驱动发展要动力、从供给侧改革找出路，全面落实“核心引领、双轮驱动、两翼并举、统筹融合”的总体要求，以双创为主线，全力做好调结构、转方式、促民生各项工作，走出一条符合丰台特色和经济社会发展要求的科技工作新路。区政府设立丰台区产业创新发展基金，政府出资4亿元，设立12只产业引导基金，其中发挥经济效益基金6只，撬动资金20亿元；新增3家国家级众创空间和6家市级众创空间；全区高新技术企业突破900家，比上年新增30.1%，在全市各区申报数量排名第三；技术合同登记额838.2亿元，比上年增长20.9%。

（赵　军）

【毛明获首届全国杰出科技人才奖】　6月2日，全国杰出科技人才奖在北京首次颁发，10位科技领军人才获奖。区内单位中国北方车辆研究所中国兵器首席专家、研究员毛明获首届全国杰出科技人才奖。

（赵　军）

【科技体制改革】　年内，探索建立与市场需求相适应的系统性科技服务政策体系。出台施行《丰台区“十三五”科技发展规划》《丰台区“十三五”知识产权发展规划》《丰台区关于促进众创空间、科技企业孵化器发展的支持办法》（试行）、《丰台区专利促进与保护管理办法》（试行）等有关政策，组成便捷式企业服务政策“工具包”，创新了服务供给。同时，探索将区级三大科技项目全部由第三方机构进行过程管理，把项目前期资助变为后期补贴。

（赵　军）

【创新资金投入】　年内，新设立“丰台区科技创新孵化专项资金”，3000万元资金引导孵化器和众创空间围绕创新创业开展高附加值、专业性公共服务。新设立丰台区专利专项资金2000万元，促进专利保护和运用。

（赵　军）

【科技成果】 年内，区内获得2016年度国家科技进步奖7项、市科学技术奖16项。区内企业中国铁路通信信号股份有限公司、中铁电气化局集团有限公司参加的项目“京沪高速铁路工程”，历时近20年的科技攻关与自主创新，解决了世界上长距离高速铁路持续高速运行的一系列重大科学问题，建成了全长1318千米的世界上里程最长的高速铁路，获得国家科技进步奖特等奖。北京国电富通科技发展有限责任公司的“高效节能环保双套管粉体输送技术的研究与应用”项目获得北京市科学技术奖一等奖，该项目成果已应用于国内500多台套发电机组、炼铁高炉、脱硫脱硝项目中，并出口至美国、俄罗斯、土耳其等国家。中国人民解放军第三○二医院主持研究的“冷冻消融肝癌的技术创新、安全性、疗效和预后因素研究”以及首都医科大学附属北京佑安医院主持研究的“中国HIV感染者免疫特征研究”均获得北京市科学技术奖一等奖。

（赵　军）

【科技联手金融为创新创业提供资金支持】 年内，区科委与首创担保公司、北京知识产权运营管理公司、北京银行开展专利质押担保探讨研究，梳理获得区创新基金支持的43家企业在专利方面的优势和贷款需求，注重发挥中小企业贷款担保基金作用，服务中小企业融资需求。全年放贷项目22个，放贷金额2920万元；为失业创业人员提供小额贷款项目13个，金额221万元，比上年增长351%。

（赵　军）

【科技资源建设】 年内，全区新增国信优易大数据创新创业基地、海尔企孵空间、依文创客空间等8个创智空间。新增3家国家级众创空间和6家市级众创空间。举办GIA2016盛景全球创新大奖赛、2016年“丰台科技园·赛佰特杯”全国大学生物联网创新应用设计大赛、首届智能技术全球创新大赛暨2016丰台区科技创新大赛等活动。

（赵　军）

【推动科技成果落地】 年内，“中科院智能新技术孵育转化中心”“智能无人车 & 移动服务机器人示范基地”“中国轨道交通智能控制创新中心”“竹海科技孵化器建设智能硬件创新中心”“国家软件与集成电路公共服务平台——北京智能硬件双创平台（网络工坊）”等重大项目落地丰台。王玉明院士和天鼎联创密封技术（北京）有限公司的重大装备关键密封技术落地丰台。北京中伦墨烯国际科技有限公司等5家石墨烯企业新入驻丰台，并与中国标准化研究院、北京市计量检测科学研究院、比利时新鲁汶大学、英国国家物理实验室开展战略合作，建设石墨烯国际标准检测公共服务平台和中关村石墨烯产业发展联盟。北京丰泰新材料检测院有限公司承担的“石墨烯标准检测计量与应用服务平台”项目在市科委获得立项，获得市级科技资金399.805万元。

（赵　军）

【高新技术企业快速发展】 年内，首都科技条件平台丰台工作站新增成员单位83家，其中高新技术企业43家，高新占比51%，征集新科技需求87个，报送成员单位研发试验合同1269万元，运营机构合同63.25万元，合同直接服务企业40家，吸纳科技人才31名。为近300家小微企业注册并申请创新券，服务45家区内小微企业累计申请72次，申请资金565万元，最终18家小微企业获得创新券97万元，获得区县工作站绩效考评第一名。

（赵　军）

【加大创新人才高地建设】 年内，积极拓展知识产权高层次人才的培养，重点开展“引进2个知识产权教育培训基地，培育1支知识产权知识教育培训专家队伍，培养10名知识产权领军人才、50名专业人才、100名实用性人才；举办1期知识产权高端论坛和1次知识产权战略研讨会（国际）”等3个方面的工作。开展了WIPO暑期学校丰台行、京津冀首届专利转化、创新创业国际论坛暨芬兰创新项目推介会和丰台强国知识产权高峰论坛等活动。

（赵　军）

【专利申请与授权及专利执法宣传情况】 年内，全区专利申请5777件，同比增长24.7%；授权3787件，同比增长27.4%；PCT（专利合作条约）申请43件，同比增长43%；有效发明专利拥有量6099件，比上年增长25.2%，每万人发明专利拥有量26.2件。区知识产权局开展专利执法行动，专利行政执法办案100余件，位于全市第二位。为加强区12330分中心、工作站建设，扩充工作站1个。强化知识产权宣传工作，新增1家市级知识产权培训试点校，开展“4·26”企业知识产权培训讲座、知识产权进校园等活动，全年举办知识产权讲座4场，向创业人员宣讲知识产权相关知识，开展创业沙龙21期，培训人数437人次。

（赵　军）

【专利试点单位认定情况】 年内，区知识产权局共受理完成涉及8个专业领域、66家企业的专利转化项目申报和评审工作。驻区知识产权服务机构9家，选取2家驻区企业开展《企业知识产权管理规范》国家标准试点示范工作，市知识产权局认定区内3家企业为第七批专利示范单位，17家企业申报2016年市专利试点单位。

（赵　军）

【科普宣传工作开展】 年内，全区投入科普经费400多万元，开办6期科普讲堂、编辑出版4期《科技丰台》，发放科普读物59000余册、科普年画近1000份、防霾口罩800个。北京汽车博物馆等13家科普教育基地、6个街道社区、16个学校参与科普工作。

（赵　军）

石景山区

【概述】 石景山区科委是石景山区政府主管全区科技工作的综合职能部门，与知识产权局和园区管委会合署办公，对内简称"科委园区"，现有编制57人。以北京建设全国"科技创新中心"为契机，按照区"八个高端体系"建设的任务要求，积极构建高端的科技创新驱动体系，通过对接《北京市"十三五"时期加强科技创新中心建设规划》等上级规划，在科学研判发展基础和面临形势的基础上提出了下一步工作的重点任务和方向，以建设科技成果转化应用强区为目标，着力强化科技研发转化中心、科技创新服务中心、科技金融创新中心和高端人才创业中心4项功能，为本区实施全面转型、高端绿色发展战略和建设国家级绿色转型发展示范区提供支撑。年内，全区专利申请3200件，同比增长45%。为提升科普阵地服务能力，园区组织开展科普活动500余场，发放资料10余万份，惠及20余万人。

（张玉霞）

【开展政策兑现工作】 1月4日，区科委开展2015年知识产权、科技金融政策兑现工作。90家企业申报知识产权奖励，经审核均符合条件，申请奖励金额211.98万元；42家企业申请金融类政策补贴，经审核35家企业符合条件，补贴金额644.7万元。其中34家企业符合申请贷款贴息条件，拟补贴金额594.7万元；1家企业申请上市奖励，拟奖励金额50万元。

（陈　京）

【2家企业入选上年度创新成长企业100强】 1月12日，创业邦评选出"2015中国年度创新成长企业100强"，园区电子商务企业豆果美食和互联网金融企业量化派榜上有名。

（李　成）

【荣获双料奖】 1月27日，北京市知识产权举报投诉服务中心(12330)召开分中心、工作站工作会，石景山分中心在年度考核中被评为执法维权协助优秀单位、信息服务优秀单位。华海科技孵化器、古城中小科技企业基地两家创业载体划入全市12330工作站，以创客为新兴载体的创业公社列入工作站联系点，至此，全区保护主体覆盖至4家工作站和1家创客空间。此举进一步强化了全区"1+X"保护模式，完善了"知识产权联席会+分中心+工作站"的保护体系。

（陈　京）

【通过国家知识产权试点城市(城区)验收】 3月24日，国家知识产权局和市知识产权局在石景山创新平台会议室召开国家知识产权试点城市验收会，石景山区通过"国家知识产权试点城市(城区)"验收。自2013年8月成为国家知识产权试点城市(城区)申报培育对象以来，累计申请专利7716件、授权4440件，年均增速40%以上，增速分列全市第二和第三，万人发明专利拥有29件。

（陈　京）

【科普联席会召开】 4月22日，区科委在区政府会议室召开全区科普工作会，会上发布《石景山区"十三五"科学技术普及发展规划》。中国地震应急搜救中心、北方工业大学城市道路交通智能控制技术北京市重点实验室和北京帕皮教育科技有限公司3家单位被认定为石景山区科普教育基地。区科普工作联席会成员单位、区科普工作领导小组成员单位、北京市科普基地单位、区创新型科普工作室、区科普基地和区创新型科普社区等单位的负责人参加会议，副区长司马红及市科委科宣处处长汤健出席会议。

（付　琦）

【知识产权联席会召开】 4月22日，区知识产权局在区政府会议室召开知识产权联席会，市知识产权局巡视员王淑贤及副区长司马红出席会议，区知识产权联席会成员单位、驻区科研院所、企业代表50余人参加会议。会议通报2015年全区知识产权工作情况并部署2016年工作重点。会议增补区食药监局、北京猎豹移动科技有限公司和阿尔西制冷工程技术（北京）有限公司为联席会成员单位，对可牛网络技术（北京）有限公司等7家知识产权先进单位和知易知识产权服务公司等3家知识产权优秀服务机构进行表彰。区工商分局、国家无线电监测中心、工信部电子知识产权中心的负责人分别代表联席会成员单位就知识产权工作做了发言。会上展示暴风影音、航天测控、建材院等多家企业自主知识产权产品。知识产权联席会从2006年成立至今，成员单位增至45家，形成由政府部门、企业和科研机构、社会中介组成的矩阵式知识产权工作体系，在统筹协调全区知识产权事业发展中发挥重要作用。

（陈　京）

【2家企业获“北京市专利示范单位”称号】 4月25日，市知识产权局发布《关于认定北京市第七批专利示范单位的通知》，区内企业可牛网络技术（北京）有限公司、北京中天金谷科技股份有限公司成为第七批获得“北京市专利示范单位”称号的单位。至此，全区专利示范单位共13家。

（王　震）

【法院、企业知识产权案件通报会召开】 4月26日，区知识产权局在创新平台会议室召开法院、企业知识产权案件通报会。市高院、市知识产权法院、区法院相关领导及暴风科技、蓝港在线等10家重点企业的120余人参加会议。区法院通报2015年全区知识产权案件审理情况，企业和市、区两家法院法官就知识产权司法保护问题进行沟通。案件通报会是区知识产权局和区法院政、法联动，共同推进区域知识产权保护的重要举措，已连续召开8次。

（陈　京）

【普法宣传活动开展】 4月27日，在第十六个世界知识产权日到来之际，区科委（区知识产权局）联合区法院、区工商分局、区商务委、区文委、区工商联等知识产权联席会成员单位在万达广场开展主题为“争创知识产权示范城市，实现高端绿色发展”的知识产权普法宣传活动。活动现场播放了“北京新高度”保护知识产权宣传片，向驻区单位和广大市民发放知识产权宣传材料近千份，并接受现场涉及商标、专利、版权等知识产权相关问题的咨询。

（陈　京）

【科技成果转化】 5月12日，区人大调研全区社会发展领域科技成果转化工作情况。调研组实地考察北京东土科技股份有限公司，并与区城管委、区教委、区卫生计生委、区环保局等9家石景山区政府职能部门和中介服务机构、重点企业代表进行交流。一批科技成果在全区应用取得一定成效：市容管理领域采用地图可视化环境监控系统为区卫生保洁建立长效管理机制；包含“家校互动”“师生互动”和教学质量评价的数字化校园建设在区中小学快速推广；中医药品方面，12种院内制剂获得中医药管理局新药研发等奖项；全区已有62%的社区基本完成涵盖健康咨询、安全管理、电商平台等内容的智慧社区建设；“互联网+医养结合”的创新型养老模式在古城街道开展试点并逐步向社区延伸等。

（李　成）

【区科技周活动举行】 5月14—20日，由区科委、区委宣传部、区科协共同主办的主题为“创新引领共享发展”的全区科技周开幕。其主会场设在区科技馆。“探索——虚拟现实科学探梦”“科技创想小达人”“创新创业成果展”“动漫电影世界探秘”“节能环保低碳行”等向公众展示最新科技产品，传递科技知识，用趣味的方式让孩子们领略新的教育理念。

（裴菊芳）

【创新平台入驻中介企业座谈会召开】 5月30日，园区在创新平台会议室召开石景山创新平台入驻中介企业座谈会。会议就《中关村石景山园中介机构管理办法》和“针对石景山区的招商引资的建议”征求参会企业意见；详细征询中介机构服务管理和日常工作遇到的问题，分析目前科技中介服务业在运行机制、人才素质、资源整合、机构规模、面向特定行业服务等方面存在的问题；再次明确园区中介机构为企业提供工商注册、国地税登记、规划、建设、环保等行政“一站式服务”时应遵循“诚信为上、优质高效、价格公开”等规范要求。

（盛丽霞）

【暴风魔镜发布会召开】 5月31日，园区企业北京暴风魔镜科技有限公司在北京召开主题为

"VR2.0——虚拟现实新篇章"的发布会,发布集成标志性手势识别技术的暴风魔镜新品,并宣布与多家公司达成软件和内容领域深度战略合作。

（罗耀玲）

【科技成果展举行】 7月5日,区科委在石景山科技馆展出驻区企业创新产品,25家企业30种产品参展,展出的创新产品广泛应用于北斗导航、高速铁路、海底隧道、神舟系列飞船、APEC会议、北京地铁6号线等国家及市重大科技项目和重点工程。多家企业科技成果在区内城市管理、民生改善、生态园区建设等领域应用,有力支撑国家级绿色转型发展示范区建设。

（张玉霞　赵楚然）

【区科学技术奖评选】 7月13日,石景山区2015年度科学技术奖评审会议在区政府会议室召开,会议评审出本年度获奖项目34项,其中一等奖3项、二等奖8项、三等奖23项。北京易华录信息技术股份有限公司申报的"基于卫星定位技术(GPS/北斗)的公交车辆智能调度管理系统研发与应用"、北京航天测控技术有限公司申报的"高可靠性微波部组件自动测试系统技术研发与应用"、北京青果灵动科技有限公司和鸿锋恒宇(北京)科技有限公司联合申报的"Fancy Engine开发平台系统的研发与应用"3个项目获一等奖;中国医学科学院整形外科医院申报的"组织工程骨的临床应用研究"等8个项目获二等奖;北京世界星辉科技有限责任公司的"360移动游戏开放平台研发与应用"等23个项目获三等奖。获奖项目中高技术服务、科技金融、互联网+、文化创意等新兴产业的科技成果30项,占获奖总数的88%。

（石桂莲）

【科普进军营活动举行】 7月20—21日,由区科技馆与区科协共同主办的全区科普大讲堂走进中部战区某军营。大讲堂通过科普讲座、现场体验等形式为部队官兵带来科普资源和科普知识,加强军地互动融合,把科学精神、科学思想、科学方法带给部队官兵。活动特邀国家救援中心专家结合黄金十二秒、地震活命三角区为广大官兵带来应对地震等突发自然灾害的急救知识。受益官兵300人。

（裴菊芳）

【市级创新项目立项】 7月29日,市科委公布2016年度北京市科技型中小企业促进专项名单,区内21家企业获创新创业类项目立项,资助金额560万元。其中安怀信、中节能等5家企业获得创新项目立项支持,涉及电子信息和节能环保领域;暴风微城、沃尔德斯、华清信安等16家企业获得创业项目立项支持,涉及数字媒体、电子信息、节能环保、3D打印等领域,占全区立项项目的76%。此次21家企业立项展现了全区推动创新创业在"高端的科技创新驱动体系"建设中的新成效。

（王　震　罗耀玲）

【文创大赛举行】 8月3日,首届北京市文化创意创新创业大赛复赛动漫游戏行业专场在91众创空间石景山运营中心举行。市委宣传部、市文化创意产业促进中心、中关村科技园区石景山园、石景山区委宣传部、大赛战略合作机构的负责人、众多文创领域专家学者、知名投资机构的代表及创业者等100余人参加。组委会将入围复赛的100个文创项目按行业分组分配至7个分赛区,石景山分赛区共11个动漫游戏类项目参加路演,其中泽灵文化、二次元coser产业化平台和appMagics3个项目获得直接晋级资格;NOWDO脑洞、奥秘之家和基于云技术的跨平台移动终端游戏研发及营销平台3个项目进入网络竞选环节。

（李　成）

【3家企业获北京市设计创新中心认定】 8月16日,石景山园区的北京青果灵动科技有限公司、北京合康亿盛变频科技股份有限公司、北京国是经纬科技股份有限公司3家企业被认定为2016年度北京市设计创新中心。

（王鹤乾）

【助力"天宫二号"发射】 9月15日,在搭载"天宫二号"空间实验室的长征二号运载火箭成功发射任务中,石景山园区企业北京航天测控技术有限公司自主研发的地面测控设备完成发射前对火箭各系统的全面自动化测试任务。在此次发射中运用的测控设备主要用于长征运载火箭的故障检测处理系统、遥测系统、外安系统、全箭空调系统的地面测试、发控过程中的自动化检测与控制,为运载火箭的维护和发射提供重要保障。

（胡　妍）

【中国领先金融科技企业评选】 9月20日,毕马威中国首次评选出"中国领先金融科技50强",中关村石景山园企业百融金融(百分点)、量科邦信息(量化派)、玖富联银(闪银)3家企业分别排名第

3、19、30位。

（付　航）

【虚拟现实产业专项支持政策发布】 10月11日，中关村管委会与区政府共同发布《关于促进中关村虚拟现实产业创新发展若干措施》虚拟现实产业专项支持政策。政策核心条款共8条，从推动研发创新和成果转化、支持创业孵化、推进产业集聚、提升产业国际影响力、支持引进领军人才和团队、加强综合配套支持等6个方面提出具体措施。

（岳继华）

【人工智能实验室成立】 11月1日，中国光大银行信用卡中心与北京第四范式科技有限公司联合成立光大银行信用卡中心——第四范式人工智能实验室。人工智能实验室是科技创新与金融创新强强联合的体现，依托光大银行信用卡中心丰富的数据资源和广泛的应用场景，凭借第四范式在人工智能领域国际领先性的尖端技术，在产品创新、风险管理、精准营销、客户细分等方面进行创新应用，挖掘现有数据资产的更大价值，推动金融行业发展双方针对信用卡业务的数字化发展方向展开合作，共同推动人工智能技术在金融领域更广泛的应用。

（曹　洁）

【“科普达人秀”大赛举行】 11月5日，全区首届“科普达人秀”大赛入围赛在区科技馆举行。此次活动以“科技舞动未来，创新引领发展”为主题，北京九中、北大附小、电厂路小学等9所学校，八角街道等3个办事处和帕皮科技等社会单位共18个单位、48部参赛作品、近200名表演人员参加此次活动。

（裴菊芳）

【知识产权金融培训会举行】 11月24—25日，区知识产权局与市知识产权局在北京稻香湖培训中心举办石景山区知识产权金融培训会。与会专家分别围绕知识产权质押贷款、知识产权股权融资、知识产权维权及相关知识产权案例分析做详细讲解，并就现场企业相关问题进行答疑与辅导。会议旨在促进科技资源和金融资源紧密结合，拓宽中小微高新技术企业融资渠道，提升企业知识产权创造、运用、保护和管理能力。市知识产权局局长汪洪出席会议，区内90余家专利试点、示范单位和高新技术企业的100余人参加此次培训。

（陈　京）

【“易华录”获“中国驰名商标”称号】 12月2日，园区企业北京易华录信息技术股份有限公司的“易华录”商标获得“中国驰名商标”称号，成为区内第5项驰名商标。易华录已为全球1/5的人口提供技术服务，包括国内30个省、自治区、直辖市的250多个城市及海外10多个国家，是国内智能交通、智慧城市的领军品牌，国际知名的智能交通完整解决方案提供商，在全球范围内树立了良好的口碑与品牌价值。

（王　震）

【暴风魔镜VR头显发布】 12月20日，暴风魔镜公司在北京发布VR一体机Matrix。该款概念机采用全新分体式设计，搭载3K分辨率超高清屏幕，重量仅230克，不论屏幕清晰度，还是头显重量等影响用户使用的难题，都取得了质的突破。

（岳继华）

【微课堂上线】 12月，石景山区科技服务联盟微课堂上线，微课堂主要针对企业发展过程中急于解决的诸多代表性问题，组织科技服务资源进行“视频内容”的策划、组织、录制、编辑、制作及传播。微课堂已完成高新技术企业认定、科技企业政策筹划、企业员工合同签订与解除、中小企业促进专项、研发费用加计扣除以及科技创新券的申请和使用等主题内容近30课时，总时长超过200分钟，综合点击量突破3000人次。

（边滢安娜）

门头沟区

【概况】 门头沟区科委是门头沟区政府主管全区科技工作的综合职能部门，负责全区科技管理和科技服务工作。年内，区科委牢牢把握“生态立区，转型发展”主题，以提高发展质量和效益为中心，着力解决城乡发展短板瓶颈，强化创新驱动，聚焦高端产业，围绕生态保障、水源涵养、旅游休闲、绿色产品供给4个方面开展科技工作。坚持科技为全域景区化服务、科技为生态文明建设服务、科技为民生建设服务、科技为区域产业发展服务的原则，加强区域科技创新工作，不断开创全区科技工作新局面。

（苏宇声）

【灵山亚高山草甸保育项目通过验收】 1月14日，市科技计划（绿色通道）项目“灵山亚高山草甸保育技术集成与示范”通过结题验收。课题修订完成《北京市门头沟区灵山地区生态修复规划》，对灵山亚高山草甸区水土流失状况及规划区生态系统进行评价，并制定灵山地区放牧管理和生态修复方案。

（苏宇声）

【废弃矿山修复工作启动】 1月，全区2016年首批50项重大项目重点任务“制定山区10平方公里废弃矿山修复方案并实施”工作启动。在全区9镇1办事处开展“十三五”期间生态修复工程计划安排情况调研工作，撰写《门头沟区“十三五”期间各镇生态修复计划调研报告》。

（苏宇声）

【水源地保护区生活污水处理项目通过验收】 3月17日，2014年市可持续发展实验区建设专项“门头沟区水源地保护区农村生活污水物化处理示范工程”通过结题验收。课题在妙峰山镇上苇甸村和潭柘寺镇阳坡园村探索采用LPC物化处理技术，开展生活污水处理示范研究；通过水资源的节约和循环利用、生活污水处理等，有效减少对自然资源的过度消耗，是可持续发展实验区建设的重要项目载体。

（苏宇声）

【蓝龙社区科普体验厅建设项目通过验收】 4月，市科委“门头沟区城子街道蓝龙社区科普体验厅建设”项目通过验收。体验厅展示面积50平方米，其中体验互动区面积30平方米，可供6人同时操作。体验厅的建设使当地3000余户居民对互联网技术水平及对移动物联网的认识有了普遍提升。

（苏宇声）

【两科普建设专项课题通过验收】 5月，市科普专项“门头沟区地质科普景观建设（109国道沿线）”和“门头沟109国道沿线地学科普建设”通过结题验收。项目通过设立地质科普宣传牌、科普景观展示区、地质科普长廊、最佳观赏点标志石、观赏点山体雕刻5种方式，借助区域地形地貌条件，在109国道沿线打造46处与周边环境浑然天成的科普展示内容。

（苏宇声）

【山区人居环境基础设施改建项目通过验收】 6月3日，“山区村落人居环境生态基础设施改建关键技术集成与示范”项目通过结题验收。该项目由市财政各区科技专项资金支持，针对农村普遍存在、急需解决的农村污水、有机废弃物、建筑节能和能源利用等问题，筛选出一套符合京西农村现状的人居环境生态改建关键技术集成系统。

（苏宇声）

【王平镇有机废弃物处理场项目通过验收】 6月3日，2014年度区级科技推广项目“王平镇有机废弃物处理场生化处理设备升级改造”通过验收。该项目由区财政科技推广资金支持，针对王平镇有机废弃物处理场存在的现状问题，通过设备更新、技术改造和运营模式探索，恢复王平镇有机垃圾场的有效运行。

（苏宇声）

【科技资源对接】 6月16日，区科委组织开展“百家重点实验室进千家企业”对接活动，邀请市科委首都科技条件平台工程师讲解科技创新券申请流程和使用事项，金融领域中心工程师针对企业不同金融产品需求进行讲解；邀请市科研院、市农林科学院、北京市建材研究院、中国中医科学院、北京师范大学等5家研发实验服务基地科研人员与全区高新技术企业、合作社进行科技资源需求对接。截至6月，门头沟工作站已发展成员单位60余家，聚集省部级以上重点实验室、工程中心与检测机构1家；聚集大型仪器设备260余台套，价值2600余万元；聚集了生态、植物、食品加工、机电、创意设计、生物技术、医药、装备制造等13类科技管理与技术专家150余位；服务成员单位实现联合研发与测试服务测试合同140余万元，实现科技成果转化与技术转移合同45万元。

（苏宇声）

【科普能力建设项目通过验收】 6月，市科委“2015年门头沟区科普能力建设”项目通过验收。区科委组织10家区内高新技术企业开展科技成果集中展示活动，直接参与人数超过2000人。

（苏宇声）

【2015年度区级科技推广项目通过结题】 7月18日，2015年度区级科技推广项目通过结题验收。项目由区财政科技推广资金支持，包括中华甜樱桃示范推广、果树密植关键技术的引进与推广、野生猕猴桃人工培育与示范种植3个子课题。

（苏宇声）

【棚改安置社区精细化管理平台项目通过验收】 8月5日，“门头沟区棚改安置社区精细化管理平台建设及老年服务开发与示范”项目通过结题验收。

该项目以石门营新区为建设试点，利用 3G、GIS 等现代技术手段，搭建新区精细化管理科技支撑平台，创建城乡接合部棚户安置区精细化管理与服务的模式，并开发为老年服务平台。

（苏宇声）

【牡丹芍药景观植物产业化项目通过验收】 8 月 23 日，“牡丹、芍药景观植物产业化关键技术研究与示范”项目通过结题验收。该项目由市财政各区科技专项资金支持，针对门头沟景观植物牡丹、芍药产业中存在的种类陈旧、品种退化、功能单一等主要问题，分别在潭柘寺、戒台寺和大台 3 个核心试验区开展牡丹、芍药景观植物种植、反季节栽培和深加工等产业化关键技术研究与示范。

（苏宇声）

【山区道路边坡生态修复项目通过验收】 8 月 30 日，“山区道路边坡生态修复及景观重建技术应用与示范”项目通过结题验收。该项目由市财政各区科技专项资金支持，利用合理有效的边坡生态防护技术措施，采用工程和植物相结合的防护方式，筛选集成厚层基质喷附技术、生态袋边坡防护等技术，完成沿线公路边坡生态修复与景观重建面积 10000 平方米，建成道路沿线风景带 400 余米。

（苏宇声）

【四项 2015 年门头沟区科技专项通过验收】 9 月 28 日，2015 年门头沟区科技专项“农村科技协调员培训”“金针菇工厂化自动控制与栽培模式研究”“金针菇菌糠轻简化栽培平菇的技术集成与示范”和“新型复合生物阻水、保水抗蒸发有机材料应用示范”4 个课题通过结题验收。

（苏宇声）

【原位生态修复技术开发与应用课题立项】 12 月 2 日，“原位生态修复技术在门头沟河湖水质提升工程中的开发与应用示范”课题立项。项目主要针对永定河门城河湖现存污染状况，研究开发一种原位生态修复组合技术，解决城市河道水生态状况。

（苏宇声）

【5 项 2016 年门头沟区科技专项通过验收】 12 月 28 日，2016 年门头沟区科技专项“农村科技协调员工作”“冰葡萄酒酒用葡萄栽培技术及酿造工艺提升研究”“神泉峡户外智能管理系统示范”“军庄镇香峪村生态园果品质量提升及痕量灌溉技术示范推广”和“京郊‘草莓——食用菌’冬季立体栽培关键技术的研究与示范”5 个课题通过结题验收。

（苏宇声）

【北京市科学技术奖申报】 年内，区科委组织推荐“聚晶金刚石锯片双侧刃磨电火花磨削机床关键技术研发及应用”和“改性炭精粉替代重油或天然气应用于玻璃窑燃烧系统技术开发及应用”项目申报北京市科学技术奖。

（苏宇声）

【专利申请与授权情况】 年内，全区专利申请 604 件，其中发明专利申请 155 件，实用新型申请 382 件，外观设计申请 67 件。专利授权 334 件，发明专利授权 52 件，实用新型授权 237 件，外观设计授权 45 件。区知识产权局为区内企业办理专利费用减免证明 300 份。

（苏宇声）

【高新技术企业情况统计】 年内，全区高新技术企业 130 家（驻区企业 35 家）。新认定（不含证书到期需重新认定企业）企业 44 家。130 家高新技术企业领域分布比例：电子信息 43.08%，先进制造与自动化 16.15%，资源与环境 11.54%，生物与新医药 6.15%，高技术服务 11.54%，新材料 5.38%，新能源与节能 5.38%。高新技术企业营业收入 139.29 亿元，同比增长 27.04%。利税总额 15.61 亿元，其中上缴税费总额 8.14 亿元。企业自主研发投入 9.15 亿元，同比增长 51.49%，占营业收入总额的 6.57%。企业通过享受高新技术企业税收优惠政策减免所得税 1.31 亿元。企业期末从业人员 23357 人，大专及以上学历人员 11858 人，其中：博士 63 人，硕士 841 人。企业拥有有效专利 926 件，同比增长 25.82%。其中有效发明专利 185 件，增幅 12.12%；软件著作权 934 件，增幅 52.37%。主营业务收入在 2000 万元以上（含 2000 万元）的高新技术企业 66 家，比上年增加 12 家，占参统企业总数的 51.56%。营业收入亿元以上的企业 24 家，亿元企业营业收入总额 112.93 亿元，占 128 家企业营业收入总额的 81.08%，亿元企业实际上缴税费总额 6.64 亿元，占全部企业上缴税费总额的 81.57%。其中北京精雕科技集团有限公司、北京昊华能源股份有限公司、北京光环新网科技股份有限公司营业收入超过 10 亿元。

（苏宇声）

【高新技术企业人员统计】 年内，全区有 36 家高新技术企业工作人员有落户意向，这 36 家高新技术企业分布领域为电子信息18家，先进制造与自动化7家，生物与新医药3家，高技术服务3家，新材料2家，新能源与节能2家，资源与环境1家；有落户意向且符合统计条件的人员123人，其中高级管理人员48人、核心技术以上人员75人。

（苏宇声）

【京西创客工场拟挂牌“北京市众创空间”】 年内，区科委组织推荐京西创客工场参加争创工作。市科委与北京众创空间联盟拟共同授予京西创客工场“北京市众创空间”称号，并已进入公示阶段。京西创客工场将成为全区首个市级众创空间。

（苏宇声）

【四课题通过市科委科技专项立项】 年内，“冰葡萄酒酒用葡萄栽培技术及酿造工艺提升研究”“京郊草莓——食用菌冬季立体共生栽培关键技术的研究与示范”“军庄镇香峪村生态园果品质量提升及痕量灌溉技术示范推广”“神泉峡户外智能管理系统示范”4个课题通过市科委科技专项立项。

（苏宇声）

【科普基地建设立项】 年内，新申报3家科普体验厅：潭柘寺镇潭柘新区科普体验厅、龙泉镇琉璃渠村科普体验厅、妙峰山镇水峪嘴村科普体验厅。

（苏宇声）

【老核桃树死亡成因调查项目通过验收】 年内，区财政博士后专项“门头沟区老核桃树死亡成因调查及老树复壮技术示范”通过结题验收。该项目通过查阅相关文献、收集气象资料和历史资料，制定项目试验方案，并依据制定的方案，因地制宜开展复壮工作。

（苏宇声）

房山区

【概况】 年内，房山区科委在区委、区政府的领导下，紧紧围绕“一区一城”新房山建设目标，加快推动科技创新，加速科技成果转化，全面提升全区科技创新能力和水平，编制完成《房山区“十三五”时期科技发展规划》和《房山区“十三五”知识产权事业发展规划》。众创空间加快拓展，建成和在建面积近300万平方米。双创项目超过2000个，北大创业训练营10余个项目首批入孵。青年创业园等4家双创平台被中关村认定为特色产业孵化平台，着力推动众创空间认定。

（徐璐璐）

【新型节能组合果蔬膨化干燥项目通过验收】 3月17日，科技部863计划现代农业技术领域办公室组织有关专家对“智能化农机技术与装备”项目的“农产品智能分选与节能加工技术与装备开发”课题进行验收。北京凯达恒业农业技术开发有限公司在其中承担“新型节能组合果蔬膨化干燥技术及装备集成示范”子课题任务，完成新型果蔬变温压差膨化和低温真空油浴脱水等高效节能技术的研究和装备研制，建立新型果蔬变温压差膨化干燥和真空低温油浴生产线，并进行智能升级改造，实现自动化生产。

（王文伟）

【新增两家北京市众创空间】 6月8日，经区科委推荐，区内企业北京创新谷科技孵化器有限公司的“创新谷”和北京海聚博源科技孵化器有限公司的“新金融创业港”被市科委、北京众创空间联盟评定为“北京市众创空间”，在北京市科技创新创业服务实体经济工作推进会上获授牌。

（李晓明）

【首都科技资源开放服务现场会召开】 7月7日，市科委在良乡北京高校大学生创业园召开“贯彻全国科技创新大会精神 促进首都科技资源开放”服务现场会。会上，《联合共建首都科技条件平台北京大学研发实验服务基地协议书》《联合共建首都科技条件平台房山工作站协议书》《良乡高教园区科技资源社会化开放共享三方合作协议书》等协议签署。与会领导参观了北京大学研发实验服务基地房山（智汇城）服务中心、优客工场、北京中科纳泰生物科技有限公司。

（李晓明）

【首都科技条件平台工作交流会召开】 7月7日，首都科技条件平台工作交流会在房山区召开。市科委副主任郑焕敏，条件财务处处长陈云波，北京技术交易中心主任黄平、主任助理毛振芹，房山区科委副主任王批修及首都科技条件平台13家区县工作站代表、4家领域中心、11家研发实验服务基地代表参加座谈交流和研讨。座谈会上区科委领导介绍房山区经济社会发展及房山工作站的工作情况；北京大学研发实验服务基地（房山）智汇城服务中心和人人实验（北京）科技有限公司分别介绍各自的科技资源情况，随后平台各成员单位进行研讨交流。

（李晓明）

【新型果蔬脆片真空浸渍项目通过验收】 8月5日，由北京凯达恒业农业技术开发有限公司承担的国家星火计划重点项目“新型果蔬脆片真空浸渍关键技术研究与示范”通过科技部验收。项目实施中建成了一个果蔬加工示范基地，并在3家企业进行示范推广，年产值增加了4150万元；带动870余户农民参与果蔬种植，安置农民就业87名。

（王文伟）

【高含量微生物菌剂项目通过验收】 8月30日，由北京航天恒丰科技股份有限公司承担的市科技计划项目“高含量微生物菌剂的研究与开发”通过市科委验收。课题获得发明专利1项，获得农业部微生物菌剂产品登记证1个；建设高含量生物菌剂生产线1条；制定高含量微生物菌剂生产技术规程1份；用菌剂年产24万吨生物肥料，实现了功能型微生物菌剂与传统肥料的高效结合。

（王文伟）

【“创新谷”获批成为国家级众创空间】 9月29日，科技部下发《关于公布第三批众创空间的通知》。区内企业北京创新谷科技孵化器有限公司的“创新谷”获批成为国家级众创空间，也是本地企业运营的第一家国字号众创空间，纳入国家级科技企业孵化器管理服务体系。

（李晓明）

【低压反渗透膜净化中水项目通过验收】 10月24日，由北京科泰兴达高新技术有限公司承担的重大科技成果转化落地培育专项“面向热电厂低压反渗透膜净化中水工程技术研究”通过市科委验收。该课题将锡林浩特市污水净化厂部分出水深度净化后，供市二电厂2台30万千瓦发电机组使用，形成预处理能力2万吨/天，反渗透产水量5000吨/天的示范工程，水质达到了国家标准。

（王文伟）

【蛹虫草工厂化项目通过验收】 12月29日，由北京首诚农业发展有限公司、北京首诚航天农业生物科技有限公司共同承担的国家现代农业科技成果惠民科技示范工程“蛹虫草工厂化安全生产与系列产品开发”项目通过市科委验收。课题通过产学研用协同创新，转化了自主知识产权，突破了蛹虫草产业化的核心关键共性技术，安排80人就近就业。

（王文伟）

【科技创新专项资金到位】 年内，区级各单位、相关企业共申报项目890个。区科技专项资金共支持创新能力建设和科技成果转化、鼓励发明创造和专利运用、加强科技进步奖励等领域107个单位的873个事项。截至9月底，区科技创新专项资金2000万元已全部拨付到位。

（李晓明）

【创新创业项目落地】 年内，由区政府与市科委共建，分别委托房山城市投资发展有限责任公司和首都科技发展集团有限公司作为对接载体，打造全国科技成果转化的行业标杆，“国内首个胎儿心脏病产前筛查及远程会诊平台”“物联网芯片”“面向医疗康复领域的智能机器人”等7项科技创新创业项目落地房山，总投资额近5000万元，促进房山区打造首都南部科技创新中心。

（李晓明）

【科普基地建设】 年内，区科委组织开展市科普教育基地申报工作。“中粮智慧农场”“上方山国家森林公园”“首城航天现代农业体验园”“生态岛”4家机构通过行业专家评审，被市科委命名为“北京市科普教育基地”并授牌。琉璃河镇庄头村农机科普体验厅完成建设并投入使用。至此，全区已有市级科普教育基地18家，市级科普体验厅5家。

（张　潇）

【技术合同登记】 年内，共认定登记各类技术合同220项，合同成交总额3.3亿元，同比增长10%。

（李　鹏）

【专利申请与授权】 年内，全区专利申请2367件，同比增长63.4%。其中发明专利768件，同比增长51.8%；实用新型专利1384件，外观设计专利215件。全区专利授权943件，其中发明专利195件、实用新型专利634件、外观设计专利114件。有效发明专利拥有1079件。

（李　鹏）

【18项科技成果获房山区科学技术奖】 年内，区科委组织房山区科学技术奖评审工作，共有18项科技成果获得房山区科学技术奖励。其中，“车载用负介电各向异性液晶材料的研发与产业化”“难降解有机工业废水深度净化回用系统”“JM-1电子雷管的研制与推广应用”3个项目获得一等奖，

“赛木节能低碳整体房屋关键技术研究与应用”“漏钠接收抑制盘的研制”等6个项目获得二等奖，“温浴混匀技术在提升体外诊断试剂效能方面的研究与应用”等9个项目获得三等奖。

（张　潇）

通州区

【概况】　年内，通州区科委按照创新、协调、绿色、开放、共享的发展理念，牢牢把握全国科技创新中心和北京城市副中心建设定位，深入实施创新驱动和京津冀协同发展战略，全面深化科技体制改革，以科技支撑和服务为主线，以创新发展为核心，着力加强自主创新环境建设，构建与城市副中心建设相适应的创新生态；着力促进科技成果转化应用，引领“高精尖”经济结构构建与城市转型发展；着力优化国内外科技资源配置，推动开放合作和国际化发展；为生态之城、智慧之城、活力之城、人文之城、国际一流的和谐宜居之都示范区建设提供强大保障。通州区知识产权工作紧紧围绕北京城市副中心建设，以创建国家知识产权试点城区为契机，坚持“健全机制、政策引导、营造环境、深化服务”，积极推进和实施知识产权战略，不断提升知识产权创造、管理、保护与服务的能力，推动创新驱动发展，切实将知识产权工作融入区域经济社会发展。

（马　杨　宋　薇）

【众创空间申报工作研讨会召开】　1月4日，区科委召开全市众创空间申报工作研讨会，区科委副主任潘自欣主持会议，梨园镇、永顺镇、潞城镇、宋庄镇和各功能区、各产业园区相关负责人及区科委相关科室人员参加会议。会上组织学习了北京众创空间联盟《关于面向全社会广泛征集第三批北京市众创空间的通知》，与会人员就征集标准和申报内容进行深入讨论，就如何促进众创空间建设发展互动交流。

（马　杨　宋　薇）

【通州电动汽车社区充电桩建设示范工作启动】　1月18日，根据北京市新能源汽车联席会议办公室的统一部署，通州电动汽车社区充电桩建设示范工作全面启动。示范内容为：在20家社区建设公用充电桩，鼓励物业管理单位在社区公共管理区域内组织建设公用充电桩并落实电源条件。

（宋　薇）

【区科普工作联席会召开】　4月7日，全区科普工作联席会议召开。会议播放“通州区‘十二五’时期科普工作回顾”宣传片，对“十二五”时期科普工作进行总结，并安排部署2016年科普工作主要任务及通州科技活动周计划方案，宣布成员单位调整通知；区教委等3个单位的代表做典型发言。

（张凤军　崔伟侠）

【知识产权宣传周活动举办】　4月19—26日，区知识产权局围绕“加强知识产权运用保护 加快知识产权强国建设”主题，以“知识产权六进”系列活动为主线，开展连接紧密、层层递进的宣传活动。活动中，成立金桥科技产业基地12330工作站，实现市区两级知识产权优质资源对接；联合相关单位开展“六进”宣传活动，通过开展重点专题培训、摆放宣传展板、设立咨询展台等形式，普及知识产权相关知识；运用报纸、电视台和网站等新闻媒体扩大知识产权宣传。

（宋　薇）

【国家知识产权试点城区建设启动】　4月26日，全区组织筹备国家知识产权试点城区建设工作大会，发布《北京市通州区国家知识产权试点城区建设实施方案（2016—2018年）》（通政发〔2016〕17号）文件，全面启动全区试点城区建设工作。

（宋　薇）

【科技周活动举行】　5月，以“艺术之乡 科技之梦”为主题的通州区科技周活动在宋庄上上美术馆开幕。区科委展示防灾减灾、节能环保等方面的科普互动展教设施，发放环保手提袋、科普光盘等科普宣传品，并组织市级科普基地、供电公司等单位共同参与活动。

（张凤军　崔伟侠）

【两企业获北京市众创空间授牌】　6月8日，市科委召开北京市科技创新创业服务实体经济工作推进会，并举行第三批北京市众创空间授牌仪式。区内企业北京方和正圆科技企业孵化器有限公司的方和正圆众创空间和英特华云（北京）电子商务股份有限公司的英特华云全境电商空间获得“北京市众创空间”授牌。

（张凤军　崔伟侠）

【知识产权课程进入中小学】 9月6日，潞河中学举行“通州区知识产权教育课程全面进入中小学启动仪式暨知识产权专题培训”活动。来自市区两级的领导，通州区试点学校校长，各中小学主管校长、主管教学主任，以及及潞河中学师生400余人参加会议。

（宋　薇）

【荣获“北京市中小学知识产权教育示范区”称号】 10月26日，市知识产权局、市教委召开北京市中小学知识产权教育推进大会。通州区荣获“北京市中小学知识产权教育示范区”称号，通州区潞河中学、北京小学通州分校荣获“北京市中小学知识产权教育示范学校”称号。

（宋　薇）

【知识产权政策培训对接会举行】 11月28—29日，区知识产权局举办知识产权金融及相关政策法规培训对接会。会议邀请北京银行中关村分行、中关村中技知识产权金融服务集团、北京集慧智佳知识产权管理咨询有限公司和北京知识产权运营管理有限公司的专家，分别围绕科技型中小企业银行融资、知识产权金融推动产品创新、专利价值实现、知识产权运营管理等业务，对区内专利试点、示范企业、高新技术企业及知识产权服务机构等100余家单位进行专题培训。

（宋　薇）

【中小学知识产权教育师资培训班开班】 12月8日，全区举办首场中小学知识产权教育师资培训班，对区内各中小学的知识产权教育老师150余人进行专题培训。

（宋　薇）

【知识产权宣传活动开展】 年内，区知识产权局开展了多次知识产权宣传活动。3月15日，区知识产权局与区消协、区工商分局等单位在北苑万达广场开展知识产权宣传活动；9月29日，区知识产权局参加在通州宋庄小堡举办的2016中国艺术品产业博览会；12月4日，区知识产权局参加在贵友大厦通州店由区法治宣传教育领导小组办公室举办的以“弘扬宪法精神 共筑文明通州”为主题的国家宪法日暨全国法制宣传日“12·4”普法宣传活动。

（宋　薇）

【领导干部知识产权培训举行】 年内，全区举办两次领导干部知识产权培训。7月28日，区委宣传部与区知识产权局共同举办区委理论中心组学习扩大会暨知识产权相关法律法规报告会；9月29日，在区委党校举办的第二十四期处级领导干部进修班上，聘请来自中科院科技战略咨询研究院研究员进行“知识产权与北京城市副中心建设”专题讲座。

（宋　薇）

【高新技术企业服务工作进展顺利】 年内，组织全区409家国家高新技术企业进行年检统计、企业自查和年度信息备案，组织248家企业参加高新技术企业认定。全区高新技术企业达到567家。

（郭华杰）

【首都科技条件平台通州工作站建设】 年内，与平台的领域中心、基地共同组织供需对接活动，协助开展百家重点实验室进千家企业活动，对接成功的典型6个。服务企业数量19家，新增成员单位35家，新增科技人才18名，聚集需求35项，发放有效创新券总金额22万元。工作站成员单位达102家。

（郭华杰）

【众创空间建设情况】 年内，区科委组织11家众创空间申报市级众创空间资质认定，2家众创空间获得市级资质认定，方和正园众创空间获得国家级资质认定。同时组织开展区级众创空间评选，评选区级众创空间9家、重点培育众创空间5家。

（郭华杰）

【技术合同登记情况】 年内，区科委深入企业开展技术合同认定登记方面的需求和存在问题的调研，对区内未登记技术合同的部分企业进行统计调查，挖掘未登记技术合同企业技术性收入存量，开展面对面、有针对性的辅导服务。全区认定登记技术合同成交总额达到54亿元。

（耿大乐）

【科技政策宣传活动开展】 年内，区科协深入街道、企业、园区广泛开展科技政策法规宣传、培训，组织科技政策培训12次，参训人员500余人次。“12·4”法制宣传主题活动在梨园举行，区科协利用展板展示、发放宣传资料等形式宣传科技政策。

（康连元）

【科技人才建设】 年内，区科委出台《通州区关于加强科技创新人才队伍建设的意见》。组织开展科技创新人才资助与奖励工作，评出资助与奖励项目105项，支持资金380万元。推进“通武廊”人才一体化发展示范区建设，通州、武清、廊坊三地科委（科技局）共同制定《“通武廊”区域创新平台共享共用目录》，区内重点实验室、工程技术中心、众创空间等10家创新创业平台载体纳入《目录》，面向“通武廊”三地企业和人才共享共用。

（康连元）

【68项区级科技创新项目立项】 年内，立项实施区级科技创新项目68项。重点围绕北京城市副中心建设及全区经济社会发展科技需求组织凝练项目，为北京城市副中心的城市建设与管理、生态环境改善、产业转型升级、社会事业进步、现代服务业创新发展提供科技支撑。

（鲁新龙）

【40项成果获区科学技术奖】 年内，区政府颁布《关于2016年度通州区科学技术奖励的决定》，授予“半导体产业关键材料提纯用石英玻璃筛板精馏塔研制”等8项成果通州区科学技术奖一等奖，授予“腹腔镜治疗休克型异位妊娠的安全性及临床疗效探讨”等12项成果通州区科学技术奖二等奖，授予“治疗慢性肾脏病国产创新药的研制”等20项成果通州区科学技术奖三等奖。

（鲁新龙）

【少儿科普基地建设】 年内，区科委、区财政局共同开展市级科普基地能力建设，为区图书馆建设数字阅读区、科普e点知、太阳系数字互动天文展区、科普展现动手实践区及AR阅读展厅等板块的设施设备，配置科普点子动漫1264册、科普动画片28374分钟、科普仿真书1013套、数字科技馆9套、科普互动等10项科普资源，满足青少年的科普需求。

（张凤军 崔伟侠）

【通州区农业科普教育示范基地建设】 年内，区科委与区财政局在第五季富饶（北京）生态农业园建设全媒体科普视窗、科普画廊、特色果蔬语音讲解以及“声、光、力”等基础知识类户外科普互动展品18项，打造一个大型户外科普互动体验园。

（张凤军 崔伟侠）

【科普体验厅建设】 年内，区科委大力推进社区科普体验厅建设，宋庄镇辛店村、漷县镇漷县村及北苑街道果园西社区科普体验厅建设完成，体验厅分别以健康生活、节能环保、公共安全为主题建设多媒体科普画廊、科普书吧、科普培训教室和科普互动体验展厅等内容；区级社区科普体验厅建设有序推进，分别以智慧生活、科学生活为主题，为10个社区、村搭建起集科普性、互动性、体验性于一身的社区科普活动中心。

（张凤军 李 牧）

【科普基地建设】 年内，区科委组织开展科普基地能力建设工作，支持区气象局等15家科普基地及科普展教功能活动场所进行科普能力提升，引导辖区内科普力量发挥自身优势，开发优秀科普展教资源、开展特色科普活动。

（张凤军 李 牧）

【科普惠民体验季举办】 年内，区科委组织开展以“科技改变生活 创新引领未来”为主题的通州区科普惠民体验季活动，主会场邀请10余家单位参展，展示24个科普基地成果。科普体验季还包括通州基层科普行、科普基地开放季及评选、通州区科学梦之行和科学探索校园行等系列科普活动。

（张凤军 李 牧）

【科普先进个人授奖】 年内，市科委、中共市委宣传部、市人社局、市科协共同授予区生产力促进中心李杰“北京市科学技术普及工作先进个人”荣誉称号。

（张凤军 李 杰）

【专利申请与授权情况】 年内，全区申请专利5922件，同比增长51.85%，其中发明专利1086件，同比增长32.93%，实用新型专利3680件，外观设计专利1156件。PCT专利申请25件。专利授权3284件，同比增长28.99%，其中发明专利284件，同比增长4.41%实用新型专利2279件，外观设计专利721件。有效发明专利1229件。

（宋 薇）

【专利资助奖励情况】 年内，区知识产权局资助授权专利1520件，资助金额459.75万元。奖励市专利试点企业26家，中国专利奖优秀奖3项，奖励金额116万元。

（宋 薇）

【专利费用减缓情况】 年内，区知识产权局为260家企业出具专利费用减缓证明1822份，其中发明专利384件，实用新型专利1168件，外观设计专利27件。为企业节约专利申请各类费用387万元。

（宋 薇）

【中国专利优秀奖获奖】 年内，在第十八届中国专利奖评选中，北京四环制药有限公司的“马来酸桂哌齐特改进的制备方法”专利和北京廷润膜技术开发有限公司的“一种单片型双极性膜的制造方法”专利分别获得中国专利优秀奖。

（宋 薇）

【专利实施项目总结验收】 年内，区知识产权局完成上年度专利实施项目总结验收工作，实际带动企业投入1.84亿元，项目实施创造销售收入18.59亿元，利润5.29亿元，税收2.34亿元。项目承担单位2015年专利申请134件，专利授权65件。支持2016年度专利技术产业化，确定资助专利实施转化项目15项目，兑现资助金额210万元。

（宋　薇）

【知识产权信息平台上线】　年内，市知识产权公共信息服务平台通州分平台上线运行，通州分平台投入15万元，是市知识产权公共信息服务平台基础上的二期工程建设项目，可为企业提供专利检索、专利管理、专利交易、专利预警及保护等功能服务。

（宋　薇）

【知识产权培训专题会举行】　年内，区知识产权局举办知识产权战略及管理规范、企业专利实务、专利政策等专题培训会10次，培训企业各类人员500余人次。

（宋　薇）

【专利执法】　年内，区知识产权局在开展无冒充专利示范商场日常季度执法检查中，检查商场15家次，检查在销专利商品200余件。在开展专项集中执法检查行动中，出动执法人员40余人次，检查全区大型商场、电子产品卖场、药店以及超市30余家，检查专利商品300余件，立案查处假冒专利商品38件。

（宋　薇）

【知识产权课题研究】　年内，区知识产权局完成通州区构建知识产权政策体系调查研究，为全区构建知识产权政策体系奠定良好的理论依据；完成知识产权（专利）资源分析研究，为全区产业发展规划、相关政策制定提供支持；完成副中心构建知识产权“三合一”综合管理体制研究，为全区知识产权体制机制改革奠定良好的理论研究基础；完成知识产权强区推进工程课题研究，提出全区文化创意产业发展及知识产权强区工作方案。

（宋　薇）

【专利试点单位认定】　年内，全区深入开展专利试点示范工作，新增燕化永乐、甘李药业2家北京市专利示范单位，35家北京市专利试点单位。全区有北京市专利示范单位8家，试点单位183家。

（宋　薇）

昌平区

【概况】　昌平区科委设有8个职能科室，包括1室（办公室）3科（综合管理科、计财管理科、科技合作科）4中心（科技服务中心、知识产权服务中心、社会发展与研究促进中心、农村发展中心）。年内，区科委以提高全民科学素养为出发点和立足点，以不断提升科技服务能力为主线，整合资源，鼓励创新，完善政策体系，积极融入京津冀协同发展大局，不断提高科技创新对昌平经济社会发展的支撑作用。

（白俊英）

【科技周活动举行】　5月14—21日，第22届北京科技周昌平区活动举行。本届科技周主题为“创新引领 共享发展”，活动由区科委、区科协共同主办。系列活动包括亢山广场科普宣传、公众科学素质大赛、青少年灵巧手制作比赛等，旨在宣传节能环保，普及科学知识。

（白俊英）

【18项成果获北京市科学技术奖】　年内，全区共有18项成果荣获2015年度北京市科学技术奖励，占全市获奖数量的9.6%，包括4项一等奖、6项二等奖、8项三等奖。推荐19项成果申报2016年度北京市科学技术奖励。

（白俊英）

【科技资源统计】　年内，对区内科技资源进行统计。截至年底，全区共有188家科研机构。其中，24个国家科研院所，16个国家重点实验室，39个市级以上高校重点实验室，102个市级以上企业技术工程中心或科技研究开发机构，7个国家科研院在昌平的中试基地。

（白俊英）

【科技人才建设】　年内，区内企业北京勤邦生物技术有限公司、北京生泰尔科技股份有限公司、北京贝瑞和康生物技术股份有限公司的3名员工入选2017年度科技北京百名领军人才培养工程。

（白俊英）

【事项办理情况】　年内，区科委完成折子工程2项，为民办实事2项，办理人大代表建议和政协委员提案3项。区科委荣获2015年度先进办案单位。

（白俊英）

【技术合同登记情况】 年内，全区登记技术合同1278份，完成技术合同登记额69.9亿元。区科委技术合同登记处通过市科委年检，并组织全区技术市场管理办公室工作会，深入中国商飞等重点企业开展技术合同登记培训。

（白俊英）

【高新技术企业认定情况】 年内，全区国家高新技术企业共计938家，新增国家高新技术企业254家，其中通过区科委进行初审上报的国家高新企业93家。

（白俊英）

【孵化器建设】 年内，全区科技企业孵化器数量突破30家，入驻企业数量突破2000家，其中国家级众创空间2家、市级众创空间3家。新增中关村创新型孵化器1家（回龙观双创社区），中关村特色产业孵化平台2家。孵化器年新增12家中小企业上市，宏福科技园在新三板上市，北京大数据成果转化与人才实训基地落户宏福科技园。

（白俊英）

【大学科技园发展】 年内，华北电力大学、中国石油大学、中国政法大学、北京农学院、北京化工大学、中央财经大学、北京电影学院7所大学的科技园共入驻企业513家，总注册资金26.46亿元，总经营面积38335平方米，总就业人数4605人。其中2016年新增企业99家，注册资金9.61亿元，经营面积2086平方米，就业人数187人。区科委组织大学科技园银企对接交流会，华电科技园获“国家小型微型企业创业创新示范基地”称号。

（白俊英）

【首都科技条件平台建设】 年内，首都科技条件平台昌平站年度新增成员单位33家，新增科技人才35人，聚集科技需求57项，服务成员单位实现合同金额200万元，发放创新券50.5万元。

（白俊英）

【科技成果转化】 年内，梳理4个区内高校科技成果转化项目326项，油气、新材料、电力、新能源、化工、环境工程、都市农业等领域形成项目汇编。

（白俊英）

【农业科技示范项目】 年内，区科委推进农业技术试验示范工作，重点支持的5个项目是：山区富民新品种引进及改良建设项目、适宜休闲采摘的无花果新品种示范、牡丹种苗200万株育苗示范基地、淡水虾高效健康养殖试验示范技术推广、油莎豆种苗繁育及产品产业开发示范项目。部分项目的前期及中期经费完成拨付工作，并完成进展汇报和实地调研。

（白俊英）

【能源产业提质增效】 年内，区政府与市科委签订的《共建北京能源科技产业基地框架协议》落地，并依据《协议》制定工作方案，明确支持原则、出资额度等，形成《2016年昌平能源科技专项项目支持建议》。

（白俊英）

【科技教育体制改革】 年内，区科委组织改革专项小组办公会，按照实施方案和重点任务，细化《昌平区科技教育体制改革专项小组2016年重点改革任务和责任分工》，将5项改革任务细化为12项。内容涉及“双创”社区建设、企业孵化器管理、科技创新支持政策、昌平知识产权平台、名师名校工程、校地人才一体化发展、学前教育等多个领域。

（白俊英）

【网络空间安全高峰论坛举行】 年内，由区科委主办、园区企业承办的“2016网络空间安全产教融合高峰论坛”，吸引来自中央网信办、国家信息安全工程技术研究中心、清华大学等单位的专家参会，北京、内蒙古、山东、河北、河南、四川、重庆等地的45所高校代表出席论坛。

（白俊英）

【调研工作】 年内，区科委完成571家昌平能源科技企业调研，并形成调研报告。区科委主管领导带队赴未来科学城央企、特警学院、防化学院、中国计量科学研究院、中科大创新基地等企业、高校、科研院所进行精准调研。

（白俊英）

【企业捷报】 年内，区内企业爱博诺德公司自主研发生产的可折叠人工晶体，入选国家援助非洲医疗项目；品驰可充电脑起搏器获评“2015中关村十大创新成果”，品驰医疗入选北京“十三五”时期第一批G20企业。

（白俊英）

【荣誉】 年内，昌平区获得“北京市知识产权教育示范区”称号。

（白俊英）

【专利申请与授权情况】 年内，全区专利申请

11732 件,排名全市第 4 位(其中发明专利 5114 件,实用新型 5306 件,外观设计 1312 件),同比增长 33%;专利授权 5955 件,排名全市第 5 位(其中发明专利 1716 件,实用新型 3191 件,外观设计 1048 件),同比增长 5.6%;PCT 专利申请 110 件,全区有效发明专利 6312 件;专利试点单位 23 家,专利示范单位 4 家。

(白俊英)

【专利政策支持情况】 年内,共有 118 个专利权人的 4127 件专利申请《科技创新支持政策》知识产权专项,最终 3976 件专利通过审核,合计资助金额 1004.893 万元,惠及 109 个企业、3 个发明个人。

(白俊英)

【专利执法工作情况】 年内,区知识产权局落实“北京市打击假冒他人专利和冒充专利行为”行动专项考核指标,清理专利侵权、假冒案源 19 件,办理 15 件。完成“第四届北京农业嘉年华”知识产权服务保障工作。

(白俊英)

【知识产权进校园】 年内,区科委组织中小学生走进大学校园参观学习;南邵中学获得“全国中小学知识产权教育试点学校”“首批北京市中小学知识产权教育示范学校”称号;5 月,昌平石油大学附属中学举办知识产权竞赛;12 月,知识产权教育优秀教师颁奖大会暨小学知识产权教育启动仪式举行。

(白俊英)

【第十八届中国专利奖评选】 年内,第十八届中国专利奖评选,7 个企业的 8 个项目获得优秀专利奖。三一重工股份有限公司:一种行走式机械支承装置及具有这种支承装置的混凝土泵车;三一重型装备有限公司:钻装机;中国石油大学(北京):基于克希霍夫积分法的绕射波场分离方法、一种基于相控圆弧阵的声波测井方位接收方法及装置;国网电力科学研究院:单通道条件下纵差和纵联保护无缝切换方法;神雾环保技术股份有限公司:制备电石的方法;博奥生物集团有限公司:一种多指标检测的微流控芯片;获得优秀设计奖的企业:北汽福田汽车股份有限公司。

(白俊英)

【多个项目获北京市第四届专利奖】 年内,获得北京市第四届专利奖一等奖的企业及项目是:北汽福田汽车股份有限公司的电动汽车车载充电保护装置、充电保护方法及车辆。获得三等奖的企业及项目是:博奥生物集团有限公司的一种磁珠与发光体共标记以检测遗传性耳聋的试剂盒;乐普(北京)医疗器械股份有限公司的药物洗脱器械用纳米级孔洞药物释放结构及其制备方法;北京神雾环境能源科技集团股份有限公司的高热值燃料蓄热式冷凝节能锅炉。

(白俊英)

【获“国家知识产权优势企业”称号】 年内,有研亿金新材料有限公司、中海阳能源集团股份有限公司获得国家知识产权优势企业称号。

(白俊英)

【知识产权宣传培训工作开展】 年内,区科委开展“3·15”“4·26”世界知识产权日等宣传活动 14 次,发放资料万余份,解答企业咨询千余次。出版《昌平知识产权》双月刊 6 期,发行 4800 份。赴未来科学城、中关村生命科学园等地举办知识产权座谈培训 13 次,培训人员 1500 余人次。

(白俊英)

【知识产权联盟座谈会召开】 年内,区科委召开中关村中兽药联盟知识产权培训座谈会,联合区发明协会举办知识产权服务行业联盟筹备工作座谈会。

(白俊英)

【科普设施建设情况】 年内,全区建成 40 个社区(村)科普画廊、10 个社区科普电子视窗、2 个科普体验厅,10 个单位科普健康小屋,为 20 个科技图书室配送图书 2 万册。

(白俊英)

【科普宣传活动开展情况】 年内,区科委组织科普宣传活动 32 次,包括“四下乡”、科技周、社区科普讲座等科普活动。区科协与区教委等单位,启动北京市青少年双创工程教育实践基地;区科协与区卫生计生委,深入 20 个村居社区开展健康大讲堂活动;区科协组织以“创新放飞梦想、科技引信未来”为主题的全国科普日昌平区大型广场宣传活动。

(白俊英)

【科普项目完成情况】 年内,区科委完成市级项目龙母庄科普教育示范基地一期和青少年实训基地两个项目的实施、市财政科普专项绩效考评,组织专家验收。基地二期项目建设启动,完成项目前期招标,10 月完成全部建设工作。

(白俊英)

【开展中小学生科普学习教育】 年内,区科委组织

10000余名中小学生走进大学校园、科普基地、高新技术企业开展科普学习教育。

（白俊英）

【科普基地授牌】 年内，区科委授牌10家科普教育示范基地单位。

（白俊英）

【生物柴油推广使用】 年内，区科委组织100余用户，参观油莎豆展销大厅、生物柴油相关应用展示，在全区农用机上推广油莎豆制生物燃油1万吨。

（白俊英）

顺义区

【概况】 顺义区科委与顺义区知识产权局合署办公，是负责全区科技工作、知识产权保护和专利工作的区政府工作部门，4个内设机构分别为：办公室、科技企业科、发展计划科和知识产权管理科。3个科级事业单位分别为：科技馆、生产力促进中心、知识产权管理中心。年内，全区共有国家级高新技术企业299家，净新增31家。首都科技平台顺义工作站发展成员单位30家，完成14家小微企业创新券申请工作，扶持金额77.5万元。专利申请5584件，同比增长41.26%，专利授权3739件，同比增长43.26%，通过PCT途径申请专利46项，每万人有效发明专利拥有量11.3件。

（顺义区科委）

【知识产权服务中心成立】 3月，顺义区知识产权服务中心获批成立，壮大了顺义区知识产权人员队伍，有利于知识产权工作的开展。

（顺义区科委）

【徒步大会举行】 4月17日，由区知识产权局与区内相关单位主办的“走向2022 知识产权与‘双创’同行”知识产权系统徒步大会在顺义区奥林匹克水上公园举行。国家知识产权局局长汪洪，顺义区区长高朋先后致辞，市政协主席吉林、国家知识产权局局长申长雨、副市长隋振江为活动击鼓。市委副秘书长郭广生、市政协副秘书长陈煦等领导出席启动仪式。市知识产权办公会成员单位、各区知识产权局、专利试点示范企业代表1000余人参与长走活动。

（顺义区科委）

【联合专利行政执法行动开展】 7月14日，知识产权局执法人员参加了由市知识产权局执法处在房山区组织开展的跨区联合专利行政执法行动。本次行动分别对超市零售、家具电器、医疗药品和医疗器械等领域的专利商品进行检查。期间，共发现、查处了26项涉嫌专利违法行为。

（顺义区科委）

【院市合作项目落地】 9月13日，顺义区与中科院达成“中国科学院科技成果转化创新平台”战略合作；10月8日，区科委与中科院国有资产经营有限责任公司、国测地理信息科技产业园集团有限公司签订《关于联合建设中国科学院联动创新产业园战略合作框架协议》，共同启动“中国科学院联动创新产业园”建设，打造市级科技创新成果转移转化基地、“高精尖”产业孵化转化基地。

（顺义区科委）

【知识产权海报创意设计大赛举行】 11月23日，区知识产权局与区委宣传部、区教委在顺义区奥林匹克水上公园举行知识产权宣传海报创意设计大赛启动仪式。市知识产权局副巡视员周立权指出大赛与“知识产权校园教育”活动的结合，会对未来顺义区知识产权工作产生深远的影响。

（顺义区科委）

【推动知识产权发展】 年内，广泛宣传市级专利试点、示范政策，争取国家级优势、示范企业创建。4月，推荐乐视移动智能信息技术（北京）有限公司、北京东方雨虹防水工程有限公司、北京绿穑生物科技有限责任公司等13家企业参加专利试点企业评选。北京汽车股份有限公司、北京世桥生物制药有限公司2家企业被授予北京市专利示范单位的荣誉。截至年底，顺义区共有北京市专利试点企业78家，示范企业9家，国家级知识产权优势企业4家，知识产权示范企业1家。

（顺义区科委）

【知识产权保护】 年内，区知识产权局协助市知识产权局执法处、北京12330进行了第二十六届中国国际钓鱼用品贸易展览会、北京国际汽保展等5次展会专利行政执法工作。展会期间，区知识产权局每天安排2～3名工作人员进驻展会执法，共接到专利侵权投诉40余件，成功调解23件。

（顺义区科委）

【高新技术企业认定情况】 年内,全区新认定国家级高新技术企业31家,总数299家,同比增长3.1%。

（顺义区科委）

【技术合同成交额增长】 年内,全区技术合同成交额13亿元,同比增长30%。

（顺义区科委）

【整合科技资源,助力企业科技创新】 年内,首都科技平台顺义工作站共发展成员单位30家,其中高新技术企业21家;新增科技人才18位;聚集企业科技需求58项,组织召开了1次供需对接会,吸引条件平台内的科技成果落在本区1项;服务企业50家;召开“百进千”活动,成功为16家企业对接科技资源。

（顺义区科委）

【科技成果转化基地认定】 年内,区内企业启迪新材料科技成果转化基地、北京第三代半导体材料及应用联合创新基地获评北京市战略新兴产业科技成果转化基地。

（顺义区科委）

【科技成果获奖】 年内,区内企业北京汽车股份有限公司“乘用车关键技术创新及其在绅宝D70系列化车型开发中的应用”项目获得北京市科学技术奖一等奖。

（顺义区科委）

【科技政策发布】 年内,根据《北京市“十三五”时期加强全国科技创新中心建设规划》和《顺义区国民经济和社会发展第十三个五年规划纲要》,结合全区科技发展实际,区科委组织编制完成《顺义区“十三五”时期科技发展规划》,用于指导2016—2020年科技事业发展。

（顺义区科委）

【落实区级科技政策项目】 年内,区科委支持非评审类科技项目146项,向获得国家级高新技术企业、国家重点新产品、北京市科技研究开发机构、北京市科学技术奖、专利授权等相关资质的企业兑现科技奖励资金965.32万元。支持评审类项目82项,涉及战略性新兴产业入区奖励项目、科技型中小企业技术创新无偿资助项目、科技部和市科委支持的技术研发项目配套奖励项目、科技成果转化奖励项目、产学研用联合奖励项目、股权激励试点奖励项目、专利产业化奖励项目等,共兑付科技奖励资金4034.58万元,覆盖电子信息技术、生物与新医药技术、新材料技术、新能源及节能技术、资源与环境技术、高新技术改造传统产业等领域。

（顺义区科委）

【推进科技三项费项目】 年内,区科委充分利用科技三项费的引导作用,支持战略新兴产业、食品质量安全保护技术研究、生态和环境保护技术研发与应用、养老医疗方向研发应用、现代农业新技术研发等5个领域的科技项目29个,支持金额504万元。

（顺义区科委）

【推进市级科普体验厅建设】 年内,区内市级科普专项“顺义区旺泉街道梅兰家园小区科普体验厅建设”“顺义区双丰街道顺悦家园社区科普体验厅建设”“顺义区北务镇北务村科普体验厅建设”3个课题,完成申报、立项、财政评审、项目跟进,参加市科委中期督查答辩、课题结题验收等工作,争取项目资金69.62万元,区财政配套资金60万元,共129.62万元。

（顺义区科委）

【参展科博会】 年内,区内企业成果参展2016年科博会,展出虚拟现实模拟器、新能源跑车、小间距LED等高科技产品。

（顺义区科委）

【开展寒暑期科普活动】 年内,区科协面向全区青少年开展主题为“科技在你我身边,我是科技小能手”暑期、寒假科普季公益活动。参加活动的学生们通过科技实验、亲身体验、观看科普秀等丰富多彩的科普活动,不仅学到了科普知识和科学方法,也增强了求知欲望和探索能力。

（顺义区科委）

【科技周活动举行】 年内,区科委举办科技周活动,主题为“创新引领 共享发展”,各镇、街道和社区,以及部分市级科普教育基地同时开展科技周活动。

（顺义区科委）

【专利申请与授权情况】 年内,全区专利申请5584件,同比增长41.26%,其中发明专利1639件,同比增长68.97%,实用新型专利3346件,同比增长31.11%,外观设计专利599件,同比增长38.98%,申请量排名全市第9位,城市发展新区排名第4位。全区专利年电子申请率平均94.17%,全市排名第6位。专利授权3739件,同比增长43.26%,其中发明专利授权340件,同比增长44.07%,实用新型专利授权2580件,同比增长

30.11%，外观设计专利授权 819 件，同比增长 109.46%，授权量排名全市第 8 位，城市发展新区排名第 3 位。通过 PCT 途径申请专利 46 项，排名全市第 8 位。有效发明专利拥有 1214 件。

（顺义区科委）

【专利资助及奖励】 年内，根据《顺义区专利资助及奖励暂行办法》，区知识产权局历时 2 个月对 2014 年区级专利项目进行了征集和审查工作，并对重点企业进行上门服务，最终确定符合资助及奖励标准的非评审类项目 1727 项，评审类项目 8 个。经专家评审，兑付奖励资金总计 500 万元。

（顺义区科委）

【知识产权培训宣传】 年内，区知识产权局组织“世界知识产权日”系列活动。在顺义国际鲜花港分三期针对植物新品种和专利申请两方面为鲜花港管委会工作人员进行培训授课。区知识产权局与相关单位在裕龙一区中心广场举办“知识产权进社区‘4·26 世界知识产权日’宣传周——数字创意重塑文化”主题宣传活动，通过制作主题背景板、悬挂横幅、摆放展板、发放宣传材料和宣传品的形式，向市民普及知识产权相关知识。

（顺义区科委）

【申报国家知识产权试点城区】 年内，区知识产权局为顺义区申报国家知识产权试点城区。该方案已于 11 月通过市知识产权局评审，报送国家知识产权局。

（顺义区科委）

大兴区

【概况】 大兴区科委是负责全区科技工作的综合行政部门，与大兴区知识产权局合属办公。年内，区科委紧紧围绕区政府中心工作，发挥科技支撑引领作用，加快科技推动新区发展的核心目标，主动适应经济新常态要求，深化科技体制改革，大幅度提升区域创新体系要素质量和运行效率，加快培育和发展战略性新兴产业，完成区科委主责区政府折子工程和新区深化改革折子工程节点任务。

（王　媛）

【区创新创业大赛举行】 5 月 8 日，以“创新·融合·展示”为主题的 2016 大兴区创新创业大赛正式启动。大赛包括绿色创新创业设计与花器创意大赛和互联网 + 农业创新创业大赛两部分，活动从 5 月持续到 10 月。大赛通过政策发布、宣传推介、展览展示等方式，实现区内科技创新企业在政策、资金、成果、信息、服务等各类创业创新资源的充分对接。

（杨元超　石　韵）

【科技项目落地实施】 年内，全区共争取市级以上生物医药、新能源、设计等领域科技项目 26 项，获批资金 4172 万元。

（刘梦贤）

【鼓励创新活动】 年内，区科委积极落实《新区促进科技创新发展实施细则》等政策措施，对自主研发、成果转化、研发机构和技术平台、产业创新联盟、技术合同交易、科技服务机构、专利示范企业、高新技术企业和小巨人培育企业等多方面的创新活动给予鼓励，共支持 175 个项目，支持金额 5301 万元。

（王　媛）

【启动大兴区科技发展计划项目】 年内，大兴区科技发展计划项目共征集课题 185 项，组织国家、市、区行业专家召开评审会，评审出 95 项支持课题，安排专项经费 1627.8 万元。同时引入重大科技项目管理监理制度，结合实际，通过第三方对重大项目进行资金监管，提高了资金使用效益，保证了项目有序实施。

（刘梦贤）

【高新技术企业统计】 年内，全区共有高新技术企业 451 家，同比增长 28%，全市排名第二位，涉及生物医药、高新服务、新能源新材料和新一代电子信息等主导产业。

（韩世领）

【专利申请数量大幅增长】 年内，全区专利申请 9879 件、专利授权 5607 件，比 2015 年分别增长 34% 和 15.6%。技术合同成交额计划完成 74.6 亿元，实际完成 89.4 亿元，完成计划的 120%。区科委登记处登记技术合同成交额 18.66 亿元，比上年增加 16 亿元，增长 600%。

（李贺珍）

【加快中国设计瑰谷建设】 年内，中国设计节落户大兴，设计节上引入相关资源，在后期跟踪服务的推动下，快速落地大兴区。截至 7 月，新区聚集各类设计企业已达1.3万余家，随着各类资源相继引入，为高水平建设创意设计集聚区打下基础。

（刘梦贤）

【军民合作联盟建设】 年内，区科委促进军工企业与民企融合，技术互补，推动全区唯一一家军民合作单位——北京军民融合仿真装备创新联盟的建设。该联盟由星光凯明、清华大学、国家民航总局、京东方等36家单位组成，开始承担多项国家级战略性研发任务。

（王久超）

【京南大学联盟建设】 年内，区科委牵头推动北京印刷学院、北京石油化工学院、北京建筑大学3所市属高校建立互惠互利服务大兴的新机制，实现首都南部区域教育、科技、文化、人才资源的优势互补，批准3所院校123个项目落地，助力全区"高精尖"经济结构和北京全国科技创新中心建设。

（刘玉库）

【推动科技成果应用示范效应】 年内，区科委围绕生物医药、新能源与节能减排、科技与文化融合等新兴产业，推进全区电动出租车示范运营、电动汽车基础设施建设示范试点工作、村庄社区化管理信息平台建设与示范、半壁店村绿色技术集成示范、兴丰街道长子营镇精细化老年服务平台开发与综合示范等一批重点项目的实施。

（张　军）

【财政资金支持科技项目方式改革】 年内，区科委与市科委联合发起北京中创红星设计与创新产业股权投资基金，同时启动组建科技创新引导发展基金，与社会资本共同成立区内首家科技类基金，改变原有科技项目支持方式，用发展基金带动社会资本推动全区重点产业创新发展。

（王　媛）

平谷区

【概况】 平谷区科委（知识产权局）的主要职责包括：制定并组织实施全区科技计划和规划、开展科普工作、高新技术企业发展、知识产权保护、技术市场及科技奖励、人才队伍建设。年内，区科委紧密结合京津冀协同发展桥头堡和北京城市副中心后花园两个战略定位和区域经济工作重点，进一步解放思想、抢抓机遇，在全面建设美丽、富裕、幸福的"首都生态强区"中发挥积极作用。

（李　征）

【参加"三下乡"活动】 2月6日，区科委参加全区科技、文化、卫生"三下乡"活动，发放科普宣传手册、防震减灾小常识、知识产权宣传手册等宣传材料。

（李　征）

【专利执法】 3月15—18日，区知识产权局对辖区药品、医疗器械销售商进行专利行政执法检查。发现38件商品涉嫌假冒专利行为，并立案处理。

（李　征）

【知识产权培训】 4月26日，在市知识产权局的支持下，区科委与区委组织部、区委党校共同举办"知识产权与创新驱动发展"专题讲座。全区100余名处级领导干部参加培训。

（李　征）

【知识产权宣传活动】 4月30日至5月2日，"2016中国乐谷理想音乐节"在平谷区举行。为充分发挥知识产权的引领和先行保障作用，区知识产权局和平谷区国家音乐产业基地知识产权保护服务工作站，在音乐季活动中开展宣传活动，展示与著作权相关的知识产权宣传展板、张贴主题宣传海报，现场7万余人参加活动。

（李　征）

【科技周活动举行】 5月16日，区科委与区科协、大华山镇政府、大华山卫生院等单位在大华山集市开展科技周"科普大篷车下乡"宣传活动，发放宣传册2000余份，受众800余人次。

（李　征）

【百家实验室进千家企业对接会召开】 6月3日，区科委与首都科技条件平台检测与认证领域中心、北京建材科研院研发实验服务基地、北京大学研发实验服务基地、清华大学研发实验服务基地共同开展"首都科技条件平台平谷工作站'百家实验室进千家企业'"专场对接会，全区高新技术企业、平台加盟成员单位等58家参与对接。

（李　征）

【全国科普日宣传活动举行】 9月18日，区科委与区科协、区气象局、区环保局、区地震局、区疾控中心等单位在平谷世纪广场共同举办全国科普日宣传活动。宣传内容涉及饮食健康、环境保护、防灾减灾等与百姓生活息息相关的科普知识，活动现场摆放科普展板10块，发放科普宣传资料5000余份，各类科普图书600余册，受众500余人次。

（李 征）

【技术创新资金发放】 年内，区科委发放平谷区2015年技术创新资金，补助9家高新技术企业的9个创新型项目，扶持企业技术创新，促进企业科技成果转化，增强和鼓励科研项目转化为生产力，吸引、引导各类机构对科研项目的转化进行投资。

（李 征）

【科普项目通过验收】 年内，由区科委、区中医医院共同承担的“身边的科学——桃树与健康”北京市科普项目通过市科委验收。该课题围绕“桃树与健康”主题开展“科普宣教进农村”活动10次，自制科普资料600册，制作宣传片1部，录制系列科普音像制品2期，建立科普画廊2处，科普展架4套。

（李 征）

【兴谷食品产业聚集区项目通过验收】 年内，北京市科技计划课题“兴谷食品产业聚集区科技示范工程”通过市科委专家验收。该课题研发了薏仁、高粱等杂粮冲调粉营养配方2套；建成了杂粮冲调粉生产线1条，年生产能力2000吨；完善了卤蛋自动化生产线1条，日产量达30万枚；建立了豌豆蛋白与豌豆精粉干法分离中试生产线1条，开发的豌豆蛋白粉蛋白质含量≥80%，豌豆精粉的淀粉含量≥85%；建立北京地区巢蜜生产技术规范1套，设计出生产清洁一体化巢蜜蜂箱1种。

（李 征）

【中医药与健康科普项目实施】 年内，由区科委与刘店镇和前吉山村共同参与的“身边的科学——中医药与健康”项目实施。项目以前吉山中药材基地为中心，围绕山前屋后的野生中草药环境、百姓的饮食和生活习惯，通过开讲座、发放宣传册、中药材种植、品药膳药茶、制作药枕药包、参与趣味竞猜等活动形式，普及百姓身边的科学，宣传发展中草药种植经的理念。

（李 征）

【特色果品产业走廊项目通过验收】 年内，由区政府承担的科技部科技富民强县专项行动计划“平谷区特色果品产业走廊科技示范工程”项目通过市科委专家验收。该项目引进了桃、苹果、梨、甜柿、樱桃、葡萄等果品优质特色新品种12个、树种5个、矮化砧木10种；建立了桃种苗、砧木快速繁育、新品种示范基地200亩，繁育115万株；总结出高效密植果园栽培管理综合配套关键技术，推广建设了高效密植果园5200亩；完善了区、镇（乡）、村三级果树专业技术服务队112个；建设了平谷区农业有害生物监测预报站1个、标准病虫观测场1个、病虫预测预报点10个；印发各种技术材料10多万份，培训科技特派员1236人次，年培训果农8.15万人次。

（李 征）

【通航绿色通道项目立项】 年内，市科委正式立项支持“通用航空运行保障与安全监管系统研究”绿色通道项目。该项目以北京通用航空产业基地马坊石佛寺临时起降点为实验载体，为石佛寺机场周边通航运行保障、低小慢目标监视与反制及其他通航飞行活动提供安全运行技术支撑。

（李 征）

【土壤保护绿色通道项目立项】 年内，市科委正式立项支持“微生物技术在平谷桃树种植区土壤保护的研究与示范”绿色通道项目。

（李 征）

【生物肥料的开发与应用项目通过验收】 年内，由阿姆斯公司承担的北京市科技计划项目“绿色抗病型解淀粉芽孢杆菌生物肥料的开发与应用”通过验收。项目筛选出对多种土传病害病原菌具有拮抗作用的解淀粉芽孢杆菌菌株1株，优化了解淀粉芽孢杆菌发酵培养基组成和发酵条件，建立了该菌种的高密度液体发酵工艺；筛选出了最佳的生物肥料菌种吸附工艺，确定了高浓度喷雾干燥工艺参数，制定了操作规程，研制出高浓度解淀粉芽孢杆菌微生物菌剂新产品1个。

（李 征）

【各区科技专项通过验收】 年内，2015年各区科技专项“平谷区高密植果园病虫害绿色防控科技示范工程”通过验收。该项目建立了绿色防控核心示范区900亩，通过应用农业防治、生物防控、理化诱控、化学防治等综合措施使高密植园区内病虫害发生为害率减轻，综合防治效果达到85%以上，确保示范区农产品农药残留不超标，实现化学农药减量和切实提高农产品质量安全，促进果农增收。

（李 征）

【各区科技专项立项】 年内，各区科技专项“平谷产地花椒、大葱深加工及高产种植技术研究示范”

项目立项。

（李　征）

【重大科学仪器专项进展顺利】 年内，完成了核心单元热重－气相色谱/质谱仪样机4台，并在吉林、深圳质检院和成都食品药品检验研究院开展应用测试；开展了葡萄酒和酿造调味品、食用油、乳粉、白酒样品紫外、红外/近红外、电感耦合等离子光谱、热重－气相色谱/质谱分析方法预研究，提取特征信息，完善样品信息库；申报了8项发明专利，7项实用新型专利、1项软件著作权；完成3项国家计量技术规范标准立项。

（李　征）

【专利资助办法出台】 年内，区知识产权局向区政府申请专利资助资金，由区科委、区财政局共同颁布《平谷区专利资助办法》（试行）。

（李　征）

【专利申请与授权情况】 年内，全区申请专利530件，其中发明专利108件，实用新型专利326件，外观设计专利96件；授权322件，其中发明专利31件，实用新型专利214件，外观设计专利77件。新增专利试点企业5家，累计达52家，专利示范企业1家。

（李　征）

【行政许可与专利执法】 年内，全区技术合同登记82份，技术合同成交总额7000万元；组织执法人员进行20次执法检查，检查单位30余家，发现67件商品涉嫌假冒专利，并上报市局立案处理。

（李　征）

怀柔区

【概况】 怀柔区科委负责本区科技工作、知识产权保护组织协调工作和专利工作。区科委、区科协、区知识产权局合署办公。区科委组织实施工、农业市级科技计划项目3项，市级科普项目3项，区级科技计划项目12项。全年新认定高新技术企业56家，同比增长80%；高新技术企业完成技工贸总收入461.8亿元，同比增长88.7%；实现利润32.9亿元，同比增长30.6%；上缴税金19.3亿元，同比增长35%。纳米产业园签约入驻企业48家，其中19家实现投产运营。全区输出技术合同127项，成交额11亿元，同比增长10%；申请专利782件，获得专利授权410件，其中发明专利82件，实用新型专利249件，外观设计专利79件。全区6个先进集体、7名先进个人获北京市“科普惠农兴村计划”和“社区科普益民计划”奖励，共获奖补资金121万元；新命名区级科普示范（教育）基地10个，支持经费100万元。建成区级科普示范社区1个。全年开展“科普五进活动”“百村农民科学素质提升活动”“科普之春”“科普日暨科普超市行”科技周等科普活动，受益8万余人次。

（宋伟娜）

【纳米药物产业化项目签约入园】 2月15日，中科院高能物理研究所“金属富勒醇抗肿瘤纳米药物产业化”项目签约入驻怀柔雁栖经济开发区纳米科技产业园。这是世界首个抑制肿瘤转移纳米药物产业化项目。

（王立冬）

【纳米医用包装材料开发项目通过验收】 3月22日，由北京化工大学与北京奥星医药耗材有限公司共同承担的市级科技计划“纳米改性聚丙烯腹膜透析医用包装材料开发”项目，通过市级行业专家组结题验收。

（王立冬）

【知识产权周活动举行】 4月26日，区知识产权局在雁栖经济开发区举办知识产权培训会，邀请国家知识产权局北京专利代办处及知识产权代理公司的专家分别就专利电子申请、企业知识产权管理对区内企业进行示范讲解。全区50家企业的70余人参加培训。

（刘文芝）

【6项区级科技计划项目立项】 4月，6项区级科技计划项目（农业类、综合类）签订任务书，分别是“板栗酱生产工艺及加工关键技术研究与示范”“基于‘互联网＋’商业服务的示范与推广”“百合品种选育及繁殖技术研究”“生物发酵豆粕的工业化生产及其在高档饲料中的应用”“食品安全检测公共服务平台在休闲观光农业中的应用与示范”及“北斗星智慧校园系统开发示范项目”。

（闫　彬）

【科技项目培训会召开】 5月20日，区科委组织区内科技型企业与区级项目承担单位，召开区级科技计划项目管理与经费使用培训会，重点就项目立项过程与管理、经费使用及审计工作进行专题培训。

（王立冬）

【科技周活动举行】 5月，以“创新引领 共享发展”为主题的科技活动周举行。科技周采取贴近百姓生活、生动实用的活动形式，开展公众科学日——“走进怀柔科教产业园”活动、“怀柔区科学素养提升行动”系列讲座、“普及安全知识，营造平安怀柔”科普五进活动、中医健康保健养生知识讲座、“畅游科学知识殿堂，提升科学文化素质”科普基地自由行、大众科学健身讲座、农村实用技术培训等一系列科普活动，受益人数3万余人次，技术培训千余人次，发放科普资料万余册（份）。

（王五山）

【纳米涂膜节能玻璃产业化项目通过验收】 6月6日，由北京圣润东方科技有限公司承担的区级科技计划“纳米涂膜节能玻璃产业化及示范应用”项目，完成项目研究内容与实施考核指标，经市级行业专家评定讨论，通过结题验收。

（王立冬）

【科技政策发布】 6月27日，由区科委研究制定，区科委、区发展改革委、区财政局联合签发的《关于印发怀柔区促进科技创新发展专项支持资金实施细则及怀柔区促进纳米等高新技术产业发展专项支持资金实施细则》（怀科〔2016〕11号）印发执行。配套实施细则对支持方向、申报条件、支持方式及申报材料、资金申请拨付程序做了进一步明确及细化。

（王立冬）

【纳米绿色制版技术项目通过验收】 7月14日，由北京中科纳新印刷技术有限公司和怀柔科怀峰盛科技发展有限公司共同承担的区级科技计划“纳米绿色制版技术提升与示范推广”项目，完成项目研究内容与实施考核指标，经市级行业专家评定讨论，通过结题验收。该项目完成纳米绿色制版设备的升级改造，改造后的制版速度及精度得到大幅提升。

（王立冬）

【高新技术企业认定培训会召开】 8月26日，区科委召开全区高新技术企业认定政策培训会，邀请市科委高新处领导对高新技术企业申报认定工作的具体要求、认定依据、申报条件、认定评分细则、申报流程等具体事项进行详细解读，并就企业在高新技术企业认定工作过程中遇到的共性问题和注意事项与参会企业代表进行交流和探讨。全区75家高新技术企业和科技型企业120余人参加培训。

（邢广怡）

【相变储能与集中供热系统项目立项】 8月29日，由北京中科佰能科技有限公司申报的区级科技计划“相变储能与集中供热系统一体化技术研究与示范”项目通过市级行业专家立项评审论证。该项目利用开发出的高储能密度蓄热材料，实现在峰电或平电时段避免开启供暖设备，利用高效储能设备的热量保证末端采暖，实现电力的“移峰填谷”，既能满足电力系统“消纳平衡”，又可促进“农村煤改电”工作进度。

（王立冬）

【科普日暨科普超市行活动举行】 9月10日，“科普日暨科普超市行”活动在怀柔北大街大星发超市举行。活动以“航天梦之旅”为主线，将静态展示、知识问答、交互体验与科技秀结合，为市民搭建集科普、学习、娱乐、休闲于一体的航天主题展。展览分“星际漫步”展示区、“航天梦之旅”体验区、“太空科技秀”互动区3个部分，涵盖图片、视频展示、航天器模型和实物展览、VR虚拟现实体验以及航天模型游戏互动参与等内容。

（王五山）

【北京纳米能源与系统研究所动工】 9月29日，中科院北京纳米能源与系统研究所园区建设项目在怀柔雁栖经济开发区动工，项目规划用地面积为4.47万平方米，总建筑面积为10.79万平方米，预计耗资10亿元，将建设成为集研发、展示、交流、产业转化于一体的国际一流纳米能源全球创新中心。

（王立冬）

【喇叭沟门绿色生态走廊项目通过验收】 10月21日，2015年区科技计划项目“喇叭沟门满族乡白桦谷沟域‘绿色生态走廊’示范与推广”通过结题验收。该项目在现有“濒危植物园”已有物种基础上，繁育本地野生水生植物、野生乔灌木以及野生花卉等多种类植物资源，建立湿地自然恢复河道漫流坡，进行水岸交错生态保护，引种适生的湿生及水生植物进行湿地水源涵养的保护，开展植物资源动态数据及生态环境监测数据相关技术工作。

（闫　彬）

【怀柔区全民科学素质实施方案发布】 10月，区科协起草撰写的《怀柔区全民科学素质实施方案(2016—2020年)》，以区政府名义正式发文。实施方案明确全区"十三五"期间全民科学素质工作的指导思想、5个发展目标、9项重点任务及三大保障措施，为全民科学素质工作的开展提供良好的开端。

(王五山)

【专利试点单位认定】 11月，全区5家企业通过专利试点单位认定，获得北京市专利试点单位证书。这5家企业是：北京森霖木教育科技股份有限公司、国联汽车动力电池研究院有限责任公司、惠众国际医疗器械(北京)有限公司、金翼安达航空科技(北京)有限公司和北京鲲鹏神通科技有限公司。

(刘文芝)

【市级科技计划绿色通道项目立项】 12月2日，由有研粉末新材料(北京)有限公司、国家纳米科学中心和北京有色金属研究总院共同承担的"中低温3D打印铜纳米粉体生产线建设及打印技术开发与应用示范"项目，通过市科委行业专家组论证立项。

(王立冬)

【科普之春活动举行】 年内，全区开展主题为"创新促发展，科普惠民生"的科普之春活动。通过举办科普讲座、展览展示、咨询服务等形式的科普活动，在全社会广泛倡导科技以人为本，科技改变生活、科技引领未来的新观念。期间，共开展各类科普活动143次，参加人数32000人次，制作展板、发放各种宣传资料42000多册。

(王五山)

【4项区级科技计划项目通过验收】 年内，2015年区级科技计划项目"糖尿病患者下肢动静脉血管三维高分辨率磁共振一站式成像关键技术研究""怀柔乡村休闲旅游新媒体服务平台示范与推广""怀柔区中医医院便民智能管理系统""多品种果树现代栽培管理技术示范"分别通过专家组验收。

(闫　彬)

【知识产权助推区域经济发展研究】 年内，针对全区纳米企业发放企业调查问卷48份，收回25份，实地走访纳米企业19家，根据调查情况编写完成《怀柔区知识产权(专利)资源分析研究》《纳米产业重点技术领域专利研究》两份报告。

(刘文芝)

【专利资助工作顺利开展】 年内，区知识产权局完成专利成果转化资助金申报和发放工作，共征集专利资助项目13项。经过专家评审，北京御食园食品有限公司等3家企业获得专利转化资助金60万元；全区90家企业、13名个人获得授权专利资助金77万元。

(刘文芝)

【专利申请与授权情况】 年内，全区专利申请1130件，其中发明专利405件，实用新型专利552件，外观设计专利173件；专利授权533件，其中发明专利95件，实用新型专利328件，外观设计专利110件；有效发明专利571件；PCT专利申请5件。

(刘文芝)

【高新技术企业统计】 年内，区科委认定新申报高新技术企业56家，全区高新技术企业共139家。

(邢广怡)

【高新技术企业认定评估】 年内，区科委先后走访北京春风药业有限公司、德瑞克斯安防产品(中国)有限公司、北京玲珑润云科技有限公司等13家科技型企业(其中生物与新医药3家，电子信息5家，新材料3家，新能源及节能1家，高技术服务1家)，宣讲高新技术企业认定政策，调研企业生产车间和研发中心，掌握企业实际经营情况，对企业是否具备高新申报条件进行评估。

(邢广怡)

【技术合同登记情况】 年内，全区合同登记处新开户19家，输出技术合同127项，成交额11亿元，技术交易额10.4亿元。其中技术开发合同65项，技术转让合同27项，技术咨询合同1项，技术服务合同34项。

(邢广怡)

【区级项目立项统计】 年内，全区累计征集工业科技项目18项。其中新材料技术6项，生物与新医药技术5项，节能环保2项，资源与环境1项，电子信息3项，高新技术改造传统产业1项。经评审，北京米道斯医疗器械有限公司、北京福田戴姆勒汽车有限公司、同方泰德国际科技(北京)有限公司、北京恒源天桥粉末冶金有限公司、北京玛诺生物制药股份有限公司等5家企业获得资金支持。

(邢广怡)

【《怀柔区促进科技创新发展专项支持资金实施细则》发布】 年内，区科委依据《怀柔区促进区域经济转型发展专项资金支持政策(试行)》，制定《怀柔区促进科技创新发展专项支持资金实施细则》。《细则》规定，对于当年研发投入不低于500万元，取得科研成果并在区内进行转化和实现产业化的企业，按照研发项目在上述资金归集内实际投入金额的10%择优给予支持，最高支持资金不超过100万元。

（邢广怡）

【百村农民提素行动开展】 年内，区科委和区科协利用冬春农闲季节，在全区陆续开展"百村农民提素行动"，分别在100个行政村开展各类科普宣教活动，帮助农村居民学习科学技术知识，提高广大农民科学素质。6000余人次参加培训，发放科普宣传材料万余份。

（王五山）

【科普奖励情况】 年内，全区4个先进集体、3个先进个人获得北京市科普惠农兴村计划奖励；4个优秀科普社区、2个优秀基层科普场馆、4名优秀科普宣传员获得北京市社区科普益民计划奖励。

（王五山）

【开展科技套餐配送工程】 年内，区科协根据农民和社区居民实际需求，联系相关协会、专家，组织开展各种知识讲座和培训活动。聘请北京农产品安全质量学会、北京林学会、北京农学会、北京林保站、北京病理学会、北京生产力学会等科技社团专家89人次，组织开展农产品安全检测、果树栽培后修剪技术、农作物病虫害防治等培训、讲座19次，受益人数6790人次。

（王五山）

【科普示范基地评选】 年内，全区共有10个基地被推荐为2016年度怀柔区科普（教育）示范基地，每个基地获得10万元支持建设资金。这10个基地分别是北京手尚DIY创意体验基地、怀柔乡土植物园、渤海明清板栗园、杨宋羊世界生态农业观光园、北京蜂康养殖基地、膜技术展示科普教育基地、纳米绿色印刷教育基地、青少年森林生态体验科普教育基地、北京二锅头酒古法酿制工艺实践基地和北京耘泽谷生态农业示范基地。

（王五山）

【组织实施市级科普项目】 年内，全区计划并实施市级科普项目3个，分别是怀柔区农村生态科普流动体验馆建设项目（建设资金104.4万元）、老爷车博物馆建设项目（建设资金270.3万元）和中国（怀柔）影视科普教育基地建设项目（建设资金227.35万元）。3个项目均已完工并投入使用。

（王五山）

【社区科普体验厅建设】 年内，泉河街道新贤家园社区建设社区科普体验厅一处。该体验厅主要面向社区青年人及老年人，以"贴近居民，贴近民生，关注健康，普及科学"为主题，将先进的健康理论与各类智能化的健康服务设备结合，搭建"知行信"健身服务系统，通过低智能血压计、健康宝典等智能化健身设备对社区居民进行无创检测和综合评估，并提出健身、营养建议方案，引导社区居民养成健康的生活方式。

（王五山）

【科普行动获奖】 年内，在全国基层科普行动计划中，区种子协会被评为全国农村专业技术协会奖补单位，渤海镇渤海所村村民刘春明被评为全国基层科普行动计划农村科普带头人。奖补单位及个人获得全国基层科普行动计划奖补资金25万元。

（王五山）

密云区

【概况】 密云区科委与密云区知识产权局合署办公，负责科技管理工作。年内，区科委深入贯彻落实新发展理念，统筹谋划、主动作为，工作重心由"项目管理"逐步转向"创新服务"，在营造创新环境、促进区域创新能力提升、支撑"高精尖"产业发展、引领经济增长方式转变、科技普惠社会民生等方面取得突破。20个项目在市科委立项，获得科技支持资金1881万元；国家高新技术企业120家，市级以上研发机构33家，市级专利试点（示范）企业69家；完成技术合同成交额4.09亿元，新申请专利1433件，同比增长111.98%，获得授权402件。

（焦　扬）

【科技工作会召开】 1月29日，2016年度密云区科技工作会召开，会议确定了"四平台、一体系、三模式、四园区"的年度重点工作，即搭建院企协同创新平台、成果转化平台、科技金融服务平台和创新创业服务平台，培育北京智能装备协同创新中心、北京协同创新研究院、首都科技条件平台三位一体的协同创新服务体系，深入实施“创新中心＋孵化器＋产业园”的产业发展模式、科技创投基金的产业融资模式、高端科技人才的产业引领模式，加快未来网络产业园、智能装备产业园、生物医药产业园和北京密云国家农业科技园区的建设。

（张怀东）

【高新技术企业工作会召开】 3月14日，高新技术企业颁证及工作部署会召开，区内35家企业的负责人参加会议。区科委为24家新认定企业和11家通过复审的企业颁发“国家高新技术企业”证书，并进行政策培训。

（宋立荣）

【未来网络交流会召开】 4月1日，区科委与北京密云生态商务区共同举办未来网络交流会。犀牛科技、博识创智等5个互联网领域创新团队分别介绍团队核心技术、研发情况和发展前景，区科委等部门就高新技术企业、市级研发机构的认定政策和项目资金支持方式做了介绍。

（任雪娇）

【院企对接会召开】 4月21日，区科委与中国中医科学院举办院企对接洽谈会，区内汉典药业、建生药业分别与中国中医科学院实验中心分子生物学、物质分析检测、中医药机能等8个实验室，在中药成分检测、小分子检测、药理药效研究等方面达成初步合作意向。

（赵　亮）

【工业互联网团队展示活动举行】 4月26日，区科委与北京密云生态商务区在未来网络创新中心共同举办“工业互联网团队展示与交流活动”。国家“千人计划”专家针对工业互联网发展背景、中国工业互联网关键技术研究、落地项目开发等内容进行分享与交流。区科委、商务区针对全区投资环境和政策进行介绍。

（任雪娇）

【世界知识产权日宣传】 4月26日，区科委与区商务委、区文化委等部门，在文化活动广场开展主题为“加强知识产权保护运用加快知识产权强国建设”的宣传活动。活动现场发放知识产权宣传品3000余份，解答各类现场咨询100余次。

（景　姗）

【科普统计工作启动】 4月28日，2015年度科普统计工作启动。全区共有专职、兼职科普人员1866人，北京市科普教育基地、创新型科普社区、科普体验厅和青少年探索实验室24家，建设科普活动室（场地）386个，形成区、镇（街道）、村（社区）三级贯通的科普工作阵地。

（李大轩）

【蜜蜂科普场馆试营业】 5月1日，全市首家蜜蜂科普场馆——蜜蜂大世界试营业。蜜蜂大世界位于太师屯镇龙潭沟村，总占地3800平方米，其中主展厅1600平方米，包括蜜蜂科普知识区、互动体验区、蜂产品DIY区和蜂产品展示销售区，主要对蜜蜂的种类及分布、生理结构、采蜜过程和蜂产品生产工具等进行展示。该场馆已被市科委认定为北京市科普教育基地。

（李大轩）

【亨通斯博公司知识产权管理达到国标】 5月9日，区内专利工作示范单位北京亨通斯博通讯科技有限公司通过《企业知识产权管理规范》国家标准认证，成为全市首批、生态涵养区首家通过认证的企业。

（景　姗）

【科技周开幕】 5月13日，密云科技周开幕。本届科技周以“创新引领·科技惠民”为主题，主场活动为“科学技术展”，集中展示3D打印技术、虚拟现实、机器人、人脸识别等技术。

（李大轩）

【家禽养殖技术培训举行】 5月17日，家禽养殖技术培训在高岭镇爱农养殖基地举行，市农林科学院畜牧兽医研究所专家就“鸡场卫生消毒技术”“鸡传染病基础知识和卫生消毒与免疫技术”进行讲解，该镇60余名养殖户参加培训。

（张建芳）

【农业电商培训举行】 6月20日，区科委与市农林科学院共同举办的北京市农业电子商务暨农业节水技术高级研修班开班。此次培训为期5天，区内从事电子商务的企业负责人、相关技术人员、电商创业者40余人参加培训。

（张建芳）

【专家工作站成立】 6月27日，市农林科学院首个专家工作站在区内高岭镇爱农养殖基地成立，市农林科学院及区委相关领导参加揭牌仪式。

（张建芳）

【密云科技馆开馆】 7月15日，密云科技馆开馆。市科委及区委相关领导出席仪式。密云科技馆总占地面积7520平方米，是全市郊区面积最大的科技馆，包括生态成就建设、科普体验展、生命科学、天文科普4个主题展厅，市民可凭身份证、学生证免费参观。

（许小亮）

【农业科技创新创意服务联盟成立】 8月2日，农业科技创新创意服务联盟全体会员大会召开，34家会员单位负责人参加会议。会议通过了联盟章程和选举办法，确定了联盟的组织机构。

（张建芳）

【软件正版化培训举行】 9月26日，软件正版化工作宣传培训举行，区科委全体干部职工学习了《北京市密云区2016年全区国家机关软件正版化工作方案》，观看了北京市使用正版软件宣传片，进一步加强机关工作人员对软件正版化工作的认识。

（李大轩）

【知识产权金融政策培训举行】 11月9日，区科委与市知识产权局共同举办知识产权金融和相关政策培训。培训对知识产权金融推动产品创新、科技型中小企业银行融资、专利收费减缴政策、企业知识产权管理与标准化等内容进行讲解。区内100余家科技企业的知识产权主管和财务负责人参加培训。

（王香玲）

【知识产权进校园活动举行】 11月30日，区科委与区教委在水库中学、溪翁庄镇中心小学开展“知识产权进校园”主题教育活动，并向学校赠送《知识产权特战队》《知识产权特训营》等知识产权教育读本1200余册。

（景　姗）

【获中国专利优秀奖】 12月7日，国家知识产权局发布《关于第十八届中国专利奖授奖的决定》，区内企业北京斯伯乐科学技术研究院的发明专利“一种乙烯装置碱洗塔黄油抑制剂及其使用方法”获中国专利优秀奖。

（景　姗）

【技术合同成交额统计】 年内，全区共有166项科技成果通过技术市场实现转化，技术合同成交额4.09亿元。主要集中在先进制造、电子信息、节能环保和生物医药4个领域。其中15家企业输出科技成果及服务57项，实现技术合同成交额2.2亿元；74家企业吸纳科技成果及服务109项，实现技术合同成交额1.89亿元。

（宋玉美）

【科技项目管理情况】 年内，“辊筒类零件智能柔性生产线及关键装备研制及示范”“密云区生态科普走廊建设与示范”“都市现代农庄生态景观技术集成研究与应用示范”等20个项目在市科委立项，获得科技支持资金1881万元；“基于云计算技术的智能化三级联动服务系统研发及应用”“北京密云生态商务区智慧管理服务系统研发与应用”等14个项目通过市科委验收。

（赵红霞）

【高新技术企业快速发展】 年内，全区现有国家高新技术企业120家，数量居生态涵养区第二位，其中上市企业16家，总收入亿元以上的企业25家，纳税千万元以上的企业21家。120家企业投入研发经费9.76亿元，同比增长25%；实现总收入131.72亿元，同比增长20%；实现税收6.81亿元，同比增长8%。

（宋立荣）

【企业创新能力显著增强】 年内，全区新增市级以上研发机构3家，总数达到33家；5项科技成果填补国际国内空白，25项科技成果通过北京市新技术新产品认定，113项科技成果得到转化。

（宋立荣）

【未来网络产业园建设】 年内，北京只点在线科技有限公司、北京犀牛瀚海科技有限责任公司等9家新一代信息技术企业落户未来网络产业园，园区累计入驻企业13家。全年纳税3537.1万元，形成区级财政收入914.4万元。

（赵　亮）

【智能装备产业园建设】 年内，超同步智能装备产业园一期工程完成建设任务的92.8%，储备课题104项，研发科技成果9项；中科智能超精密产业园完成规划设计方案，中科院“分子影像”和“步态识别”项目落户园区。

（宋立荣）

【电动充电桩建设】 年内，新建电动汽车充电桩1269个，主要分布在区内行政事业单位、城区公共区域和部分旅游景点。

（李大轩）

【专利试点单位认定】 年内，北京康华远景科技有限公司等7家企业通过2015年度北京市专利工作试点单位认定，推荐北京北汽摩有限公司等6家企业申报2016年度北京市专利工作试点单位。全区累计拥有市级试点、示范企业69家,试点期企业6家。

（王香玲）

【青少年科学探索实验室建成】　年内,新建两家北京市青少年科学探索实验室,分别是北京师范大学密云实验中学3D创意探索实验室和西田各庄镇中心小学农村创客探索实验室。

（李大轩）

【84岁老人获国家专利】　年内,穆家峪镇阁老峪村84岁老人梁金荣申请的“老虎枕”等6件外观设计专利获得国家知识产权局授权,成为全区年龄最大的专利权拥有人。

（景　姗）

【专利执法情况】　年内,对区内34家超市、医药、电器等重点经营场所开展专利执法检查,累计登记专利商品653件,办结假冒专利案件36起,案件办理量同比增长24%。

（王香玲）

【区域品牌保护工作情况】　年内,区科委将“檀州”“阁老峪”“京承”等25件商标许可给北京密鑫农业发展有限公司等5家单位使用,并对“京华神农峪”在7个类别上提交注册申请。

（景　姗）

延庆区

【概况】　延庆区科委管理全区科技工作,设有办公室、管理科、综合科、知识产权科、科技协作服务部5个科室,现有在职干部职工23人。年内,1项科技项目(课题)被列为市级科技项目,获市扶持资金240万元;2个项目(课题)通过验收。高新技术企业增至42家,市专利试点单位增至19家,市级创新型科普社区增至9家。举办各类科技政策法规培训、科普宣传、知识产权宣传等8期,培训3000人次。

（罗　振）

【应急指挥系统课题通过验收】　1月20日,由区政府办公室、北京歌华有线电视网络股份有限公司延庆分公司共同承担的北京市科技计划“延庆县综合应急指挥系统功能提升建设”课题通过验收。

（罗　振）

【绿色发展主题科普活动项目立项】　2月28日,绿色发展主题科普活动被市科委立项。

（罗　振）

【市级科普先进集体和个人评选】　3月,市科委与市科协完成北京市科普工作先进集体与个人的评选工作。延庆区旧县镇科协、詹天佑纪念馆被评选为北京市科普工作先进集体;杨燕、张静焜、吴强被评选为北京市科普工作先进个人。

（罗　振）

【知识产权宣传工作】　4月26日,区知识产权局与区工商分局、区文委等单位,在绿韵广场开展以“加强知识产权保护运用,加快知识产权强国建设”为主题的知识产权宣传咨询活动。在活动现场,通过发放宣传资料、解答疑问、图片展示等形式宣传了《商标法》《专利法》《著作权法》《北京市展会知识产权保护办法》《展会知识产权保护指导案例》等知识产权法律法规,共发放宣传资料和物品5000余份(册),参加活动3000人次。

（罗　振）

【专利试点单位培育】　4月,区知识产权局推荐北京紫光制药有限公司申报专利试点培养单位。

（罗　振）

【“十三五”科技规划正式发布】　8月22日,《延庆区“十三五”时期科技事业发展规划》发布。规划明确提出:今后5年延庆区科技工作重点围绕深化全面创新改革、优化创新创业生态体系,强化绿色科技支撑、推动绿色产业创新发展,激发产业技术创新活力、优化“高精尖”产业结构,加强科技成果应用、保障世园会和冬奥会成功实施及相关产业跨越发展,强化民生科技应用和科普工作、实现科技惠及民生,加强创新前瞻布局、夯实知识产权基础6个方面开展,突出科技支撑、引领和驱动作用,促进国际一流生态文明示范区建设。

（罗　振）

【马铃薯工程技术课题通过验收】　9月2日,由北京希森三和马铃薯有限公司承担的“马铃薯工程技术研究中心及科技示范基地建设”(编号:z141100002314001)课题通过验收。

（罗　振）

【延庆区技术市场登记处成立】　11月26日,延庆区技术市场登记处获市科委批准成立,登记处编号为 1100－47。登记处具体负责区内技术合同认定工作。

（罗　振）

【技术课题通过专家论证】　12 月 1 日，由美科尔（北京）生物科技有限公司承担的“万寿菊产业化关键技术研发与集成示范”课题实施方案通过专家论证。

（罗　振）

【延庆园知识产权保护服务工作站成立】　12 月 9 日，中关村延庆园知识产权保护服务工作站成立，揭牌仪式在北京鼎翰恒海生物科技发展有限公司举行。副区长罗瀛、市知识产权局副巡视员周立权及市区相关部门单位领导、企业代表 80 余人参加了揭牌仪式。中关村延庆园知识产权保护服务工作站由市保护知识产权举报投诉服务中心、区知识产权局、中关村延庆园管委会三方共建，主要负责接收和转交知识产权侵权假冒违法行为的举报投诉，提供知识产权维权援助，开展知识产权政策宣传、业务培训和纠纷调解等工作。

（罗　振）

【专利执法】　12 月 5—14 日，区知识产权局执法人员到北京百信仁康大药房等 12 家药店及农资商店进行了专利行政执法检查，共查出涉嫌假冒专利产品 15 件，并立案处理。

（罗　振）

【科普资源统计】　年内，对 2015 年的科普资源进行了统计，截至 2015 年年底，全区科技博物馆 6 个，科技馆 4 个，城市社区科普专用室 22 个，农村科普活动场地 359 个，科普画廊 300 个；科普教育基地 14 个，其中国家级科普教育基地 8 个；创新型科普社区 20 个，其中市级创新型科普社区 9 个；科普专职人员 195 人，科普兼职人员 1252 人。

（罗　振）

【科普活动统计】　年内，对 2015 年科普活动进行了统计。截止 2015 年年底，共举办科普讲座、科普展览等 1724 次，110 万人次参加；专题活动 304 次，7 万余人次参加；实用技术培训 1692 次，6 万人次参加；发放科普读物和资料 120 万份。

（罗　振）

【实施科技体制机制改革】　年内，区科委、区知识产权局牵头组织相关部门，研究起草《北京市延庆区构建完善创新创业生态系统资金支持办法》（讨论稿）和《世园会科技创新工作保障机制建设方案》审议稿。

（罗　振）

【落实专利扶持政策】　年内，区知识产权局为北京玻钢院复合材料有限公司、北京科苑达医疗用品厂等 15 家企业办理专利申请费用减缓证明，为企业降低专利申请成本，减轻经济负担。

（罗　振）

【高新技术企业认定情况】　年内，北京阔野田园生物技术有限公司、北京德立福瑞医药科技有限公司等 15 家企业通过国家高新技术企业认定，成为延庆区第九批高新技术企业。全区高新技术企业增至 42 家。

（罗　振）

政策法规选

北京市人民政府关于印发《北京市“十三五”时期加强全国科技创新中心建设规划》的通知

京政发〔2016〕44号

各区人民政府，市政府各委办局，各市属机构：

现将《北京市“十三五”时期加强全国科技创新中心建设规划》印发给你们，请认真贯彻执行。

北京市人民政府

二〇一六年九月二十二日

北京市“十三五”时期加强全国科技创新中心建设规划

一、把握新机遇，全国科技创新中心迈向新征程

（一）形势与使命

加强全国科技创新中心建设要引领创新方向，抢占国际竞争制高点，打造全球创新网络关键枢纽。当前，世界范围内新一轮科技革命和产业变革正在孕育兴起，信息技术、生物技术、新材料技术、新能源技术等广泛渗透，带动了以绿色、智能、泛在为特征的群体性技术突破，重大颠覆性创新时有发生，对国际政治、经济、军事和安全等产生深刻影响，科技创新成为重塑世界经济结构和竞争格局的关键。为此，世界各国纷纷加强创新部署，美国创新战略、日本新成长战略、德国工业4.0战略等相继应运而生。坚持和强化北京全国科技创新中心定位，必须站在世界科技创新前沿，坚持全球视野，坚持创新自信，积极融入全球创新网络，全面增强自主创新能力，实现从“跟跑”“并跑”向“领跑”转变。

加强全国科技创新中心建设要支撑新常态下经济发展和社会进步，成为科技与经济结合的典范。我国经济发展进入新常态，表现出速度变化、结构优化、动力转换三大特点，发展动力正在从主要依靠资源和低成本劳动力等要素投入转向创新驱动。北京加强全国科技创新中心建设，必须主动适应、积极引领新常态，率先形成有利于大众创业、万众创新的良好局面，发动创新的“新引擎”，推动改革的“点火系”。依靠科技创新提高全要素生产率，大力推动供给侧结构性改革，通过科技创新形成新产品、新业态、新产业，创造新供给，引导新消费，实现创新驱动内涵式增长。

加强全国科技创新中心建设要有力支撑京津冀协同发展等国家战略，引领创新驱动发展新方向。北京是京津冀协同发展的核心，通过建立健全创新体系，努力打造技术创新总部聚集地、科技成果交易核心区、全球高端创新中心及创新型人才聚集中心，并推动创新资源带动津冀、服务全国。同时，全力加快京津冀协同创新共同体建设，联合打造创新发展战略高地和自主创新源头，让科技创新成为支撑经济社会可持

续发展的原动力，勇当区域协同发展和创新驱动发展的先行者。

（二）基础与条件

高端创新要素不断聚集。截至2015年年底，在京两院院士766人，约占全国的1/2。各类科研院所412家，位居全国首位。国家重点实验室120余家，国家工程技术研究中心近70家，分别约占全国的1/3和1/5。国家高新技术企业超过1.2万家，约占全国的1/6。创业投资和股权投资管理机构3800家，管理资金总量约1.6万亿元。2015年，研究与试验发展经费投入占北京地区生产总值的比重达到5.95%，居全球领先水平。

自主创新能力显著增强。承接了11个国家科技重大专项，涌现出北斗卫星导航系统、超大规模集成电路、第三代核电技术、碳基集成电路、遗传诊断技术、三维感知技术等一批处于国际前沿水平的重大科技成果。子午工程、凤凰工程等6个科技基础设施在京建设，国家蛋白质科学中心（北京基地）开始运行。截至2015年年底，万人发明专利拥有量达到61.3件。“十二五”期间，累计获得国家科学技术奖项目数量占全国的比重超过30%，中关村企业累计创制国际标准184项。

“高精尖”经济结构初步显现。六大高端产业功能区创造了全市45.2%的地区生产总值。2015年，科技服务业增加值1820.6亿元，年均增速达到14.1%，占北京地区生产总值的比重达到7.9%。中关村国家自主创新示范区增加值达到5557.4亿元，占北京地区生产总值的24.2%。金融、信息、科技服务三大优势产业对经济增长贡献率超过70%。“十二五”时期，针对“大城市病”治理难题，大力推动科技成果示范、应用和推广，单位地区生产总值能耗、水耗累计分别下降24.5%和20.2%。

体制机制不断创新。先后出台《关于深化科技体制改革加快首都创新体系建设的意见》《关于进一步创新体制机制加快全国科技创新中心建设的意见》等重大改革措施，“京校十条”“京科九条”等政策突破了一系列机制障碍，创新政策体系不断完善。在中关村国家自主创新示范区率先实施“1+6”“新四条”等先行先试政策，其中10余项试点政策在全国推广。涌现出一批基于“互联网+”的融合式发展新业态。率先开展服务业扩大开放综合试点、三网融合试点、电子商务试点。诞生了一批以众创空间为代表的创新型孵化器，创业孵化服务新兴业态初步显现。

辐射引领能力不断增强。2015年，北京技术合同成交额达到3452.6亿元，占全国的35.1%，其中70%以上的技术辐射到国内其他省区市和国外地区，持续推动首都科技资源向社会开放。联合国教科文组织创意城市网络“设计之都”建设稳步推进。与40多个国家的400多个国际技术转移机构建立长期合作关系。“北京市国际科技合作基地”达到370余家。连续成功举办中国（北京）跨国技术转移大会和中意创新合作周等系列活动，品牌效应明显提高。

但同时，本市在推进全国科技创新中心建设过程中，仍面临一些突出问题。如：全球高端创新要素集聚能力、原始创新能力尚需进一步提升；科技创新在支撑“高精尖”经济结构、治理“大城市病”、发现和培育新经济增长点等方面还需进一步强化；市场配置创新资源的决定性作用发挥不够充分，政府服务创新水平有待提高，企业创新动力和活力还需进一步增强。因此，进一步促进科技创新与经济社会各方面的深入融合，增强全社会共同参与科技创新的积极性和主动性，仍是“十三五”时期北京建设全国科技创新中心的重要使命。

二、总体思路、基本原则和发展目标

（一）总体思路

深入贯彻落实党的十八大和十八届三中、四中、五中全会精神，深入学习贯彻习近平总书记系列重要讲话和对北京工作的重要指示精神，按照“五位一体”总体布局和“四个全面”战略布局，牢固树立创新、协调、绿色、开放、共享的发展理念，从供给侧和需求侧两端发力，全面落实创新驱动和京津冀协同发展战略，以《北京加强全国科技创新中心建设总体方案》为指导，以人才为第一资源，以全面创新改革为主线，以中关村国家自主创新示范区为主要载体，更加注重增强原始创新能力，更加注重推动科技创新与经济社会发展紧密结合，更加注重服务全国和国际开放合作，更加注重营造良好创新创业生态环境，努力把北京建设成为科技创新引领者、高端经济增长极、创新人才首选地、文化创新先行区和生态建设示范城，为把我国建设成为世界科技强国做出更大贡献。

（二）基本原则

坚持全面改革。将改革贯穿于全国科技创新中心建设的各个领域和环节，统筹推进科技体制改革和经济社会各领域改革衔接，实现科技创新、制度创新、开放创新的有机统一和协同发展。

坚持市场主导。充分发挥市场配置创新资源的决定性作用和更好地发挥政府作用，破除制约创新的体制机制障碍，建立公平、开放、透明的市场规则，激发创新主体和全社会创新创业的活力与潜能，强化科技和经济社会发展的紧密结合。

坚持人才优先。将人才作为创新的第一资源，充分释放人才红利，更加注重对国内外高端人才的吸引，更加注重创新人才的培养与优化配置，更加注重完善创新人才的激励机制，更加注重营造有利于人才创新的社会文化氛围。

坚持开放合作。将北京的发展置于京津冀协同发展乃至全国创新驱动发展的大局中加以谋划和推进，积极融入全球创新网络，立足世界前沿科技和全球产业链高端环节，实现区域发展新跨越和国际影响力持续提升。

（三）发展目标

到2020年，北京全国科技创新中心的核心功能进一步强化，成为具有全球影响力的科技创新中心，支撑我国进入创新型国家行列。积极争取国家实验室在北京建设，在基础研究和战略高技术领域抢占全球科技制高点。建成中关村科学城、怀柔科学城、未来科技城，形成国际一流的综合性大科学中心。突破一批具有全局性、前瞻性、带动性的关键、核心和产业共性技术，率先形成以创新为引领的产业体系。初步建成京津冀协同创新共同体，创新驱动发展体制机制基本完善，创新创业生态系统更加优化。

1. 原始创新能力显著提高

基础研究经费占研究与试验发展经费的比重达到13%。万人发明专利拥有量达到80件。高被引论文数占全国的比重达到30%。通过专利合作协定（PCT）途径提交的专利申请量年均增长率保持在25%左右。

2. 科技对经济社会发展的贡献更加突出

规模以上工业企业研发投入占企业销售收入的比重超过1.3%。科技服务业收入达到1.5万亿元。技术交易增加值占地区生产总值的比重保持在9%左右。诞生一批具有全球影响力的创新型企业和品牌，培育一批技术创新、应用服务创新和商业模式创新相融合的新业态。

3. 开放协同取得新突破

全面服务"一带一路"、京津冀协同发展、长江经济带等重大国家战略。输出京外的技术合同成交额占北京技术合同成交额的比重保持在70%左右。围绕产业链布局一批具有产学研协同特征的科技企业集团，推进其在京津冀地区联动发展。

4. 创新创业生态系统进一步优化

聚集一批站在国际前沿、具有国际视野的战略科学家、科技领军人才、企业家、创新创业团队和企业研发总部。全社会研究与试验发展经费支出占地区生产总值的比重保持在6.0%左右。各类孵化机构在孵企业数量超过10000家。全市公民科学素养达标率达到24%。

三、实施知识创新中心计划，建设全球原始创新策源地

（一）央地协同，共建国家原始创新中心

1. 全面对接国家科技重大专项和科技计划

主动服务国家创新战略，全力配合国家科技重大专项实施，争取更多重大任务在北京实施。鼓励和支持在京企业、高等学校和科研院所承接重大专项项目。以应用基础研究为重点，加大对资源环境、人口健康、能源交通、信息、材料等领域国家重点研发计划的配套支持力度。鼓励市自然科学基金与国家自然科

学基金成立联合基金，共同资助若干优势领域和方向的基础研究。

2. 服务国家重大科技基础设施建设

争取更多的重大科技基础设施落户北京，完善相关配套政策措施，提供全方位服务保障。积极配合综合性国家科学中心布局，加快推进高能同步辐射光源、综合极端条件实验、地球系统数值模拟等大科学装置建设，为原始创新提供开放共享平台。积极推动转化医学国家重大科技基础设施建设。建成支撑未来网络基础研究开发和产业创新的基础性公共平台。

3. 推进首都科技资源融合发展

以国家战略目标和需求为导向，推动建设跨学科综合型国家实验室。继续深化与国家有关部委会商合作，全力推动中关村科学城、怀柔科学城、未来科技城建设。深化与中国科学院的院市合作机制，积极配合"率先行动计划"，重点支持卓越创新中心建设。促进与中央企业和民营科技型企业等的合作，支持重点实验室、工程(技术)研究中心等高水平研发中心建设。加强军民融合，鼓励在京企业、高等学校、科研院所承担国防科技前沿创新工作，促进国防科技成果向民用领域转移转化。

专栏1："三大科技城"的主要功能及特点

中关村科学城。依托中国科学院有关院所、高等学校和中央企业，聚集全球高端创新要素，实现基础前沿研究重大突破，形成一批具有世界影响力的原始创新成果。聚集产学研创新主体和产业高端要素，集中建设下一代互联网及应用技术创新园、航天科技创新园、航空科技园、宽带技术产业创新园等专业园区，打造新型特色产业园和产业技术研究院。在信息科学、基础材料、环境、能源等领域，开展基础及应用研究，为创新发展提供储备和支撑；在信息、生物医药、先进制造、导航等技术领域，突破一批关键共性技术，增强高技术产业的国际竞争力；在第五代移动通信(5G)技术、类脑芯片、第三代半导体、三维(3D)打印、智能机器人等领域，推动技术创新跨越工程实施，为经济社会发展孕育新兴产业增长点，形成国家知识创新和战略性新兴技术重要源头。

怀柔科学城。以建设大科学装置为核心，重点拓展与中国科学院的合作，共同建设高能同步辐射光源、综合极端条件实验、地球系统数值模拟等大科学装置。依托重大科技基础设施集群和中国科学院怀柔科教产业园，搭建大型科技服务平台，建设综合性国家科学中心，建设世界一流的科技人才聚集区，建设综合型和专业型国家实验室。汇聚优势科研机构，不断涌现原始创新成果，打造我国科技综合实力的新地标。

未来科技城。集聚一批高水平企业研发中心，集成在京科技资源，引进国际创新创业人才，强化重点领域核心技术原始创新能力，打造大型企业集团技术创新集聚区。围绕能源、材料、电子、信息、民用飞机设计等领域，产生国际先进的科技成果。成为一流科研人才的聚集地、引领科技创新的研发平台和全新运行机制的人才特区。建成代表我国相关产业应用研究技术前沿水平、引领产业转型升级的创新高地。

(二)超前部署，抢占世界未来科技发展制高点

1. 坚持需求导向，开展应用基础研究

紧扣国家科技发展战略需求，重点部署围绕信息科学、材料科学、生物医学、农业科学、环境科学、能源科学等领域关键问题开展原始创新、集成创新和引进消化吸收再创新，为经济社会发展提供基础研究支撑和技术储备。

专栏2：需求导向的基础研究领域和方向

信息科学。包括电子系统与软件基础理论、人机交互理论、网络安全与信息安全理论、新型电子器件与传感器设计理论等。

材料科学。包括基础材料改性优化的理化基础、新材料的物理化学性质、材料基因组研究、先进材料制备科学、新材料设计及新工艺机制与方法等。

生物医学。包括脑医学、重大疾病分子与细胞基础、病原体传播、变异规律和致病机制、药物在分子(细胞)与整体调节水平上的作用机制、中医药学理论体系、恶性肿瘤的发病机制和干预、心脑血管疾病的发病机制和干预、重大传染病与新发突发传染病、生物大分子结构、干细胞发育与分化、生物种质资源、生

物信息学基础等。

农业科学。包括农业生物基因和功能基因组学、生物多样性与新品种培育的遗传学基础、农业生物与生态环境的相互作用、现代育种理论与方法、农产品质量安全、农林草综合系统的可持续发展等。

环境科学。包括生态与环境演变、环境污染的机制与控制、大气规律和气候变化、城市化的资源环境效应研究等。

能源科学。包括高性能热功转换及高效节能储能中的关键科学问题、新能源和可再生能源规模化利用的基础研究、节能的新理论与新方法、智能电网的基础研究等。

2. 把握新科技革命机遇,部署前沿技术研究

面向未来高技术更新换代和新兴产业发展需求,重点部署一批科技前沿和战略必争领域研究项目,突破一批关键共性技术,取得一批重大原始创新成果,增强破解重大技术瓶颈能力。发挥科技引领未来发展的先导作用,提升高技术研究能力和高技术产业国际竞争力。

专栏3:前沿技术研究领域和方向

信息技术。重点研究量子计算与量子信息、光子信息处理、海量数据处理、智能感知与交互等重点技术,开展未来互联网,智能数据感知、采集、存储与应用,卫星移动通讯,下一代广播电视等重大技术系统和战略产品研发。

生物医药技术。重点研究基因组学及新一代测序技术、基于干细胞的人体组织工程技术、生物治疗技术、分子诊断和分子影像技术、生物信息技术、药靶发现与药物分子设计技术等。

先进制造技术。围绕绿色制造和智能制造,开展微纳制造技术、重大装备技术、仿生制造、增材制造、数字化设计与制造技术、智能机器人等研发。

资源环境技术。重点研究新型污染物治理技术与装备、清洁空气技术、大气环境预报预警技术、生态环境监测技术等。开展再生能源、节能技术等研发。

新材料技术。开展纳米器件、超导材料、新型功能与智能材料、高效能源材料、生态环境材料等研发。

新能源技术。重点围绕能源高效、清洁利用和新型能源开发,开展氢能源、能源转换、新型储能技术等研发。

导航技术。在先进遥感、地理信息系统、导航定位、深空探测等领域,开展全球空间信息主动服务、导航定位与位置服务等系统研发。

3. 面向全球产业变革,实施大科学计划

加强顶层设计,将基础研究与前沿技术应用紧密结合,集中力量实施脑科学计划、量子计算与量子通信研究计划、纳米科学研究计划等大科学计划,力争取得一批具有国际影响力的原始创新成果。

专栏4:解决重大科学问题的未来研究与应用计划

脑科学研究计划。以“脑认知与脑医学”中的重大科学与临床问题为研究重点,建立跨部门、跨学科的脑认知与脑医学研究支撑平台,研发一批创新性关键技术,为脑重大疾病的预测、预防、诊断、治疗到康复提供技术支撑。在“脑认知与类脑计算”方面,建成支撑脑认知与类脑计算基础研究和技术研发的公共平台,着力在类脑计算理论基础研究、类脑计算机研制和类脑智能3个方面取得重要突破,形成类脑计算机软硬件研制系统。

量子计算与量子通信研究计划。基于卫星的广域量子通信以及大尺度量子计算、量子信息技术应用,研究远距离量子通信与空间尺度量子关键技术等。

纳米科学研究计划。围绕纳米技术及材料,针对纳米光电子器件、碳材料、碳基纳米器件、纳米药物、纳米生物医学材料、纳米能源、纳米生物效应与安全、纳米技术标准、表征技术、环境纳米材料等开展研究。

(三)夯实基础,强化学科、基地和团队建设

1. 推进新兴交叉学科建设,完善学科布局

部署前沿探索和跨学科研究工作,培育新兴交叉领域,开辟新的学科方向。加强基础学科与应用学科、自然科学与人文社会科学的交叉融合,推动网络数据科学、量子信息学、生物医学、纳米科学与技术、生

物信息学等学科的建立与完善。鼓励高等学校开展国际评估,扩大交流合作,推进国际化进程。重视基础研究与教学结合,使科技和教育形成合力,以基础研究推动学科建设,以学科发展促进世界一流大学建设。

2. 推动多方共建研究基地,夯实基础研究根基

支持企业、高等学校、科研院所共建基础研究和前沿技术研究基地。鼓励企业建立研发中心,开展应用基础研究和前沿技术研究,提前布局未来发展。以高端人才培养为核心,建设20个左右的"高精尖创新中心"。积极与国家自然科学基金合作,共同建立科学中心。争取国家支持,在京建立国际联合实验室、研究中心和研究网络。

3. 大力培育研究团队和人才,提升基础研发能力

坚持高起点、高标准,建设结构合理的创新人才团队,造就一批具有国际影响力的科学大师和学科带头人等优秀研究群体。在全球范围内吸引一批能够承接重大任务、取得尖端成果、做出卓越贡献、形成"塔尖效应"的顶尖人才。支持高等学校、科研院所和有条件的企业共建基础研究团队。鼓励发起国际大科学计划和大科学工程,吸引海外顶尖科学家和团队参与。

(四)创新机制,培育知识创新乐土

1. 创新支持模式和评价机制

转变项目支持方式,推动由项目支持向人才团队支持转变,由阶段支持向长期连续支持转变,由预定目标向开放式探索研究转变。总结并推广北京生命科学研究所等管理模式经验,支持科研院所采用与国际接轨的管理和运行机制。加强企业和高等学校、科研院所的创新链接,建立基础研究成果的评价服务体系,形成充分体现创新价值的人才激励机制。

2. 加强国际学术交流合作

加强基础研究领域的开放共享,建立国际论坛和学术会议制度,邀请国际知名大学、科研机构以及相关组织和个人,定期开展学术交流活动。支持在京科学家和科研机构参与国际学术组织。围绕前沿科学问题,吸引非政府组织、国际科研机构等开展合作研究。积极参与人类基因组计划、脑研究计划和清洁能源计划等全球重大科学计划。

3. 营造适宜潜心研究的良好氛围

强化尊重科学规律、宽容失败的社会共识。弘扬自由探索、大胆创新、勇攀高峰的研究精神。建立基础研究保障机制,对于探索性强、风险性高的非共识科研项目,给予管理体制和运行机制上的扶持,优化科研管理体系,创新基础研究管理制度,让研究者"坐得住、钻得进、研得深",心无旁骛地开展研究。

四、实施技术创新跨越工程,建成国家创新驱动先行区

(一)推进生态文明建设,努力把北京建设成为国际一流的和谐宜居之都

1. 实施首都蓝天行动

推动区域大气污染联防联控,以科技手段破解首都大气治理难题。持续开展细颗粒物(PM2.5)、臭氧(O_3)等二次污染特征与成因研究,以及超细颗粒物(PM1)污染特征与成因前瞻性研究。开展重污染天气综合观测与区域雾霾成因分析,围绕提高重污染天气预报预测准确率和精细化水平开展关键技术研发与示范。继续围绕挥发性有机物(VOC)、氮氧化物(NOx)、氨(NH_3)等特征污染物开展大气污染治理技术及装备开发,并在供暖、餐饮、石化、养殖以及农村散煤燃烧等重点污染源开展工程示范应用,推动一批成熟科技成果在津冀地区重点工业污染源治理工程中落地应用。开发室内典型污染物快速检测及净化技术,构建室内空气污染防治策略与技术规范体系。开发能源互联网、大规模储能、半导体照明等技术和产品。开展区域移动源排放特征、监管及控制技术研究。推动完善大气环境保护和污染物排放标准。配合推动京津冀车辆实现燃油排放标准统一。持续完善新能源汽车推广政策,营造新能源汽车推广应用的生态环境,打造新能源汽车推广应用典范城市。

2. 实施生态环境持续改善行动

贯彻落实国务院水污染防治、土壤环境保护和污染治理等行动计划,深入推进生态环境建设、水污染

防治、土壤污染防治等，突破一批关键共性技术，进一步提高污水处理技术水平，扩大再生水利用规模，加快“海绵城市”建设，发展海水淡化技术，开展重点流域综合治理，建设节水型城市，保障首都水资源安全。推动符合首都特色的固体废物高附加值再利用技术开发，提高固体废物资源化利用率和管理水平。加快土壤修复技术在工业场地污染和农田污染治理中的应用。加快绿化新品种繁育，推进节约型园林建设，保护生物多样性，提高城市生态功能。开展新型污染物风险评价与治理、高品质再生水深度利用、复合型污染场地修复等前瞻性研究。加大政策支持力度，推广和鼓励垃圾分类、再生水与再生产品使用等，为完善生态环境标准体系提供技术支持。

3. 实施食品质量安全保障行动

构建京津冀食品安全协同防控科技服务体系，形成对食品安全生产经营各环节的科学、高效监督管理，保障食品质量安全。在食用农产品生产基地安全保障、食品生产加工质量安全保障、食品物流质量安全保障和食品质量安全检测监控等领域，重点开展新产品、新技术、新装备研发与应用，研发高通量、高精准、非定向检测技术，开发智能化、数字化新型快速检测试剂和设备等。

建立健全食品安全标准体系，搭建多品种、全方位、高效率的食品安全检测服务平台、物流全程追溯信息服务平台等，进一步提升食品生产加工及食品质量安全检测监控水平，实现肉蛋奶、米面油等重点产业食品安全全程可追溯。

4. 实施重大疾病科技攻关行动

深入落实“健康中国2030”规划纲要，推动健康科技创新，建设健康信息化服务体系。以科技改善市民健康为理念，继续实施“首都十大疾病科技攻关与管理工作”，重点在脑认知与脑医学、精准医学、再生医学等前沿领域开展创新性研究。加强“首都十大疾病”预防、诊断、治疗、康复等不同阶段的关键技术研究，并推动重要研究成果的转化应用。注重中医及公共技术平台的搭建，完善北京重大疾病临床数据和样本资源库建设。针对罕见病、疑难疾病开展技术攻关，巩固和保持一批具有首都特色的优势学科的学术地位，为保障市民健康提供科技支撑，为建设具有国际影响力的临床医学创新中心做出贡献。推进致残基因筛查研究应用，探索建立残疾风险识别和预防干预技术体系，开发完善相关技术规范和标准。

5. 实施城市建设与精细化管理提升行动

围绕城市建设与综合运行、重点行业运行安全保障、应急救援能力提升、老龄化社会管理等方面，不断推进社会治理创新，提高智能化水平和信息服务能力，开展关键共性技术和产业研发，集成一批高效实用的技术和装备，创制和完善相关技术标准规范。进一步推动建筑工业化，发展绿色建筑技术。开展交通大数据分析、评估和预测系统建设，推进交通设施和车辆物联网化，加快交通资源协同利用技术和管理创新，提高交通效率和低碳化水平，完善公众出行信息一体化服务。继续推动新技术、新产品在轨道交通建设运营中的示范应用，组织新一代轨道交通列车运行控制系统开发，支持大数据技术在城市轨道交通网络化运营、安全可靠保障等方面开展应用。强化城市综合运行监控与重点行业安全保障能力，完善应急救援装备体系，提高自然灾害风险防范与应对能力，推动城市应急保障由人力支撑型向科技支撑型转变。加快应急救援科技创新园、产业园和工程技术实验与研发基地建设。引导建立养老产业创新体系，加快技术攻关和产品设计研发，推进适老化改造，提升养老服务行业管理水平，建立养老科技创新示范基地。

（二）实现产业技术跨越，引领新经济发展

1. 瞄准“高精尖”领域，加快战略性新兴产业跨越发展

（1）实施新一代信息技术跨越工程

以新一代移动通信技术带动北京信息服务产业规模和竞争力提升。着力提升集成电路设计水平，在关系国家信息安全的核心通用芯片、网络空间安全等特定领域形成优势。掌握高性能计算、高速互联、先进存储、体系化安全保障等核心技术。全面突破第五代移动通信（5G）技术、未来网络核心技术和体系架构、智能网联驾驶关键技术等，推动量子计算、脑认知与类脑计算、云计算、虚拟现实和大数据等的发展。突破智能设计与仿真、制造物联网与服务、工业大数据处理等高端工业软件核心技术，开发自主可控的高端工业平台软件和重点领域应用软件，建立完善工业软件集成标准与安全测评体系。支持海淀区、北京经

济技术开发区等建设移动互联网与下一代互联网、集成电路、新型显示、产业互联网应用等产业技术创新中心，推动朝阳电子城等园区和基地发展。鼓励技术创新与商业模式创新融合，推进数据平台共享，完善数据共享利益分配规则与政策，培育新兴业态。

(2)实施生物医药产业跨越发展工程

继续深化北京生物医药产业跨越发展工程(G20工程)，对"十二五"期间培育的重大创新医药品种加强跟踪服务，做好创新端和市场端的衔接，加快推动转化落地。加快医药创新品种开发，培育一批行业领军企业、一批创新引领企业、一批高端服务企业。在单克隆抗体生物新药、创新中药、多联多价新型疫苗、三维(3D)打印人工植入物、新型医用材料、高端医疗设备、创新制剂等领域实现重大技术和产品突破。针对恶性肿瘤、心脑血管病、新发突发传染病等重大疾病，开展高通量基因诊断、分子免疫、组织工程等前沿技术创新及应用。加强对用于预防、治疗、诊断罕见病的药品和儿童药的引导和培育。推进中药标准化、现代化，保持产业持续创新发展动力。

专栏5：生物医药产业跨越发展(G20)工程

"十三五"时期，继续提升生物医药产业发展质量和规模，加强医药服务业与医药制造业协同，逐步完善具有国际影响力的生物医药创新生态体系。

到2020年，培育3—5项引领世界的生命科学领域原创性前沿技术；针对恶性肿瘤、心脑血管疾病等重大疾病，培育一批具有国际水平的Ⅰ类新药和创新医疗器械品种，推动100个以上新品种申报或开展临床试验、20个以上新产品投产上市；新增10个以上销售额达到5亿元的品种、5个以上销售额达到10亿元的品种；培育10家以上具有国际先进技术水平的创新引领企业，5家以上规模超过50亿元、行业竞争力国内领先的领军企业；培育2—3家国家重点实验室、国家工程实验室、国家工程(技术)研究中心；推动1—2个生命科学领域国家重大基础设施建设项目落地。医药行业利润率继续保持全国领先水平，产业规模突破1800亿元。

充分发挥注册审批、招标采购等市场端政策对创新的拉动作用。在北京经济技术开发区建设生物医药产业技术创新中心，继续巩固以北京经济技术开发区、大兴区和海淀区、昌平区为主的"一南一北"产业格局。推动建立高端制造代工平台、高端通用名药一致性评价平台等行业急需的专业技术服务平台，进一步提高现有成熟平台的服务效率和技术水平。推动京津冀生物医药产业形成协同创新共同体，提高京津冀生物医药板块在全国的竞争力。

(3)实施能源产业技术跨越工程

加强京津冀能源产业协同发展，强化对全国能源科技发展的示范带动作用。开展新能源开发与利用关键共性技术和设备研发，重点推动太阳能、风能、生物质能等技术研发与示范应用，提高检验检测认证、设计咨询等技术服务能力。支持核电先进堆型关键技术研发和服务。推动昌平区能源产业创新发展，加快延庆、平谷区绿色能源技术和装备研发，优化新能源产业全链条资源布局。

(4)实施新能源汽车产业跨越发展工程

协同推进智能网联驾驶科技创新发展，将本市建设成为国内一流、国际领先的智能网联驾驶创新中心、测试中心、示范中心和产业基地。开展纯电动汽车关键共性技术研发、工程化及规模化示范应用。围绕全固态锂电池、锂硫电池、锂空气电池和电池环保回收等技术领域，集聚研发优势，突破核心技术，推进动力电池前沿技术从研发向产业过渡。创立电动汽车智能充换电服务平台和检验检测服务平台。推进新能源汽车公共专用、私人自用和社会公用充电设施建设，构建城区快速补电网络，打造京津冀区域一体化公用充电服务网络体系。强化新能源汽车利用的补贴政策，鼓励新能源汽车产业化示范、综合应用示范工程建设及新能源汽车运营商业模式创新。贯彻落实税收政策，完善融资、土地等产业扶持政策。

专栏6：新能源汽车创新布局

聚焦市场需求，推进以整车为龙头的新能源汽车产业链、创新链和资金链布局，到2020年，建成国内最大的新能源汽车研发、应用中心，总体达到国际领先水平。同时，积极部署燃料电池汽车和智能汽车开发及示范，打造具有全球影响力的智能汽车创新中心。

智能网联汽车。推进建设国际一流的智能网联驾驶创新中心和产业基地，突破传感器、控制器、执行器、通信设备等关键基础技术研发与应用，形成智能网联驾驶关键零部件生产配套体系，建立健全关键技术标准体系、安全和隐私保护体系、智能网联数据平台和测试认证外场环境，形成智能网联驾驶技术自主研发的产学研合作体系和跨行业协同机制，开展特定领域智能网联驾驶示范运营。

新能源汽车整车。全面建成大兴、昌平、房山区三大新能源汽车产业基地，重点支持北汽集团、长安汽车等整车企业，全市纯电动汽车产能达到50万辆，实现整车单位质量能耗达到8.9千瓦时/100公里·吨。

动力锂离子电池。形成3—4个核心企业，产能不低于1000万千瓦时，实现量产单体电池比能量≥300瓦时/千克。

驱动电机。量产驱动电机比功率达到4千瓦/千克，电机寿命达到15年或40万千米；技术创新方面，实现硅基半导体功率模块(IGBT)及碳化硅芯片国产化，完成轮边轮毂电机整车集成及示范应用。

燃料电池汽车。完成燃料电池轿车工程化开发，车辆续时里程达到500千米；实现燃料电池商用车批量生产。

(5)实施节能环保产业技术跨越工程

推动京津冀区域节能环保产业协同发展，建立区域技术开发、装备制造、推广应用技术体系，支撑产业链上下游协同和高端化、规模化发展。以能源清洁高效利用、重点污染源污染控制等领域为重点，开展能源先进燃烧、余热回收利用、烟气深度处理等核心技术和设备研发、系统集成和推广应用。推动能源互联网产业技术创新基地建设，建立新型能源网络，实现能量交易与共享。推进先进适用的节水、治污、土壤修复、生态修复技术和装备产业化发展。在建筑、工业等重点耗能领域推动合同能源管理、合同环境管理等第三方治理模式发展，做大做强以咨询、设计、工程总承包为特色的节能环保科技服务业。加快节能环保企业在海淀、通州区等地聚集，鼓励在河北省联合建立装备制造基地，提高配套能力。完善建筑节能、公共机构节能等法规和节能产品惠民政策，以市场需求拉动技术创新，支持节能环保试点示范工程，促进节能环保产业向高端化发展。

(6)实施先导与优势材料技术跨越工程

以先导材料、优势材料为核心，加快三维(3D)打印材料、磁性超导材料，以石墨烯、碳纳米管等为代表的纳米材料和以碳化硅、氮化镓为代表的第三代半导体材料等新材料技术研发，提高特种材料自给能力。推动海淀区石墨烯技术研发和产业应用，推动怀柔区纳米材料、房山区石化新材料、顺义区第三代半导体材料产业发展。

搭建检验检测认证等共性技术服务平台，推动材料专业孵化机构、专业加速器建设，建立纳米材料产业技术研究院、第三代半导体和基因材料产业创新中心，设立产业发展基金，加快成果转化应用，带动京津冀产业转型升级。

专栏7:第三代半导体全产业链部署

对接国家新材料重大科技任务部署，推动第三代半导体材料研发项目落地北京。围绕材料器件研发与应用，全链条部署、一体化实施。即“1234”总体布局:“1”个基地，即承接国家第三代半导体重大创新基地建设；“2”种材料，即重点聚焦碳化硅、氮化镓两种材料；“3”条主线，围绕光电子、电力电子、微波射频三条应用主线；“4”项任务，即关键技术突破、创新链条构建、成果孵化转化和产业集群建设。

(7)实施数字化制造产业技术跨越工程

抢占数字化制造技术全球制高点，促进高端装备制造业发展，提升产业总量规模和核心竞争力。加强数字化增材制造、智能机器人、高档数控机床等关键技术研发。重点推动智能制造信息化基础理论创新以及系统平台、关键部件开发，智能机器人整机技术、功能部件及成套装备开发，支持原创性技术突破。在北京经济技术开发区建设智能制造应用技术创新中心，引导智能制造产业在海淀、大兴、密云区等集群式发展，在中关村南部(房山)科技创新城布局智能制造创新集聚区。创新应用服务模式，搭建智能机器人整机性能检测评价公共服务平台，提升创新服务能力，推动全国智能机器人技术创新中心建设。

专栏8:智能机器人产业链重点部署

坚持问题导向,以协同创新为抓手,针对重点需求,提升智能机器人技术创新能力,推动基础前沿技术突破和应用创新。支持机器人一体化关节和仿生手技术研究及示范、面向人机协作的轻型机器人研发等,以关键共性技术、功能零部件研发和整机与应用示范支撑产业技术创新。

(8)实施轨道交通产业技术跨越工程

依托已有研发和产业优势,支持轨道交通产业自主创新,形成特色鲜明的产业集群。围绕"一带一路"、京津冀协同发展等国家战略对轨道交通创新的需求,重点提升高端装备研制水平和工程技术服务能力。加大新一代绿色智能装备、高速重载轨道交通装备研发。开展通信、信号和运营管理系统开发。推进城际铁路、城市轨道新技术新产品示范应用,打造"北京创造"品牌产品和示范工程。

完善轨道交通产业投融资体制,加强试验验证、认证检测等公共服务平台建设,建立轨道交通产业技术研究院和产业创新中心,推动丰台、房山等区域轨道交通产业技术研发、孵化、技术交易等集聚发展,强化对全国的服务支撑作用。

2. 依托"互联网+",推动现代服务业高端化发展

(1)促进科技服务业创新发展

从技术支撑、创业支持、优势引领、业态培育、市场拓展五大方面,推动科技服务业发展。完善创新创业服务体系,重点发展研究开发、技术转移、检验检测认证、创业孵化、知识产权、科技咨询、科技金融、科学技术普及等专业科技服务和设计服务、工程技术服务、科技文化融合等特色科技服务。培育支撑行业转型升级和服务全国市场的综合科技服务业。鼓励各类新型科技服务业态发展。促进科技服务业向专业化、网络化、规模化、国际化方向发展,扩大技术交易市场。优化空间布局,在高端产业功能区建设一批科技服务业综合基地。

(2)实施"互联网+"行动计划

顺应世界"互联网+"发展趋势,加快信息技术向传统产业融合渗透,促进基于互联网的产业组织、商业模式等创新,发展分享经济。大力拓展互联网与经济社会各领域融合的广度和深度,推动经济提质增效和转型升级,培育新兴业态,打造新的增长点。围绕创新创业、制造业、农业、金融业等重点领域推进"互联网+"行动。提升信息安全保障能力,建立基于自主可控基础软硬件的通用开发与运行支撑平台,以及信息安全研发等共性服务平台。

(3)提升信息服务业高端发展能力

大力推广应用物联网、大数据等新一代信息技术,推动信息数据资源开放共享,构建一批数字化公共服务平台。支持基于互联网的产业组织、商业模式、供应链、物流链创新,拓展开放共享的网络经济空间。发展北斗导航位置服务。继续支持软件服务业发展,打造全球软件业领先接包地和全国软件发包地。按照京津冀区域整体功能定位,对云计算、物联网、数字导航、数字高清等信息服务产业基地进行科学合理的规划布局,促进信息服务业集群式发展。

3. 以"设计之都"建设为龙头,深化科技与文化融合发展

(1)全面推进"设计之都"建设

提升北京"设计之都"国际影响力,推进北京设计的全球化进程。以联合国教科文组织创意城市网络为平台,加强与教科文组织创意城市网络成员间的交流与合作。加快建设联合国教科文组织国际创意与可持续发展中心(ICCSD)(第2类),举办联合国教科文组织创意城市北京峰会等国际品牌设计活动。

聚焦设计产业优势领域,培育一批"设计之都"领军企业、示范企业以及特色企业。实施首都设计提升计划,鼓励设计服务与相关产业深度融合发展,推动优秀民族文化元素提取与现代创新设计,在开发利用中保护、传承、弘扬优秀传统文化。培育一批代表"北京设计"水平的设计创新中心,汇聚国内外高端设计、创意资源,吸引国际一流设计组织、跨国公司和境外著名设计机构来京设立设计中心或分支机构。

面向城市建设需求,鼓励通过设计集成新技术、新材料、新工艺的科技成果,提升城市品质。加快北京工业设计创意产业基地(DRC)、中国设计交易市场等园区建设。加强知识产权保护,建立快速维权机制。

鼓励建立设计产业创新联盟，开展区域合作和创新交流。推动中国设计红星奖、北京国际设计周、“设计之都——设计之旅”等品牌活动，打造“设计之都”品牌群，提升影响力。

专栏9:“设计之都”建设

紧扣全国科技创新中心和文化中心城市功能定位，围绕“一个品牌，二条主线，四大环节”开展工作。即“设计之都”品牌；设计+制造、设计+城市发展等，技术+出版、技术+影视等两条主线；创意创作、设计制作、展示传播和消费体验等四大环节。聚焦设计产业自身提升和设计提升产业两方面，带动一批关键共性技术突破与成果推广应用，培育一批设计服务及文化科技领军企业。

(2)提升科技支撑文化发展水平

围绕文化产业科技需求，开展文化内容创意创作、设计制作、展示传播、用户体验等环节关键共性技术研究。强化科技成果转化应用，推动传统产业升级，加强文化艺术、文化传媒、影视科技、新闻出版、网络文化、健康医疗等行业关键设备与集成系统研发，提高重点文化领域的技术装备水平。培育一批特色鲜明、创新能力强的文化科技企业，推进文化科技创新。合理保护利用传统文化资源，将传统文化资源利用与现代设计产业发展有机融合，弘扬民族文化，带动文化消费。加快文化公共服务平台网络化和数字化建设，推动公共文化资源共享，加强历史文化资源数字化保护和开发利用，提升公共文化服务能力。

(3)鼓励新型文化业态发展

加强文化领域技术集成创新与模式创新，培育新兴文化产业。促进云计算、物联网、大数据等信息技术在文化产业的应用。推进国家级文化创意产业示范区建设，发展创意设计产业。大力培育发展动漫游戏、视听新媒体、绿色印刷等新型文化业态，以文化与科技融合催生更多的文化产品与服务新业态，重点推进新媒体、数字出版、智慧旅游等文化产业跨越发展。

(4)推进中关村国家级文化和科技融合示范基地建设

依托海淀、东城、西城、石景山、朝阳等重点文化产业集聚区，围绕中关村国家级文化和科技融合示范基地建设，打造“设计之都”核心区、数字内容集聚区、文化设计融合区。完善文化科技创新服务体系，搭建文化科技融合公共服务平台。鼓励建立文化科技融合产业技术创新战略联盟。推进专业孵化器建设，加强文化科技企业孵化、技术成果转移转化等服务体系建设。加快培育文化科技融合特色突出的市级文化创意产业示范园区，推动区域资源整合和产业协作。

4. 以北京国家现代农业科技城建设为抓手，引领现代农业创新发展

重点建设昌平、顺义、通州等农业科技园，实现一二三产业融合发展，发挥北京国家现代农业科技城对全国的辐射带动作用。

(1)加快推进现代种业发展

实施良种增产增效工程，以生物育种技术为支撑，以良种创制与种业交易中心为依托，以种业特色园区为载体，着力于作物、畜禽、林果蔬菜、花卉、水产、中药等六大种业体系科技创新，探索构建新型种业体系，推进培育、繁殖、推广一体化建设，提高种业自主创新能力和成果转化效率，促进种业做大做强，实现都市型现代农业增产增效。

(2)促进农业安全投入品及食品营养健康产业高端发展

实施农业安全投入品科技保障工程和食品制造业升级科技惠民工程，以生物制造技术为支撑，构建生物肥料、生物农药、生物饲料、兽用生物制品等安全投入品研发平台，促进成果产业化，做大做强生物农业。以农产品加工新技术为支撑，推动技术研发与升级，完善食品监测体系，强化功能食品、营养健康食品开发，提高本市食品的生产效率、安全水平和供给能力。

(3)推动农业装备制造业向智能化发展

实施农业智能装备应用科技促进工程，以互联网、物联网、大数据和云服务技术为支撑，着力推动设施农业和农机装备创新发展。开展关键共性技术和重大产品研发，强化成果示范应用，推动智能农业发展，促进劳动生产率和土地产出率稳步提高。

（4）发展节水节能高效生态农业

实施农业节水节能高效科技支撑工程和生态农业发展科技引领工程，以新材料技术为支撑，以节水和光伏农业为重点，提高农业资源利用效率，转变农业发展方式。以低碳循环技术为支撑，以清洁农业生产、减少面源污染、生物质能源高效利用为重点，着力发展生物燃气及循环农业，推动技术成果集成、示范和应用。着力构建与首都功能定位相一致、与二三产业发展相融合、与京津冀协同发展相衔接的农业产业结构。

专栏10：打造农业高端产业链

（三）制订科技冬奥行动计划，为2022年北京冬奥会做好科技支撑

深入贯彻“以运动员为中心、可持续发展、节俭办赛”的申办理念，制订实施2022科技冬奥行动计划。打造北京北部和张家口、承德地区绿色生态走廊、绿色能源走廊、绿色交通走廊、绿色食品走廊，创建低碳、清洁、优美、安全、便捷的奥运会举办环境。在体育技术与设施、数字化观赛等领域加强科技攻关与转化应用。充分利用“互联网＋”相关技术，构建能源、交通、安防等智能综合管理体系。开展冬奥会气象保障相关技术研究，强化对高山冰雪运动的气象保障能力。努力将2022年北京冬奥会办成精彩、非凡、卓越的奥运盛会，成为展示我国高新技术和创新实力的窗口和舞台。

五、服务区域发展战略，构建协同创新开放共享新格局

（一）优化首都创新布局，夯实协同创新发展基础

1. 加强空间统筹协调

优化首都科技创新空间格局，强化“三大科技城”和以北京经济技术开发区为代表的创新型产业集群的科技创新引领作用，加强六大高端产业功能区和四个高端产业新区的产业发展带动作用，明确中关村国家自主创新示范区各园区发展功能和产业定位，坚持综合性园区与专业化园区发展相结合，坚持主导产业和特色产业发展相结合。强化统筹协调，对非首都功能疏解后腾退出的空间进行合理再布局，统筹规划科研用地、中试用地和高端产业用地，优先建设研发创新聚集区。

2. 推进差异化发展

围绕全国科技创新中心建设总体目标，引导各区和重点园区结合各自功能定位、资源禀赋、发展阶段、优势特色和基础条件，形成主体功能清晰、发展导向明确、建设秩序规范的发展格局。首都自主创新中心区（城六区）重点推进基础科学、战略前沿高技术和高端服务业创新发展；首都高端引领型产业承载区（城六区以外的平原地区）重点加快科技成果转化，推进生产性服务业、战略性新兴产业和高端制造业创新发展；首都绿色创新发展区（山区）重点实现旅游休闲、绿色能源等低碳高端产业创新发展。

3. 推动产学研用协同创新

建立政府部门分工协作工作机制，实现部门协同，在基础研究、应用开发、中试、市场化等技术创新全链条为企业创新创业提供服务。加强创新战略、科技计划与科技政策的统筹协调。发挥政府引导作用，市场导向明确的科技项目由企业牵头、联合高等学校和科研院所共同实施。加强中关村国家自主创新示范区先行先试政策、北京经济技术开发区产业促进政策、北京天竺综合保税区税收和外汇政策等的政策统筹集成。

（二）建设京津冀创新共同体，形成区域协同创新中心

1. 优化协同创新格局

构建分工合理的京津冀创新发展格局。明确北京市、天津市、河北省科技创新优先领域，实现合理分工与有序协作，促进区域间、产业间循环式布局。北京市重点提升原始创新和技术服务能力，打造技术创新总部聚集地、科技成果交易区、全球高端创新中心及创新型人才聚集中心。天津市重点提高应用研究与工程技术研发转化能力，打造产业创新中心、高水平现代制造研发转化基地和科技型中小企业创新创业示范区。河北省重点强化科技创新成果应用和示范推广能力，建设科技成果孵化转化中心、重点产业技术研发基地、科技支撑产业结构调整和转型升级试验区。

2. 建立协同创新三大机制

建立政策互动机制。研究在京津冀区域实现高新技术企业互认备案、科技成果处置收益统一化、推行创新券制度等,探索风险共担和利益分享模式,推动中关村国家自主创新示范区政策在京津冀相关地区落地。研究自主创新示范区、自贸区、保税区等政策叠加对协同创新的激励方式,探索“负面清单”“权力清单”等行政管理体制改革模式。研究促进创新人才跨区域流动的政策措施。

建立资源共享机制。整合京津冀地区科技信息资源,促进三地科技项目库、成果库、专家库、人才库等资源互动共享。利用中国(北京)跨国技术转移大会等国际创新合作平台,推动国际创新项目成果在京津冀地区落地。推动共享专家智库信息,定期开展京津冀人才培训班。推动成立产业、专业领域等多种形式联盟,发挥联盟在京津冀协同创新中的优势作用,通过联合引资引智引技,促进京津冀产业对接合作和优化升级。

建立市场开放机制。加强技术交易团队培养和技术转移机构培育,促进京津冀技术市场交易一体化,向京津冀地区全境辐射。支持新技术新产品(服务)和首台(套)重大技术装备服务京津冀三地生态环境治理、产业转型升级等重大需求。设立京津冀科技成果转化投资基金,引导社会资本投入,加快推进京津冀区域协同发展。

3. 构建协同创新三类平台

构建创新资源平台。共建技术市场,发挥北京科技创新资源优势,加速成果转移转化、技术交易、信息咨询等资源要素在京津冀地区对接共享。共建创新创业孵化中心,结合京津冀地区产业需求,引导投资机构、创业团队等投资创业。

构建创新攻关平台。促进京津冀重点实验室合作共享,选取共同关注的领域,推动三地重点实验室开放共享和产学研合作,联合开展战略研究和基础研究,共同设立京津冀基础研究专项。共建联合攻关研究院,组建京津冀地区科研团队,开展资源型产业可持续发展研究,为三地产业转型升级提供技术支撑和产业示范。

构建创新成果平台。共建创新成果中试基地,将北京相关创新主体的研发成果在京津冀地区进行中试、孵化,推进其产业化发展。共建科技成果转化基地,围绕京津冀地区企业、科研机构等技术需求,组织本市创新资源、科技成果进行对接,鼓励北京地区创业团队、投资机构等在三地进行成果转化。

4. 开展协同创新若干试点

在重点区域和重点领域,完成协同创新重点任务,形成一套可复制、可推广的建设经验,培育一批在京津冀科学布局的科技企业集团,带动京津冀区域协同创新发展。

开展先行先试政策推广试点。总结中关村国家自主创新示范区先行先试经验,将可复制、可推广的政策措施向河北省、天津市的高新技术产业园区及重点承接平台推广。鼓励京津冀国家级开发区共建跨区域合作园区或合作联盟,打造京津冀科技创新园区链。

开展产业转移升级试点。围绕新材料、生物医药、节能环保、新能源汽车等产业发展,引导北京创新成果在合作区域产业化,促进以创新驱动为主导的高端产业在京津冀地区逐步形成。围绕钢铁、电力、建材、服装纺织等传统型产业,发挥首都创新优势,以先进技术和设计理念全面助推区域产业转型升级。

开展生态文明建设先行试点。从食品安全、水源保护、矿产资源优化利用、绿色能源示范、大气环境治理、智慧旅游等多个方面提升张家口、承德地区的生态安全水平,为京津冀生态环境联动建设提供支撑。推动与河北省张家口、承德市共建生态文明先行示范区。

开展科技金融创新试点。建立科技金融合作平台,拓展投融资渠道,完善科技成果转化平台市场化运营机制,探索形成金融服务实体经济、促进经济结构调整和转型升级的新模式。

(三)促进区域资源成果共享,服务全国创新发展

1. 构建区域创新合作网络

搭建区域创新合作网络,加强与“一带一路”、长江经济带、振兴东北老工业基地、西部开发等发展战略涉及的省区市在电子信息、量子通信、生物医药、新材料、先进制造、航空航天、新能源、节能环保、科技金融

等重点领域的合作，引导科技资源的流动与利用。建立科技合作交流与协商机制，结合各地区特点和需求，设定具体合作目标。支持并规范各类科技服务机构发展，引导其参与区域创新合作。

2. 实施创新资源成果共享工程

全面推广"一站一台"合作模式。以首都科技条件平台区域合作站（一站）建设为核心，建立跨区域科技条件信息平台，推动北京与国内各区域创新资源对接与共享。以北京技术市场服务平台（一台）建设为核心，建立跨区域科技成果信息平台和成果转化对接与技术转移转让的绿色通道，促进技术交易、知识产权保护、创业投资协作及科技咨询服务的跨区域交流与合作。建设一批跨领域、跨区域的协同创新机构，促进与京外企业、高等学校、科研院所的联合，推动科技成果跨区域转移落地。推广北京—贵阳大数据应用展示中心模式，加大科技传播影响力。

3. 推进重点合作区域和领域优先发展

与上海、江苏、浙江、安徽等长江中下游省市重点推进基础研究和战略高技术领域的合作；与广东、福建等东南沿海省份重点推进产业关键技术、创新创业等领域的合作；与东北、中西部等地区重点推进技术转移、成果转化、产业转型升级等方面的合作；加强与港澳台全方位合作交流。深化与贵阳市在大数据产业等领域的科技创新合作，推动与赤峰市、昆明市、大同市等城市在科技资源开放共享、科技成果转移转化、科技人才交流等方面的合作。

（四）把握国际化重大机遇，形成全球开放创新核心区

1. 营造国际化创新环境

搭建高端合作交流平台。继续举办中国（北京）跨国技术转移大会、中国北京国际科技产业博览会、中国（北京）国际服务贸易交易会、联合国教科文组织创意城市北京峰会，引进国际知名的品牌展会在京落户，打造国际活动聚集之都。构筑全球互动的技术转移网络，推动中国国际技术转移中心、亚欧科技创新合作中心、中意技术转移中心、中韩企业合作创新中心等国际技术转移中心的建设，形成面向全球的技术转移集聚区。进一步整合科技与贸易服务优质政策资源，不断推进北京国际科技贸易基地建设，拓宽与美国、德国、日本等发达国家的科技合作领域。

优化国际化服务环境。加快推进与国际接轨的服务标准、市场规则、法律法规等制度规范建设。完善法治化、国际化、便利化的企业营商环境，建立便利跨境电子商务等新型贸易方式。吸引国际组织总部落户北京，将本市建设成为国际性智库集聚地和技术创新总部集聚地。充分发挥海关特殊监管区域政策功能优势，进一步提高投资贸易通关便利化水平。

2. 集聚全球创新资源

吸引全球高端人才和国际风险资本，促进国际高端科技成果在京落地。在全球范围引进诺贝尔奖获得者、首席科学家等世界级顶尖人才和团队来京发展。放宽国外风险资本投资政策，吸引风险投资企业在京参与科技成果转化活动。完善外商投资创业投资企业相关规定，积极引导境外资本投向创新领域。研究保险资金投资创业基金的相关政策。

吸引国际高端创新机构来京发展。鼓励跨国公司在京设立研发中心，并升级成为参与母公司核心技术研发的大区域研发中心和开放式创新平台。引导国内资本与国际优秀创业服务机构合作建立创业联盟或成立创新创业基金。吸引国际科技组织在京聚集，支持北京地区高等学校、科研院所吸引国际科技组织在京设立分支机构。

3. 支持国际化科技创新合作

积极培育具有较强竞争力的本土国际品牌企业和跨国集团，形成一批行业龙头企业、创新型领军企业。加快海外知识产权布局，鼓励企业在海外布局研发中心，通过并购方式整合国外人才、技术、品牌等资源。鼓励企业通过对外直接投资、技术转让与许可等方式实施外向型技术转移。加大对创业投资机构境外投资的支持力度，研究建立境外投资信息引导平台。

支持服务创新国际化。完善市场化、国际化、专业化的服务体系，建立全球创新联络站，促进科技园区国际化，拓展国际合作窗口。深入实施北京市服务业扩大开放综合试点，放宽市场准入、改革监管模式、优

化市场环境，形成与国际接轨的服务业扩大开放新格局，推动科技服务加快融入全球化进程。

六、深化全面创新改革，建成全球创新人才首选地

（一）打造中关村制度创新升级版

1. 系统推进新一轮改革试点

用足用好现有"1+6"和"新四条"等系列试点政策，强化中关村创新平台功能，完善"一区多园"统筹发展机制。深入开展政策实施效果评估，依据新形势、新需求对政策进行动态调整，增强政策的延续性、灵活性和实用性，并及时向全国推广。充分发挥北京市和中央在京单位的改革合力，探索新一轮更高层面、更宽领域的改革试点，进行新的政策设计，在充分调动科技人员创新创业积极性上再形成新一批政策突破。坚持问题导向和需求导向，着力在激发创新者动力和活力、深化开放创新、鼓励新兴业态和商业模式创新等方面实现突破。

2. 营造良好投资环境

加快国家科技金融创新中心建设。完善创业投资引导机制，通过政府股权投资、引导基金、政府购买服务、政府与社会资本合作（PPP）等市场化投入方式，引导社会资金投入高技术产业初创期、早中期科技型中小企业，培育相关产业发展。打造具有全球影响力的"前孵化"创新服务平台，推动国内外具有重大价值、技术尚处于应用探索或预先研究阶段的重大科技转化项目在京落地。扩大科技成果转化引导基金规模，完善战略性新兴产业创业投资引导基金、中小企业发展基金投入机制，带动社会资本支持科技创新领域。按照国家税制改革的总体方向与要求，对包括天使投资在内的投向种子期、初创期等创新活动的投资，研究探索相关税收支持政策。结合国有企业改革建立国有资本创业投资基金制度，完善国有创投机构激励约束机制。健全创新创业投融资机制，不断创新股、债、贷、担保、保险等科技金融产品和工具。选择符合条件的银行业金融机构在中关村国家自主创新示范区探索为科技创新创业企业提供股权债权相结合的融资服务方式；鼓励符合条件的银行业金融机构在依法合规、风险可控的前提下，与创业投资、股权投资机构实现投贷联动。

发挥多层次资本市场作用，支持全国中小企业股份转让系统（"新三板"）和区域性股权市场发展，大力推动优先股、资产证券化、私募债等产品创新。推动互联网金融创新中心建设。完善社会资本筹集机制，鼓励"众筹、众包、众创、众扶"的融资模式。稳步推进科技型、创新型企业在上海、深圳证券交易所上市，推动企业通过发行债券、并购重组等方式做大做强。

3. 建设国际一流创新创业生态

落实国家"双创"政策，建设一批国家级创新平台和"双创"基地，实施"创业中国中关村引领工程"，鼓励龙头骨干企业、科研院所、高等学校建设市场化的众创空间，服务实体经济转型升级。引导众创空间自主探索、自我管理、自律发展。依托社会机构组织开展众创空间评选、创业项目遴选、业务指导和监督管理。实施中关村大街改造提升工程，加快海淀区"一城三街"建设，完善创新生态体系和创新链条。深入推进国家科技服务业区域试点、北京市服务业扩大开放综合试点、中关村现代服务业试点。降低科技服务领域外资准入门槛，引导和鼓励国内资本与境外资本合作设立新型创业孵化平台。

完善商事服务机制，全面推进"五证合一、一照一码"登记制度改革，推进全程电子化登记与审核服务。开展企业自治名称和经营范围以及科技类、文化创意类企业住所和经营场所分离登记管理试点，探索集群注册登记模式，积极推进"先照后证"改革，实现便捷登记。深入落实有限合伙制创业投资企业法人合伙人抵扣应纳税所得额的优惠政策，配合国家有关部门继续完善相关政策。

（二）建设全球创新人才港

1. 实施更具吸引力的海外人才集聚政策

深入推进"千人计划""海聚工程"等领军人才计划。实施"全球顶尖科学家及其创新团队引进计划"，建立人才与项目对接机制。通过国家科学中心等平台聚集一批从事国际前沿科技研究、带动新兴学科发展的科学家团队，引进一批掌握国际领先核心技术、有助于提升技术和产业发展主导权的高端人才，打造

世界一流人才发展平台和人才制度高地。

深入落实中关村人才管理改革试验区各项政策，加快开展外籍人才出入境管理改革试点。对符合条件的外籍人才给予签证、居留和工作许可等便利。开展外籍高层次人才取得永久居留资格程序便利化试点，提供完善的医疗、子女教育等相关服务。规范和放宽技术型人才取得外国人永久居留证的条件。对持有外国人永久居留证的外籍高层次人才在创办科技型企业等创新活动方面给予中国籍公民同等待遇。探索中央在京和市属高等学校、科研院所等事业单位聘用外籍人才的新路径，研究制定事业单位招聘外籍人才的认定标准。

在中关村国家自主创新示范区开展外商投资人才中介服务机构放宽外资持股比例试点，引进一批具有国际先进水平的人力资源跨国机构。支持在本市注册的人力资源服务机构走向世界，在国（境）外设立分支机构。

2. 完善人才梯度培养机制

深入实施“北京市科技新星计划”“科技北京百名领军人才培养工程”“北京学者计划”“高层次创新创业人才支持计划”“中关村高端领军人才聚集工程”等人才计划，建立健全人才梯度培养机制。实施“优秀企业家集聚培养工程”，围绕提升首都企业国际竞争力，集聚培养世界级产业领袖、优秀企业家和专业管理人才。推动实施“高技能人才培养带动工程”，带动劳动者队伍的发展壮大和整体素质提高。探索实施差异化的人才扶持政策。

持续推进北京青少年科技创新“雏鹰计划”“翱翔计划”，组织中小学生参加全国青少年科技创新大赛，提升创新实践能力。支持高等学校开展创业教育、创业训练营等活动，鼓励实施“大学生创业引领计划”，带动大学生自主创业。推进部分普通本科高校向应用型转变，探索校企联合招生、联合培养模式，拓宽校企合作育人的途径和方式。支持企业建立高等学校学生实践训练基地，强化产学研联合培养研究生的“双导师制”，增进教学与实践的融合。探索具有较好应用性学科基础和较强工程化能力的市属高校开展办学自主权试点。建立残疾人创业孵化基地，支持残疾人参与各类创新创业活动。

3. 探索人才自主流动机制

开展人才引进使用中的知识产权鉴定制度试点。探索建立灵活多样的创新型人才流动与聘用方式，破除人才流动的体制机制障碍，探索创业创新型人才在企业与机关事业单位之间流动时社保关系转移接续政策，进一步明确职工在机关事业单位与企业之间流动时养老保险的接续方式及补贴标准。制定高等学校、科研院所等事业单位专业技术人员离岗创业的实施细则。允许高等学校和科研院所设立一定比例流动岗位，吸引企业人才兼职，允许教师和科技人员兼职参与科技成果转移转化。试点将企业任职经历作为高校新聘工程类教师的必要条件。建立健全高校弹性学制管理办法，允许在校生休学创业。

4. 健全创新导向的评价激励机制

深化人才市场化评价机制，建立以科研能力和创新成果为导向的科技人才评价标准。探索职称制度分类改革，创新评价标准和办法，推动专利管理领域职称设置工作。引入专业性强、信誉度高的第三方社会机构参与人才评价。

实行以增加知识价值为导向的分配政策，构建体现智力劳动价值的薪酬体系和收入增长机制，充分调动和激发科研积极性和创造性。加大绩效工资分配激励力度，落实科研成果性收入等激励措施，完善分配机制，使科研人员收入与岗位职责、工作业绩、实际贡献紧密联系。深化科技成果转化决策机制改革，建立健全科技成果转化重大事项领导班子集体决策制度，单位领导在履行勤勉尽责义务、没有牟取非法利益的前提下，免除其在科技成果定价中因成果转化后续价值变化产生的决策责任。争取国家层面授权在京高等学校和科研院所执行本市出台的科技成果转化收益分配等政策措施。

（三）发挥市场配置资源的决定性作用

1. 加快营造公平竞争的市场环境

建立完善公平竞争审查机制，加大对不利于创新创业的垄断协议和滥用市场支配地位及其他不正当竞争行为的调查和处置力度。用好市场准入的倒逼机制，提高生产环节和市场准入的相关标准，形成统一权威、公开透明的市场准入标准体系。破除限制新技术新产品新商业模式发展的不合理准入障碍。探索药品、医疗器械等创新产品审评审批制度改革试点。改进互联网、金融、环保、医疗卫生、文化、教育等领域的监管,支持和鼓励新业态、新商业模式发展。进一步贯彻落实促进自主创新的普惠性税收优惠政策。完善全市企业信用信息体系,健全以信用管理为基础的创新创业监管模式。

优化知识产权保护机制。积极发挥知识产权法院的作用,健全知识产权维权援助体系。强化知识产权保护服务,加快形成行政执法、司法审判、调解仲裁等多渠道维权保护模式。加快推进知识产权运营服务试点工作。加强侵权犯罪情报信息交换互动,对反复侵权、恶意侵权的行为人建立黑名单,加大对知识产权侵权案件的查处力度。建立统一共享的小微企业名录,推进统一信用代码工作。

2. 强化企业技术创新主体地位

建立企业主导的产业技术创新机制,发挥企业和企业家在创新决策中的重要作用。市场导向明确的科技项目由企业牵头,更多运用后补助、间接投入等方式支持企业自主决策、先行投入开展研发攻关。鼓励大型企业发挥创新骨干作用,加快培育科技型中小企业。以企业为主导构建一批产业技术创新战略联盟,重点支持产业联盟搭建专利、标准、检测认证、展示推广及国际交流平台。引导企业增加研发投入、建立研发机构,鼓励跨国公司和有条件的民营企业在京设立研发总部。完善市属国有企业科技创新考核激励机制。进一步完善新技术新产品(服务)政府采购及推广应用政策,研究建立符合技术创新和产业发展方向的政府采购技术标准体系,建设面向全国新技术新产品(服务)政府采购应用推广平台,探索新技术新产品首购首用风险补偿机制。

3. 完善科技创新服务平台体系

深入推进首都科技条件平台、首都科技大数据平台、中关村开放实验室等公共服务平台建设,促进重大科技基础设施、大型科研仪器和专利基础信息等资源向社会开放。鼓励小微企业和创业团队通过创新券方式利用国家级、市级重点实验室、工程技术研究中心及北京市设计创新中心等开展研发活动和科技创新。引导科研院所和高等学校为企业技术创新提供支持和服务。加快院士专家工作站、院士专家服务中心建设。

加强研究开发、技术转移和融资、检验检测认证、质量标准、知识产权和科技咨询等科技服务平台建设。鼓励社会化新型研发机构发展,优化重点实验室、工程实验室、工程(技术)研究中心布局。支持创新型孵化器通过自建、收购、合作等方式,在海外设立跨境创业服务平台。加快发展高端创业孵化平台,提供集创业孵化、资本对接、营销服务等为一体的创新创业服务,为创业者提供集约化、专业化、社区化的创新创业环境。

(四)加快推动政府创新治理现代化

1. 强化科技创新法制保障

贯彻落实国家政策法规,统筹推进地方立法,加快完善涉及创新的法规规章体系。加快推进科技创新和科技成果转化地方立法工作,在先行先试的同时,积极探索立法实践,实现立法和改革决策相衔接,及时推动将成熟的政策经验固化上升为法律法规。

坚持依法履职,完善权力清单和责任清单制度。深化行政审批制度改革,规范行政审批行为,优化服务方式,提高行政效能。建立创新政策协调审查机制和调查评价制度。

2. 完善统筹协调机制

完善政府创新治理机制,发挥顶层设计、统筹协调、整体推进、督促落实的作用。加快政府职能从研发管理向创新服务转变,简政放权、放管结合、优化服务。统筹科技、经济、产业、金融等部门创新管理职能,加强创新资源的统筹配置以及科技政策和经济政策的有效衔接。加强首都新型高端智库建设,为首都科技改革发展提供决策支撑。

各相关部门、各区要依据本规划加强自身职能职责与全国科技创新中心建设任务的对接,围绕优先领域、重点任务、重大项目等加强统筹协调。研究制定规划年度实施方案和“折子工程”,逐年逐项细化分解规划目标和重点任务,明确责任分工,抓好督查落实,确保规划目标任务全面完成。

3. 深化财政科研项目和经费管理改革

发挥政府部门在战略、规划、政策、服务等方面的作用。优化整合全市科技计划(专项、基金等)布局,逐步构建全市统一的科技计划管理体系及信息平台,逐步建立与完善依托专业机构管理科研项目的机制。推进科技报告和创新调查制度常态化,建立健全覆盖全过程的监督和评估机制。加强科研信用信息的归集,健全科研信用管理体系。探索符合科技创新规律的财政科技资金投入方式,提高资金使用效率。赋予科研项目承担单位和科研人员开展科研更大的自主权。进一步完善市财政科研项目和经费管理,简化预算编制和评审程序,下放预算调剂、差旅会议咨询费管理和科研仪器设备采购管理等权限,扩大科研基本建设项目自主权;对科研人员因公出国进行分类管理,切实增强科研人员的获得感。

4. 充分发挥社会组织作用

建立创新治理的社会参与机制,发挥各类行业协会、基金会、科技社团等社会组织在推动创新驱动发展中的作用。改进创新治理的决策机制,完善决策程序,扩大决策参与范围,引入民间和社会公众力量参与决策。发挥学术咨询机构、协会、学会等社会组织力量对规划实施的监督与评估作用,实现创新决策、监督、执行分离,提高决策科学化和民主化水平。大力发展市场化、专业化、社会化创新服务机构和组织,深化科技创新类社会组织登记管理改革试点,推进社会组织诚信体系建设。

5. 培育全社会创新精神

深化实施"首都创新精神培育工程",弘扬崇尚创新、包容失败的创新文化。充分发挥新媒体作用,宣传创新典型。倡导百家争鸣、尊重科学家个性的学术文化,增强敢为人先、大胆质疑的创新自信。树立创新光荣、创新致富的社会导向,强化勇于创新、不惧风险、志在领先的企业家精神。

加强科普服务能力,提升公众科学素养。实施科普惠及民生、科学素质提升、科普设施优化、科普产业创新、互联网+科普、科普助力创新、科普协同发展等引领工程。举办全国科技活动周暨北京科技周、北京"双创"活动周、创新创业大赛、发明大赛,开展院士专家校园行、企业行、社区行、京郊行等系列科普活动,形成全社会人人关心创新、鼓励创新、尊重创新、保护创新的良好氛围。

北京市人民政府办公厅关于印发《北京市全民科学素质行动计划纲要实施方案(2016—2020年)》的通知

京政办发〔2016〕31号

各区人民政府,市政府各委办局,各市属机构:

《北京市全民科学素质行动计划纲要实施方案(2016—2020年)》已经市政府同意,现印发给你们,请认真贯彻执行。

北京市人民政府办公厅

二〇一六年七月一日

北京市全民科学素质行动计划纲要实施方案（2016—2020年）

根据《国务院关于印发全民科学素质行动计划纲要（2006—2010—2020年）的通知》（国发〔2006〕7号，以下简称《科学素质纲要》）、《国务院办公厅关于印发全民科学素质行动计划纲要实施方案（2016—2020年）的通知》（国办发〔2016〕10号）和《北京市国民经济和社会发展第十三个五年规划纲要》等文件精神，为明确本市“十三五”期间全民科学素质工作的重点任务，确保实现2020年公民科学素质建设目标，特制定本实施方案。

一、总体要求

（一）指导思想

深入贯彻落实党的十八大和十八届三中、四中、五中全会精神，深入学习贯彻习近平总书记系列重要讲话和对北京工作的重要指示精神，牢固树立创新、协调、绿色、开放、共享的发展理念，立足首都城市战略定位和建设全国科技创新中心，始终坚持“政府推动、全民参与、提升素质、促进和谐”的工作方针，紧紧围绕节约能源资源、保护生态环境、保障安全健康、促进创新创造，自觉把科学普及放在与科技创新同等重要的位置，加强公民科学素质建设，夯实实施创新驱动发展战略和推进大众创业、万众创新的群众基础和人才基础，为建设创新型国家和国际一流的和谐宜居之都提供有力支撑。

（二）发展目标

到2020年，科技教育、传播与普及长足发展，公民具备科学素质的比例达到24%，进入创新型国家高端水平。

1. 大众创业、万众创新深入人心。重点宣传普及创新是引领发展第一动力的观念，营造有利于创新创业的社会氛围，激发全体市民特别是科技工作者的创新创造活力。努力培育宽松和谐、健康向上的创新文化，形成鼓励创新、宽容失败的良好环境。创新型人才大量涌现，科技创新对发展的贡献度不断提高。

2. 公众提高科学素质的主动性不断增强。围绕发展需求，突出工作主题，构建学习型社会，加强对节能减排、防灾减灾、公共安全、健康生活等知识和观念的宣传普及，推动在全市形成积极向上的精神追求和健康文明的生活方式，营造讲科学、爱科学、学科学、用科学的良好氛围。

3. 全民科学素质整体水平不断提升。持续推动重点人群科学素质行动，青少年的科学兴趣和创新能力明显提高，领导干部和公务员的科学意识和决策水平不断增强，农民、城镇劳动者、社区居民的科学生产和科学生活能力不断提高，引领和带动公民科学素质的整体提升。

4. 科普信息化建设取得突破进展。树立“互联网+”思维，以信息化手段创新科普形式和载体，推动移动互联网、云计算、大数据等与公民科学素质建设有机融合，促进科普资源共建共享，大力提升科普公共服务能力和科技传播能力，形成互联网时代科普工作新格局。

5. 公民科学素质建设体制机制不断完善。完善协作共建机制，发挥政府主导作用，加强统筹协调，加大投入力度。强化社会动员机制，社会各方面参与公民科学素质建设的积极性明显增强。完善法规政策，积极促进公益性科普事业与经营性科普产业协同发展。

二、重点任务

（一）实施青少年科学素质行动

1. 任务。普及科学知识和科学方法，青少年的创新意识、创新精神和实践能力不断增强，为创新驱动发展培养坚实的后备力量。着力培养中小学生的科学能力，使中小学阶段科技教育继续保持全国领先水平。培养大学生的创新精神，提升大学生参与科技创新、创造、创业的能力。推进科技教育的均衡发展，为农村青少年提供更多接受科技教育和参加科普活动的机会。充分发挥互联网等信息技术在科技教育和科普活动方面的作用，促进学校科技教育和校外科普活动的有效衔接。

2. 措施。推进义务教育阶段的科技教育。落实《北京市实施教育部〈义务教育课程设置实验方案〉的课程计划（修订）》，提高科学课程教学质量和效果，加强实践活动课程建设，促进科学教育内容和数学、物理、化学、生物等课程的渗透、融合。依托北京数字学校和中小学综合素质评价系统，开发开放性科学实践活动课程。加强过程性评估和改进，积极探索构建符合素质教育要求的科技教育课程体系和课程标准。

加强高中阶段的科技教育。鼓励普通高中开设科技教育选修课，培养学生的创新精神和实践能力。结合通用技术课程开展研究性学习、社区服务和社会实践活动，培养学生的探究能力和敢于创新、善于创造的精神和勇气。推进中等职业学校教育教学改革，加强科学素养和创新精神教育，着力培养学生的职业道德、职业技能和创新创业能力。

注重大学阶段的科技教育和科普工作。探索大学数学、物理、化学、生物、计算机等课程改革，推进高等学校科学基础课建设。建设并利用好科学素质类视频公开课。深入实施大学生创新创业训练计划，在高等学校营造大众创业、万众创新的良好氛围。鼓励本科生参与科学研究和学科竞赛。鼓励大学生参加科普活动，参与科普作品创作。

丰富课外科技教育活动。加大在义务教育阶段推行中小学生课外活动计划的力度。鼓励中小学校利用各类科技场馆及科普教育基地资源，开展科技学习和实践活动，促进科技教育校内外有效衔接。鼓励科技类社会团体面向未成年人组织开展科技专题夏（冬）令营活动。开展科技场馆、博物馆、科普大篷车进校园工作。办好大学生课外科技作品竞赛、青少年科技创新大赛等科技竞赛。开展社会大课堂、学生科技节、博物馆之春、青少年科普阅读等活动。

加强青少年科技后备人才培养。大力实施北京青少年科技后备人才早期培养计划和青少年科技创新“雏鹰计划”“翱翔计划”，组织北京青少年科技创新市长奖评选等活动，鼓励、引导青少年参与科技创新活动，不断提升青少年的创新精神和实践能力，培养青少年科技创新拔尖人才。

营造崇尚科学的校园文化氛围。推进中小学科技教育示范校创建活动。鼓励中小学校设立科普教育长廊、电子屏等宣传平台普及科学知识。引导青少年正确使用互联网信息资源。组织开展防灾避险应急演练，普及节约能源资源、保护生态环境、心理生理健康、安全避险自救等知识，加强珍爱生命、远离毒品和崇尚科学文明、反对愚昧迷信的宣传教育。

关注青少年中特殊群体的科学教育。落实《北京市乡村教师支持计划（2015—2020年）实施办法》，推动义务教育均衡发展，优化配置科技教育资源，提高薄弱学校的科技教育质量。全面加强远郊区农村中小学生、残疾儿童少年、来京务工人员子女、社会弱势群体家庭子女、特殊家庭子女的科学教育，有针对性地提供接受科学教育、参与科普活动的机会。

推行青少年家庭教育。以未成年人思想道德教育和行为习惯养成为重点，广泛开展各类家庭教育宣传实践活动，不断提升家长的科学教育能力，积极引导全社会共同重视家庭教育工作，为未成年人健康成长营造良好的家庭氛围和社会环境。

3. 分工。由市教委、团市委牵头，市委宣传部、首都精神文明办、市科委、市经济信息化委、市司法局、市人力社保局、市环保局、市文化局、市卫生计生委、市新闻出版广电局、市文物局、市体育局、市知识产权局、市地震局、市气象局、市妇联、市科协、市残联、市社科联等单位共同参与。

（二）实施农民科学素质行动

1. 任务。加大农民科学素质行动工作力度，结合新型城镇化建设和都市型现代农业发展，提高农民运用科技发展农业生产的能力。开展倡导健康卫生、移风易俗和反对愚昧迷信、陈规陋习等宣传教育，增强农民的文明健康意识，提高农民科学生活的能力。积极推进“互联网＋农业”和农村电子商务发展，探索促进农业服务现代化新路径。加强农村全科农技员队伍建设，培养新型职业农民。着力提升远郊区农村留守人员特别是农村妇女的科学素质。

2. 措施。大力开展农村科技教育培训。发挥党员干部现代远程教育网络、农业综合服务站(所)、基层综合性文化服务中心等在农村科技培训中的作用,面向农民大力开展科技教育活动。采取农业科技入户、农民田间学校、乡土专家培训、农民致富科技服务套餐配送和专项技能培训等有效方式,全方位、多层次培养各类新型职业农民和农村实用人才。

开展形式多样的农村科普活动。开展文化科技卫生“三下乡”、科技周、科普日、科普之春等活动,提高农民的科学素质,引导农民养成良好的生活习惯和科学的生活方式,建设美丽乡村和宜居村庄。深化“双学双比”活动,引导农村妇女依靠科技创新创业。

加强农村科普公共服务能力建设。深入开展科普示范区创建活动及乡村博物馆建设,继续实施科普惠农兴村计划,结合美丽乡村、新型农村社区建设和乡村旅游业发展,建设一批农村科技、科普示范基地。完善农村基础科普设施,推动乡村科普视窗、宣传栏等建设。大力实施农业科技入户示范工程。发挥乡镇科协、农村专业技术协会和各类农村实用技术培训机构在农技服务中的作用。加强对大学生村官、农技员、养殖专业户的科普知识培训。

加强农村科普信息化建设。积极开展信息技术培训,增强农民使用电子设备和互联网的兴趣与能力。开展“三农”网络书屋建设、农民科学素质网络知识竞赛、新农民微视频展播等线上线下相结合的科技教育和科普活动,帮助农民提高科学素质。统筹农村数字家园、尚农网、爱农信息驿站等“三农”信息服务资源,开展智慧乡村建设。强化以物联网、云计算、移动互联网、北斗导航为代表的信息技术在农业生产领域中的应用。

加强农村重点人群科普工作。面向远郊区留守农民特别是农村留守儿童、留守妇女和留守老人,开展科普重点帮扶。大力开展巾帼科技致富工程、巾帼科技特派员、巾帼现代农业科技示范基地建设等工作,努力提高农村妇女科学素质。加强农村残疾人实用技术培训,提高其劳动增收能力。

3. 分工。由市农委、市科协牵头,市委宣传部、首都精神文明办、市教委、市科委、市经济信息化委、市司法局、市人力社保局、市环保局、市卫生计生委、市安全监管局、市新闻出版广电局、市文物局、市体育局、市园林绿化局、市地震局、市气象局、市总工会、团市委、市妇联、市社科联等单位共同参与。

(三)实施城镇劳动者科学素质行动

1. 任务。以专业技术人才、高技能人才、进城务工人员及失业人员培养培训为重点,提高创新精神和创造能力,为“北京创造”奠定人才基础。围绕城镇劳动者的全面发展需求,推动绿色低碳、安全生产、信息技术、职业发展等知识和观念广泛普及,提高城镇劳动者科学生产和健康生活能力,促进城镇劳动者科学素质整体水平提升。

2. 措施。加强城镇劳动者科技教育培训。以首都职工素质建设工程为载体,5 年内累计实现 2000 万人次参加学习。引导企事业单位参与建立工学结合的职工教育和培训体系,将科技教育内容纳入各级各类职业教育和成人教育课程和培训教材。建设职工在线教育学习服务平台,开设网络科学课堂。鼓励企业开办科普专栏,设立科普橱窗、职工书屋,利用实验室、产品陈列室等建设科普宣传阵地,鼓励具备条件的企业建立科普教育基地。

开展多种形式的职业技能培训。根据企业用工和劳动者就业需求,组织订单式、定向式培训。围绕企业自主创新能力提升和现代服务业发展需求,提高第二、三产业从业人员科学素质。实施技能型人才培养工程。深入开展巾帼建功活动和职业技能大赛,大力提升职工职业技能。

开展大规模专业技术人员继续教育。深入实施专业技术人才知识更新工程,5 年内培训高层次、急需紧缺和骨干专业技术人才 15 万人次。推进高级研修项目,以培养高层次人才为重点,每年举办 40 期左右市级高级研修班,积极推荐申报国家级高级研修项目。组织紧缺急需人才培养培训,依托专业技术人员继续教育基地和有关培训机构,每年培训急需紧缺人才不少于 2 万人。开展岗位培训,以技术适应、创新创业能力提升和职业道德养成等为主要内容,采取岗位轮训、学习交流、体验模拟等方式,每年培训骨干专业技术人才不少于 1 万人。

加大科技创新人才培养力度。举办创新理论系列培训,开展职工创新成果展示活动,鼓励倡导群众性技术创新和发明。创建职工创新工作室,5年内总数动态保持在500个。组织实施促进青年科技人才成长计划,开展北京优秀青年工程师评选活动和“讲理想、比贡献”活动。加强院士专家工作站建设,2020年全市达到200家。探索提升企业自主创新能力的模式,实施按专业、定方向的梯次深度培训。

提升来京务工人员科学素质。建立来京务工人员和用工单位、劳务输出组织共同开展职业技能培训的机制。强化家政、养老、医护、保安、建筑、环卫、燃气等行业来京务工人员的技能培训和相关知识普及。针对新生代来京务工人员的需求和特点,推进首都农民工大学生助推计划。深入推进“春潮行动”——农民工职业技能提升计划,到2020年,力争使新进入本市人力资源市场或企业技能岗位的农民工都得到1次专题培训。

3. 分工。由市人力社保局、市总工会、市安全监管局牵头,市委宣传部、首都精神文明办、市社会办、市教委、市科委、市经济信息化委、市民政局、市司法局、市卫生计生委、市新闻出版广电局、市文物局、市体育局、市知识产权局、市地震局、市气象局、团市委、市妇联、市科协、市残联、市社科联等单位共同参与。

(四)实施领导干部和公务员科学素质行动

1. 任务。围绕提高领导干部和公务员的科学决策水平、科学治理能力、科学生活素质,加强马克思列宁主义、毛泽东思想和中国特色社会主义理论体系,特别是习近平总书记系列重要讲话等科学理论的教育。充分利用现代信息技术,加强科技知识、科学方法的培训和科学思想、科学精神的培养,使领导干部和公务员的科学素质在各类职业人群中位居前列,在提升全民科学素质过程中发挥示范作用,推动领导干部和公务员更好地贯彻实施创新驱动发展战略,推进全国科技创新中心建设。

2. 措施。加强对领导干部和公务员的科学素质教育培训。严格执行《干部教育培训工作条例》有关规定,认真落实《北京市贯彻落实〈2013—2017年全国干部教育培训规划〉的实施意见》和《北京市贯彻落实〈2016—2020年行政机关公务员培训纲要〉的实施意见》部署要求,开展科学理论、科学方法、科技知识的学习培训,加强科学思想、科学精神的培养。重点加强区、街道(乡镇)党政领导干部,各级各部门科技行政管理干部,科研机构负责人和国有企业、高新技术企业技术负责人等人员的科学素质教育培训。

创新领导干部和公务员科学素质教育的渠道和载体。把树立科学精神、增强科学素质纳入各级党校、行政学院和各类干部培训院校教学计划,合理安排课程和班次。在干部选学和在职自学中,强化科学素质有关内容的学习。充分利用现代信息技术,满足领导干部和公务员多样化学习需求。在干部培训教材建设中,加强新科技内容的编写和使用。

在领导干部考核和公务员录用中体现科学素质要求。认真落实中央关于改进地方党政领导班子和领导干部政绩考核工作的有关要求,不断完善干部考核评价机制。在党政领导干部、企事业单位负责人任职考察、年度考核中,强化与科学素质要求有关的具体内容。在公务员录用考试中,强化科学素质有关内容。制定完善领导干部和公务员科学素质监测、评估标准。

广泛开展针对领导干部和公务员的各类科普活动。办好北京市公务员科学素质大讲堂、公务员科学素质知识竞赛等针对各类领导干部和公务员的科普活动,5年内参与人数不低于3万人次。有计划地组织领导干部和公务员到科研单位和科普场所参观学习。编辑出版面向领导干部和公务员的主题科普读物。

3. 分工。由市委组织部牵头,市委宣传部、首都精神文明办、市科委、市经济信息化委、市司法局、市人力社保局、市环保局、市文化局、市卫生计生委、市新闻出版广电局、市文物局、市地震局、市气象局、团市委、市妇联、市科协等单位共同参与。

(五)实施社区居民科学素质行动

1. 任务。充分利用现代信息技术,普及绿色低碳、安全健康、应急避险等知识和观念,促进社区居民全面形成科学文明健康的生活方式。提升社区居民应用科学知识解决实际问题、改善生活质量、应对突发事件的能力,激发社区居民提高科学素质的主动性和积极性。围绕建设国际一流的和谐宜居之都,完善社区科普设施,健全公共服务体系,发挥枢纽型社会组织在社区科普工作中的作用,繁荣社区文化,建设和谐社区、美丽社区。

2. 措施。大力开展社区科普活动。开展科技、文化、卫生、安全、健康、环保进社区以及科技周、科普日、科普之夏、首都科学讲堂、周末社区大讲堂、科学达人秀等各类科普活动。发挥社区教育在提高社区居民科学素质、服务民生和促进社会和谐方面的作用。面向老年人、妇女、青少年和儿童开展科学、安全、健康等知识的宣传和教育活动。引导未成年人正确使用网络资源,自觉抵制不良信息。鼓励社区居民参与科技发明创造活动,营造有利于创新的社会氛围。

提升城镇新居民科学素质。围绕普及节约能源资源、保护生态环境、保障安全健康等科学知识,面向城镇新居民开展提升科学素质、提高职业技能、适应城市生活的宣传教育活动,促进城镇新居民树立科学精神、掌握科学方法,形成科学文明健康的生活方式,帮助城镇新居民融入城市生产生活。

提高社区科普服务能力。推进智慧社区建设,到2020年,实现"一刻钟社区服务圈"城市社区基本全覆盖,创建社区规范化建设示范点500个。建立和完善北京市社区科普大学市级总校、区级分校和社区教学点三级办学体系,推动社区科普方式创新。建设一批具有时代气息、体现高新技术特点、满足不同人群需要的科普设施。依托新媒体拓展社区科普设施服务功能,推动科普信息惠及广大社区居民。

积极开展社区科普示范建设。实施社区科普益民计划,到2020年,科普社区总数达到全市社区总数的40%。重点建设一批科普示范社区,有序开展安全社区、健康社区、科学健身示范社区、气象科普示范社区、地震科普示范社区等的建设,推进和谐社区、美丽社区的建设。

构建社会化社区科普工作格局。充分利用和整合社区内外科普资源,建立共建共享机制。发挥枢纽型社会组织在社区科普工作中的作用,鼓励和动员社区学校、科普学会(协会、研究会)、科普俱乐部、科普志愿者为社区居民科学素质建设服务。实施高等学校与社区科普组织对接工程,鼓励有志于社区科普教育的专家、学者和在校大学生为社区科普工作服务。搭建科普教育基地与社区对接桥梁,促进社区科普工作开展。

3. 分工。由市社会办、市科协牵头,市委宣传部、首都精神文明办、市教委、市科委、市经济信息化委、市民政局、市司法局、市环保局、市市政市容委、市商务委、市文化局、市卫生计生委、市安全监管局、市新闻出版广电局、市文物局、市体育局、市园林绿化局、市地震局、市气象局、团市委、市妇联、市残联、市社科联、市红十字会等单位共同参与。

(六)实施科学教育与培训基础工程

1. 任务。加强教师科学素质建设,构建科学教师培训体系,不断提高教师科学素质和科技教育水平。加强科技教育教材建设,充分利用现代信息技术,优化科技教育教学方法,努力做到适应时代发展、满足培训要求、符合对象需求。加强科技教育培训基础设施建设,提高科技教育培训基地、场所的利用效率,切实保障科技教育与培训有效实施。

2. 措施。大力提高教师的科学素质。鼓励有条件的市属高等学校开设科技教育专业或相关课程,培养更多科技教育师资。落实《北京市"十三五"时期中小学教师培训工作实施意见》,加大对科学教师的培训力度,强化科技教育内容培训。广泛开展中小学科学教师之间的业务交流,提高教师科技教育的教学能力和水平。

提高科技教育与培训的教材质量。按照基础课程标准,进一步提高科学课程教材的质量和水平,增强教学内容的趣味性、直观性和吸引力。着眼于培养学生创新创造能力,将科普内容纳入各级各类教育培训材料和教学计划。根据《中国公民科学素质基准》,结合青少年、农民、城镇劳动者、领导干部和公务员、社区居民的特点,编写符合各类人群需求的科技教育培训教材。健全完善社区科普大学课程体系,围绕社区居民关心的问题,多方面集成、开发、引进各类有知有趣有用的科普教材(课程)、课件。

改进科技教育与培训的教学方法。加强中小学科技教育研究,广泛应用现代教育技术与先进教学理念,改进教学方式方法,增强教育教学效果。适应时代发展要求和培训对象需求,按照因材施教的原则,针对不同人群特点开展科技教育培训。运用现代信息技术,改革与探索成人教育教学方式。

加强科技教育与培训的基础设施建设。充分利用现有的教育培训场所、基地,配备必要的教学仪器和设备。加强中小学特别是农村中小学科技教育基础设施建设,实现科学仪器、教具、图书等达标。鼓励高等学校、科研院所、科技场馆、职业学校、成人教育培训机构、社区学校等公共机构积极参与科技教育与培训工作。

发掘利用高等学校和科研院所科技教育资源。推动高等学校、科研院所的科技专家参与科学教师培训、中小学科学课程教材建设和教学方法改革。推动有条件的中学科学教师到高等学校、科研院所和重点实验室参与科研实践。

3. 分工。由市教委、市人力社保局牵头,市委宣传部、市发展改革委、市科委、市民政局、市农委、市文化局、市卫生计生委、市文物局、市体育局、市知识产权局、市地震局、市总工会、团市委、市妇联、市科协、市残联、市社科联、市红十字会等单位共同参与。

(七)实施科普信息化工程

1. 任务。运用“互联网+”思维推动科普工作创新,建立适应科普信息化的体制机制。广泛吸引社会力量,促进科普信息化资源开发,提升科普服务能力。推动传统媒体与新媒体的深度融合,运用多元化手段实现多渠道全媒体传播。创新科普服务模式,强化移动端科普信息推送,提升科普传播精准服务水平。

2. 措施。建立科普信息化推进机制。探索完善适应科普信息化建设的机构设置、资源配置、工作模式。建设市级大众网络科学传播平台、打造区级科普信息化工作平台、完善社区科学传播网络平台,形成三级“互联网+科普”工作新格局。建立科普信息化社会动员机制,依托科普信息化联盟,引导社会力量共同参与科普信息化建设。建立科普信息化发展机制,不断创新和完善科普信息化公共服务供给模式。

促进科普信息化资源开发。广泛吸引社会力量,促进科普信息化资源开发,实现科普信息的高效利用和随时获取。引导市属学术团体、区科协、基层科协、科普教育基地等参与科普信息化建设和新媒体科普资源开发。发挥蝌蚪五线谱网站、北京科普资源共享服务平台等在科普信息化资源开发、共建、共享中的示范、引领作用。重点培育、资助一批具有代表性、引导性的紧盯科技前沿、紧跟社会热点、紧扣公众需求的电子科普出版物。

拓宽科普信息传播渠道。创新科普传播形式,推动传统媒体与新媒体深度融合,实现多渠道全媒体传播。通过社交网络平台、即时通讯工具、手机应用软件等,建立移动端科普传播平台,广泛开展移动端科普工作。推动北京电视台、北京广播电台制作更多群众喜闻乐见的科普节目并增加播出时间和传播频次,做好科技领域热点敏感问题、突发公共事件的舆论引导。推动市属各类报纸杂志普遍开设科普专栏或增加科普专栏版面,科普网站和门户网站进一步丰富科技传播专栏内容和形式,实现纸质和网络同步传播。

强化科普信息精准推送。依托现代信息技术,洞察和感知公众科普需求,细分科普对象,创新科普的精准化服务模式,定向、精准地将科普信息资源送达目标人群,满足公众多样性、个性化需求。采取线上线下相结合的方式,加大对远郊区农村的科普信息服务定制化推送力度。大力推进科普信息服务无障碍工作,提高残疾人等特殊群体获取科普信息的便捷性。

3. 分工。由市科协、市委宣传部、市经济信息化委、市新闻出版广电局牵头,市教委、市科委、市民政局、市环保局、市市政市容委、市农委、市文化局、市文物局、市体育局、市地震局、市气象局、市总工会、团市委、市妇联、市社科联等单位共同参与。

(八)实施科普基础设施工程

1. 任务。增加科普基础设施总量,提升科普基础设施的服务能力。优化科普资源配置,推进基层科普设施建设。拓展社会设施资源的科普功能。加强科普设施信息化建设。

2. 措施。加强实体科技场馆建设。完成首都科学技术馆建设,完善北京自然博物馆、北京天文馆展教设施,推动有条件的企事业单位建设科技博物馆,到2020年,北京地区建筑面积在500平方米以上的科普场馆达到140个。增强流动科技馆、科普大篷车为基层群众服务能力。鼓励和支持综合类博物馆和专题类博物馆展示、讲解藏品所蕴含的科学内容。

加强基层科普设施建设。推动新建一批具备科技教育、培训、展示等功能的基层综合性科普活动场所和科普设施。积极建设科普活动站(室)、科普图书室、社区科普大学等基层科普阵地。鼓励和支持有条件的远郊区农村中小学根据科学课程的需要,建设农村中小学科技馆和农村青少年科学工作室。

大力推进科普教育基地建设。鼓励和推动有条件的企事业单位依托教学、科研、生产和服务等资源载体,建设和发展一批面向社会公众开放,具有特定科技教育、传播与普及功能的科普机构。加强科普教育基地工作考核和动态管理,促进其持续健康发展。适度发展国家级和市级科普教育基地,到2020年,实现北京地区国家级科普教育基地总数达到200个,市级科普教育基地总数达到400个。

拓展社会设施资源科普功能。引导公园、商店、书店、医院、影剧院、图书馆等公共场所增加科普设施,利用橱窗、电子屏等设施进行科普宣传。逐步提升科普主题公园以及观光农业园、动植物园、地质公园、矿山公园、自然保护区、湿地保护区、风景名胜区等场所的科普能力,增加旅游业的科普元素。

加强科普设施信息化建设。推动和支持科普机构和科普设施主动利用现有科普信息平台获取科普信息资源,加强线上科普信息资源的线下应用。大力推动虚拟现实等技术在科技场馆展教中的应用,提升科技场馆展教服务水平。推动数字科普视窗、数字图书室建设,实现优质数字化科普资源进社区、进乡村。

3. 分工。由市科委、市科协牵头,市委宣传部、首都精神文明办、市社会办、市发展改革委、市教委、市民政局、市财政局、市规划委、市市政市容委、市农委、市商务委、市文化局、市卫生计生委、市文物局、市体育局、市园林绿化局、市地震局、市总工会、团市委、市妇联、市残联等单位共同参与。

(九)实施科普资源开发与服务工程

1. 任务。培育科普创客文化,实现科普与艺术、人文的有机结合,打造更多有知有趣有用的科普精品。促进科普资源开发社会化,推动科普产业发展。加强首都科普资源整合,以北京科普资源联盟为依托,完善科普资源集成、共享和服务机制,动员中央在京单位特别是科技、教育、文化机构的科普资源为首都科普事业发展服务,搭建在京社会组织参与首都科普公共服务的平台。利用外国驻华使馆、跨国公司的科普资源为公民科学素质建设服务。

2. 措施。推动原创性科普融合创作。大力开展科普文章、科普视频、科普微电影、科普动漫等形式多样的科普作品创作。通过北京创客科普季等品牌推广,培育创客文化。以评优评奖、作品征集等方式,加大对优秀原创科普作品的扶持力度。发挥北京科学技术普及创作协会、北京科技记者编辑协会等科技社团的作用,鼓励社会各界参与科普作品创作。继续资助自然科学科普图书与音像制品的创作出版,打造北京科普创作品牌。继续办好科普新媒体创意大赛、网上科幻小说大赛、优秀科普写手征集等科普创作活动。开发科普线上交互学习平台系统,便于公众在线学习科学知识。

建立社会化科普资源开发模式。通过招标、奖励、补贴等形式,鼓励和支持高等学校、科研院所、社会团体、企业参与科普产品的研发、生产和传播。发挥数字内容产业协作中心作用,充分调动社会力量参与科普信息化建设。大力开发基于互联网等新媒体的科普视频、短剧、动漫、游戏。重视报刊、电视等传统媒体科普资源的制作。鼓励将科学、文化、艺术融为一体的科普创作形式。

完善科普资源集成、共享与服务机制。壮大北京科普资源联盟规模,到2020年,联盟成员达到400家。以大众创业、万众创新为导向,建设科普众创空间,推动科普产业创新发展。充分利用中央在京科技资源,为公民科学素质建设服务。推进高等学校、科研院所和大型国有企业的实验室面向社会公众开放。推动北京地区科普场馆免费开放。办好北京科普资源共享服务平台,加强资源分类集成,完善线上交易流程。推动京津冀科普资源共享,拓展服务范围。建立数字科普云平台,打造科普资源数据库。

促进科普国际交流合作。引进国外优秀科普作品,借鉴国际先进科普创作理念和方法,促进首都科普创作水平整体提高。加强与国外科技组织的沟通协作,动员外国驻华使馆、跨国公司参与北京科普活动,为首都市民提供多元化的科普服务。

3. 分工。由市科委、市科协牵头,市委宣传部、首都精神文明办、市教委、市经济信息化委、市民政局、市环保局、市市政市容委、市农委、市文化局、市安全监管局、市新闻出版广电局、市文物局、市体育局、市知识产权局、市地震局、市气象局、市总工会、团市委、市妇联、市残联、市社科联等单位共同参与。

(十)实施科普人才建设工程

1. 任务。分层构建科普人才队伍,优化科普人才队伍结构,提升科普人才队伍的整体素质。

2. 措施。加强科普工作者队伍培训。强化科普工作者培养和继续教育,开展多种形式的培训和进修活动,全面提升在职科技教育、传播与普及人员的科学素质和业务水平。完善政策措施,为高层次科普专门人才参与科普重大项目和活动创造有利条件。

加强青少年科技辅导员队伍建设。重点在中小学、科普场馆、青少年科技活动中心、青少年宫等建立专职青少年科技辅导员队伍。依托科技专家、大学生志愿者、老科技工作者等建立兼职青少年科技辅导员队伍。加强对青少年科技辅导员的培训,提高其开展科技教育、组织科普活动的能力。

加强科普创作人才队伍建设。以北京科学技术普及创作协会为核心,吸引有志于科普工作的社会各界人士参与科普文学、影视、动漫等作品的创作,组织开展科普作家培训。

加强科技记者编辑队伍建设。推动科技社团与媒体交流互动,开展科技记者与编辑培训,提高媒体从业者客观准确报道最新科技创新成果和科技领域热点敏感问题、突发公共事件的能力,促进大众传媒科技传播质量的提升。

加强基层科普人才队伍建设。大力培养农村实用技术科普人才,发挥农村科普带头人的示范作用,建立由大学生村官、农技员、养殖专业户组成的科普宣传队伍。结合社区科普品牌活动以及社区科普益民计划、社区科普大学建设,建立社区科普宣传员队伍。鼓励高等学校、科研院所、企业、科技社团、科普场馆、科普教育基地等单位以及部队的专业人才积极参与农村、社区科普服务。

加强科普志愿者队伍建设。制定科普志愿服务管理办法,完善科普志愿服务工作机制。鼓励老科技工作者、高等学校师生、在职科研人员、媒体从业者参加科普志愿服务,壮大科普志愿者队伍。发挥志愿服务总队、分队统筹协调作用,搭建科普志愿服务信息平台,引导科普志愿者积极参加大型主题科普活动和科普场馆、科普教育基地的科普活动。

3. 分工。由市科委、市科协牵头,首都精神文明办、市社会办、市教委、市环保局、市农委、市文化局、市卫生计生委、市安全监管局、市新闻出版广电局、市文物局、市体育局、市知识产权局、市地震局、市气象局、市总工会、团市委、市妇联、市社科联、市红十字会等单位共同参与。

三、保障措施

(一)加强组织领导

市有关部门按照《科学素质纲要》的要求和本实施方案的分工,将有关任务纳入本部门本系统的相关工作规划和计划。

各区政府负责将公民科学素质建设纳入本地区经济社会发展总体规划,把本实施方案重点任务列入年度工作计划,纳入目标管理考核;因地制宜,制定本地区"十三五"全民科学素质工作实施方案;完善公民科学素质建设工作机制,加大政策支持和投入,全面推进本地区公民科学素质建设。

市全民科学素质纲要实施工作办公室(设在市科协)负责提出工作规划、年度工作计划和任务安排,会同市有关部门共同推动各项工作目标和任务的落实,指导各区全民科学素质工作。

(二)建立健全机制

建立健全协作共建机制。市全民科学素质纲要实施工作办公室与市有关部门、各区政府建立公民科学素质建设共建机制,共同推进全民科学素质工作。

建立健全科研科普相结合机制。研究制定在科技计划项目中增加科普任务的措施与办法,将科普工作作为科技创新工作的有机组成部分,并提高科普成果在科技考核指标中所占比重。承担国家科技计划项目的单位和个人要在科研与科普结合的基础上发挥示范、带头作用。充分发挥科技社团的作用,积极探索将科技成果转化为科普资源的新途径。

建立健全监测评估机制。依据《中国公民科学素质基准》,开展公民科学素质调查,为《科学素质纲要》实施和监测评估提供依据。组织开展全民科学素质工作"十三五"中期评估及终期检查,全面衡量科学素质工作成效。

建立健全社会动员机制。通过示范引导、政府购买服务等方式,进一步形成政府推动、社会参与的良性机制。完善社会动员机制,充分调动社会各界参与科普创作、传播科学知识和科技成果的积极性。按照国家和本市有关规定,对在公民科学素质建设中做出突出贡献的集体和个人给予奖励和表彰,大力宣传先进人物和典型经验。开展科普国际交流与合作,提高本市公民科学素质建设的国际影响力。

(三)完善保障条件

推进《北京市科学技术普及条例》修订工作,进一步明确各类主体在公民科学素质建设中的权利、义务和责任,支持本实施方案牵头部门履行职责,在组织、队伍、经费、设施等方面给予保障。

认真贯彻落实《科学技术普及法》和《北京市科学技术普及条例》,将科普经费列入同级财政预算,逐步提高科普投入水平,保障科普工作顺利开展。市有关部门根据所承担的任务,按照预算管理规定和现行资金渠道,统筹考虑和落实所需经费,纳入部门预算。加强对科普经费、公民科学素质建设经费等专项经费使用情况的绩效考评,确保专款专用和使用效果。通过众筹众包、项目共建、捐款捐赠、政府购买服务等方式,鼓励和吸引社会资本投入公民科学素质建设。

(四)明确进度安排

2016 年,推动和指导各区制定"十三五"全民科学素质工作实施方案并启动实施工作。做好"十三五"全民科学素质工作实施方案动员和宣传工作。

2017—2020 年,针对薄弱环节,继续完善工作机制,解决突出问题,全面推进各项重点任务的实施。深入开展调查研究,完成中小学科学素养基准研究工作,启动全民科学素质行动长远发展战略研究工作。

2020 年,组织开展督查,对"十三五"期间和《科学素质纲要》颁布实施以来的全民科学素质工作进行总结和全面评估,按照国家有关规定开展表彰奖励。

北京市科学技术普及工作联席会议办公室关于印发《北京市"十三五"时期科学技术普及发展规划》和任务分工的通知

京科联办发〔2016〕1 号

市科普工作联席会议各成员单位、各区政府、各有关单位:

为贯彻落实《中华人民共和国科学技术普及法》《北京市科学技术普及条例》和《全民科学素质行动计划纲要实施方案(2016—2020 年)》,加快全国科技创新中心建设,提升市民科学素质,营造良好的创新文化氛围,市科普工作联席会议办公室会同有关单位共同研究制定了《北京市"十三五"时期科学技术普及发展规划》和任务分工,已经 2016 年北京市科普工作联席会议审议通过,现印发给你们,请认真贯彻执行。

特此通知。

附件:

1. 北京市"十三五"时期科学技术普及发展规划
2. 北京市"十三五"时期科学技术普及发展规划任务分工

北京市科学技术普及工作联席会议办公室

二〇一六年六月十三日

附件1

北京市“十三五”时期科学技术普及发展规划

北京市科学技术委员会
北京市科普工作联席会议办公室
2016年6月

“十三五”时期是全面建成小康社会的决胜阶段,为贯彻落实创新驱动发展战略和“创新、协调、绿色、开放、共享”的发展理念,加快全国科技创新中心建设,提升市民科学素质,营造良好的创新文化氛围,为实现“两个一百年”奋斗目标打下良好基础,依据《中华人民共和国科学技术普及法》(以下简称《科普法》)、《北京市科学技术普及条例》(以下简称《科普条例》)、《全民科学素质行动计划纲要实施方案(2016—2020年)》《国家“十三五”科学技术普及和创新文化建设专项规划》《北京市“十三五”时期加强全国科技创新中心建设规划》等,制定本规划。

一、发展回顾与面临的形势

（一）发展回顾

“十二五”时期,北京市认真贯彻落实《科普法》《科普条例》《北京市“十二五”时期科学技术普及发展规划纲要》和《北京市全民科学素质行动计划纲要实施方案(2011—2015年)》(以下简称《实施方案》),以提高市民科学素质为宗旨,围绕提升科普能力、培育创新精神、关注目标人群、丰富科普活动、打造科普精品等重点任务,开展了一系列工作,取得了显著成效。市民科学素质达标率从2010年的10.0%提高到2015年的17.56%,超额完成“十二五”设定的12%的目标,科普工作位居全国前列,为首都经济社会发展和科技创新提供了重要支撑,为把北京建设成为全国科技创新中心奠定了坚实基础。

1. 科普能力显著增强。北京地区500平方米以上的科普场馆达到101个,比“十一五”增加36个。北京地区科技馆、科学技术博物馆建筑面积达109.78万平方米,比“十一五”增加41万平方米。每万人拥有科普场馆展厅面积221.28平方米,比“十一五”增长24.45%。创建社区科普体验厅50家,覆盖16区50余万人;创建市级科普基地326家、市级社区青年汇500家、科普活动室2000余家、科普画廊3500余个。报纸、期刊杂志、广播电视等传统媒体传播科学知识的力度和能力不断增强,电台、电视台播出科普(技)节目时间达到9.97万小时。科普原创水平显著提高,科普图书年出版种类和册数逐年增长,北京地区累计入围全国优秀科普作品104部,占全国的52%。以微博、微信、移动客户端等为代表的新媒体成为科技传播的重要方式和向社会公众答疑解惑的重要渠道,有效支撑了北京科技工作。

2. 科普活动蓬勃发展。围绕全市中心工作及科技相关重大事件,依托北京科技周、全国科普日等,开展了一系列创新科普项目,培育了北京学生科技节、城市科学节、科学嘉年华、青少年科技创新大赛等诸多品牌科普活动,实施了一批科普惠农、科普益民等常规科普计划,在全市形成了良好的创新文化氛围。“翱翔计划”“雏鹰计划”等培养了大量科技创新后备人才,使科教活动走在了全国前列,“翱翔计划”获首届基础教育国家级教学成果一等奖。科普(技)讲座、科普(技)专题展览、科普(技)竞赛分别达到4.89万次、4835次、3035次,均高于全国2.81万次、4375次、1525次的平均水平。

3. 科普资源日益丰富。全市进一步开发和整合首都科普资源。科普经费年度筹集额稳定增长,人均科普专项经费由“十一五”的36.42元上升至46.01元,增长26.33%,远高于全国4.68元的平均水平。科普队伍日益壮大,逐渐向高端化、专业化发展。科普专家李象益作为中国人首次摘取世界科普领域最高奖项“卡林加奖”。以科普项目社会征集为抓手,发掘撬动社会优势科技资源,推动一大批高校院所和企事业单位面向社会开放科技资源，科研机构和院校向社会开放数量达569家，比“十一五”增加190%。支持中科院建立了40多个科技资源科普化平台，众多优质资源加入科普服务的阵营。

4. 统筹协调机制不断优化。根据《科普法》《科普条例》的有关规定，结合全市科普工作实际需要，北京市加强政策引导，注重资源配置，强化部门联动，科普宏观管理体制和运行机制不断完善，形成了在科普工作联席会议框架下，市、区两级政府共同推进科普工作的格局。先后出台《实施方案》《关于加快首都科技服务业发展的实施意见》《北京市科普工作先进集体和先进个人评比表彰工作管理办法》《北京市科普基地管理办法》等文件，完善了政策法规、表彰奖励、监测评估等相关机制。大力支持和引导一批企业、高校、科研院所和社会组织参与科普，形成了政府引导、部门协同、全社会共同参与科普工作的良好局面。

（二）面临的形势

我市科普工作虽然取得了很大成绩，但随着全国科技创新中心建设的全面推进，全市科普工作面临新的形势和要求。

一是市民总体科学素质与发达国家还存在较大差距，城乡之间差别较大，实施创新驱动发展战略和全国科技创新中心的城市战略定位，要求以更大的力度推进科学普及和公众科学素质达到新高度。

二是具有国际影响力的科普品牌较少，社会化、市场化、常态化、泛在化的科普工作局面尚未形成，京津冀协同发展、“一带一路”等国家战略要求北京科普以区域协同的胸怀、国际合作的视野谋划科普新篇章。

三是新一代信息技术、“互联网+”等科技传播手段日新月异，虚拟现实（VR）、增强现实（AR）、混合现实（MR）等新技术和微博、微信、移动客户端等新媒体逐渐渗透到各领域，要求以新技术、新手段、新模式开创科普工作新局面。

四是全面深化改革、转变政府职能，要求科普创新体制机制，对科研院所、高校和高科技企业的科技资源进行深度挖掘，对前沿技术和最新成果进行推广和普及，急需科普工作提出新思路。

五是科技服务业将科普列为重点产业内容，对处于起步阶段的科普产业发展提出了新要求。

二、指导思想、基本原则与发展目标

（一）指导思想

全面贯彻党的十八大、十八届三中、四中、五中全会和习近平总书记系列重要讲话精神，扎实推进创新驱动发展战略，牢固树立“创新、协调、绿色、开放、共享”的发展理念，坚持“政府引导、社会参与、创新引领、共享发展”的工作方针，北京科普工作要站在大视野、大科普、国际化的高度，以建设国家科技传播中心为核心，以提升公民科学素质、加强科普能力建设为目标，以打造首都科普资源平台和提升“首都科普”品牌为重点，着力提升科普产品和科普服务的精准、有效供给能力，着力加强新技术、新产品、新模式、新理念的推广和普及，着力推进“互联网+科普”和“两微一端”科技传播体系，着力培育创新文化生态环境，激发全社会创新创业活力，为全国科技创新中心建设提供有力支撑，为实现“两个一百年”奋斗目标和中华民族伟大复兴的中国梦做出更大贡献。

（二）基本原则

——坚持服务大局和创新引领相结合

科普工作应服务于创新驱动发展、“一带一路”、京津冀协同发展和长江经济带等国家重大发展战略，精准发力，注重实效。围绕全国科技创新中心建设和北京社会发展与经济建设大局，把科普工作贯穿于各领域各环节，统筹推进，尽快建成相适应的支撑体系。

——坚持开放共享和全面跨越相结合

发挥北京科普资源的辐射和带动作用，将新技术、新产品、新服务、新理念向周边地区和其他省区市辐射溢出，使创新成果在周边地区和其他省市区转移转化和产业化，促进区域之间的交流融合，积极融入全球创新网络，实现首都、区域、全国发展新跨越和国际影响力持续提升。

——坚持科技创新和科学普及相结合

发挥科技创新与科学普及作为科技工作“一体两翼”的作用，促进科学研究与科学普及的相互衔接与渗透，吸引市民关注科技发展、支持科技创新，支持科研工作者将最新研究成果转化为科普产品，鼓励科学家担任科普导师、传媒科学顾问，营造“鼓励创新、勇于创造、追求成功、宽容失败”的创业文化和创新氛围。

——坚持政府引导和市场运行相结合

充分发挥市场在资源配置中的决定性作用，更好发挥政府引导作用，破除一切制约创新的思想、体制、机制障碍，促进形成公益性科普事业与经营性科普产业相互补充的格局，不断提升科普产品的供给能力，拓展科普事业新空间。

（三）发展目标

总体目标：到2020年，建成与全国科技创新中心相适应的国家科技传播中心，首都科普资源平台的服务能力显著增强，科普工作体制机制不断创新，科普人才队伍持续增长，科普基础设施体系基本形成，科普传播能力全国领先，创新文化氛围全面优化，科普产业初具规模，公民科学素质显著提高，“首都科普”的影响力和显示度不断提升。

具体目标如下。

——全市公民具备基本科学素质比例达到24%。

——科普投入显著提高，人均科普经费社会筹集额达到50元。

——每万人拥有科普展厅面积达到260平方米，实现存量提升，增量增效。

——建立以大科学家为代表的科普人才梯队，每万人拥有科普人员数达到25人，实现科普服务全覆盖。

——打造30部以上在社会上有影响力、高水平的原创科普作品，培育3个以上具有一定规模的科普产业集群。

——培育5个以上具有全国或国际影响力的科普品牌活动。

——首都科普资源共建共享机制形成，公众获取科普服务的渠道更加便捷。

——新技术、新产品、新模式、新理念推广服务机制建成，科普信息化、产业化程度不断提高。

——浓厚的创新文化氛围形成，公众创新意识明显增强。

三、重点任务

建设以“互联网＋科普”为核心，以传播知识、传播精神和传播文化为理念的首都科普资源平台。调动国家和北京市重点实验室、工程实验室、工程（技术）研究中心、重大科技基础设施等科研条件资源，挖掘新技术、新产品、新业态等科技成果资源，促进科普基地、科普产品、科普影视、科普图书等科普资源面向全社会开放共享。建立畅通的服务渠道和开放共享机制，形成系统化、网络化、专业化的科普服务体系。重点实施八大工程。

（一）实施科普惠及民生工程

发挥大型品牌科普活动的示范带动作用。拓宽思路、拓展视野、创新形式，打造一批具有国际水准的大型品牌科普活动，吸引国内外具有影响力的科普机构参加北京科技周、全国科普日、北京科学嘉年华、全国双创周等，提升活动的示范带动作用和国际影响力。充分利用市场机制，办好城市科学节、国际科普产品博览会等一批充满活力、具有广泛影响力的社会化科普活动。鼓励各区紧密结合发展规划、重点产业和特色资源等，培育一批常态化科普活动。

提升主题特色科普活动效果。围绕经济社会发展重点任务和人民群众重大关切，深入开展主题特色科普活动，为社会公众解疑释惑，提高公众的科学认知水平和科学生活能力。做大做强北京创造2025、青少年科技创新大赛、机器人竞赛、职工职业技能大赛、首都网络安全日等形式多样的市级大型科普活动。创新科普活动的内容和形式，增强活动的实效性和感染力，围绕气象、航天、知识产权、防灾减灾、博物馆、环境、地球等主题日（周），开展系列科普活动。支持各区结合自身特点和需求，开展特色主题科普活动。

加大科技惠民成果推广。围绕大气污染防治、生态环境改善、食品安全保障、重大疾病攻关、城市建设与精细化管理、生态文明宣传教育等民生科技重点工作，开展牵手蓝天、食品安全在行动等科普活动。以科普基地、社区科普体验厅等为重要载体，多渠道、多层次、多角度推广普及科技惠民成果，提高百姓爱科学意识、学科学能力、用科学水平。开展防灾减灾科学知识普及，着力推动防灾减灾知识技能“进社区、进学校、进企业、进农村、进家庭”，增强市民的防灾减灾意识、安全防范和紧急避险的能力。

（二）实施科学素质提升工程

着力提升领导干部和公务员科学素质。建立规范化、标准化培训制度，编写领导干部和公务员科学素质提升教材。利用现代化信息技术手段，搭建北京干部教育网、北京继续教育网、继续教育 App 等学习平台。举办专门针对领导干部和公务员的科学素质大讲堂活动。通过线上学习和线下活动相结合，提升领导干部和公务员科学素质，为科学决策、科学管理提供智力支撑。

不断提升青少年科学素质。大力推进青少年创客教育，打造北京市中小学生科技创客秀活动，扎实推进从幼儿教育、义务教育、高中教育到高等教育各阶段的科技教育，不断启迪好奇心、培育想象力、激发创造力。推进北京学生科技节、北京市中小学生科学建议奖、“后备人才早期培养计划”“英才计划”“雏鹰计划”“翱翔计划”、大学生创业大赛等活动。加强科教融合，支持面向青少年的教具和用于科学教育的互动展品研发。推动科研院所和大专院校的实验室开放，支持建设科学探索实验室。探索制定科技教育标准、编撰教材，为创新驱动发展战略培养后备人才奠定基础。

努力提升城镇劳动者科学素质。开展创新工作室、职工技能大赛等各种形式的职业培训、继续教育、技能竞赛和经常性科普教育活动，提高城镇劳动者科学素质和职业技能。将科学素质内容纳入各级各类职业教育和成人教育课程与培训教材，将有关科学素质的要求纳入职业标准，作为各类职业培训、考核和鉴定的内容。依托街道、社区等公共服务场所和设施，建立创新创业培训和实践场所，提升社区科普能力和创业服务水平。依托城乡社区开展丰富多彩的科普活动，提升居民应用科学知识解决实际问题、改善生活质量、应对突发事件的能力，促进居民形成科学文明健康的生活方式。

大力提升农民科学素质。深入开展文化科技卫生“三下乡”“巧娘工作室”等活动，注重提高活动质量和效益。培养壮大一批农村科技特派员队伍，全面开展科技套餐配送工程。举办有针对性的农业科技培训和田间实践操作培训，探索新型职业农民培养的多种途径，提升新型农民综合素质，支持农民创新创业。鼓励各级各类学校根据就业市场需求和企业岗位实际要求，对进城务工人员、农村转移就业劳动者开展订单式或定岗培训，提高其职业技能水平、就业创业能力。

加强科普人才梯队建设。建成一支由顶级专家引领，百名科普专家指导，千名科普专职人员参与，万名科普志愿者组成的专兼职结合的高素质科普人才队伍。适时启动科普领军人才培养计划，推动一批具有科研水平又有专业科技传播能力的大科学家有意愿做科普、有能力讲科学。依托高等院校、科研机构、科普场馆、科技社团、社区科普大学等，建设科普人才培养培训基地，培育和扶植专业化的本土科普创作和宣教人才。采取多种措施，切实提高科普兼职人员和志愿者的科技知识水平和科学传播能力，不断壮大科普兼职人员和志愿者服务队伍。

（三）实施科普设施优化工程

优化科普场馆服务体系。构建以综合性场馆为龙头，以专业特色科普场馆为支撑的科普服务体系。加快北京科学中心、军事科技馆、国家自然博物馆等重点科普场馆的建设，推动有条件的高校院所、企事业单位和社会组织建设专题特色科普场馆。加强流动科技馆内容开发，开展进企业、进农村、进学校、进军营、进社区等活动。建设数字科技馆、虚拟科技馆等，突破科普的时空局限，提升“全天候”科普服务能力。

提升科普基地服务能力。建立科普基地动态调整机制，以公众视角为导向，推动科普基地面向社会公众开放。推进环保、社科、园林绿化、地震、气象、国土等行业科普基地的建设。鼓励首都科技条件平台、高新技术企业、产业基地、孵化基地、文化创意工作室等增加科普功能，拓展科普基地的覆盖面。发挥北京科普基地联盟、北京科普资源联盟、北京博物馆学会的作用，建立馆校结合、馆馆联合的工作模式，积极开展参观者主导、符合教育规律、满足公众需求的特色科普活动，提升科普基地的服务能力。

提高基层科普服务水平。依托城乡社区公共服务场所和设施，继续开展社区科普益民和科普惠农兴村计划，建立和完善社区科普体验厅、科普学校、科普活动站（室）等基层科普设施。推动科普基地与少年宫、文化馆、博物馆、图书馆等公共文化基础设施的联动，拓展科普活动渠道。加强科普楼宇、科普公园、科普小屋等公共场所建设。发挥农业科技园、绿色生态园等现代农业园区的科普教育示范作用。鼓励和支持各区科技馆完善科普设施，开展特色科普活动。

（四）实施科普产业创新工程

加大原创科普作品的支持力度。探索设立科普创作基金，建立科研人员、科普工作者、专业编辑联合开展科普图书创作的激励机制。创作系列科普专题片、微视频、纪录片和公益广告，并在中央电视台、北京电视台等主流媒体播出，打造《科学达人秀》《科学脱口秀》等一批益智类专题节目和栏目。支持原创科普动漫作品和游戏开发、开展技术和创意交流，加大传播推广力度。推动科普产品研发与创新，实施标准化战略，建设科普产品研发基地，引导社会力量研发科普展品、教具等。

加强科普产业市场培育。统筹科普产业资源，推动成立科普产业创新联盟，加强科普产业的引导管理。围绕科普产品创作、研发、推广等环节，建设一批科普产业聚集区，形成若干科普产业集群。依托高科技企业、科研院所、大专院校等建立科普产品研发中心，推动社会力量投身产业发展，推动科技创新成果向科普产品转化。充分发挥市场配置资源的决定性作用，举办科普产品博览会、交易会等，打造国际化科普资源和科普产品展示、集散、交流中心。通过政府采购、定向合作等手段，重点支持一批社会经济效益显著的龙头企业，拓展新市场和新业务领域，壮大科普产业。

（五）实施"互联网+科普"工程

打造"首都科普"新媒体平台。充分发挥以"两微一端"为代表的新媒体在科普传播中的影响力和引导力，以"科普北京"微信公众号建设为抓手，主动发声和快速反应，向社会提供科学、权威、准确的科普信息内容和相关资讯。提升"手机科普周刊""全国科技创新中心""北京科技视频网""北京科普基地联盟"等新媒体的传播能力，打造多平台、集群化、矩阵式发展的"首都科普"新品牌。凝聚一批社会化新媒体平台，建设科普传播新媒体联盟，协同推进科技传播。

提升科普信息化水平。创新科普供给新模式，鼓励VR、AR、MR等新技术的应用，增强科普传播的互动性与娱乐性。采用政府购买服务方式，探索政府和社会资本合作的方式（Ppp模式），共建新型科普信息化传播平台，把政府与市场、需求与生产、内容与渠道有效链接，实现科普的倍增效应。建立网络科普内容科学性的把关机制，完善网络科普舆情实时监测机制。推动传统媒体与新媒体在内容、渠道、平台等方面的深度融合，围绕公众关注的热点事件、突发事件等，实现多渠道全媒体传播。

推动科普大数据开发共享。发展以互联网为载体、线上线下互动的科普服务，构建面向公众的一体化在线科普服务体系。发展基于互联网的科普内容生产方式，形成机构、专家和公众共同参与的工作模式，跟踪反馈，实时回应，提升科普服务的互动性和有效性。协同整合机构、群体、企业、公众资源，汇聚科普信息，建设科普信息大数据服务平台，提升科普资源利用效率。

（六）实施创新精神培育工程

加大创新创业服务引导。立足创新创业现实需求，广泛开展《促进科技成果转化法》等科技政策法规宣讲活动，推动企业在股权激励、科技金融、知识产权等方面大胆创新。支持中关村创业大街、大学科技园、留学人员创业园等开展专业服务能力培训和业务交流活动，引导"众筹、众包、众创、众扶"等创新型模式，完善创新创业生态系统。鼓励市民开展小发明、小创造、小革新等创新活动，支持建设一批低成本、全要素、便利化、开放式的新型创业服务平台，激发全社会创新热情。大力扶持众创空间的发展，为创客提供沃土，鼓励众创空间进校园、进社区、进场馆，组织青少年创客俱乐部活动，进一步在公众特别是青少年中开展创客教育，厚植创客精神。

培养创新创业意识。围绕创新意识、创新思维和创新能力培育，编制创新教育相关读本手册，面向社会开展创新教育培训。围绕社会主义核心价值体系，鼓励各部门、各单位树立创新观念、建立创新制度、鼓励创新行为，大力推进创新文化建设。组织开展"创新方法企业行"、创新创业大赛、发明创新大赛等活动，培育一批创新创业品牌活动。

优化创新创业环境。大力弘扬自由探索、大胆创新、勇攀高峰的研究精神。倡导百家争鸣、尊重科学家个性的学术文化,增强敢为人先、大胆质疑的创新自信。引导完善有利于创新的多元评价机制,建立充分体现创新价值的人才激励制度,形成合理的科学研究评价体系。不断提升尊重科学规律、宽容失败的社会共识,在全社会营造关心创新、鼓励创新、尊重创新、保护创新的良好社会氛围。

(七)实施科普助力创新工程

推广新技术新产品。采取政府推动、市场拉动、企业主动相结合的方式推广应用新技术新产品,服务经济发展、城市建设和民生改善。加强新技术新产品(服务)首发平台建设,通过线上与线下相结合等方式,面向社会开展推广普及活动。通过京交会、科博会、文博会等科技展会平台,推广示范新技术新产品。支持新技术新产品推广应用联盟和行业协会等各类中介机构发展,搭建新技术新产品提供者和使用者合作共赢的平台。

促进高端科技资源科普化。重点推动高校院所、大型国有企业、军队、武警的大科学装置、重点实验室、工程实验室、工程(技术)研究中心以及重大科技基础设施的科普化,改善科普展示场馆(厅)设施,丰富互动参与内容,形成常态化开放机制。围绕中关村科学城、怀柔科学城和未来科技城等重大科技工程,建设一批首都重大科技成果展示平台。推动将科技成果面向广大公众进行宣传普及列为科技计划项目考核指标,鼓励非涉密的国家级和市级科技计划项目承担单位,及时向社会发布研究进展及成果信息。结合重大科学事件、科研成果、社会热点等开展科普活动,着力推进科技计划项目开发科普资源。

(八)实施科普协同发展工程

推动全社会参与科普。充分发挥中央在京单位的资源优势,搭建良好的央地协同发展和共享机制。调动各部门和各区的积极性,形成联动开展科普工作的良好机制。充分依靠科协、工会、共青团、妇联、社科联等社会力量开展科普工作。引导高校院所、企事业单位和社会人群等参与科普工作。将行业工作与科普工作有机结合,挖掘各自特色和资源优势。通过组建科普基地联盟、北京科普资源联盟等,搭建了互惠互利、共创共赢的科普工作网络,实现科普资源开发共享。实施公众参与创新行动计划等活动,通过项目征集、政策推动,提升公众参与度。

加强区域科普协同发展。积极推动成立京津冀、北上广、京港澳台等区域性科普联盟,在创新方法培训、科普资源共享、科普人才交流等方面开展深度合作,并建立常态化的区域科普合作交流机制。深入开展京津冀科普之旅、设计之旅、科技夏令营/冬令营等主题科普活动,有序推进与长三角、珠三角、港澳台等地区科普资源的共享和相互转移,切实加强对内蒙古、新疆、西藏等地区的科普帮扶工作。

大力开展国际科普交流与合作。拓展国际视野,充分利用全球创新资源,搭建常态化的国际合作平台。建立科普人才培训、科普产品研发、科普展览举办等方面的国际交流与合作机制,全天候为中外科技场馆实时对接服务。重点加强与“一带一路”沿线国家和地区的交流与合作,拓展科普的渠道和领域。切实推动国内外科普组织共同举办科学嘉年华、北京诺贝尔奖获得者论坛等一批水平高、影响大的科普活动,推动北京地区高层次科技人员加入有代表性和影响力的国际科技组织。

四、保障措施

(一)创新科普体制机制,加强工作协作联动

进一步加强科普工作联席会议的组织协调功能,建立健全部门联席、市区联动、媒体合作、专家协同的科普工作机制。通过科学合理的市场化制度安排,充分发挥市场在资源配置中的主导作用,调动社会力量广泛参与科普。发挥科协、工会、共青团、妇联、社科联等群众团体的作用,广泛开展群众性、社会性、经常性的科普活动。

(二)完善科普政策法规,优化科普创新环境

建立健全适应科普事业和科普产业良性发展的政策法规体系,坚持依法全面履行政府职能,提高行政效能。创新政府科普管理的顶层设计,优化科普事业和科普产业发展的制度保障,不断推进科普资源配置优先化、发展环境宽松化、创新成本节约化。完善奖励激励机制,加大科普奖励力度,定期开展科普先进集

体和先进个人表彰奖励。

（三）优化科普投入机制，引导社会广泛参与

加大财政经费科普投入力度，充分发挥政府资金的引导作用，通过众筹众包、项目共建、捐款捐赠、政府购买服务等方式，鼓励和吸引社会资本投入科普工作。加强对科普经费使用情况的绩效考评，确保专款专用和使用效果。优化科普项目组织方式，将科普项目划分为政府直接组织开展、政府支持开展、政府鼓励开展三类。

（四）加大科普宣传力度，构建立体传播体系

建立对重大科技成果、事件、人物及社会热点进行常态化宣传的机制，支持新媒体、自媒体等基于移动互联的"两微一端"新技术、新手段的运用，鼓励平面媒体、电视、广播、移动传媒等传统科普媒体与新兴媒体的深度融合。完善常态化宣传机制，构建针对不同人群的立体科技宣传体系，确保科学思想、科技成果、科普活动宣传的覆盖面和影响力。

（五）建立监测评估机制，确保重点任务实效

依据《中国公民科学素质基准》，定期开展北京公民科学素质测评工作，完善科普评价指标和科普统计。全面落实《北京市全民科学素质行动计划纲要》，适时推出科普发展指数。组织开展科普政策法规、基础设施、人才队伍、科普活动、科普产出效率等方面的监测评估，逐步做到自评估和第三方评估相结合。建立国外主要城市科普工作动态数据库，追踪国外科普工作最新动态。

附件 2

北京市"十三五"时期科学技术普及发展规划任务分工

"十三五"时期是全面建成小康社会的决胜阶段，为贯彻落实创新驱动发展战略和"创新、协调、绿色、开放、共享"的发展理念，加快全国科技创新中心建设，提升市民科学素质，营造良好的创新文化氛围，为实现"两个一百年"奋斗目标打下良好基础，依据《中华人民共和国科学技术普及法》（以下简称《科普法》）、《北京市科学技术普及条例》（以下简称《科普条例》）、《全民科学素质行动计划纲要实施方案（2016—2020年）》《国家"十三五"科学技术普及和创新文化建设专项规划》《北京市"十三五"时期加强全国科技创新中心建设规划》等，制定本规划。

一、发展回顾与面临的形势

（一）发展回顾

"十二五"时期，北京市认真贯彻落实《科普法》《科普条例》《北京市"十二五"时期科学技术普及发展规划纲要》和《北京市全民科学素质行动计划纲要实施方案（2011—2015 年）》（以下简称《实施方案》），以提高市民科学素质为宗旨，围绕提升科普能力、培育创新精神、关注目标人群、丰富科普活动、打造科普精品等重点任务，开展了一系列工作，取得了显著成效。市民科学素质达标率从 2010 年的 10.0% 提高到 2015 年的 17.56%，超额完成"十二五"设定的 12% 的目标，科普工作位居全国前列，为首都经济社会发展和科技创新提供了重要支撑，为把北京建设成为全国科技创新中心奠定了坚实基础。

1. 科普能力显著增强。北京地区 500 平方米以上的科普场馆达到 101 个，比"十一五"增加 36 个。北京地区科技馆、科学技术博物馆建筑面积达 109.78 万平方米，比"十一五"增加 41 万平方米。每万人拥有科普场馆展厅面积 221.28 平方米，比"十一五"增长 24.45%。创建社区科普体验厅 50 家，覆盖 16 区 50 余万人；创建市级科普基地 326 家、市级社区青年汇 500 家、科普活动室 2000 余家、科普画廊 3500 余个。报

纸、期刊杂志、广播电视等传统媒体传播科学知识的力度和能力不断增强，电台、电视台播出科普（技）节目时间达到9.97万小时。科普原创水平显著提高，科普图书年出版种类和册数逐年增长，北京地区累计入围全国优秀科普作品104部，占全国的52%。以微博、微信、移动客户端等为代表的新媒体成为科技传播的重要方式和向社会公众答疑解惑的重要渠道，有效支撑了北京科技工作。

2. 科普活动蓬勃发展。围绕全市中心工作及科技相关重大事件，依托北京科技周、全国科普日等，开展了一系列创新科普项目，培育了北京学生科技节、城市科学节、科学嘉年华、青少年科技创新大赛等诸多品牌科普活动，实施了一批科普惠农、科普益民等常规科普计划，在全市形成了良好的创新文化氛围。“翱翔计划”“雏鹰计划”等培养了大量科技创新后备人才，使科教活动走在了全国前列，“翱翔计划”获首届基础教育国家级教学成果一等奖。科普（技）讲座、科普（技）专题展览、科普（技）竞赛分别达到4.89万次、4835次、3035次，均高于全国2.81万次、4375次、1525次的平均水平。

3. 科普资源日益丰富。全市进一步开发和整合首都科普资源。科普经费年度筹集额稳定增长，人均科普专项经费由“十一五”的36.42元上升至46.01元，增长26.33%，远高于全国4.68元的平均水平。科普队伍日益壮大，逐渐向高端化、专业化发展。科普专家李象益作为中国人首次摘取世界科普领域最高奖项“卡林加奖”。以科普项目社会征集为抓手，发掘撬动社会优势科技资源，推动一大批高校院所和企事业单位面向社会开放科技资源，科研机构和院校向社会开放数量达569家，比“十一五”增加190%。支持中科院建立了40多个科技资源科普化平台，众多优质资源加入科普服务的阵营。

4. 统筹协调机制不断优化。根据《科普法》《科普条例》的有关规定，结合全市科普工作实际需要，北京市加强政策引导，注重资源配置，强化部门联动，科普宏观管理体制和运行机制不断完善，形成了在科普工作联席会议框架下，市、区两级政府共同推进科普工作的格局。先后出台《实施方案》《关于加快首都科技服务业发展的实施意见》《北京市科普工作先进集体和先进个人评比表彰工作管理办法》《北京市科普基地管理办法》等文件，完善了政策法规、表彰奖励、监测评估等相关机制。大力支持和引导一批企业、高校、科研院所和社会组织参与科普，形成了政府引导、部门协同、全社会共同参与科普工作的良好局面。

（二）面临的形势

我市科普工作虽然取得了很大成绩，但随着全国科技创新中心建设的全面推进，全市科普工作面临新的形势和要求。

一是市民总体科学素质与发达国家还存在较大差距，城乡之间差别较大，实施创新驱动发展战略和全国科技创新中心的城市战略定位，要求以更大的力度推进科学普及和公众科学素质达到新高度。

二是具有国际影响力的科普品牌较少，社会化、市场化、常态化、泛在化的科普工作局面尚未形成，京津冀协同发展、“一带一路”等国家战略要求北京科普以区域协同的胸怀、国际合作的视野谋划科普新篇章。

三是新一代信息技术、“互联网+”等科技传播手段日新月异，虚拟现实（VR）、增强现实（AR）、混合现实（MR）等新技术和微博、微信、移动客户端等新媒体逐渐渗透到各领域，要求以新技术、新手段、新模式开创科普工作新局面。

四是全面深化改革、转变政府职能，要求科普创新体制机制，对科研院所、高校和高科技企业的科技资源进行深度挖掘，对前沿技术和最新成果进行推广和普及，急需科普工作提出新思路。

五是科技服务业将科普列为重点产业内容，对处于起步阶段的科普产业发展提出了新要求。

二、指导思想、基本原则与发展目标

（一）指导思想

全面贯彻党的十八大、十八届三中、四中、五中全会和习近平总书记系列重要讲话精神，扎实推进创新驱动发展战略，牢固树立创新、协调、绿色、开放、共享的发展理念，坚持政府引导、社会参与、创新引领、共享发展的工作方针，北京科普工作要站在大视野、大科普、国际化的高度，以建设国家科技传播中心为核心，以提升公民科学素质、加强科普能力建设为目标，以打造首都科普资源平台和提升“首都科普”品牌为重点，着力提升科普产品和科普服务的精准、有效供给能力，着力加强新技术、新产品、新模式、新理念的推广和普及，着力推进“互联网＋科普”和“两微一端”科技传播体系，着力培育创新文化生态环境，激发全社会创新创业活力，为全国科技创新中心建设提供有力支撑，为实现“两个一百年”奋斗目标和中华民族伟大复兴的中国梦做出更大贡献。

（二）基本原则

——坚持服务大局和创新引领相结合

科普工作应服务于创新驱动发展、“一带一路”、京津冀协同发展和长江经济带等国家重大发展战略，精准发力，注重实效。围绕全国科技创新中心建设和北京社会发展与经济建设大局，把科普工作贯穿于各领域各环节，统筹推进，尽快建成相适应的支撑体系。

——坚持开放共享和全面跨越相结合

发挥北京科普资源的辐射和带动作用，将新技术、新产品、新服务、新理念向周边地区和其他省区市辐射溢出，使创新成果在周边地区和其他省市区转移转化和产业化，促进区域之间的交流融合，积极融入全球创新网络，实现首都、区域、全国发展新跨越和国际影响力持续提升。

——坚持科技创新和科学普及相结合

发挥科技创新与科学普及作为科技工作“一体两翼”的作用，促进科学研究与科学普及的相互衔接与渗透，吸引市民关注科技发展、支持科技创新，支持科研工作者将最新研究成果转化为科普产品，鼓励科学家担任科普导师、传媒科学顾问，营造“鼓励创新、勇于创造、追求成功、宽容失败”的创业文化和创新氛围。

——坚持政府引导和市场运行相结合

充分发挥市场在资源配置中的决定性作用，更好发挥政府引导作用，破除一切制约创新的思想、体制、机制障碍，促进形成公益性科普事业与经营性科普产业相互补充的格局，不断提升科普产品的供给能力，拓展科普事业新空间。

（三）发展目标

总体目标：到2020年，建成与全国科技创新中心相适应的国家科技传播中心，首都科普资源平台的服务能力显著增强，科普工作体制机制不断创新，科普人才队伍持续增长，科普基础设施体系基本形成，科普传播能力全国领先，创新文化氛围全面优化，科普产业初具规模，公民科学素质显著提高，“首都科普”的影响力和显示度不断提升。

具体目标如下：

——全市公民具备基本科学素质比例达到24%。

——科普投入显著提高，人均科普经费社会筹集额达到50元。

——每万人拥有科普展厅面积达到260平方米，实现存量提升，增量增效。

——建立以大科学家为代表的科普人才梯队，每万人拥有科普人员数达到25人，实现科普服务全覆盖。

——打造30部以上在社会上有影响力、高水平的原创科普作品，培育3个以上具有一定规模的科普产业集群。

——培育5个以上具有全国或国际影响力的科普品牌活动。

——首都科普资源共建共享机制形成，公众获取科普服务的渠道更加便捷。

——新技术、新产品、新模式、新理念推广服务机制建成，科普信息化、产业化程度不断提高。

——浓厚的创新文化氛围形成，公众创新意识明显增强。

三、重点任务

建设以“互联网＋科普”为核心，以传播知识、传播精神和传播文化为理念的首都科普资源平台。调动国家和北京市重点实验室、工程实验室、工程（技术）研究中心、重大科技基础设施等科研条件资源，挖掘新技术、新产品、新业态等科技成果资源，促进科普基地、科普产品、科普影视、科普图书等科普资源面向全社会开放共享。建立畅通的服务渠道和开放共享机制,形成系统化、网络化、专业化的科普服务体系。重点实施八大工程。

(一)实施科普惠及民生工程

发挥大型品牌科普活动的示范带动作用。拓宽思路、拓展视野、创新形式,打造一批具有国际水准的大型品牌科普活动,吸引国内外具有影响力的科普机构参加北京科技周、全国科普日、北京科学嘉年华、全国双创周等,提升活动的示范带动作用和国际影响力。充分利用市场机制,办好城市科学节、国际科普产品博览会等一批充满活力、具有广泛影响力的社会化科普活动。鼓励各区紧密结合发展规划、重点产业和特色资源等,培育一批常态化科普活动。(市科普工作联席会议成员单位,各区政府)

提升主题特色科普活动效果。围绕经济社会发展重点任务和人民群众重大关切,深入开展主题特色科普活动,为社会公众解疑释惑,提高公众的科学认知水平和科学生活能力。做大做强北京创造2025、青少年科技创新大赛、机器人竞赛、职工职业技能大赛、首都网络安全日等形式多样的市级大型科普活动。创新科普活动的内容和形式,增强活动的实效性和感染力,围绕气象、航天、知识产权、防灾减灾、博物馆、环境、地球等主题日(周),开展系列科普活动。支持各区结合自身特点和需求,开展特色主题科普活动。(市科普工作联席会议成员单位,各区政府)

加大科技惠民成果推广。围绕大气污染防治、生态环境改善、食品安全保障、重大疾病攻关、城市建设与精细化管理、生态文明宣传教育等民生科技重点工作,开展牵手蓝天、食品安全在行动等科普活动。以科普基地、社区科普体验厅等为重要载体,多渠道、多层次、多角度推广普及科技惠民成果,提高百姓爱科学意识、学科学能力、用科学水平。开展防灾减灾科学知识普及,着力推动防灾减灾知识技能"进社区、进学校、进企业、进农村、进家庭",增强市民的防灾减灾意识、安全防范和紧急避险的能力。(市科普工作联席会议成员单位,各区政府)

(二)实施科学素质提升工程

着力提升领导干部和公务员科学素质。建立规范化、标准化培训制度,编写领导干部和公务员科学素质提升教材。利用现代化信息技术手段,搭建北京干部教育网、北京继续教育网、继续教育APP等学习平台。举办专门针对领导干部和公务员的科学素质大讲堂活动。通过线上学习和线下活动相结合,提升领导干部和公务员科学素质,为科学决策、科学管理提供智力支撑。(市委组织部、市人力社保局)

不断提升青少年科学素质。大力推进青少年创客教育,打造北京市中小学生科技创客秀活动,扎实推进从幼儿教育、义务教育、高中教育到高等教育各阶段的科技教育,不断启迪好奇心、培育想象力、激发创造力。推进北京学生科技节、北京市中小学生科学建议奖、"后备人才早期培养计划"、"英才计划"、"雏鹰计划"、"翱翔计划"、大学生创业大赛等活动。加强科教融合,支持面向青少年的教具和用于科学教育的互动展品研发。推动科研院所和大专院校的实验室开放,支持建设科学探索实验室。探索制定科技教育标准、编撰教材,为创新驱动发展战略培养后备人才奠定基础。(市教委、市科委、市科协、市科研院,各区政府)

努力提升城镇劳动者科学素质。开展创新工作室、职工技能大赛等各种形式的职业培训、继续教育、技能竞赛和经常性科普教育活动,提高城镇劳动者科学素质和职业技能。将科学素质内容纳入各级各类职业教育和成人教育课程与培训教材,将有关科学素质的要求纳入职业标准,作为各类职业培训、考核和鉴定的内容。依托街道、社区等公共服务场所和设施,建立创新创业培训和实践场所,提升社区科普能力和创业服务水平。依托城乡社区开展丰富多彩的科普活动,提升居民应用科学知识解决实际问题、改善生活质量、应对突发事件的能力,促进居民形成科学文明健康的生活方式。(市总工会、市人力社保局、市教委、市民政局、市卫生计生委、市地震局、市气象局、市红十字会,各区政府)

大力提升农民科学素质。深入开展文化科技卫生"三下乡"、"巧娘工作室"等活动,注重提高活动质量和效益。培养壮大一批农村科技特派员队伍,全面开展科技套餐配送工程。举办有针对性的农业科技培训和田间实践操作培训,探索新型职业农民培养的多种途径,提升新型农民综合素质,支持农民创新创业。鼓励各级各类学校根据就业市场需求和企业岗位实际要求,对进城务工人员、农村转移就业劳动者开展订单式或定岗培训,提高其职业技能水平、就业创业能力。(市农委、市委宣传部、市教委、市科委、市人力社保局、市科协,各区政府)

加强科普人才梯队建设。建成一支由顶级专家引领,百名科普专家指导,千名科普专职人员参与,万名科普志愿者组成的专兼职结合的高素质科普人才队伍。适时启动科普领军人才培养计划,推动一批具有科研水平又有专业科技传播能力的大科学家有意愿做科普、有能力讲科学。依托高等院校、科研机构、科普场馆、科技社团、社区科普大学等,建设科普人才培养培训基地,培育和扶植专业化的本土科普创作和宣教人才。采取多种措施,切实提高科普兼职人员和志愿者的科技知识水平和科学传播能力,不断壮大科普兼职人员和志愿者服务队伍。(市科委、市科协、团市委、市人力社保局、市科研院)

(三)实施科普设施优化工程

优化科普场馆服务体系。构建以综合性场馆为龙头,以专业特色科普场馆为支撑的科普服务体系。加快北京科学中心、军事科技馆、国家自然博物馆等重点科普场馆的建设,推动有条件的高校院所、企事业单位和社会组织建设专题特色科普场馆。加强流动科技馆内容开发,开展进企业、进农村、进学校、进军营、进社区等活动。建设数字科技馆、虚拟科技馆等,突破科普的时空局限,提升"全天候"科普服务能力。(市科委、市科协、市教委、市发展改革委、市农委、市民政局、市文物局)

提升科普基地服务能力。建立科普基地动态调整机制,以公众视角为导向,推动科普基地面向社会公众开放。推进环保、社科、园林绿化、地震、气象、国土等行业科普基地的建设。鼓励首都科技条件平台、高新技术企业、产业基地、孵化基地、文化创意工作室等增加科普功能,拓展科普基地的覆盖面。发挥北京科普基地联盟、北京科普资源联盟、北京博物馆学会的作用,建立馆校结合、馆馆联合的工作模式,积极开展参观者主导、符合教育规律、满足公众需求的特色科普活动,提升科普基地的服务能力。(市科委、市科协、首都精神文明办、市文物局、市环保局、市园林绿化局、市公园管理中心、市公安局、市教委、市地震局、市气象局、市国土局、市社科联、市文化局、市新闻出版广电局、中关村管委会、市科研院,各区政府)

提高基层科普服务水平。依托城乡社区公共服务场所和设施,继续开展社区科普益民和科普惠农兴村计划,建立和完善社区科普体验厅、科普学校、科普活动站(室)等基层科普设施。推动科普基地与少年宫、文化馆、博物馆、图书馆等公共文化基础设施的联动,拓展科普活动渠道。加强科普楼宇、科普公园、科普小屋等公共场所建设。发挥农业科技园、绿色生态园等现代农业园区的科普教育示范作用。鼓励和支持各区科技馆完善科普设施,开展特色科普活动。(市民政局、市农委、市科协、市科委、市教委、市文化局、市文物局、市园林绿化局、市公园管理中心,各区政府)

(四)实施科普产业创新工程

加大原创科普作品的支持力度。探索设立科普创作基金,建立科研人员、科普工作者、专业编辑联合开展科普图书创作的激励机制。创作系列科普专题片、微视频、纪录片和公益广告,并在中央电视台、北京电视台等主流媒体播出,打造《科学达人秀》、《科学脱口秀》等一批益智类专题节目和栏目。支持原创科普动漫作品和游戏开发、开展技术和创意交流,加大传播推广力度。推动科普产品研发与创新,实施标准化战略,建设科普产品研发基地,引导社会力量研发科普展品、教具等。(市委宣传部、市新闻出版广电局、市文化局、市科委、市科协、市教委、市科研院)

加强科普产业市场培育。统筹科普产业资源,推动成立科普产业创新联盟,加强科普产业的引导管理。围绕科普产品创作、研发、推广等环节,建设一批科普产业聚集区,形成若干科普产业集群。依托高科技企业、科研院所、大专院校等建立科普产品研发中心,推动社会力量投身产业发展,推动科技创新成果向科普产品转化。充分发挥市场配置资源的决定性作用,举办科普产品博览会、交易会等,打造国际化科普资源和科普产品展示、集散、交流中心。通过政府采购、定向合作等手段,重点支持一批社会经济效益显著的龙头企业,拓展新市场和新业务领域,壮大科普产业。(市科普工作联席会议成员单位,各区政府)

(五)实施"互联网+科普"工程

打造"首都科普"新媒体平台。充分发挥以"两微一端"为代表的新媒体在科普传播中的影响力和引导力,以"科普北京"微信公众号建设为抓手,主动发声和快速反应,向社会提供科学、权威、准确的科普信息内容和相关资讯。提升“手机科普周刊”、“全国科技创新中心”、“北京科技视频网”、“北京科普基地联盟”等新媒体的传播能力,打造多平台、集群化、矩阵式发展的“首都科普”新品牌。凝聚一批社会化新媒体平台,建设科普传播新媒体联盟,协同推进科技传播。(市委宣传部、市新闻出版广电局、市文化局、市科委、市科协,各区政府)

提升科普信息化水平。创新科普供给新模式,鼓励VR、AR、MR等新技术的应用,增强科普传播的互动性与娱乐性。采用政府购买服务方式,探索政府和社会资本合作的方式(PPP模式),共建新型科普信息化传播平台,把政府与市场、需求与生产、内容与渠道有效链接,实现科普的倍增效应。建立网络科普内容科学性的把关机制,完善网络科普舆情实时监测机制。推动传统媒体与新媒体在内容、渠道、平台等方面的深度融合,围绕公众关注的热点事件、突发事件等,实现多渠道全媒体传播。(市科委、市科协、市委宣传部、市新闻出版广电局、市文化局、市文物局,各区政府)

推动科普大数据开发共享。发展以互联网为载体、线上线下互动的科普服务,构建面向公众的一体化在线科普服务体系。发展基于互联网的科普内容生产方式,形成机构、专家和公众共同参与的工作模式,跟踪反馈,实时回应,提升科普服务的互动性和有效性。协同整合机构、群体、企业、公众资源,汇聚科普信息,建设科普信息大数据服务平台,提升科普资源利用效率。(市委宣传部、市经济信息化委、市科委、市科协)

(六)实施创新精神培育工程

加大创新创业服务引导。立足创新创业现实需求,广泛开展《促进科技成果转化法》等科技政策法规宣讲活动,推动企业在股权激励、科技金融、知识产权等方面大胆创新。支持中关村创业大街、大学科技园、留学人员创业园等开展专业服务能力培训和业务交流活动,引导“众筹、众包、众创、众扶”等创新型模式,完善创新创业生态系统。鼓励市民开展小发明、小创造、小革新等创新活动,支持建设一批低成本、全要素、便利化、开放式的新型创业服务平台,激发全社会创新热情。大力扶持众创空间的发展,为创客提供沃土,鼓励众创空间进校园、进社区、进场馆,组织青少年创客俱乐部活动,进一步在公众特别是青少年中开展创客教育,厚植创客精神。(市发展改革委、市教委、市科委、市经济信息化委、市财政局、市人力社保局、市知识产权局、市科协、中关村管委会、市科研院,各区政府)

培养创新创业意识。围绕创新意识、创新思维和创新能力培育,编制创新教育相关读本手册,面向社会开展创新教育培训。围绕社会主义核心价值体系,鼓励各部门、各单位树立创新观念、建立创新制度、鼓励创新行为,大力推进创新文化建设。组织开展“创新方法企业行”、创新创业大赛、发明创新大赛等活动,培育一批创新创业品牌活动。(市科普工作联席会议各成员单位,各区政府)

优化创新创业环境。大力弘扬自由探索、大胆创新、勇攀高峰的研究精神。倡导百家争鸣、尊重科学家个性的学术文化,增强敢为人先、大胆质疑的创新自信。引导完善有利于创新的多元评价机制,建立充分体现创新价值的人才激励制度,形成合理的科学研究评价体系。不断提升尊重科学规律、宽容失败的社会共识,在全社会营造关心创新、鼓励创新、尊重创新、保护创新的良好社会氛围。(市科普工作联席会议各成员单位,各区政府)

(七)实施科普助力创新工程

推广新技术新产品。采取政府推动、市场拉动、企业主动相结合的方式推广应用新技术新产品,服务经济发展、城市建设和民生改善。加强新技术新产品(服务)首发平台建设,通过线上与线下相结合等方式,面向社会开展推广普及活动。通过京交会、科博会、文博会等科技展会平台,推广示范新技术新产品。支持新技术新产品推广应用联盟和行业协会等各类中介机构发展,搭建新技术新产品提供者和使用者合作共赢的平台。(市科委、市发展改革委、市经济信息化委、中关村管委会、市商务委、市文化局、市文物局、市新闻出版广电局)

促进高端科技资源科普化。重点推动高校院所、大型国有企业、军队、武警的大科学装置、重点实验室、工程实验室、工程(技术)研究中心以及重大科技基础设施的科普化,改善科普展示场馆(厅)设施,丰富互动参与内容,形成常态化开放机制。围绕中关村科学城、怀柔科学城和未来科技城等重大科技工程,建设一批首都重大科技成果展示平台。推动将科技成果面向广大公众进行宣传普及列为科技计划项目考核指标，鼓励非涉密的国家级和市级科技计划项目承担单位，及时向社会发布研究进展及成果信息。结合重大科学事件、科研成果、社会热点等开展科普活动，着力推进科技计划项目开发科普资源。（市科委、市发展改革委、市教委、市经济信息化委、中关村管委会、市科研院、市委宣传部）

（八）实施科普协同发展工程

推动全社会参与科普。充分发挥中央在京单位的资源优势，搭建良好的央地协同发展和共享机制。调动各部门和各区的积极性，形成联动开展科普工作的良好机制。充分依靠科协、工会、共青团、妇联、社科联等社会力量开展科普工作。引导高校院所、企事业单位和社会人群等参与科普工作。将行业工作与科普工作有机结合，挖掘各自特色和资源优势。通过组建科普基地联盟、北京科普资源联盟等，搭建了互惠互利、共创共赢的科普工作网络，实现科普资源开发共享。实施公众参与创新行动计划等活动，通过项目征集、政策推动，提升公众参与度。（市科普工作联席会议成员单位，各区政府）

加强区域科普协同发展。积极推动成立京津冀、北上广、京港澳台等区域性科普联盟，在创新方法培训、科普资源共享、科普人才交流等方面开展深度合作，并建立常态化的区域科普合作交流机制。深入开展京津冀科普之旅、设计之旅、科技夏令营/冬令营等主题科普活动，有序推进与长三角、珠三角、港澳台等地区科普资源的共享和相互转移，切实加强对内蒙古、新疆、西藏等地区的科普帮扶工作。（市科委、市科协、市旅游委）

大力开展国际科普交流与合作。拓展国际视野，充分利用全球创新资源，搭建常态化的国际合作平台。建立科普人才培训、科普产品研发、科普展览举办等方面的国际交流与合作机制，全天候为中外科技场馆实时对接服务。重点加强与“一带一路”沿线国家和地区的交流与合作，拓展科普的渠道和领域。切实推动国内外科普组织共同举办科学嘉年华、北京诺贝尔奖获得者论坛等一批水平高、影响大的科普活动，推动北京地区高层次科技人员加入有代表性和影响力的国际科技组织。（市科普工作联席会议成员单位，各区政府）

四、保障措施

（一）创新科普体制机制，加强工作协作联动

进一步加强科普工作联席会议的组织协调功能，建立健全部门联席、市区联动、媒体合作、专家协同的科普工作机制。通过科学合理的市场化制度安排，充分发挥市场在资源配置中的主导作用，调动社会力量广泛参与科普。发挥科协、工会、共青团、妇联、社科联等群众团体的作用，广泛开展群众性、社会性、经常性的科普活动。（市科普工作联席会议成员单位，各区政府）

（二）完善科普政策法规，优化科普创新环境

建立健全适应科普事业和科普产业良性发展的政策法规体系，坚持依法全面履行政府职能，提高行政效能。创新政府科普管理的顶层设计，优化科普事业和科普产业发展的制度保障，不断推进科普资源配置优先化、发展环境宽松化、创新成本节约化。完善奖励激励机制，加大科普奖励力度，定期开展科普先进集体和先进个人表彰奖励。（市科委、市委宣传部、市人力社保局、市科协，各区政府）

（三）优化科普投入机制，引导社会广泛参与

加大财政经费科普投入力度，充分发挥政府资金的引导作用，通过众筹众包、项目共建、捐款捐赠、政府购买服务等方式，鼓励和吸引社会资本投入科普工作。加强对科普经费使用情况的绩效考评，确保专款专用和使用效果。优化科普项目组织方式，将科普项目划分为政府直接组织开展、政府支持开展、政府鼓励开展三类。（市财政局、市科委、市科协，各区政府）

（四）加大科普宣传力度，构建立体传播体系

建立对重大科技成果、事件、人物及社会热点进行常态化宣传的机制，支持新媒体、自媒体等基于移动互联的“两微一端”新技术、新手段的运用，鼓励平面媒体、电视、广播、移动传媒等传统科普媒体与新兴媒体的深度融合。完善常态化宣传机制，构建针对不同人群的立体科技宣传体系，确保科学思想、科技成果、

科普活动宣传的覆盖面和影响力。(市委宣传部、市新闻出版广电局、市科委、市科协、市教委、中关村管委会,各区政府)

(五)建立监测评估机制,确保重点任务实效

依据《中国公民科学素质基准》,定期开展北京公民科学素质测评工作,完善科普评价指标和科普统计。全面落实《北京市全民科学素质行动计划纲要》,适时推出科普发展指数。组织开展科普政策法规、基础设施、人才队伍、科普活动、科普产出效率等方面的监测评估,逐步做到自评估和第三方评估相结合。建立国外主要城市科普工作动态数据库,追踪国外科普工作最新动态。(市科委、市科协、市政府督查室,各区政府)

北京市科学技术普及工作联席会议办公室
二〇一六年六月十四日

北京市科技教育领导小组关于印发《首都创新精神培育工程实施方案(2016—2020年)》的通知

京科教发〔2016〕3号

各有关单位:

为牢固树立和贯彻落实创新、协调、绿色、开放、共享的发展理念,深入落实创新驱动和京津冀协同发展战略,在全社会大力弘扬和培育创新精神,提升社会公众科学素质,为北京加强全国科技创新中心建设营造良好氛围,根据《践行"北京精神"在全社会大力弘扬和培育创新精神的若干意见》、全国科技创新大会精神、《"十三五"国家科技创新规划》、北京加强全国科技创新中心建设总体方案、北京市科技创新大会精神和《北京市"十三五"时期加强全国科技创新中心建设规划》,特制定《首都创新精神培育工程实施方案(2016—2020年)》。现印发给你们,请结合工作贯彻落实。

北京市科技教育领导小组
二〇一六年十一月二十四日

首都创新精神培育工程实施方案(2016—2020年)

为牢固树立和贯彻落实创新、协调、绿色、开放、共享的发展理念,深入落实创新驱动和京津冀协同发展战略,在全社会大力弘扬和培育创新精神,提升社会公众科学素质,为北京加强全国科技创新中心建设营造良好氛围,根据《践行"北京精神"在全社会大力弘扬和培育创新精神的若干意见》、全国科技创新大会精神、《"十三五"国家科技创新规划》、北京加强全国科技创新中心建设总体方案、北京市科技创新大会精神和《北京市"十三五"时期加强全国科技创新中心建设规划》,制定本实施方案。

一、发展回顾

2012年,市科教领导小组印发《践行"北京精神"在全社会大力弘扬和培育创新精神的若干意见》(京科教组发〔2012〕1号),提出了到2020年弘扬和培育创新精神的总体目标、重点任务和保障措施,并发布《首都创新精神培育工程实施方案(2012—2015年)》(京科教组发〔2012〕2号),明确了到2015年各项工作的具体内容和实施主体。

"十二五"时期,在市科教领导小组的指导下,首都创新精神培育工程实施取得显著成效。首都科技创新指数保持连续增长,从2010年的79.77分,增长到2014年的88.72分,年均增长2.24分创新驱动发展指数持续增长,2015年达到130.7分。2015年,市民科学素质达标率达到17.56%,超额完成"十二五"设定的12%的目标。"鼓励创新、勇于创造、追求成功、宽容失败"的创新精神在全国发挥了示范引领作用。

创新环境不断优化。科技体制改革深入推进,有利于创新的法治环境、政策环境、市场环境持续完善。一系列先行先试的改革试点在中关村示范区实施,并在全国复制推广。创业服务平台加快构建,一批创新型孵化器和孵化服务新兴业态不断涌现,全市众创空间超过200家,科技孵化器和大学科技园150余家,服务企业超过2万家,成为全国"大众创业、万众创新"的典型代表和示范标杆。

创新教育扎实推进。领导干部、公务员、城镇职工、青少年、农民等群体的创新意识稳步提高。在中小学和科普基地建设"科学探索实验室"60家,覆盖全市16个区。青少年科学教育"雏鹰计划"调动千余名教师参与,深度开发科技成果资源在近200所中小学校推广使用。"翱翔计划"建成培养基地、实践基地等各类基地400余个,形成了一支由1200位教师组成的工作团队,培养近2000名学员,科技教育活动走在了全国前列。

创新文化日益浓厚。实施"公众参与创新行动计划",面向社会公众征集各类发明成果2000余项,公众关注创新、参与创新的积极性进一步提高。2015年成功举办第一届全国大众创业万众创新活动周,发布32个创新创业平台,组织开展300场创新创业活动,参与人数超过10万人。综合运用电视台、报纸、电台以及科普手机周刊、"科普北京"微信公众号、"科技北京"微博等新媒体,快速、及时、有效开展科普传播,出版科普图书3605种,占全国的42%,全方位、立体化的科普传播网络初步形成。

创新活动蓬勃开展。每年举行全国科技活动周暨北京科技周主场活动,年均吸引10万多人参观,近70万人通过电视直播观看,上亿公众观看网络直播。全市的科普(技)讲座、科普(技)专题展览、科普(技)竞赛分别达到4.89万次、4835次、3035次,均高于全国平均水平。重大活动的专业性和覆盖面持续提升,品牌创新活动影响力不断提高。

创新资源日益丰富。一大批高校院所和企事业单位面向社会开放科技资源,其中,向社会开放的科研机构和院校数量达569家。首都科技条件平台持续完善,全市近800家重点实验室、工程实验室、工程(技术)研究中心等科技创新基地,2.4万台(套)、价值200亿元的科研仪器设备面向社会开放,创新资源开放共享水平不断提高。全市科普基地326家,其中500平方米以上的科普场馆101个,成为开展科普工作的重要主体。全市建设社区科普体验厅50家,成为开展日常科普活动的重要场所。人均科普专项经费达46.01元,是全国平均水平的10倍,初步形成了"政府引导、社会投入"的多元化科普投入结构。

二、指导思想和发展目标

(一)指导思想

全面贯彻党的十八大,十八届三中、四中、五中全会和习近平总书记系列重要讲话精神,牢固树立创新、协调、绿色、开放、共享的发展理念,深入落实创新驱动发展战略,充分利用首都丰富的科技、教育、文化资源,在全社会大力弘扬和培育创新精神,提升创新创业的服务能力,促进创新人才培养,激发全社会创新活力,夯实创新发展的社会基础,为加强全国科技创新中心建设和创新型国家建设做出积极贡献。

(二)发展目标

到2020年,建成与全国科技创新中心相适应的国家科技传播中心,利用信息网络、移动互联等新兴技术向公众开展科技传播更加迅速、有效,科技传播信息化、产业化程度不断提高。

——创新创业环境更加优化,创新服务体系更加成熟,创新文化传播体系更加健全。

——覆盖各个群体的创新教育体系更加完善,全市公民具备基本科学素质比例达到24%。

——自由探索、敢于创新的理念深入人心,宽容失败、开放包容的创新文化更加繁荣。

——科普活动更加丰富,形成一批具有全国影响力的科普活动品牌,培育5个以上具有国际影响力的科普品牌活动。

——创新资源共建共享机制更加完善,公众获取创新资源服务的渠道更加通畅。科普资源显著增长,北京每万人拥有科普展厅面积达到260平方米,比2015年增长15%。

三、重点任务与分工

(一)创新创业环境优化工程

1. 加强科技创新法治保障。深入落实科技创新相关法律法规、政府规章和规范性文件。探索建立创新政策审查和评估制度。推动科技成果转化地方立法的调研论证和相关工作。深化全面创新改革,为激发全社会创新创业活动提供制度保障。

牵头单位:市科委

参加单位:市发展改革委、市教委、市经济信息化委、市财政局、市人力社保局、市知识产权局、中关村管委会

2. 深化财政科研项目和经费管理改革。贯彻落实《北京市进一步完善财政科研项目和经费管理的若干政策措施》,对相关规定、实施细则和管理办法进行修改完善,推进科技领域简政放权、放管结合、优化服务,激发创新主体和科研人员的创新创造活力。

牵头单位:市科委、市财政局

参加单位:市发展改革委、市教委、市经济信息化委、市人力社保局、中关村管委会

3. 系统推进中关村新一轮试点改革,打造制度创新升级版。强化中关村国家自主创新示范区的引领作用,持续开展先行先试政策推广试点,形成可在全国复制推广的经验和机制。

牵头单位:中关村管委会

参加单位:市发展改革委、市教委、市科委、市经济信息化委、市公安局、市财政局、市地税局、市工商局、市国税局

4. 完善知识产权保护机制。积极发挥知识产权举报投诉服务平台的作用,健全知识产权维权援助体系。强化知识产权保护服务,加快形成行政执法、司法审判、调解仲裁等多渠道维权保护模式。加快推进知识产权运营服务试点工作,加大对知识产权侵权案件的查处力度。

牵头单位:市知识产权局

参加单位:市发展改革委、市科委、市经济信息化委、市工商局、中关村管委会、市文化执法总队

5. 健全创新导向的评价激励机制。深化人才市场化评价机制,建立以科研能力和创新成果等为导向的科技人才评价标准。率先探索职称制度分类改革,创新评价标准和办法。引入专业性强、信誉度高的第三方社会机构参与人才评价。

牵头单位:市人力社保局

参加单位:市发展改革委、市教委、市科委、中关村管委会

6. 深入实施"创业中国中关村引领工程",推动中关村大街改造提升,加快海淀"一城三街"建设,完善创新生态体系和创新链条,打造自主创新的重要引擎。

牵头单位:中关村管委会

参加单位:市科委、市经济信息化委

7. 支持众创空间建设与发展,建设一批国家级创新平台和"双创"示范基地,重点围绕创业创新重点改革领域开展试点示范。优化创新创业空间布局,积极构建创新创业服务体系。鼓励龙头骨干企业、科研

院所、高等学校建设市场化的众创空间，服务实体经济转型升级。引导众创空间自主探索、自我管理、自律发展。依托社会机构组织开展众创空间评选、创业项目遴选、业务指导和监督管理。

牵头单位：市科委、市发展改革委

参加单位：市教委、市经济信息化委、中关村管委会

8. 全力打造“文化创新工场”。聚焦科技文化融合创新创业需求和突出问题，深入研究科技文化融合企业支持政策，探索科技文化融合改革先行先试。

牵头单位：市文资办、市科委

参加单位：市委宣传部、市发展改革委、市经济信息化委、市财政局、市文化局、市地税局、市工商局、市新闻出版广电局、市知识产权局、市国税局、中关村管委会

9. 建立便捷的商事登记服务机制。全面实施“五证合一”“一照一码”登记制度，推进全程电子化登记与审核服务。逐步开展申请人自治的名称预查制度和经营范围登记改革及科技类、文化服务领域企业住所和经营场所分离登记管理试点，积极推进“先照后证”改革，实现便捷登记。持续推进工商注册便利化，优化创新创业服务，激发社会创新创业活力。

牵头单位：市工商局

参加单位：市财政局、市科委、市地税局、中关村管委会、市国税局

10. 落实公安部支持北京创新发展的20项出入境管理新政，为外籍高层次人才、外籍华人、外籍青年学生、创业团队外籍成员和外籍技术人才等提供停留居留、出入境、工作签证等便利服务。

牵头单位：市公安局

参加单位：市委组织部、市科委、市人力社保局、中关村管委会

11. 落实《北京市委关于深化首都人才发展体制机制改革的实施意见》，健全具有国际竞争力的人才发展体制，打造“国际人才港”。加快中关村人才管理改革试验区建设，深化中关村人才管理改革，完善国际人才创新创业生态系统。

牵头单位：市委组织部、中关村管委会

参加单位：市委组织部、市公安局、市科委、市人力社保局

12. 推进实施“海聚工程”“高创计划”“顶尖人才计划”“高聚工程”等重点人才计划和人才工程，加速国际高端人才聚集。

牵头单位：市委组织部

参加单位：市教委、市科委、市公安局、市人力社保局、中关村管委会

13. 搭建高端合作交流平台。举办中国（北京）跨国技术转移大会、中国北京国际科技产业博览会、京交会、京港洽谈会、创意城市北京峰会等活动，引进国际知名的品牌会展在京落户，打造国际活动聚集之都。

牵头单位：市科委、市投资促进局

参加单位：市发展改革委、市经济信息化委、市商务委、中关村管委会

（二）创新教育促进工程

14. 积极探索创新教育方式方法。完善科学探究实验室、科普教育基地等校内外创新教育场所建设，将创新意识、创新思维和创新能力培育融入教育全过程之中，强化培养学生独立思考能力和探索精神。

牵头单位：市教委、市科委

参加单位：市科协、团市委

15. 加强高校专业建设和创新教育实践。支持高等学校集中精力打造若干优势特色专业，开展创新创业教育。通过订单式培养、顶岗实习等形式，探索多样化创新教育模式。

牵头单位：市教委

参加单位：市委宣传部、团市委、市科协

16. 扩大“3+2”中高职教育衔接办学改革试点。树立终身教育理念，构建中等和高等职业教育协调发

展的现代职业教育体系。

牵头单位:市教委

参加单位:市文化局、市文物局、市体育局、团市委、市科协

17. 推行中小学生课外活动计划。推进初中开放性科学实践活动和初中综合社会实践活动,推动学生开放性学习,满足学生全面发展和个性化需求,全面提升我市中小学生创新意识。

牵头单位:市教委

参加单位:市文化局、市文物局、市体育局、团市委、市科协

18. 开展创新型人才早期培养。实施让中学生“在科学家、学者身边成长”的“雏鹰计划”、提高青少年科研兴趣的“翱翔计划”等。推动“青少年创新能力建设工程”,探索中小学生创新能力培养长效机制。挖掘博物馆、科普场馆资源,促进科技成果资源的教学化开发,形成符合中小学生成长需求的探究体验素材。

牵头单位:市教委

参加单位:市委组织部、市委宣传部、市科委、市文物局、市科协

19. 组织实施“科学家进校园”“学科俱乐部”“早期培养计划”“英才计划”等,建立“普及—提高—拔尖”创新人才梯队。大力推进青少年创客教育,打造北京市中小学生科技创客秀活动。举办北京青少年科技创新大赛、北京学生科技节、北京机器人竞赛等各类科技创新活动,着力培养青少年的创新意识和科学精神。

牵头单位:市科协

参加单位:市委组织部、市委宣传部、市教委、市科委、团市委

20. 扩大“职工职业发展助推计划”的覆盖范围,引导和激励职工不断提高职业技能。实施“职工创新助推计划”,开展北京市职工职业技能大赛等活动。不断深化职工创新工作室创建活动,提升职工技术创新水平。推广优秀技术创新成果,促进更多职工优秀创新成果转化应用。

牵头单位:市总工会、市科委

参加单位:市委宣传部、市人力社保局、市科协

21. 加大对领导干部和公务员创新意识和创新能力的培养。不断创新培训方式和组织模式,充分利用在线学习、领导干部大讲堂、公务员素质大讲堂等方式,合理运用高校基地优质教育资源,培养领导干部公务员的创新意识,提高管理创新能力。

牵头单位:市委组织部、市人力社保局

参加单位:市教委、市科协

22. 完善农村科技特派员信息化服务平台,推进科技特派员创业链建设,支持农业农村领域的“星创天地”建设和发展。加强全科农技员队伍条件建设,做好农村实用人才培养开发工作。实施“科技套餐配送工程”等活动,有效开展对农村的科技服务。

牵头单位:市科委、市农委、市科协

参加单位:市委宣传部、市园林绿化局、市农业局、市妇联

23. 围绕设施农业、手工制作、乡村旅游、家政服务、农产品加工、农业生产与管理、女经纪人等内容,举办“十百”培训班,培训百名女经纪人、百名妇字号基地负责人、百名致富女能手等。

牵头单位:市妇联、市农委、

参加单位:市委组织部、市人力社保局、市科委、市农业局、团市委、市科协

(三)创新文化建设工程

24. 以社会主义核心价值观为根本,加强具有首都特色的创新文化建设,为全市经济社会发展提供良好的文化条件。以创新的观念和价值取向为核心,大力推进各单位、各部门的创新文化建设。

牵头单位:市委宣传部

参加单位:首都文明办、市教委、市科委、市文化局、市科协

25. 进一步加强舆论引导,营造全社会关注创新、尊重创新的氛围。关注创新创业典型人物及团队,加

强对创新创业先进事迹的宣传报道。

牵头单位:市委宣传部、市科委

参加单位:各成员单位

26. 做大做强北京国际电影节、北京国际设计周、北京文博会等活动,全面提升北京在全球的文化影响力。加强科普影视、动漫、图书、音像、电子产品研发,推出一批弘扬主旋律,反映创新与科学意识、倡导创新与科学理念、培育创新与科学精神,能够为广大人民群众喜闻乐见的优秀出版物。

牵头单位:市委宣传部

参加单位:市科委、市文化局、市新闻出版广电局、市科协

(四)创新活动品牌工程

27. 发挥北京科技周、全国科普日、北京科学嘉年华、全国双创周等大型品牌科普活动的示范带动作用,吸引国内外具有影响力的科普机构参加,提升活动的示范带动作用和国际影响力。

牵头单位:市科委、市科协

参加单位:各成员单位

28. 做大做强北京创造 2025、青少年科技创新大赛、机器人竞赛、职工职业技能大赛、首都网络安全日、社会科学普及周等形式多样的市级大型科普活动。

牵头单位:市经济信息化委、市社会办、市科协、市社科联

参加单位:各成员单位

29. 鼓励和支持社会机构办好城市科学节、国际科普产品博览会等一批充满活力、具有广泛影响力的社会化科普活动。

牵头单位:市科协、市科委

参加单位:各成员单位

30. 鼓励各区紧密结合发展规划、重点产业和特色资源等,培育一批常态化科普活动。支持各区结合自身特点和需求,开展特色主题科普活动。

牵头单位:各区政府

参加单位:各成员单位

31. 以科普基地、社区科普体验厅等为重要载体,多渠道、多层次、多角度推广普及科技惠民成果,提高百姓爱科学意识、学科学能力、用科学水平。

牵头单位:市科委、市科协

参加单位:各成员单位

32. 围绕经济社会发展重点任务和人民群众重大关切,深入开展主题特色科普活动。创新科普活动的内容和形式,增强活动的实效性和感染力,为社会公众解疑释惑,提高公众的科学认知水平和科学生活能力。开展气象、航天、知识产权、防灾减灾、博物馆、环境、地球等系列主题日(周)活动。围绕大气污染防治、生态环境改善、食品安全保障、重大疾病攻关、城市建设与精细化管理、生态文明宣传教育等民生科技重点工作,开展牵手蓝天、食品安全在行动等科普活动。着力推动防灾减灾知识技能"进社区、进学校、进企业、进农村、进家庭",增强市民的防灾减灾意识。

牵头单位:市科协、市总工会、市气象局、市知识产权局、市地震局、市文物局、市环保局、市安全监管局、市农委、市卫生计生委、市质监局

参加单位:各成员单位

33. 深入开展"公众参与创新行动计划",充分利用信息网络、移动互联等新兴技术,采取线上线下互动方式,让更多的普通群众成为创新的参与者和创新成果的受益者。

牵头单位:市科委

参加单位:市委宣传部、市经济信息化委、市人力社保局、中关村管委会、团市委、市科协

34. 举办中国创新设计红星奖、创业青年首都贡献奖、中关村十大系列推介活动、青年创新创业博览会

等创新活动，为各类专业人才创新创业提供更广泛的平台。

牵头单位：市科委、团市委

参加单位：市经济信息化委、市科委、市人力社保局、中关村管委会

35. 开展北京发明创新大赛、中关村－硅谷创新创业大赛、“挑战杯”首都大学生创业计划竞赛、首都大学生科技创新作品与专利成果博览会等群众性创新活动，开展企业创新型班组、职工创新型队伍、巧娘工作室等建设工作。

牵头单位：中关村管委会、团市委、市科协

参加单位：市科委、市总工会、市妇联

36. 推动中关村创业讲坛、中关村国际化大讲堂、96156社区大课堂、首都科学讲堂、博物馆大讲堂和北京阅读季等活动，大力宣传科技事业和创新文化成就。

牵头单位：中关村管委会、市民政局、市科协

参加单位：市委宣传部、市科委、市文资办、市文物局

37. 深入开展文化科技卫生“三下乡”、农家女双学双比、园林绿化科技创新暨科学普及系列活动、科普进社区等系列丰富多彩的创新文化活动，进一步提高科技文化惠及民生的服务能力。

牵头单位：市委宣传部

参加单位：市发展改革委、市科委、市农委、市卫生计生委、市文资办、市园林绿化局、市农业局、市妇联、市科协

（五）创新资源服务工程

38. 优化科普场馆服务体系，构建以综合性场馆为龙头、以专业特色科普场馆为支撑的科普服务体系。提升科普基地服务能力，建立科普基地动态调整机制，以公众视角为导向，推动科普基地面向社会公众开放。提高基层科普服务水平，依托城乡社区公共服务场所和设施，深入开展社区科普益民和科普惠农兴村计划。

牵头单位：市科委、市科协

参加单位：市发展改革委、市教委、市经济信息化委、中关村管委会

39. 打造“首都科普”新媒体平台，充分发挥以“微信、微博、移动客户端（简称“两微一端”）”为代表的新媒体的覆盖面、影响力和有效性，支持建设科普传播新媒体联盟，协同推进科技传播。提升科普信息化水平，创新科普供给新模式，鼓励虚拟现实（VR）、增强现实（AR）、混合现实（MR）等新技术的应用，增强科普传播的互动性与娱乐性。推动科普大数据开发共享，建设科普信息大数据服务平台，提升科普资源利用效率。

牵头单位：市科委、市委宣传部、市科协

参加单位：市发展改革委、市教委、市经济信息化委、中关村管委会、市科研院

40. 加强新技术新产品（服务）首发平台建设，通过线上与线下相结合等方式，面向社会开展推广普及活动。依托中关村示范区展示中心等科技成果展示平台，促进高端科技资源科普化。重点推动高校院所、国有企业、事业单位、驻京部队的大科学装置、重点实验室、工程实验室、工程（技术）研究中心以及重大科技基础设施采用“公众开放日”等形式，面向社会公众开展科普活动。结合重大科学事件、科研成果、社会热点等开展科普活动，着力推进科技计划项目开发科普资源。

牵头单位：市科研院、市科委

参加单位：市发展改革委、市教委、市经济信息化委、中关村管委会

41. 设计科普之旅、设计之旅、中关村科教游等科技旅游路线，将“科技创新项目与科技成果实施地”作为科技旅游的目的地，充分展示科技型企业、创新中心、科普基地等资源。

牵头单位：市科委、市旅游委、中关村管委会

参加单位：市经济信息化委、市文资办、市科协、市科研院

42. 组织北京科技政策法规宣讲团、中科院老科学家演讲团、绿色北京宣讲团等深入学校、企业、社区、

农村，开展科技法规、创新创业、健康卫生等方面的宣讲，推动广大科学家、科技工作者、企业家、创业人员参与创新教育。

牵头单位：市科委、市科协

参加单位：首都文明办、市卫生计生委、市气象局、团市委

43. 推进院士专家服务中心和院士专家工作站建设，开展院士专家校园行、企业行、社区行、京郊行等系列活动，支持科研工作者将最新研究成果转化为科普产品，鼓励科学家担任导师、传媒科学顾问，参与创新教育工作。

牵头单位：市科协

参加单位：市教委、市科委、市科研院

44. 深化志愿服务工作。推动志愿服务深入机关事业单位、企业、学校、社区、农村以及青少年社会组织。

牵头单位：团市委、市科协

参加单位：首都文明办、市教委、市社会办

45. 充分利用首都科技志愿服务联合会，组织北京地区的科学家、高级科研人员、专业科技管理人员以及创新型企业家开展科学技术研究与科研成果推广志愿服务。

牵头单位：市科委

参加单位：各成员单位

四、保障措施

46. 加强统筹协调。在市科教领导小组的领导下，市科教领导小组成员单位、市科普工作联席会议成员单位和有关部门、各区政府要明确职责分工，落实工作责任。市科委作为市科教领导小组办公室，要加强统筹协调和资源整合的力度，推动各部门、各区和各单位贯彻落实创新精神培育工程的总体部署和重点任务。

牵头单位：市科委

参加单位：各成员单位

47. 完善多元化投入机制。市、区两级财政应确保对创新精神培育投入的稳定性和连续性，将有关工作纳入各部门和各区工作计划，并给予重点支持。多渠道、多层次引导社会资金增加在创新活动领域的投入，形成政府、企业、社会多元化的经费保障机制，进一步拓宽资金来源渠道。

牵头单位：市财政局、各区政府

参加单位：市发展改革委、市经济信息化委、市科委、市金融局

48. 加强理论研究与交流。紧密围绕创新精神培育、创新文化建设和创新人才培养等方面的相关理论与实践问题，开展专题研究，夯实创新精神培育的理论基础，探索开展创新精神培育的有效模式。

牵头单位：市科委

参加单位：各成员单位

49. 加强舆论引导和评价激励。总结典型、交流经验，多途径、多渠道宣传创新精神培育的做法及成效。探索完善创新精神培育的激励机制，在全市范围内评选在创新精神培育中做出突出贡献的集体和先进个人，充分发挥激励的导向示范作用。

牵头单位：市委宣传部、市科委

参加单位：各成员单位

北京市知识产权局、北京市发展和改革委员会关于印发《北京市“十三五”时期知识产权(专利)事业发展规划》的通知

京知局〔2016〕149号

各区人民政府,市政府各有关单位:

为推动“十三五”时期北京市知识产权(专利)事业发展,市知识产权局和市发展和改革委员会联合制定了《北京市“十三五”时期知识产权(专利)事业发展规划》(以下简称《规划》)。《规划》已经市政府同意,现印发给你们,请认真贯彻执行。

北京市知识产权局
北京市发展和改革委员会
二○一六年五月二十三日

北京市“十三五”时期知识产权(专利)事业发展规划

前　言

“十三五”时期,北京将处于落实首都城市战略定位、建设国际一流和谐宜居之都、坚持创新驱动发展、构建“高精尖”经济结构的攻坚时期,北京市知识产权工作将迎来新一轮发展机遇。为促进北京市知识产权事业在“十三五”时期全面深化发展,根据《深入实施国家知识产权战略行动计划(2014—2020年)》《深入实施首都知识产权战略行动计划(2015—2020年)》和《北京市国民经济和社会发展第十三个五年规划纲要》,特制定本规划。

一、“十二五”时期北京市知识产权工作回顾

(一)取得的主要成绩

“十二五”时期,北京坚持以邓小平理论和“三个代表”重要思想为指导,深入贯彻落实科学发展观,按照建设全国科技创新中心、文化中心和构建“高精尖”经济结构的要求加快推进知识产权工作。“十二五”规划确定的主要数量指标均超额完成,2011—2015年,专利申请量和授权量年均增长率分别达到19.44%和22.9%。2015年,每万人专利申请量和授权量分别达到72.0件和43.3件,每万人发明专利申请量和授权量分别达到41.0件和16.3件。截至2015年年底,全市每万人发明专利拥有量达到61.3件,居全国第一。通过《专利合作条约》途径提交的国际专利申请年均增长率为24.6%,2011—2015年累计达到15644

件。专利管理工作逐步完善，2011—2015年，北京市专利试点合格单位1611家，专利示范单位达到125家。北京市知识产权创造、运用、保护、管理、服务和人才队伍六大体系基本形成。知识产权服务业和知识产权产业较快发展，知识产权创造水平、运用效益、保护能力、管理绩效、服务实效全面提升，北京市已经成为国内最具知识产权影响力的城市，为实现创新驱动发展奠定了坚实的制度基础和环境基础。

深入认识知识产权工作在新时期首都城市战略定位中的重要作用，制订实施行动计划。“十二五”时期是加快实施“人文北京、科技北京、绿色北京”发展战略，努力建设中国特色世界城市的重要发展阶段，北京市从战略高度深入推进知识产权工作。2014年，习近平总书记明确了北京作为全国政治中心、文化中心、国际交往中心、科技创新中心的新定位，为新时期北京市知识产权工作指明了新的前进方向。围绕建设知识产权强国的总体目标，立足巩固和强化全国科技创新中心地位，发布了《深入实施首都知识产权战略行动计划（2015—2020年）》，研究制定了国家知识产权强省试点建设方案。

全面深化首都知识产权领域改革，优化知识产权发展环境。“十二五”时期，为适应行政管理体制改革的要求，构建知识产权工作的新格局，知识产权行政管理体系进一步健全，实现了知识产权工作的有效管理。修订了《北京市专利保护和促进条例》《北京市专利资助金管理办法》，制订了《关于促进首都知识产权服务业发展的意见》《加快发展首都知识产权服务业的实施意见》，发布了《北京市加强专利运用工作暂行办法》《关于加强经济和信息化领域知识产权工作的意见》《北京市加强知识产权纠纷多元调解工作的意见》《专利代理机构等级评定规范》地方标准，贯彻了《政府机关使用正版软件管理办法》。与8省市签署专利行政执法协作协议，建设北京12330分中心、工作站共计55家，将知识产权保护公共服务深入全市各区、创新创业平台和重点产业领域。初步建立知识产权纠纷多元调解工作体系和机制，建立6家知识产权纠纷人民调解委员会。深化知识产权司法改革，率先成立了知识产权法院。建立了企事业单位、高等院校、人民法院、政府部门等多方主体共同参与的沟通交流工作机制，通过报纸、电视等传统媒介和微博、微信等新兴媒介加强知识产权宣传，“尊重知识、崇尚创新”的社会氛围初步形成。

充分发挥知识产权在首都产业结构调整中的支撑作用，释放知识产权正能量。“十二五”时期，北京市大力发展知识产权服务业，成立了全国首家知识产权服务业协会。专利服务能力不断提高，北京市专利代理机构达到371家，执业专利代理人达到5030名，分别占全国总量的29.54%和39.84%。推动建设知识产权和标准化一条街，开展了知识产权品牌培育工作，为北京市企事业单位涉外知识产权人员提供了国际化人才培训，引导服务机构为区县知识产权战略实施服务。建立了北京市知识产权公共信息服务平台，开展了产业细分领域专利分析，构建了专利导航产业发展实验区和知识产权储备运营网络，为园区企业提供专利信息分析、专利运营支持等多层次服务。全国知识产权运营公共服务平台核心建设工作在北京开展，设立了北京市重点产业知识产权运营基金，以多种方式开展知识产权市场化运营。国家级知识产权优势企业和示范企业分别达到73家和27家，建立并通过国家级备案的重点产业知识产权联盟13个，工作取得积极进展。

主动适应中关村知识产权发展新需求，构筑全国领先的知识产权战略高地。“十二五”时期，中关村在全国率先开展了国家知识产权服务业集聚发展试验区、国家专利导航产业发展实验区、国家知识产权战略实施先导区建设和全国知识产权投融资服务试点、全国专利保险试点、全国知识产权评议试点工作。印发了《中关村知识产权领军企业培育方案》，确定了首批27家领军企业培育单位。设立了专利战略专项资金、专利创业专项资金和知识产权质押贷款贴息专项资金。建立了知识产权维权快速通道、知识产权纠纷诉前调解中心和市区两级知识产权保护工作机制。2011—2015年，中关村示范区累计专利申请量达到192203件，累计发明专利申请量达到116952件。

积极融入全球竞争体系和规则体系，提升知识产权国际影响力。“十二五”时期，协调推动了世界知识产权组织中国办事处落户北京，举办了涉外知识产权研讨交流等重要主题活动，拓宽了知识产权国际合作交流的新渠道。世界知识产权组织185个成员及相关组织在我国召开保护音像表演外交会议，缔结《视听表演北京条约》，进一步提升了北京市知识产权的国际地位和影响力。积极开展知识产权海外维权援助，增强企业知识产权海外纠纷处理能力。制定外向型企业知识产权工作指引，帮助企业更好地开展涉外专利申请、维权和纠纷应对，服务企业走出去。

（二）面临的机遇和挑战

当前，全球实力格局重塑与我国发展方式转变形成历史性交汇。我国经济发展步入新常态，适应、把握并引领新常态成为当前和今后一个时期我国经济发展的主题。同时，一些具有全球影响力的中心城市不仅在经济技术方面具有巨大的溢出效应，也在制度实施方面具有很强的示范价值。北京市知识产权工作迎来了新的战略机遇期。

全球力量格局面临重大调整，我国建立世界级科技创新中心的“机会窗口”已经打开。目前，全球正处于第六次科技革命的“拂晓”，科学技术发展呈现群发突破态势，一些领域孕育着系统性突破，一批新兴交叉的前沿方向和领域争相涌现，进而引发新一轮科技革命和产业革命。全球经济和科技力量格局正在发生重大调整。每一个世界强国的崛起，都是以超强的科技创新能力为根本动力，从而产生世界级的科技创新中心。目前，我国已经成为世界第二大经济体，建立世界级科技创新中心的“机会窗口”已经打开。但同时，我国仍面临发达国家蓄势占优和新兴经济体追赶比拼、国际知识产权保护制度不断调整和《跨太平洋伙伴关系协议》(TPP)带来的知识产权国际保护标准不断提高等多方面的挑战。面对机遇与挑战，北京所拥有的得天独厚的科教智力资源，为把北京建设成为世界级科技创新中心提供了坚实的基础。而把北京建设成为全国科技创新中心，不仅是党中央、国务院的明确要求，也是北京市的历史重任和内在需求。

经济发展方式转变和知识产权强国建设的深入推进，迫切需要高效的知识产权制度供给。新常态下，我国经济发展需要转换动力，加快实现从要素驱动、投资驱动向创新驱动的转变。知识产权是实现创新驱动的核心要素和关键环节。激发创新创业热情，迫切需要发挥知识产权的支撑、增值、激励、评价和保护作用。经过三十多年的发展，我国已经成为知识产权大国。2015 年，国务院印发了《关于新形势下加快知识产权强国建设的若干意见》，加快建设知识产权强国，已经成为我国知识产权事业发展的中心任务。经济发展方式转变和知识产权强国建设离不开高效的知识产权制度供给，迫切需要根据经济和科技发展的需求，全面提升知识产权工作水平。

知识产权成为首都创新驱动发展的关键要素，知识产权首善之区的建设任务艰巨紧迫。“十三五”时期，北京市人均生产总值将达到 2 万美元，劳动力、自然资源、资本等要素对经济发展的驱动力日益受到限制，迫切需要充分发挥科技创新和制度创新对经济发展的驱动作用，促进北京市成为全国科技创新的引领者。推进京津冀协同发展成为我国产业发展的重要主题，也迫切要求加强知识产权协作，为区域经济协同发展提供强有力支撑。北京建设成为知识产权首善之区，具有经济、科技、制度等多方面的战略意义。

“十二五”时期，北京市知识产权综合实力全面提升，但是与知识产权首善之区的要求还有一定差距。“十二五”时期，虽然北京市知识产权工作的六大体系已基本形成，各项主要数量指标都超额完成，但仍然与知识产权首善之区的要求存在差距：知识产权与经济发展的融合不够紧密，知识产权对产业结构升级的支撑促进作用尚未充分发挥；知识产权质量和效益有待进一步提升，知识产权“大而不强、多而不优”的问题仍然存在，具有国际影响力的知识产权优势企业不多；知识产权运用能力有待进一步提升，针对专利技术的孵化、二次开发和集成的专利运营机构依然缺乏；知识产权保护效果与社会期待存在较大差距，行政执法力量不能满足现实需要；知识产权管理和公共服务尚未满足创新主体需求，知识产权服务业的监管和自律机制有待完善。

二、“十三五”时期北京市知识产权事业发展的指导思想、基本原则和战略目标

（一）指导思想

全面贯彻党的十八大和十八届三中、四中、五中全会精神，深入贯彻习近平总书记系列重要讲话精神，以“四个全面”战略布局为统领，始终坚持创新、协调、绿色、开放、共享的发展理念，牢牢把握首都城市战略定位，深入落实党中央、国务院关于实施创新驱动发展和建设知识产权强国战略的政策安排，全面贯彻京津冀协同发展战略部署，强化首都服务功能，围绕全国科技创新中心建设，进一步深化知识产权体制机制改革，推动北京市知识产权事业跨越式发展，全面提升北京市知识产权综合实力，充分发挥知识产权对首

都经济转型升级增效的促进作用，适应经济发展新常态，为实施创新驱动战略提供强大支撑。

(二)基本原则

1. 围绕大势与把握全局相结合。紧紧围绕全球经济和科技实力重塑的历史大势，深入实施创新驱动发展战略和“一带一路”战略部署，充分把握京津冀协同发展和北京“四个中心”定位的战略大局，系统谋划北京市知识产权工作的切入点和着力点，做到因势而谋、应势而动、顺势而为。

2. 全面改革与大胆创新相并举。按照全面深化改革的总体部署和行动纲领，动员各方力量，全面深化知识产权领域改革，坚决破除一切制约知识产权创造、运用、保护和管理的体制机制障碍。加快转变北京知识产权行政管理职能，创新行政管理方式，形成高效的知识产权治理体系。

3. 协调发展与突出重点相调适。加强知识产权对京津冀协同发展的引领作用，促进北京市各区的知识产权综合实力协调发展。重点发挥中关村国家自主创新示范区和北京经济技术开发区的创新优势，统筹国际国内创新资源，培育一批具有国际竞争力的创新型企业。

4. 制度供给与能力强化相共进。根据知识产权资源分布和经济科技发展的实际需求，超前谋划“调整”，加强重大理论、重要规则、重点问题的分析和研究，以创新思维改革原有的制度体系、政策体系、工作体系，实现新的制度组合，提供新的制度供给，并通过制度创新和制度供给全面提升知识产权创造、运用、保护、管理、服务和国际交往能力，助力北京经济在新常态下不断提质增效升级。

5. 有效市场与有为政府相平衡。按照全面深化改革的要求，促进市场发挥创新资源配置的决定性作用，使知识产权制度成为市场决定创新资源配置的根本制度，营造“大众创业、万众创新”的良好局面。按照转变政府职能、建设有为政府的要求，推进政府职能向创造良好市场环境、提供优质公共服务、维护社会公平正义转变，注重发挥政府的引导作用，促进形成知识产权的产业布局和海外布局。

(三)战略目标

“十三五”时期，北京市知识产权事业以加快建设知识产权强市为主线，以全力服务“高精尖”经济结构、重点功能区和京津冀创新试验区为三大任务，着力提升国际化和大数据两项水平，健全创造、运用、保护、治理、服务和人才六大体系。力争到2020年，成为全国知识产权保护环境的典范、创造运用的龙头、国际交往的窗口、服务资源的高地、治理体系的样板，初步建成知识产权首善之区，为建设具有知识产权全球影响力的国际化都市奠定坚实基础。

到2020年，知识产权质量显著提升，每万人发明专利拥有量达到80件左右；通过《专利合作条约》途径提交的专利年度申请量达到13000件左右，“十三五”期间年均增长率约为25%。知识产权运用效果显著增强，知识产权质押融资年度金额达到100亿元。知识产权服务水平进一步提升，知识产权服务品牌机构达到100家，专利代理机构达到400家，执业专利代理人达到6000人。

三、“十三五”时期北京市知识产权事业发展的主要任务

(一)推进知识产权首善之区建设

1. 深入实施首都知识产权战略。围绕落实首都城市战略定位、建设国际一流的和谐宜居之都的新目标，系统谋划北京市知识产权发展布局，推动首都知识产权战略向纵深实施。将《深入实施首都知识产权战略行动计划(2015—2020年)》落到实处，适时开展行动计划落实情况的考核与督查。

2. 不断完善政策法规体系。做好顶层设计，贯彻落实国家和北京知识产权事业改革的决策部署和政策法规。以《北京市专利保护和促进条例》为基础，加强对专利资助、发明专利奖励、展会保护等政策的修订与完善。加强知识产权政策与产业、科技、财政、金融、税收等政策的有效衔接。加快推进知识产权首善之区建设的政策制定与实施，为北京市创新发展提供支撑和保障。

(二)服务北京产业转型升级

1. 促进制造业核心竞争力提升。围绕《〈中国制造2025〉北京行动纲要》重点领域布局一批核心专利。在创新前沿、关键核心、集成服务、设计创意以及名优民生等五类“高精尖”产品发展过程中，形成自主创新优势，培育知名品牌。在新能源、新材料、节能环保、高端装备等重点领域中，掌握一批核心知识产权，围绕

国际标准制定和演变强化专利布局，打造北京市在中国制造新格局中的比较优势。

2. 推动战略性新兴产业发展。培育一批具有知识产权比较优势的领军企业和研发机构。推动建设重点产业知识产权联盟，引导其进行专利联合创研、组合布局、风险防范和争端应对等，加强产业链上下游产学研合作，形成联盟知识产权工作合力和产业链竞争优势，促进产业提质增效升级。初步形成符合战略性新兴产业发展特点的企业知识产权管理体系和知识产权战略实施机制，支撑战略性新兴产业形成竞争优势。

3. 实施知识产权强企工程。加强知识产权领军企业培育，推动企业知识产权管理运用能力和相关服务体系建设，打造一批"专利过千、质量过硬、管理规范、运用科学"的知识产权领军企业。实施小微企业知识产权托管扶助计划，在"大众创业、万众创新"的新局面下，打造企业知识产权竞争优势。支持企业制定实施企业知识产权战略、提高企业知识产权质量、探索多种方式开展知识产权运营等，提高企业知识产权综合能力。

（三）支撑重点功能区创新发展

1. 大力建设中关村专利导航产业发展实验区。建立中关村专利导航工作机制，深入落实《中关村专利导航移动互联网产业创新发展的意见》，进一步完善专利导航工作体系，逐步形成专利导航产业发展决策机制和运行机制，构建移动互联网专利储备运营网络，建设中关村专利导航网络平台，展示和推广中关村专利导航试点工作成果，开展专利导航产业发展工作"园中园试点"。

2. 打造中关村知识产权服务业集聚发展示范区。深入推进中关村知识产权服务业联盟与知识产权和标准化一条街建设，鼓励国内外优秀知识产权服务机构进驻中关村核心区，重点培育专利运营、知识产权电子商务平台等知识产权服务新模式和新业态，继续推动服务业联盟向分园区、中关村"641"重点产业和企业提供全方位的知识产权专业服务，在全国范围内充分发挥示范引领作用。

3. 加强中关村知识产权重点企业培育工作。实施中关村知识产权领军企业培育计划，加大政策支持和专项培育力度，培育一批中关村知识产权领军企业。实施中关村小微企业知识产权帮扶计划，制定并发布《中关村小微企业知识产权帮扶方案》，建立中关村小微企业专利信息动态监测机制，组织知识产权专业服务机构进驻创业企业开展"一对一"帮扶活动。

4. 充分发挥经济技术开发区试点园区示范作用。大力推进经济技术开发区知识产权工作，推进开发区专利密集型产业发展，设立培育专项资金，制定促进专利密集型产业发展的相关政策。打造产业创新联盟、研究院、专利池、技术交易平台、基金、特色产业园六位一体的知识产权创新链条。重点培育"千亿企业""百亿企业""十亿企业"三批企业。全面布局核心技术、关键技术、共性技术三批技术，实现技术的突破、产业化和应用。打造专利展示交易中心、知识产权金融创新中心、专利孵化中心三个中心。

（四）推动知识产权国际化发展保险基金服务等合作，积极跟踪研究国际知识产权发展热点

1. 提升知识产权国际交往能力。积极开展与国际组织以及其他国家和地区知识产权机构的合作与交流。密切与世界知识产权组织及其中国办事处的联系，积极落实北京市人民政府与世界知识产权组织签署的合作谅解备忘录，支持世界知识产权组织中国办事处建设，借助世界知识产权组织平台，学习借鉴区域知识产权战略实施经验，与世界知识产权组织及其中国办事处合作，承办有影响力的知识产权国际活动。充分发挥"首都知识产权国际交流合作基地"的作用，扩大知识产权海外站点、标准化建设。

2. 加大企业"走出去"引导支持力度。制定外向型企业知识产权工作指引，开展外向型企业知识产权研讨交流活动，提升海外知识产权布局与风险防控能力。发布"一带一路"沿线国家的法律、政策信息，加强"一带一路"知识产权工作引导。联合国家有关部门，同企业"走出去"目标国家协调，营造有利于企业海外发展的知识产权环境。

3. 提高企业知识产权国际化运用水平。针对北京市企业海外市场拓展主要目的国，定期发布专利预警报告和专利布局指南，引导企业加强海外专利布局。组织企业家境外培训，学习发达国家知识产权制度和国际知名企业管理经验。引导企业制定知识产权管理体系和品牌发展战略，提升知识产权国际管理能力。

4. 加强海外知识产权维权援助。加大海外知识产权维权援助工作体系和机制建设力度，开展企业海外知识产权维权援助服务，提升“走出去”企业海外知识产权纠纷应对能力，引导知识产权服务机构开展海外知识产权维权服务，推动北京市知识产权服务业海外维权服务能力的提升。

（五）增强知识产权大数据服务能力

1. 推动全国知识产权运营公共服务平台建设。建设全国知识产权运营公共服务平台，充分发挥平台的整合作用，聚集国内外知识产权运营机构，形成政府引导、市场为主的新型知识产权运营生态圈。通过运营数据资源的全面汇聚，形成知识产权运营的信息枢纽，为供需双方和服务机构搭建对接平台，助推知识产权流转、转化与利用。

2. 实施知识产权公共信息服务平台建设工程。加快推进北京市知识产权公共信息服务平台建设，为政府部门提供基于产业专利数据统计分析的决策依据，为各区提供适于市、区两级协同工作机制的专利信息服务云，为企业提供自建专题库服务环境，为社会公众提供便捷智能的知识产权信息检索查询系统和知识产权交易系统。积累北京市商标、软件、著作权、集成电路布图设计和知识产权案例等信息资源，构建大数据中心。

3. 强化知识产权信息服务。搭建行业专题数据库和海外专利数据库，针对重点行业开展风险分析，发布警示信息，跟踪关键技术领域，为行业和产业的发展及规划提供有益参考和创新指引。建立健全覆盖北京市的由主站、分站、信息应用网点组成的三级专利信息公共服务体系，共同推动专利资源的共享和应用。拓展知识产权信息服务的广度和深度，向创新主体和产业主体提供多层次、全方位的知识产权数据服务。

（六）搭建京津冀知识产权协同发展框架

1. 建立京津冀知识产权协同发展机制。探索建立京津冀知识产权会商机制、服务资源共享共建机制、维权执法联动机制和人才培养机制。落实京津冀区域推进全面改革创新试验区试验方案，积极推进全国知识产权运营公共服务平台和京津冀知识产权金融服务平台建设。结合京津冀协同发展和非首都功能疏解，实现专利技术的转移转化，将天津、河北作为北京市知识产权运用的承接地、延展区，为京津冀的产业融合发展做好转化运用服务。

2. 推进京津冀知识产权协同保护。推动建立完善三地专利行政执法联动工作机制，积极构建案件移送、协助调查、协助送达、协助执行等工作渠道；共同开展案件查处、专利执法专项行动，加大案件办理、业务交流、信息共享、队伍建设、专利侵权判定培训等方面的协作力度。协助建立京津冀知识产权举报投诉和维权援助协作机制，积极开展知识产权纠纷调解试点工作，构建知识产权纠纷多元调解工作体系。

3. 组建京津冀知识产权发展联盟。建立以促进资源共享和互利共赢为手段、以京津冀龙头骨干企业和知识产权服务机构为主体的京津冀知识产权发展联盟，推动京津冀三地协同发展。建立定期会议机制，对三地企业开展知识产权帮扶活动，建立京津冀外向企业知识产权突发风险应对机制，提升京津冀三地企业在国内外市场的核心竞争力，为本地区企业“走出去”战略保驾护航。

4. 搭建京津冀知识产权国际交流平台。通过高峰会谈等形式开展企业和机构间的交流，解决企业在海外布局、对外合作与对外投资等过程中遭遇的知识产权问题，助力经济转型升级、京津冀知识产权合作和公共服务一体化以及企业的海外发展。

四、“十三五”时期北京市知识产权事业发展的工作体系

（一）健全知识产权创造体系

1. 完善专利评价标准和资助奖励政策。突出北京市专利评价工作的专利申请质量导向，结合各区不同发展水平，分类确定评价指标，将专利申请质量指标、专利电子申请率指标等纳入相关政策。完善专利一般资助政策和专利奖励政策，推行专利专项资助政策，突出质量导向。建立专利申请质量监测和反馈机制。

2. 实施关键技术专利预警工程。着眼于科技发展规划编制开展专利分析预警，选择若干重要技术领域开展知识产权布局策略研究，明确专利等重要知识产权布局方向，引导形成核心专利。建立重要技术领

域专利态势分析和预警常态化工作机制，为重大科技活动布局和企业研发提供服务。

3. 引导“双创”科技企业加强专利布局。引导“双创”科技企业建立和完善技术创新及知识产权管理体系，形成以专利为主要构成的知识产权资源支撑体系，将创新优势转化为市场竞争优势。以知识产权托管扶助、专利试点示范企业培育等专项工作为重点，开展专利检索分析和专利挖掘布局等专业培训，推动“双创”科技企业加强专利布局。

（二）健全知识产权运用体系

1. 引导和促进知识产权运营事业发展。大力推动北京市重点产业知识产权运营基金发挥引导作用，促进新型知识产权运营机构发展。鼓励社会资本设立知识产权运营基金，投向专利运营项目。支持探索知识产权创造与运营的众筹、众包模式，促进“互联网＋知识产权”融合发展。

2. 促进高校和科研院所知识产权转移转化。以市场需求为导向，推动校企联合开展专利创造和产业化应用，形成校企多元化、多层面的对接合作与协同发展格局。鼓励有条件的高校和科研院所建立知识产权转移转化机构。

3. 引导组建产业知识产权联盟。引导各重点产业知识产权联盟根据自身特点和实际需求，构建联盟内知识产权资源共享、利益共享、互利合作等工作机制，促进联盟内专利交叉许可等知识产权协同运用，实现知识产权价值。

（三）健全知识产权保护体系

1. 加大行政执法能力建设力度。强化专利行政执法队伍建设，加强人员力量和资金保障。完善行政执法程序、规则和规范，强化规范性文件备案监督检查、异议审查和合法性审查。加强专业培训，提高专利行政执法队伍专业素养，提高执法队伍在假冒专利识别、专利侵权判定方面的专业能力。加强包括执法交通工具、信息设备等硬件装备建设在内的行政执法条件建设。

2. 加强知识产权保护公共服务工作。探索建立电子商务、展会等重点领域知识产权纠纷快速处理机制。依托北京12330工作站，构建多层级的知识产权维权援助体系，实现市、区、企业三级知识产权保护服务工作平台全覆盖，为创新创业主体提供优质、高效的知识产权保护公共服务。发挥和放大中国北京（朝阳）设计服务业快速维权中心作用。发挥北京市保护知识产权志愿者队伍的积极作用，营造北京市知识产权保护良好氛围。

3. 完善知识产权多元调解工作机制。建立人民调解、行政调解、司法调解相互衔接的知识产权纠纷多元调解机制。在重点行业、区域建立知识产权纠纷人民调解组织，逐步实现重点行业、区域知识产权纠纷预防和调解工作全覆盖。规范调解组织和调解员队伍建设，提升调解组织化解知识产权纠纷的能力和水平。

4. 推动北京知识产权保护公共服务平台建设。通过采购、共享和协调等方式，整合国内外知识产权保护数据信息和服务资源，对接现有平台和政策，支持平台使用和推广。运用大数据、云计算、物联网等信息技术，加强在线创意、研发成果的知识产权保护，为企业知识产权风险防范、纠纷应对提供一站式、综合性的知识产权公共服务。

（四）健全知识产权治理体系

1. 显著提升知识产权公共管理水平。按照转变职能、权责一致、强化服务、改进管理、提高效能的要求，深化行政管理体制改革。加强知识产权领域公共服务，加大知识产权市场监管力度，营造公平正义的法治、市场环境。向社会提供可便利查询的知识产权基础数据，通过培训等方式提升各类创新主体知识产权意识。推行政务公开，加快电子政务建设，推进公共服务信息化，及时发布公共信息，为群众生活和参与经济社会活动创造便利条件。

2. 充分发挥各类社会团体管理作用。创新工作机制，推进政事分开，支持创新主体、服务机构、行业协会等各类社会团体参与知识产权社会管理和公共服务。以社会团体为载体，加强与企事业单位和在京创业个人、企业的联系及服务工作。充分发挥以行业协会等为代表的社会团体在优化区域知识创新环境、推进知识产权主体协同工作等方面发挥重要作用。推动行业协会加强服务规范化、行业自律和行业互动。

3. 全面推进知识产权战略在区域的实施。根据各区知识产权资源禀赋和经济科技发展状况,加强分类指导,引导各区逐步完善知识产权管理体制机制,健全政策法规体系,增加知识产权经费投入,增强管理与服务能力,提高区域内知识产权数量和质量,全面提升知识产权综合实力。推动知识产权工作融入区域经济社会发展的各个环节。

4. 扎实推进试点、示范城市(区)建设。按照国家知识产权试点示范城市(区)建设的工作要求,围绕区域发展战略布局,以知识产权为利益纽带整合城市创新发展资源,促进知识产权与新型工业化、信息化、城镇化的深度融合。进一步推进知识产权在经济建设、社会发展、市场监管、公共服务、产业引导等方面的广泛应用,建成一批特色优势明显、引领示范作用强、经验可复制推广的知识产权试点、示范区和知识产权强区。

(五)健全知识产权服务体系

1. 拓展知识产权服务内容。继续落实《加快发展首都知识产权服务业实施意见》,扩大知识产权服务业的服务规模、业务范围,稳步提高知识产权服务机构和从业人员数量,推动提高知识产权服务营业收入。加大对信息分析、运营、咨询和培训业务的支持力度,培育非代理类业务的发展。提高服务业外溢效益,鼓励服务机构向境外发展,以为国外服务机构提供外包服务的方式,开展国外专利业务。

2. 提升知识产权服务能力。继续开展知识产权服务业集聚区建设和品牌机构培育工作。继续做好政策宣传和引导,推进知识产权和标准化一条街建设,协调相应政策落实。落实《北京市知识产权服务品牌机构培育办法》,完成知识产权服务业品牌机构培育工作任务。指导行业协会开展优秀专利代理机构和优秀专利代理人评选工作。加强对知识产权服务机构和从业人员的公益性培训和高端业务培训。

3. 加强企业知识产权投融资服务。完善与投资、信贷、担保、典当、证券、保险等工作领域相结合的知识产权金融服务机制,研究形成知识产权质押融资风险补偿和质物处置机制。加强知识产权投融资服务联盟建设,促进企业与金融机构对接,引导提供知识产权金融服务,开发知识产权金融服务产品。积极开展专利保险的投保、出险情况的跟踪服务,开展专利保险信息分析和法律跟踪,加强专利保险风险防控。

4. 建设行业诚信信用体系。依托行业协会,建立推行知识产权服务业行业的自律规范、服务标准和职业操守。利用互联网等多种手段,将北京市优质知识产权服务资源推介给更多的国内外市场主体。积极推进知识产权行业诚信信用体系建设,建立面向社会公开的行业信誉档案。

(六)健全知识产权人才体系

1. 加大知识产权人才培养力度。大力开展知识产权人才培养,完善产学研联合培养模式,加强知识产权专业学位教育。重点培养一批知识产权新兴领域和重点产业、行业知识产权急需紧缺的管理人才、运营人才、专利分析人才、国际化人才。完善知识产权人才工作机制,建立统分结合、上下联动、协调高效、整体推进的人才工作体系。推动国家级培训基地在北京的建立,构建多元教育培训组织体系。深入推进知识产权人才信息化建设,加强北京市知识产权人才信息库的建设和管理。积极探索建设知识产权智库,为北京市知识产权事业发展提供理论支撑、战略规划、政策建言。探索区域知识产权人才服务体系,服务京津冀协同发展,优化人才发展环境。

2. 实施重大知识产权人才工程。实施知识产权领军人才工程,选拔一批精通知识产权法律和管理、熟悉知识产权国际规则和事务、专业能力和贡献突出、能够带领团队开展创造性工作的知识产权领军人才队伍。实施知识产权百名高层次人才培养工程,在知识产权各领域分阶段遴选和培养数百名中青年高层次人才,形成一支精通国内外知识产权法律法规、具有较高政策和战略研究水平、专业能力突出的高层次人才。

五、"十三五"时期北京市知识产权事业发展的保障措施

(一)深化体制机制改革,释放知识产权要素活力

充分发挥北京市知识产权办公会议的统筹协调职能,建立首都知识产权战略行动计划实施协调机制。推进知识产权行政管理和执法体制机制改革,推动中关村等重点功能区在知识产权保护机制上取得突破。

加强与区县联席会议对接，统筹调配资源，积极探索、稳步推进工作模式创新，推进首都知识产权战略全面实施。

（二）加强宣传教育建设，营造知识产权良好氛围

加强知识产权文化传播，拓宽知识产权文化教育培训渠道。培育创新创业文化，弘扬创新精神，举办创新论坛、创新创业大赛等活动。通过报纸、广播、电视等传统媒体以及互联网、移动终端等新兴载体，加大宣传力度。在北京市开展中小学知识产权教育试点、示范学校的评选工作，逐步推进知识产权教育工作在北京市部分区先行铺开，带动社会知识产权意识的全面提升。

（三）完善财政支持政策，促进知识产权金融创新

加大财政资金的统筹力度，推进规划中各项任务有序开展。完善知识产权资助政策，加大对小微企业知识产权创造和运用的支持力度。加强银行、融资、保险、证券、信托等金融机构和服务机构之间的协作，推出知识产权金融产品，形成多元化的知识产权金融支撑体系。

（四）建立动态监测机制，加强知识产权工作评估

建立知识产权政策建议的外部反馈机制，广泛听取创新主体、服务机构的政策需求。探索建立知识产权政策实施效果评价机制，开展知识产权政策的定期评价与动态调整，监测主要目标和各项任务的实施状况，形成阶段性知识产权（专利）事业发展规划评估报告。

中共北京市委关于深化首都人才发展体制机制改革的实施意见

京发〔2016〕15号

为全面贯彻落实中央《关于深化人才发展体制机制改革的意见》，围绕新时期首都城市战略定位和建设国际一流的和谐宜居之都的目标，加快实施创新驱动发展战略和京津冀协同发展战略，大力深化人才发展体制机制改革，现提出以下实施意见。

一、总体要求和主要目标

（一）总体要求。深入学习贯彻中央关于人才工作决策部署和习近平总书记系列重要讲话精神，遵循社会主义市场经济规律和人才成长规律，贯彻落实创新、协调、绿色、开放、共享的发展理念，深入实施人才优先发展战略，大力破除束缚人才发展的思想观念和体制机制障碍，加快完善首都现代化人才发展治理体系，形成“聚天下英才而用之”的政策环境与制度优势，努力把首都打造成为世界高端人才聚集之都，在建设创新型国家和人才强国进程中发挥示范引领作用。

按照中央“坚持党管人才、服务发展大局、突出市场导向、体现分类施策、扩大人才开放”的基本原则，结合首都经济社会发展特点，提出如下要求。

——坚持统筹设计。健全领导体制和工作格局，创新工作方式方法，统筹各类优势资源，根据不同领域、行业特点，结合首都发展实际，具体问题具体分析，增强改革的系统性、创新性、精准性。

——坚持市场导向。充分发挥市场在人才资源配置中的决定性作用，加快转变政府人才管理职能，促进人才链、创新链、产业链、资本链和市场需求有机衔接，最大限度激发和释放人才创新创造创业活力，让人才价值得到充分尊重和实现。

——坚持区域协同。落实京津冀协同发展战略，加强区域人才协同发展顶层设计，科学谋划改革思路

和政策措施，打破体制壁垒和机制障碍，形成区域内人才自由流动、创新高度融合的良好局面。

——坚持全球视野。积极参与国际人才竞争，吸引顶尖人才集聚，充分开发利用国际国内人才智力资源，完善更加灵活、更加有效的人才开发利用机制，确保人才引得进、留得住、流得动、用得好。

——坚持首善标准。围绕重大国家战略和首都经济社会发展需求，不断完善改革思路和实现路径，加快先行先试的政策创新步伐，解决制约人才发展的热点难点问题，努力为全国人才发展体制机制改革工作积累经验、提供示范。

（二）主要目标。通过深化改革，到2020年，在首都人才发展体制机制的重要领域和关键环节上取得突破性进展，与首都作为全国政治中心、文化中心、国际交往中心、科技创新中心城市战略定位相适应的人才发展治理体系基本建立，京津冀人才一体化发展格局初步确立，各类人才的创新创造创业活力充分释放，人才对首都构建“高精尖”经济结构和开放型经济体系的贡献率明显提升，率先形成符合首都经济社会发展需要、人人皆可成才、人人尽展其才的制度环境和社会环境。

二、全面推进人才管理体制改革

（三）制定地方性人才法规。研究制定北京市人才发展促进条例、北京市人力资源市场条例等法规，推动人才竞业避止、职务科技成果转化、终身教育等方面的地方性立法工作。强化人才法规与教育、科技、文化等立法的衔接。

（四）加快转变政府人才管理职能。推动人才管理部门简政放权，消除对用人主体的过度干预，建立北京市人才管理服务权力清单、责任清单，清理规范人才招聘、评价、流动等环节中的行政审批和收费事项。强化社会参与，支持有条件的社会组织承接部分政府人才工作职能。提高经济薄弱地区和基层一线人才保障水平，在职称评聘、薪酬待遇等方面给予特殊支持，使他们在政治上受重视、社会上受尊重、经济上得实惠。

（五）分类推进用人主体管理体制机制改革。发挥用人主体在人才培养、吸引和使用中的主导作用，全面保障和落实高校、科研院所、国有企业在岗位设置、人员配备、职务评聘、收入分配等方面的用人自主权。创新事业单位编制管理方式，对符合条件的公益二类事业单位实行备案制管理，探索不再纳入编制管理，完善相关配套政策措施。鼓励事业单位深化收入分配改革，根据工作人员实绩和贡献，建立自主决定的绩效工资分配机制。国有企事业单位引进或聘用经市级人才主管部门认定的海内外高层次人才，可根据国际薪酬标准采用年薪制、协议工资制等方式支付，人才薪酬不受单位工资总额限制。逐步建立科研院所国有资产出资人制度，设立相对独立、责任明确的出资机构，减少行政干预。鼓励国有创投企业经营管理人才出资参股国有创投基金，建立项目个人跟投机制。

（六）创新人才评价机制。注重凭能力、实绩和贡献评价人才，克服唯学历、唯职称、唯论文等倾向。不将论文等作为评价应用型人才的限制性条件。改进科研人才评价考核方式，基础研究人才以同行学术评价为主，应用研究和技术开发人才突出市场评价，哲学社会科学人才强调社会评价，根据岗位特点突出能力、业绩导向分类制定评价标准。根据科技活动类别和学科特征，合理确定高校、科研院所从事基础研究的科研人才评价周期，适当延长优秀青年科技人才评价周期。注重引入国际同行评价、代表性成果评价等方式。引入专业性较强、信誉度较高的第三方机构参与人才评价。

（七）全面深化职称制度改革。制定深化职称制度改革的实施意见。完善符合首都经济社会发展特点的职称评价专业体系，开展新兴领域职称评审试点，根据人才需求在部分职称系列开设正高级职称，扩大中关村高端领军人才高级职称评审直通车适用范围。进一步推进职称评审社会化改革，鼓励支持更多的学会、行业协会、专业人才评价机构等社会组织承担职称评价的服务工作，完善“个人自主申报、社会统一评价、单位择优聘任”的职称评价机制。突出用人主体的主导作用，合理下放评审权限，推动高校、科研院所、国有企业自主评审，取消统一的职称外语和计算机应用能力考试，由用人主体根据研究领域和岗位特点确定评价依据。畅通非公有制经济组织和社会组织人才申报参加职称评审渠道。对有条件的高等职业院校下放专业技术职务评审权限，推行专业技术职务聘任制。探索中等职业学校、技校开设正高级职称。

三、加快建立京津冀人才一体化发展体制机制

（八）强化人才一体化发展顶层设计。联合制定京津冀人才一体化发展规划纲要，推动重大人才工程实施和重要创新政策落地。健全完善京津冀人才工作部门联席议事机制。根据三地产业准入目录，动态调控和优化人才结构，逐步形成人才随产业有效集聚、合理流动的体制机制。建立规范、统一、灵活的京津冀人力资源市场，搭建人力资源信息共享和服务平台。

（九）协同推进区域人才管理改革。建立跨区域人才管理改革试验区，推动京津冀在人才职称互认、医师多点执业、博士后联合培养、外籍人才出入境等方面开展人才引进、培养、使用协作试点。建立京津冀干部人才挂职交流的常态化机制，健全区域内流动人才的待遇保障机制。鼓励人才异地创新创业，对于异地创业的北京生源高校毕业生给予社会保险补贴。探索建立京津冀专利导航产业发展协同运行和区域内知识产权维权机制。

（十）建立区域人才协同创新体制机制。建立京津冀高层次人才合作机制，支持组建跨区域产业技术创新联盟，联合开展技术攻关、标准创制。促进优质科技资源相互开放，推动众创空间、创业孵化基地等互联互通，建设区域性创业人才开发培养基地。加强人才科技成果转化服务体系建设，建立信息共享、标准统一的技术交易市场。依托滨海－中关村科技园区、曹妃甸协同发展示范区、京津两地未来科技城等重点创新区域，建立健全产业融合发展、人才协同创新的体制机制。

（十一）构建开放式创新的体制机制。实施更加有利于总部企业、跨国公司地区总部、研发中心、国际组织及国际性智库等入驻的政策措施，辐射带动区域人才国际化发展。支持高校、科研院所、企业整合利用国内外创新资源，跨区域建设一批国际一流水平的开放实验室和产业技术创新中心等平台。强化北京举办重要外事外交、体育赛事的服务保障能力和人才支撑功能，落实《北京冬奥会和冬残奥会人才行动计划（2016—2022年）》，建立奥运人才联合培养机制。

四、积极构建具有国际竞争力的人才开发机制

（十二）实行更具竞争力的海外人才引进政策。适度放宽引进海外人才的条件，加强对海外人才在项目申请、成果推广、融资服务等方面的支持。探索外籍人才担任新型科研机构事业单位法人代表、相关驻外机构负责人的制度。实施“全球顶尖科学家及其创新团队引进计划”，建立人才与项目的对接机制。深入实施“北京高校高精尖创新中心建设计划”，依托高校引进一批战略科学家，形成国内外创新资源深度融合、前沿基础研究与应用技术创新紧密结合的体制机制。运用大数据、云计算等手段动态绘制“全球高端人才分布地图”，建立海外人才供需精准对接机制。发挥外事、侨务、外专、海外人才服务机构等渠道作用，建立海外联络机构协同运行机制。进一步完善引才配套政策，逐步建立与国际接轨的保障机制，切实解决引进人才在任职、社会保障、户籍、子女教育、住房等方面的问题。

（十三）构建更加灵活的海外智力开发利用机制。加快建设中关村硅谷创新中心、芬华北京创新中心、中以技术合作转移中心等境外技术转移和人才开发平台，支持有条件的企业在境外设立研发中心、分支机构、孵化载体，积极开发利用海外人才智力资源。以共建合作园区、互设分基地、成立创业投资基金等多种方式，深化人才国际化创新合作。推进北京市科技计划（项目）对外开放，支持外籍高层次人才领衔或参与承担。在北京自然科学基金中增设“国际（地区）合作与交流项目”“海外及港澳台学者合作研究项目”和“境外青年学者研究项目”，柔性开发国际高端智力。

（十四）优化国际化人才培养机制。支持在京高校、中小学、职业院校等与国外相关机构合作，开展联合办学、科学研究和人才培养等工作，并在引进外籍教师和国际教育资源等方面提供便利条件，市属高校、科研院所邀请外籍高端人才开展学术交流，可参考市场标准，探索使用外汇支付劳务费用。鼓励用人主体输送人才外出留学、访学，支持市属高校学生赴海外顶岗实习。支持有实力的研发机构、高层次人才及创新团队参与全球性重大科技领域的科技合作与创新对话。及时掌握国际组织岗位需求信息，积极做好国际组织人才培养和推送工作。实施导向明确的区别管理，健全科研人才因公临时出国（境）分类管理机制，

建立更为便捷的审批模式。

（十五）推进以外籍人才为重点的海外人才管理改革。落实公安部支持北京创新发展有关出入境的政策措施，在中关村人才管理改革试验区开展外籍人才出入境管理改革试点，出台外籍人才及团队出入境实施办法。建立健全外籍人才管理服务机制，加强政府监管，发挥用人主体、中介机构作用，探索制定外籍人才分类管理服务标准。完善外籍人才荣誉称号授予体系。探索建设国际人才社区，加强涉外服务软环境建设，促进多元包容文化形成。

五、充分发挥市场在人才资源配置中的决定性作用

（十六）建立市场导向的人才引进机制。制定实施北京市积分落户管理办法，研究设立创新创业指标，对获得一定规模创业投资的创业人才及其核心团队、投资资金达到一定规模且市场贡献突出的投资管理运营人才及其核心团队、高新技术企业以及文化创意领军企业骨干、创新创业中介服务人才及其核心团队等优先办理引进。对于社会贡献突出且确有用人需要的单位，建立人才引进的绿色通道。

（十七）构建统一开放的人才市场体系。推进人才中介服务机构公共服务与经营性服务的分离改革，重点强化公共服务，培育和建设专业性、行业性人才市场。提高人才市场对外开放水平，实施更开放的市场准入制度。采取政府购买公共服务等方式，支持人才中介服务机构发展壮大。在中关村人才管理改革试验区规划和建设国家级人力资源服务产业园。

（十八）建立由经济社会发展需求决定的人才培养机制。以需求为导向，完善高校学科专业动态调整机制。推动高校打通一级学科或专业类别相近学科专业的基础课程，开设跨学校、跨院系、跨学科、跨专业交叉课程，培养复合型、创新型人才。支持高校实行弹性学制，放宽学生的修业年限，允许调整学业进程、保留学籍休学创新创业。加大校企人才联合培养力度，支持一批职业院校与企业合作办学，在专业建设、课程改革、技术研发、办学评价、招生就业等方面开展试点，推进专业设置与产业需求、课程内容与职业标准对接。职业院校招收企业职工参加非全日制学习，实行弹性学制教学，建立学分累积和转换制度。扩大博士后科研工作站独立招收规模，支持中小型科技企业设站，建立健全市、区两级财政经费投入机制。加强博士后国际交流，大力吸引海外博士来京（回国）从事博士后研究，加大博士后研究人员参加国际学术交流力度。

六、着力构建符合创新驱动发展规律的创新创业机制

（十九）完善央地人才协同创新机制。研究制定有利于中央单位人才在北京创新创业的支持措施、激励机制和服务办法，搭建科技联合攻关、产业协作共建、人才联合培养平台。推广北京生命科学研究所等机构的建设经验，在战略性新兴产业领域，打造一批央地共建的新型科研机构，试行与国际接轨的科研管理制度。创新科研组织模式，在部分有条件的央地科技创新合作机构，探索扩大科研课题选择与内部管理的自主权，建立科研人员创新项目聘期制，完善科研成果转化和产业化的支持机制。支持中关村人才管理改革试验区内中央单位落实科技人才兼职兼薪、股权激励等政策。深化院市合作机制，促进院士专家等高层次人才柔性流动。

（二十）加强知识产权保护。建立和完善职务发明成果收益分配制度，形成知识产权归属和利益分享机制，提高骨干团队、主要发明人的受益比例，保障科技人员获得无形资产的增值收益。研究探索商业模式、文化创意等新形态创新成果的保护办法。建立人才引进中的知识产权鉴定机制，防控知识产权风险。支持开展知识产权质押融资，建立市场化风险补偿机制。依托北京知识产权法院，发挥司法保护的主导作用，推动建立知识产权司法保护与行政保障联动机制。建设知识产权智库，建立知识产权人才协同创新基地。

（二十一）建立市场化的创新成果利益分配机制。赋予市属高校、科研院所科技成果使用、处置和收益管理自主权，除事关国防、国家安全、国家利益、重大社会公共利益外，行政主管部门不再审批或备案。探索和建立科技成果转移转化的市场定价机制，允许科技成果通过协议定价、在技术市场挂牌交易、拍卖等

方式转让转化。合理划分创新团队、个人、单位间的科技成果转化收益分成，进一步提高成果转化收益归属研发团队的比例。促进技术类无形资产交易，探索建立市场化的国有技术类无形资产可协议转让制度，试点实施个人将科技成果、知识产权等无形资产入股和转让的支持政策。鼓励市属国有企业探索实施股权和分红激励，确定科技成果转化收益、分配方式等事项，转化收益用于人员激励的部分可在单位工资总额基数外据实列支。面向市属高校、科研院所以科技成果作价入股的企业，逐步放宽股权激励、股权出售等对企业设立年限和盈利水平的限制。对符合条件的企事业单位担任领导职务的专业技术人才，探索开展参与技术入股及分红激励试点。政府以股权投资方式支持转化的科技成果，在约定期满退出时，股权可优先回购给成果完成人。

（二十二）支持科研人员在职创业或离岗创业。完善市属高校、科研院所等事业单位科研人员离岗创业的政策措施。高校、科研院所科研人员经所在单位同意，可在科技型企业兼职并按规定获取报酬。市属高校、科研院所的科研人员对接其他单位开展技术攻关、提供科技服务所得资金收入，可由所在单位和企业自主决定资金使用和分配，用于奖励人才的部分原则上不低于50%。在职或离岗创业的科研人员在参加所在单位职称评聘与岗位考核时，其发明专利转化应用情况可与论文指标要求同等对待，技术转让成交额可与纵向课题指标要求同等对待。

（二十三）优化人才创新创业生态系统。发挥高校、科研院所、企业、投资机构、众创空间等载体的作用，促进形成人才、技术、资本等创新要素融合机制。健全产业技术政策和管理制度，营造公平竞争、开放透明的市场环境。支持人才开展技术创新、商业模式创新和管理创新，培育新兴业态，支持高层次人才开展跨界融合创新。总结推广中关村人才管理改革试验区创业孵化模式，发展市场化、专业化、集成化、网络化的众创空间。依托国家、市级人才管理改革试验区，因地制宜地优化人才发展生态环境，打造一批创新创业与宜居宜业功能相结合的创业社区。

七、大力完善有利于人才优先发展的财税金融保障机制

（二十四）推进财政科技资金管理改革。调整优化全市各类人才工程（计划、项目），建立跨部门统筹决策和联动管理机制，搭建统一规范的信息化平台。探索事前申报事后奖励制、科研成果购买制等科研项目管理方式。强化财政科技资金的分类支持，对基础前沿类科技计划强化稳定性、连续性支持，对市场需求明确的技术创新活动通过风险补偿、后补助、创业投资引导等方式，发挥财政资金的杠杆作用，引导社会投入。强化项目（课题）承担单位在经费与使用中的法人主体责任。改革科研项目管理和科技资金管理办法，提高人力资源费用支出比例，科研项目承担单位可根据研发的实际需要，自行确定和合理调整政府资助科技经费的支出结构。对通过结题验收的政府科研项目，结余的科技经费由项目承担单位自主安排用于科研相关工作。严把立项、结项关，建立科学合理的评估、审计、监督制度。对哲学社会科学领域项目（课题），建立充分体现人才智力贡献的经费管理机制。积极探索和扩大科研单位对横向课题经费使用的自主权。

（二十五）探索有利于人才发展的税收改革试点。对已入选国家和北京市重点人才工程（计划、项目）的高层次人才所在企业的国家和北京市重点实验室、工程技术中心等科研平台，提供进口科技研发设备或教学科研用品的税收支持政策。对高新技术企业和科技型中小企业转化科技成果给予个人的股权奖励，递延至取得股权分红或转让股权时按规定纳税。研究制定北京市高级人才奖励办法。

（二十六）优化有利于创新创业的科技金融体系。加大财政资金投入，引导产业资本、金融资本共同组成多种类型基金，重点服务种子期、初创期企业发展，形成对不同阶段创新创业人才及所在企业的金融支持体系。鼓励天使投资、风险投资、商业银行等机构开展股、债、贷相结合的融资产品与服务。支持创业板、新三板、本市区域性股权市场、机构间私募产品报价与服务系统等多层次资本市场发展，完善高层次人才及所在企业借助境内外多层次资本市场融资的政策机制。

八、切实加强党对人才工作的领导

（二十七）健全党管人才工作格局。发挥党委（党组）在人才工作中的领导核心作用，保证党的人才工

作方针政策全面贯彻落实。党委(党组)每年至少听取一次人才工作汇报,研究重大问题和重要政策。改进党管人才方式方法,完善党委统一领导,组织部门牵头抓总,有关部门各司其职、密切配合,社会力量发挥重要作用的人才工作新格局。进一步明确工作职责,配强工作力量,将行业、领域人才队伍建设列入相关职能部门"三定"方案。

(二十八)推动责任落实。完善全市人才工作目标责任制实施办法,将推动改革情况作为人才工作目标责任制考核的重要内容,把考核结果作为对领导班子和领导干部评价的重要依据,并将人才工作列为落实党建工作责任制情况述职的重要内容。各相关部门要切实履行主体责任,研究制定涉及改革的相关政策、方案和具体措施,明确改革路线图、时间表,将责任落实到位。各区健全"一把手"抓"第一资源"的工作体制,完善区人才工作领导小组运行机制,派专人专司改革工作。

(二十九)加强政治引领和政治吸纳。充分发挥党的组织凝聚人才作用,通过开展国情研修、专家休假、服务基层和中西部地区、建言献策等活动,增强专家人才对党情、国情、社情、市情的了解,加强对专家人才的政治引导,激发人才服务发展的热情。加强与组织工作、统战工作的联动,推进专家人才的政治吸纳,增强党对专家人才的影响力。

(三十)营造人才发展良好环境。充分整合资源,构建人才工作宣传和表彰体系,大力宣传专家人才典型和人才工作经验,扩大人才表彰的覆盖面和影响力,增强人才荣誉感和归属感,营造尊重人才、见贤思齐的社会环境,鼓励创新、宽容失败的工作环境,待遇适当、无后顾之忧的生活环境,公开平等、竞争择优的制度环境,更好地将各类人才团结凝聚到党的事业周围。

北京市人民政府办公厅关于加强首都科技条件平台建设进一步促进重大科研基础设施和大型科研仪器向社会开放的实施意见

京政办发〔2016〕34 号

各区人民政府,市政府各委办局,各市属机构:

为深入贯彻2016年全国科技创新大会和《国务院关于国家重大科研基础设施和大型科研仪器向社会开放的意见》(国发〔2014〕70 号)精神,进一步促进本市重大科研基础设施和大型科研仪器(以下简称"科研设施与仪器")向社会开放,不断提高科技资源利用效率,努力将科技资源优势转化为创新发展优势,经市政府同意,现提出以下实施意见。

一、指导思想

深入贯彻落实党的十八大和十八届三中、四中、五中全会精神,深入学习贯彻习近平总书记系列重要讲话和对北京工作的重要指示精神,牢固树立创新、协调、绿色、开放、共享的发展理念,牢牢把握首都城市战略定位,坚持制度推动、信息共享、资源统筹、奖惩结合、分类管理原则,积极打造覆盖各类科研设施与仪器、统一规范、功能强大的专业化、网络化管理服务体系,建立健全科研设施与仪器开放共享的制度、标准和机制,努力实现科研设施与仪器配置、管理、服务、监督、评价全链条有机衔接,为实施创新驱动发展战略、建设全国科技创新中心提供重要支撑。

二、适用范围

本实施意见所指的科研设施与仪器,包括大型科学装置、科学仪器中心、科学仪器服务单元和单台(套)价值在50万元及以上的科学仪器设备等,主要分布在高等学校、科研院所和部分企业的各类重点实验室、工程(技术)研究中心、分析测试中心、野外科学观测研究站及大型科学设施中心等研究实验基地。其中,科学仪器设备可分为分析仪器、物理性能测试仪器、计量仪器、电子测量仪器、海洋仪器、地球探测仪器、大气探测仪器、特种检测仪器、激光器、工艺试验仪器、计算机及其配套设备、天文仪器、医学科研仪器、核仪器、其他仪器等。

三、主要任务

(一)建设科研设施与仪器开放共享信息系统

1. 建设首都科技条件平台信息系统。根据本市科研设施与仪器开放服务特点,参照有关标准和规范,建设全市统一的首都科技条件平台信息系统,融科研设施与仪器的配置、管理、服务、监督、评价等功能于一体。信息系统设置科技资源情况、开放制度、服务项目、使用情况等栏目,向社会公开科研设施与仪器的分布、利用和开放共享情况等信息,并对接国家相应网络管理平台。有关行政主管部门组织并督促符合条件的科研设施与仪器管理单位(以下简称"管理单位")建设在线服务平台,并对接首都科技条件平台信息系统。

责任单位:市科委、市经济信息化委、市教委、市发展改革委、市国资委、市质监局、市卫生计生委、市农委

2. 推动科研设施与仪器纳入首都科技条件平台信息系统。有关行政主管部门组织并督促管理单位将所有符合条件的科研设施与仪器信息,纳入首都科技条件平台信息系统开放共享。其中,存量科研设施与仪器于2016年底前完成信息报送;新增科研设施与仪器由管理单位自完成安装验收之日起30个工作日内,将科研设施与仪器的名称、型号规格、主要功能、应用范围、服务内容等提交信息系统。鼓励管理单位根据开放意愿和市场需求,将本实施意见适用范围以外的科研设施与仪器纳入信息系统开放共享。

责任单位:市科委、市财政局、市教委、市发展改革委、市国资委、市质监局、市卫生计生委、市农委

(二)健全科研设施与仪器开放共享服务体系

1. 实行分类开放共享服务。有关行政主管部门督促管理单位在满足本单位科研教学需求的基础上,通过线上推介、线下服务等方式,积极推进科研设施与仪器开放。对大型科学装置、科学仪器中心,管理单位应将向社会开放纳入日常运行管理。对通用科学仪器设备,有关行政主管部门通过建设科学仪器中心、分析测试中心等方式,实行集中集约管理。

责任单位:市教委、市发展改革委、市国资委、市质监局、市卫生计生委、市农委

2. 鼓励建立专业服务机构。管理单位可通过建立运营公司或利用现有运营公司,承担科研设施与仪器的日常管理维护工作,加强社会化服务和运营。有关行政主管部门加强统筹协调,支持打破管理单位界限,按专业领域或仪器功能,推动形成专业化、网络化的科研设施与仪器服务机构群。对重大科研基础设施,鼓励企业和社会力量参与共建,组建专业的科学仪器设备服务机构开展运营。

责任单位:市科委、市教委、市发展改革委、市国资委、市质监局、市卫生计生委、市农委、市经济信息化委

3. 搭建开放共享服务网络。深入推进首都科技条件平台"小核心、大网络"工作体系建设,促进科技资源拥有方、专业服务机构方、科技资源需求方有效对接,逐步形成跨部门、跨领域、多层次的网络服务体系,推动科研设施与仪器的深度开放和高效利用。

责任单位:市科委、市教委、市发展改革委、市国资委、市质监局、市卫生计生委、市农委,各区政府

(三)完善科研设施与仪器开放共享激励机制

1. 建立开放共享服务标准。管理单位使用科研设施与仪器对外提供开放共享服务,可按成本补偿和

非盈利原则,收取材料消耗费和水、电等运行费,并对测试检测、合作研发、成果转化等涉及的人力资源与知识产权,参照市场标准收取相应的服务费。服务收入视为技术服务收入或科研合同项目收入,纳入管理单位预算,由其统一管理。服务收入可用于实验人员及辅助管理人员的绩效激励、人员培训、实验室建设和运行、仪器及测试方法研发等方面的费用支出。

责任单位:市教委、市发展改革委、市国资委、市质监局、市卫生计生委、市农委、市财政局

2. 强化对提供开放共享服务的激励。科研设施与仪器开放共享服务收入中扣除相关成本费用后的结余部分,以不低于70%的比例用于对科研人员提供开放共享服务的绩效奖励。该绩效奖励一次性计入本单位工资总额,但不受当年本单位工资总额限制,不纳入本单位工资总额基数。

责任单位:市人力社保局、市财政局、市教委、市发展改革委、市国资委、市质监局、市卫生计生委、市农委

(四)建立科研设施与仪器开放共享约束机制

1. 建立购置查重机制。使用财政经费购置科研设施与仪器时,管理单位应首先利用首都科技条件平台信息系统查询可协作共用的科研设施与仪器信息,优先使用已经开放共享的科研设施与仪器,科学评估购置的必要性,避免科研设施与仪器闲置浪费。

责任单位:市教委、市发展改革委、市国资委、市质监局、市卫生计生委、市农委、市经济信息化委、市科委、市财政局

2. 建立评价考核机制。有关行政主管部门定期对科研设施与仪器的运行情况、开放共享在线平台的建设情况,以及管理单位开放制度的合理性、开放程度、服务质量、服务收费和开放效果进行评价考核。评价考核结果作为有关行政主管部门和财政部门审批科研设施与仪器更新的重要依据。对不按规定公开开放与利用信息、开放效果差、使用效率低的管理单位,由科技、财政部门会同有关行政主管部门予以通报,并限期整改。

责任单位:市教委、市发展改革委、市国资委、市质监局、市卫生计生委、市农委、市科委、市财政局

(五)加大对科研设施与仪器开放共享的支持力度

1. 完善后补贴政策。依托首都科技条件平台,继续完善科研设施与仪器开放共享评价体系和后补贴机制。针对管理单位和专业服务机构,建立包括开放资源量、服务企业量、服务收入、合同额等指标在内的绩效考评评价体系,并依据绩效考评结果,采取后补贴或政府购买服务等方式支持科研设施与仪器开放共享。

责任单位:市科委、市财政局

2. 发挥首都科技创新券作用。深入实施首都科技创新券政策,对小微企业和创业团队开展的测试检测、合作研发、委托开发、研发设计、提供技术解决方案和购买新技术新产品(服务)等科研活动给予资助,促进优质科技资源开放共享。

责任单位:市财政局、市科委

3. 实施中关村开放实验室建设工程。围绕产业发展和企业需求,深入推进中关村开放实验室建设,促进其开展合作研发、成果转化、产业促进及实验室资源的市场化运营,打造开放式、产学研用相结合的创新服务平台,推动优质实验室资源开放共享。

责任单位:中关村管委会

4. 落实科研教学单位免税设备共享使用政策。对免税进口且在海关监管期内的科教用品和科技开发用品,经海关允许,用于其他单位的科技开发、科研教学活动的,免于补征进口关税和进口环节税。

责任单位:北京海关

5. 开展大型仪器设备租赁费、使用费出资入股试点。在满足正常教学科研需要的前提下,市属高等学校向企业提供大型仪器设备的租赁、使用服务,可与企业协议约定将企业应向高等学校支付的租赁费、使用费折算为股权,作为高等学校向企业的投资。

责任单位:市教委、市财政局

四、保障措施

（一）完善工作机制。建立由市科委牵头，市财政局、市教委、市发展改革委、市国资委、市质监局、市卫生计生委、市农委、市经济信息化委、市人力社保局等部门参加的科研设施与仪器开放共享协调推进机制，积极推动科研设施与仪器向社会开放。

（二）明确主体责任。各行政主管部门要切实履行对管理单位开放情况的管理和监督职责，落实鼓励政策，完善激励措施，实施评价考核，督促整改落实。各管理单位要切实履行开放职责，自觉接受相关部门的考核评估和社会监督；根据科研设施与仪器的类型和用户需求，建立相应的开放、运行、维护、使用管理制度；合理配置实验技术人员，建立专业化的技术服务团队，落实技术人员岗位、培训、薪酬、评价等政策。

（三）强化知识产权保护。加强网络防护和数据安全管理，切实保护用户身份信息以及在科技资源使用过程中形成的知识产权、科学数据和技术秘密。用户独立开展科学实验形成的知识产权由用户自主拥有，完成的著作、论文等发表时，应明确标注利用科研设施与仪器情况。

（四）加强督导落实。市科委、市财政局对各管理单位科研设施与仪器开放共享情况进行督导评价，每年4月底前公布开放共享评价结果。对开放效果不好、用户评价不高的管理单位，在首都科技条件平台信息系统中予以记录，并限期整改。

本实施意见自发布之日起实施。市科委等部门印发的《北京市关于促进科技条件共享的若干意见（试行）》（京科条发〔2007〕2号）同时废止。

北京市人民政府办公厅
二〇一六年七月二十三日

中共北京市委办公厅、北京市人民政府办公厅印发《北京市进一步完善财政科研项目和经费管理的若干政策措施》的通知

京政办发〔2016〕36号

各区委、区政府，市委、市政府各部委办局，各总公司，各人民团体，各高等院校：

经市委、市政府同意，现将《北京市进一步完善财政科研项目和经费管理的若干政策措施》印发给你们，请结合实际认真贯彻落实。

中共北京市委办公厅
北京市人民政府办公厅
二〇一六年九月一日

北京市进一步完善财政科研项目和经费管理的若干政策措施

北京作为全国科技创新中心，创新资源密集、创新人才聚集、创新成果富集，在全国实施创新驱动发展战略进程中发挥着示范引领和辐射带动作用。为深入贯彻落实全国科技创新大会和《中共中央办公厅、国务院办公厅印发〈关于进一步完善中央财政科研项目资金管理等政策的若干意见〉的通知》精神，改革创新科研项目和经费管理方式，加快形成充满活力的科技管理和运行机制，充分调动科研人员的积极性、创造性，特制定以下政策措施。

一、简化财政科研项目预算编制和评审程序

（一）简化预算编制。采用前补助方式支持的科研项目，承担单位在立项时按照科研经费与研究任务相匹配原则，根据科研活动实际需要编制财政科研项目预算。同时，改进预算编制方法，在编制预算时，只需编制一级费用科目，且不需提供过细的测算依据。市财政局、项目主管部门对符合条件的科研项目，可在部门预算批复前预拨科研经费。

（二）取消财政预算评审程序。将科研项目实施方案论证和预算评审“合二为一”，由项目主管部门组织科技、财务等方面的专家，重点对目标相关性、技术创新性、路线可行性、政策相符性以及经费合理性等进行论证。

二、赋予承担单位和科研人员开展科研更大的自主权

（三）下放预算调剂权限。在科研项目总预算不变的情况下，直接费用中的材料费，测试化验加工费，燃料动力费，出版、文献、信息传播、知识产权事务费及其他支出预算如需调整，可由项目负责人根据科研活动实际需要自主安排，由承担单位据实核准，验收（结题）时向项目主管部门备案。

（四）下放差旅费、会议费、咨询费管理权限。承担单位可根据科研活动实际需要，按照实事求是、精简高效、厉行节约的原则，研究制定科研类差旅费、会议费、咨询费管理办法，合理确定科研人员乘坐交通工具等级和住宿费标准，会议次数、天数、人数和会议费开支范围、标准，以及咨询费开支标准。科研类差旅费、会议费不纳入行政经费统计范围，不受零增长限制。项目主管部门要加强对科研类差旅费、会议费、咨询费管理工作的指导和统筹。

（五）下放科研仪器设备采购管理权限。承担单位可自行采购科研仪器设备，自行选择科研仪器设备评审专家。承担单位要切实做好设备采购的监督管理，做到全程公开、透明、可追溯。对承担单位采购进口科研仪器设备实行备案制管理。继续落实进口科研教学用品免税政策。

（六）改进科研经费结转结余资金管理方式。科研项目实施期间，年度剩余资金可结转下一年度由承担单位继续使用。对按要求完成任务目标并通过验收的科研项目，结余资金按规定留归承担单位使用，在2年内由承担单位统筹安排用于科研活动的直接支出；2年后未使用完的，按规定收回。

（七）改进财务报销管理方式。承担单位因科研活动实际需要，邀请国内外专家、学者和有关人员参加由其主办的会议，对确需负担的城市间交通费、国际旅费，可在其会议费等费用中报销。对难以取得住宿费发票的，承担单位在确保真实性的前提下，据实报销城市间交通费，并按规定标准发放伙食补助费和市内交通费。承担单位要制定符合科研实际需要的内部报销规定，切实解决野外考察、心理测试等科研活动中无法取得发票或财政性票据等的报销问题。

（八）改进科研人员因公出国（境）管理方式。市政府外办对科研人员出国（境）开展国际合作与交流实行导向明确的区别管理，对为完成科研项目任务目标、从科研经费中列支费用的国际合作与交流按业务

类别单独管理。承担单位要研究制定相应的加强和改进科研人员出国(境)管理办法,项目主管部门要加强指导和统筹。从科研经费中列支的国际合作与交流费用不纳入“三公”经费统计范围,不受零增长限制。

(九)加大绩效支出激励力度。竞争性科研项目均要设立间接费用,核定比例从不超过直接费用扣除设备购置费的15%、20%统一调整为不超过20%。取消间接费用中绩效支出比例限制。承担单位要依法依规使用间接费用,处理好合理分摊间接成本和对科研人员激励的关系,绩效支出只能用于项目组成员,不得截留、挪用、挤占。项目负责人要结合项目组成员的实际贡献,公开、公正安排绩效支出,真正体现科研人员价值。承担单位中的国有企事业单位从科研经费中列支的编制内有工资性收入科研人员的绩效支出,一次性计入当年本单位工资总额,但不受当年本单位工资总额限制、不纳入本单位工资总额基数。

(十)自主规范管理横向经费。承担单位以市场委托方式取得的横向经费,纳入承担单位财务统一管理,由承担单位按照委托方要求或合同约定管理使用。

(十一)扩大科研基本建设项目自主权。在符合首都城市功能定位和城市总体规划前提下,对承担单位利用自有土地和自有资金、不申请政府投资建设的项目,由承担单位自主决策,报主管部门备案,不再进行审批。简化承担单位科研基本建设项目规划、用地以及环评、能评等审批手续,缩短审批周期。市发展改革委和承担单位主管部门要加强对基本建设项目的指导和监督检查。

三、创新财政科研经费投入与支持方式

(十二)拓展财政科研经费投入渠道。发挥财政经费的杠杆效应和导向作用,引导民间资本开展科技创新创业。积极推进政府和社会资本合作(PPP)等模式在科技领域的应用。完善“前孵化”基金机制,优化科技创新类引导基金,推动更多具有重大价值的科技成果转化应用。创新自然科学基金机制,通过接受社会捐赠、与社会机构共同设立联合基金等方式,拓宽基础研究投入渠道,促进基础研究与需求导向的良性互动。

(十三)深化科研管理与运行机制改革试点。紧紧围绕国家重大战略需求和前沿科学领域,遴选全球顶尖的领衔科学家,给予持续稳定的科研经费支持,在确定的重点方向、重点领域、重点任务范围内,由领衔科学家自主确定研究课题,自主选聘科研团队,自主安排科研经费使用;3~5年后采取第三方评估和国际同行评议等方式,对领衔科学家及其团队的研究质量、原创价值、实际贡献,以及聘用领衔科学家及其团队的单位服务保障措施落实情况进行绩效评价,形成可复制、可推广的改革试点经验。大力支持北京生命科学研究所在更高水平上开展科技体制改革试点和原创性基础研究,为科研人员提供居留和出入境、落户、配偶安置、子女教育、住房等方面的服务保障;同时,在量子计算、生命与健康、脑科学、战略性先导材料等领域,探索培育一批新型科研机构,形成与国际接轨、符合国情的科研管理和运行机制。

(十四)加大对市属公益性科研机构和高等学校的科研支持力度。市财政局按照不低于15%的幅度,一次性增加科研定额经费规模,支持市属公益性科研机构和高等学校加强科研教学、人才培养、基础研究能力提升、科研条件改善等,并赋予其更大的科研定额经费使用自主权,自定方向、自主选题,夯实学科基础,提高公共科技供给能力。市财政局支持市属公益性科研机构、高等学校等单位依托优势学科、重点实验室等平台,引进国际、国内一流创新人才和学科带头人,所支持资金优先用于人员年薪和科研项目经费等。鼓励市属公益性科研机构、高等学校等单位争取中央财政科研项目,市财政局提供相关配套资金支持。

(十五)加强对国家实验室和国家重大科技基础设施等的配套服务。主动服务国家重大创新战略,强化央地共建共享,为国家实验室和国家重大科技基础设施在京建设发展提供配套资金、用地等方面的支持,集聚高端创新资源,形成一批具有世界影响力的原始创新成果,打造我国自主创新的重要源头和原始创新的主要策源地。对接中央财政科技计划(专项、基金等)和“科技创新2030——重大项目”,突破一批核心、关键和基础性技术,服务首都经济社会发展。

四、加快科技成果转化与推广应用

(十六)深化科技成果转化决策机制改革。承担单位中的国有企事业单位要根据国家和本市促进科技

成果转化相关政策，制定科技成果转化管理办法，建立健全科技成果转化重大事项领导班子集体决策制度，优化科技成果转化流程；对其持有的科技成果，要通过协议定价、在技术交易市场挂牌交易、拍卖等市场化方式确定价格，其中协议定价的，科技成果持有单位要在本单位公示科技成果名称和拟交易价格，公示时间不少于15日；单位领导在履行勤勉尽责义务、没有牟取非法利益的前提下，免除其在科技成果定价中因科技成果转化后续价值变化产生的决策责任。

（十七）深化科技成果转化收益分配方式改革。科技成果转化所获收益可按70%及以上的比例，对职务科技成果完成人和为科技成果转化做出重要贡献的人员给予奖励和报酬，剩余部分留归承担单位用于科技研发与成果转化等相关工作。承担单位中的国有企事业单位用于对完成、转化职务科技成果做出重要贡献人员的奖励和报酬支出，一次性计入当年本单位工资总额，但不受当年本单位工资总额限制、不纳入本单位工资总额基数。

（十八）加强对科研人员离岗创业的政策保障。科研人员经所在单位同意可离岗创业，3年内保留人事关系，变更原聘用合同。创业期内，由原单位代缴社会保险，所需费用由离岗创业人员和新单位共同承担，缴费基数按照原单位同类人员确定；享受原单位社会保险相关待遇；认定原单位连续工龄。创业期内，离岗创业人员申请回原单位工作的，双方变更聘用合同，由原单位妥善安排工作岗位。创业期满，离岗创业人员决定不回原单位工作的，原单位要及时终止人事关系，解除聘用合同，并协助办理社会保险转移接续等手续。

（十九）加大新技术新产品（服务）采购力度。充分发挥政府采购对新技术新产品（服务）应用的导向作用，不断扩大首购、订购、首台（套）重大技术装备试验和示范项目、推广应用以及远期采购合约的规模。完善"首购首用"风险补偿和激励机制。负有预算编制职责的部门，要预留本部门年度政府采购项目预算总额的30%以上专门面向中小企业采购，且预留给小型和微型企业的比例不低于面向中小企业采购总额的60%。在政府采购评审中，对于非专门面向中小企业的项目，对小型和微型企业产品的价格给予6%～10%的扣除，用扣除后的价格参与评审；鼓励大中型企业和其他组织、自然人与小型、微型企业组成联合体共同参加非专门面向中小企业的政府采购活动，小型、微型企业的协议合同金额占到联合体协议合同总金额30%以上的，可给予联合体2%～3%的价格扣除。

五、提高科研项目和经费的管理服务水平

（二十）建立市级科技决策统筹工作机制。市政府负责确定科技创新的发展目标、重点领域、关键任务、重大工程和重要政策，编制发布实施计划，审定科技决策咨询委员会组成、专业服务机构遴选等事项。科技决策咨询委员会负责提出咨询意见，为政府决策提供参考。项目主管部门采取公开择优、定向择优等方式，确定承担单位、项目负责人及其团队。专业服务机构接受项目主管部门委托，负责组织科研项目立项、过程管理和验收（结题）等工作。

（二十一）强化承担单位法人责任。承担单位是科研项目实施和科研经费管理使用的责任主体，要认真落实国家和本市有关政策规定，按照权责一致的要求，强化自我约束和自我规范，确保接得住、管得好；制定内部管理办法，落实项目预算调剂、间接费用统筹使用、劳务费分配管理、结余资金使用等管理权限；加强预算审核把关，规范财务支出行为，完善内部风险防控机制，强化资金使用绩效评价，保障资金使用规范安全有效；落实科技报告制度，及时向项目主管部门提交科技报告；加强科技成果转化与推广应用。承担单位根据实际需要建立科研财务助理制度。

（二十二）建设统一的科研项目管理信息系统。市科委会同有关部门负责建设全市统一的科研项目管理信息系统，对科研项目申报、立项和预算安排、监督检查、验收（结题）、科技报告等进行信息管理，为科研人员提供高效便捷的申报、查询服务。

（二十三）加强科研项目信息公开。除涉密及法律法规另有规定外，项目主管部门要按规定向社会公开科研项目的立项信息、验收结果和经费安排情况等，接受社会监督。承担单位要在单位内部公开项目立项、主要研究人员、经费使用、大型仪器设备购置以及项目研究成果等情况，接受内部监督。

（二十四）健全科研信用管理体系。加强科研信用信息的归集，项目主管部门在科研项目立项、实施、验收（结题）、绩效评价等各阶段，建立对承担单位、项目负责人、专业服务机构、咨询专家等主体的信用记录，作为今后项目立项及科研经费安排、专业服务机构和咨询专家遴选等的重要依据，并与间接费用核定、科研经费结余资金使用、督查频次等挂钩；同时，将科研信用纳入全市社会信用体系，实现信用信息共享共用。

（二十五）完善科研项目经费审计机制。项目主管部门根据科研项目任务书的约定，重点对科研经费使用的合法合规性进行审计。项目主管部门、市财政局要加快建立健全共同遴选、委托第三方机构开展经费审计工作的机制。要加强科研项目经费审计结果的共享和应用，避免重复检查、多头检查、过度检查。

（二十六）改进科研项目绩效评价。项目主管部门、市财政局要加快建立既符合预算绩效管理要求、又适应科技创新规律的项目绩效评价体系。项目主管部门负责开展项目绩效评价，侧重依据科研项目任务书考核项目目标和任务完成情况、经费管理使用情况，注重科技创新质量和实际贡献。基础前沿类项目突出同行评价，注重引入国际同行评价。应用研究和技术开发类项目突出市场评价，注重引入第三方和投资者评价。社会公益类项目突出社会评价，注重引入公众评价。绩效评价原则上要结合项目执行周期进行安排，适当延长基础前沿类项目的评价周期。

（二十七）细化完善相关措施。各有关部门、各区政府要参照本政策措施，结合实际，加快推进科研项目和经费管理改革，切实增强科研人员的获得感。市财政局、市级社科类科研项目主管部门要结合社会科学研究的规律和特点，参照本政策措施修订市级社科类科研项目经费管理办法。本政策措施发布之日起3个月内，项目主管部门要按照本政策措施要求，对职责范围内的相关规定、管理办法和实施细则进行修改完善，承担单位要研究制定或修订科研经费内部管理办法和报销规定。以后年度承担科研项目的单位要于当年制定相关管理办法和规定。

（二十八）强化督促检查和指导。市财政局、项目主管部门要适时组织开展对承担单位科研项目经费管理权限落实、内部管理办法制定、创新服务方式、内控机制建设、相关事项内部公开以及落实用于人员激励的绩效支出等情况的督促检查，对督查情况以适当方式进行通报，并将督查结果纳入信用管理。市审计局要依法开展对政策措施落实情况和财政资金的审计监督。项目主管部门要督促指导承担单位完善内部管理，确保国家和本市政策规定落到实处。

本政策措施所称承担单位，指承担市财政科研项目并使用财政科研经费的高等学校、科研机构、企业和包括医疗机构在内的其他事业单位、社会组织等；项目主管部门，指立项支持承担单位开展科技研发和成果转化活动的有关部门。

2016年12月31日前验收（结题）的科研项目原则上不适用本政策措施；2016年12月31日后验收（结题）的科研项目可适用本政策措施；2017年及以后年度立项的科研项目均适用本政策措施。

北京市人民政府办公厅关于印发《北京市深化市级财政科技计划(专项、基金等)管理改革实施方案》的通知

京政办发〔2016〕55号

各区人民政府,市政府各委办局,各市属机构:

《北京市深化市级财政科技计划(专项、基金等)管理改革实施方案》已经市政府同意,现印发给你们,请认真贯彻执行。

北京市人民政府办公厅

二〇一六年十一月二十五日

北京市深化市级财政科技计划(专项、基金等)管理改革实施方案

为深入贯彻落实《国务院印发关于深化中央财政科技计划(专项、基金等)管理改革方案的通知》(国发〔2014〕64号)精神,切实加强财政科技计划(专项、基金等)管理,不断提升财政科技资金使用效益,特制定本实施方案。

一、总体目标和基本原则

(一)总体目标。深入实施创新驱动发展战略,全面落实科技体制改革部署,坚持以制度改革为重点,以信息化手段运用为支撑,强化顶层设计,打破条块分割,统筹科技资源,积极构建总体布局合理、功能定位清晰、信息公开共享、绩效导向明确、具有首都特色的科技计划(专项、基金等)管理体系,加快形成职责规范、科学高效、公开透明、监管有力的组织管理机制,充分调动科研人员的积极性和创造性,努力将首都科技资源优势转化为创新发展优势,为全国科技创新中心建设和首都经济社会持续健康发展提供有力支撑。

(二)基本原则。转变政府职能。政府部门主要负责科技发展的战略规划、总体布局和政策创新,对市级各类科技计划(专项、基金等)实施评估和监管,不再直接管理具体项目。积极培育专业化、市场化、公益性服务机构,充分发挥专家和专业服务机构在具体项目中的作用。

服务创新需求。聚焦国家重大战略任务和首都经济社会发展需求,以调动和服务科研人员创新创业为核心,围绕产业链部署创新链,围绕创新链完善资金链,统筹衔接基础研究、技术开发、成果转化、应用推广和产业发展等环节,有效服务创新型经济发展。

坚持规范透明。明确科技计划(专项、基金等)管理和执行各方职责,建立健全决策、执行、评价相对分开、互相监督的运行机制,加强项目实施全过程信息公开和痕迹管理,不断提高管理的科学化、规范化和精

细化水平。

统筹分步推进。按照整体设计、试点先行、逐步推进的原则,有计划、分步骤组织实施。在条件成熟的领域率先开展示范,同时不断完善相关政策措施,确保深化科技计划(专项、基金等)管理改革积极稳妥推进。

二、加强对科技计划(专项、基金等)的统筹协调

(一)健全部门沟通协调机制。建立科技计划(专项、基金等)管理联席会议(以下简称联席会议)制度,主要负责审议全市科技发展战略规划和总体布局;研究科技领域政策创新,以及科技计划(专项、基金等)设置;审定科技决策咨询委员会组成和专业服务机构遴选结果,以及各科技计划(专项、基金等)实施方案、经费概算、管理级次和模式;各科技计划(专项、基金等)的动态调整与评价监督等事项。涉及首都经济社会发展的重大科技事项,按程序报市政府审定。

联席会议由市政府分管领导担任召集人,成员单位包括市科委、市财政局、市发展改革委、市卫生计生委、市知识产权局、市农业局、中关村管委会、北京市科学技术研究院、北京市农林科学院等。联席会议办公室设在市科委,承担联席会议日常工作。

(二)成立科技决策咨询委员会。由科技、产业、经济界的高层次专家组成,负责对全市科技发展战略规划、总体布局、政策创新和科技计划(专项、基金等)设置等提出咨询意见,为联席会议决策提供参考。

(三)培育专业服务机构。将现有具备条件的科研管理类事业单位等改造为规范化的项目管理专业服务机构。采取政府购买服务的方式,依托专业服务机构组织项目评审、立项、过程管理、结题验收和成果转化跟踪调查等。鼓励具备条件的社会化科技服务机构参与竞争,逐步推进专业服务机构的市场化和社会化。

(四)建立动态调整机制。市科委、市财政局根据绩效评估和监督检查结果以及相关部门建议,及时提出科技计划(专项、基金等)动态调整意见。完成预期目标或达到设定时限的,应自动终止;确有必要延续实施的,或新设立科技计划(专项、基金等)的,由市科委、市财政局会同有关部门组织论证并提出建议。

(五)建设科技管理信息系统。以北京市科技计划项目管理信息系统为基础,建设市级统一的科技计划(专项、基金等)管理信息系统,并与国家科技管理信息系统实现互联互通。通过统一的信息系统,对科技计划(专项、基金等)的需求征集、项目申报、立项和预算安排、监督检查、结题验收等全过程进行信息管理,并主动向社会公开非涉密信息,接受公众监督。

三、优化各类科技计划(专项、基金等)布局

根据政府科技管理职能和科技创新规律,将本市各项目主管部门管理的科技计划(专项、基金等)整合为五个类别,形成各有侧重、相互协同的分类管理格局。

(一)北京市自然科学基金。资助基础研究和科学前沿探索,支持青年人才、骨干科学家和优秀科研团队建设,夯实创新基础,增强源头创新能力。

(二)北京市科技重大专项。对接国家科技重大专项,支撑北京市技术创新行动计划,聚焦重大战略产品和重大项目产业化目标,开展关键核心技术研发,进行集成式协同攻关。

(三)北京市重点研发计划。针对事关可持续发展、重大民生需求的现代农业、能源资源、生态环境、人口健康等领域的重大社会公益性研究,以及事关产业核心竞争力、整体自主创新能力的战略性、前瞻性重大科学问题和重大共性关键技术、产品,形成重点研发计划,组织实施跨部门、跨行业研发布局和协同创新。

(四)北京市科技创新引导专项(基金)。重点支持以企业为主体、以技术创新为基础、以产业化为目标的项目。探索创新财政科技资金支持模式,通过风险补偿、后补助、创投引导等方式发挥财政资金的杠杆作用,运用市场机制引导和支持技术创新活动,促进科技成果转移转化。

(五)北京市基地建设和人才培养专项。重点支持科技创新创业基地服务能力建设、科技人才发展等,

促进科技资源开放共享,支持创新人才和优秀团队的科研工作,提高科技创新创业的保障能力。

按照上述五个类别,通过撤、并、转等方式,对实行公开竞争方式的科技计划(专项、基金等)进行优化整合。首批将市科委、市卫生计生委、市知识产权局、市农业局、中关村管委会、北京市科学技术研究院、北京市农林科学院的科技计划(专项、基金等)纳入优化整合范畴,并在此基础上逐步扩大到重点产业的科技创新领域,推进构建覆盖科技创新全过程的"大统筹"机制。对实行稳定支持的专项资金,原则上仍按原渠道管理使用,由联席会议审定管理级次和模式。

四、加强配套制度建设

(一)改进专家遴选制度。项目评估评审吸收同行和企业专家,有条件的鼓励吸收外省区市或海外高层次专家,充分发挥专家的咨询作用。继续完善专家数据库,对评估评审专家实行更新轮换、信用管理和回避制度。

(二)落实科技报告制度。对财政资金支持、涉及研发攻关的科技计划(专项、基金等)项目,由项目主管部门负责督促项目承担单位,按相关标准和规范及时提交科技报告,并将科技报告提交与共享情况作为后续支持的重要依据。探索建立科技报告系统,按照分类管理原则向社会开放。

(三)健全信用管理制度。建立科技计划(专项、基金等)信用记录制度,对相关责任主体在执行或参与项目管理全过程中的科研不端与失信行为,由项目主管部门进行客观记录,并对严重不良信用记录者,阶段性或永久取消其申请或参与市级科技计划(专项、基金等)资格。

(四)完善专业服务机构管理制度。加快制定专业服务机构遴选标准,明确专业服务机构应当具备的条件,加强对专业服务机构的监督、评价和动态调整,确保其按委托协议要求和相关规定进行规范化项目管理。

五、明确和落实各方责任

(一)强化联席会议的绩效评估和监督检查责任。联席会议要加强统筹,各成员单位要将绩效管理贯穿于总体计划、资金分配、组织实施、管理监督等各环节,并定期对科技计划(专项、基金等)实施绩效和科技决策咨询委员会、专业服务机构履职尽责情况等统一组织评估评价和监督检查,加强过程管理及后续跟踪,并根据绩效情况及时调整项目安排和资金投向。加强对财政科技资金管理使用的审计监督,对违法违规行为坚决予以查处,并向社会公开。

(二)强化项目主管部门的管理服务责任。项目主管部门按照联席会议决策部署,围绕科技计划(专项、基金等)功能定位,制定三年滚动规划,科学组织安排项目。结合不同类别科技计划(专项、基金等)特点,研究制定导向明确、注重绩效、激励与约束并重的管理制度。督促指导项目承担单位和科研人员依法合规开展科研活动,做好经常性政策宣传培训和服务保障工作。

(三)强化项目承担单位的法人责任。项目承担单位切实履行在科技计划(专项、基金等)的项目申请、组织实施、验收和资金使用等方面的管理职责。健全内部控制和监管体系,建立常态化的经费支出自查自纠机制,加强支撑服务条件建设,不断提高对科研人员的服务水平。

本实施方案自2017年1月1日起实施。

北京市科技教育领导小组、北京市人才工作领导小组关于印发《关于引进全球顶尖科学家及其创新团队的实施意见》的通知

京科教发〔2016〕1号

北京市科技教育领导小组成员单位、北京市人才工作领导小组各成员单位，各区科技教育领导小组、区人才工作领导小组，各有关单位：

为加快形成具有国际竞争力的人才制度优势，聚天下英才而用之，推动北京全国科技创新中心建设，经市科技教育领导小组和市人才工作领导小组同意，现将《关于引进全球顶尖科学家及其创新团队的实施意见》印发给你们，请结合实际认真贯彻落实。

北京市科技教育领导小组
北京市人才工作领导小组
二〇一六年九月八日

关于引进全球顶尖科学家及其创新团队的实施意见

为深入贯彻习近平总书记关于人才工作系列重要讲话精神和视察北京时的重要讲话精神，贯彻落实中央和北京市深化人才发展体制机制改革要求，加快构筑具有国际竞争力的人才制度优势，加快推动北京建设全国科技创新中心，更好服务国家创新驱动发展战略实施，面向全球延揽顶尖科学家及其创新团队，现提出如下实施意见。

一、重要意义

人才事业具有全局性和战略性，北京市建设国际一流和谐宜居之都，建设全国科技创新中心，关键在人才。习近平总书记在全国科技创新大会上指出“要建设世界科技强国，关键是要建设一支规模宏大、结构合理、素质优良的创新人才队伍”。顶尖人才是资源中的引领者和中坚力量，对首都加快构建“高精尖”经济结构和现代产业体系，辐射带动京津冀协同发展，代表国家参与全球科技合作和产业竞争，在世界创新发展前沿赢得主动权、抢占制高点具有重要作用。从目前首都科技人才引进情况看，还存在着引进数量相对不足、引进机制尚需完善、政策精准发力不够、服务保障有待加强等问题。大力引进、集聚和用好顶尖科学家及其创新团队，是新形势下首都经济社会发展的迫切需要。要深刻认识首都引进顶尖科学家及其创新团队的重要意义，着力破除束缚人才发展的思想观念和体制机制障碍，广开视野遴选人才，大力支持人才成就事业，充分发挥顶尖人才作用、体现人才团队价值，真正实现“聚天下英才而用之”。

(一)指导思想和基本原则

紧紧围绕首都经济社会发展战略目标,以重大任务人才需求为导向,深化用人主体自主权,创新人才引进机制,集成政策资源优势,建立具有国际竞争力的人才发展生态环境,加快引进一批能承接重大任务、取得尖端成果、做出卓越贡献、形成塔尖效应的顶尖科学家及其创新团队,辐射和带动一批优秀高层次人才来京创新创业,把北京打造成全球科技人才聚集高地,推动首都引领我国科技创新进入世界前列,为服务国家创新驱动发展战略提供强有力的人才保障。

(二)基本原则

坚持高端引领。大力吸引各领域的顶尖科学家及其创新团队,发挥人才团队智力优势,助推北京市构建"高精尖"经济结构。

坚持任务导向。对接国家发展战略,以首都重大任务人才需求为切入点,突出科技前沿、重点领域和战略需求,在重大任务实施中集聚、培养和使用人才。

坚持竞争择优。依靠国际同行专家和用人主体力量,健全顶尖科学家遴选评价机制,在世界范围内优中选优,汇聚天下英才。

坚持改革创新。以顶尖科学家及其创新团队引进为契机,推动人才发展体制改革和政策创新,建立有利于顶尖科学家创新创业的生态环境。

二、人才引进机制

引进全球顶尖科学家及其创新团队,以重大任务需求为导向,侧重遴选外籍顶尖科学家,强化科技研发创新团队的培养与支持。

(一)任务凝练机制

围绕首都自主创新和战略性新兴产业发展需求,定期遴选和编制重大任务。

任务分为基础前沿类、市场导向类、社会公益类三类。基础前沿类须突出科学前沿,侧重基础性、战略性、前沿性研究,着力解决基础性关键技术难题;市场导向类须突出经济效益,有利于突破产业关键技术创新瓶颈,研制拥有知识产权的自主创新产品,促进科技成果转化;社会公益类须突出社会效益,推动新技术新产品的示范应用和推广,满足首都社会发展和重大民生需求。

面向政府相关部门、高等学校、科研机构、企业及新型研发机构等创新主体广泛征集重大任务,经专家评估和论证后,确定重大任务并向社会发布。

(二)聘用单位遴选机制

依据确定的重大任务遴选可承接任务、有引进顶尖科学家及其创新团队需求的单位(简称"聘用单位"),聘用单位可以是在京高等院校、科研机构、企业等,也可以是为承接重大任务新建的法人单位。

聘用单位须具备雄厚的基础实力和较强的技术支撑能力,能为承接科研任务提供相匹配的资源条件;能在创新团队建设方面给予政策支持,并建立相配套的人才工作机制及科研管理机制。

面向社会公开征集聘用单位,具备条件的单位也可以直接申请,按规定程序审定聘用单位。

(三)顶尖科学家遴选机制

顶尖科学家应在未来5~10年能够为首都经济发展中的竞争领域做出重大贡献。其中,基础前沿科学研究类顶尖科学家,应具有深厚的学术造诣,在自然科学或工程技术领域取得原创性研究成果,且达到国际先进水平或得到国际同行认可;应用技术研究开发类顶尖科学家,应从事应用技术开发以及高新技术成果转化,在技术研究与开发中有重大发明创造、重大技术革新,能够解决经济建设和社会发展中的重大技术难题,在新技术、新工艺、新方法推广中业绩突出,取得显著经济效益。

通过重点邀约、全球招募、专家推荐等方式引进顶尖科学家。重点邀约是指聘用单位提出意向人选后,根据需要由用人单位或其他相关单位发出邀约;全球招募是指根据人才需求,由专业猎头公司进行全球招募;专家推荐是指由诺贝尔奖获得者,中国科学院、中国工程院院士,在京高校校长,在京知名企业家、风险投资机构负责人等举荐人才。以上三种方式产生的人选,经同行专家评审后,纳入顶尖科学家引进计划培养和支持。

外籍顶尖科学家可采取全职来华、兼职来华、智力支持等三种方式工作。全职、兼职工作的外籍顶尖科学家应由在京高等院校、科研机构、企业等单位正式聘用;兼职工作的,每年在京时间不少于六个月;属智力支持的,应与在京高等院校、科研机构、企业在境外设立的分支机构、科技研发基地、创业孵化基地等建立长期稳定的创新合作关系,正式签署合作协议。

(四)创新创业团队选建机制

创新团队成员须具有相对机制的研究方向和共同研究的科学问题,具有互补性、匹配性和完整性。创新团队成员应全职在华工作,非聘用单位人员应由聘用单位正式聘用。创新团队成员中的外国人才、外籍华裔人才以及海外留学归国人才可参照"北京海外人才聚集工程"引进,落实配套支持措施;国内人才可参照"北京市高层次创新创业人才支持计划""北京学者计划""科技北京百名领军人才培养工程"落实配套支持措施。对已入选国家和北京市重大人才工程、计划(项目)的团队成员,不再重复支持。创新团队成员可由顶尖科学家提名推荐、聘用单位批准后产生,也可由聘用单位提名推荐、顶尖科学家同意后产生。鼓励将本土人才纳入创新团队。创新团队成员规模依据顶尖科学家要求或任务实施需求设定。

(五)实施情况评估机制

坚持评用结合,对引进顶尖科学家及其创新团队情况,从人才培养、任务实施和单位支撑三方面进行评估。

人才培养评估。

任务实施评估。以任务委托单位为主,基础前沿类任务侧重评估技术指标完成情况,以专家论证结果或专业报告体现;市场导向类任务侧重评估经济指标,以产值、税收、利润等体现;公益类任务侧重评估社会效益,以成果在民生领域中的应用效果体现。

单位支撑评估。以主管部门为主,侧重评估聘用单位的人才支持保障措施落实情况,包括对研发资金、团队建设、科研条件、基础设施、工作空间等进行考核。

采用第三方人才评估、国际小同行评议、专家评议等方式开展评估。

三、人才发展政策

推动人才发展政策创新,为顶尖科学家及其团队创新创业提供支撑。

(一)加大人才发展经费支持力度

给予顶尖科学家及其创新团队任务专项和人才专项两部分经费支持。任务专项以科技计划项目经费形式资助,用于支持顶尖科学家及其创新团队开展任务研究,可按需支出。人才专项用于奖励顶尖科学家及其创新团队成员,其中:顶尖科学家不少于50%,团队成员不少于30%~40%,其他经费奖励给聘用单位。同时,对圆满完成科研阶段性任务的顶尖科学家及其创新团队成员,根据任务发展需求,以分年限、分额度持续滚动支持方式,鼓励其在京长期发展。

(二)促进科技成果转化

赋予顶尖科学家更大的人财物支配权和技术路线决策权,允许或支持组建科技成果转化实体,优先提供政府股权投资支持。允许聘用单位将70%及以上比例的成果转化所获收益奖励顶尖科学家以及对成果转化做出重要贡献的团队成员所有。科技成果转化收益用于人员激励的部分可在单位工资总额基数外据实列支。鼓励国有企业探索实施股权和分红激励,确定科技成果转化收益、分配方式等事项,结合研发实际,给予顶尖科学家及其创新团队成员相应奖励。允许顶尖科学家及其创新团队成员在创新成果转化、产业化中享受中关村股权激励和分红激励政策。

(三)支持创新团队发展

探索外籍顶尖科学家担任新型科研机构事业单位法人代表制度。建立顶尖科学家及其创新团队"创新项目聘期制",可由聘用单位及以外的高等学校、科研机构、企业等推选产生,接受聘用单位的管理监督。优先推荐顶尖科学家及其创新团队成员申报国家或北京市各类人才计划和各类科技项目。简化专业技术职务资格认定，顶尖科学家创新团队核心成员可不受原有单位职称和聘用单位职称编制的限制，直接申报高级职称。从聘用单位以外聘用的国内创新团队成员，可在市相关部门的协调支持下，由聘用单位尤其所在单位协商，3 年内保留其工作岗位。

（四）保障人才薪酬待遇

高等学校、科研机构、国有企业等聘用经市级人才主管部门认定的外籍顶尖科学家及其创新团队，可根据国际薪酬标准及顶尖科学家所在国情况，采用年薪制、协议工资制等方式支付，人才薪酬不受聘用单位工资总额限制。

（五）构建融资支撑体系

围绕顶尖科学家及其创新团队创新创业项目，探索以财政专项投入形式引导市场基金、银行等社会资本投入，完善科技信贷、多层次资本市场、科技保险、融资租赁等科技金融服务体系，促进社会资本与顶尖科学家及其创新团队创新创业项目深度对接。

（六）建设人才吸引平台

绘制全球高端人才地图，发布海外引才目录，发挥驻外使领馆、华人华侨社团等机构的推介作用，利用国际合作项目、大企业间互访等渠道，面向海内外吸引顶尖科学家。发挥市场作用，推动人才吸引机制建设，委托国际猎头公司，发挥其全球化工作网络、专业化人才服务能力优势，根据任务要求在全球范围内挖掘顶尖科学家。

（七）搭建事业发展平台

加强顶尖科学家及其创新团队发展的软环境建设，充分依托国家级和市级重点实验室、工程技术研究中心、企业技术中心、研发试验服务基地、技术中介机构、产业技术创新联盟等平台，整合创新要素，推进产学研紧密结合。依托中关村国家自主创新示范区、未来科技城等事业平台，加强科技成果转化及其产业化，为顶尖科学家及其创新团队创新创业提供服务和支撑。

（八）提供科研条件配套

聘用单位须提供相应的配套条件，结合顶尖科学家及其创新团队成长发展需求，从科研设施提供、辅助人员配备、任务过程管理等环节，为其提供个性化、特色化的优质服务。鼓励有条件的单位实行期股期权和企业年金等中长期激励措施。

四、服务保障措施

统筹加强对顶尖科学家及其创新团队的服务和保障，解决人才发展的后顾之忧。

（一）居留和出入境

对已认定的外籍顶尖科学家及其创新团队成员，纳入北京市外籍高层次人才范围，适用公安部支持北京创新发展的相关出入境政策措施，给予居留和出入境便利。

（二）落户

顶尖科学家（及其配偶、未成年子女）及其创新团队核心成员，具有中国国籍的可不受原户籍所在地的限制，直接落户北京；对愿意放弃中国国籍的可不受原来户籍所在地的限制，直接落户北京；对愿意放弃外国国籍、申请加入或恢复中国国籍的，可依法申请办理入籍或复籍。

（三）医疗保障

顶尖科学家及其创新团队成员按照北京市相关规定参加基本医疗保险，由市、区有关部门为其提供绿色通道指定医疗机构就医，鼓励聘用单位为有需要的外籍顶尖科学家购买商业补充保险。

（四）社会保险

按照北京市相关规定，顶尖科学家及其创新团队成员享受社会保险待遇。根据外籍顶尖科学家及其创新团队成员的需要，协调办理中国境内社会保险接续。

（五）配偶就业

为愿意长期在华工作的外籍顶尖科学家及其创新团队成员，根据其配偶原就业情况及个人条件，多渠道推荐就业岗位。暂时无法安排的，聘用单位可参照本单位人员平均工资水平，以适当方式为其发放生活补贴。

（六）子女教育

顶尖科学家及其创新团队成员子女申请就读北京市义务教育阶段学校的按面试就近入学原则安排就读。外籍人才子女选择国际学校或当地公办学校国际班就读的，由市、区教育行政部门协调解决入学问题。

（七）住房

根据顶尖科学家及其创新团队成员需要，用人单位及其相关部门为其协调居住环境好、交通便利的人才公寓或提供租房、购房补贴。人才公寓按照工作和生活就近原则协调安排，相关费用由用人单位解决。租房、购房补贴可依据北京市住房价格水平和人才标准确定。

（八）税收

聘用单位或顶尖科学家促进科技成果转化组建的科技型企业，可按国家规定，享受税收优惠。对顶尖科学家聘用单位所在企业的国家和北京市重点实验室、工程技术中心等科研平台，提供进口科技研发设备或教学科研用品的税收支持政策。

（九）用车保障

聘用单位依托相关企业或租赁公司，为顶尖科学家及其创新团队提供用车便利。

（十）政策咨询专窗服务

设立科技人才政策咨询服务窗口，通过现场办公、电话咨询等方式，在科技政策解读、科技项目申报、生活扶助等方面为顶尖科学家及其创新团队提供一站式服务。

五、组织领导

在市科技教育领导小组和市人才工作领导小组领导下，由市科委牵头实施全球顶尖科学家及其创新团队引进工作，定期发布任务需求、组织人才的遴选和考察、开展人才考核评价、协调解决相关问题；市科技教育领导小组办公室和市人才工作领导小组办公室负责统筹协调市教委、市科委、市财政局、市公安局、市人力资源和社会保障局、市卫生计生委、市国资委、中关村管委会、北京海外学人中心等单位协同推进人才引进工作和落实相关政策。

北京市科学技术委员会关于印发修订《北京市国际科技合作基地管理办法》的通知

京科发〔2016〕442 号

各有关单位：

为加快全国科技创新中心建设，以全球视野谋划和推动科技创新，提升本市国际科技合作条件和能力建设，更有效地发挥国际科技合作在科技创新中的促进和推动作用，规范北京市国际科技合作基地的建设工作，我们对《北京市国际科技合作基地管理办法（试行）》（京科发〔2011〕509 号）进行了修订。经市科委 2016 年第 12 次主任办公会审议通过，现将修订后的《北京市国际科技合作基地管理办法》印发给你们，请遵照执行。

北京市科学技术委员会

二〇一六年七月二十六日

北京市国际科技合作基地管理办法

第一章　总　则

第一条　为坚持强化首都发展新定位，加快全国科技创新中心建设，以全球视野谋划和推动科技创新，提升北京国际科技合作水平，规范北京市国际科技合作基地的建设工作，参照《国家国际科技合作基地管理办法》，结合北京市实际，制定本办法。

第二条　本办法所称“北京市国际科技合作基地”（以下简称“合作基地”）是指由北京市科学技术委员会认定，符合国家和北京市科技发展规划确定的重点领域和重要方向，具有较好的国际合作基础和较强的国际合作能力，在承担国际科技合作任务、探索“项目—人才—基地”相结合的国际科技合作模式、促进北京国际科技合作水平提升等方面发挥重要作用，并具有进一步发展潜力和引导示范作用的企业、科研院所、高等院校、科技中介、科技园区等机构载体。

第三条　合作基地的建立旨在加强北京市国际科技合作条件和能力建设，更有效地发挥国际科技合作在科技创新中的促进和推动作用，充分对接全球科技资源，参与国际前沿科技竞争与合作，承接海外高水平科技成果在京落地，为落实“一带一路”发展战略、推动京津冀协同发展、打造“高精尖”经济结构、建设全国科技创新中心提供重要支撑。

第四条　合作基地类型包括国际创新园、国际技术转移服务机构、国际联合研究中心、国际科技合作示范基地 4 种不同类型。

第五条　市科委作为合作基地建设的主管部门，按照“分类认定，统一管理”的原则，对合作基地进行认定和管理。

第二章　条件和程序

第六条　合作基地应具备以下基本条件。

（一）发展方向符合全国科技创新中心建设的发展目标、符合北京知识创新和技术创新的重点方向和重点任务。

（二）具有相对稳定的国际科技合作渠道、人才团队和资金来源，具有独立开展国际科技合作的条件和能力。

（三）具有明确的国际科技合作目标。

（四）在开展国际科技合作方面有创新，并取得显著成效，对开展国际科技合作具有引领和示范作用。

第七条　国际创新园类合作基地还应具备以下条件。

（一）设有国际科技合作的管理机构，与 3 个（含）以上国外政府机构、产业集群、知名企业、研发机构等建立了长期稳定的合作关系。

（二）具有吸引海外研发机构和企业落户、有效推进园区内企业与国外机构开展合作、鼓励园区内企业“走出去”等方面的保障体系，在促进相关领域产业集聚、培育新的经济增长点和推动产业结构升级等方面取得显著成绩。

第八条　国际技术转移服务机构类合作基地还应满足以下条件。

（一）以推动国际产学研合作和促进北京相关高新技术产业国际化为目标，主要从事国际技术转移和国际科技合作中介服务的独立法人机构，在北京地区依法注册 1 年以上。

（二）有能力提供技术、人才等创新资源的寻访、引入、推荐、测评、走出去等中介服务，具有明确的目标服务群体以及特色鲜明的发展模式，在服务各类机构开展技术引进和输出、国际高层次人才及创新团队引进、研发机构落地北京等方面具有显著业绩。

第九条 国际联合研究中心类合作基地还应满足以下条件。

在前沿技术、竞争前技术和基础研究领域具有较强的研发实力，是国家或北京市研发任务的重要承担机构；或具有与国外机构开展高水平合作研发的经验，与世界知名科研院所、高等院校和高新技术企业建立了长期合作伙伴关系。

第十条 国际科技合作示范基地类合作基地还应满足以下条件。

（一）独立法人机构，在北京地区依法注册 1 年以上。

（二）在开展国际产学研合作、引进消化吸收再创新、引进国际高层次人才及创新团队、在境外设立研发机构等方面取得显著成效。

第十一条 合作基地认定按照以下程序进行。

（一）符合条件的相关机构依据市科委的合作基地认定通知向市科委提出申请。

（二）市科委组织有关专家对申报单位及材料进行评审，形成专家评审意见。

（三）市科委根据专家评审意见，审核并认定合作基地。

（四）合作基地经认定后命名为“北京市国际科技合作基地”。

第三章 管理制度

第十二条 市科委的主要职责包括：

（一）负责确定全市合作基地建设的总体布局、工作方向和重点，统筹指导合作基地的建设和发展。

（二）引导合作基地结合国家和北京市重点科技研发任务开展国际科技合作，通过对合作基地所承担项目的持续支持，增强合作基地开展高水平国际科技合作的能力。

（三）组织合作基地的申报、评审、评估，实行持续跟踪评价的动态管理机制。

第十三条 合作基地的主要任务包括：

（一）明确国际科技合作的目标，积极拓展合作渠道和内容，开展务实高效的合作并取得实效。

（二）通过开展国际科技合作工作，不断增强引领和示范能力。

（三）在开展国际合作过程中，及时向市科委报告取得的重大进展或出现的重大问题。

（四）按时完成年度工作总结等相关材料，并报市科委。

第十四条 合作基地有效期为 3 年，3 年期满后实行绩效评估。具体评估工作由市科委委托第三方机构组织专家实施。评估结果分为优秀、合格、不合格。

第十五条 绩效评估结果为优秀和合格的合作基地，保留合作基地资格；评估结果为不合格的合作基地，整改 1 年，参加下一年度的合作基地评估，进行复评；复评结果仍为不合格的合作基地，撤销其合作基地资格，3 年内不得再次申报合作基地。

第十六条 出现下列情形之一的，撤销其“北京市国际科技合作基地”资格。

（一）不接受市科委的跟踪管理或不参加绩效评估。

（二）合作基地被依法终止。

（三）合作基地发生重大违法行为。

（四）合作基地在国际合作或科技研发方面出现重大问题等市科委认为应该撤销的情形。

（五）合作基地或上级主管部门自行要求撤销其合作基地资格。

第四章　支持方式

第十七条　市科委通过市财政科技经费等形式支持合作基地开展国际科技合作需求调研、国际技术转移、高层次人才及创新团队引进、高端研发机构引进、国际合作研发以及国际技术培训等工作，提升合作基地创新能力。

第十八条　市科委择优推荐合作基地申报国家国际科技合作基地；优先推荐合作基地承担国家国际科技合作专项项目；合作基地引进的高层次人才及创新团队，由市科委推荐进入北京市相关人才引进计划，符合条件的享受北京市有关人才引进政策。

第十九条　市科委支持以联盟的形式加强合作基地间的合作交流，特别是同领域同行业的细分联盟，支持基地联盟成为合作基地相互学习、资源共享的平台，促进合作基地之间优势互补、合作共赢。

第二十条　在市科委网站上发布合作基地相关工作动态，介绍合作基地相关政策，宣传典型案例和成功经验。

第五章　附　则

第二十一条　本办法自公布之日起 30 日后实施，《北京市国际科技合作基地管理办法（试行）》（京科发〔2011〕509 号）同时废止。

北京市财政局、北京市科学技术委员会关于印发《北京市科技计划项目（课题）经费管理办法》的通知

京财科文〔2016〕2861 号

各委办局（总公司、集团公司），各区财政局、科委，中关村管委会，有关单位：

为规范并加强北京市科技计划项目（课题）经费的管理，提高资金使用效益，根据《国务院关于改进加强中央财政科研项目和资金管理的若干意见》（国发〔2014〕11 号）、《关于进一步完善中央财政科研项目资金管理等政策的若干意见》（中办发〔2016〕50 号）、《北京市进一步完善财政科研项目和经费管理的若干政策措施》（京办发〔2016〕36 号）等文件精神，依据北京市市级支出预算要求及有关财务管理制度，结合本市财政科技经费管理的实际情况，特制定《北京市科技计划项目（课题）经费管理办法》，现印发给你们，请遵照执行。

北京市财政局
北京市科学技术委员会
二〇一六年十二月二十一日

北京市科技计划项目(课题)经费管理办法

第一章 总 则

第一条 为规范并加强北京市科技计划项目(课题)(以下简称“项目(课题)”)经费的管理,提高财政资金使用效益,根据《国务院关于改进加强中央财政科研项目和资金管理的若干意见》(国发〔2014〕11号)、《关于进一步完善中央财政科研项目资金管理等政策的若干意见》(中办发〔2016〕50号)、《北京市进一步完善财政科研项目和经费管理的若干政策措施》(京办发〔2016〕36号)等文件精神,依据北京市市级支出预算要求及有关财务管理制度,结合本市财政科技经费管理的实际情况,制定本办法。

第二条 项目(课题)指为落实国家方针政策,依据北京市经济社会的发展目标,由北京市科学技术委员会(以下简称“市科委”)研究确定并组织安排在北京地区注册的法人单位承担的科学技术研究开发、成果转化应用等任务。

市财政科技经费来源于市财政资金,用于支持科技计划项目(课题)的执行和科技事业的发展。事业单位履行本职工作的经费不在该范围之内。

第三条 科技经费管理和使用原则。

(一)集中财力,突出重点。根据市委、市政府的战略部署、重点工作和科技发展需求,确定项目(课题)经费重点支持方向。

(二)遵循规律,分类支持。遵循科学研究、技术创新和成果转化规律,实行分类管理,创新财政科技经费支持方式。

(三)科学安排,合理配置。发挥市场对技术研发方向、路线选择、要素价格、各类创新要素配置的导向作用,建立项目(课题)经费分配、绩效评价机制, 坚持简政放权、放管结合、优化服务。

(四)专款专用,单独核算。项目(课题)经费应当纳入单位财务统一管理,实行单独核算,确保专款专用,不得截留、挤占和挪用。

(五)公正公开,追踪问效。强化资金管理信息公开,加强科研诚信建设和信用管理,建立既符合预算绩效管理要求、又适应科技创新规律的绩效考评机制,推行面向目标和结果的问效机制。

第二章 职责与权限

第四条 北京市财政局(以下简称“市财政局”)的主要职责。

根据财政预算编制要求,与市科委共同制定项目(课题)经费预算总体投向。负责审核并批复年度项目(课题)经费预算和决算。对预算执行情况进行监督检查。对项目(课题)经费进行财政绩效管理。

第五条 市科委的主要职责。

与市财政局共同制定项目(课题)经费的支持方向,会同市财政局制定相应经费管理办法。负责组织主持单位、承担单位、专业服务机构[受市科委委托承担项目(课题)管理工作的机构]编报项目(课题)经费的预算及决算,组织项目(课题)预算评审。根据市财政局预算批复,按项目(课题)进度拨付经费。负责对项目(课题)预算执行情况的监督检查,组织经费自查、经费审计和绩效管理等工作。协助有关部门对项目(课题)经费进行监督检查。

第六条 主持单位、专业服务机构的主要职责。

负责建立符合项目(课题)特点的经费内部监管机制,保证经费使用的规范性、合理性、有效性。负责组织承担单位落实市财政科技经费以外其他渠道资金及相关配套条件。负责组织承担单位编报项目(课题)经费预算和决算,按规定程序审核汇总经费预算和决算,向市科委报送。负责监督、检查项目(课题)经费预算执行情况,对实施中的重大预算调整报市科委审批。负责组织承担单位对项目(课题)经费使用情况的自查工作,配合市科委开展对项目(课题)的绩效管理与监督检查等工作。负责有关财务文件的归档保存。

第七条 承担单位的主要职责。

承担单位要认真落实国家和北京市有关政策规定,按照"权责一致,自我约束,自我规范,接住管好"的原则,切实履行在项目(课题)申请、组织实施、验收和经费使用等方面的管理职责。

(一)负责制定或完善与项目(课题)经费管理有关的预算、支出等财务规章制度,根据实际需要建立科研财务助理制度。

(二)负责编制项目(课题)经费预算和决算,按照项目(课题)有关匹配资金的约定,落实单位自筹资金及其他配套条件。

(三)负责落实项目预算调剂、间接费用统筹使用、结余资金使用、科研仪器设备采购等管理工作。

(四)负责在单位内部主动公开项目立项、主要研究人员、经费使用、大型仪器设备购置以及研究成果等。

(五)配合进行项目(课题)经费审计等工作,接受市科委、主持单位、专业服务机构及有关部门的监督检查和绩效管理等工作。

(六)负责有关财务文件的归档保存。

第三章 经费的支持方式

第八条 项目(课题)经费采取多种支持方式,包括事前直接补助、后补助、股权投资(含资本金注入)、风险补偿金、基金、贷款贴息等。市科委会同市财政局,根据项目(课题)的特点及绩效目标,确定具体支持方式、支出范围及参照标准。

第九条 事前直接补助是对科研项目(课题)等活动所需成本,在开展前直接给予部分或全部补助的财政资助方式。

后补助是指从事研究开发和科技服务活动的单位先行投入资金,取得成果或者服务绩效,通过验收、审计或绩效考核后,给予经费补助的财政资助方式。

股权投资(含资本金注入)是指财政经费对开展重大科技成果转化和产业化的项目(课题)相关的科技企业以股权形式进行权益性投资的财政支持方式。

风险补偿金是指用于对金融机构给予科技创新和成果转化过程中银行、担保、创业投资、保险等支持活动产生的风险,给予一定比例补偿的财政支持方式。

贷款贴息是指对科技创新和科技成果转化过程中对一定时期内按照一定比例给予的银行贷款利息补贴。

本办法主要适用于采用事前直接补助方式支持项目(课题)的经费管理。

第四章 经费支出范围

第十条 事前直接补助经费的支出范围一般包括直接费用和间接费用两部分。

第十一条 直接费用是指在项目(课题)实施过程中发生的与之直接相关的费用。

(一)设备费:是指在项目(课题)实施过程中购置或试制专用仪器设备,对现有仪器设备进行升级改造,以及租赁使用外单位仪器设备而发生的相关费用。

（二）材料费：是指在项目（课题）实施过程中消耗的各种原材料、辅助材料等低值易耗品的采购及运输、装卸、整理等费用。

（三）测试化验加工费：是指在项目（课题）实施过程中由于承担单位自身的技术、工艺和设备等条件的限制，委托或与外单位合作（包括承担单位内部独立经济核算单位）进行的检验、测试、化验、加工、计算、试验、设计、制作等所支付的费用。

（四）燃料动力费：是指在项目（课题）实施过程中相关大型仪器设备、专用科学装置等运行发生的可以单独计量的水、电、气、燃料消耗等费用。

（五）差旅费：是指在项目（课题）实施过程中开展科学实验（试验）、科学考察、业务调研、学术交流等所发生的城市间交通费、住宿费、伙食补助费和市内交通费等。

（六）会议费：是指在项目（课题）实施过程中为组织开展学术研讨、咨询论证，以及组织协调项目或课题等活动而发生的会议费用。

（七）国际合作交流费：是指在项目（课题）实施过程中，研究人员出国及外国专家来华开展科学技术交流与合作的费用。

（八）档案/出版/文献/信息传播/知识产权事务费：是指在项目（课题）实施过程中，需要支付的出版费、资料及印刷费、专用软件购买费、文献检索费、专业通信费、专利申请及其他知识产权事务等费用。

（九）劳务费：是指在项目（课题）实施过程中支付给项目（课题）组成员，参与项目研究的研究生、博士后、访问学者，以及项目（课题）组聘用的研究人员、科研辅助人员的劳务性费用。项目（课题）组临时聘用人员的社会保险补助纳入劳务费科目中列支。财政供养人员不得列支劳务费。

（十）咨询费：是指在项目（课题）实施过程中支付给临时聘请的咨询专家的费用。咨询费不得支付给参与项目（课题）研究及管理相关的工作人员。

（十一）其他费用：是指项目（课题）实施过程中除上述支出费用之外的其他支出，应当在申请预算时单独列示。

第十二条 间接费用是指项目（课题）承担单位在组织实施项目（课题）过程中发生的无法在直接费用中列支的相关费用。主要包括项目（课题）承担单位为项目（课题）研究提供的现有仪器设备及房屋，水、电、气、暖消耗，以及有关管理费用的补助支出等。其中绩效支出是指承担单位为提高科研工作绩效安排的相关支出，只能用于项目组成员。

第五章 经费管理

第十三条 预算编制。

（一）预算编制原则。

1. 项目（课题）经费预算编制严格遵守目标相关性、政策相符性、经济合理性和任务完成的可行性原则。

2. 项目（课题）经费预算编制时需编制来源预算与支出预算。来源预算指用于同一项目（课题）的各种不同渠道的经费，包括市财政科技经费、单位自筹资金和其他来源资金。支出预算应当按照经费开支范围确定的支出科目和不同经费来源编列。预算编制需提供主要支出内容与项目（课题）活动内容的相关性、必要性说明及测算方法、测算依据。

3. 由多个单位共同承担一个项目（课题）的，应当同时编列各单位承担的主要任务、经费预算等。

4. 项目（课题）经费预算应当由项目（课题）负责人与主持单位（承担单位）财务人员共同参与编制。

（二）明细预算编制和使用要求。

1. 设备费：承担单位应当严格控制设备购置费支出。使用市财政性科技经费购置仪器、设备，需履行查重评议程序。承担单位可自行采购科研仪器设备，自行选择科研仪器设备评审专家。对承担单位采购进口科研仪器设备实行备案制管理。

2. 差旅费、会议费、国际合作交流费:承担单位为完成科研项目的任务目标,从科技经费中列支的差旅费、会议费、国际合作与交流费不纳入“三公”经费、机关运行经费和行政一般性支出统计范围,不受零增长限制。

承担单位应根据科研活动实际需要,按照实事求是、精简高效、厉行节约的原则,制定出台科研类差旅费、会议费管理办法,合理确定科研人员乘坐交通工具等级、住宿费标准,会议次数、天数、人数和会议费开支范围、标准。

3. 劳务费:承担单位应根据本单位的实际和工作需要,建立劳务费分配制度。

4. 咨询费:承担单位可根据本单位的实际和工作需要,制定咨询费管理办法和开支标准。承担单位可根据本单位管理办法和开支标准编制预算,并在参加预算评审时提供单位相关文件。

5. 间接费用:实行总额控制,按照不超过项目(课题)经费中直接费用扣除设备购置费后的20%核定。间接费用中的绩效支出不得超过间接费用的比例。

项目(课题)承担单位要依法依规使用间接费用,处理好合理分摊间接成本和对科研人员激励的关系,绩效支出只能用于项目组成员,不得截留、挪用、挤占。项目(课题)负责人要结合项目(课题)组成员的贡献和实绩,公开、公正地安排绩效支出,真正体现科研人员的价值。

实行工资总额管理的承担单位从科研经费中列支的编制内有工资性收入科研人员的绩效支出,一次性计入当年本单位工资总额,但不受当年本单位工资总额限制、不纳入本单位工资总额基数。

第十四条　预算评审。

项目(课题)预算评审与实施方案论证“合二为一”,由市科委组织科技、财务等方面的专家,坚持科学合理、实事求是的原则,重点对目标相关性、技术创新性、路线可行性、政策相符性以及经济合理性等进行论证。专家组必须出具单独的经费预算评审意见,保证其相对独立性。

项目(课题)应按要求参加预算评审,属下列范围之一的项目(课题)可不参加。

1. 采取股权投资、后补助[事前立项、事后补助的项目(课题)除外]、资本金注入、风险补偿金、基金、贷款贴息支持方式的项目(课题)。

2. 政策法规已明确补助标准、范围等定额方式,已制定相关经费管理办法,并经市财政部门审查通过的项目(课题)。

3. 按有关规定其他可不参加预算评审的项目(课题)。

第十五条　预算审批及拨付。

市科委将项目(课题)经费预算报市财政局审核、批复后按进度拨付,延续项目(课题)根据业务检查和经费检查(或审计)结果,确定后续经费的拨付。

第十六条　经费使用管理。

(一)经费核算。

1. 主持单位、承担单位、专业服务机构应当具备健全的财务制度,以及项目(课题)财务管理制度,由专职的财务人员负责项目(课题)经费的财务核算和管理工作。

2. 主持单位、承担单位、专业服务机构应当对不同来源的项目(课题)经费分别进行单独核算,即在单位适用的会计制度一级科目统括之下,按照规定的项目(课题)支出范围设置明细科目,按开支范围与标准执行,并进行会计核算。

(二)资金结算方式。

科研院所、高等学校等事业单位承担项目(课题)所发生的会议费、差旅费、材料费和测试化验加工费等,按财政部门相关规定实行银行转账或“公务卡”结算。

(三)涉及政府采购事项的,严格按照《中华人民共和国政府采购法》及北京市有关规定执行。承担单位使用财政性资金采购北京市政府集中采购目录以内或者采购限额标准以上的货物、工程和服务项目,均应按照政府采购有关规定执行。

(四)承担单位使用市财政科技经费购置(试制)的固定资产属国有资产,原则上由承担单位进行管理和使用，国家有权调配用于相关科学研究开发，其处置按国家相关规定执行。

市财政科技经费形成的知识产权等无形资产的管理，按照国家有关规定执行。

市财政科技经费形成的大型科学仪器设备、科学数据、自然科技资源等，在保障有关参与单位合法权益的基础上，按照国家和北京市有关规定开放共享，避免重复购置，提高资源利用效率。

（五）承担单位应当强化预算约束，严格按照本办法规定的资金开支范围和标准执行，严禁使用项目（课题）经费支付各种罚款、捐款、赞助等，严禁以任何方式牟取私利。

（六）承担单位因科研活动需要，邀请国内外专家、学者和有关人员参加其主办的会议，对确需负担的城市间交通费、国际旅费，可由其在会议费等费用中报销。对于难以取得住宿费发票的，承担单位在确保真实性的前提下，据实报销城市间交通费，并按规定标准发放伙食补助费和市内交通费。承担单位要制定符合科研实际需要的内部报销规定，切实解决野外考察、心理测试等科研活动中无法取得发票或财政性票据等的报销问题。

（七）项目（课题）经费实行决算报告制度，分为年度决算和总决算。

（八）企业承担项目（课题）取得财政性资金的税务处理，参照《财政部 国家税务总局关于专项用途财政性资金企业所得税处理问题的通知》（财税〔2011〕70 号）等国家和北京市有关规定执行。

第十七条 预算调整。

（一）项目（课题）总预算调整、项目（课题）主要承担单位变更应报市财政局批准。

（二）项目（课题）总预算不变的情况下，直接费用中的材料费、测试化验加工费、燃料动力费、出版/文献/信息传播/知识产权事务费、其他支出预算如需调整，可由项目（课题）负责人根据科研活动的实际需要自主安排，由承担单位据实核准，每年年底和验收（结题）时通过科技项目管理信息系统备案。

（三）差旅费、会议费、国际合作与交流费三项之间可调剂使用，但不得突破三项支出预算总额，如需调减可按上述程序调剂用于项目（课题）其他方面的支出。

（四）设备费、劳务费、咨询费预算原则上一般不予调增，如需调减可按上述程序调剂用于项目（课题）其他方面的支出。

（五）间接费用预算不得调整。

第十八条 结转、结余资金管理。

项目（课题）经费中市财政科技经费结转、结余资金，视不同情况执行。

（一）项目（课题）在研期间，年度剩余资金可以结转下一年度继续使用。

（二）对于按要求完成任务目标、通过验收的项目（课题），并且其承担单位和课题负责人没有不良信用记录，结余资金按规定归承担单位使用，在 2 年内由承担单位统筹安排用于科研活动的直接支出；2 年后未使用完的，按规定收回。

第六章 经费监督管理与处理原则

第十九条 主持单位、承担单位、专业服务机构在项目（课题）经费使用和管理中，不得存在以下行为。

（一）未对项目（课题）经费进行单独核算。

（二）编报虚假预算、套取国家财政资金。

（三）截留、挤占、挪用项目（课题）经费。

（四）违反规定转拨、转移项目（课题）经费。

（五）擅自变更项目（课题）承担主体，未获市科委批准。

（六）提供虚假财务会计信息，虚列支出。

（七）虚假承诺配套资金、自筹资金到位率低于 60%。

（八）未按规定执行和调整预算。

（九）发生设备购置、租赁，测试、化验、加工，对外合作等事项未签订相关合同或协议。

（十）随意调账变动支出、随意修改记账凭证、以表代账应付财务审计和检查。

出现上述行为的，视情节轻重将采取暂停项目（课题）拨款、终止项目（课题）执行、追回已拨项目（课题）资金、取消项目（课题）承担者一定期限内项目（课题）申报资格等措施。对于违反财经法律法规的行为，按照《财政违法行为处罚处分条例》及其他相关法律法规处理、处罚，构成犯罪的，移交司法机关依法处理。建立责任倒查制度，针对出现的问题倒查项目（课题）主管部门相关人员的履职尽责和廉洁自律情况，经查存在问题的依法依规严肃处理。

第二十条 对主持单位、承担单位、专业服务机构及关联的相关机构和人员在项目（课题）经费使用和管理中的问题，按照市科委信用管理的有关规定进行记录。存在上述行为之一的，一经查实，记入相关机构和人员的信用记录。信用记录作为项目（课题）立项及科技经费安排、专业服务机构遴选、咨询专家遴选等的重要参考依据。

第七章 附 则

第二十一条 本办法由市财政局、市科委负责解释。

第二十二条 本办法自2017年1月1日施行。《北京市科技计划（课题）经费管理办法》（京财科文〔2015〕865号）同时废止。2016年12月31日前验收（结题）的科研项目原则上不适用本办法；2016年12月31日后验收（结题）的科研项目可适用本办法；2017年及以后年度立项的科研项目均适用本办法。

关于印发《北京市科技计划项目（课题）管理办法（试行）》的通知

京科发〔2016〕771号

各有关单位：

为规范并加强北京市科技计划项目（课题），持续推进项目（课题）管理的科学化、规范化和制度化，根据国家和北京市科技计划和经费管理的相关改革措施，我委组织制定了《北京市科技计划项目（课题）管理办法（试行）》，经委领导同意，现印发给你们，请遵照执行。

北京市科学技术委员会

二〇一六年十二月三十日

北京市科技计划项目(课题)管理办法(试行)

第一章 总 则

第一条 为深入贯彻国家关于财政科研项目和经费管理的要求,全面落实《北京市进一步完善财政科研项目和经费管理的若干政策措施》(京办发〔2016〕36 号)、《北京市深化市级财政科技计划(专项、基金)管理改革实施方案》(京政办发〔2016〕55 号)等科技计划和经费管理改革措施,规范和加强北京市科技计划项目(以下简称"项目")和北京市科技计划课题(以下简称"课题")的管理,制定本办法。

第二条 本办法适用于由北京市科学技术委员会(以下简称"市科委")立项,并由北京市财政科技经费(以下简称"科技经费")拨款支持的项目和课题。其中,"课题"包括项目下设课题和其他专项下设的课题。

第三条 本办法所指项目(课题)是指为服务国家创新驱动发展战略、加强全国科技创新中心建设,实现北京市经济社会发展的主要目标,根据北京科技发展规划,由市科委支持在北京地区注册的法人单位承担的科学技术研究开发、成果转化应用等相关活动。

第四条 项目(课题)管理遵循职责清晰、科学规范、公开透明、监管有力、绩效导向的原则,以进一步优化科技资源配置,充分调动科研人员的积极性和创造性,形成充满活力的科技管理和运行机制为目标。

第二章 组织管理

第五条 项目实行"项目 – 课题制"管理,即将项目的任务和目标分解落实到若干课题任务中组织实施。

第六条 项目(课题)的管理责任主体是市科委或接受市科委委托负责项目(课题)管理、监督检查等相关事务性工作的项目管理专业机构(专业机构管理办法另行制定)。项目(课题)的参与主体包括项目主持单位、课题承担单位、项目负责人、课题负责人和咨询专家。项目主持单位(以下简称"主持单位")是项目的总负责单位,负责项目的实施和经费管理使用。课题承担单位(以下简称"承担单位")是课题的实施单位,是课题实施和经费管理使用的责任主体。项目(课题)负责人是项目(课题)实施和经费管理使用的直接责任人。咨询专家是指接受市科委委托,对项目(课题)进行评审与论证的个人。

第七条 市科委主要职责包括:

1. 制定项目(课题)管理制度并监督执行。
2. 审议、确定立项项目(课题),组织立项方案论证,下达项目任务通知,签订课题任务书。
3. 对执行中的项目(课题)进行指导、评估和监督检查,协调并处理项目(课题)执行中的重大问题。
4. 组织项目(课题)验收(结题)。
5. 开展项目(课题)科技报告工作管理。
6. 开展项目(课题)档案工作管理。
7. 开展项目(课题)信息公开工作管理。
8. 开展项目的绩效考评管理。
9. 开展项目(课题)参与主体的信用管理。
10. 建立北京市科技计划项目(课题)管理信息系统(以下简称"管理信息系统"),对项目(课题)申报、立项和预算安排、监督检查、验收(结题)、科技报告等进行信息化管理。

第八条　主持单位主要职责包括：

1. 开展项目可行性研究，组织编制《北京市科技计划项目实施方案》(以下简称《项目实施方案》)并落实课题任务，协助市科委进行项目(课题)立项方案论证、招标等工作，与承担单位一起同市科委签订《课题任务书》。

2. 负责项目的任务分解，监督承担单位落实课题实施的匹配经费、人员团队及其他配套条件。

3. 督促课题实施，及时向市科委报告管理项目及下设课题实施中的重大事件，提出项目调整和终止结题申请，审核下设课题调整和终止结题申请，协助市科委进行项目及下设课题的调度评议和监督检查等工作，完善科研管理和科研财务助理制度。

4. 提交项目验收(结题)材料，审查下设课题验收(结题)材料，协助市科委进行项目(课题)验收(结题)的其他工作。

5. 辅助承担单位撰写和提交科技报告，进行成果管理等相关工作，完成项目绩效考评，开展项目及下设课题的档案归档工作。

6. 开展知识产权管理及技术保密工作。

7. 开展项目科技成果转化工作。

8. 开展与项目相关的合作交流、人才培养、科技宣传等工作。

9. 完成市科委委托的其他工作。

第九条　承担单位主要职责包括以下。

1. 开展课题可行性研究，提出《课题实施方案》，配合市科委、主持单位或项目管理专业机构完成课题实施方案及经费预算论证，进行课题招标工作，与主持单位一起和市科委签订《课题任务书》。

2. 落实课题实施的配套条件和经费，建立稳定的研究团队，完善科研管理和科研财务助理制度。

3. 负责课题实施，及时向市科委和主持单位(如有)报告课题实施中的重大事件，提出课题调整和终止结题申请。

4. 配合市科委完成课题验收(结题)、科技报告撰写和提交、成果管理等相关工作，协助主持单位完成项目绩效考评，负责课题的档案管理及技术保密工作。

5. 负责课题研究成果的知识产权保护与管理，并予以有效管理和充分使用。

6. 开展与课题相关的合作交流、人才培养、科技宣传等工作。

7. 完成市科委及主持单位(如有)委托的与课题相关的其他工作。

第十条　咨询专家主要职责包括以下。

受市科委委托，遵循独立、保密、回避原则，参与项目(课题)的可行性评估、立项方案论证、验收(结题)评议等环节的工作。

第十一条　主持单位及项目负责人应具备下列条件。

1. 主持单位应在北京行政区域内注册，具有独立法人资格。

2. 主持单位应具有项目实施的基础条件和保障能力，具备健全的项目管理、财务管理、科研人员管理、科技成果与知识产权管理、档案与保密管理制度，拥有专业研究团队和科研管理团队，符合市科委的信用评价等级要求。

3. 项目负责人一般应具有本专业领域高级技术职称或相当资格，原则上年龄不超过60周岁，且在项目任务执行期内在职，具有较强的项目组织管理和协调能力，身体健康并能切实履行职责，符合市科委对负责人的信用评价等级要求。

第十二条　承担单位及课题负责人应具备下列条件。

1. 承担单位应在北京行政区域内注册，具有独立法人资格。

2. 承担单位应具有课题实施的基础条件和保障能力，具备健全的课题管理、财务管理、科研人员管理、科技成果与知识产权管理、档案与保密管理制度，拥有专业研究团队和科研管理团队，符合市科委的信用评价等级要求。

3. 课题负责人原则上年龄不超过60周岁，且在课题任务执行期内在职，具有较强的课题组织管理和协调能力，身体健康并能切实履行职责，符合市科委对负责人的信用评价等级要求。

第十三条 咨询专家应具备下列条件。

1. 具有良好的科学道德和职业道德、严谨的工作作风，能够客观、公正、实事求是地提出咨询意见。

2. 科技专家应从事与所咨询项目（课题）相关的专业研究，具有高级技术职称或相当资格，熟悉相关领域的科技、经济发展状况，了解科技活动的特点与规律，经验丰富，有突出业绩，在本领域或行业内具有较高的水平；财务专家应从事财务相关领域工作5年以上，并具有中级或中级以上专业技术职称或同等专业水平。

3. 身体健康，能够承担相关工作。

4. 符合市科委对专家的信用评价等级要求。

第三章 需求调研及重点任务分解

第十四条 市科委根据国家和北京市关于加强全国科技创新中心建设的部署要求、规划计划和实施方案，围绕北京市委、市政府的中心工作，按照"增强原始创新能力，推动科技和经济结合，构建区域协同创新共同体，加强科技创新合作，深化体制机制改革"的总体思路，开展需求调研。

第十五条 市科委根据需求调研情况，凝练服务国家创新战略和北京经济社会发展的重大科技任务，分解提出北京市科技计划项目（课题）年度目标，形成重大专项工作和重点支持领域，鼓励符合条件的单位申报项目（课题）。完善项目（课题）承担单位的遴选机制，通过公开择优、定向择优等方式，确定项目主持单位和课题承担单位。

第四章 立项管理

第十六条 市科委按照科技计划年度重点任务和科技经费预算要求开展项目（课题）立项工作。项目（课题）的立项程序包括实施方案编制、立项方案论证、项目（课题）任务下达与《课题任务书》签订等。

第十七条 主持单位按照项目任务要求，对项目研究计划和经费预算方案进行专家咨询和评议，编制《项目实施方案》，并组织承担单位编制下设课题的《课题实施方案》或《北京市科技计划项目招标课题任务说明》（以下简称《招标课题任务说明》），报市科委审核。

第十八条 市科委按工作程序审核通过后，按照"目标相关性、技术创新性、路线可行性、政策相符性、经费合理性"等原则，组织科技、财务等方面的专家，对项目（课题）实施方案、科技经费预算进行立项方案论证。

第十九条 立项方案论证通过的项目，主持单位将《项目实施方案》《课题实施方案》《招标课题任务说明》一并报市科委审核确认。市科委确认并形成相应项目（课题）的论证报告报市财政局审核后，向主持单位下达《关于下达××年度北京市科技计划"××××"项目任务的通知》（以下简称《项目任务通知》）。

第二十条 接到《项目任务通知》后，主持单位根据确认的《课题实施方案》组织承担单位编制《课题任务书》，由项目（课题）参与主体共同签订后执行。

第二十一条 其他专项下设的课题，承担单位自行编报《课题实施方案》，市科委组织课题实施方案和经费预算论证。论证通过的课题，《课题实施方案》报市科委审核确认。承担单位根据确认的《课题实施方案》编制《课题任务书》，报市科委签订后执行。

第二十二条 符合招标投标条件的项目（课题），由市科委委托有资质的第三方机构，并由项目管理专业机构或主持单位协助进行招标。

第五章 实施管理

第二十三条 项目(课题)实施管理采取日常沟通、指导评估、监督检查等形式。

第二十四条 项目(课题)管理实行重大事件报告制度。"重大事件"指项目(课题)在实施过程中取得的重大进展,以及在项目(课题)的实施中严重违反本办法有关规定,或出现严重影响《项目任务通知》《课题任务书》实施效果并难以协调解决的重大问题。

第二十五条 项目(课题)发生重大进展,主持单位(承担单位)应及时向市科委报告,并作为信用评级提升的重要依据。

第二十六条 项目(课题)发生重大问题,主持单位(承担单位)应及时采取措施协调解决并向市科委报告;确需对项目(课题)进行调整、终止的,应及时提交书面申请,经市科委批准后执行。市科委也可根据执行情况做出项目(课题)调整、终止结题决定。

第六章 验收(结题)管理

第二十七条 项目(课题)任务期满即进入验收阶段;确实未能完成任务且短期内无法达到验收标准的进入结题程序。

第二十八条 课题应在任务期满后三个月内完成验收工作,项目应在全部下设课题完成验收(结题)工作后一个月内完成验收工作。

项目(课题)验收由市科委组织,一般包括验收准备、专家验收、验收确认三个环节。

第二十九条 在验收准备阶段,市科委在项目(课题)任务期满前开展调度,拟定验收计划。主持单位(承担单位)根据验收计划,结合任务完成情况进行验收准备,及时向市科委提交验收材料。市科委审核验收材料、考查项目(课题)完成情况,制定专家验收方案。

第三十条 在专家验收阶段,市科委组织验收专家组对项目(课题)任务完成情况进行验收评议,形成专家验收意见。

第三十一条 验收评议完成后,专家建议通过验收的项目(课题),市科委进行验收确认,并出具《北京市科技计划项目(课题)完成确认书》(以下简称《完成确认书》)。验收确认未通过的项目(课题),市科委可终止项目(课题)或在两个月内再次组织验收。经专家认可科技人员已经尽职仍不能完成任务书规定考核指标的项目(课题),市科委确认结题,出具《北京市科技计划项目(课题)结题确认书》(以下简称《结题确认书》)。相关主持单位、承担单位和负责人在三年内首次未能完成考核指标但专家认为存在合理原因的项目(课题),结题结果不纳入相关责任主体的失信记录。

第三十二条 终止的项目(课题)按结题处理。主持单位(承担单位)按要求提交结题材料,由市科委审核后出具《北京市科技计划项目(课题)结题确认书》。

第三十三条 主持单位、承担单位和项目(课题)负责人对项目(课题)验收结果有异议的,有权向市科委提出申诉。

第七章 经费管理

第三十四条 主持单位和承担单位编制的《项目(课题)实施方案》中应包括项目(课题)经费预算。

第三十五条 市科委依据《项目任务通知》和《课题任务书》,按科技经费拨款程序拨付科技经费。项目(课题)经费应纳入单位财务统一管理,单独核算,专款专用。

第三十六条 市科委会同北京市财政局(以下简称"市财政局")等部门按照各自的职责分工,对项目(课题)经费的使用进行监督。市科委负责开展项目绩效评价,侧重依据项目(课题)任务书考核目标和任务完成情况、经费管理使用情况，注重科技创新质量和实际贡献，建立健全既适应科技创新规律、又符合预算绩效管理要求的项目（课题）绩效评价体系。市科委、市财政局建立健全共同遴选、委托第三方审计机构开展经费审计的工作机制，加强科研项目经费审计结果的共享和应用。

第三十七条 项目（课题）经费结算与返还。

1. 对于按要求完成任务目标并通过验收的项目（课题），结余资金按规定留归承担单位使用，在项目（课题）实施期结束后两年内由承担单位统筹安排用于科研活动的直接支出。项目（课题）实施期结束后两年内未使用完的，按规定收回。

2. 终止的项目（课题），主持单位（承担单位）应及时清理账目与资产，进行经费审计，按市科委的结题处理意见和审计结果返还相应经费。

第八章 科技报告与知识产权

第三十八条 项目（课题）管理实行科技报告制度。主持单位（承担单位）应按规定对项目（课题）实施的各个环节、路径和实验数据等进行记录并整理形成科技报告，作为项目（课题）验收材料的组成部分，通过管理信息系统提交。科技报告撰写质量和提交情况作为相关责任主体的信用记录内容之一，拖延提交或报告内容不符合要求的记为信用不良。

第三十九条 市科委与主持单位、承担单位就项目（课题）可能产生的成果及其形成的知识产权在《课题任务书》中进行书面约定。主持单位应对项目及下设课题可能产生的成果及其形成的知识产权与有关单位进行书面约定并监督执行。

项目（课题）产生的科技成果涉及保密、转让、科技奖励等内容的，按《中华人民共和国促进科技成果转化法》等有关法律法规执行。

第九章 信用管理

第四十条 市科委对项目（课题）参与主体实施全过程信用管理。市科委在项目（课题）立项、实施、验收（结题）、绩效评价等项目（课题）实施的各环节，建立对主持单位、承担单位、项目（课题）负责人、项目管理专业机构、咨询专家等主体的信用记录，并根据记录进行信用评价，作为此后项目（课题）立项、科技经费安排、项目管理专业机构和咨询专家遴选等的重要依据，并与科技经费结余资金使用、监督管理等挂钩。同时将科研信用纳入全市社会信用体系，实现信用信息共享共用。

第四十一条 市科委不定期组织开展对主持单位和承担单位的监督检查，主要内容包括：科技经费管理权限落实、内部管理办法制定、服务方式创新、内部控制机制建立、用于人员激励的绩效支出落实等，对督查结果以适当方式进行通报，并将督查结果纳入信用管理。

第十章 信息公开与档案管理

第四十二条 项目（课题）管理实行信息公开制度。除涉密和法律法规另有规定外，市科委按规定在市科委网站上公开项目立项信息、验收结果和经费安排情况等，接受社会监督。承担单位在单位内部公开项目（课题）立项、主要研究人员、经费使用、大型仪器设备购置、研究成果、科技成果转化情况等，接受内部监督。

第四十三条 项目（课题）档案管理按照《北京市科技计划项目（课题）档案管理办法》执行，涉密项目（课题）的档案保密管理工作按照《北京市科技计划国家科技秘密项目（课题）保密管理办法》执行。

第四十四条 市科委根据《中华人民共和国档案法》《中华人民共和国保守国家秘密法》《科学技术保密规定》和《北京市科技计划国家科技秘密项目（课题）保密管理办法》有关规定，与主持单位、承担单位就项目(课题)的保密工作在《项目任务通知》或《课题任务书》中进行书面约定并监督执行。

第十一章 责任追究

第四十五条 市科委从事项目(课题)管理的有关人员要认真履行职责,不得承担项目(课题)及其中的任务。对于出现玩忽职守、失职渎职、以权谋私、弄虚作假、谎报瞒报等行为的管理人员,市科委一经查实,视情节轻重给予批评教育,或由纪检监察部门依纪依规进行处理。构成犯罪的,移交司法机关处理。

第四十六条 对于在项目(课题)立项、实施、执行和验收(结题)过程中出现的弄虚作假、徇私舞弊、剽窃他人科技成果、侵犯他人知识产权等科研不端行为,以及违规操作或因主观原因未能完成项目(课题)任务并造成损失的主持单位、承担单位或个人,市科委视情节轻重将采取通报批评、暂停项目(课题)拨款、终止项目(课题)执行、追回已拨项目(课题)资金或取消单位(个人)一定期限内项目(课题)申报资格等措施。对于违反财经法律法规的行为,市科委按照《财政违法行为处罚处分条例》及其他相关法律法规处理、处罚,构成犯罪的,移交司法机关依法处理。

第四十七条 有关单位和个人对市科委做出的有关处理决定有异议的,可根据《中华人民共和国行政复议法》申请行政复议,或根据《中华人民共和国行政诉讼法》向人民法院提起行政诉讼。

第十二章 附 则

第四十八条 本办法自2017年1月1日起试行。在本办法发布之前已制定的北京市科技计划各相关管理办法如与本办法不相符的,应当按本办法执行或重新修订。

北京市人力资源和社会保障局关于开展高端领军人才自然科学和社会科学研究系列研究员直通车评价工作的通知

京人社专技发〔2016〕207号

各区人力资源和社会保障局,市属各委办局、总公司、高等院校人事(干部)处,人民团体人事(干部)部门,各有关单位:

为加强我市科学研究机构高端领军人才队伍建设,促进科研机构快速发展,经研究决定,2016年度起,在我市科研机构开展高端领军人才自然科学和社会科学研究系列研究员直通车评价工作。现就有关事宜通知如下。

一、适用范围

(一)自然科学研究。在本市所属科研机构及非公科研机构中,从事自然科学基础研究或应用基础研究的高端领军人才。

(二)社会科学研究。在本市所属科研机构及非公科研机构中,从事社会科学研究工作的高端领军人才。

二、申报条件

（一）符合下列条件之一者，可申报自然科学研究系列研究员职称评价。申报人在近5年内：

1. 取得国家级或市（省、部）级人才表彰奖励；

2. 获得国家级科技奖项或市（省、部）级科技二等奖（含）以上奖项，且排名前三名的完成人；

3. 作为主要作者，在本领域出版过3部重要学术著作，或在国际重要学术刊物上发表过具有较大影响力的学术论文5篇（含）以上；

4. 作为前三名发明人，获得国家发明专利金奖，或在本领域内取得具有重大影响力的发明专利；作为前三名标准起草人，研究制定了国家标准，取得显著的社会、经济效益。

（二）符合下列条件之一者，可申报社会科学研究系列研究员职称评价。申报人在近5年内：

1. 取得国家级或市（省、部）级人才表彰奖励；

2. 研究成果曾获得国家级科研奖项或市（省、部）级科研一等奖（含）以上奖项；

3. 担任国家级科研项目（课题）或市（省、部）级重点科研项目（课题）负责人；

4. 在本领域独立出版3部以上重要学术专著，并在重要学术刊物上独立发表具有较大影响力的学术论文10篇以上。

三、评价程序

（一）个人申请。符合参评条件人员可自主提出申请参加高端领军人才研究员评价。

（二）单位申报。本市所属科研机构申报人员须由其所在单位在核定的职称结构比例内，向上级主管单位推荐委员会申报参评，并按要求组织审核申报材料；非公科研机构申报人员须由其所在单位向所属区推荐委员会申报参评，并按要求组织审核申报材料。

（三）区域（主管）推荐。各主管单位及各区推荐委员会按照规定的推荐标准和程序，在充分讨论的基础上，对申报人员的技术水平、工作能力和工作业绩进行审核、评议，采取票决制确定推荐人选，向市评审委员会提交推荐报告。推荐结果需由全体推荐委员会委员三分之二以上出席并参加投票方为有效，推荐人选需获得全体与会委员三分之二以上同意票数方可推荐。

（四）业绩陈述。市评审委员会组织推荐人选进行业绩陈述。推荐人选就所从事的研究工作，向专业评议组陈述本人的专业业绩，并回答专业评议组专家提出的问题。

（五）专家评价。专业评议组根据量化标准采取面试的方式对推荐人选进行评价。重点从考核推荐人选的创新能力、成果转化能力、科研工作业绩和发展潜力，其评价意见作为评审委员会评审表决的重要参考依据。

（六）评委会表决。市评审委员会对推荐人选的学识水平、工作业绩和专业技术能力进行综合评价，采取投票方式表决，确定专业技术资格。评审结果需由全体评审委员会委员三分之二以上投票方为有效，通过人选需获得全体与会委员三分之二以上同意票数方可取得专业技术资格。

（七）结果验收。评审委员会的评价工作结束后，由北京市人力资源和社会保障局按全市职称评审的统一要求进行验收。

（八）社会公示。评价通过人员名单在北京市人力资源和社会保障局网站上进行公示，公示期为15天。

（九）证书发放。公示期满后，北京市人力资源和社会保障局为通过专业技术资格评价人员，颁发北京市高级专业技术职务任职资格证书。

四、申报时间及要求

（一）每年自然科学研究、社会科学研究系列研究员直通车评审申报截止时间，以当年的北京市职称评价工作安排为准。

2016年度申报时间为:2016年11月18日前,工作单位完成审核工作并向推荐委员会提交申报材料;2016年12月9日前,推荐委员会完成推荐公示工作并向市评审委员会提交推荐材料。

(二)推荐委员会应根据自然科学研究、社会科学研究系列研究员直通车评审申报截止时间要求,提前部署,按要求完成受理、审核、公示和推荐等工作。

五、申报材料及要求

(一)申报人员应如实、准确填写《北京市高级专业技术职务任职资格评审申报表》(高端领军人才评价专用),并按规定时间及要求申报。申报表的电子版可从市人力社保局网站下载(网址:http://www.bjrbj.gov.cn/bsfw/bgxz/rcdw)。

(二)向推荐委员会提交材料包括:申报表原件一式三份;身份证明(包括身份证、护照等)、学历、学位(海外学位需经教育部学位认证)、表彰、获奖、专利证书、发表论文、出版专著、制定标准和承担项目(课题)任务通知书或项目结题验收报告等相关证明原件(现场审核后返还),复印件一式三份。复印件及有关证明等申报资料均应按照A4纸标准,按顺序装订成册并加盖工作单位人事部门印章。

六、联系方式

(一)自然科学研究系列研究员评审事宜:市科委人事处,联系电话66153440。

(二)社会科学研究系列研究员评审事宜:市社科院人事处,联系电话64859050。

(三)具体申报事宜可与主管单位或所属区的人力社保局联系、咨询。

北京市人民政府关于进一步优化提升生产性服务业加快构建高精尖经济结构的意见

京政发〔2016〕25号

各区人民政府,市政府各委办局,各市属机构:

为贯彻落实《国务院关于加快发展生产性服务业促进产业结构调整升级的指导意见》(国发〔2014〕26号)精神,进一步优化提升本市生产性服务业,加快构建高精尖经济结构,现提出以下意见。

一、总体要求

(一)总体思路

深入贯彻落实党的十八大和十八届三中、四中、五中全会精神,深入学习贯彻习近平总书记系列重要讲话和对北京工作的重要指示精神,牢固树立创新、协调、绿色、开放、共享的发展理念,适应经济发展新常态,牢牢把握首都城市战略定位,以加快推进京津冀区域全面创新改革试验、北京市服务业扩大开放综合试点为契机,持续推动供给侧结构性改革,不断强化科技创新引领、信息覆盖应用、金融保障支持、商务融合渗透、流通高效链接,积极培育新业态,进一步扩大对外开放领域和范围,增强辐射带动和品牌效应,促进生产性服务业向专业化和价值链高端延伸,加快构建高精尖经济结构,增强服务全国新型工业化、信息化、城镇化、农业现代化建设能力,为建设国际一流的和谐宜居之都提供重要支撑。

(二)发展导向

强化创新驱动。发挥首都科技创新资源集聚优势,加大对核心关键技术、专利、标准等知识产权的创造、运用、保护和管理力度,推动原始创新、集成创新,引导构建产业技术创新联盟,推动跨领域、跨行业、跨区域创新,抢占生产性服务业发展制高点。

突出高端引领。依托首都人才、技术、资本、品牌等优质资源,围绕金融、信息、科技、商务等重点领域,突出研发设计、战略投融资、集成创新、现代营销等高端环节,不断增强生产性服务业优质高效供给。

坚持改革开放。深化京津冀区域全面创新改革试验,不断推动北京市服务业扩大开放综合试点,加快生产性服务业供给侧结构性改革和对外开放,推进央地、军民融合发展,强化资源高效流转对接,促进生产性服务业市场化、专业化、国际化发展,更好地服务于创新型国家建设。

注重协同发展。认真落实《京津冀协同发展规划纲要》及本市贯彻意见,严格执行新增产业的禁止和限制目录,引导存量和增量生产性服务业资源在京津冀区域合理布局,推动京津冀区域产业转型升级,形成差异定位、协同发展的新格局。

(三)主要目标

全面优化提升生产性服务业,到2020年,生产性服务业对首都经济增长贡献进一步增加,占地区生产总值的比重稳步提高,质量效益明显提升,服务功能显著增强。

二、优化产业结构

(四)巩固提升优势主导行业,支撑构建高精尖经济结构

创新发展金融业。积极对接国家金融改革,顺应人民币市场化改革、国际化发展趋势,推动国家科技金融创新中心建设,服务好亚洲基础设施投资银行、丝路基金等国际性金融机构在京发展,积极争取在京设立国际化货币清算结算中心。支持银行、证券、保险等在京金融机构发展,做好对接与配套服务。推动全国中小企业股份转让系统、机构间私募产品报价与服务系统、本市区域性股权交易市场创新发展。积极稳妥发展互联网金融、商业保理等业态,加强属地监管,有效防范、化解各类金融风险。高标准建设好北京保险产业园、中关村互联网金融创新中心、中关村并购资本中心、北京基金小镇等。

融合发展信息服务业。全面推进"三网融合",大力推广应用云计算、大数据、物联网、移动互联网等新一代信息技术,强化系统集成应用;不断拓展北斗系统应用服务领域,发展位置服务、智能导航、智能终端等新兴运营业务。依托国家通信设施、广电网络等领域总部资源,加快宽带网络等电信设施共建共享,实现提速降费;推动下一代互联网根服务器在北京经济技术开发区落地应用,完善信息安全维护等技术领域基础设施。推动软件业从产品向服务转型升级,积极承接国家重大科技专项,着力在新型计算、高速互联、先进存储、第五代移动通信等核心技术研发方面取得突破,加快智能设计与仿真、工业大数据处理等工业软件高端发展。支持基于互联网的产业组织变革、商业模式创新、供应链和物流链整合,拓展开放共享的网络经济空间;加快以城市运行、市民生活、企业运营和政府服务等为主要内容的"智慧北京"建设。

做大做强科技服务业。落实《北京市人民政府关于印发〈北京技术创新行动计划(2014—2017年)〉的通知》(京政发〔2014〕11号)和《北京市人民政府关于加快首都科技服务业发展的实施意见》(京政发〔2015〕25号),以技术创新和应用服务创新为重点,聚焦节能环保、新能源、新材料、航空航天、生物健康、智能制造、智能交通等重点领域,统筹带动基础研究、前沿技术研究、技术开发、标准制定等工作。围绕研发设计、成果孵化、技术转移、检验检测认证等重点领域,着力培育新兴业态,切实提升服务能力。加快首都科技条件平台、国家技术转移集聚区、国家大科学装置集聚区、纳米产业园、北京科技商务区、中关村(房山)新兴产业前沿技术研究院等建设,培育一批具有国际影响力的骨干企业、服务机构和知名品牌。鼓励科技服务企业"走出去",引导科研院所、高等学校和企业在境外申请专利;鼓励参与制定国际标准,推动科技服务业加快融入全球化进程。

促进商务服务业高端发展。发挥大型企业引领带动作用,依托其人才、资本、技术、管理等优势,开展资源整合、境内外并购与上市、模式创新等业务,提高参与全球资源配置的能力。进一步加大商务服务领域对社会资本开放力度,鼓励外资投向创业投资、知识产权服务等行业,支持外资以参股、并购等方式参与本市商务服务企业改造与重组。支持会计、审计、评估、信用、法律、咨询、广告、知识产权等行业拓展国际

市场，在全球范围内提供对外投资运营、资产管理、兼并重组、商务咨询、财务管理等服务。

优化提升流通服务业。充分发挥中央企业在石油、天然气、矿产、贵金属、粮食等大宗商品批发业务方面的优势，搭建电子交易平台，积极争取大宗商品国际定价权，增强“优进优出”和高效配置资源能力。进一步优化城市配送网络，广泛利用互联网、大数据、云计算等先进技术改进物流服务流程，推动电商物流、冷链物流、农产品物流等配送网络建设，鼓励连锁服务企业投资建设末端配送中心、智能快件箱。引导企业剥离物流、仓储、包装等辅助业务，大力发展第三方物流。放大北京天竺综合保税区保税政策辐射带动效应，加快跨境电子商务园区建设。

（五）突出前沿技术研发与应用，培育发展新兴业态

积极发展节能环保服务。以改善空气质量为重点，加快推进清洁能源设施建设，推行低氮燃烧技术，加强可再生能源研发、推广和应用，服务大中型工业企业、大型服务企业开展清洁生产。围绕大气、水体、固体废弃物等重点领域，以及建筑、交通等重点行业，加快制定节能环保低碳标准，大力推行第三方污染治理，扩大绿色建筑和绿色建材应用，规范发展技术咨询、节能评估、能源审计、碳交易等服务业态，力争国家碳排放权交易中心在京落户。

聚焦智能网联电动汽车领域。集成创新电子科技、先进材料、传感器、车联网、智慧出行、辅助驾驶等技术，建立开放式协同创新平台，鼓励发展电动汽车研发、设计、试验试制、验证等关键环节。加快推进北京新能源汽车科技产业园等建设，打造国内一流、世界领先的新能源汽车科技创新中心。

拓展“互联网＋”发展空间。推动互联网向生产领域、消费领域深度拓展，抢占可穿戴设备、智能汽车、智能医疗、智能家居等新兴移动终端市场，打造“互联网＋”新能源和可再生能源服务交易平台，加快互联网与工业、农业、金融、商务、文化、健康医疗、教育、交通等融合发展。有序发展跨境电子商务，推动网络交易与电子认证、在线支付、物流配送、报关结汇、检验检疫、信用评级等环节集成应用。

促进检验检测认证服务市场化、社会化、专业化发展。积极参与制定国际检验检测标准，开展检验检测认证结果和技术能力国际互认，促进企业生产和服务标准化，加强新能源、新材料等领域第三方检测认证服务。

推动服务外包高端化、国际化发展。支持企业开展信息技术支持管理、财务结算等国际服务外包业务，建设全球软件业领先接包地和全国软件集成发包地。

强化人力资源服务的基础性支撑作用。鼓励人力资源管理咨询、人力资源外包、人员素质测评、高级人才寻访、人力资源信息网络服务等新兴业态发展。

创新发展售后服务。积极运用互联网、物联网、大数据等信息技术，发展远程监测诊断、运营维护、技术支持等售后服务新业态。

（六）推动生产性服务业与工农业融合创新发展，引领产业价值链向高端化、绿色化提升

推动制造业服务化、高端化、集聚化、融合化、低碳化发展。实施《〈中国制造2025〉北京行动纲要》，着力培育产品设计、品牌运营、资源集成等服务业态，围绕新能源汽车、集成电路、轨道交通、航空航天、智能装备等高端制造业，发展网络众包、异地协同设计和制造、规模化个性定制、精准供应链管理等服务，促进生产方式向柔性化、智能化、数字化、精细化、绿色化转变。鼓励龙头企业整合关键产业链，形成若干拥有技术主导权的产业集群。

支持都市型现代农业发展。集成首都科技、信息、金融等优势资源，支持高效节水农业、循环农业发展，加快农产品生产、收储、加工、运输、交易、检验检测等环节的信息化改造和标准化应用。推动通州区积极创建国家种业综合改革创新试验示范区，服务种业自主创新。以筹办2019中国北京世界园艺博览会为契机，构建具有观光休闲和生态文化等多种功能的都市型现代花卉园艺产业体系。加快农村地区交通、信息等基础设施建设，促进农村电子商务发展，大力发展村镇银行、农业保险等金融机构，着力提高农村地区信息、科技、金融、流通等服务能力。

（七）强化生产性服务业集成创新应用，促进城市建设运营管理服务精细化、智能化

加快城市综合管廊、海绵城市、轨道交通、绿色建筑、住宅产业化等方面新技术和标准的研发与应用示

范，提升首都城市规划建设管理水平，服务全国城镇化建设。加强物联网、大数据等新一代信息技术的创新应用，在电子政务、智能交通、能源智能化供给、生态修复、防灾减灾、智慧社区建设等方面形成系统解决方案，提高首都城市精细化管理服务水平。鼓励有实力的企业充分运用资金、技术、人才等优势，抢抓全国城镇化机遇，积极拓展城市战略谋划、规划设计、地质勘察、基础设施建设与运营等服务市场。

三、调整产业布局

（八）全力建设中关村国家自主创新示范区，打造具有全球影响力的科技创新中心

大力提升原始创新能力，超前部署应用基础研究，开展一批科技前沿技术研究，抢占未来科技发展制高点，重点部署信息、基础材料、生物健康、农业生物遗传、环境系统与控制、能源等领域关键问题研究，集中力量实施脑科学、量子通信、纳米科学等重大科学研究计划，力争取得一批具有国际影响力的原始创新成果。强化中关村国家自主创新示范区在首都服务业创新发展中的核心地位，推动一区十六园统筹协调发展。深化落实现有各项创新政策，积极探索人才培育、金融支持、技术创新和产业创新等方面先行先试政策，加快推进试点示范。鼓励发展资本运作、基础支撑、网络运营、应用服务等平台型服务业态，重点发展研发设计、成果孵化、技术转移、检验检测服务、评估咨询服务等知识型新兴业态。建设好中关村科学城、怀柔科学城和未来科技城等央地共建、共享的协同创新平台。中关村科学城重点支持原始创新，聚集产学研创新主体和产业高端要素，打造国家知识创新和战略性新兴技术策源地。怀柔科学城重点拓展与中国科学院合作，依托大科学装置集群和怀柔科教产业园搭建大型科技服务平台。未来科技城重点推进军民、央地融合发展，建成代表国家相关产业应用研究技术前沿水平、引领产业转型升级的创新高地。

（九）优化提升高端产业功能区，推进集约化、国际化发展

严格执行产业政策和人口、环境等评价标准，腾笼换鸟，有序引导金融、科技、信息、商务等优质服务要素向高端产业功能区布局。提升金融街的金融产业能级，培育国际型和专业服务型金融机构，提高国际化水平和综合服务能力。提升商务中心区精细化管理、运营和服务水平，推动国际金融、现代商务、文化传媒等高端服务资源双向开放，提高服务全国文化中心、国际交往中心建设的能力。推动北京经济技术开发区转型升级，鼓励发展研发设计、电子商务等生产性服务业，积极培育车联网、医联网、智能家居、智能机器人等新兴业态，加快建设成为中国制造 2025 示范区。不断增强临空经济区航空物流服务能力，创新发展国际科技服务和文化服务贸易、跨境电子商务等新兴业态，提升贸易便利化水平，推动建设国家临空经济示范区。调整完善奥林匹克中心区空间布局，推动亚洲基础设施投资银行、中国美术馆、2022 年冬奥会场馆等一批国家重大设施建设，加快形成金融、科技与文化体育融合发展的新模式。有序建设新首钢高端产业综合服务区、丽泽金融商务区等产业发展新区，为首都核心功能提供新的承载空间。

（十）强化生产性服务业辐射带动作用，支持构建“4＋N”产业合作新格局

支持曹妃甸协同发展示范区积极承接本市疏解转移的产业资源和服务资源，围绕示范区建设和重大生产力项目落地，同步引进和培育智能装备、现代物流、研发设计、信息服务、金融服务等业态，推动高端制造业和生产性服务业融合发展，形成循环共生产业链。加快北京新机场临空经济区建设，同步促进高端航空服务、高端商务服务等生产性服务业发展。推动天津滨海－中关村科技园区科技创新体系、人才吸引集聚和投融资便利化等改革创新，打造全国先进制造研发中试基地。鼓励张（家口）承（德）生态功能区发展生态友好型产业，重点培育云计算数据中心、智慧产业基地等大数据产业。有序开展资本、技术、管理、人才、标准和品牌输出，引导生产性服务业产业资源和创新服务资源向一批合作平台集聚。

四、促进产业提质增效

（十一）突出改革重点，培育产业发展新动力

推进京津冀区域全面创新改革试验，以科技成果转化的全产业链和区域产业梯次配置为主线，促进区域创新链、产业链、资金链、政策链深度融合，大力提升区域源头创新和原始创新能力，构建全国性要素交易平台等科技成果转移转化体系，优化区域创新创业生态系统。持续推动石景山国家服务业综合改革试

点建设，加快首钢老工业基地改造和产业转型，培育主导产业。深化中关村现代服务业试点改革创新，落实好支持现代服务业发展的先行先试政策，发挥好示范带动作用。推动供给侧结构性改革，鼓励定制化服务、个性化设计、柔性化制造等服务新模式的创新应用，加快职业技能培训、人力资源服务、检验检测认证服务、咨询服务等领域的市场化、社会化进程。强化在线支付、安全认证等重点环节建设，推动电子发票广泛应用，营造安全、便利、诚信的消费环境。

（十二）扩大对外开放，提高国际化发展水平

组织实施好北京市服务业扩大开放综合试点，推动金融、信息、科技、商务等重点领域扩大开放，支持朝阳区、顺义区等示范区先行先试。加快构建国际化、法治化、透明化的生产性服务业促进体系，提高投资贸易便利程度，推动国际货物和服务贸易“优进优出”。鼓励在京生产性服务企业服务“一带一路”等国家战略，积极推进国际产能和装备制造合作，加快技术、标准、服务“走出去”步伐，深度融入全球产业链、价值链、物流链。进一步完善金融、人才、信用、监管等配套支撑体系，营造良好发展环境。支持骨干企业、现代新型智库做好境外投资的商务、法律、战略咨询、投融资支持、投资环境评估等配套服务，与国际标准接轨，开展国际化业务。

（十三）聚焦价值链高端环节，引导在京总部企业创新发展

支持在京世界500强、中国500强中的生产性服务企业创新转型发展，发挥人才、资本、技术、管理等方面优势，在京做强创新型研发设计、全球枢纽型营销、高效融资和资金结算、智能制造等高端核心业务，面向全国和全球布局加工制造、售后服务、人力资源外包等产业环节，提高运营管理效率和劳动生产率。鼓励航空航天、高速铁路、新型建材、电子通信等领域企业积极开拓海外市场，有序推进产能转移，带动生产性服务业拓展国际市场。深化本市企业与在京中央企业战略合作和融合发展，鼓励龙头骨干企业协同各类专业服务机构抱团出海，实现跨层级、跨区域、跨国别经营发展。

（十四）培育新型产业组织，壮大多元市场主体

培育产业技术联盟、协同创新联盟、新型商协会等新型产业组织，支持完善产业组织内部的协同研发、技术对接、测试验证机制。做好中央事业单位转制为企业的衔接配套服务，支持市属国有服务类企业改制重组。鼓励非公有制经济和外资企业以独资、参股、控股等方式参与生产性服务业管理与运营。通过壮大多元化主体，激发市场活力，增强服务业市场供给能力。

（十五）完善产业链协作，拓展市场服务空间

落实京津冀协同发展战略，有序疏解非首都功能，不断提升首都科技、信息、金融等生产性服务业辐射作用，与天津市、河北省合作发展节能环保、大数据、新能源、智能终端等新兴产业，合作共建现代物流体系，共同培育服务市场主体，联合组建一批产业技术创新战略联盟，搭建产业融合创新和展示交易平台。用好京冀协同发展产业投资基金、中关村协同创新投资基金、京津冀协同创新科技成果转化创业投资基金，支持重大服务创新项目建设。鼓励拥有关键技术、投资运营、专业服务等核心竞争力的生产性服务企业，通过资本输出、技术输出、管理输出、品牌输出和标准输出等途径，面向全国布局，实现规模化、集团化、连锁化经营，积极开拓市场。

五、搭建共性服务平台

（十六）强化知识产权服务平台，服务创新创业发展

促进知识产权的创造、运用、保护和管理，鼓励各类市场主体拥有自主知识产权。培育一批专业化、规模化、国际化的知识产权服务品牌。建立健全知识产权交易平台和服务体系，培育代理咨询、评估交易、成果转化、保护维权、投融资等专业化、市场化服务机构，提高知识产权服务水平。推动中关村国家知识产权服务业集聚发展示范区、中关村知识产权和标准化一条街建设，打造全国知识产权服务业新业态、新模式的策源地。加大对科技创新活动和科技创新成果的法律保护力度，壮大专利、商标、版权等产业链高端环节，抢占市场竞争制高点。

（十七）完善技术推广服务平台，提高创新成果转化效率

深入落实《北京市人民政府关于大力推进大众创业万众创新的实施意见》（京政发〔2015〕49号），加快首都科技条件平台、中关村开放实验室等建设，推动重大科研设施和科研仪器向生产性服务企业开放。加快国家技术转移集聚区建设，打造辐射全国、链接全球的技术转移枢纽。以创新型孵化器、留学人员创业园、创业孵化示范基地为主体，发展市场化、专业化、网络化的众创空间，完善创业培训、信息咨询、技术研发推广、投融资等创业服务体系。深化央地融合和军民融合创新，促进信息、技术、人才等要素资源流动共享。

（十八）搭建标准化应用服务平台，提升北京服务品牌价值

深入实施首都标准化战略，鼓励各类企业参与标准制定，重点提高研发、咨询、技术转移等领域的标准化和规范化水平，积极支持各类机构将自主知识产权转化为标准，并升级为国际标准，培育壮大标准服务业。推进中关村国家技术标准创新基地建设，搭建标准创新公共服务平台。有序放开检验检测认证市场，培育有国际影响力的第三方检验检测认证机构，提升金融、信息、技术、商务等服务贸易国际竞争力。

（十九）丰富展览展示交易服务平台，促进产业交流合作

提高京交会、科博会等品牌会展国际化程度，引进国际知名的品牌会展在京落户，高水平举办2019中国北京世界园艺博览会，促进北京天竺综合保税区保税展览展示产业发展；支持展馆运营管理企业品牌输出、管理输出，实现国内外会展业资源整合、优势互补。培育发展要素市场，优化交易制度和监管制度，大力支持北京产权交易所等重点交易平台做优做强，积极推动建立京津冀区域一体化的产权、技术、人才等要素市场，促进要素资源高效流转。

（二十）优化人力资源服务平台，集聚全球高端创新人才

充分发挥中关村人才特区政策优势和科研院所、高等学校集聚优势，实施"千人计划""创新人才推进计划"等重大人才工程，优化创新型人才培养和引进体制机制。依托高端产业功能区，高起点、高标准建设金融、信息、科技、商务等专业领域的人才服务体系，引进和培育壮大创新型、应用型、复合型、国际型人才团队，打造多学科、多门类、具有国际影响力的现代新型智库体系。

六、保障措施

（二十一）强化规划引领作用

坚持分类指导、分业促进、分区施策的原则，研究制定"十三五"时期服务业发展规划以及金融、科技、物流等生产性服务业领域专项规划。充分发挥规划的科学引领和统筹协调作用，加强各类规划衔接，强化规划实施监管，促进生产性服务业优化提升。

（二十二）加强空间资源配置

鼓励疏解转移的企事业单位在符合首都城市战略定位和产业政策、符合城乡建设用地减量提质要求的基础上，改造利用老旧商业设施、仓储用房发展生产性服务业。对自有工业用地改造用于自营生产性服务业的工业企业，涉及改变用途的，可采取协议出让方式供地；改造项目应严控建筑增量，在补充城市功能短板的基础上合理确定规划指标，通过优化设计方案提高建筑及环境品质。发挥政府固定资产投资引导作用，加强高端产业功能区基础设施和配套服务体系建设，改造利用和规划建设一批全天候、无时差的国际协同生态智能商务楼宇，提高生产性服务业产业承载能力。

（二十三）完善财税价格支持政策

完善政府采购管理办法，加大政府购买服务力度。深化科研经费管理改革。落实高新技术企业、小微企业各项税收优惠政策。执行生产性服务业用水、用电、用气与工业同价政策；对工业企业剥离出的生产性服务业务，在用水、用电、用气等方面实行与原企业相同的价格政策。

（二十四）创新金融服务

支持社会资本在科技金融、创新创业、非基本公共服务等领域发起设立多主体、多层级的产业投资基金群。鼓励引导金融机构开展符合生产性服务企业特点的金融产品和服务方式创新，支持有条件的企业

在境内外上市。支持生产性服务企业利用全国中小企业股份转让系统、机构间私募产品报价与服务系统、本市区域性股权交易市场规范融资、发展壮大。支持京津冀三地支付清算、异地存储、信用担保、信贷服务等金融服务业态实现同城化。

（二十五）健全统计制度

根据国家生产性服务业分类标准，结合本市实际，不断加强以生产性服务业为代表的新经济活动统计工作，建立与经济结构变化相适应的统计制度，健全动态监测和发展评价机制。

（二十六）加强组织实施

充分发挥市服务业发展领导小组作用，加大统筹协调力度，扎实推进各项工作。市政府相关部门要加强协调配合，在完善规划政策体系、推动重大项目方面形成合力，并主动与国家有关部门沟通对接，争取相关改革试点和重大生产力改造提升项目在京落地。各区政府、各功能区管委会可根据实际情况，制定配套政策和具体实施办法，落实好本意见确定的各项重点任务。

北京市人民政府

二〇一六年六月二十九日

附件：重点任务分工表（略）

北京市教育委员会关于印发《北京高等学校高精尖创新中心建设计划实施方案》的通知

京教研〔2016〕5号

各有关高校：

根据《北京高等学校高精尖创新中心建设计划》（京教研〔2015〕1号）和《北京高等学校高精尖创新中心建设管理办法》（京教研〔2015〕5）号）的规定，市教委制定了《北京高等学校高精尖创新中心建设计划实施方案》，现印发给你们，请结合实际指导中心建设工作。

北京市教育委员会

二〇一六年七月二十日

北京高等学校高精尖创新中心建设计划实施方案

为全面贯彻《国家创新驱动发展战略纲要》，深化科研领域放、管、服改革，加强首都作为全国科技创新中心的建设，更好地推进北京高等学校高精尖创新中心建设计划（以下简称“高精尖计划”）的实施，服务于北京高精尖经济结构的构建，依据《北京高等学校高精尖创新中心建设计划》和《北京高等学校高精尖创新中心建设管理办法（试行）》相关要求，特制定本方案。

一、指导思想

面向世界科技前沿、面向经济主战场、面向国家重大需求，以服务北京和国家创新驱动发展战略为出发点，以体制机制改革为重点，坚持自主创新、重点跨越、支撑发展、引领未来的方针，发挥制度优势，强化战略布局，集中力量，加强协同，凝聚资源，着力建设一批高精尖创新中心，打造科技特区和人才特区，带动和引领北京高校全面深化综合改革，推进世界一流大学和一流学科建设。

二、目标任务

围绕“搭平台、聚人才、接任务、出成果”，依托最有优势的创新单元，整合创新资源，建立目标导向、绩效管理、协同攻关、开放共享的新型运行机制，集中力量建设20个左右集突破型、引领型、平台型于一体的高精尖中心。通过高精尖创新中心建设，着力破除体制机制障碍，充分激发和释放创新活力，全面增强自主创新能力；努力集聚国内外优秀创新人才，有效提升高校人才培养质量；积极搭建国际化高水平创新平台、鼓励学科交叉，推动高校学科发展，助力高校一流学科建设；产出一批有影响力的成果，培养一批高精尖创新人才，推进北京高校争创一流，服务北京构建高精尖经济结构、科技创新中心建设和国家创新驱动发展战略。

三、组织实施

高精尖中心建设计划的组织实施主要包括确定立项标准后开展的规划领域设计、专项调研、论证方案、立项认定等工作。

（一）立项标准

1. 中心建设领域面向国际科技发展前沿，具有重大科学意义，或者面向国家和北京市经济、社会发展重大战略需求，具有重要战略支撑作用。

2. 中心发展规划目标明确、方案可行，能够立足国际学术前沿，瞄准未来科技、经济与社会发展趋势，产出一批有影响力的高水平创新成果，精准解决重大科学问题、产业与社会发展问题，掌握一批尖端科技、核心技术与战略资源，培养一批高水平创新人才，建设成为“高精尖”科技创新和人才培养基地。

3. 中心依托高校在建设领域具有较好的学科基础、科研设施和人才队伍，处于国内领先地位，具有一定的国际影响力，能够进一步汇聚国内外优秀创新人才，建设高水平国际化创新中心。

4. 中心建设符合学校整体发展规划，中心建设能够进一步推动学校一流学科建设、提升科学研究水平、培养一流创新人才，产出重大创新成果，整体提升学校发展水平和国际影响力。

5. 中心采用的组织管理、资源汇聚、人员聘用、考评和激励、人才培养、科研组织等体制机制具有可行性、创新性，能够最大限度激发和释放科研人员创造活力，成为顶尖人才密集、体制机制灵活、创新高度活跃、成果贡献突出的科技特区和人才特区。

6. 中心的依托高校能够协调多方资源、创新体制机制，为中心建设提供必要的场地、设备、人才和经费等基础条件，并为中心聘用的高端创新人才提供政策支持与保障，保障中心建设与运行。

（二）实施程序

1. 总体规划

紧扣国家“十三五”国民经济和社会发展规划部署，全面落实国家教育科技“十三五”发展规划，坚持需求和问题导向，围绕国家和北京长远发展，面向科技前沿、国家和北京重大战略、经济社会发展的关键领域，科学谋划建设方向、结合北京高校优势和特色，布局中心建设。

2. 专项调研

根据重点规划领域和方向，结合北京高校科研优势和基础，开展专项调研，进行政策宣讲，考察各高校承担重大科研任务、服务重大战略的意愿、需求和实力。

3. 高校申报

高校可根据自身优势和特点，按照学校发展规划，整合创新资源，主动承接任务，积极筹划改革、科学论证方案、精心开展培育，向市教委提交建设方案。

4. 宏观论证

高校提交的建设方案经初步审查合格，由市教委组织专家对建设方案进行宏观论证，主要论证中心建设领域和方向是否符合国家和北京市发展战略，中心的建设管理、运行、体制机制是否健全，学校政策保障及配套资源能否满足中心建设需求等。

5. 领域论证

市教委组织专家对通过宏观论证的建设方案进行领域论证，对中心的规划目标、研究方向、组织实施等进行论证等提出意见和建议，并按照"专家评审、择优立项、公平公正、公开透明"的原则，提出是否通过领域论证意见。

6. 立项建设

通过宏观论证和领域论证后，形成拟支持中心名单提交市教委办公会审议，审议通过后报市高精尖领导小组审定，同意的予以立项支持，论证通过后的建设方案将作为高精尖建设计划的实施及评估依据。

四、经费支持

财政专项支持。市财政设立专项资金，对经批准认定的高精尖中心给予持续稳定支持，五年为一个建设周期，每年每个中心给予5000万至1亿元，周期总额度原则上不调整。改革和创新经费使用和管理，建立健全符合科技创新规律的资源配置和使用方式，让经费为中心的建设服务，为科研人员的创新活动服务。专项经费使用按照《北京高等学校高精尖创新中心建设管理办法（试行）》的规定执行。

按需申报预算。经费投入按照"保障总量、按需申报"原则，在实施周期内保障总额度，各高精尖中心根据年度建设任务和需求申报预算，避免当年产生结余资金。

简化年度预算调整。建设周期总额度内原则上70%用于聘任国内外高端人才，各中心可根据建设领域特点和实际需求进行适度调整，报有关部门审核通过后执行。专项经费以依托高校管理为主，各高精尖中心可以根据建设进展在适度范围内调整年度预算，市属高校预算调整事项按程序报市教委审核，央属高校预算调整事项报市教委备案，以上调整事项同时报市财政局备案、备查。

五、责任分工

（一）市教委主要职责

1. 负责成立"北京高等学校高精尖创新中心建设计划领导小组"，其主要负责包括确定高精尖中心总体布局、框架和优先发展领域，加强组织实施的领导与协调，宏观指导高精尖中心建设与运行。领导小组办公室设在市教委。

2. 负责成立"北京高等学校高精尖创新中心建设计划"专家咨询委员会，其主要负责包括对高精尖中心的实施方案提出意见和建议，指导做好高精尖中心建设、考核与评议工作。

3. 负责领导小组日常管理工作，具体包括高精尖计划发展规划、实施方案等相关文件的制定，组织开展高精尖中心方案论证、立项、资助、跟踪管理、中期检查和期末评估等工作。

（二）依托高校主要职责

1. 成立"高精尖计划领导小组"，负责本校高精尖中心的统筹、协调、实施、保障等工作，并设立领导小组办公室，负责本校高精尖计划实施的日常管理工作。

2. 制定并印发本校的高精尖中心建设相关办法、细则、方案等文件，为高精尖中心建设提供政策保障。

3. 协调各种资源为高精尖创新中心建设提供科研条件保障，创新人才管理制度，优化科研组织模式，把高精尖中心建设成为科技特区和人才特区。

4. 审核高精尖创新中心的相关文件、报告、规划等。

5. 向北京市高精尖计划领导小组办公室报送本校高精尖中心建设相关文件、中心报告等。

6. 加强体制机制建设，强化管理职责和义务，创新管理模式，建立健全管理制度，加强对高精尖中心的内部跟踪、管理、审计等。

7. 协助开展高精尖创新中心的方案论证、第三方评估、周期验收、绩效考核等。

（三）高精尖中心主要职责

1. 成立建设管理委员会（或理事会）、学术指导委员会和监督委员会，健全中心规划决策和运行机制、学术机制和监督机制。

2. 具体负责中心建设、管理与运行、人才引进、奖励机制、成果处置等相关办法和细则的起草工作，经依托高校正式发文报北京市高精尖计划领导小组办公备案后实施。

3. 编制中心建设规划，经建设管理委员会（或理事会）、学术指导委员会和监督委员会审议通过，经依托高校核准后，报送北京市高精尖计划领导小组办公室备案。

4. 具体负责中心人才聘用、科学研究、人才培养、社会服务等工作。

5. 组织中心年度自评估工作，形成中心建设情况年度报告，经建设管理委员会（或理事会）、学术指导委员会和监督委员会审议通过后，报依托高校核准后，报北京市高精尖计划领导小组办公室。

6. 组织国际同行评估，在一个建设周期内至少组织一次国际同行评估，评估结果经依托高校审核，报北京市高精尖计划领导小组办公室备案。

7. 接受市教委组织的中期评估、期末综合评议、绩效考核等，并按照要求提供相关材料，配合第三方机构开展评估工作。

六、绩效管理

为了提高高精尖计划的实施效益，市教委按照市财政相关管理办法要求，在高精尖中心建设中引入绩效管理机制，通过合理制定绩效目标和绩效评价推进各高精尖中心的建设工作。

市教委负责编制并上报整个高精尖计划的年度绩效目标，各高精尖中心也应相应制定各自的年度绩效目标。中心绩效目标的制定应全面考虑中心建设的各个环节，并把中心的建设与依托高校发展、学科建设、人才培养结合起来。

高精尖中心建设绩效目标的制定和评价工作应围绕中心建设的几项重要任务，考察中心建设成效。主要包括。

（一）搭建学科前沿、国际化、开放共享的科研平台情况

各高精尖中心要瞄准世界前沿科技，结合国家和北京重大战略需求，依托高校优势科研平台，整合国内外创新资源，深化科研改革、破除体制壁垒，突破机制障碍，营造创新活力竞相迸发的环境和氛围。

（二）汇聚国内乃至全球顶尖科学家参与中心建设的情况

深化人才发展体制机制改革，创新人才培养、评价、流动、激励、引进、保障机制，保障高精尖中心用人主体自主权，构建具有全球竞争力的人才制度，吸引国内外优秀创新人才，营造有利于人才辈出、人尽其才、才尽其用的政策环境，充分激发创新潜能，最大限度释放创造活力。

（三）承接重大科研任务的能力和承接项目情况

强化高精尖中心建设，服务国家战略，打造高精尖中心持续发展能力和竞争力，主动承接国家与北京市的重大科研任务，积极组织、参与国际重大科学计划，增强高精尖中心对国家、北京重大战略和经济社会发展的支撑作用。

（四）取得理论创新和科技创新等重大科研成果的情况

各高精尖坚持需求导向，充分发挥高精尖中心创新优势，结合国家和首都发展的重大课题，瞄准国际前沿攻关，产出一批原创性、有影响力的研究成果，切实解决重大问题，服务于经济社会发展。

（五）推动北京高校“双一流”建设的情况

各高精尖中心要瞄准国家“双一流”建设的战略目标，通过搭建高水平国际化科研平台，以高水平学科

队伍建设为抓手，增强科技创新能力，提高人才培养质量，造就一批杰出人才，力争培养国内乃至国际相关领域的领军人才，成为在国内外具有重大影响的科技创新和人才培养基地，大力推进高校“一流学科、一流大学”的建设。

各高精尖中心应把绩效评价工作纳入中心年度总结和自评工作中。市教委将按照市财政的统一部署，配合相关部门开展高精尖中心的绩效评价工作，加强对高精尖中心建设绩效的管理和控制，并以评价结果作为中心建设的重要参考，从而完成“绩效目标制定——绩效实现——绩效评价——绩效反馈”的闭环管理，通过绩效管理推动高精尖计划的整体实施推进。

对于没有完成年度工作目标，或是工作开展不力的，将在下一年度经费预算时适度减少，甚至停止经费支持。

七、其他

本实施方案由市教委负责解释。

北京市人民政府关于印发《北京市大数据和云计算发展行动计划（2016—2020 年）》的通知

京政发〔2016〕32 号

各区人民政府，市政府各委办局，各市属机构：

现将《北京市大数据和云计算发展行动计划（2016—2020 年）》印发给你们，请结合实际认真贯彻落实。

北京市人民政府

二〇一六年八月三日

北京市大数据和云计算发展行动计划

（2016—2020 年）

为深入贯彻落实《国务院关于促进云计算创新发展培育信息产业新业态的意见》（国发〔2015〕5 号）、《国务院关于印发促进大数据发展行动纲要的通知》（国发〔2015〕50 号）、《国务院办公厅关于运用大数据加强对市场主体服务和监管的若干意见》（国办发〔2015〕51 号）等文件精神，全面推进本市大数据和云计算发展，特制订本行动计划。

一、总体要求

（一）指导思想

深入贯彻落实党的十八大和十八届三中、四中、五中全会精神，深入学习贯彻习近平总书记系列重要讲话和对北京工作的重要指示精神，牢固树立创新、协调、绿色、开放、共享的发展理念，紧紧围绕首都城市战略定位，以夯实发展基础为依托，以推动融合开放为目标，以推进创新应用为核心，以强化安全保障为重点，大力支持大数据、云计算等新一代信息技术发展，释放技术红利、制度红利和创新红利，为疏解非首都功能、构建高精尖经济结构、治理“大城市病”、建设国际一流的和谐宜居之都提供有力支撑。

（二）发展目标

到2020年，大数据和云计算创新发展体系基本建成，成为全国大数据和云计算创新中心、应用中心和产业高地。

——建成国内领先、国际一流的大数据和云计算基础设施，打造具有全国示范水平的基础公共云平台，培育形成完善的大数据和云计算创新创业发展环境。

——公共大数据融合开放取得实质性进展，公共数据开放单位超过90%，数据开放率超过60%，数据开放质量和使用效率大幅提升。

——大数据和云计算在经济社会发展中的应用取得良好效果，打造10个以上大数据和云计算创新应用示范工程，提升政府治理、城市管理、公共服务、产业转型升级的智能化水平。

——培育20家以上面向全球的平台型龙头企业，大数据和云计算从业企业达到500家以上，打造千亿元级产业集群，形成首都新的经济增长点。

二、夯实大数据和云计算发展基础

（一）建设高速宽带网络

加快建设“全光网示范城市”，积极发展移动互联网和新一代移动通信，实现第四代移动通信（4G）网络全覆盖，在北京城市副中心、2019北京世园会园区、北京新机场、2022年冬奥会场馆等率先开展第五代移动通信（5G）网络商用示范。进一步完善高速、安全、泛在的新一代信息通信基础设施，建成覆盖全市平原地区的政务物联数据专网。（责任单位：市通信管理局、市经济信息化委，各区政府）

（二）建设城市物联传感“一张网”

加强对传感器、摄像头、电子标签等物联网感知设备的统筹布局和共建共享，对城市运行保障、生态资源环境等状况实施全方位实时监测和感知。全面推广智能停车场、多功能路灯杆等物联感知集成载体应用，实现各类感知信息的汇聚共享和整合应用。（责任单位：市经济信息化委、市发展改革委、市公安局、市环保局、市规划和国土资源管理委员会、市城市管理委员会、市交通委、市水务局、市安全监管局、市园林绿化局、市民防局、市城管执法局，各区政府）

（三）建设全市统一的基础公共云平台

积极推进市级政务云服务模块化，持续提升政务云服务功能，推动市级各部门的应用系统逐步迁移到市级政务云。全面推进电子政务内网云建设，为电子政务内网应用提供基础支撑服务。组织开展全市重点领域公有云建设试点，为交通、医疗、教育、文化等重点行业提供支撑服务。（责任单位：市经济信息化委、市密码管理局、市发展改革委、市教委、市财政局、市交通委、市文化局、市卫生计生委）

（四）建设大数据和云计算协同创新平台

支持北京大数据研究院建设，鼓励其研制大数据相关标准和规范。推动实现政产学研用联动，推进政府机构、高校、企业开展大数据和云计算技术联合攻关，支持企业和研究机构共同建设大数据工程技术研究中心、企业技术中心、重点实验室和工程实验室，组建大数据产业联盟，促进多方协同创新。（责任单位：市经济信息化委、市科委、市发展改革委、市教委，中关村管委会，海淀区政府）

（五）建设大数据和云计算创新创业服务平台

重点在中关村国家自主创新示范区、北京经济技术开发区等产业聚集区建设一批大数据和云计算创新创业平台，支持互联网龙头企业构建数据创客空间。依托北京市中小企业公共服务平台等载体，为大数据领域的中小微企业和创业者提供法律、知识产权、资金等支撑服务。利用开展竞赛、设立基金等形式，激发大数据领域的创新创业活力。（责任单位：市经济信息化委，中关村管委会、北京经济技术开发区管委会，各区政府）

（六）建设大数据交易汇聚中心

健全数据交易流通的市场化机制，加快北京市大数据交易中心建设，创制数据确权、数据资产、数据服务等交易标准，完善数据交易流通的定价、结算、质量认证等服务体系，规范交易行为，开展规模化的数据交易服务，吸引国内数据在本市流通交易。（责任单位：市经济信息化委、市工商局、市金融局、市知识产权局）

三、推动公共大数据融合开放

（一）健全融合开放体系

依托市信息资源管理中心的人才和技术优势，建立北京市大数据管理中心，建设市级大数据管理平台和公共数据开放平台，重点推动统计、交通、人口、旅游、规划和国土资源管理、住房城乡建设、医疗、教育、信用信息、农业、商务等领域公共大数据的汇聚融合和共享应用。加快推动区级公共大数据汇聚中心建设。（责任单位：市经济信息化委、市编办、市网信办、市发展改革委、市教委、市公安局、市财政局、市规划和国土资源管理委员会、市住房城乡建设委、市交通委、市农委、市商务委、市卫生计生委、市旅游委、市统计局、市园林绿化局、市农业局，各区政府）

（二）培育融合开放环境

加强政务数据的一体化采集，完善公共数据与社会数据的融合共享机制。建立公共数据资源开放共享清单，按照依法保障信息安全、逐步分级开放的原则，推动形成以开放为常态、不开放为例外的公共数据开放共享机制。制订公共数据开放计划，优先开放信用信息、交通、医疗、地理、文化、养老、教育、环保、旅游、农业、统计、气象等领域的公共数据，推动公共数据资源集中开放。引导企业、行业协会、科研机构、社会组织等主动开放数据。（责任单位：市经济信息化委、市网信办、市发展改革委，各区政府）

四、深化大数据和云计算创新应用

（一）在政府治理方面

1. 发展政府决策大数据。建立宏观经济、市场监管、风险预警等方面的大数据决策支撑体系，加强城市运行管理、市场经济行为等各类信息的融合利用，提高决策科学化水平。建立权力运行监管平台，完善基于大数据的权力运行监督体系，依托大数据实现政府负面清单、权力清单和责任清单的透明化管理，推动改进政府治理方式，促进政府简政放权、依法行政。（责任单位：市经济信息化委、市密码管理局、市发展改革委、市监察局、市工商局，各区政府）

2. 发展市场监管大数据。建立公民、法人和其他组织统一的信用代码库，完善全市公共信用信息服务平台功能，依法向社会提供市场主体公共信用信息查询服务，并实现与国家信用信息共享交换平台互联互通。健全失信联合惩戒和守信联合激励机制，构建以信用为核心的新型服务和监管模式，在工商登记、统计调查、质量监管、税收征缴、金融监管、生活必需品供应、食品安全监管、消费维权等领域率先开展大数据示范应用。支持银行、证券、信托、融资租赁、担保、保险等专业机构和行业组织运用大数据创新服务模式。（责任单位：市经济信息化委、市工商局、市网信办、市编办、市发展改革委、市民政局、市商务委、市社会办、市地税局、市质监局、市统计局、市金融局、市食品药品监管局，各区政府）

（二）在城市管理方面

1. 发展交通管理大数据。推进交通、规划、公安、气象等跨部门数据融合，充分整合社会数据，通过设计交通仿真模型、模拟真实路况，为制定缓解交通拥堵措施提供科学依据。吸引社会资源，开展综合交通服务大数据创新应用，提供道路出行、交通引导、路侧停车等服务。（责任单位：市交通委、市公安局公安交通管理局）

2. 发展生态环境大数据。利用物联网自动监测、综合观测等数据，开展区域空气质量预测、预报、预警及决策会商，提高联防联控和应急保障能力，有效支撑大气污染防治工作。建立水、林业、土地等资源智能监测管理体系，开展大数据监测评价和分析，加强生态环境保护。（责任单位：市规划和国土资源管理委员

会、市环保局、市水务局、市园林绿化局)

3. 发展城乡规划与国土资源管理大数据。建设涵盖居住环境、生态环境、公共安全、经济发展和资源节约等领域的城市环境信息系统。推动大数据应用于城市规划建设、国土资源管理、地理国情监测,向社会提供大数据应用服务。(责任单位:市规划和国土资源管理委员会、市住房城乡建设委)

4. 发展公共安全大数据。建设首都公共安全大数据服务平台,在决策指挥、执法办案、治安防控等领域形成公共安全大数据服务体系,提升应对重大突发公共事件的能力。加强安全生产监管大数据应用,推动重点生产企业建立安全生产智能监测管理系统,提高事故监测预警和隐患排查能力。利用大数据提升山区及农村地区灾害风险预警及安全防范能力。(责任单位:市发展改革委、市经济信息化委、市公安局、市农委、市安全监管局)

(三)在公共服务方面

1. 发展市民服务大数据。推行"互联网+政务服务",完善全市统一的互联网政务数据服务平台,研究建立互联网以"北京通"号、政务专网以身份证号为身份标识的电子证照库,在确保信息安全的前提下,实现一窗口受理、一平台共享、一站式服务、一网式办理,并与国家互联网政务数据服务平台实现互联互通。深化法人"一证通"在政务服务领域的应用,不断拓展"北京通"在社保、卫生计生、民政、交通、教育、金融等领域的应用。(责任单位:市经济信息化委、市政务服务办、市发展改革委、市教委、市监察局、市民政局、市人力社保局、市规划和国土资源管理委员会、市住房城乡建设委、市交通委、市卫生计生委、市工商局、市金融局,各区政府)

2. 发展医疗健康大数据。建立电子健康档案、电子病历数据库,建设覆盖公共卫生、医疗服务、医疗保障领域的医疗健康管理和服务大数据应用体系。支持利用社会资源开展预约挂号、分级诊疗、远程医疗、检查检验结果共享、防治结合、医养结合、健康咨询等大数据服务。制定促进医疗健康大数据共享应用的配套政策措施。(责任单位:市卫生计生委)

3. 发展教育大数据。充分发挥首都教育资源优势,完善教育资源公共服务平台,加强基础教育数据收集共享,创新教育大数据服务产品,提供教育教学个性化服务,提升优质教育资源利用效率。鼓励创新网络教学模式,开展教学大数据创新应用,探索发挥大数据对变革教育方式、促进教育公平、提升教育质量的支撑作用。(责任单位:市教委)

4. 发展旅游文化大数据。建立旅游投诉及评价全媒体交互中心,规范旅游市场秩序,提升服务质量。开展游客、旅游资源智能统计分析,实现重点景区游客流量的监控、预警和分流疏导。加大数字图书馆、数字档案馆、数字博物馆等公益设施的建设力度,构建文化传播大数据综合服务平台,开展个性化文化服务。(责任单位:市旅游委、市文化局、市文资办)

5. 发展社会保障大数据。建立社会保险大数据和云计算服务体系,开展就业和社会保险大数据服务。建立以养老服务、社会救助、社会福利为核心的民政大数据应用体系,支持社会力量对民政大数据资源进行增值开发和创新应用。(责任单位:市民政局、市人力社保局)

(四)在产业转型升级方面

1. 发展工业大数据。推进大数据在新能源智能汽车、集成电路、智能制造、通用航空与卫星等领域的应用。建设工业智能制造云服务平台,提供研发设计、生产、经营等全流程云服务。引导制造业龙头企业开放数据和服务资源,提升产业竞争力。选择重点行业、典型企业开展工业大数据、云计算服务应用创新试点。(责任单位:市经济信息化委、市科委、市国资委,中关村管委会、北京经济技术开发区管委会,各区政府)

2. 发展农业大数据。推进大数据、云计算、物联网等新一代信息技术在农业领域的创新应用,为农业生产智能化、农业资源环境监测、农业自然灾害预测预报、动物疫病和植物病虫害监测预警、农产品质量安全追溯、农产品产销信息监测预警等提供可靠的数据服务。发展智慧农业,建立面向农业农村的公共信息服务平台,鼓励企业参与智慧乡村建设,为农民生产生活提供综合、高效、便捷的信息服务。(责任单位:市农委、市农业局)

3. 发展服务业大数据。推进大数据在新一代健康诊疗、金融、电子商务等行业的应用,利用大数据支持品牌建立、产品定位、精准营销、质量诚信提升和定制服务等。支持征信机构利用大数据技术开展征信产品创新,鼓励发展信用咨询、信用评估、信用担保和信用保险等信用服务业,为社会提供专业化的征信服务。创新知识产权服务模式,发展知识产权大数据,培育知识产权服务业。积极推进科学大数据和知识服务大数据应用。(责任单位:市商务委、市经济信息化委、市科委、市工商局、市金融局、市知识产权局,人民银行营业管理部,各区政府)

4. 发展大数据和云计算产业。重点突破海量数据存储、数据清洗、可视化、分析挖掘及人工智能等关键核心技术,建立一批适应各行业的大数据应用模型,探索下一代互联网、第五代移动通信、卫星导航等新技术与大数据、云计算技术的融合创新,形成一批具有国际竞争力的技术和产品。完善大数据产业链布局,在关键核心领域培育龙头企业,发展基于大数据的文化创意、远程教育、健康服务、互联网金融、测绘地理信息服务等新兴服务业态。组织实施"祥云工程3.0",充分发挥首都软件企业技术、人才优势,鼓励软件企业创新服务和商业模式,拓展云服务业务。引导并推动大数据、云计算企业与系统集成企业开展战略合作,支持有条件的产业园区建设大数据产业园。(责任单位:市经济信息化委、市科委、市发展改革委、市网信办,中关村管委会、北京经济技术开发区管委会,各区政府)

(五)在京津冀协同发展方面

立足京津冀各自特色和比较优势,加快大容量骨干网络设施建设,扩大基础设施物联网覆盖范围,推动数据中心整合利用,创建京津冀大数据综合试验区。围绕2022年冬奥会筹办以及环境保护、健康医疗、交通、旅游、教育等重点领域,探索建立大数据一体化协同发展格局。深化京津冀大数据产业对外开放,深入开展大数据国际交流与合作。(责任单位:市发展改革委、市经济信息化委、市教委、市科委、市环保局、市交通委、市卫生计生委、市旅游委、市统计局、市通信管理局,中关村管委会)

五、强化大数据和云计算安全保障

(一)完善安全保障体系

加强大数据、云计算、物联网的安全问题研究,建立健全具有大数据时代特征的信息安全保障机制,做好政务、金融、交通、能源、电信、公共安全等重点领域关键信息基础设施的安全评估、监测预警、事故处置工作,提高安全防护水平。明确数据采集、传输、存储、使用、开放等各环节网络安全保障范围边界、责任主体和具体要求,完善安全保密管理措施,加强对涉及国家利益、公共安全、商业秘密、个人隐私等信息的保护,切实保障数据安全。(责任单位:市网信办、市经济信息化委、市密码管理局、市公安局、市科委、市国家保密局,各区政府)

(二)提升安全支撑能力

建设大数据网络安全态势感知系统,推进政府、行业、企业间网络风险信息共享,提高网络安全重大风险识别处置能力。大力推进安全可信产品应用,支持企业开展自主可控软硬件产品研发,提升重点领域关键设备的安全可靠水平。(责任单位:市网信办、市经济信息化委、市密码管理局、市科委、市公安局,各区政府)

六、支持大数据和云计算健康发展

(一)建立组织推进机制

各区政府、市政府各有关部门要切实加强对大数据和云计算发展工作的组织领导,健全工作机制,明确职责分工,将大数据和云计算发展纳入本地区、本部门、本行业发展规划,制定具体实施方案,狠抓各项工作落实。充分发挥北京市信息化专家咨询委员会作用,为大数据和云计算发展提供决策咨询服务。(责任单位:市经济信息化委、市编办、市网信办、市发展改革委、市监察局、市财政局、市审计局,各区政府)

(二)加大政策支持力度

充分发挥财政资金的引导作用,完善政府采购大数据、云计算产品和服务的配套政策,加大对政府部门与企业合作开发大数据和云计算产品的支持力度，支持大数据和云计算重点项目的研发和产业化。利用政府引导基金，吸引社会投资参与大数据、云计算相关建设专项和重点项目，为大数据和云计算企业发展创造更加宽松的政策环境。（责任单位：市财政局、市发展改革委、市经济信息化委，各区政府）

（三）培养高端专业人才

鼓励市属高校、研究机构、中介组织等加强对大数据和云计算专业型、创新型、复合型人才的培养，建立人才激励机制，营造有利于人才创新发展的环境。积极推进大数据和云计算相关国际交流与合作，引进国际顶尖人才团队。引导企业与国际领先企业加强关键技术、产品的研发合作，支持企业参与全球市场竞争。（责任单位：市教委、市人力社保局、市经济信息化委、市科委、市商务委、市政府外办，中关村管委会、北京经济技术开发区管委会，各区政府）

（四）加快制度标准建设

积极推动《北京市信息化促进条例》修订工作，完善政务云统筹管理制度、政务数据开放共享制度、数据安全管理制度以及政企合作制度，制定个人数据信息保护制度，为大数据和云计算健康发展提供保障。研究制定大数据和云计算的相关标准和行业规范，积极争取国家标准验证和应用验证试点，形成与大数据采集汇聚、开放共享、规范使用、创新应用等相配套的标准规范体系。（责任单位：市经济信息化委、市质监局、市公安局、市政府法制办，各区政府）

北京市财政局、北京市地方税务局
转发《财政部、国家税务总局关于国家大学科技园
税收政策的通知》

京财税〔2016〕2110号

各区财政局、地方税务局，市地税局直属单位：

现将《财政部、国家税务总局关于国家大学科技园税收政策的通知》（财税〔2016〕98号）转发给你们，请遵照执行。

附件：财政部、国家税务总局关于国家大学科技园税收政策的通知（财税〔2016〕98号）

北京市财政局

北京市地方税务局

二〇一六年十月十八日

附件

财政部、国家税务总局关于国家大学科技园税收政策的通知

财税〔2016〕98 号

各省、自治区、直辖市、计划单列市财政厅（局）、国家税务局、地方税务局，新疆生产建设兵团财务局：

经国务院批准，现就国家大学科技园（以下简称“科技园”）有关税收政策通知如下。

一、自 2016 年 1 月 1 日至 2018 年 12 月 31 日，对符合条件的科技园自用以及无偿或通过出租等方式提供给孵化企业使用的房产、土地，免征房产税和城镇土地使用税；自 2016 年 1 月 1 日至 2016 年 4 月 30 日，对其向孵化企业出租场地、房屋以及提供孵化服务的收入，免征营业税；在营业税改征增值税试点期间，对其向孵化企业出租场地、房屋以及提供孵化服务的收入，免征增值税。

二、符合非营利组织条件的科技园的收入，按照企业所得税法及其实施条例和有关税收政策规定享受企业所得税优惠政策。

三、享受本通知规定的房产税、城镇土地使用税以及营业税、增值税优惠政策的科技园，应当同时符合以下条件。

（一）科技园符合国家大学科技园条件。国务院科技和教育行政主管部门负责发布国家大学科技园名单。

（二）科技园将面向孵化企业出租场地、房屋以及提供孵化服务的业务收入在财务上单独核算。

（三）科技园提供给孵化企业使用的场地面积（含公共服务场地）占科技园可自主支配场地面积的 60% 以上（含 60%），孵化企业数量占科技园内企业总数量的 75% 以上（含 75%）。

公共服务场地是指科技园提供给孵化企业共享的活动场所，包括公共餐厅、接待室、会议室、展示室、活动室、技术检测室和图书馆等非营利性配套服务场地。

四、本通知所称“孵化企业”应当同时符合以下条件。

（一）企业注册地及主要研发、办公场所在科技园的工作场地内。

（二）新注册企业或申请进入科技园前企业成立时间不超过 3 年。

（三）企业在科技园内孵化的时间不超过 48 个月。海外高层次创业人才或从事生物医药、集成电路设计等特殊领域的创业企业，孵化时间不超过 60 个月。

（四）符合《中小企业划型标准规定》所规定的小型、微型企业划型标准。

（五）单一在孵企业使用的孵化场地面积不超过 1000 平方米。从事航空航天、现代农业等特殊领域的单一在孵企业，不超过 3000 平方米。

（六）企业产品（服务）属于科学技术部、财政部、国家税务总局印发的《国家重点支持的高新技术领域》规定的范围。

五、本通知所称“孵化服务”是指为孵化企业提供的属于营业税“服务业”税目中“代理业”“租赁业”和“其他服务业”中的咨询和技术服务范围内的服务，改征增值税后是指为孵化企业提供的“经纪代理”“经营租赁”“研发和技术”“信息技术”和“鉴证咨询”等服务。

六、国务院科技和教育行政主管部门负责组织对科技园是否符合本通知规定的各项条件定期进行审核确认，并向纳税人出具证明材料，列明纳税人用于孵化的房产和土地的地址、范围、面积等具体信息，并发送给国务院税务主管部门。

纳税人持相应证明材料向主管税务机关备案，主管税务机关按照《税收减免管理办法》等有关规定，以及国务院科技和教育行政主管部门发布的符合本通知规定条件的科技园名单信息，办理税收减免。

财政部
国家税务总局
二〇一六年九月五日

北京市财政局、北京市国家税务局、北京市地方税务局转发《财政部、国家税务总局关于完善股权激励和技术入股有关所得税政策的通知》

京财税〔2016〕2122 号

各区财政局、国家税务局、地方税务局，市国家税务局直属税务分局，市地税局直属分局：

现将《财政部、国家税务总局关于完善股权激励和技术入股有关所得税政策的通知》（财税〔2016〕101 号）转发给你们，请遵照执行。

附件：财政部、国家税务总局关于完善股权激励和技术入股有关所得税政策的通知

北京市财政局
北京市国家税务局
北京市地方税务局
二〇一六年十月二十四日

附件

财政部、国家税务总局关于完善股权激励和技术入股有关所得税政策的通知

财税〔2016〕101 号

各省、自治区、直辖市、计划单列市财政厅（局）、国家税务局、地方税务局，新疆生产建设兵团财务局：

为支持国家大众创业、万众创新战略的实施，促进我国经济结构转型升级，经国务院批准，现就完善股权激励和技术入股有关所得税政策通知如下。

一、对符合条件的非上市公司股票期权、股权期权、限制性股票和股权奖励实行递延纳税政策

（一）非上市公司授予本公司员工的股票期权、股权期权、限制性股票和股权奖励，符合规定条件的，经向主管税务机关备案，可实行递延纳税政策，即员工在取得股权激励时可暂不纳税，递延至转让该股权时纳税；股权转让时，按照股权转让收入减除股权取得成本以及合理税费后的差额，适用“财产转让所得”项目，按照 20% 的税率计算缴纳个人所得税。

股权转让时，股票（权）期权取得成本按行权价确定，限制性股票取得成本按实际出资额确定，股权奖励取得成本为零。

（二）享受递延纳税政策的非上市公司股权激励（包括股票期权、股权期权、限制性股票和股权奖励，下同）须同时满足以下条件。

1. 属于境内居民企业的股权激励计划。

2. 股权激励计划经公司董事会、股东（大）会审议通过。未设股东（大）会的国有单位，经上级主管部门审核批准。股权激励计划应列明激励目的、对象、标的、有效期、各类价格的确定方法、激励对象获取权益的条件、程序等。

3. 激励标的应为境内居民企业的本公司股权。股权奖励的标的可以是技术成果投资入股到其他境内居民企业所取得的股权。激励标的股票（权）包括通过增发、大股东直接让渡以及法律法规允许的其他合理方式授予激励对象的股票（权）。

4. 激励对象应为公司董事会或股东（大）会决定的技术骨干和高级管理人员，激励对象人数累计不得超过本公司最近6个月在职职工平均人数的30%。

5. 股票（权）期权自授予日起应持有满3年，且自行权日起持有满1年；限制性股票自授予日起应持有满3年，且解禁后持有满1年；股权奖励自获得奖励之日起应持有满3年。上述时间条件须在股权激励计划中列明。

6. 股票（权）期权自授予日至行权日的时间不得超过10年。

7. 实施股权奖励的公司及其奖励股权标的公司所属行业均不属于《股权奖励税收优惠政策限制性行业目录》范围。公司所属行业按公司上一纳税年度主营业务收入占比最高的行业确定。

（三）本通知所称股票（权）期权是指公司给予激励对象在一定期限内以事先约定的价格购买本公司股票（权）的权利；所称限制性股票是指公司按照预先确定的条件授予激励对象一定数量的本公司股权，激励对象只有工作年限或业绩目标符合股权激励计划规定条件的才可以处置该股权；所称股权奖励是指企业无偿授予激励对象一定份额的股权或一定数量的股份。

（四）股权激励计划所列内容不同时满足第一条第（二）款规定的全部条件，或递延纳税期间公司情况发生变化，不再符合第一条第（二）款第4至6项条件的，不得享受递延纳税优惠，应按规定计算缴纳个人所得税。

二、对上市公司股票期权、限制性股票和股权奖励适当延长纳税期限

（一）上市公司授予个人的股票期权、限制性股票和股权奖励，经向主管税务机关备案，个人可自股票期权行权、限制性股票解禁或取得股权奖励之日起，在不超过12个月的期限内缴纳个人所得税。《财政部、国家税务总局关于上市公司高管人员股票期权所得缴纳个人所得税有关问题的通知》（财税〔2009〕40号）自本通知施行之日起废止。

（二）上市公司股票期权、限制性股票应纳税款的计算，继续按照《财政部、国家税务总局关于个人股票期权所得征收个人所得税问题的通知》（财税〔2005〕35号）、《财政部、国家税务总局关于股票增值权所得和限制性股票所得征收个人所得税有关问题的通知》（财税〔2009〕5号）、《国家税务总局关于股权激励有关个人所得税问题的通知》（国税函〔2009〕461号）等相关规定执行。股权奖励应纳税款的计算比照上述规定执行。

三、对技术成果投资入股实施选择性税收优惠政策

（一）企业或个人以技术成果投资入股到境内居民企业，被投资企业支付的对价全部为股票（权）的，企业或个人可选择继续按现行有关税收政策执行，也可选择适用递延纳税优惠政策。

选择技术成果投资入股递延纳税政策的，经向主管税务机关备案，投资入股当期可暂不纳税，允许递延至转让股权时，按股权转让收入减去技术成果原值和合理税费后的差额计算缴纳所得税。

（二）企业或个人选择适用上述任一项政策，均允许被投资企业按技术成果投资入股时的评估值入账并在企业所得税前摊销扣除。

（三）技术成果是指专利技术（含国防专利）、计算机软件著作权、集成电路布图设计专有权、植物新品种权、生物医药新品种，以及科技部、财政部、国家税务总局确定的其他技术成果。

（四）技术成果投资入股，是指纳税人将技术成果所有权让渡给被投资企业、取得该企业股票（权）的行为。

四、相关政策

（一）个人从任职受雇企业以低于公平市场价格取得股票（权）的，凡不符合递延纳税条件，应在获得股票（权）时，对实际出资额低于公平市场价格的差额，按照“工资、薪金所得”项目，参照《财政部、国家税务总局关于个人股票期权所得征收个人所得税问题的通知》（财税〔2005〕35 号）有关规定计算缴纳个人所得税。

（二）个人因股权激励、技术成果投资入股取得股权后，非上市公司在境内上市的，处置递延纳税的股权时，按照现行限售股有关征税规定执行。

（三）个人转让股权时，视同享受递延纳税优惠政策的股权优先转让。递延纳税的股权成本按照加权平均法计算，不与其他方式取得的股权成本合并计算。

（四）持有递延纳税的股权期间，因该股权产生的转增股本收入，以及以该递延纳税的股权再进行非货币性资产投资的，应在当期缴纳税款。

（五）全国中小企业股份转让系统挂牌公司按照本通知第一条规定执行。

适用本通知第二条规定的上市公司是指其股票在上海证券交易所、深圳证券交易所上市交易的股份有限公司。

五、配套管理措施

（一）对股权激励或技术成果投资入股选择适用递延纳税政策的，企业应在规定期限内到主管税务机关办理备案手续。未办理备案手续的，不得享受本通知规定的递延纳税优惠政策。

（二）企业实施股权激励或个人以技术成果投资入股，以实施股权激励或取得技术成果的企业为个人所得税扣缴义务人。递延纳税期间，扣缴义务人应在每个纳税年度终了后向主管税务机关报告递延纳税有关情况。

（三）工商部门应将企业股权变更信息及时与税务部门共享，暂不具备联网实时共享信息条件的，工商部门应在股权变更登记 3 个工作日内将信息与税务部门共享。

六、本通知自 2016 年 9 月 1 日起施行。

中关村国家自主创新示范区 2016 年 1 月 1 日至 8 月 31 日之间发生的尚未纳税的股权奖励事项，符合本通知规定的相关条件的，可按本通知有关政策执行。

财政部

国家税务总局

二○一六年九月二十日

北京市人民政府办公厅关于印发《北京市促进科技成果转移转化行动方案》的通知

京政办发〔2016〕50号

各区人民政府，市政府各委办局，各市属机构：

《北京市促进科技成果转移转化行动方案》已经市政府同意，现印发给你们，请认真贯彻落实。

北京市人民政府办公厅
二〇一六年十一月二日

北京市促进科技成果转移转化行动方案

为深入贯彻落实《中华人民共和国促进科技成果转化法》和《国务院关于印发实施〈中华人民共和国促进科技成果转化法〉若干规定的通知》（国发〔2016〕16号）、《国务院办公厅关于印发〈促进科技成果转移转化行动方案〉的通知》（国办发〔2016〕28号）精神，加快推动科技成果转化为现实生产力，努力构建高精尖经济结构，为首都经济持续健康发展提供有力支撑，特制定本方案。

一、总体思路

深入学习贯彻习近平总书记系列重要讲话和对北京工作的重要指示精神，认真贯彻落实全国科技创新大会精神，牢固树立创新、协调、绿色、开放、共享的发展理念，牢牢把握首都城市战略定位，全面实施创新驱动发展战略，按照多主体参与、全要素设计、全链条部署的思路，继续强化技术、资本、人才、服务等创新资源的深度融合与优化配置，建立健全符合科技创新规律和市场经济规律的科技成果转移转化体系，努力构建以企业技术创新需求为导向、以市场化交易平台为载体、以专业化服务机构为支撑的科技成果转移转化新格局，不断提升科技成果转移转化效率和整体服务能力，为建设全国科技创新中心和率先全面建成小康社会做出更大贡献。

二、基本原则

坚持市场导向。充分发挥市场在配置科技创新资源中的决定性作用，强化企业转移转化科技成果的主体地位，推进产学研协同创新；健全技术创新市场导向机制，大力发展技术市场，培育新技术新产品（服务）应用的市场环境。

坚持政府引导。加快转变政府职能，强化政府在科技成果转移转化中的战略规划、政策制定、平台建设、人才培养、公共服务等职能，加强科技成果转移转化服务体系建设，营造有利于科技成果转移转化的良好环境。

坚持机制创新。遵循科学研究、技术创新、成果转化规律，发挥资本、人才、服务在科技成果转移转化中的催化作用，探索科技成果转移转化新模式，破除制约科技成果转移转化的体制机制障碍，激发全社会创新活力和潜力。

坚持协同推进。立足首都科技创新资源禀赋和特点，健全跨领域、跨部门、跨区域的协同机制，推进产业链、创新链、资金链的有机融合，在资源配置、任务落实等方面形成促进科技成果转移转化的合力。

三、发展目标

科技成果转移转化制度环境更加优化，科技成果转移转化体系全面建成，企业、高等学校、科研院所等创新主体科技成果转移转化能力显著提高，新技术、新产业、新业态蓬勃发展，大众创新创业更加活跃，以创新为引领的产业体系率先形成，科技创新对构建高精尖经济结构和服务保障民生的支撑作用进一步增强，成为国家科技成果转移转化的示范区和全球创新网络的重要节点。

“十三五”时期，建设一批支撑实体经济发展的众创空间，建成一批示范性技术转移机构，推动一批重大科技成果转化应用，培育一批技术创新、应用服务创新和商业模式创新融合的新业态，催生一批具有全球影响力的创新型企业和品牌。各类孵化机构在孵企业数量超过10000家，技术交易实现增加值占地区生产总值的比重保持在9%左右。

四、重点任务

（一）汇集发布科技成果信息

1. 建立全市统一的科技成果信息系统。制定科技成果信息采集、加工与服务规范，推动各类科技计划、科技奖励成果数据互联互通，构建科技成果转化项目库与数据服务平台，促进科技成果信息共享。

2. 加强科技成果信息汇集。建立健全科技成果信息汇集工作机制，推广科技成果在线登记系统，畅通科技成果信息收集渠道。加强科技成果管理与科技计划项目管理有机衔接，明确由财政资金设立的应用类科技项目承担单位的科技成果转化义务，开展应用类科技项目成果以及基础研究中具有应用前景的科研项目成果信息汇集。鼓励非财政资金资助的科技成果进行信息汇集。

3. 实施科技报告和科技成果转化年度报告制度。利用财政资金设立的科技项目，承担单位要按照规定及时提交相关科技报告，并将科技成果和相关知识产权信息提交科技成果信息系统。鼓励利用非财政资金设立的科技项目承担单位提交相关科技报告。完善科技报告共享服务机制，将科技报告提交和共享情况作为对科技项目承担单位后续支持的依据。高等学校、科研院所、医疗机构等单位要按照规定格式，于每年3月31日前向主管部门报告本单位上一年度科技成果转化情况，主管部门审核后于每年4月30日前将各单位科技成果转化年度报告提交科技成果信息系统。

4. 强化科技成果数据资源开发利用。围绕传统产业转型升级、新兴产业培育发展需求，鼓励各类机构运用云计算、大数据等新一代信息技术，积极开展科技成果信息增值服务，提供符合用户需求的精准科技成果信息。加强科技成果、科技报告、科技文献、知识产权、标准等的信息化关联，在规划制定、计划管理、战略研究等方面充分利用科技成果资源。

5. 发布科技成果包。围绕新一代移动通信、数字化制造、生物医药、新能源汽车、轨道交通、生态环保、城市管理、食品安全等重点领域，以需求为导向，发布一批符合构建高精尖经济结构方向、对促进城市可持续发展和保障重大民生需求具有支撑作用的科技成果包。

（二）释放创新主体科技成果转移转化活力

6. 推动企业加强科技成果转化应用。支持企业与高等学校、科研院所等单位联合设立研发机构或技术转移机构，共同开展研究开发、成果应用与推广、标准研究与制定等。运用“互联网+”，探索开展企业技术难题竞标等“研发众包”模式，引导科技人员、高等学校、科研院所承接企业的项目委托和难题招标。完善技术成果向企业转移扩散机制，支持企业引进国内外先进适用技术，开展技术革新与改造升级。完善新技术新产品（服务）采购支持政策，加大对创新产品和服务的采购力度。完善市属国有企业创新考核机制，将科技研发费用、技改资金投入以及人才培养经费视同企业净利润，鼓励企业加大创新投入。

7. 推进科技成果使用权和处置权改革。高等学校、科研院所、医疗机构等单位对其持有的科技成果，可自主决定转让、许可或作价投资，除涉及国家秘密、国家安全外，不需审批或备案；有权依法以持有的科技成果作价入股确认股权和出资比例，并通过发起人协议、投资协议或公司章程等形式对科技成果的权属、作价、折股数量或出资比例等事项明确约定，明晰产权。根据国家和本市促进科技成果转化相关政策，健全科技成果转化重大事项领导班子集体决策制度，建立符合科技成果转化规律的市场定价机制，落实科技成果转化尽职免责制度。

8. 深化科技成果收益权改革。高等学校、科研院所、医疗机构等单位转化科技成果所获得的收入全部留归单位，纳入单位预算，扣除对完成和转化职务科技成果做出重要贡献人员的奖励和报酬后，应主要用于科技研发与成果转化等相关工作，并对技术转移机构的运行和发展给予保障。

（三）激发科技人员科技成果转移转化动力

9. 完善科技成果转移转化评价机制。推动高等学校、科研院所、医疗机构等单位建立符合人事管理需要和科技成果转化工作特点的职称评定、岗位管理和考核评价制度。中关村国家自主创新示范区内的高等学校、科研院所、医疗机构等单位中从事科技成果转化和产业化的科技人员可列入示范区高端领军人才专业技术资格评价试点范围，评价合格的可获得正高级专业技术资格。

10. 健全科技成果转移转化激励机制。落实科技成果转化所获收益可按70%及以上比例用于对科技人员奖励的政策。加强对高等学校、科研院所等单位科技人员在岗和离岗创新创业政策保障，鼓励和引导科技人员兼职、离岗从事科技成果转化活动。高等学校、科研院所、医疗机构等单位正职领导，是科技成果的主要完成人或对科技成果转化做出重要贡献的，可按有关规定获得现金奖励（原则上不得获取股权激励）；其他担任领导职务的科技人员，可按有关规定获得现金、股份或出资比例等奖励和报酬。对担任领导职务的科技人员的科技成果转化收益分配实行公开公示制度。研究探索高等学校、科研院所、医疗机构等单位领导干部任正职前在科技成果转化中获得股权的代持制度。

（四）强化科技成果转移转化市场化服务

11. 建立技术市场信息网络服务平台。以"互联网＋"科技成果转移转化为核心，探索引入市场化机制，打造政府与社会资本合作共建、以企业为运营主体、按照市场规则运行的技术市场信息网络服务平台，促进供需对接，实现技术交易信息资源共享。加快建设北京技术市场监测与信息发布系统，实现技术交易信息实时监测、潜在技术交易供需信息实时发布以及新技术新产品（服务）定期在线发布等功能。

12. 培育技术转移服务机构。积极支持从事技术交易、技术评估、技术投融资、信息咨询等活动的技术转移服务机构发展，完善专业化、市场化、国际化的技术转移服务体系。鼓励有条件的高等学校、科研院所等单位建设专业化技术转移服务机构，以产业需求为导向，探索应用研发、技术转移、创业孵化、创业投资相互融合的新型服务模式。

13. 强化技术转移服务机构功能。完善技术转移服务标准和规范，加强技术产权交易等平台建设，形成统一开放、线上与线下结合、产学研协同的技术市场体系。充分发挥技术转移服务机构的成果筛选、市场化评估、融资服务、成果推介等作用，鼓励企业探索新的商业模式和科技成果产业化新路径，加速重大科技成果转化应用。推进"互联网＋"技术转移服务，积极发展基于新一代信息技术的新型服务，引导技术转移服务机构从"点对点"服务向综合服务模式升级。提高大学科技园、生产力促进中心、科技企业孵化器等机构的专业化服务水平，为初创期科技型中小企业提供科技成果转移转化服务。

14. 完善技术市场统计监测体系。完善技术合同网络登记和智能统计分析系统，建立健全科技、商务、税务、统计等部门技术交易数据交换和资源共享机制。推进技术交易信息统计方式创新，运用大数据等新技术，挖掘分析技术交易数据，绘制技术交易地图。

15. 加强知识产权服务和质量标准建设。推动全国知识产权运营公共服务平台建设，加快建设国家知识产权服务业集聚发展示范区。培育知识产权新兴服务业态，支持服务机构提高知识产权分析评议、运营实施、评估交易、保护维权、投融资等服务水平。完善质量诚信体系，形成一批品牌形象突出、服务平台完备、质量水平一流的优势企业和产业集群。健全技术创新、专利保护与标准化互动支撑机制，推动更多应用类科技成果转化为技术标准。

（五）建设科技成果中间性试验与产业化载体

16. 加强科技成果转化基地建设。聚焦节能环保、新一代信息技术、生物技术、高端装备制造、新能源、新材料、新能源汽车、航空航天等战略性新兴产业领域，打造一批科技成果转化基地，开展技术标准研究制定、科技成果示范应用、公共服务平台建设等工作。推动技术开发类科研基地合理布局和功能整合，促进科研基地科技成果转移转化，推动更多企业和产业发展亟须的共性技术成果扩散与转化应用。

17. 强化科技成果中试熟化。围绕特色产业发展、中小企业技术创新需求，建设工程（技术）研究中心、企业技术中心等技术创新服务平台，提供从实验研究、中试熟化到生产过程所需的仪器设备、中试生产线等资源，开展研发设计、检验检测认证、科技咨询、技术标准、知识产权、投融资等服务。

18. 推动产业技术创新联盟建设。鼓励行业骨干企业联合产业链上下游企业以及高等学校、科研院所等单位共建产业技术创新联盟，开展技术创新、标准创制、成果推广应用等工作，承担重大科技成果转化项目，探索联合攻关、利益共享、知识产权运营的有效机制与模式。发挥首都创新大联盟的牵头作用，搭建产业技术创新以及科技成果转移转化公共服务平台，推动跨领域跨行业协同创新。

19. 拓展科技成果产业化承接空间。按照框定总量、限定容量、盘活存量、做优增量、提高质量的原则，完善配套服务体系，增强产业承载能力，加快推进产业空间整合与功能升级，培育各具特色的优势产业集群。完善中关村国家自主创新示范区发展机制，强化规划控制、产业布局、空间利用等方面的统筹协调，促进产城融合发展。

（六）强化央地协同推动科技成果转移转化

20. 促进中央企业创新成果在京落地转化。共同打造中央企业科技成果转移转化平台，通过转让、许可、投资、授权等多种方式推动科技成果产业化。促进中央在京企业开展股权激励和收益分配先行先试，探索科技人员以科技成果入股、员工持股等方式组建成果转化项目公司，发展混合所有制科技型企业。发挥中央企业创新投资基金引导作用，吸引社会资本参与科技成果转化和产业化。落实北京未来科技城科技创新行动计划，集聚一批高层次人才，建成一批高水平研发平台，形成一批高水平科技成果，推动一批科技成果实现产业化。

21. 引导在京高等学校创新资源服务首都发展。围绕搭平台、聚人才、接任务、出成果，加快推动首都高等学校协同建设一批高精尖创新中心，在科学与新兴技术、未来芯片技术、大数据科学与脑机智能、软物质科学与工程等领域开展高水平创新，力争在关键核心技术上取得突破，形成一批有影响力的成果。引导创新成果与首都产业对接，向现实生产力转化，为构建高精尖经济结构提供有力支撑。

22. 推进中央在京科研院所创新成果在京落地转化。对接中央在京科研院所，搭建新技术孵育转化中心等成果转移转化平台，统筹推进一批重大科技成果转化和产业化。推动实施科技服务网络计划，围绕首都产业需求开展技术攻关、技术转移与示范、知识产权运营等。深化与中国科学院的合作，组织实施"十三五"时期院市合作推进全国科技创新中心建设行动计划，共建怀柔科学城。

23. 开展军民融合科技成果转移转化。充分发挥国家军民融合公共服务平台、全军武器装备采购信息网等平台作用，加强军地信息交互，促进军地需求对接，推动高科技企业参与军队装备、物资采购。推进具有军民融合特色的产业园区建设，支持信息安全、智能制造等军民两用科技成果转化和产业化。

24. 建设协同创新研究院等协同创新平台。引导和支持在京高等学校、科研院所等单位和行业龙头企业加强协同协作，加快建设一批以科技成果转移转化为目标的产业技术研究院和新型研发机构，促进高等学校、科研院所等单位的科技成果和科研团队与企业需求对接，推动知识、技术、产品与产业深度融合。

（七）促进科技成果跨区域转移转化

25. 建设京津冀区域科技成果转移转化平台。依托本市新技术新产品（服务）采购平台，支持京津冀区域新技术新产品（服务）和首台（套）重大技术装备进入市场。发挥京津冀技术转移协同创新联盟等平台作用，促进区域技术转移合作。支持在京高等学校、科研院所等单位在津冀地区建立孵化器等技术转移转化平台。充分发挥首都科技大数据平台作用，为京津冀区域企业、高等学校、科研院所等单位提供技术转移转化服务。

26. 发挥在全国科技成果转移转化中的示范引领作用。以“一站一台”(首都科技条件平台合作站和北京技术市场服务平台)为核心,建立跨区域科技条件和科技成果信息平台以及成果转移转化绿色通道,促进技术交易、知识产权保护、创业投资协作以及科技咨询服务的跨区域交流合作,实现创新资源共享。加快建设国家技术转移集聚区,以中关村国家自主创新示范区核心区域——中关村西区为核心,集聚一批技术转移服务机构,打造国家技术转移示范区。

27. 加强国际科技成果转移转化合作。吸引国际高端创新机构、跨国公司研发中心、国际科技组织在京落户。发挥中国国际技术转移中心、中意技术转移中心等平台作用,建设国际技术转移协作网络,吸引国际高端科技成果在京落地,形成面向全球的技术转移集聚区。继续办好中国(北京)跨国技术转移大会、中国北京国际科技产业博览会等国际性会议会展,建设具有全球影响力的科技创新成果展示、发布和交流中心。鼓励企业通过对外直接投资、技术转让与许可等方式实施外向型技术转移。鼓励企业在海外设立研发机构,加快海外知识产权布局,参与国际标准研制。

(八)推动科技型创新创业快速发展

28. 建设国家“双创”示范基地。加快推进海淀区国家“双创”示范基地建设,在创新创业支撑平台搭建、创新创业服务体系建设、创新创业文化氛围营造等环节和领域探索创新、先行先试。高水平建设中关村大街,形成开放度更高、服务范围更广、辐射带动力更强的创新创业型经济集聚区。进一步提升中关村创业大街在研发孵化平台搭建、科技金融服务、人才培养、知识产权保护、技术交易等方面对创新创业的支撑能力,推动创新创业功能向沿线街道纵深辐射。积极推进中关村智造大街建设,加速促进创新创业服务走向高端化。

29. 发挥众创空间服务和支撑作用。重点在创新资源集聚区域,依托行业龙头企业、高等学校、科研院所等单位,在第五代移动通信技术(5G)、数字化增材制造(3D打印)、人工智能、石墨烯材料等重点领域建设一批以成果转移转化为主要内容、专业服务水平高、创新资源配置优、产业辐射带动作用强的众创空间,有效支撑实体经济发展。发挥北京国家现代农业科技城示范作用,构建一批支持农村科技创新创业的“星创天地”。吸引更多高端创业人才入驻众创空间,重点支持以核心技术为源头的创新创业。

30. 推动创新资源向创新创业者开放。深化首都科技条件平台建设,鼓励大型企业、高等学校、科研院所等单位向社会开放共享科研仪器设备等资源,提供联合研发、中试检测、技术转移、人才培训等服务,并进一步完善以科技资源开放量和服务企业业绩为导向的市场化评价机制。完善首都科技创新券等政府购买服务模式,对小微企业和创业团队开展测试检测、研发设计、提供技术解决方案和购买新技术新产品(服务)等活动给予资助,促进优质科技资源开放共享。

31. 举办各类创新创业活动。组织各类创新创业大赛和发明大赛,支持国际性、全国性创新创业大赛在京举办。继续办好全国大众创业万众创新活动周北京会场、北京科技周等活动。支持各类创业服务机构举办黑马大赛、创客嘉年华、极客大赛等活动。实施公众参与创新行动计划。支持首都创业导师志愿服务团面向全国开展创业培训等服务。

(九)建设科技成果转移转化人才队伍

32. 开展科技成果转移转化人才培养。充分发挥各类创新人才培养示范基地作用,依托有条件的区域和机构建设一批技术转移转化人才培养基地。推动有条件的高等学校设立科技成果转化相关课程,加快培养科技成果转移转化领军人才。依托科技中介服务机构,通过组织管理培训、专业技术培训等,面向高等学校、科研院所和科技型企业,培养一批懂专业、懂管理、懂市场的复合型技术转移服务人才。与国际技术转移组织、行业龙头企业等联合培养国际化技术转移人才。鼓励和规范企业、高等学校、科研院所等单位中符合条件的科技人员从事技术转移工作。大力培育技术经纪人市场,推动建设专业化技术经纪人队伍,并在专业技术职称评聘中为参与技术转移、成果转化和产业化的技术经纪人提供一定比例的名额,畅通职业发展通道。

33. 组织科技人员开展科技成果转移转化。深入实施科技特派员、科技创业者行动、企业院士行、先进适用技术项目推广等，动员企业、高等学校、科研院所等单位的科技人员及高层次专家，深入企业、园区、农村等基层一线开展技术咨询、技术服务、科技攻关、成果推广等科技成果转移转化活动。鼓励高等学校、科研院所等单位通过许可、转让、技术入股等方式支持科技特派员转化科技成果，开展农村科技创业，保障科技特派员取得合法收益。加大农技推广力度，推行推广型教授（研究员）制度，提高农业科技成果转移转化效率。

34. 强化科技成果转移转化人才服务。构建"互联网＋"创新创业人才服务平台，提供科技咨询、人才计划、科技人才活动、教育培训等公共服务，实现人才与人才、人才与企业、人才与资本之间的互动和跨界协作。围绕支撑重点产业培育发展，支持有条件的企业建设院士（专家）工作站，为高层次人才与企业对接搭建平台。建设海外科技人才离岸创新创业基地，为引进海外创新创业资源搭建平台和桥梁。

（十）健全科技成果转移转化多元化资金支持体系

35. 加大财政支持科技成果转移转化力度。充分发挥科技成果转化引导基金、科技型中小企业技术创新资金、科技成果转移转化专项资金等作用，积极探索政府和社会资本合作（PPP）、"前孵化"等模式，引导金融机构、创业投资、产业资本等投向科技创新创业，推动科技成果转移转化。

36. 拓宽科技成果转移转化资金市场化供给渠道。大力发展创业投资，培育发展天使投资人和创投机构，引导社会资本设立科技成果转化创业投资基金，支持初创期科技企业和科技成果转化项目。利用众筹等互联网金融平台，为小微企业转移转化科技成果拓展融资渠道。支持符合条件的创新创业企业通过发行债券、资产证券化等方式进行融资。支持符合条件的银行业金融机构在依法合规、风险可控的前提下，与创业投资、股权投资机构实现投贷联动；鼓励符合条件的银行业金融机构在中关村国家自主创新示范区探索为科技创新创业企业提供股权债权相结合的融资服务方式，支持科技成果转移转化。

五、实施保障

（一）加强组织领导

建立科技成果转移转化工作协调推进机制，统筹组织全市科技成果转移转化工作。各区、各部门要明确责任分工，制定实施方案，细化分解任务，加强协同配合，加大资金投入、政策支持和条件保障力度，推动各项任务落到实处。建立监测与评估机制，加强跟踪检查与考核评估，为调整完善相关政策措施提供支撑。

（二）创新管理方式

深入推进简政放权、放管结合、优化服务，加强事中事后监管，建立高等学校、科研院所、医疗机构等单位科技成果转移转化绩效评估体系和信用评价机制，并作为对单位给予支持的参考依据。健全政府购买科技公共服务制度，鼓励科技组织等有序承接政府转移职能，采取咨询服务、第三方评估等方式，为科技成果转移转化提供服务。

（三）强化法治保障

落实《中华人民共和国促进科技成果转化法》及相关政策措施，完善有利于科技成果转移转化的政策环境。落实《北京市专利保护和促进条例》，加强知识产权保护，严厉打击知识产权违法行为。落实《北京市技术市场条例》，强化技术市场行政执法，建立技术市场信用体系，规范技术市场秩序。加快推进本市科技成果转化立法工作。

（四）加强宣传引导

统筹做好科技成果转移转化工作的新闻宣传、政策解读和舆论引导，及时总结推广先进经验和创新模式，弘扬创新文化，引导全社会关心和支持科技成果转移转化，积极营造有利于科技成果转移转化的良好社会氛围。

附件：重点任务分工

重点任务分工

序号	重点任务	责任部门	时间进度
1	建立全市统一的科技成果信息系统	市科委、市财政局等	2017年12月底前完成
2	建立健全科技成果信息汇集工作机制，推广科技成果在线登记系统	市科委会同市有关部门	持续推进
3	实施科技报告制度，完善科技报告共享服务机制，建立科技成果转化年度报告制度	市科委会同市有关部门	持续推进
4	以需求为导向，发布一批符合构建高精尖经济结构、对促进城市可持续发展和保障重大民生需求具有支撑作用的科技成果包	市科委会同市有关部门	持续推进
5	完善新技术新产品(服务)采购支持政策，加大对创新产品和服务的采购力度	市财政局、市发展改革委、市科委等	持续推进
6	推进科技成果使用权和处置权改革	市财政局、市科委、市教委、市卫生计生委等	持续推进
7	建立符合科技成果转化规律的市场定价机制	市科委、市教委、市卫生计生委、市财政局等	持续推进
8	落实科技成果转化尽职免责制度	市财政局、市审计局、市科委、市教委、市卫生计生委、市国资委等	2017年6月底前启动
9	深化科技成果收益权改革	市财政局、市科委、市人力社保局、市卫生计生委等	持续推进
10	完善科技成果转移转化评价机制	市人力社保局、市科委、市教委、市卫生计生委等	持续推进
11	分类管理担任领导职务的科技人员获得科技成果转化奖励	市人力社保局、市科委、市教委、市卫生计生委等	2017年6月底前启动
12	加快建设北京技术市场监测与信息发布系统	市科委会同市有关部门	2017年12月底前完成
13	鼓励有条件的高等学校、科研院所等单位建设专业化技术转移服务机构	市科委、市教委等	持续推进
14	完善技术市场统计监测体系	市科委、市商务委、市地税局、市国税局、市统计局	
15	绘制技术交易地图	市科委、市统计局等	2016年12月底前启动
16	加强知识产权服务和质量标准建设	市知识产权局、市质监局等	持续推进
17	聚焦战略性新兴产业领域，打造一批科技成果转化基地	市科委会同市有关部门、各区政府	持续推进
18	拓展科技成果产业化承接空间，加快推进产业空间整合与功能升级	各区政府、市规划和国土资源管理委员会、市发展改革委、市经济信息化委、市科委、中关村管委会等	持续推进
19	落实北京未来科技城科技创新行动计划，促进中央企业创新成果在京落地转化	市科委、市发展改革委、市经济信息化委、市国资委、昌平区政府	持续推进
20	组织实施“十三五”时期院市合作推进全国科技创新中心建设行动计划，共建怀柔科学城，推进中国科学院创新成果在京落地转化	市科委会同市有关部门、怀柔区政府	持续推进
21	建立军民科技信息交互机制，推动高科技企业参与军队装备、物资采购。推进具有军民融合特色的产业园区建设，支持信息安全、智能制造等军民两用科技成果转化和产业化	市经济信息化委、市财政局、中关村管委会、市科委等	2016年12月底前启动
22	建设协同创新研究院等协同创新平台	市科委、市教委、市财政局等	持续推进

续表

序号	重点任务	责任部门	时间进度
23	建设京津冀区域科技成果转移转化平台	市科委、市财政局等	持续推进
24	全面推广“一站一台”合作模式	市科委会同市有关部门	持续推进
25	加快建设国家技术转移集聚区，打造国家技术转移示范区	市科委会同市有关部门、海淀区政府	持续推进
26	依托行业龙头企业、高等学校、科研院所等单位，建设一批以科技成果转移转化为主要内容的众创空间	市科委会同市有关部门	持续推进
27	深化首都科技条件平台建设，完善首都科技创新券等政府购买服务模式	市科委、市财政局等	持续推进
28	依托有条件的区域和机构建设一批技术转移转化人才培养基地	市科委、市教委等	持续推进
29	构建“互联网＋”创新创业人才服务平台	市科委、市人力社保局等	2016年12月底前启动
30	充分发挥科技成果转化引导基金、科技型中小企业技术创新资金、科技成果转移转化专项资金的作用，推动科技成果转移转化	市科委、市财政局等	持续推进
31	积极探索政府和社会资本合作（PPP）、“前孵化”等模式，引导金融机构、创业投资、产业资本等投向科技创新创业，推动科技成果转移转化	市财政局、市金融局、市科委、市经济信息化委、中关村管委会等	持续推进
32	建立高等学校、科研院所、医疗机构等单位科技成果转移转化绩效评估体系和信用评价机制	市科委、市教委、市卫生计生委、市财政局、市人力社保局等	持续推进
33	加快推进本市科技成果转化立法工作	市科委、市政府法制办等	持续推进

北京市工商行政管理局关于优化审批程序简化登记手续支持中关村示范区企业发展的意见

京工商发〔2016〕11号

各区分局、专业分局，市局机关各处室、稽查总队，各事业单位，各协会、学会：

为贯彻落实《工商总局关于促进中关村国家自主创新示范区创新发展的若干意见》（工商办字〔2015〕161号，以下简称《若干意见》），促进中关村国家自主创新示范区向具有全球竞争力的科技创新中心发展，深化商事制度改革，进一步优化审批程序简化登记手续，立足市场准入职能全面支持中关村示范区企业创新发展，提出以下意见。

一、放宽名称登记条件

（一）允许企业将阿拉伯数字作为名称字号或名称字号的一部分使用。与汉字共同用作字号的阿拉伯数字应当连续使用。阿拉伯数字一般不得超过5位，有特殊理由的需报经市局登记注册部门批准。

属于以下情形的阿拉伯数字不得用于企业名称：1. 有损国家、社会公共利益；2. 可能对公众造成欺骗、误解或者违反社会公序良俗；3. 部队番号；4. 公共服务电话号码（公共服务电话机构同意的除外）；5.

其他法律、法规禁止的。

（二）允许企业将已经注册为商标的英文字母用作名称字号或名称字号的一部分。经商标注册人同意，该商标可用于与商标注册人存在投资关联关系的企业的名称。

（三）对申请在企业名称中使用阿拉伯数字或英文字母的，不适用名称自主预查制度，仍实行名称预先核准登记制度，由分局报请市局批准。

二、放宽住所登记条件

（一）实行企业住所和经营场所分离的登记管理模式。注册在中关村示范区的科技类、文化创意类企业在北京市行政区域内设置与住所相分离的经营场所的，依申请人申请可以不再办理分支机构营业执照。企业经营范围涉及许可审批的，许可审批文件、证件记载的经营场所和企业住所不一致的，无须办理变更或设立分支机构手续。

经营场所应当符合本市住所登记的相关规定，企业应当向登记机关提交有关经营场所证明文件。登记机关应当将经营场所地址在企业营业执照经营范围项下标注为“经营场所：×××××”，并通过企业信用信息系统公示。企业应当通过企业信用信息公示系统主动公示经营场所信息。

（二）电商配送点无须办理工商登记。注册在中关村示范区的网络商品交易零售企业在北京市行政区域范围内设立的配送点、仓库、展示厅可以不再办理分支机构营业执照，但企业应当通过企业信用信息公示系统公示上述场所信息。配送点、仓库和展示厅的设置应当符合安全、消防等条件，且不得影响利害关系人的正常生产经营或生活秩序。

三、改革经营范围登记制度

注册在中关村示范区的企业，其经营范围除记载主营项目、前置审批项目、“先照后证”项目外，可以不登记其他具体经营项目。前置审批项目按照许可审批文件、证件记载的内容登记，“先照后证”项目的登记按照《北京市工商行政管理局关于认真贯彻落实先照后证改革做好工商登记工作的通知》（京工商发〔2015〕39号）的规定执行。

企业申报的经营范围中不涉及“先照后证”项目的，在其经营范围项下统一标注“企业依法自主选择经营项目，开展经营活动；依法须经批准的项目，经相关部门批准后依批准的内容开展经营活动；不得从事本市产业政策禁止和限制类项目的经营活动”。

企业申报的经营范围中含有“先照后证”项目的，在其经营范围项下统一标注“企业依法自主选择经营项目，开展经营活动；×××（‘×××’指‘先照后证’项目的规范用语）以及依法须经批准的项目，经相关部门批准后依批准的内容开展经营活动；不得从事本市产业政策禁止和限制类项目的经营活动”。

不登记具体经营项目的企业，应当主动通过“企业信用信息公示系统”及时公示其具体经营范围。

根据企业的申请，经营范围中可以登记具体经营项目。

四、改革企业集团登记方式

（一）放宽集团公司登记条件，不再单独办理集团登记。

取消集团公司注册资本要求，拥有不少于3家子公司的企业可以登记为集团公司，在名称中使用“集团”或者“（集团）”字样。

子公司不足3家的，但满足《中关村国家自主创新示范区企业登记办法》（2011年6月24日市政府234号令）规定的企业，也可以登记为集团公司。

（二）集团公司所投资的企业或经集团公司授权使用的企业可以在企业名称中冠以集团名称。

五、创新工商服务方式

（一）深入推行全程电子化服务。建立公司登记网上快捷通道，实现名称全流程网上无纸化办理。探索推行工商登记全流程网上办理,逐步实现申请人可以不再到工商行政管理部门提交纸质材料,提供全程电子化登记与审核服务。

六、工作要求

(一)凝聚共识,高效有为。《若干意见》是贯彻落实党中央、国务院简政放权优化服务,深入推进商事制度改革的重要举措,为支持中关村示范区企业创新发展注入了新的动力。各单位要统一思想,高度重视,积极有为,将有关政策措施的落实与商事制度改革紧密结合,与首都实施创新驱动发展战略紧密结合,与推动京津冀协同发展紧密结合,形成深化改革发展的合力和动力,切实将改革新政惠及园区企业,促进大众创业、万众创新在示范区落地生根。

(二)畅通渠道,深化效能。各单位要以推进中关村示范区创新发展各项政策落实为契机,按照便民利民、依法依规、公开透明、开放共享的总体要求,加强服务能力建设和作风建设,进一步优化服务流程,改进服务方式,拓展服务渠道,创新服务举措,提高服务质量,深化服务效能,为社会公众提供公平、便捷的服务,将改革成果充分体现出来。

(三)勇于突破,开拓创新。多年来首都工商制度创新、机制创新、措施创新多由中关村示范区先行先试积累沉淀而来。各单位要紧紧依托中关村创新发展平台,在工作实践中以发展的视角和创新的理念开展工作,不断激发服务发展的工作创造力,主动适应大数据、"互联网+"时代社会公众的服务需求,开拓创新,高效服务首都经济社会发展。

七、附则

(一)享受本意见政策措施的企业迁出中关村示范区的,原已享受的优惠政策继续有效,不再要求按示范区外政策进行调整,但企业迁出后不再享受新的示范区政策。

(二)本意见自 2016 年 2 月 15 日起实施。之前规定与本意见内容不一致的,以本意见为准。

北京市工商行政管理局
二〇一六年一月十四日

北京市食品药品监督管理局印发《关于落实食品药品监管总局支持中关村食品药品监管及产业发展若干政策事项批复的实施意见》的通知

京食药监〔2016〕2 号

各区局,局机关处室,各直属分局,各直属单位:

北京市食品药品监督管理局《关于落实食品药品监管总局支持中关村食品药品监管及产业发展若干政策事项批复的实施意见》已于 2016 年 1 月 11 日经市局 2016 年第 2 次局长办公会审议通过,现印发给你们,请遵照执行。

北京市食品药品监督管理局
二〇一六年一月十三日

主要措施

（一）鼓励药品医疗器械创新

1. 支持创新药物审评审批。修订《北京市药品快速审查办法》《北京市药品评审专家管理办法》，将未在境内外上市销售的药品，尤其是防治艾滋病、恶性肿瘤、重大传染病、罕见疾病的创新药，列入国家科技重大专项和国家重点研发计划的药品；转移到境内生产的创新药和儿童药，使用先进制剂技术、创新治疗手段、具有明显治疗优势的创新药以及临床急需的新药，纳入快速审查通道，实施专家负责制，提前介入指导，全程跟踪服务，加快审查速度；同步开展生产现场检查和《药品生产质量管理规范》（GMP）认证，经市食品药品监管局审查符合条件的申请进入国家食品药品监督管理总局（以下简称“国家总局”）快速审批通道。

2. 建立儿童用药供应保障体系。研究制定《北京市儿童用药供应保障体系》，建立鼓励儿童用药研制的长效体系，搭建儿童用药研制平台，鼓励引导企业研制适宜儿童的剂型、规格，加快儿童用制剂审评审批速度，简化儿童用制剂调剂使用程序，支持儿童用制剂在儿童医院或医联体调剂使用，扩大儿童用制剂的临床使用范围，支持促进儿童用制剂向新药转化，鼓励引导企业为儿童临床用药需求提供服务。

3. 支持医疗器械研发创新。研究制定《北京市医疗器械快速审评审批办法》，将拥有产品核心技术发明专利、具有重大临床价值的创新医疗器械注册申请，以及北京市科技重大专项、十百千培育工程和G20工程的中关村高新技术企业，列入快速审评审批范围，予以优先办理。加强创新医疗器械研发测试的指导与服务，充分利用医疗器械检验和安全性评价北京重点实验室、中关村重点实验室的优势，对创新医疗器械研发给予提前介入、个性化专家指导服务，加快创新医疗器械产业化步伐。

4. 支持国际多中心临床试验。研究多中心临床试验国际规划，制定《国际多中心临床试验日常监督核查标准》，规范国际多中心临床试验行为，保证国际多中心临床试验质量，建立申请人与国家总局的有效沟通机制，支持符合要求的临床试验数据在注册申请中使用。

5. 搭建药品医疗器械创新平台。支持中关村生物医药医疗器械研发中心和全球创新药械研发数据监测及分析平台建设，为研发提供药品医疗器械的专业数据和资源配置信息；支持中关村医学工程转化服务平台建设，推动基础学科与临床应用衔接，促进医药科技成果转化和技术转移；支持中关村医药创客平台建设，为科研人员或团队及大学生创业提供“苗圃”式孵化器服务；支持学科齐全、功能完备的药物临床试验机构（GCP机构）建设，为创新药物医疗器械临床试验提供政策服务和技术支持。

（二）开展改革政策先行先试

6. 试点药品上市许可持有人制度。研究制定《北京市试点药品上市许可持有人制度的实施方案》，进一步优化北京市生物医药产业资源配置，发挥企业的生产经营自主权，充分调动新药研发机构和科研人员的积极性，扩展生物医药产业发展的空间。鼓励中关村企业参与药品上市许可持有人制度试点工作，有效安排先行先试。

7. 推进天竺保税区试点改革。对进驻天竺综合保税区符合条件的现代物流企业核发药品经营许可证，实施《药品经营质量管理规范》（GSP）认证，许可开展第三方物流工作。在天竺综合保税区试点设立药品进口分别装赋码平台，按照药品生产企业相关要求进行管理，集中实施进口药品分包装赋码工作。优化药品进出口通关业务流程，加快天竺综合保税区口岸检验所建设，将药品检验关口前移，为药品进出口贸易提供优质、高效服务。

8. 承接各项改革政策项目。积极参与国家总局食品、药品、化妆品、医疗器械等审评审批模式改革和优化许可认证程序的研究，争取承接更多的国家总局政策研究项目，条件成熟时优先组织新政策在中关村先行先试。

（三）提升技术支撑和服务能力

9. 完善药品医疗器械检验检测体系。加强药品医疗器械检验检测能力和科研能力建设，积极申请国家重点实验室资质认定，优化检验检测流程，提升检验检测服务水平。进一步整合资源，与科研院所、高等院校、医疗机构建立密切合作机制，与社会第三方实验室加强合作，共建联合实验室和认证中心，开发共享，合作共赢。建设风险物质检测、非添加物检测、中药毒性物质检测等创新平台,为风险防控提供有效技术保障。

10. 加强药品医疗器械标准制定的服务。北京市药品检验所、北京市医疗器械检验所加强与中国食品药品检定研究院合作,积极争取参与承担药品和医疗器械体外诊断试剂标准物质标定、标准起草等工作。加强对创新药物医疗器械研发、生产企业标准制定的服务和指导,引导企业参加国家标准制定,占领国内标准的制高点,提升北京市企业的市场竞争力;引导企业研究国际标准规则,参与通用质量及技术标准体系建设,提升国际标准话语权。

11. 多渠道开展国际交流合作。通过"走出去""引进来"等多种渠道,加强与有关国家和地区及国际组织开展国际交流与合作,申请世界卫生组织(WHO)良好试验室规范认证,争取获得更多的国际检验认证资质,积极探索以政府购买第三方服务的模式,与国际知名认证机构合作开展药品医疗器械质量体系检查工作,更好地为药品医疗器械国际注册和产品进出口提供检验检测技术服务。

(四)促进食品药品产业协同发展

12. 落实京津冀协同发展规划纲要。建立京津冀三地食品药品安全统一、有效的协同监管机制,实行检验检测认证、监督检查和评估互认、信息共享、执法协作和应急处置联动等机制,推进三地监督管理一体化。疏解非首都核心功能,研究制定政策,充分利用京津冀科技、临床和地区等资源优势,科学合理布局,异地产业园建设生产基地,逐步构建完整的医药产业链条,为三地食品药品产业协同发展提供有效的支持和服务。

13. 规范药品互联网物流、交易和服务。会同北京市商务委员会等部门研究制定互联网药品交易物流质量管理和服务的相关政策,强化互联网药品交易管理,规范互联网药品服务和交易行为。开展网络药品交易线上线下融合平台模式(O2O)试点,支持企业建立具有企业特色的、符合药品质量安全保障要求的互联网物流配送体系。

14. 加强药品医疗器械监管信息化建设。探索大数据在食品药品监管中的应用,在药品注册、认证检查、食品不良反应监测、电子监管、产品检验、评价性抽检等方面,与国家总局建立信息共享机制。支持中关村大数据研究机构参与药品医疗器械信息化建设,为药品医疗器械研制、生产、流通、使用全链条的科学监管提供数据支持。加大信息公开力度,强化社会监督和社会共治,更好地为公众健康服务。

15. 推进北京市药品医疗器械技术审评中关村中心建设。推进北京市药品医疗器械技术审评中关村中心建设,建立专家聘任机制,开展国家药品医疗器械等相关政策、法规和技术标准的咨询、解答;开展仿制药一致性评价的技术指导;对创新药物、医疗器械研制提前介入、早期指导和全程跟进服务。条件成熟时承接国家总局委托的部分药品医疗器械技术审评任务。

保障机制

(一)进一步畅通与国家总局的沟通交流

加快研究制定具体实施方案和配套政策措施,加强与国家总局相关司局的沟通、汇报、交流,使各项措施切实可执行,将国家总局批复政策用足、用到位。

(二)推动建立京津冀联席会议制度

加强与天津、河北等省市食药监管及相关部门的沟通、协调,推动三地在行政许可、监督执法、产业发展、科技协作和人才培养等领域加强合作,研究制定相关政策,协调解决遇到的矛盾和问题,形成合力,促进三地食品药品安全监管和产业协同发展。

(三)进一步加强与中关村管委会的协调配合

以中关村创新平台为载体,符合条件的产业发展专业平台和高新技术企业,享受中关村税收、基金、贴息、担保、人才引进等方面的政策支持。

(四)明确任务分工强化责任落实

各有关部门要统一思想认识,积极主动作为;明确工作任务,强化责任落实;加强协作配合,确保各项工作落实到位。

北京市金融工作局、中关村科技园区管委会、银监会北京监管局关于印发《关于支持银行业金融机构在中关村国家自主创新示范区开展科创企业投贷联动试点的若干措施（试行）》的通知

京金融〔2016〕201 号

各有关单位：

为贯彻落实《关于支持银行业金融机构加大创新力度开展科创企业投贷联动试点的指导意见》（银监发〔2016〕14 号），探索适合科技创新创业企业的金融服务方式，市金融局、中关村科技园区管理委员会、中国银行业监督管理委员会北京监管局联合制定了《关于支持银行业金融机构在中关村国家自主创新示范区开展科创企业投贷联动试点的若干措施（试行）》（以下简称《若干措施》）。《若干措施》已经市政府同意，现印发给你们，请遵照执行。

北京市金融工作局
中关村科技园区管理委员会
中国银行业监督管理委员会北京监管局
二〇一六年九月十八日

关于支持银行业金融机构在中关村国家自主创新示范区开展科创企业投贷联动试点的若干措施（试行）

为进一步落实《关于支持银行业金融机构加大创新力度开展科创企业投贷联动试点的指导意见》（银监发〔2016〕14 号），加快推进供给侧结构性改革，建设中关村国家科技金融创新中心，促进大众创业、万众创新，支持试点银行在中关村国家自主创新示范区开展投贷联动金融创新，建立健全投贷联动市场化风险分担补偿和收益分享机制，降低银行投贷联动风险成本，推进综合金融服务创新，探索适合科技创新企业发展的可复制金融服务模式，特制定本措施。

一、鼓励试点银行不断扩大投贷联动信贷规模。中关村管委会按照试点银行科技金融专营机构、特色分支行每年投贷联动信用贷款新增量的 1%，给予最高不超过 500 万元的风险补贴支持。

二、鼓励保险公司、担保公司参与投贷联动业务创新。中关村管委会对保险公司、担保公司每年新增投贷联动保险或担保业务规模的 1%，给予最高不超过 500 万元的风险补贴支持。

三、支持试点银行在中关村设立投资子公司，面向科技创新企业提供股权投资等投贷联动金融服务，可参照《关于促进首都金融产业发展的意见》（京发改〔2005〕197 号）及实施细则，享受在京新设立金融企业一次性资金补助政策。

四、对试点银行开展投贷联动业务的投资，给予一定比例的风险补贴支持。中关村管委会按照试点银

行投资子公司实际投资额的10%,给予其单笔最高不超过100万元的补贴支持。对同一投资子公司投资的同一科技创新企业补贴额累计不超过100万元。对同一投资子公司每年的补贴金额不超过500万元。

五、对试点银行的不良贷款本金给予一定比例的风险补偿。中关村管委会对监管部门设定的投贷联动试点不良贷款容忍度范围内的信用贷款部分,按照不良贷款本金的50%给予试点专营机构、特色分支行风险补偿;单家科技创新企业当年度纳入补偿资金支持的本金额度最高不超过1000万元,单家试点银行风险补偿的年度额度最高不超过5000万元。试点银行应对不良贷款进行追偿。已分担风险的不良贷款收回时,应当按照合同约定在承担风险分担责任的相关主体间分配。

六、对保险公司、担保公司发生的代偿本金给予一定比例的风险补偿。中关村管委会按照代偿本金的40%给予代偿机构风险补偿。其中,单家科技创新企业当年度纳入补偿资金支持的本金额度最高不超过1000万元,单家担保公司风险补偿的资金年度额度最高不超过5000万元。担保公司应对代偿进行追偿。已分担风险的不良贷款收回时,应当按照合同约定在承担风险分担责任的相关主体间分配。

七、鼓励试点银行培育支持优质企业。获得试点银行投贷联动业务支持的科技创新企业,试点期内在新三板挂牌、境内外上市或成长为独角兽企业,中关村管委会分别按照单个企业10万元、20万元、50万元的支持标准,给予试点银行企业培育资金支持。

八、市政府设立中关村科创企业投贷联动试点风险防控投资引导基金,采用股权投资等方式,支持中关村科创企业投贷联动试点工作。

九、加强不良资产处置平台建设,负责处置投贷联动试点业务产生的不良资产。资产管理公司探索市场化、专业化、多元化的不良资产运营处置机制。

十、建立政银企沟通协调机制,及时解决投贷联动试点过程中存在的问题,加强宣传培训,提升服务效率,加强风险防范,降低试点成本,助推供给侧结构性改革,建立解决科技创新企业融资的长效机制。

本措施由市金融局会同中关村管委会、北京银监局负责解释,自发布之日起实施。

国家工商局商标局、北京市工商局、中关村科技园区管委会关于印发《中关村国家自主创新示范区商标品牌示范试点单位培育工作方案（2016—2018年）》的通知

中科园发〔2016〕22号

中关村各分园管委会，各区工商局：

为贯彻落实国家工商总局《关于开展国家商标战略实施示范城市（区）、示范企业工作的指导意见》（工商标字〔2009〕155号），扎实推进“十三五”时期中关村国家商标品牌战略实施示范区工作，中关村科技园区管理委员会会同国家工商行政管理总局商标局、北京市工商行政管理局联合制定本方案，现印发给你们，请积极组织企业和联盟参与示范试点单位培育工作。

国家工商行政管理总局商标局
北京市工商行政管理局
中关村科技园区管理委员会
二〇一六年七月一日

中关村国家自主创新示范区商标品牌示范试点单位培育工作方案（2016—2018年）

为贯彻落实国家工商总局《关于开展国家商标战略实施示范城市（区）、示范企业工作的指导意见》（工商标字〔2009〕155号），扎实推进“十三五”时期中关村国家商标品牌战略实施示范区工作，根据中关村管委会与市工商局签订的《实施商标战略合作机制框架协议》和《中关村国家自主创新示范区技术创新能力建设专项资金管理办法》（中科园发〔2015〕52号）（以下简称管理办法）文件要求，中关村科技园区管理委员会（以下简称中关村管委会）、北京市工商行政管理局（以下简称市工商局）和国家工商行政管理总局商标局驻中关村办事处（以下简称中关村办事处）联合制定本方案。

一、工作目标

聚焦中关村战略性新兴产业领域的企业和产业联盟，加大政策支持和专项培育力度，引导优秀商标品牌服务机构为其提供高端服务，培育和形成一批代表中关村产业和区域优势、代表中关村企业形象和竞争力的商标品牌示范、试点单位，到2018年，力争实现以下目标。

一是培育一批具有国际影响力的商标示范、试点单位，以商标品牌建设推动中关村产品向中关村品牌转变。

二是培育一批具有国际影响力的中关村产业集群、产业联盟商标品牌，提升重点产业核心竞争力。

三是建立一套适合创新创业企业特点的商标品牌服务体系，完善商标品牌服务机制，充分挖掘并实现商标品牌价值。

四是培养一批服务示范企业和产业联盟商标品牌创制、保护与运营团队，培养一批专业精、能力强、具有国际视野的商标品牌领军人才。

二、选择范围及条件

（一）示范试点单位选择范围

本方案中试点、示范单位包括企业和产业联盟两大类。其中企业是在中关村示范区内注册的高新技术企业；产业联盟是以中关村示范区企业为主体，政产学研用单位参与，以提升企业创新能力和产业竞争力为目的，以契约关系为保障，形成明确的资源整合、合作运营、利益分享机制的创新合作组织。中关村商标品牌试点单位拟不超过 100 家，示范单位拟不超过 15 家。

示范试点单位在近 3 年内无侵犯他人商标专用权或其他知识产权记录。出口创汇企业、年度"十大品牌"系列企业、中关村十百千企业、上市企业、瞪羚企业、"金种子"企业在同等条件下优先纳入选择范围。

（二）试点单位选择条件

申请成为中关村商标试点单位，应具备以下条件。

1. 产业领域：企业或产业联盟所属产业领域应符合中关村战略性新兴产业重点方向。

2. 试点基础：重视商标工作，拥有注册商标不少于 10 件，具备明确的商标品牌战略规划，注重商标专用权的运用和保护，对于中关村重点发展的、具有重大示范意义的企业或产业联盟，可适当放宽限制条件。

3. 制度保障：有明确的商标部门并配备专兼职人员，有相应商标工作经费。

4. 人员培训：重视开展商标宣传品牌培训活动，积极参与中关村示范区商标品牌培训。

（三）示范单位选择条件

申请成为中关村商标示范单位，应具备以下条件。

1. 产业领域：所属产业领域应符合中关村战略性新兴产业重点方向，具有较强的核心竞争力，自主创新成果已在市场上占有较大市场份额或研发成果预期能形成较大的产业规模。

2. 示范基础：重视商标工作，拥有较好的国内外商标工作基础，注重商标专用权的运用和保护，有明确的商标保护体系和响应机制，积极进行商标国际化布局，拥有驰名商标或北京市著名商标，或者国际注册商标不少于 20 件，具备一定的国际话语权和竞争实力，对于中关村重点发展的、具有重大示范意义的企业或产业联盟，可适当放宽限制条件。试点单位在试点期间商标品牌工作突出的，在同等条件下予以优先考虑。

3. 制度保障：已设置商标部门并配备专职人员，有相应商标工作经费，具有较为成熟的商标工作模式，已制定较为健全的商标品牌战略，并有效实施。

4. 人员培训：重视开展商标品牌宣传培训活动，积极参与中关村示范区商标品牌培训。

三、示范试点工作内容

纳入中关村商标示范试点培育计划的单位，在培育期内着重开展以下工作。

（一）制定并实施企业商标品牌战略。结合企业自身实际情况，科学制定并实施企业商标品牌战略。重点开展本单位商标品牌综合状况分析和评估，明确企业商标品牌工作目标，提出切实可行的商标品牌战略措施。

（二）加强企业商标品牌管理体系建设。强化企业商标品牌部门的管理职能，将商标品牌工作纳入企业决策体系，将商标品牌工作嵌入企业管理和业务领域全流程。加大企业商标品牌工作经费投入，完善工作激励、绩效考核等商标品牌管理制度建设，建立企业研发、投资、产品决策等重大项目的商标品牌内部审议机制。

（三）加强企业商标品牌保护体系建设。提升企业商标品牌保护意识，将企业商标品牌保护贯穿企业商品创造、运用、保护与管理的各个环节，建立企业商标品牌保护预警与响应机制，积极应对商标品牌侵权行为。

（四）探索多种方式开展商标品牌运营。整合各方资源，探索开展商标品牌运营工作。与商标代理、品牌运营、银行、评估、律所等机构加强合作，通过转让、许可、融资、入股等多种方式运用商标品牌，最大化实现商标品牌价值。

（五）实施商标品牌人才培育战略。围绕商标品牌创造、运用、管理和保护全流程，邀请组织商标品牌专家为企业提供专业培训，在企业中培养一批“会管理、善保护、懂运营”的商标品牌高端人才。

（六）增强企业商标品牌国际竞争力。按照“国际视野、品牌优先”的要求开展商标国际化布局，开展商标品牌预警工作，提前发现和规避海外商标品牌工作风险，为企业参与国际竞争保驾护航。

四、支持措施

（一）专项资金支持

根据管理办法，对国家商标战略实施示范企业和经中关村管委会、北京市工商局共同认定的中关村示范区商标示范试点企业，支持其开展制定商标品牌战略规划、商标预警和商标运营等工作，资金支持额度及相关规定详见管理办法。

（二）专业服务支持

1. 共享国家层面商标资源。依托中关村办事处，与国家工商总局商标局进行对接沟通，为商标品牌示范试点企业优先办理商标变更、转让、续展、注销、质押等申请的审查工作，协助中关村商标品牌示范试点企业进行商标品牌的国际注册、海外维权以及商标品牌的国际推广。

2. 建立商标品牌工作专家顾问团。依托中关村商标品牌众扶小组，与中关村办事处、市工商局等单位的相关负责同志和商标品牌专家，围绕中关村重点产业发展方向，建立以重点产业权威专家、商标品牌领军人物为核心的专家顾问团队，为中关村示范区商标示范和试点企业提供精准化服务，为企业在商标品牌工作中的重大问题提供指导、协调和技术支持。

3. 有效对接商标品牌高端服务资源。依托中关村商标服务中心，主动了解企业需求，帮助企业获得商标品牌申请、授权、分析、预警、营销推广、转让、融资等优质高效服务。

4. 支持企业加强商标品牌规范化管理。支持企业规范商标品牌工作流程，帮助企业建立规范、高效的商标品牌全流程管理体系。

5. 举办商标品牌系列高端培训。针对中关村商标品牌示范试点单位高管、产品经理、商标品牌负责人、商标品牌工作人员在实际商标品牌工作中的需求，组织开展一系列有针对性的商标品牌高端培训沙龙活动，提升示范试点企业商标品牌意识和工作能力，培养高端商标品牌人才。

6. 开通商标品牌工作绿色通道。依托北京市工商局、中关村办事处，优先处理中关村商标示范试点企业的商标品牌纠纷，协助中关村商标示范试点企业的商标维权打假工作，协助企业进行国际注册和海外维权，加大企业商标品牌保障维护力度；优先推荐商标工作突出的示范试点企业认定北京市著名商标，优先推荐商标工作突出的示范试点企业成为国家工商总局商标局中关村商标品牌战略调研联系点。

7. 通过多渠道提供商标品牌相关资讯。充分利用多种媒介平台，通过创办电子杂志、简报、出版书籍、网站平台、微信及 QQ 网络通信等方式多角度为示范试点单位提供商标品牌政策、商标品牌最新动态、商标品牌工作案例等各类相关资讯，确保示范试点单位及时了解商标品牌热点信息。

五、组织实施

（一）组织机构

中关村商标示范试点工作由中关村办事处、市工商局和中关村管委会共同组织，委托中关村商标服务中心承担服务推进工作。

（二）实施流程

中关村商标品牌示范试点单位工作主要分为公开征集、资格核准、公布结果、培育实施四个阶段。

1. 公开征集。符合条件的企业或产业联盟，可采用自荐或各分园管委会、区县工商等相关部门推荐两种方式进行申报。

凡申请中关村商标品牌示范试点单位的企业或产业联盟应填写《中关村国家自主创新示范区商标品牌示范试点单位申请表》（附件），经各园管委会、区县工商局形式审查后，提交中关村管委会。

2. 资格核准。依据本方案确定的试点、示范单位选择条件，由国家工商总局商标局及其驻中关村办事处、中关村管委会和北京市工商局，委托专业机构组织商标品牌等方面的专家，共同确定年度“中关村商标示范单位”和“中关村商标试点单位”名单。

3. 公布结果。对确定的示范试点单位名单在中关村管委会网站和北京市工商局网站予以公布。

4. 培育实施。企业或产业联盟自公布为“中关村商标示范单位”和“中关村商标试点单位”之日起，即进入为期三年的辅导培育期。培育期内，试点、示范单位应按照申报材料中制定的培育工作计划，从商标品牌创造、运用、保护、管理等方面，提高企业商标品牌核心竞争力，在示范区内发挥示范引领作用。

（三）动态管理

示范试点单位培育期为三年，每年试点、示范单位应按要求提交商标品牌工作情况报告。示范试点单位的商标品牌工作进展，将作为核准其中关村商标品牌示范试点单位资格和获得管理办法中商标专项资金支持的依据。

示范试点单位根据每年商标工作成效进行动态调整。对于侵犯他人知识产权或有不良信用记录的单位，一经查实，取消试点示范资格。

附件：中关村国家自主创新示范区商标品牌示范试点单位申请表（略）

中关村科技园区管委会、大兴区人民政府、北京市经济技术开发区关于印发《关于促进中关村智能机器人产业创新发展的若干措施》的通知

中科园发〔2016〕10号

各有关单位：

为加快推动中关村智能机器人产业发展，构建良好政策环境，中关村科技园区管理委员会、大兴区人民政府与北京经济技术开发区管理委员会共同制定了《关于促进中关村智能机器人产业创新发展的若干措施》，现印发给你们，请认真贯彻落实。

中关村科技园区管理委员会

大兴区人民政府

北京经济技术开发区管理委员会

二〇一六年四月二十五日

关于促进中关村智能机器人产业创新发展的若干措施

机器人是衡量国家科技创新水平的重要标志，被称为“制造业皇冠顶端的明珠”。为贯彻落实《中国制造 2025》（国发〔2015〕28 号）和《〈中国制造 2025〉北京行动纲要》（京政发〔2015〕60 号），推动中关村智能机器人产业创新发展，加快构建“高精尖”经济结构，特制定本措施。

一、加快建设全球智能机器人创新中心

紧抓全球新一代信息技术与制造业深度融合、国家大力发展机器人产业的重大机遇，充分发挥中关村在智能机器人前沿技术的先发优势，深入推进机器人与人工智能、脑科学、新材料等前沿领域融合创新，聚焦中关村大兴—亦庄园，全产业链整合上下游创新资源，大力构建智能机器人产业生态，加快推动中关村全球智能机器人创新中心建设，为全国机器人产业创新发展发挥引领支撑作用。

二、加大智能机器人前瞻布局

重点支持深度学习、智能操作系统、传感与识别、智能芯片、纳米材料等前沿技术的研发和转化，推动智能机器人与大数据、云计算、物联网等产业深度融合，大力发展人机协作、数字化车间和智能工厂等工业机器人，智能驾驶、教育娱乐、医疗健康等服务机器人，公共安全、应急救援、特种作业等特种机器人。

三、加快推动智能机器人核心技术研发和成果转化产业化

支持企业、科研院所开展智能机器人关键核心技术攻关，经国家或北京市新技术新产品（服务）认定的研发成果，根据项目成效按照投入成本 20% 的比例，给予最高金额不超过 100 万元的资金支持。支持智能机器人重大技术成果转化，对具有国际先进水平的自主知识产权重大成果产业化项目，优先推荐政府股权项目支持。

四、深入推动智能机器人产品应用推广

对中关村智能机器人企业自主研发的机器人整机、零部件、操作系统、应用软件、行业应用解决方案等，经国家或北京市认定属于新技术新产品（服务）的，自认定期起一年内，按照不超过实际销售额 20% 的比例，给予最高不超过 400 万元的资金支持。支持本市企业采购中关村智能机器人产品和服务，对于首次采购并开展数字化车间和智能工厂建设改造的，按照产品和服务实际采购额 20% 的比例，给予最高不超过 200 万元的资金支持。

五、支持智能机器人企业创制标准和申请专利

支持智能机器人企业和产业联盟主导创制中关村标准。对企业和产业联盟主导制定并已公布的国家标准、行业标准以及已立项的国际标准提案，每项给予不超过 40 万元的资金支持；对已公布的国际标准，每项给予不超过 100 万元的资金支持，每家企业、产业联盟每年获得支持资金总额分别不超过 200 万元、400 万元。对中关村智能机器人企业申请国际发明专利并进入国家阶段的，每进入一个国家或地区最高支持 6 万元，每件专利最多支持其进入 3 个国家或地区；对获得授权的国内发明专利，每件给予不超过 1 万元的资金支持，每家企业年度国际、国内发明专利最高支持金额均不超过 600 万元。

六、高水平建设智能机器人共性技术平台和产业促进平台

积极争取国家有关部委支持,围绕智能机器人技术研发、检验测试、成果转化、工业设计、知识产权服务、展示交流、市场应用等方面,支持建设一批共性技术平台和产业促进平台,争取国家机器人检测与评定中心在大兴—亦庄园设立分中心。根据平台上年度建设费用(含设备购置、信息系统建设、房屋租赁、人员费等实际费用)投入情况,按照不超过平台建设费用50%的比例,给予最高不超过1000万元的资金支持。支持平台通过市场化机制为中关村示范区企业提供合作研发、检验测试、成果转化、协同创新、示范推广等服务,根据服务效果,按照不超过服务合同额30%的比例,给予最高不超过600万元的资金支持。

七、大力推动智能机器人创业孵化

支持智能机器人创业企业发展,对上一年度获得知名创业投资机构投资的智能机器人企业,按照不超过获得投资总额10%的比例,给予最高不超过200万元的资金支持。推动智能机器人创业服务体系建设,对智能机器人专业孵化机构,优先推荐申请中关村国家自主创新示范区创业服务平台资金支持。

八、积极吸引国际顶级智能机器人企业和研究机构设立区域总部和研发中心

支持国际顶级、行业带动性强的智能机器人企业和研究机构在大兴—亦庄园建立区域总部和研发中心,按照不超过投资总额20%的比例,给予最高不超过5000万元的一次性资金支持。

九、大力推进智能机器人企业集聚发展

对于入驻大兴—亦庄园的智能机器人企业,以实际租赁面积为基准,按照不高于租金总额50%的比例、单价不超过3元/(米^2·日)、面积不超过5000平方米的标准进行补贴,补贴期限自注册起最长36个月。支持建设智能机器人特色产业园区,对获得国家绿色生态示范城批复的园区建设单位给予一次性200万元的资金支持;对获得北京市绿色生态示范区批复的园区建设单位给予一次性100万元的资金支持。

十、集聚国际一流的智能机器人高端领军人才和团队

高层次引进智能机器人人才和团队,优先推荐申报“千人计划”“海聚工程”“高聚工程”评选。对入驻大兴—亦庄园的行业带动性强、技术领先的智能机器人企业和核心骨干,经认定后,按照大兴—亦庄园“新创工程”领军人才政策给予支持。

十一、加大金融支持力度

支持智能机器人企业通过融资租赁、信用贷款、知识产权质押贷款、信保融资等方式融资发展,对于符合条件的企业,按照相关资金管理办法给予补贴支持。对于通过担保方式获得贷款的企业,参照中关村瞪羚企业标准给予担保贴息支持。鼓励领军企业、行业组织、创投机构、高校院所等设立智能机器人创业投资基金。

十二、建设国际化智能机器人展示交流平台

依托世界机器人大会永久会址,鼓励国内外机器人产业组织、企业和创业服务主体在大兴—亦庄园举办具有国际影响力的机器人创新创业大赛、技术和产业论坛、行业展会等交流活动,对活动费用给予最高不超过500万元的一次性资金支持。

十三、资金来源

本措施由中关村科技园区管理委员会和北京经济技术开发区管理委员会联合执行。

(一)对于注册在大兴—亦庄园的智能机器人企业和机构,第四条、第五条、第六条、第七条、第九条按

照中关村管委会与北京经济技术开发区管委会每年各承担50%的原则安排资金联合支持;第八条、第十条、第十一条由中关村管委会与北京经济技术开发区管委会联合支持;第三条、第十二条由北京经济技术开发区管委会安排资金支持。

(二)对于非注册在大兴—亦庄园的中关村智能机器人企业和机构,可享受第四条、第五条、第六条、第七条支持措施,由中关村管委会按照相关标准的50%安排资金支持;第十条、第十一条按照中关村管委会现行相关办法予以支持。

十四、附则

本措施由中关村管委会、大兴区政府和北京经济技术开发区管委会负责解释。自发布之日起30日后施行,有效期5年。

中关村科技园区管委会印发《中关村国家自主创新示范区集成电路设计产业发展资金管理办法》

中科园发〔2016〕38号

第一章 总 则

第一条 为深入贯彻落实《进一步鼓励软件产业和集成电路产业发展的若干政策》(国发〔2011〕4号)、《国家集成电路产业发展推进纲要》《中国制造2025》和《北京市进一步促进软件产业和集成电路产业发展若干政策》(京政发〔2014〕6号),有效实施《关于促进中关村国家自主创新示范区集成电路设计产业发展的若干措施》(中科园发〔2016〕37号),科学规范资金使用,特制定本办法。

第二条 中关村国家自主创新示范区(以下简称"中关村示范区")集成电路设计产业发展资金从中关村示范区专项资金和海淀区产业发展专项资金中列支,并按照年度预算进行安排。

第三条 本办法支持的企业应为在中关村示范区内注册成立,从事集成电路功能研发、设计、应用及相关服务的法人企业。

第二章 支持内容

第四条 支持集成电路设计企业加大新产品研发力度。重点支持集成电路设计企业开展新产品批量验证的流片和掩膜版制作。

(一)按照集成电路设计企业签署的当年度该产品批量验证流片合同金额的20%或掩膜版制作合同金额的20%予以研发资金支持,且合同须已执行。

(二)对单个企业支持资金最高不超过200万元。

第五条 支持集成电路设计企业不断提升创新能力。对经认定的具有重大战略意义、拥有自主知识产权、处于国际先进水平的重大产业化项目,海淀区政府优先给予政府股权投资或者研发资金支持。

第六条 支持集成电路设计企业不断加大研发投入。

(一)对年收入超过100亿元(含)且研发投入占收入的比例达5%、年收入50亿元(含)至100亿元且研发投入占收入的比例达6%、年收入10亿元(含)至50亿元且研发投入占收入的比例达7%、年收入5亿元(含)至10亿元且研发投入占收入的比例达10%的集成电路设计企业,分别一次性给予最高不超过300万元、200万元、100万元、50万元的资金支持。

(二)申请企业在上述每个阶段只能获得一次资金支持,且收入和研发投入必须是当年度首次达到上述标准。

第七条 支持为集成电路设计领域创业企业搭建孵化服务平台。对集成电路设计领域的创新型孵化器,按照中关村管委会有关支持创新型孵化器的资金管理办法给予资金支持。

第八条 鼓励集成电路创业企业发展。对年度首次获得创业投资机构投资的集成电路设计企业,按照中关村管委会产业发展有关资金管理办法给予资金支持。

第九条 支持集成电路企业、产业技术联盟、专业机构联合产业链上下游企业或用户单位,共同搭建共性技术服务平台和产业促进服务平台。

(一)根据上述平台当年设备购置等资金投入情况,按照不超过设备购置费等平台建设费用的50%、给予最高不超过500万元的一次性资金支持。

(二)支持上述平台按照市场化机制提供或组织技术研发、检验测试、成果转化、组建专利池、知识产权服务、供应链服务、示范推广、电子设计自动化(EDA)、IP服务、展示交流、产业论坛等服务,提升行业服务能力。对平台提供的服务按照不超过实际投入或总合同金额30%的比例,给予最高不超过300万元的资金支持,支持期限为3年。

第十条 支持集成电路设计企业与整机企业联动发展。

(一)对于经营规模达到10亿元(含)以上的北京地区系统整机企业,采购中关村集成电路设计企业新产品的,经被采购方即中关村集成电路设计公司推荐,按实际采购金额的20%给予整机企业资金支持。

(二)对单个企业的支持资金最高不超过500万元。

(三)同一家整机企业被中关村集成电路设计企业推荐且获得本办法当年度资金支持的,自下一年度起连续3年不得被该集成电路设计企业推荐。

第十一条 支持集成电路设计企业参与军工合作。对于承接研发军方预研项目的集成电路设计企业,海淀区政府通过海淀区军民融合专项资金给予项目协议金额30%的资金支持,最高支持资金200万元。对于集成电路设计企业参与国防和军队建设所进行技术改造的固定资产投资贷款,海淀区政府给予贷款贴息,最高金额不超过300万元。

第十二条 支持企业吸引和培育全球集成电路设计领军人才。优先推荐掌握国际尖端集成电路技术并在中关村实现成果转化的高端领军人才申报参评"千人计划""海聚工程""高聚工程",并按照中关村管委会相关人才管理办法及细则给予资金支持。

第十三条 本办法第十二条中人才自动入选"海英人才",海淀区政府给予"海英人才"入选者或团队连续3年、每年最高30万元(团队50万元)的资金支持,并优先落实居留与出入境、子女入学、职称评审、公租房等中关村人才特区支持政策,在公租房方面给予最高额房租支持和最长使用期限的支持。

第十四条 推动集成电路设计企业形成产业集聚。

(一)鼓励集成电路产业跨区域布局,重点支持京津冀集成电路产业集群建设,推动设计企业与制造、封装测试企业联动发展。

(二)支持在中关村核心区等区域设立中关村集成电路设计产业园,吸引创业企业、行业龙头企业和专业机构入驻。对园区入驻企业,按照企业实际租用面积的50%、每家企业支持面积不超过1000平方米、每天最高3元/平方米的标准,连续3年给予房租支持。

第十五条 企业或单位的同一项目不得通过多种方式重复支持;同一企业或单位同一年度最多申请上述3项中关村集成电路设计产业发展资金,累计获得支持额度不得超过1000万元。

第十六条 当年度已申请获得本办法资金支持的企业,不得再申请中关村管委会同类型支持资金。

第三章　资金来源

第十七条　本办法第七条、第十二条中涉及的支持资金根据中关村管委会相关资金管理办法规定予以安排，第四条、第五条、第六条、第八条、第九条、第十条、第十一条、第十三条、第十四条资金安排如下。

1. 对于注册在海淀区的企业，第四条、第六条、第八条、第九条、第十条、第十四条按照中关村管委会与海淀区财政每年各承担一半的原则安排资金，第五条、第十一条、第十三条由海淀区财政全额安排资金。

2. 对于注册在非海淀区的企业，可享受第四条、第六条、第八条、第九条、第十条、第十四条资金支持，并由中关村管委会安排支持资金的50%；不享受第五条、第十一条、第十三条资金支持。

第四章　资金申请程序

第十八条　中关村集成电路设计产业发展资金申请受理通知将通过中关村示范区网站（www.zgc.gov.cn）或一区十六园、产业技术联盟、行业协会、投资孵化机构等渠道进行发布。申请集成电路设计产业发展资金支持的单位，应按照通知要求填写材料，并提供相应的申报材料和证明文件。其中，海淀区全额支持资金申请受理通知将通过海淀园管理委员会网站（www.zhsp.gov.cn）进行发布，申请单位依据通知要求报送相关材料。

第十九条　中关村管委会委托第三方机构开展中关村集成电路设计产业发展资金项目申报、材料审核、项目评审、尽职调查、绩效分析等工作。受托第三方机构通过审查核验申报资料等方式，确定支持单位和金额，并报请中关村管委会主任专题会审议通过后在中关村示范区网站进行公示。公示无异议后，中关村管委会和海淀区政府按照相关资金拨付程序拨付资金。

第五章　监督管理

第二十条　获得本办法支持的单位应按照国家相关会计制度进行账务处理，对资金单独核算，专款专用。对于由中关村管委会负责支持的资金，应接受中关村管委会的监督、检查和审计，并及时向中关村管委会报告项目进展情况；对于由海淀区财政负责支持的资金，应接受海淀区政府的监督、检查和审计，并及时向海淀区政府报告项目进展情况。项目承担单位要配合做好绩效评价、提交资金使用效益分析报告、项目验收、宣传、调研、报送信息、档案管理等工作。

第二十一条　中关村管委会与海淀区政府对中关村集成电路设计产业发展资金的使用情况进行监督和检查。

第二十二条　对资金使用中违反法律法规的行为，依据《中华人民共和国预算法》《中华人民共和国会计法》和《财政违法行为处罚处分条例》等规定进行处理处分。对于弄虚作假骗取支持资金的申报单位，除按以上规定处罚外，中关村管委会将在中关村示范区网站予以通报，追回已拨付资金，并不再受理其相关公共政策支持资金的申请，同时取消与该单位的合作关系。

第六章　附　则

第二十三条　本办法由中关村管委会与海淀区政府负责解释。

第二十四条　本办法自发布之日起施行。《中关村国家自主创新示范区集成电路设计产业发展资金管理办法》（中科园发〔2015〕55号）同时废止。

中关村科技园区管理委员会、石景山区人民政府关于印发《关于促进中关村虚拟现实产业创新发展的若干措施》的通知

中科园发〔2016〕39 号

各有关单位：

为加快推动中关村国家自主创新示范区虚拟现实（含增强现实和混合现实）产业创新发展，中关村科技园区管理委员会与石景山区人民政府共同制定了《关于促进中关村虚拟现实产业创新发展的若干措施》。现印发给你们，请认真遵照实施。

中关村科技园区管理委员会
石景山区人民政府
2016 年 10 月 11 日

关于促进中关村虚拟现实产业创新发展的若干措施

为促进中关村国家自主创新示范区虚拟现实（含增强现实和混合现实）产业创新发展，聚焦中关村石景山园，打造虚拟现实产业创新发展引领区和创新应用先导区，全力建设具有全球影响力的虚拟现实创新中心，特制定本措施。

一、大力发展虚拟现实产业具有重大意义

虚拟现实是学科高度综合交叉的新兴领域，是当今世界尖端科技的前沿和创新竞争的焦点。为把握虚拟现实产业发展的重大机遇，抢占全球虚拟现实产业制高点，充分发挥中关村示范区的产业基础和先发优势，以及石景山园作为国家级文化和科技融合示范基地的特色优势，以软件研发、内容创作、硬件开发、平台运营等产业关键环节为重点，深入推进全产业链创新，构建集开放创新、创业孵化、集成应用、展示体验等为一体的产业发展生态，加速催生虚拟现实新产品、新业态、新模式。

二、促进虚拟现实产业创新发展的主要措施

（一）深入开展虚拟现实领域的关键技术研发

支持虚拟现实领域关键技术、专用芯片、新型交互硬件、开源平台与软件等研发，重点包括：动态环境建模、立体显示、传感与交互、实时三维图形生成、高性能计算、大数据融合压缩处理等关键技术，GPU（视觉图形处理器）、PPU（物理运算处理器）、高性能传感处理器等专用芯片，数据采集、动作捕捉、微投头戴显示、裸眼 3D、显示屏、定位跟踪等新型交互硬件，图形引擎、物理引擎、视频图像处理、图像拼接和播放等开

源平台与软件。对开展上述研发的重点企业或机构，按照不超过设备购置、研发投入等实际费用支出30%的比例，给予最高不超过1000万元的资金支持。支持获得国际专利、标准制定和知识产权综合运用，根据相关资金管理办法予以支持。

（二）加快建设虚拟现实产业促进平台

加强虚拟现实产学研用协同创新，支持各创新主体联合建设共性技术平台、硬件测试平台、内容创制平台、软件服务平台、创新应用研究院和数字模型资源中心等产业促进平台，按照不超过平台上年度设备购置、信息系统建设等实际支出费用50%的比例，给予最高不超过1000万元的资金支持。支持上述平台通过市场化机制为企业提供合作研发、检验测试、成果转化、示范推广等服务，按照不超过服务合同额30%的比例，给予最高不超过600万元的资金支持。对新认定的虚拟现实相关领域国家级重点（工程）实验室、工程（技术）研发中心，一次性给予最高不超过100万元的奖励。

（三）全力推动虚拟现实技术成果产业化和行业应用

支持面向重大需求的内容创制，推动虚拟现实在电子商务、数字娱乐、教育培训、体育休闲、建筑规划、旅游会展、医疗健康、工业制造、国防军事等行业领域的创新应用；对企业围绕虚拟现实专用芯片、硬件设备、应用内容、软件和行业应用解决方案等自主研发的技术成果给予支持，支持金额不超过项目总投资额或采购额的20%，单个项目支持金额最高不超过1000万元。

（四）支持虚拟现实创业发展

支持创新型孵化器、众创空间等平台型专业服务机构，建设虚拟现实专业孵化平台，为虚拟现实领域的创业企业提供各类创业孵化服务，按照相关政策给予最高不超过200万元的一次性资金支持。

（五）大力推进虚拟现实企业集聚发展

在石景山园建设中关村虚拟现实产业园。对在产业园购置自用办公场所且面积超过1000平方米（含）的企业，可享受每平方米1000元的购房补贴，最高补贴面积3000平方米。对在产业园租赁自用办公场所的企业，可按照不超过实际房租的50%、最高补贴面积5000平方米的标准给予支持，补贴资金累计不超过1000万元。

（六）提升虚拟现实国际影响力

支持国际影响力大、行业带动性强的虚拟现实企业和研究机构在石景山园建立区域总部和研发中心，按照不超过实际到位投资总额20%的比例，通过财政支持和产业基金引导等方式，给予最高不超过1亿元的资金支持。发挥石景山区特色优势，结合冬奥组委入驻契机，建设集多主题于一体的国际顶级虚拟现实应用体验中心，并在规划定位、立项审批、基础设施建设、综合配套保障、融资等方面给予全方位支持。加强国际交流合作，支持在石景山园举办具有国际影响力的虚拟现实体验展、电影展、创新高峰论坛等各类活动，对活动费用给予最高不超过500万元的一次性资金支持。

（七）大力引进国际领军人才和团队

支持虚拟现实产业高端人才纳入中关村人才工作重点和急需紧缺人才引进目录，优先推荐申报“千人计划”“海聚工程”和“高聚工程”评选。对入驻石景山园发展的“千人计划”虚拟现实领域人才，根据对区域发展贡献评估，给予最高500万元奖励补贴，用于房屋租赁补贴、项目研发和团队建设。对中关村雏鹰人才创办的虚拟现实企业，按照相关政策给予不超过60万元的资金支持。

（八）加强虚拟现实创新发展综合配套支持

对入驻石景山园且年度区级经济社会贡献较大、行业发展带动力和影响力较强的虚拟现实重点企业，根据企业发展需求制定全方位的引入和服务计划，形成有利于企业综合发展的专项措施，在企业办公、人才引进、金融服务等方面予以支持。支持虚拟现实领军企业、社会资本设立虚拟现实创业投资基金和并购基金。

三、执行说明

对于注册在石景山园的虚拟现实企业和机构，第二条认定国家级实验室、第五条购置自用办公场所、

第六条建设体验中心和举办国际交流活动、第七条人才奖励、第八条重点企业支持等条款由石景山区政府从石景山园高端产业发展专项资金中予以支持，其余条款按照中关村管委会与石景山区政府每年各承担50%的原则安排资金支持。

对于非注册在石景山园的中关村虚拟现实企业和机构，由中关村管委会按照相关标准的50%安排资金支持。

本措施由中关村科技园区管理委员会和石景山区人民政府负责解释并联合执行，自发布之日起30日后施行，有效期5年。

统计资料

北京地区 2016 年 R&D 活动情况

北京地区科技活动表主要数据来源为科技部《独立科技机构及有科技活动单位统计调查》、教育部《普通高等学校科技统计年报》、国家统计局《工业企业科技活动情况》等。执行部门中的科研院所指国有县级以上未转制科研院所，高等院校中含医学院校附属医院，其他指技术服务业事业单位。转制科研院所分为企业和非企业两类，转为企业或进入企业集团的科研院所按企业汇总，转为非企业的科研院所按其他汇总。本资料因小数取舍产生的误差均未做配平处理。

一、北京地区 2016 年 R&D 活动汇总表

表 1　北京地区 R&D 人员情况

	R&D 人员合计（人）	#1. 博士毕业	2. 硕士毕业	3. 本科毕业	R&D 人员折合全时人员（人年）	研究人员
总　计	**373406**	**67867**	**81514**	**163656**	**253336.7**	**150574.2**
一、按执行部门分组						
科研院所	113675	33900	40955	26637	99099.0	68180.0
高等院校	77397	30695	24188	16610	32327.3	26629.6
企　业	169480	1515	13319	118232	114590.4	51369.6
工业企业	70658	919	7605	42189	51143.4	22118.1
其　他	12854	1757	3052	2177	7320.0	4395.0
二、按单位隶属关系分组						
中　央	213211	59391	60316	68734	149024.4	101185.8
地　方	160195	8476	21198	94922	104312.2	49388.5
三、按活动类型分组						
基础研究					46337.2	
应用研究					63694.4	
试验发展					143306.2	
四、按从事的国民经济行业分组						
农、林、牧、渔业	339	1	3	4	65.0	18.0
采矿业	2911	73	303	833	1818.7	597.8
制造业	66228	762	6957	40641	48222.2	21012.5
电力、燃气及水的生产和供应业	1519	84	345	715	1102.5	507.8
建筑业	6824	40	313	4450	4876.3	1905.3
交通运输、仓储和邮政业	1524		3	1192	1029.6	445.0
信息传输、计算机服务和软件业	51758	206	4269	39334	36493.6	16819.0
批发和零售业						

续表

	R&D 人员合计（人）	#1. 博士毕业	2. 硕士毕业	3. 本科毕业	R&D 人员折合全时人员（人年）	研究人员
住宿和餐饮业						
金融业	1017		2	11	110.0	23.0
房地产业						
租赁和商务服务业	1644	43	67	1166	911.9	417.1
科学研究和技术服务业	155650	35880	44767	58074	123501.9	80663.8
水利、环境和公共设施管理业	934	2	9	476	638.2	280.4
居民服务和其他服务业						
教　育	77397	30695	24188	16610	32327.3	26629.6
卫生、社会保障和社会福利业	4495	78	282	119	1663.8	906.0
文化、体育和娱乐业	1166	3	6	31	575.6	348.8
公共管理和社会组织						
国际组织						

表2　北京地区 R&D 经费情况

	R&D 经费内部支出合计（万元）	#1. 日常性支出	人员劳务费	2. 资产性支出	仪器和设备	R&D 经费外部支出合计（万元）
总　计	**14845762.3**	**12810393.5**	**4414919.0**	**2035368.9**	**1567068.3**	**1080575.5**
一、按执行部门分组						
科研院所	7301165.7	5871000.2	1434614.6	1430165.5	999017.2	418448.5
高等院校	1604356.8	1374138.4	251357.6	230218.5	211542.5	197608.7
企　业	5604314.6	5291977.1	2645152.3	312337.5	307609.5	451641.8
工业企业	2548433.3	2407293.8	1030765.3	141139.5	138671.2	257791.1
其　他	335925.2	273277.8	83794.5	62647.4	48899.1	12876.5
二、按单位隶属关系分组						
中　央	10014676.6	8340084.2	2138057.7	1674592.4	1216728.6	803420.1
地　方	4831085.8	4470309.3	2276861.3	360776.5	350339.8	277155.4
三、按资金来源分组						
政府资金	8026073.0					
企业资金	5636747.2					
国外资金	322625.0					
其他资金	860317.1					
四、按活动类型分组						
基础研究	2111729.7					
应用研究	3480597.4					
试验发展	9253435.2					

续表

	R&D 经费内部支出合计（万元）	#1. 日常性支出	人员劳务费	2. 资产性支出	仪器和设备	R&D 经费外部支出合计（万元）
五、按从事的国民经济行业分组						
农、林、牧、渔业	4008.2	3603.7	1143.9	404.5	142.7	206.3
采矿业	58122.4	56859.6	21841.4	1262.8	1106.7	3775.5
制造业	2471278.9	2331868.9	1001092.2	139410.0	137115.0	248646.0
电力、燃气及水的生产和供应业	19032.0	18565.3	7831.7	466.7	449.5	5369.6
建筑业	222847.2	220670.8	51596.7	2176.4	2059.9	10658.1
交通运输、仓储和邮政业	6085.9	5655.8	3054.6	430.1	426.3	1347.4
信息传输、计算机服务和软件业	1742948.6	1622023.2	1017864.0	120925.4	119974.6	102238.3
批发和零售业						
住宿和餐饮业						
金融业	1901.1	1021.4	937.7	879.7	869.7	1341.4
房地产业						
租赁和商务服务业	57828.2	56703.1	27520.6	1125.1	1115.7	5885.3
科学研究和技术服务业	8596261.6	7060449.0	2005350.0	1535812.6	1090029.1	497614.0
水利、环境和公共设施管理业	36215.9	35869.8	11827.9	346.1	346.1	5230.4
居民服务和其他服务业						
教　育	1604356.8	1374138.4	251357.6	230218.5	211542.5	197608.7
卫生、社会保障和社会福利业	18711.3	17675.1	9533.9	1036.2	1016.1	283.8
文化、体育和娱乐业	6164.2	5289.4	3966.8	874.8	874.4	370.7
公共管理和社会组织						
国际组织						

表 3　北京地区 R&D 项目（课题）情况

	项目（课题）数（项）	项目（课题）人员折合全时当量（人年）	项目（课题）经费支出（万元）
总　计	**135387**	**226138.3**	**11487262.4**
一、按执行部门分组			
科研院所	28437	87397.3	5164344.8
高等院校	91089	32260.4	1219307.4
企　业	13753	100688.1	4920457.2
其　他	2108	5792.5	183153.0
二、按活动类型分组			
基础研究	50429	40899.2	1390635.2
应用研究	66262	58035.6	2388676.0
试验发展	18696	127203.5	7707951.1

续表

	项目(课题)数 (项)	项目(课题)人员折合全时当量 (人年)	项目(课题)经费支出 (万元)
三、按项目来源分组			
国家科技项目	55604	89855.0	5355036.3
地方科技项目	15281	11989.5	314062.5
企业委托科技项目	32188	16997.7	787004.5
自选科技项目	26256	87267.6	3928955.7
来自国外的科技项目	1849	7869.8	503453.2
其他科技项目	4209	12158.8	598750.0
四、按项目的合作形式分组			
与境外机构合作	1535	5517.8	330786.9
与国内高校合作	6900	8306.4	414911.5
与国内独立研究机构合作	8139	15456.5	971663.2
与境内注册外商独资企业合作	216	170.3	6621.3
与境内注册其他企业合作	7158	9514.2	531608.2
独立完成	108718	178025.0	8692990.7
其　他	2721	9148.3	538680.6

表4　北京地区R&D活动产出情况

	专利申请数 (件)	发明专利	有效发明专利数 (件)	发表科技论文 (篇)	出版科技著作 (种)
总　计	**86467**	**58145**	**140942**	**185626**	**8143**
一、按执行部门分组					
科研院所	13454	11353	36608	57698	2529
高等院校	14960	12308	39047	118193	5354
企　业	57731	34263	64624	3423	
其　他	322	221	663	6312	260
二、按单位隶属关系分组					
中　央	40954	30332	94661	153424	6177
地　方	45513	27813	46281	32202	1966
三、按从事的国民经济行业分组					
农、林、牧、渔业	2	2	13	30	0
采矿业	307	182	893	464	0
制造业	18293	8494	26932	1999	0
电力、燃气及水的生产和供应业	1465	716	465	911	0
建筑业	2369	652	1977	0	0
交通运输、仓储和邮政业	81	34	31	0	0

续表

	专利申请数（件）	发明专利	有效发明专利数（件）	发表科技论文（篇）	出版科技著作（种）
信息传输、计算机服务和软件业	21455	16641	15452	0	0
批发和零售业					
住宿和餐饮业					
金融业	56	43	30	19	0
房地产业					
租赁和商务服务业	2701	1568	6026	0	0
科学研究和技术服务业	24053	17262	49826	60660	2703
水利、环境和公共设施管理业	665	200	186	61	5
居民服务和其他服务业					
教　育	14960	12308	39047	118193	5354
卫生、社会保障和社会福利业	21	14	21	3053	52
文化、体育和娱乐业	39	29	43	236	29
公共管理和社会组织					
国际组织					

资料来源：为北京市统计局、北京市科学技术委员会、北京市教育委员会、北京市经济和信息化委员会。

二、科研院所汇总表

表5　科研院所 R&D 人员情况

	R&D 人员合计（人）	#1. 博士毕业	2. 硕士毕业	3. 本科毕业	R&D 人员折合全时人员（人年）	研究人员
总　计	**69318**	**28723**	**20109**	**12713**	**56347**	**39945**
一、按执行部门分组						
科研院所	69318	28723	20109	12713	56347	39945
高等院校						
企　业						
其　他						
二、按单位隶属关系分组						
中　央	64578	27441	18666	11213	52484	37826
地　方	4740	1282	1443	1500	3863	2119
三、按活动类型分组						
基础研究					24712	
应用研究					21710	
试验发展					9925	
四、按服务的国民经济行业分组						
农、林、牧、渔业	5568	2027	1559	1310	4843	2774

续表

	R&D 人员合计（人）	#1. 博士毕业	2. 硕士毕业	3. 本科毕业	R&D 人员折合全时人员（人年）	研究人员
采矿业						
制造业	3590	1217	1300	782	2836	1765
电力、燃气及水的生产和供应业	632	403	200	20	632	508
建筑业	157	22	70	55	132	99
交通运输、仓储和邮政业	879	272	476	116	713	513
信息传输、计算机服务和软件业	944	342	359	208	807	523
批发和零售业						
住宿和餐饮业						
金融业						
房地产业						
租赁和商务服务业						
科学研究和技术服务业	44247	20162	11707	6769	35637	26689
水利、环境和公共设施管理业	3502	1215	1477	726	2966	2136
居民服务和其他服务业	47	5	19	11	44	37
教　育	302	79	128	81	198	135
卫生、社会保障和社会福利业	7005	2377	1922	1990	5568	3456
文化、体育和娱乐业	635	118	224	187	499	371
公共管理和社会组织	1810	484	668	458	1472	939
国际组织						

注：统计范围为政府部门属独立科研院所（民口）。

表6　科研院所 R&D 经费情况

	R&D 经费内部支出合计（万元）	#1. 日常性支出	人员劳务费	2. 资产性支出	仪器和设备	R&D 经费外部支出合计（万元）
总　　计	**3015249.7**	**2406168.2**	**923451.6**	**609081.5**	**445260.2**	**143036.5**
一、按执行部门分组						
科研院所	3015249.7	2406168.2	923451.6	609081.5	445260.2	143036.5
高等院校						
企　业						
其　他						
二、按单位隶属关系分组						
中　央	2803622.2	2238746.0	846214.0	564876.2	402862.9	135273.6
地　方	211627.5	167422.2	77237.6	44205.3	42397.3	7762.9
三、按资金来源						
政府资金	2620795.2					
企业资金	161433.6					

续表

	R&D经费内部支出合计（万元）	#1. 日常性支出	人员劳务费	2. 资产性支出	仪器和设备	R&D经费外部支出合计（万元）
国外资金	16889.9					
其他资金	216131.0					
四、按活动类型分组						
基础研究	1090607.5					
应用研究	1313480.9					
试验发展	611161.3					
五、按服务的国民经济行业分组						
农、林、牧、渔业	261190.5	208674.0	77202.7	52516.5	41632.5	47070.4
采矿业						
制造业	136737.8	109517.3	46208.9	27220.5	11448.8	9058.9
电力、燃气及水的生产和供应业	38818.7	37103.6	11664.2	1715.1	1689.4	
建筑业	4156.6	3946.4	1423.3	210.2	210.2	30.1
交通运输、仓储和邮政业	57303.9	35575.5	12166.8	21728.4	7011.0	3472.0
信息传输、计算机服务和软件业	75681.4	64646.9	25208.5	11034.5	9895.6	
批发和零售业						
住宿和餐饮业						
金融业						
房地产业						
租赁和商务服务业						
科学研究和技术服务业	1999111.4	1585035.8	554488.9	414075.6	314926.2	57350.6
水利、环境和公共设施管理业	122671.4	98347.2	49957.8	24324.2	14031.6	6490.4
居民服务和其他服务业	3239.4	2142.9	558.0	1096.5	1096.5	
教　育	16749.9	15260.3	5546.8	1489.6	1489.6	36.0
卫生、社会保障和社会福利业	208921.1	172234.0	100934.6	36687.1	29197.2	14748.2
文化、体育和娱乐业	25962.0	22362.7	8708.2	3599.3	3599.3	393.7
公共管理和社会组织	64705.6	51321.6	29382.9	13384.0	9032.3	4386.2
国际组织						

表7 科研院所R&D项目(课题)情况

	项目(课题)数（项）	项目(课题)人员折合全时当量（人年）	研究人员	项目(课题)经费支出（万元）
总　计	**26998**	**47151.3**	**35760.5**	**1620211.8**
一、按执行部门分组				
科研院所	26998	47151.3	35760.5	1620211.8
高等院校				
企　业				
其　他				
二、按活动类型分组				
基础研究	12787	20383.5	16622.4	641573.9
应用研究	10788	18551.6	13439.6	702906.8
试验发展	3423	8216.2	5698.5	275731.1
三、按项目来源分组				
国家科技项目	16794	31854.9	24934.0	1062046.9
地方科技项目	2311	3895.7	2533.9	164018.3
企业委托科技项目	1775	2964.1	1918.7	97646.4
自选科技项目	2436	3558.9	2622.4	107220.6
来自国外的科技项目	290	428.7	335.3	13640.8
其他科技项目	3392	4449.0	3416.2	175638.6
四、按项目的合作形式分组				
与境外机构合作	260	358.5	266.8	13452.3
与国内高校合作	1014	1839.7	1480.1	89985.6
与国内独立研究机构合作	2861	5555.4	4157.0	211983.0
与境内注册外商独资企业合作	20	47.6	40.6	1502.8
与境内注册其他企业合作	486	654.0	501.3	29362.8
独立完成	21780	37459.3	28428.7	1212919.0
其　他	577	1236.8	886.0	61006.4

表 8 科研院所 R&D 活动产出情况

	专利申请数（件）	发明专利	有效发明专利数（件）	发表科技论文（篇）	出版科技著作（种）
总　计	**6657**	**5543**	**21416**	**49517**	**2453**
一、按执行部门分组					
科研院所	6657	5543	21416	49517	2453
高等院校					
企　业					
其　他					
二、按单位隶属关系分组					
中　央	6167	5197	20171	45313	2195
地　方	490	346	1245	4204	258
三、按服务的国民经济行业分组					
农、林、牧、渔业	778	618	2266	4213	272
采矿业					
制造业	761	710	3265	2485	83
电力、燃气及水的生产和供应业	196	98	117	577	46
建筑业	8	5	63	52	8
交通运输、仓储和邮政业	94	40	234	775	34
信息传输、计算机服务和软件业	220	215	1390	371	8
批发和零售业					
住宿和餐饮业					
金融业					
房地产业					
租赁和商务服务业					
科学研究和技术服务业	3877	3389	12524	27821	1102
水利、环境和公共设施管理业	477	320	809	2323	111
居民服务和其他服务业	5	3	13	17	2
教　育	0	0	0	768	230
卫生、社会保障和社会福利业	136	95	529	6853	266
文化、体育和娱乐业	4		75	617	89
公共管理和社会组织	101	50	131	2645	202
国际组织					

资料来源：科技部《独立科技机构及有科技活动单位统计调查》。

三、转制科研院所汇总表

表 9 转制科研院所 R&D 人员情况

	R&D 人员合计（人）	#1. 博士毕业	2. 硕士毕业	3. 本科毕业	R&D 人员折合全时人员（人年）	研究人员
总 计	**23716**	**2715**	**9568**	**8772**	**19241**	**11706**
一、按转制方向分组						
转为企业或进入企业集团	22321	2453	8987	8319	18143	11136
工业企业	1061	92	402	412	857	572
非工业企业	21260	2361	8585	7907	17286	10564
转为非企业单位	1395	262	581	453	1098	570
其中：并入高校						
二、按单位隶属关系分组						
中 央	22671	2620	9174	8352	18360	11166
地 方	1045	95	394	420	881	540
三、按活动类型分组						
基础研究					1785	
应用研究					7113	
试验发展					10343	
四、按服务的国民经济行业分组						
农、林、牧、渔业	106	34	33	33	105	90
采矿业	1265	181	656	325	1053	762
制造业	8181	806	3089	3443	7378	4469
电力、燃气及水的生产和供应业	1587	313	890	272	1524	1280
建筑业	6923	758	2271	2747	4075	2321
交通运输、仓储和邮政业	2908	300	1178	1096	2736	1644
信息传输、计算机服务和软件业	1546	123	889	481	1517	526
批发和零售业						
住宿和餐饮业						
金融业	207	26	55	105	207	207
房地产业						
租赁和商务服务业						
科学研究和技术服务业	892	146	472	234	570	366
水利、环境和公共设施管理业	25	9	12	4	20	16
居民服务和其他服务业						
教 育						
卫生、社会保障和社会福利业	11	3	5	3	8	6
文化、体育和娱乐业	65	16	18	29	48	19
公共管理和社会组织						
国际组织						

注：统计范围为民口已转制的县以上独立核算的研究机构及科技信息与文献机构，不包括已转制的工程勘察设计单位及转制后重组或分解的研究机构。

表 10 转制科研院所 R&D 经费情况

	R&D 经费内部支出合计（万元）	#1. 日常性支出	人员劳务费	2. 资产性支出	仪器和设备	R&D 经费外部支出合计（万元）
总　计	**515194.4**	**422884**	**190405.4**	**92310.4**	**61739.4**	**23014.9**
一、按转制方向分组						
转为企业或进入企业集团	455553.4	383616.6	173703.8	71936.8	53457.3	22086.9
工业企业	25222.4	23423.4	13077.6	1799.0	1793.9	46.3
非工业企业	430331.0	360193.2	160626.2	70137.8	51663.4	22040.6
转为非企业单位	59641.0	39267.4	16701.6	20373.6	8282.1	928.0
其中：并入高校						
二、按单位隶属关系分组						
中　央	492841.1	403410.3	181876.5	89430.8	59982.0	22716.8
地　方	22353.3	19473.7	8528.9	2879.6	1757.4	298.1
三、按资金来源						
政府资金	142273.7					
企业资金	265074.9					
国外资金	0					
其他资金	107845.8					
四、按活动类型分组						
基础研究	69492.9					
应用研究	174836.5					
试验发展	270865.0					
五、按服务的国民经济行业分组						
农、林、牧、渔业	9714.2	6761.8	2170.5	2952.4	2856.1	45.9
采矿业	37963.4	34514.7	14957.4	3448.7	3448.7	3726.7
制造业	169730.4	146631.0	56247.1	23099.4	20960.9	5729.1
电力、燃气及水的生产和供应业	97076.8	74245.6	35077.5	22831.2	22297.6	7472.0
建筑业	68631.0	50670.0	21972.2	17961.0	2136.0	7.1
交通运输、仓储和邮政业	37969.1	34212.4	14441.5	3756.7	3756.7	3506.0
信息传输、计算机服务和软件业	74096.7	57350.9	34480.1	16745.8	4768.2	1083.0
批发和零售业						
住宿和餐饮业						
金融业	4132.6	3872.1	1610.6	260.5	260.5	307.1
房地产业						
租赁和商务服务业						
科学研究和技术服务业	14009.1	13111.1	8515.3	898.0	898.0	1138.0
水利、环境和公共设施管理业	841.9	778.4	438.4	63.5	63.5	0
居民服务和其他服务业						
教　育						
卫生、社会保障和社会福利业	721.5	458.3	231.3	263.2	263.2	0
文化、体育和娱乐业	307.7	277.7	263.5	30.0	30.0	0
公共管理和社会组织						
国际组织						

表 11　转制科研院所 R&D 项目(课题)情况

	项目(课题)数 (项)	项目(课题)人员折合全时当量 (人年)	研究人员	项目(课题)经费支出 (万元)
总　计	**2669**	**12699. 7**	**6343. 7**	**211137. 8**
一、按转制方向分组				
转为企业或进入企业集团	2313	11898. 1	5898. 1	196915. 2
工业企业	145	783. 3	527. 6	16800. 0
非工业企业	2168	11114. 8	5370. 5	180115. 3
转为非企业单位	356	801. 6	445. 6	14222. 6
其中:并入高校				
二、按活动类型分组				
基础研究	398	1200. 1	587. 5	16773. 0
应用研究	1080	4691. 6	2889. 1	57637. 7
试验发展	1191	6808. 0	2867. 1	136727. 0
三、按项目来源分组				
国家科技项目	827	4749. 0	2248. 7	63721. 1
地方科技项目	153	1086. 3	427. 3	12967. 3
企业委托科技项目	844	2386. 9	1219. 7	68372. 5
自选科技项目	727	4003. 0	2173. 8	59043. 0
来自国外的科技项目	33	174. 3	96. 7	3286. 1
其他科技项目	85	300. 2	177. 5	3747. 8
四、按项目的合作形式分组				
与境外机构合作	25	158. 4	88. 5	2671. 5
与国内高校合作	141	1015. 7	399. 3	8872. 4
与国内独立研究机构合作	311	1056. 6	339. 9	33355. 1
与境内注册外商独资企业合作	5	6. 0	6. 0	45. 7
与境内注册其他企业合作	454	1943. 6	1171. 9	45914. 0
独立完成	1660	8056. 3	3976. 4	110756. 3
其　他	73	463. 1	361. 7	9522. 8

表 12 转制科研院所 R&D 活动产出情况

	专利申请数（件）	发明专利	有效发明专利数（件）	发表科技论文（篇）	出版科技著作（种）
总　计	**3450**	**2481**	**8805**	**5252**	**149**
一、按转制方向分组					
转为企业或进入企业集团	3345	2418	8513	4470	123
工业企业	135	80	338	338	12
非工业企业	3210	2338	8175	4132	111
转为非企业单位	105	63	292	782	26
其中：并入高校	2	1	12	11	1
二、按单位隶属关系分组					
中　央	3289	2398	8371	4954	139
地　方	161	83	434	298	10
三、按服务的国民经济行业分组					
农、林、牧、渔业	20	10	35	134	4
采矿业	367	211	644	929	13
制造业	1184	805	4632	1747	38
电力、燃气及水的生产和供应业	1100	1026	1687	628	39
建筑业	311	141	1095	544	42
交通运输、仓储和邮政业	373	203	438	685	5
信息传输、计算机服务和软件业	47	41	124	274	2
批发和零售业					
住宿和餐饮业					
金融业	28	28	111	8	0
房地产业					
租赁和商务服务业					
科学研究和技术服务业	13	10	17	223	5
水利、环境和公共设施管理业	7	6	22	32	1
居民服务和其他服务业					
教　育					
卫生、社会保障和社会福利业	0	0	0	27	0
文化、体育和娱乐业	0	0	0	21	0
公共管理和社会组织					
国际组织					

资料来源：科技部《独立科技机构及有科技活动单位统计调查》。

2016年度北京获国家科学技术奖(通用项目)一览表

北京共有70个项目获国家科学技术奖,包括:国家自然科学奖13项(一等奖1项,二等奖12项)、国家技术发明奖10项(二等奖10项)、国家科技进步奖47项(特等奖1项,一等奖6项,二等奖40项)。

国家自然科学奖

序号	奖种	等级	项目名称	主要完成人	推荐单位
1	国家自然科学奖	一等	大亚湾反应堆中微子实验发现的中微子振荡新模式	王贻芳(中国科学院高能物理研究所),曹俊(中国科学院高能物理研究所),杨长根(中国科学院高能物理研究所),衡月昆(中国科学院高能物理研究所),李小男(中国科学院高能物理研究所)	中国科学院
2	国家自然科学奖	二等	奇点量子化理论研究	范辉军(北京大学)	专家推荐
3	国家自然科学奖	二等	磁电演生新材料及高压调控的量子序	靳常青(中国科学院物理研究所),望贤成(中国科学院物理研究所),刘清青(中国科学院物理研究所),邓正(中国科学院物理研究所),禹日成(中国科学院物理研究所)	中国科学院
4	国家自然科学奖	二等	有机场效应晶体管基本物理化学问题的研究	胡文平(中国科学院化学研究所),刘云圻(中国科学院化学研究所),李洪祥(中国科学院化学研究所),汤庆鑫(中国科学院化学研究所),董焕丽(中国科学院化学研究所)	中国科学院
5	国家自然科学奖	二等	化学修饰石墨烯可控组装与复合的基础研究	石高全(清华大学),徐宇曦(清华大学),李春(清华大学),白华(清华大学),吴穹(清华大学)	教育部
6	国家自然科学奖	二等	中国东部板内燕山期大规模成矿动力学模型	毛景文(中国地质科学院矿产资源研究所),陈斌(北京大学),谢桂青(中国地质科学院矿产资源研究所)	国土资源部
7	国家自然科学奖	二等	植物小RNA的功能及作用机理	戚益军(北京生命科学研究所),巴钊庆(北京生命科学研究所),叶瑞强(北京生命科学研究所),王秀杰(中国科学院遗传与发育生物学研究所),武亮(北京生命科学研究所)	专家推荐
8	国家自然科学奖	二等	乳腺癌发生发展的表观遗传机制	尚永丰(北京大学),王艳(北京大学),石磊(北京大学),孙露洋(北京大学),杨笑菡(北京大学)	专家推荐
9	国家自然科学奖	二等	复杂动态网络的同步、控制与识别理论与方法	吕金虎(中国科学院数学与系统科学研究院),虞文武(东南大学),陈关荣(香港城市大学),陆君安(武汉大学),周进(武汉大学)	中国科学院
10	国家自然科学奖	二等	氧化物阻变存储器机理与性能调控	刘明(中国科学院微电子研究所),刘琦(中国科学院微电子研究所),管伟华(中国科学院微电子研究所),龙世兵(中国科学院微电子研究所),王艳(中国科学院微电子研究所)	中国科学院
11	国家自然科学奖	二等	碳基纳米电子器件及集成	彭练矛(北京大学),张志勇(北京大学),丁力(北京大学),王胜(北京大学),梁学磊(北京大学)	教育部
12	国家自然科学奖	二等	非金属基超常电磁介质的原理与构筑	周济(清华大学),赵乾(清华大学),李勃(清华大学),孙竞博(清华大学),宗瑞隆(清华大学)	专家推荐
13	国家自然科学奖	二等	超快激光微纳制造机理、方法及新材料制备的基础研究	姜澜(北京理工大学),曲良体(北京理工大学),李欣(北京理工大学),王素梅(北京理工大学),李晓炜(清华大学)	教育部

国家技术发明奖

序号	奖种	等级	项目名称	主要完成人	推荐单位
1	国家技术发明奖	二等	±800kV 特高压直流输电换流阀关键技术及应用	汤广福(国网智能电网研究院),查鲲鹏(中电普瑞电力工程有限公司),邱宇峰(国网智能电网研究院),崔翔(华北电力大学),贺之渊(国网智能电网研究院),魏晓光(国网智能电网研究院)	北京市
2	国家技术发明奖	二等	玉米重要营养品质优良基因发掘与分子育种应用	李建生(中国农业大学),严建兵(华中农业大学),杨小红(中国农业大学),胡建广(广东省农业科学院作物研究所),陈绍江(中国农业大学),王国英(中国农业科学院作物科学研究所)	教育部
3	国家技术发明奖	二等	重建多期油气复杂成藏过程的关键仪器与方法	刘文汇(中国石油化工股份有限公司石油勘探开发研究院),金之钧(中国石油化工股份有限公司石油勘探开发研究院),秦建中(中国石油化工股份有限公司石油勘探开发研究院),徐旭辉(中国石油化工股份有限公司石油勘探开发研究院),郑伦举(中国石油化工股份有限公司石油勘探开发研究院),张志荣(中国石油化工股份有限公司石油勘探开发研究院)	中国石油化工集团公司
4	国家技术发明奖	二等	复杂结构井特种钻井液及工业化应用	蒋官澄[中国石油大学(北京)],孙金声(中国石油集团钻井工程技术研究院),蒲晓林(西南石油大学),高德利[中国石油大学(北京)],王玺(中国石油集团钻井工程技术研究院),王平全(西南石油大学)	中国石油和化学工业联合会
5	国家技术发明奖	二等	木质纤维生物质多级资源化利用关键技术及应用	孙润仓(北京林业大学),彭万喜(中南林业科技大学),程少博(山东龙力生物科技股份有限公司),袁同琦(北京林业大学),许风(华南理工大学),肖林(山东龙力生物科技股份有限公司)	中国轻工业联合会
6	国家技术发明奖	二等	单晶多空心钛硅分子筛催化新材料及制备关键技术	林民(中国石油化工股份有限公司石油化工科学研究院),舒兴田(中国石油化工股份有限公司石油化工科学研究院),史春风(中国石油化工股份有限公司石油化工科学研究院),李国繁(中国石化催化剂有限公司),朱斌(中国石油化工股份有限公司石油化工科学研究院),戴泳(中国石化催化剂有限公司)	专家推荐
7	国家技术发明奖	二等	复现高超声速飞行条件激波风洞实验技术	姜宗林(中国科学院力学研究所),赵伟(中国科学院力学研究所),刘云峰(中国科学院力学研究所),王春(中国科学院力学研究所),李进平(中国科学院力学研究所),俞鸿儒(中国科学院力学研究所)	中国科学院
8	国家技术发明奖	二等	广域宽带协同通信技术与应用	陆建华(清华大学),朱洪波(南京邮电大学),陶晓明(清华大学),杨龙祥(南京邮电大学),冯伟(清华大学),汪园丽(上海文络电子科技有限公司)	工业和信息化部
9	国家技术发明奖	二等	支持服务创新的可扩展路由交换关键技术、系统及产业化应用	徐恪(清华大学),尹霞(清华大学),甘玉玺(中兴通讯股份有限公司),何均宏(华为技术有限公司),吴建平(清华大学),赵有健(清华大学)	工业和信息化部
10	国家技术发明奖	二等	基于移动位置数据的城市出行信息服务关键技术与应用	吕卫锋(北京航空航天大学),诸彤宇(北京航空航天大学),杜博文(北京航空航天大学),李建军(北京世纪高通科技有限公司),郭胜敏(北京掌行通信息技术有限公司),于海涛(北京市交通信息中心)	工业和信息化部

国家科技进步奖

序号	奖种	等级	项目名称	主要完成人	主要完成单位	推荐单位
1	国家科技进步奖	特等	第四代移动通信系统（TD－LTE）关键技术与应用	曹淑敏，王晓云，徐学兵，陈山枝，张平，赵先明，黄宇红，王志勤，杨骅，魏丽红，边燕南，王映民，邓爱林，向际鹰，吴迪，沈嘉，杨光，刘光毅，汪恒江，魏贵明，邢宏涛，蒋远，徐菲，孙晓南，万蕾，徐慧俊，刘迪军，高全中，张万春，聂宇田，蔡亚莉，段晓东，李文宇，魏然，李星，孙韶辉，白欣，柏燕民，张玉胜，肖善鹏，周世东，果敢，王东明，王可，江立红，张诗壮，李斌，蔡月民，熊兵，邱刚	中国移动通信集团公司，工业和信息化部电信研究院，电信科学技术研究院，华为技术有限公司，中兴通讯股份有限公司，展讯通信（上海）有限公司，北京电信技术发展产业协会，宇龙计算机通信科技（深圳）有限公司，北京邮电大学，清华大学，东南大学，北京星河亮点技术股份有限公司，上海创远仪器技术股份有限公司，联想移动通信科技有限公司	工业和信息化部
2	国家科技进步奖	一等	DTMB系统国际化和产业化的关键技术及应用	杨知行，潘长勇，宋健，王劲涛，戴书胜，黄浩东，叶进，余雷，张超，杨昉，王军，王昭诚，彭克武，张彧，骆训赋	清华大学，中国普天信息产业股份有限公司，北京海尔集成电路设计有限公司，北京北广科技股份有限公司，云南无线数字电视文化传媒有限公司，北京数字电视国家工程实验室有限公司，四川长虹电器股份有限公司，青岛海信电器股份有限公司，深圳创维－RGB电子有限公司，高拓讯达（北京）科技有限公司	北京市
3	国家科技进步奖	一等	北京正负电子对撞机重大改造工程		中国科学院高能物理研究所，成都飞机工业（集团）有限责任公司，中信重工机械股份有限公司，中国科学技术大学，航天材料及工艺研究所，中国科学院理化技术研究所，中国科学院合肥物质科学研究院，湖北汉光科技股份有限公司，中国科学院上海硅酸盐研究所，中国科学院上海应用物理研究所	中国科学院
4	国家科技进步奖	一等	互联电网动态过程安全防御关键技术及应用	汤涌，孙华东，易俊，宋新立，仲悟之，林伟芳，张剑云，刘文焯，罗剑波，李文锋，何剑，卜广全，文劲宇，张恒旭，郭为民	中国电力科学研究院，国网河南省电力公司，南京南瑞集团公司，国网新疆电力公司，华中科技大学，山东大学	中国电机工程学会
5	国家科技进步奖	一等	新一代国家时间频率基准的关键技术与应用	房芳，李天初，张爱敏，陈伟亮，高源，刘年丰，林平卫，梁坤，刘昆，王伟波，林弋戈，所睿，李明寿，宁大愚，高小珣	中国计量科学研究院	国家质量监督检验检疫总局

续表

序号	奖种	等级	项目名称	主要完成人	主要完成单位	推荐单位
6	国家科技进步奖	一等	IgA肾病中西医结合证治规律与诊疗关键技术的创研及应用	陈香美,蔡广研,王永钧,邓跃毅,司徒卓俊,唐海涛,彭佑铭,郑丰,冯哲,孙雪峰,陈洪宇,张雪光,谢院生,朱斌,陈万佳	中国人民解放军总医院,江苏苏中药业集团股份有限公司,杭州市中医院,上海中医药大学附属龙华医院,香港中文大学,中南大学湘雅二医院,大连医科大学附属第二医院	中国中西医结合学会
7	国家科技进步奖	一等(创新团队)	中国农业科学院作物科学研究所小麦种质资源与遗传改良创新团队	刘旭,何中虎,刘秉华,贾继增,辛志勇,李立会,景蕊莲,肖世和,马有志,张学勇,刘录祥,毛龙,夏先春,孔秀英,张辉	中国农业科学院作物科学研究所	农业部
8	国家科技进步奖	二等	中国荷斯坦牛基因组选择分子育种技术体系的建立与应用	张勤,张沅,孙东晓,张胜利,丁向东,刘林,李锡智,刘剑锋,刘海良,姜力	中国农业大学,北京奶牛中心,北京首农畜牧发展有限公司,上海奶牛育种中心有限公司,全国畜牧总站	北京市
9	国家科技进步奖	二等	新能源发电调度运行关键技术及应用	王伟胜,刘纯,薛峰,黄越辉,丁明,冯双磊,董存,盛小军,潘磊,陶磊	中国电力科学研究院,南京南瑞集团公司,合肥工业大学,国电联合动力技术有限公司,深圳市禾望电气股份有限公司,阳光电源股份有限公司	北京市
10	国家科技进步奖	二等	高危非致残性脑血管病及其防控关键技术与应用	王拥军,赵性泉,王伊龙,刘丽萍,缪中荣,王春雪,高培毅,王春娟,贾茜,荆京	首都医科大学附属北京天坛医院	北京市
11	国家科技进步奖	二等	化学药物晶型关键技术体系的建立与应用	杜冠华,吕扬,张丽,于飞,李明华,汤立达,刘伟,高肇林,杨世颖,龚宁波	中国医学科学院药物研究所,悦康药业集团有限公司,山东罗欣药业集团股份有限公司,天津药物研究院药业有限责任公司,北京嘉林药业股份有限公司,山东益康药业股份有限公司	北京市
12	国家科技进步奖	二等	胰岛素瘤诊治体系的建立及临床应用	赵玉沛,张太平,廖泉,戴梦华,邢小平,金征宇,李方,杨爱明,刘子文,蔡力行	中国医学科学院北京协和医院	北京市
13	国家科技进步奖	二等	三种特色木本花卉新品种培育与产业升级关键技术	张启翔,李纪元,张方秋,潘会堂,吕英民,程堂仁,孙丽丹,蔡明,潘卫华,王佳	北京林业大学,中国林业科学研究院亚热带林业研究所,广东省林业科学研究院,丽江得一食品有限责任公司,棕榈园林股份有限公司,泰安市泰山林业科学研究院,长兴东方梅园有限公司	国家林业局
14	国家科技进步奖	二等	节粮优质抗病黄羽肉鸡新品种培育与应用	文杰,赵桂苹,耿照玉,陈继兰,郑麦青,李东,姜润深,黄启忠,刘冉冉,胡祖义	中国农业科学院北京畜牧兽医研究所,安徽农业大学,上海市农业科学院,安徽五星食品股份有限公司,广西金陵农牧集团有限公司	农业部

续表

序号	奖种	等级	项目名称	主要完成人	主要完成单位	推荐单位
15	国家科技进步奖	二等	中国机械工业集团科技创新工程		中国机械工业集团有限公司	国有资产监督管理委员会
16	国家科技进步奖	二等	中船集团高端海洋装备科技创新工程		中国船舶工业集团公司	国有资产监督管理委员会
17	国家科技进步奖	二等	南海北部陆缘深水油气地质理论技术创新与勘探重大突破	朱伟林，谢玉洪，刘再生，米立军，施和生，王振峰，庞雄，孙志鹏，朱明，张功成	中海石油（中国）有限公司，中海石油（中国）有限公司湛江分公司，中海石油（中国）有限公司深圳分公司，中海油研究总院，中国地质大学（武汉），中国石油大学（北京），中国科学院南海海洋研究所	中国海洋石油总公司
18	国家科技进步奖	二等	大型乙烯装置成套工艺技术、关键装备与工业应用	张来勇，罗自坚，杨庆兰，朱连勋，孙长庚，梁顺琴，姜妍，邱彤，李秀伟，李锦辉	中国寰球工程公司，中国石油天然气股份有限公司大庆石化分公司，中国石油天然气股份有限公司石油化工研究院，沈阳鼓风机集团股份有限公司，清华大学，中国石油天然气股份有限公司抚顺石化分公司，中国石油天然气股份有限公司兰州石化分公司	中国石油天然气集团公司
19	国家科技进步奖	二等	阿维菌素的微生物高效合成及其生物制造	张立新，张庆，暴连群，姜玉国，刘梅，杨军强，王琳慧，王得明，高鹤永，苗靳	中国科学院微生物研究所，内蒙古新威远生物化工有限公司，石家庄市兴柏生物工程有限公司，齐鲁制药（内蒙古）有限公司	中国科学院
20	国家科技进步奖	二等	电弧炉炼钢复合吹炼技术的研究应用	朱荣，刘润藻，李林，王广连，温德松，冯小明，陈列，孙群保，董凯，陈三芽	北京科技大学，中国钢研科技集团有限公司，天津钢管集团股份有限公司，莱芜钢铁股份有限公司，新余钢铁集团有限公司，西宁特殊钢股份有限公司，衡阳华菱钢管有限公司	中国钢铁工业协会
21	国家科技进步奖	二等	底吹熔炼—熔融还原—富氧挥发连续炼铅新技术及产业化应用	李东波，陆志方，蒋继穆，曲胜利，黄祥华，王忠实，杨华锋，李小兵，何志军，宾万达	中国恩菲工程技术有限公司，山东恒邦冶炼股份有限公司，河南金利金铅有限公司，济源市万洋冶炼（集团）有限公司，安阳市岷山有色金属有限责任公司，中南大学	中国冶金科工集团有限公司
22	国家科技进步奖	二等	红土镍矿生产高品位镍铁关键技术与装备开发及应用	卢笠渔，王小卫，尉克俭，罗红卫，伍绍辉，李洪元，李曰荣，金永新，曹珂菲，王邦庆	中国有色矿业集团有限公司，中国恩菲工程技术有限公司，太原钢铁（集团）有限公司，中色镍业有限公司，沈阳有色金属研究院，中国有色（沈阳）冶金机械有限公司，四川省自贡运输机械集团股份有限公司	中国有色金属工业协会

续表

序号	奖种	等级	项目名称	主要完成人	主要完成单位	推荐单位
23	国家科技进步奖	二等	250MW级整体煤气化联合循环发电关键技术及工程应用	许世森,苏文斌,胡建民,毛巍,任永强,刘振华,赵平,徐越,张旭,高景辉	中国华能集团公司,中国华能集团清洁能源技术研究院有限公司,绿色煤电有限公司,华能(天津)煤气化发电有限公司,西安热工研究院有限公司,华能国际电力股份有限公司,上海锅炉厂有限公司	中国电机工程学会
24	国家科技进步奖	二等	电网大面积污闪事故防治关键技术及工程应用	宿志一,梁曦东,陈原,范建斌,吕军,李庆峰,吴光亚,钱之银,周军,阎东	中国电力科学研究院,清华大学,华北电力科学研究院有限责任公司,华东电力试验研究院有限公司,国网河南省电力公司,国网山东省电力公司,国网辽宁省电力有限公司	中国电机工程学会
25	国家科技进步奖	二等	高动态星敏感器技术与工程应用	张广军,魏新国,江洁,郑循江,樊巧云,李健,李科,闫劲云,熊琨,王刚毅	北京航空航天大学,上海航天控制技术研究所,山东航天电子技术研究所	教育部
26	国家科技进步奖	二等	新一代立体视觉关键技术及产业化	戴琼海,王好谦,索津莉,张永兵,范静涛,杨艺,黄道权,申优桦,王兴政,金欣	清华大学,清华大学深圳研究生院,凌云光技术集团有限责任公司,中源智人科技(深圳)股份有限公司,深圳市环球数码科技有限公司	工业和信息化部
27	国家科技进步奖	二等	高速铁路标准梁桥技术与应用	郑健,徐升桥,邓运清,刘辉,牛斌,盛黎明,胡所亭,薛吉岗,乔健,刘永锋	中铁工程设计咨询集团有限公司,中国铁道科学研究院,中国铁路经济规划研究院,北京交通大学,中铁二局集团有限公司	国家铁路局
28	国家科技进步奖	二等	高混凝土坝结构安全关键技术研究与实践	贾金生,张国新,周厚贵,陈改新,王民浩,王永祥,王毅,刘毅,郑璀莹,涂劲	中国水利水电科学研究院,华能澜沧江水电股份有限公司,中国葛洲坝集团股份有限公司,水电水利规划设计总院,中国长江三峡集团公司,北京中水科海利工程技术有限公司	中国大坝协会
29	国家科技进步奖	二等	长距离输水工程水力控制理论与关键技术	刘之平,练继建,杨开林,谢向荣,黄跃飞,汪易森,陈文学,王长德,马超,郭新蕾	中国水利水电科学研究院,天津大学,清华大学,长江勘测规划设计研究有限责任公司,武汉大学,南水北调中线干线工程建设管理局	水利部
30	国家科技进步奖	二等	滨海地区粉细砂路基修筑与长期性能保障技术	凌建明,卢山,黄少文,吕奋,钱劲松,李植淮,任东红,杨雪松,赵国强,过震文	中国路桥工程有限责任公司,同济大学,海南省公路勘察设计院,上海崇启通道建设发展有限公司,江西省公路管理局,上海城建市政工程(集团)有限公司,上海市市政规划设计研究院	交通运输部

续表

序号	奖种	等级	项目名称	主要完成人	主要完成单位	推荐单位
31	国家科技进步奖	二等	城市循环经济发展共性技术开发与应用研究	李金惠,温宗国,金宜英,张进锋,林翎,吴静,聂永丰,张天柱,兰永辉,康俊峰	清华大学,江苏维尔利环保科技股份有限公司,中国标准化研究院,东江环保股份有限公司,苏州伟翔电子废弃物处理技术有限公司,中胶资源再生(苏州)有限公司,江苏仕德伟网络科技股份有限公司	教育部
32	国家科技进步奖	二等	国家环境分区 - 排放总量 - 环境质量综合管控关键技术与应用	王金南,吴舜泽,蒋洪强,高吉喜,张惠远,许振成,曹东,杨金田,王东,逯元堂	环境保护部环境规划院,中国环境科学研究院,环境保护部南京环境科学研究所,环境保护部华南环境科学研究所,北京大学,清华大学,北京师范大学	环境保护部
33	国家科技进步奖	二等	国家环境质量遥感监测体系研究与业务化应用	王桥,厉青,申文明,吴传庆,李云梅,陈良富,王昌佐,杨一鹏,张峰,江东	环境保护部卫星环境应用中心,南京师范大学,中国科学院遥感与数字地球研究所,中国科学院地理科学与资源研究所	环境保护部
34	国家科技进步奖	二等	中国脑卒中精准预防策略的转化应用	霍勇,李建平,徐希平,张岩,秦献辉,唐根富,何明利,陈光亮,刘平,王滨燕	北京大学第一医院,深圳奥萨制药有限公司,安徽省生物医学研究所,安徽医科大学,连云港市第一人民医院	中国医疗保健国际交流促进会
35	国家科技进步奖	二等	中草药 DNA 条形码物种鉴定体系	陈士林,宋经元,姚辉,王一涛,韩建萍,庞晓慧,石林春,李西文,朱英杰,胡志刚	北京协和医学院 - 清华大学医学部,中国中医科学院中药研究所,湖北中医药大学,盛实百草药业有限公司,广州王老吉药业股份有限公司,澳门大学,四川新荷花中药饮片股份有限公司	教育部
36	国家科技进步奖	二等	益气活血法治疗糖尿病肾病显性蛋白尿的临床与基础研究	李平,王义明,梁琼麟,刘建勋,罗国安,张特利,张浩军,赵婷婷,李靖,严美花	中日友好医院,清华大学,中国中医科学院西苑医院,神威药业集团有限公司,北京中医药大学东直门医院	国家中医药管理局
37	国家科技进步奖	二等	中医治疗非小细胞肺癌体系的创建与应用	林洪生,花宝金,侯炜,李杰,张培彤,王沈玉,解英,贾立群,杨宇飞,李萍萍	中国中医科学院广安门医院,辽宁省肿瘤医院,山西省肿瘤医院,中日友好医院,中国中医科学院西苑医院,北京肿瘤医院	国家中医药管理局
38	国家科技进步奖	二等	农药高效低风险技术体系创建与应用	郑永权,张宏军,董丰收,高希武,黄啟良,陈昶,刘学,蒋红云,束放,杨代斌	中国农业科学院植物保护研究所,农业部农药检定所,中国农业大学,全国农业技术推广服务中心,江苏省农业科学院,中国农业科学院蔬菜花卉研究所,广东省农业科学院植物保护研究所	农业部

续表

序号	奖种	等级	项目名称	主要完成人	主要完成单位	推荐单位
39	国家科技进步奖	二等	南方低产水稻土改良与地力提升关键技术	周卫,李双来,杨少海,吴良欢,梁国庆,徐芳森,秦鱼生,何艳,张玉屏,李录久	中国农业科学院农业资源与农业区划研究所,湖北省农业科学院植保土肥研究所,广东省农业科学院农业资源与环境研究所,浙江大学,华中农业大学,四川省农业科学院土壤肥料研究所,中国水稻研究所	农业部
40	国家科技进步奖	二等	国家电子政务协同式空间决策服务关键技术与应用	刘纪平,张福浩,郭庆胜,王亮,吴立新,艾廷华,龙毅,董春,张明波,王勇	中国测绘科学研究院,武汉大学,中国科学院地理科学与资源研究所,东北大学,南京师范大学	中国测绘地理信息学会
41	国家科技进步奖	二等	航空地球物理勘查技术系统	熊盛青,王平,陈斌,周锡华,周坚鑫,葛良全,薛典军,段树岭,吴美平,林君	中国国土资源航空物探遥感中心,成都理工大学,中国人民解放军国防科学技术大学,吉林大学	国土资源部
42	国家科技进步奖	二等	国产陆地卫星定量遥感关键技术及应用	顾行发,徐文,方洪宾,李虎,陈仲新,闵祥军,赵少华,甘甫平,柳钦火,王智勇	中国科学院遥感与数字地球研究所,中国资源卫星应用中心,中国国土资源航空物探遥感中心,中国农业科学院农业资源与农业区划研究所,新疆维吾尔自治区卫星应用中心,环境保护部卫星环境应用中心,中科遥感科技集团有限公司	中国科学院
43	国家科技进步奖	二等	大别山东段深部探测与找矿突破	董树文,张怀东,蒋其胜,吴明安,张千明,徐小磊,李建设,吕庆田,周涛发,陆三明	中国地质科学院,安徽省地质矿产勘查局,华东冶金地质勘查局,安徽省公益性地质调查管理中心,中国地质调查局南京地质调查中心,合肥工业大学,五矿勘查开发有限公司	国土资源部
44	国家科技进步奖	二等	急倾斜厚煤层走向长壁综放开采关键理论与技术	王家臣,马念杰,赵兵文,赵鹏飞,杨胜利,赵志强,杨发文,安建华,江志义,李杨	中国矿业大学(北京),冀中能源峰峰集团有限公司,甘肃靖远煤电股份有限公司,湖南科技大学	中国煤炭工业协会
45	国家科技进步奖	二等	智能煤矿建设关键技术与示范工程	韩建国,李首滨,杨汉宏,张良,王金华,王继生,王海军,黄乐亭,丁涛,黄曾华	神华集团有限责任公司,天地科技股份有限公司,神华和利时信息技术有限公司,北京天地玛珂电液控制系统有限公司,神华神东煤炭集团有限责任公司,陕西煤业化工集团有限责任公司,阳泉煤业(集团)有限责任公司	中国煤炭工业协会
46	国家科技进步奖	二等	中国严重创伤救治规范的建立与推广	姜保国,周继红,张茂,刘佰运,王正国,王天兵,黎檀实,张殿英,都定元,张进军	北京大学,中国人民解放军第三军医大学第三附属医院,浙江大学医学院附属第二医院、浙江省第二医院,首都医科大学附属北京天坛医院,中国人民解放军总医院,重庆市急救医疗中心,北京急救中心	教育部

续表

序号	奖种	等级	项目名称	主要完成人	主要完成单位	推荐单位
47	国家科技进步奖	二等	躲不开的食品添加剂——院士、教授告诉你食品添加剂背后的那些事	孙宝国，曹雁平，赵玉清，叶兴乾，汪东风，叶秀云，王静，戚向阳，傅红，袁英髦		教育部

2016年度北京市科学技术奖获奖项目一览表

2016年共有180项科技成果获北京市科学技术奖，包括一等奖27项，二等奖60项，三等奖93项。

一等奖

序号	获奖编号	项目名称	完成单位	主要完成人	获奖等级
1	2016计-1-001	中国盲文智能处理关键技术与应用	华建宇通科技（北京）有限责任公司，北京理工大学，中国盲文出版社，华建电子有限责任公司，北京华建长河科技有限公司	黄河燕，黄静，史树敏，张伟，孟德纯，沃淑萍，苏超，马振，叶宇，何川，于彧，洪琳，周强，陈优阳，龚文静	一等奖
2	2016计-1-002	互联网多模态内容分析与识别关键技术及应用	北京大学，北大方正集团有限公司	彭宇新，杨建武，肖建国，郭宗明，张健，张丹，吴新丽	一等奖
3	2016电-1-001	22纳米集成电路核心工艺技术及应用	中国科学院微电子研究所，北京北方微电子基地设备工艺研究中心有限责任公司，清华大学	叶甜春，徐秋霞，朱慧珑，陈大鹏，赵超，闫江，王文武，霍宗亮，李俊峰，殷华湘，李东三，张建勇，王敬	一等奖
4	2016材-1-001	先进压水堆核电站核岛关键设备材料技术研究与工程应用	钢铁研究总院，中国第一重型机械股份公司，宝钢特钢有限公司，烟台台海玛努尔核电设备有限公司，上海重型机器厂有限公司	刘正东，张文辉，何西扣，郎宇平，张景利，李政军，李向，王立民，高建军，赵海燕，包汉生，郭义，杨钢，李家驹，徐长征	一等奖
5	2016环-1-001	城市工业有机污染场地修复关键技术研究与应用	中国科学院地理科学与资源研究所，中科鼎实环境工程有限公司，轻工业环境保护研究所，北京建工环境修复股份有限公司，北京大学，天津大学	廖晓勇，阎秀兰，殷晓东，宋云，李书鹏，杨勇，李喜青，隋红，李培中，金京华，黄海，卢晓霞，杨乐巍，马栋	一等奖
6	2016环-1-002	高效节能环保双套管粉体输送技术的研究与应用	北京国电富通科技发展有限责任公司	李新生，范力遥，李子甲，钟根元，董启强，薄俊杰，马飞育，黄述真，张培林，芦炟，丁飞，王峰，石启伟，杜岩，张玉	一等奖
7	2016环-1-003	京津冀地面沉降多元场耦合模型与调控机制研究	首都师范大学，北京市水文地质工程地质大队，天津市地质环境监测总站，河北地质大学	宫辉力，张有全，潘云，朱琳，叶超，白晋斌，许广明，陈蓓蓓，王彦兵，李小娟，赵文吉，周德民	一等奖
8	2016能-1-001	大电网安全自动装置仿真控制关键技术研发及应用	中国电力科学研究院，国网北京市电力公司，国网冀北电力有限公司，国网福建省电力有限公司电力科学研究院，国网上海市电力公司	汤涌，吴国旸，王毅，董毅峰，侯俊贤，宋新立，仲悟之，苏志达，刘涛，叶小晖，吴丽华，万磊，王虹富，王哲，周博	一等奖

续表

序号	获奖编号	项目名称	完成单位	主要完成人	获奖等级
9	2016 能 -1 -002	系列规格撬装式天然气液化装置技术开发及应用	中国科学院理化技术研究所,中科睿凌(北京)低温设备有限公司,中科睿凌江苏低温设备有限公司	吴剑峰,公茂琼,孙兆虎,董学强,周远,沈俊,邹鑫,陈高飞,程逵炜,李会亚,黄佳华,郭浩,胡勤国,杜木新,郭平	一等奖
10	2016 能 -1 -003	电力线路行波保护关键技术及装置开发应用	清华大学,国电南京自动化股份有限公司	董新洲,施慎行,王宾,张言苍,钱国明,郭效军,孔玮,兰金波,王世勇,陈福锋,崔柳,王珺,任立,许飞,罗澍忻	一等奖
11	2016 能 -1 -004	气体钻井中气体介质高效利用与回收新技术与新装备	中国石油大学(北京),中国石油集团川庆钻探工程有限公司	柳贡慧,李军,韩烈祥,孙国刚,姬忠礼,邓虎,徐宝昌,唐庚,许期聪,陶谦,杨晓光,席岩,张涛,郭庆丰,杨顺吉	一等奖
12	2016 制 -1 -001	叶片复杂型面精加工六坐标联动数控砂带磨关键技术研究与应用	北京胜为弘技数控装备有限公司,东方电气集团东方汽轮机有限公司,华中科技大学,武汉华中数控股份有限公司	刘树生,袁秀坤,杨建中,李启山,高嵩,肖业喜,凌文锋,郑武,曹鹏,韩堃,廖天春,李启元,熊小聪	一等奖
13	2016 城 -1 -001	500m 口径球面射电望远镜超大空间结构工程创新与实践	北京市建筑设计研究院有限公司,江苏沪宁钢机股份有限公司,柳州欧维姆机械股份有限公司,哈尔滨工业大学,东南大学,中国科学院国家天文台	南仁东,朱忠义,朱万旭,王启明,姜鹏,郭正兴,钱宏亮,张琳,高继领,韦福堂,刘传佳,王哲,古学东,吴文平,赵保庆	一等奖
14	2016 城 -1 -002	全热回收的天然气高效清洁供热技术及应用	清华大学,北京能源集团有限责任公司,北京源深节能技术有限责任公司,北京清华同衡规划设计研究院有限公司,北京华源泰盟节能设备有限公司,北京京能未来燃气热电有限公司	付林,隋晓峰,赵玺灵,关天罡,张世钢,梅东升,肖常磊,傅远雄,李锋,毛永清,李永红,宋兆星,刘华,赵岩,贾向东	一等奖
15	2016 交 -1 -001	纯电客车直驱 600—2500Nm 电机系统产品关键技术研发与产业化	精进电动科技(北京)有限公司,北京理工大学,北汽福田汽车股份有限公司	余平,蔡蔚,林程,刘继红,王海斌,杨葵,王雷,王婷,张亮亮,徐强,袁兴莲,叶晓,魏长河,徐文泽,董爱道	一等奖
16	2016 交 -1 -002	乘用车关键技术创新及其在绅宝 D70 系列化车型开发中的应用	北京汽车股份有限公司	贺燕铭,顾镭,欧励,张永刚,丁祎,张建军,郇学斌,陈宝,尹泰和,杨健,王旭,兰燕杰,王炳永,柳杨,赵凤英	一等奖
17	2016 交 -1 -003	汽车同轴并联混合动力机电耦合系统关键技术及其产业化应用	清华大学,苏州绿控传动科技有限公司,北汽福田汽车股份有限公司	李亮,宋健,李磊,黄全安,李红志,杨超,王雷,吕小科,颜丙杰,刘继红,于良耀,黄硕,王翔宇,游思雄,张利鹏	一等奖

续表

序号	获奖编号	项目名称	完成单位	主要完成人	获奖等级
18	2016农-1-001	农产品中典型化学污染物精准识别与确证检测关键技术研究及应用	中国农业科学院农业质量标准与检测技术研究所,北京勤邦生物技术有限公司,农业部农药检定所,中国农业科学院蔬菜花卉研究所,哈尔滨工业大学,北京望尔生物技术有限公司	王静,何方洋,金茂俊,佘永新,金芬,朱光艳,郑尊涛,杨鑫,刘肃,邵华,罗晓琴,季颖,王珊珊,冯才伟,林桓	一等奖
19	2016医-1-001	冷冻消融肝癌的技术创新、安全性、疗效和预后因素研究	中国人民解放军第三〇二医院,中国科学院理化技术研究所	杨永平,王春平,周一欣,刘静,安林静,曾珍,陆荫英,白文林,曲建慧,高旭东,董政,陈艳,张昕,李因茵	一等奖
20	2016医-1-002	中国HIV感染者免疫特征研究	首都医科大学附属北京佑安医院,首都医科大学附属北京地坛医院	张永宏,董涛,王凌航,李宁,孙坚萍,赵艳,覃岭,刘桂海,孙焕芹,乔桂芳,刘宁,李昂,张弛,王健,江娜	一等奖
21	2016医-1-003	过敏性鼻炎治疗技术的创新与应用	首都医科大学附属北京同仁医院,北京市耳鼻咽喉科研究所	张罗,韩德民,王成硕,王向东,张媛,欧阳昱晖,锡琳,周兵,张伟,赵岩,贺飞,刘仲燕,娄鸿飞,郑铭,王奎吉	一等奖
22	2016医-1-004	冠心病外科手术疗效评价体系的建立及应用	中国医学科学院阜外医院	郑哲,胡盛寿,潘湘斌,王巍,侯剑峰,赵韡,宋江平,张恒,饶辰飞,王杨	一等奖
23	2016中-1-001	六味地黄汤作用原理与物质基础研究	中国人民解放军军事医学科学院毒物药物研究所,沈阳药科大学	张永祥,乔善义,周文霞,赵毅民,程肖蕊,齐春会,杨胜,马渊,任风霞,蒋宁,黄晏,刘港,程军平,姚新生,周金黄	一等奖
24	2016药-1-001	哺乳动物细胞大规模灌流培养技术开发及抗体产业化应用	百泰生物药业有限公司	白先宏,林峰,何丽华,何伟,杨晓冉,王燕,徐淑萍,甄晓辉,孟德华,梁爽,孙宇石,白帜,裴宏伟,周燕玲,杨振华	一等奖
25	2016基-1-001	纳米材料绿色打印印刷基础研究	中国科学院化学研究所	宋延林,李风煜,李明珠,王京霞,江雷	一等奖
26	2016基-1-002	原子气体玻色-爱因斯坦凝聚及应用	中国科学院物理研究所,中国科学院上海光学精密机械研究所,中国科学院金属研究所,山西大学	刘伍明,王育竹,纪安春,张志东,梁九卿,王灯山,廖任远,齐燃,韩玖荣,梁兆新,孙青	一等奖
27	2016基-1-003	材料弹塑性行为的微观机制研究	北京工业大学,浙江大学	韩晓东,张泽,张跃飞,郑坤,王立华,岳永海,毛圣成,刘攀,邓青松	一等奖

二等奖

序号	获奖编号	项目名称	完成单位	主要完成人	获奖等级
1	2016计-2-001	面向电力信息系统的安全可控性仿真验证体系研究与应用	国网信息通信有限公司,中国科学院高能物理研究所,中国电力科学研究院,北京启明星辰信息安全技术有限公司,全球能源互联网研究院	沈亮,王栋,刘宝旭,刘冬梅,高昆仑,李瑞雪,李济伟,刘莹,杨泽明,张素香	二等奖
2	2016计-2-002	大规模地理空间数据云服务关键技术与应用	中国科学院计算机网络信息中心,北龙泽达(北京)数据科技有限公司	黎建辉,周园春,王学志,林青慧,杨风雷,胡良霖,张波,沈志宏,吴章生,薛正华	二等奖
3	2016计-2-003	智能高清视频云计算感知系统的研究与应用	北京数字智通科技有限公司	晏峰,张开春,秦绪彬,周国华,范云霞,薛忠林,褚晓玲,林强,连攀,张滨	二等奖
4	2016计-2-004	智能电网下的火电机组AGC及控制系统性能监督提升技术研发与应用	北京大学,山东电力研究院,北京协同创新研究院	王建东,毕贞福,李军,庞向坤,韩英昆,杨子江,郎澄宇,孟祥荣,余真鹏,高嵩	二等奖
5	2016计-2-005	智能化立体仓库系统关键技术及应用	北京信息科技大学,山西东杰智能物流装备股份有限公司	张仰森,姚长杰,黄改娟,李祥山,尤建清,张同军,陈若愚,蒋玉茹,冀万元,艾红	二等奖
6	2016计-2-006	新型环保关键控制技术与大功率高效板式臭氧发生器研发及应用	北方工业大学,北京金大万翔环保科技有限公司,邯郸市金鼎环境保护有限公司,北京科慧德自动化技术有限公司	孙德辉,董哲,史运涛,李志军,刘大千,翟维枫,李月恒,刘新旺,卞福林,吴力普	二等奖
7	2016计-2-007	无障碍移动计算关键技术及应用	北京市残疾人联合会,中国科学院计算技术研究所,北京德鑫泉物联网科技股份有限公司	戴连君,陈益强,张晓冬,曲朝霞,纪雯,王占松,张頔,邢云冰,黄美玉,张晓艺	二等奖
8	2016计-2-008	基于组装业务建模的保险行业应用软件参考系统平台研究与应用	中科软科技股份有限公司,北京科技大学	左春,邢立,谢中阳,王欣,孙熙杰,张正,阿孜古丽吾拉木,张荣,王洋,漆望	二等奖
9	2016电-2-001	高密度三维系统级封装的关键技术研究	中国科学院微电子研究所,清华大学,北京大学,复旦大学,中国科学院深圳先进技术研究院,中南大学	万里兮,曹立强,蔡坚,陈兢,于中尧,王珺,孙蓉,李慧云,缪旻,王福亮	二等奖
10	2016电-2-002	55纳米嵌入式FLASH工艺及高可靠性电信卡芯片的研制与应用	北京中电华大电子设计有限责任公司,中芯国际集成电路制造(北京)有限公司,芯成半导体(上海)有限公司	周建锁,宁先捷,沈安星,蒙卡娜,彭进,陈艳,王琪,谢健辉,姜世平,潘晶	二等奖
11	2016电-2-003	配套物联网的胶体金免疫分析系统及其在食品检测中的应用	北京勤邦生物技术有限公司,北京市理化分析测试中心,北京市计量检测科学研究院	刘清珺,万宇平,张颖,罗晓琴,杜美红,沈正生,何方洋,冯静,赵正苗,朱亮亮	二等奖
12	2016电-2-004	密集多层混合无线网络组网技术	北京邮电大学,大唐移动通信设备有限公司	陶小峰,崔琪楣,许晓东,张平,王新民,王文清,王强,徐瑨,侯延昭,张雪菲	二等奖

续表

序号	获奖编号	项目名称	完成单位	主要完成人	获奖等级
13	2016电-2-005	基于惯性导航的卫星移动通信系统及应用	北京航天控制仪器研究所,北京航天万达高科技有限公司	赵书伦,门吉卓,徐毅,陈远航,辛毅,刘晓滨,杨春香,焦泽德,郎嵘,郑罕	二等奖
14	2016材-2-001	耐磨耐蚀、高强韧的超细和纳米WC基硬质合金的规模化制备与应用	北京工业大学	宋晓艳,王海滨,刘雪梅,贺定勇,席晓丽,魏崇斌,刘文彬,赵世贤,高杨,周正	二等奖
15	2016材-2-002	MAC导电陶瓷结构遗传蜕变MCC材料及其在高速列车受电弓滑板的应用	北京交通大学,北京竞和科技有限公司	翟洪祥,黄振莺,周洋,李世波,李翠伟,张海潮,周炜,韩憬哲,朱剑锋,赵海渠	二等奖
16	2016环-2-001	典型酸性危险化学品泄漏事故应急处置及污染防治技术与装备	总装备部工程设计研究总院,北京航天凯恩化工科技有限公司,郑州大学,明光浩淼安防科技股份公司,中国人民武装警察部队学院,北京市志峰环保设备有限公司	张统,王守中,董春宏,刘朝阳,王剑峰,倪军,许宏,卢林刚,方小军,韩丽	二等奖
17	2016环-2-002	高分辨率遥感智能飞行处理及无人机车载动态定标—应急新技术	北京大学,中国科学院长春光学精密机械与物理研究所,中国人民武装警察部队警种学院,中国人民解放军信息工程大学,中央军委联合参谋部第五十五研究所(中国人民解放军总参谋部第五十五研究所代章),中航贵州飞机有限责任公司,北京新兴科遥信息技术有限公司,新兴际华应急装备技术有限公司	赵红颖,孙岩标,晏磊,景欣,赵海盟,范大昭,王建立,谭翔,张飞舟,刘跃生	二等奖
18	2016环-2-003	基于低影响开发的绿色村镇雨污水生态处理与资源化利用技术及应用	北京建筑大学,中国环境科学研究院,中国水环境集团有限公司,北京清水生态环境工程股份有限公司,山东水发环境有限公司	袁冬海,李俊奇,张列宇,车伍,卞立波,薛晓飞,郭旭晶,薛慧,李海燕,严陈玲	二等奖
19	2016环-2-004	京津冀农林废弃物无害化生产园艺基质研究与应用	北京农学院,北京市土肥工作站,北京北农企业管理有限公司,北京沃晟杰种植用土有限公司,唐县高升有机肥加工厂,绿尧河北生物科技有限公司	刘克锋,何忠伟,赵永志,高程达,刘笑冰,陈洪伟,王红利,段碧华,李旭军,傅业全	二等奖
20	2016能-2-001	新一代核辐射成像探测技术研究及应用	中国科学院高能物理研究所,北京高能新技术有限公司	魏龙,帅磊,章志明,魏存峰,李道武,张玉包,王宝义,陈和生,马创新,胡婷婷	二等奖
21	2016能-2-002	多维度高可靠性电力计量关键技术研究及应用	中国电力科学研究院,国网北京市电力公司,华北电力科学研究院有限责任公司,国网江苏省电力公司电力科学研究院,国网安徽省电力公司,烟台东方威思顿电气股份有限公司	徐英辉,刘宣,张蓬鹤,薛阳,阿辽沙叶,张宏宾,袁瑞铭,章欣,梁晓兵,林繁涛	二等奖

续表

序号	获奖编号	项目名称	完成单位	主要完成人	获奖等级
22	2016 能 -2 -003	大规模储能系统集成技术及其在源 - 网 - 荷端典型应用示范	中国电力科学研究院,国网北京市电力公司,国网福建省电力有限公司,国网上海市电力公司,许继集团有限公司,国网冀北电力有限公司,南京南瑞集团公司,全球能源互联网研究院	李建林,闫涛,惠东,谢志佳,渠展展,胡娟,田立亭,马会萌,修晓青,靳文涛	二等奖
23	2016 能 -2 -004	城市电网自愈控制关键技术、系统开发与应用	中国电力科学研究院,国网北京市电力公司,珠海许继电气有限公司	盛万兴,宋晓辉,孟晓丽,刘润生,黄仁乐,张瑜,赵奕,李建芳,高菲,王鹏	二等奖
24	2016 能 -2 -005	陆相沉积油藏地质建模与数值模拟系统研制与应用	中国石油天然气股份有限公司勘探开发研究院	吴淑红,仕殿星,王强,李小波,李华,刘朝霞,李巧云,罗凯,王宝华,赵昀	二等奖
25	2016 能 -2 -006	可控并联电抗器关键技术研究及装备研制	全球能源互联网研究院,中电普瑞科技有限公司,中国电力科学研究院,特变电工沈阳变压器集团有限公司,西安西电变压器有限责任公司,华北电力大学	邱宇峰,邓占锋,徐桂芝,雷晰,王宇红,王轩,杨通,张振环,燕翚,班连庚	二等奖
26	2016 能 -2 -007	大型火电机组频发次同步振荡机理与抑制关键技术研究及应用	华北电力大学,北京国华电力有限责任公司,内蒙古国华呼伦贝尔发电有限公司,华中科技大学,荣信电力电子股份有限公司,国网陕西省电力公司电力科学研究院,神华国华(北京)电力研究院有限公司,中国电力工程顾问集团华北电力设计院有限公司,上海交通大学	肖湘宁,宋畅,程时杰,卓华,黄立,孙海顺,张剑,薛成勇,武云生,杨文超	二等奖
27	2016 能 -2 -008	京津冀智慧城市下智能变电站关键技术及应用	国网北京经济技术研究院,国网北京市电力公司,南京南瑞继保电气有限公司	宋璇坤,闫培丽,肖智宏,刘庆时,李力,胡君慧,李敬如,韩柳,吴聪颖,辛培哲	二等奖
28	2016 能 -2 -009	高温高密度钻井液分散剂研发及工业化应用	中国石油化工股份有限公司石油工程技术研究院	林永学,杨小华,王琳,钱晓琳,柴龙,蔡利山,李午辰,何剑,董晓强,李舟军	二等奖
29	2016 能 -2 -010	膨胀波纹管封隔复杂地层技术及工业化应用	中国石油化工股份有限公司石油工程技术研究院,北京石油化工学院,中国石油大学(北京)	陶兴华,牛新明,薛龙,涂玉林,刘鹏,胡彦峰,邹勇,孙明光,刘晓丹,马兰荣	二等奖
30	2016 制 -2 -001	用于化纤长丝生产的全自动落丝系统研制及规模化应用	北京机械工业自动化研究所	王勇,吴振强,王峰年,饶金海,蔡苗,邱野,张新山,何欣怡,李斌,谢辉辉	二等奖
31	2016 制 -2 -002	桥式起重机轻量化技术开发与应用	北京起重运输机械设计研究院,清华大学,山起重型机械股份公司	张喜军,孙吉泽,汤秀丽,王睿,张韦微,向东,刘永庆,王正勇,刘静,张毅	二等奖
32	2016 制 -2 -003	集成电路封装关键装备、部件及核心技术研发与产业化	北京中电科电子装备有限公司	王志越,王明权,王仲康,衣忠波,李战伟,杨树文,杨生荣,郎小虎,贾月明,高岳	二等奖

续表

序号	获奖编号	项目名称	完成单位	主要完成人	获奖等级
33	2016 城-2-001	600米超高层巨型框架—核心筒结构施工综合技术的研究与应用	中建一局集团建设发展有限公司,清华大学,中国矿业大学(北京),哈尔滨工业大学深圳研究生院,中国建筑一局(集团)有限公司,中建钢构有限公司,深圳市安托山混凝土有限公司,山东北斗华宸导航技术有限公司,北京中建华海测绘科技有限公司	周予启,阎培渝,刘波,过静珺,王强,肖仪清,薛刚,左强,李彦贺,李洪海	二等奖
34	2016 城-2-002	城市运行风险监测与评估关键技术研究与应用	清华大学,北京城市系统工程研究中心,北京辰安科技股份有限公司	翁文国,朱伟,黄弘,申世飞,刘克会,马英楠,倪顺江,吴鹏,张辉,郑建春	二等奖
35	2016 城-2-003	北京地下直径线大直径泥水盾构隧道建造关键技术研究与应用	北京铁路局,铁道第三勘察设计院集团有限公司,中铁隧道集团有限公司	程学武,张继清,何峰,程明亮,索晓明,许维青,高峰,唐伟,李建华,何伟	二等奖
36	2016 交-2-001	高速铁路自然灾害及异物侵限监测系统关键技术及应用	中国铁道科学研究院电子计算技术研究所,北京经纬信息技术公司	王瑞,熊杰,张翠兵,王彤,张德强,包云,武明生,沈敬伟,李亚群,陈中雷	二等奖
37	2016 交-2-002	北京轨道交通网络建设关键技术研究及应用	北京市基础设施投资有限公司,北京城建设计发展集团股份有限公司,中国地铁工程咨询有限责任公司	田振清,郝伟亚,王燕凯,徐成永,许双牛,裘桦,任宇航,宋毅,郑毅,吴爽	二等奖
38	2016 交-2-003	基于一张图的公共安全信息共享技术与应急现场监测装备研究及应用	清华大学,北京市安全生产科学技术研究院,北京辰安科技股份有限公司	袁宏永,陈涛,钟少波,陈涛,陈建国,季学伟,梁漫春,苏国锋,黄全义,疏学明	二等奖
39	2016 交-2-004	面向交通多领域应用的海量个体出行全过程精准感知及优化决策技术	北京工业大学,北京市交通运行监测调度中心,北京中交国通智能交通系统技术有限公司	陈艳艳,王东柱,赖见辉,陈智宏,王扬,韩艳,王晶晶,陈宁,秦焕美,毛力增	二等奖
40	2016 农-2-001	羔羊生理营养和快速育肥关键技术研究及应用	中国农业科学院饲料研究所,北京精准动物营养研究中心,北京市畜牧兽医总站	刁其玉,张乃锋,屠焰,姜成钢,马涛,杨宇泽,张卫兵,司丙文,杜洪芳,韩勇	二等奖
41	2016 农-2-002	智能植物工厂能效提升与营养品质调控关键技术研究与应用	中国农业科学院农业环境与可持续发展研究所,北京农业智能装备技术研究中心,北京京鹏环球科技股份有限公司,中国农业大学,中国科学院半导体研究所,北京中环易达设施园艺科技有限公司,四川新力光源股份有限公司	杨其长,魏灵玲,周增产,郭文忠,宋卫堂,刘文科,宋昌斌,程瑞锋,李琨,仝宇欣	二等奖
42	2016 农-2-003	乳品产业链质量安全监控关键技术创新集成及应用	北京三元食品股份有限公司,北京首农畜牧发展有限公司,北京市食品安全监控和风险评估中心,北京中大华远认证中心	陈历俊,姜铁民,郭刚,何涛,刘继超,刘江毅,夏志春,牛晨艳,林莉,毛婷	二等奖

续表

序号	获奖编号	项目名称	完成单位	主要完成人	获奖等级
43	2016 农-2-004	京单58等早熟、抗旱系列优良玉米品种的选育与推广	北京市农林科学院玉米研究中心,北京农科院种业科技有限公司,河南省现代种业有限公司,北京顺鑫农业股份有限公司耘丰种业分公司,合肥丰乐种业股份有限公司	赵久然,王元东,邢锦丰,张华生,王荣焕,刘新香,徐田军,裴志超,贾倩倩,张雪原	二等奖
44	2016 农-2-005	禽用系列灭活联苗的研究与应用	北京市农林科学院畜牧兽医研究所,乾元浩生物股份有限公司	姜北宇,章振华,李林,景小冬,张建伟,沈佳,刘彦,郑小兰,史爱华,王昌青	二等奖
45	2016 医-2-001	原发性头痛机制研究、现况调查及干预对策	中国人民解放军总医院,重庆医科大学附属第一医院	于生元,董钊,刘若卓,王晓琳,周冀英,谢敬聃,王湘庆,王蓉飞,邱恩超	二等奖
46	2016 医-2-002	人感染 H7N9 禽流感流行病学关键参数和防控措施评价研究	中国疾病预防控制中心	余宏杰,冯录召,廖巧红,赖圣杰,秦颖,姜慧,郑建东,李昱,李中杰,王丽萍	二等奖
47	2016 医-2-003	急性传染病预警技术体系的建立与应用	中国疾病预防控制中心,中国科学院地理科学与资源研究所,四川大学,上海市浦东新区疾病预防控制中心,广西壮族自治区疾病预防控制中心	杨维中,李中杰,王劲峰,赖圣杰,廖一兰,胡茂桂,兰亚佳,马家奇,金连梅,周鼎伦	二等奖
48	2016 医-2-004	小儿消化道与泌尿道畸形的外科治疗技术创新及推广应用	首都儿科研究所,中国人民解放军北京军区总医院附属八一儿童医院,华中科技大学同济医学院附属协和医院,首都医科大学附属北京儿童医院	李龙,周辉霞,刁美,汤绍涛,张金哲,黄柳明,张金山,刘树立,李颀,明安晓	二等奖
49	2016 医-2-005	遗传性皮肤病新致病基因确定及发病机理研究	北京大学第一医院,中国医学科学院基础医学研究所,北京大学	杨勇,林志淼,李若瑜,张学,王晓雯,韩文玲,汪慧君,曹旭,赵嘉惠,陈荃	二等奖
50	2016 医-2-006	组蛋白修饰酶类参与肿瘤细胞氧化应激的机制研究	北京大学	朱卫国,赵颖,王丽娜,刘向宇,王冬来,张萍,周静怡,王海英,杨洋,杨静	二等奖
51	2016 医-2-007	脑干胶质瘤诊疗关键技术的集成创新和应用	首都医科大学附属北京天坛医院,清华大学,北京市神经外科研究所	张力伟,张俊廷,季楠,沈沁,吴震,李桂林,李德岭,田永吉,王宇,武文浩	二等奖
52	2016 中-2-001	针刺机理的磁共振成像脑功能网络基础及临床研究	中国中医科学院广安门医院,中国中医科学院针灸研究所	方继良,荣培晶,王小玲,赵青,刘军,景向红,洪洋,孔健,朱兵,王寅	二等奖
53	2016 中-2-002	中医药治疗手足口病临床研究及应用	首都医科大学附属北京佑安医院,安徽中医药大学第一附属医院,深圳市第三人民医院,开封市儿童医院,湖南省儿童医院,武汉市医疗救治中心,邯郸市妇幼保健院,广州市妇女儿童医疗中心,福州市传染病医院,沧州市传染病医院	李秀惠,张国梁,聂广,温韬,张曦,李双杰,侯勇,许文君,朱清静,石庆生	二等奖

续表

序号	获奖编号	项目名称	完成单位	主要完成人	获奖等级
54	2016药－2－001	新型手足口病疫苗质量控制和评价关键技术的建立与应用	中国食品药品检定研究院，中国医学科学院医学生物学研究所，北京科兴生物制品有限公司，国药中生生物技术研究院有限公司，广西壮族自治区疾病预防控制中心	王军志，梁争论，毛群颖，李琦涵，高强，沈心亮，徐苗，李凤祥，莫兆军，高帆	二等奖
55	2016药－2－002	高次非球面人工晶体关键技术、系统与临床应用	爱博诺德（北京）医疗科技有限公司	解江冰，王曌，隋信策，甄彦杰，赵力军，丁伟江，王韶华，薛红，曹雪花，刘韦	二等奖
56	2016基－2－001	多细胞生物细胞自噬的分子机制和调控机理的研究	中国科学院生物物理研究所，北京生命科学研究所，清华大学	张宏，赵燕，张玉霞，田烨，路群，俞立，赵红玉，林珑，郭滨，李思慧	二等奖
57	2016基－2－002	果实成熟衰老与品质保持的分子机制	中国科学院植物研究所	田世平，秦国政，李博强，王豫颖，张占全，陈彤，徐勇，姚红杰，王清，王友升	二等奖
58	2016基－2－003	《现代蔬菜病虫鉴别与防治手册》（全彩版）	北京市植物保护站	郑建秋	二等奖
59	2016基－2－004	新型有机半导体材料的合成与性能研究	北京大学	裴坚，王婕妤，雷霆，王小野，窦锦虎，周焱	二等奖
60	2016基－2－005	基于金纳米颗粒的分析与检测	国家纳米科学中心	蒋兴宇，刘定斌，鲜于运雷，郭永明，王卓	二等奖

三等奖

序号	获奖编号	项目名称	完成单位	主要完成人	获奖等级
1	2016计－3－001	数字家庭服务关键支撑技术与综合集成平台研发	中国科学院自动化研究所，北京数码视讯科技股份有限公司，国家新闻出版广电总局广播科学研究院，中国标准化研究院	张树武，张刚，关虎，郭沛宇，咸奎桐，刘杰	三等奖
2	2016计－3－002	铁路手机售票公共服务平台的研发与应用	中国铁道科学研究院电子计算技术研究所，北京经纬信息技术公司，中铁程科技有限责任公司	王富章，朱建生，王明哲，单杏花，邢国军，游雪松	三等奖
3	2016计－3－003	基于大数据分析的企业内网的未知威胁防御系统的研发和应用	北京奇虎科技有限公司，北京奇安信科技有限公司	周鸿祎，齐向东，张聪，谭晓生，江爱军，邹贵强	三等奖
4	2016计－3－004	国家远程教育公共服务云平台关键技术研究及示范应用	北京奥鹏远程教育中心有限公司	赵敏，李国斌，王旭，张鹏，王海荣，高祥玉	三等奖
5	2016计－3－005	飞机结构全三维设计环境软件的研究与应用	北京瑞风协同科技股份有限公司	王可，赵旷，金士兵，赵虹虹，李俊明	三等奖
6	2016计－3－006	基于北斗的公安“云＋端”扁平化指挥作战系统关键技术与应用	北京合众思壮科技股份有限公司，西安合众思壮导航技术有限公司	刘丹，郭信平，曹红杰，张雁，李刚，梁涛	三等奖

续表

序号	获奖编号	项目名称	完成单位	主要完成人	获奖等级
7	2016计-3-007	追影安全平台反APT技术研究与应用	北京安天电子设备有限公司,国家计算机网络与信息安全管理中心,中国科学院信息工程研究所	肖新光,康学斌,关墨辰,严寒冰,李佳,崔翔	三等奖
8	2016计-3-008	基于自主大模型绘制技术的BIM5D项目精细管理软件研发与应用	广联达软件股份有限公司	王鹏翊,刘晓栋,陈丽新,黄夏杰,刘光剑,陈瑞芳	三等奖
9	2016计-3-009	顺应性和阻力补偿等技术的研究及其在麻醉机中的应用	北京谊安医疗系统股份有限公司	丛玉孟,张红宇,吴满立,陈庚,王威,徐学利	三等奖
10	2016计-3-010	基于大数据的全国车险信息平台技术研发及应用	中国保险信息技术管理有限责任公司	王哲,罗胜,单鹏,徐晓丹,朱培标	三等奖
11	2016计-3-011	基于互联网的电动汽车互动化服务平台研发及应用	国网信息通信产业集团有限公司,华北电力大学,深圳市国电科技通信有限公司,厦门亿力吉奥信息科技有限公司,国网浙江省电力公司,国网上海市电力公司	欧清海,臧志斌,曾令康,殷树刚,李温静,廖逍	三等奖
12	2016计-3-012	分布式系统隐私保护认证技术及应用	北京交通大学,北京天诚安信科技股份有限公司,北京天威诚信电子商务服务有限公司,北京科技大学	刘云,曾剑隽,张振江,李勇,刘旭,朱岩	三等奖
13	2016电-3-001	GPS北斗兼容的星载掩星探测技术研发及应用	中国科学院国家空间科学中心	孙越强,杜起飞,白伟华,王先毅,毕研盟,杨光林	三等奖
14	2016电-3-002	12英寸28纳米金属硬掩膜物理气相沉积设备研发及产业化	北京北方微电子基地设备工艺研究中心有限责任公司	白志民,邱国庆,耿波,杨玉杰,杨洋,李强	三等奖
15	2016电-3-003	地面数字电视单频网组网与网络优化关键技术、产业化及应用	国家新闻出版广电总局广播科学研究院,清华大学,北京北广科技股份有限公司,北京同方吉兆科技有限公司,成都凯腾四方数字广播电设备有限公司,高斯贝尔数码科技股份有限公司	杨昉,邹峰,王劲涛,尹衍斌,张超,李薰春	三等奖
16	2016电-3-004	载波聚合通信基站高效功放关键技术与应用	清华大学,中兴通讯股份有限公司	陈文华,舒峰,冯正和,别业楠,刘建利,陈晓凡	三等奖
17	2016电-3-005	宇航/高性能快恢复二极管关键技术及应用	北京工业大学,北京微电子技术研究所,北京时代民芯科技有限公司,吉林华微电子股份有限公司	赵元富,贾云鹏,刘广海,姚全斌,王传敏,胡冬青	三等奖
18	2016电-3-006	高重频激光扫描测距关键技术及其在交通信息采集中的应用	北京理工大学,北京万集科技股份有限公司	唐义,王沣义,王茜蒨,王庆飞,房颜明,邓永强	三等奖

续表

序号	获奖编号	项目名称	完成单位	主要完成人	获奖等级
19	2016电-3-007	太赫兹精密测量标准装置研制与应用	中国计量科学研究院	邓玉强,孙青,于靖,林延东,徐楠,王景辉	三等奖
20	2016材-3-001	特种雾化超细合金粉末制备技术及产业化	安泰科技股份有限公司	金成海,麻洪秋,赵同春,王峻,况春江,霍光	三等奖
21	2016材-3-002	新一代370~420MPa级高性能桥梁用钢的研制与开发	首钢总公司,秦皇岛首秦金属材料有限公司	杨永达,周德光,王彦锋,白学军,韩承良,狄国标	三等奖
22	2016环-3-001	燃煤电厂烟气SCR脱硝低能耗尿素催化水解技术开发与应用研究	大唐环境产业集团股份有限公司,清华大学,长春热电发展有限公司	李春雨,丁艳军,孟磊,申镇,肖志均,陈海杰	三等奖
23	2016环-3-002	燃煤电厂脱硝反应器成套技术研究及应用	大唐环境产业集团股份有限公司	曹东,申镇,夏怀祥,王长清,谷小兵,杨卫科	三等奖
24	2016环-3-003	海绵城市雨水综合利用技术研发及工程化应用	北京泰宁科创雨水利用技术股份有限公司	徐志通,余雪松,徐大勇,高俊斌,彭志刚,潘晓军	三等奖
25	2016环-3-004	北京上空大气污染物空间分布与输送特征研究	北京市人工影响天气办公室	权建农,铁学熙,高扬,张蔷,马新成,刘全	三等奖
26	2016环-3-005	北京市生态用水调控技术及应用	北京林业大学,北京市南水北调水质监测中心	余新晓,牛健植,贾国栋,陈丽华,赵红磊,樊登星	三等奖
27	2016环-3-006	城市信息化测绘体系建设关键技术研究应用	北京市测绘设计研究院,北京清华山维新技术开发有限公司	杨伯钢,张保钢,陈夏宫,陶迎春,张瑜,秦学秀	三等奖
28	2016能-3-001	电网发展及规划量化评估关键技术研究及应用	国网北京经济技术研究院,北京电力经济技术研究院,华北电力大学	李隽,李晖,王智冬,邱吉多,易海琼,郭飞	三等奖
29	2016能-3-002	光纤复合架空地线(OPGW)安全运维关键技术开发及工程应用	中国电力科学研究院,北京电力经济技术研究院,国网北京市电力公司,国网浙江省电力公司,国网重庆市电力公司,中国电力工程顾问集团西南电力设计院有限公司	陈希,戚力彦,冯学斌,范冕,舒彬,吴维农	三等奖
30	2016能-3-003	集群风电-串补输电系统次同步谐振机理及治理对策研究和应用	华北电力科学研究院有限责任公司,清华大学,华北电网有限公司	李雨,谢小荣,刘辉,牛晓民,胡应宏,李蕴红	三等奖
31	2016能-3-004	兆瓦级高效低风速风电机组关键技术研究及应用	国电联合动力技术有限公司	褚景春,冯健,董礼,李强,代海涛,蔡安民	三等奖
32	2016能-3-005	车用LNG供气系统开发及应用	北京兰天达汽车清洁燃料技术有限公司	孙晓明,邹颖群,李增彬,苏军,蔡垚垚,王宝建	三等奖

续表

序号	获奖编号	项目名称	完成单位	主要完成人	获奖等级
33	2016 能 -3 -006	改性炭精粉替代重油或天然气应用于玻璃窑燃烧系统技术开发及应用	北京威尔创业科技发展有限公司	王建刚,吕奎龙,刘静敏,常娜,赵印	三等奖
34	2016 能 -3 -007	高炉冲渣水余热回收技术研发及应用	北京亿玮坤节能科技有限公司,北京科技大学,邯郸钢铁集团有限责任公司,国网冀北电力有限公司	刘森,李静,李乐,李小娟,卢峰,李杰	三等奖
35	2016 能 -3 -008	整体煤气化联合循环发电仿真系统研制	中国华能集团清洁能源技术研究院有限公司	史绍平,闫姝,张波,方芳,陈新明,穆延非	三等奖
36	2016 能 -3 -009	大规模干煤粉加压气化工艺智能控制技术及应用	中国华能集团清洁能源技术研究院有限公司	许世森,王剑钊,姚国鹏,李明亮,徐越,任永强	三等奖
37	2016 能 -3 -010	影视照明电源系列关键理论与成套技术研发及应用	北方工业大学,北京莱斯达电子科技有限公司	张卫平,张东彦,赵徐森,张晓强,张懋,毛鹏	三等奖
38	2016 能 -3 -011	油套管螺纹连接气密封检测技术与装备开发及应用	中国石油集团钻井工程技术研究院,西南石油大学	袁光杰,金根泰,谢冲,夏焱,董胜伟,王国荣	三等奖
39	2016 能 -3 -012	酸性气藏深井完井测试技术及应用	中国石油化工股份有限公司石油工程技术研究院,中国石油化工股份有限公司西南油气分公司	张同义,龙刚,庞伟,陈琛,杜娟,熊昕东	三等奖
40	2016 能 -3 -013	锂离子动力电池安全性检测评估及其梯次利用研究与应用	中国检验检疫科学研究院,中华人民共和国上海出入境检验检疫局,合肥国轩高科动力能源有限公司,苏州汉创检测技术服务有限公司,南京工业大学	王宏伟,甘红胜,邓爽,刘爱菊,肖海清,王超	三等奖
41	2016 制 -3 -001	选矿过程检测与智能优化控制技术研究与实践	北京矿冶研究总院,清华大学,山东黄金矿业(莱州)有限公司三山岛金矿	周俊武,张洪训,王焕钢,王庆凯,王宝胜,邹国斌	三等奖
42	2016 制 -3 -002	全赤铁矿链箅机 - 回转窑球团技术研究开发与创新应用	北京首钢国际工程技术有限公司	张福明,王渠生,李长兴,韩志国,沙黎明,王代军	三等奖
43	2016 制 -3 -003	特大型平头塔式起重机研制及运行安全保障关键技术	北京建筑大学,太原理工大学,北京永茂建工机械制造有限公司,中国建筑科学研究院建筑机械化研究分院,中国新兴建设开发总公司,江苏中建达丰机械工程有限公司	杨建伟,寇子明,田浩,李守林,任兆忠,段文轩	三等奖
44	2016 制 -3 -004	中厚板高性能滚切式定尺剪机组关键技术和成套装备开发与应用	北京京诚之星科技开发有限公司,中冶京诚工程技术有限公司,北京京诚瑞达电气工程技术有限公司	郝建伟,胡典章,岳杰,张礼明,吉年丰,陈曦	三等奖
45	2016 制 -3 -005	300mm 硅片单面抛光机(CMP)的开发	中国电子科技集团公司第四十五研究所	柳滨,郭强生,陈威,王东辉,李伟,陈波	三等奖

续表

序号	获奖编号	项目名称	完成单位	主要完成人	获奖等级
46	2016城-3-001	结构功能一体化建筑保温砌块关键技术研究与应用	中国建筑材料科学研究总院,扬州威奥重工机械有限公司,北京金阳新建材有限公司,福州锦龙新型建筑材料有限公司	王武祥,崔琪,张磊蕾,杜文平,陈小刚,王爱军	三等奖
47	2016城-3-002	北京雁栖湖国际会展中心设计创新与施工关键技术研究	北京建工土木工程有限公司,北京市建筑设计研究院有限公司,北京建工集团有限责任公司,北京市建筑工程研究院有限责任公司,上海宝冶集团有限公司	杨京骜,游大江,焦力,赵磊,张扬,刘方磊	三等奖
48	2016城-3-003	城市轨道交通工程监测技术规范	北京城建勘测设计研究院有限责任公司,北京市轨道交通建设管理有限公司,北京城建集团有限责任公司,北京城市快轨建设管理有限公司,北京交通大学,北京城建设计发展集团股份有限公司	金淮,张建全,吴锋波,罗富荣,刘军,张晋勋	三等奖
49	2016城-3-004	北京城市低碳发展总体规划研究	北京市城市规划设计研究院,北京市朝阳区宇恒可持续交通研究中心,北京交通发展研究中心,清华大学,北京市园林科学研究院,北京伟世通经济咨询有限责任公司	何永,王雅捷,黄斌,杜立群,赵丹,王飞	三等奖
50	2016城-3-005	既有建筑安全和节能改造及功能提升关键技术研究与应用	中国建筑科学研究院,北京住总集团有限责任公司,建研(北京)结构工程有限公司,上海市建筑科学研究院(集团)有限公司,天津建科建筑节能环境检测有限公司,北京建筑节能研究发展中心	王清勤,王俊,杨健康,徐福泉,李向民,李胜英	三等奖
51	2016交-3-001	JW-ITSM运维综合管理平台研发及应用	中国铁道科学研究院电子计算技术研究所,北京经纬信息技术公司	沈海燕,张锦超,郭洋洋,王龙,钟剑,李纪铀	三等奖
52	2016交-3-002	机动车高精度定位测速雷达技术开发与应用	北京川速微波科技有限公司,北京信息科技大学	王东峰,曹林,庞宏杰,任磊,杨勇,谢晓鹏	三等奖
53	2016交-3-003	轨道交通机车车辆转向架试验测试技术研究与应用	北京新联铁集团股份有限公司	王利群,卜运强,马建群,戴德刚,薛奋祥,黄雪峰	三等奖
54	2016交-3-004	160km/h接触网快速多功能综合作业车研制	中车北京二七机车有限公司	陈立辉,张学军,徐林,全君,刘福春,曾波	三等奖
55	2016交-3-005	北京燃气管网防腐蚀安全关键技术与设备研究及推广应用	北京市燃气集团有限责任公司,北京科技大学,北京永逸舒克防腐蚀技术有限公司,北京安科管道工程科技有限公司	李夏喜,杜艳霞,段蔚,邢琳琳,路民旭,高顺利	三等奖
56	2016交-3-006	全路列车调度指挥中心系统研究与应用	北京全路通信信号研究设计院集团有限公司	刘贺军,靳俊,赵桂敏,丁治敏,陈建鑫,蒋灵明	三等奖

续表

序号	获奖编号	项目名称	完成单位	主要完成人	获奖等级
57	2016 交-3-007	时速 250 公里铁路列车车载运行控制系统研发及应用	北京全路通信信号研究设计院集团有限公司	刘岭，张国振，张振兴，谢宏涛，王平，于晓娜	三等奖
58	2016 交-3-008	高速铁路海量视频智能云管控平台研制及应用	通号通信信息集团有限公司	李洪研，张涛，安国成，罗志强，肖坦，李明	三等奖
59	2016 交-3-009	月地高速再入返回飞行器工程参数测量分系统	北京空间飞行器总体设计部，北京空间机电研究所，兰州空间技术物理研究所，山东航天电子技术研究所	顾征，邹昕，陈丽平，王彤，薛博，胡永富	三等奖
60	2016 交-3-010	高速运载器气动性能多物理量测试平台	中国航天空气动力技术研究院，北京理工大学	赵学军，马少鹏，向星居，肖维忠，马沁巍，陈丁	三等奖
61	2016 农-3-001	人工林软质木材提质优化技术研究与应用	中国林业科学研究院木材工业研究所，河北爱美森木材加工有限公司	刘君良，柴宇博，吕文华，李理，王小青，孙柏玲	三等奖
62	2016 农-3-002	小分子大豆肽制备工艺技术开发及新型干燥工艺的开发与应用	北京工商大学，诺利如一（北京）生物科技有限公司，诺利如一（安阳）生物科技有限公司，中粮营养健康研究院有限公司，中宏生物工程有限责任公司，江苏隆力奇生物科技股份有限公司	刘新旗，付慧彦，张连慧，郭际，张海萍，赵芬	三等奖
63	2016 农-3-003	农林生物质移动式热裂解炼制与产物高值化利用关键技术	北京林业大学，北京太尔化工有限公司，山西秋林机械有限公司，廊坊华日家具股份有限公司，亿利资源集团有限公司，山东理工大学	常建民，司慧，任学勇，陈凤义，蔡红珍，王文亮	三等奖
64	2016 农-3-004	抗旱优质树种精准选育分子机制和应用技术研究	北京林业大学，北京国色天成生物科技有限公司，河北科技师范学院，北京迈奥生物工程技术有限公司，北京龙绿农业发展有限公司，湖南农业大学	王华芳，尹伟伦，晁龙军，曾会明，陈己任，杨晓玲	三等奖
65	2016 农-3-005	草莓新品种选育、种质创新及示范推广	北京市农林科学院林业果树研究所，沈阳农业大学，中国农业大学，北京市农业技术推广站，辽宁草莓科学技术研究院，河北省农林科学院石家庄果树研究所	张运涛，张志宏，王桂霞，董静，钟传飞，常琳琳	三等奖
66	2016 农-3-006	食品全链条监管过程中危害物质快检技术平台的建立与应用	北京出入境检验检疫局检验检疫技术中心，国家认证认可监督管理委员会认证认可技术研究所，中国水产科学研究院长江水产研究所	张朝晖，杨泽慧，李小林，刘鑫，杨向莹，张捷	三等奖

续表

序号	获奖编号	项目名称	完成单位	主要完成人	获奖等级
67	2016 医-3-001	子宫肌瘤及子宫腺肌病微创诊治新技术建立及临床应用	中国人民解放军总医院	张晶,韩治宇,张冰松,关铮,杨宇,马霞	三等奖
68	2016 医-3-002	脾切除贲门周围血管离断术治疗门脉高压的临床及其对免疫影响研究	中国人民解放军第三〇二医院	李志伟,王立峰,张政,赵新,齐瑞兆,余灵祥	三等奖
69	2016 医-3-003	病理性成瘾记忆加工的神经环路调控及分子机制	中国科学院心理研究所	隋南,郑希耕,李勇辉,沈芳,张建军,梁璟	三等奖
70	2016 医-3-004	肺炎支原体流行特征监测及耐药和血清学检测方法研究	首都儿科研究所	孙红妹,薛冠华,李少丽,闫超,赵汉青,冯燕玲	三等奖
71	2016 医-3-005	复杂肘关节损伤的系统临床研究——规范化诊疗策略的建立及应用	北京积水潭医院	蒋协远,李庭,公茂琪,查晔军,刘兴华,张力丹	三等奖
72	2016 医-3-006	乳腺癌腋窝淋巴结手术方式及评估策略的规范应用和优化	北京大学人民医院	王殊,佟富中,曹迎明,刘淼,郭嘉嘉,杨后圃	三等奖
73	2016 医-3-007	遗传性眼病的分子发病机制研究	北京大学第三医院,四川省医学科学院(四川省人民医院)	王乐今,杨正林,布娟,董佳梅,石毅,杜伟	三等奖
74	2016 医-3-008	胰高糖素样肽1在胰腺细胞定向分化和功能调控中的作用及机制研究	北京大学第三医院,北京大学	洪天配,魏蕊,杨进,文锦华,刘烨,吴永华	三等奖
75	2016 医-3-009	我国儿童肺炎链球菌疾病和分离菌株特性的研究	首都医科大学附属北京儿童医院,深圳市儿童医院	杨永弘,姚开虎,俞桑洁,王亚娟,郑跃杰,胡惠丽	三等奖
76	2016 医-3-010	基于提高心脏骤停救治成功率对心肺复苏术的应用机制研究	首都医科大学附属北京朝阳医院,大连医科大学附属第一医院,山东省立医院,北京麦邦光电仪器有限公司	李春盛,王烁,龚平,武军元,季宪飞,郭志军	三等奖
77	2016 医-3-011	早期胃癌及癌前病变内镜下诊治关键技术体系建立与分子生物学研究	中国医学科学院北京协和医院,中国医学科学院肿瘤医院,复旦大学附属中山医院,福建省立医院,天津医科大学总医院,青海省人民医院	陆星华,杨爱明,冯林,姚方,周平红,郭涛	三等奖
78	2016 医-3-012	TLRs介导的免疫-自噬调节纤维化和肿瘤发生发展的机制及药靶发现	中国医学科学院药物研究所	胡卓伟,花芳,林珩,张晓伟,吕晓希,王子艳	三等奖

续表

序号	获奖编号	项目名称	完成单位	主要完成人	获奖等级
79	2016 中－3－001	防治阿尔茨海默病中药复方的物质基础与药理机制研究	中国中医科学院西苑医院，北京化工大学	李浩，魏芸，刘剑刚，刘美霞，韦云，刘龙涛	三等奖
80	2016 中－3－002	朱红膏治疗慢性皮肤溃疡疗效机制、安全性评价及应用	首都医科大学附属北京中医医院，中国中医科学院中药研究所，北京市宣武中医医院	吕培文，徐旭英，董建勋，林含，王乐平，杨焕杰	三等奖
81	2016 中－3－003	解毒凉血健脾法提高慢加急性肝衰竭疗效的创新技术建立及推广应用	首都医科大学附属北京地坛医院	王宪波，王融冰，曾辉，江宇泳，杨志云，刘慧敏	三等奖
82	2016 药－3－001	具有双重作用机制治疗缺血性心脏病、改善冠脉微循环的注射剂研究	北京四环科宝制药有限公司	焦艳，陈婧，陈红燕，高万峰，张建立，盛爱武	三等奖
83	2016 药－3－002	注射用缓释微球的国产化研究及生产	北京博恩特药业有限公司	庞桂才，黄似焕，岑振宁，郭光明	三等奖
84	2016 药－3－003	治疗慢性肾脏病的国产新药的研发与应用	北京万生药业有限责任公司	黄河，耿玉先，辛正洪，王彩平，产运霞	三等奖
85	2016 基－3－001	网络数据的跨媒体理解和分析的理论与方法	中国科学院自动化研究所	徐常胜，桑基韬，鲍秉坤，张天柱	三等奖
86	2016 基－3－002	中国特色农业现代化建设理论与实践研究	中国农业科学院农业经济与发展研究所，北京农学院，中国人民大学，农业部规划设计研究院，北京市农业局	蒋和平，王有年，辛岭，蒋黎，崔凯，崔奇峰	三等奖
87	2016 基－3－003	肿瘤诊疗中的生物传热学理论构建与能量调控机制研究	中国科学院理化技术研究所	刘静，邓中山，何志祝，周一欣，王倩	三等奖
88	2016 基－3－004	服务于土地利用/土地覆盖变化检测的遥感方法研究	北京师范大学	陈晋，陈学泓，朱孝林，曹鑫，崔喜红	三等奖
89	2016 基－3－005	三农信息服务精准科普系列	中国农业大学	高万林，胡金有，于丽娜，陶莎，王建仑，陈瑛	三等奖
90	2016 基－3－006	固氮微生物资源、基因组分析及其遗传研究	中国农业大学	陈三凤，马玉超，谢剑波，王莉瑛，刘晓萌，李季伦	三等奖
91	2016 基－3－007	用于太阳能转化的微纳结构材料研究	华北电力大学，北京工业大学	李美成，王金淑，李英峰，李洪义，宋丹丹，姜冰	三等奖
92	2016 基－3－008	球幕科普影片《迷离的星际》	北京天文馆	景海荣，宋宇莹，刘茜，席萌，卢瑜，韩叙	三等奖
93	2016 基－3－009	新型低维硫族半导体材料可控制备及器件应用	国家纳米科学中心	何军，王振兴，江潮，詹雪莹	三等奖

资料来源：北京市科学技术奖励工作办公室。

2016 年北京区域专利申请及授权一览表

项　目	专利申请量		专利授权量	
		发明专利		发明专利
全　市	**189129**	**104643**	**100578**	**40602**
首都功能核心区				
东城区	10490	5034	6629	2315
西城区	16636	9155	12884	6335
城市功能拓展区				
朝阳区	38611	23853	17780	8029
丰台区	10002	4604	5344	1768
石景山区	3605	1684	1809	699
海淀区	70327	46649	34899	17396
城市发展新区				
房山区	2367	768	943	195
通州区	5922	1086	3284	284
顺义区	5584	1639	3739	340
昌平区	11732	5114	5955	1716
大兴区	9879	3785	5607	1294
生态涵养发展区				
门头沟区	604	155	334	52
怀柔区	1130	405	533	95
平谷区	530	108	322	31
密云区	1433	507	402	38
延庆区	234	82	93	14
其　他	43	15	21	1

资料来源:北京市知识产权局。

北京地区专利授权一览表(1997—2016年)

年　份	发　明	实用新型	外观设计	合　计
1997	281	2340	706	3327
1998	309	2522	969	3800
1999	573	3948	1308	5829
2000	1074	3463	1368	5905
2001	946	3600	1700	6246
2002	1061	3721	1563	6345
2003	2261	4244	1743	8248
2004	3216	3956	1833	9005
2005	3476	4498	2126	10100
2006	3864	5490	1884	11238
2007	4842	7364	2766	14954
2008	6478	8776	2493	17747
2009	9157	10141	3623	22921
2010	11209	16579	5723	33511
2011	15880	19628	5380	40888
2012	20140	24672	5699	50511
2013	20695	36301	5675	62671
2014	23237	44071	7353	74661
2015	35308	45773	12950	94031
2016	40602	44710	15266	100578

资料来源:北京市知识产权局。

北京地区专利申请一览表(1997—2016年)

年 份	发 明	实用新型	外观设计	合 计
1997	1677	3668	968	6313
1998	1754	3444	1123	6321
1999	2062	4045	1616	7723
2000	3409	4984	1951	10344
2001	4984	5114	2076	12174
2002	5785	5920	2137	13842
2003	7833	6665	2505	17003
2004	8608	6321	3473	18402
2005	12102	6940	3530	22572
2006	14226	8200	4129	26555
2007	18763	8819	4098	31680
2008	28394	11157	3957	43508
2009	29326	15424	5486	50236
2010	33466	18637	5193	57296
2011	45057	26615	6283	77955
2012	52720	32609	6976	92305
2013	67554	47586	8196	123336
2014	78129	48228	11754	138111
2015	88930	53243	14139	156312
2016	104643	64496	19990	189129

资料来源:北京市知识产权局。

技术合同成交一览表(1990—2016 年)

年 份	合同数（项）	技术合同成交总额（亿元）	#技术交易额	#流向外省市技术合同额	实现合同总金额（亿元）	#技术交易实现金额
1990	18588	20.3	10.5		15.4	8.4
1991—1995	93970	167.7	120.0		115.4	83.8
1991	18547	22.4	13.1		15.3	9.1
1992	23395	31.3	22.2		20.0	14.4
1993	20461	35.6	25.6		24.9	17.6
1994	15220	37.2	26.9		26.9	20.4
1995	16347	41.2	32.2		28.4	22.3
1996—2000	91421	414.2	375.9		206.7	188.1
1996	14850	45.8	39.2		29.6	25.4
1997	13866	54.3	48.1		31.1	27.8
1998	20724	81.6	73.9		42.1	37.6
1999	20711	92.2	88.5		43.6	41.0
2000	21270	140.3	126.3	65.5	60.3	56.3
2001—2005	156114	1443.8	1217.2	688.9	669.5	628.1
2001	23921	191.0	164.8	85.4	97.6	93.0
2002	27037	221.1	181.0	100.4	101.9	97.2
2003	32173	265.5	226.8	132.4	119.9	113.9
2004	35478	331.8	294.3	165.8	148.7	143.4
2005	37505	434.4	350.4	204.9	201.4	180.6
2006—2010	256074	5422.8	3984.7	2372.7	2226.7	2006.7
2006	51575	697.3	572.6	325.3	349.5	319.7
2007	50972	882.6	660.3	407.4	418.1	353.5
2008	52742	1027.2	778.1	487.0	406.2	375.0
2009	49938	1236.2	906.9	498.2	516.8	452.9
2010	50847	1579.5	1066.7	654.8	536.0	505.6
2011—2015	315814	13788.6	10868.6	7237.5	3942.1	3353.9
2011	53552	1890.3	1268.3	635.9	580.4	563.3
2012	59969	2458.5	2048.6	1385.0	739.8	707.0
2013	62743	2851.2	2252.4	1615.9	684.0	659.3
2014	67278	3136.0	2531.5	1722.0	708.2	675.1
2015	72272	3452.6	2767.8	1878.7	1229.7	749.2
2016	74965	3940.8	2919.3	1997.2	749.2	717.0

资料来源:北京技术市场管理办公室。

附　录

北京市科技管理机构

（机构领导人名单以2016年12月31日在职者为准）

北京市科学技术委员会

根据中共中央、国务院批准的北京市人民政府机构改革方案和《北京市人民政府关于机构设置的通知》（京政发〔2009〕2号），设立北京市科学技术委员会（以下简称“市科委”）。市科委是负责本市科技工作的市政府组成部门。

主要职责

（一）贯彻落实国家关于科技工作方面的法律法规、规章和政策，起草本市相关地方性法规草案、政府规章草案，组织拟订科技发展和科技促进经济社会发展的政策，并组织实施。

（二）组织拟订本市科技发展中长期规划、年度计划，并组织实施；研究提出科技发展布局和优先发展领域；推动科技创新体系和科技服务体系建设，促进科技服务业发展；推进科技北京建设。

（三）组织制定本市应用基础研究、高新技术发展以及重大科技成果应用研究的政策措施；负责统筹协调应用基础研究、前沿技术研究、重大社会公益性技术研究及关键技术、共性技术研究；牵头组织科技促进经济社会发展的重大关键技术攻关。

（四）会同有关部门组织科技重大专项实施中的方案论证、综合平衡、评估验收和配套政策制定，对科技重大专项实施中的重大调整提出意见；负责科技重大专项和重大科技产业工程的组织实施。

（五）制定政策引导类科技计划并指导实施；会同有关部门拟订本市高新技术企业发展、高新技术产业化的相关政策，参与拟订科技金融促进工作的相关政策；提出科研条件保障规划和政策建议；推进科研条件平台建设和科技资源共享。

（六）组织制定本市科技促进农村和社会发展的政策措施，促进以改善民生为重点的农村建设和社会建设；指导可持续发展实验区的建设和发展。

（七）会同有关部门拟订本市促进产学研结合的相关政策，制定科技成果推广政策，指导科技成果转化工作；组织相关重大科技成果应用示范，推动企业自主创新能力建设。

（八）研究制定本市科技体制改革的政策措施；建立健全科技创新体制和机制；研究制定建立新型研究开发机构的政策；按规定审核相关科研机构的组建和调整，优化科研机构布局。

（九）负责本部门预算中的科技经费预决算及经费使用的监督管理；会同有关部门提出科技资源合理配置的政策和措施建议，优化科技资源配置。

（十）制定本市科普工作规划和政策；制定促进技术市场、科技中介组织发展的政策措施；负责技术市场、科技保密管理工作和科技奖励组织实施工作；负责科技信息、科技统计和科技期刊管理工作。

（十一）研究制定本市科技合作交流政策；负责科技外事工作；负责与港澳台的科技合作与交流；会同有关部门组织技术出口和技术引进等工作。

（十二）负责本市科技人才资源的合理配置，会同有关部门拟订科技人才队伍建设规划，提出政策建议。

（十三）承办市政府交办的其他事项。

主任：闫傲霜

党组书记：呼文亮

党组成员、副主任：朱世龙　郑焕敏　张继红
伍建民　张光连

党组成员、北京科技协作中心主任：季小兵

党组成员、纪检监察组组长：郑　宇

副巡视员：张　虹　刘　晖　王建新

地址：海淀区四季青路7号院2号楼

邮编：100195

电话：66153395

网址：www.bjkw.gov.cn

内部机构设置

办公室

负责机关政务工作；负责文电、会务、机要、档案等机关日常运转工作；承担信息、信访、议案、建议、提案、安全、保密、政府信息公开、电子政务、机

关财务和资产管理等工作;承担重要事项的组织和督查工作。

电话:66153395

政策法规与体制改革处

负责机关推进依法行政综合工作;起草科技方面的地方性法规草案、政府规章草案;负责行政执法工作的监督、指导和协调;承担行政复议、应诉的有关工作;承担机关行政规范性文件的合法性审核和有关备案工作;会同有关方面推进科技创新体系建设和科技体制改革,拟订促进产学研结合和促进科技领域知识产权创造的政策措施;按规定承担相关科研机构的组建和调整的审核;负责北京地区科技研究开发机构认定和科技类民办非企业单位的业务审核。

电话:66153403

发展计划处

研究提出本市科技发展的布局和优先发展领域,组织拟订科技发展中长期规划和年度计划;提出科技计划的协调、综合平衡和经费配置的建议;会同有关方面提出重大创新基地建设规划建议;拟订科技成果和科技项目管理的政策措施;负责本市科技奖励组织实施和科技统计、科技信息和科技期刊管理;会同有关方面组织技术出口、技术引进。

电话:66174185

重大专项办公室

会同有关方面拟订本市科技重大专项实施办法,审核实施计划,协调解决重大问题,组织评估和验收;承担对接国家科技重大专项的相关协调工作;负责重大科技需求调研;承担科技北京建设和科教方面的相关工作。

电话:66153412

条件财务处

提出本市科研条件保障的规划和政策建议,推进科研条件平台建设和科技资源共享;会同有关方面提出科技资源合理配置的政策建议;参与开展科技金融促进工作;编制本部门预算中的科技经费预决算;参与拟订科技经费管理办法;指导所属单位财务和国有资产管理工作。

电话:66153407

审计处

拟订机关及所属单位内部审计制度,并对预决算、财务收支进行审计监督;负责对科技项目经费预算的执行情况进行监督,并实施内部审计检查;承担领导干部经济责任审计;指导所属单位开展内部审计工作;负责监督所属单位财务和国有资产管理工作。

电话:66155384

高新技术产业化处

拟订本市相关领域高新技术发展及产业化的科技规划和政策;组织实施相关领域高新技术研究发展计划和政策引导类科技计划;承担中关村国家自主创新示范区建设相关工作;推动科技创新创业服务体系建设;推动科技成果转化及企业技术创新能力提升;促进科技服务业和文化创意产业发展;负责高新技术产业孵化基地认定和高新技术企业、自主创新产品认定;指导技术市场管理工作。

电话:66153439

文化科技发展处

拟定本市科技支撑文化领域发展及产业化的规划和政策;组织实施与文化领域相关的高新技术研究发展计划;负责组织推进文化领域重点实验室(基地)建设,促进相关科技成果的推广应用;承担协调推进北京"设计之都"建设的相关工作。

电话:88546574

电子信息与装备制造处

拟定本市电子信息、装备制造和空间技术领域科技发展的规划和政策;组织实施相关领域高新技术研究发展计划;负责组织推进相关领域实验室(基地)建设;促进相关领域科技服务业的发展。

电话:66153438

新能源与新材料处

拟定本市新能源、新源汽车、新材料领域科技发展的规划和政策;组织实施相关领域高新技术研究发展计划及重大科技成果示范应用;负责组织推进相关领域实验室(基地)建设;促进相关领域科技服务业的发展。

电话:66153441

生物医药处

拟订本市生物工程、新医药产业、医疗卫生及食品安全领域科技发展的规划和政策;组织实施相关领域高技术研究发展计划;制定实验动物管理的政策措施;负责实验动物安全监管工作;负责组织推进相关领域重点实验室(基地)建议;促进相关领域科技服务业的发展;承担生物工程和新医药产业方面的有关科技工作。

电话:66153436

农村科技发展处

拟订本市科技促进农村发展的规划和政策；组织实施相关领域高技术研究发展计划；负责组织推进相关领域重点实验室（基地）建设；促进相关领域科技服务业的发展；推动农村科技进步；指导相关重大科技成果应用示范；指导农业科技园区的有关工作。

电话：66153428

社会发展处

拟定本市社会领域科技发展的规划和政策；促进本市节能环保领域的科技发展；组织实施相关领域高新技术研究发展计划；负责组织推进相关领域实验室（基地）建设；促进相关领域科技服务业的发展；推进科技对城市建设与管理的支持；指导可持续发展实验区的建设和发展。

电话：66153392

科技宣传与软科学处（北京市人民政府专家咨询委员会办公室）

负责本市科普工作，拟订科普工作的规划和政策；负责科技宣传、新闻发布工作；负责软科学研究工作；承担市政府专家咨询委的有关工作；承担综合性文稿起草和地方志、年鉴编纂工作。

电话：66153435

国际科技合作处

组织拟定本市国际科技合作交流政策；组织实施国际科技合作交流计划；按规定负责在京举办国际性科技学术会议、出国举办科技展览会和邀请外国人员来华进行科技活动的有关工作；承办与港澳台的科技合作交流事宜；负责机关及所属单位的外事工作。

电话：66153430

人事教育处

负责机关及所属单位的人事、机构编制和离退休工作；会同有关方面拟订本市科技人才队伍建设的政策措施；负责自然科学研究系列专业技术职务任职资格评定工作；组织实施科技新星计划。

电话：66153440

机关党委

负责机关及所属单位的党群工作。

电话：66152996

机关工会

负责机关及所属单位的工会工作。

电话：66153390

纪检组

按有关规定派驻，履行监督、执纪、问责职责。

电话：66153445

北京市知识产权局

根据中共中央、国务院批准的北京市人民政府机构改革方案和《北京市人民政府关于机构设置的通知》（京政发〔2009〕2号，设立北京市知识产权局。北京市知识产权局是负责北京市知识产权保护组织协调工作和专利工作的市政府直属机构。负责组织协调本市保护知识产权工作，推动知识产权保护工作体系建设，贯彻落实国家关于专利工作方面的法律、法规、规章和政策，负责本市专利信息公共服务体系的建设，促进本市知识产权产业发展。

主要职责

（一）负责组织协调本市保护知识产权工作，推动知识产权保护工作体系建设；会同有关部门建立知识产权执法协作机制，开展有关的行政执法工作；开展知识产权保护的宣传工作。

（二）贯彻落实国家关于专利工作方面的法律、法规、规章和政策；起草本市相关地方性法规草案、政府规章草案，拟订专利工作的政策措施、发展规划和工作计划，并组织实施；会同有关部门拟订并组织实施首都知识产权战略和规划。

（三）承担规范本市专利管理基本秩序的责任。依法处理、调解专利纠纷，查处假冒专利行为；依法监督管理专利代理机构，推进专利中介服务体系建设。

（四）会同有关部门促进本市知识产权产业发展；指导和规范专利技术市场，管理专利权转让合同、专利实施许可合同和专利申请权转让合同备案工作；会同有关部门指导和规范知识产权无形资产评估；推动专利权质押工作。

（五）负责本市专利信息公共服务体系的建设，会同有关部门推动专利信息的传播利用；负责组织建立知识产权预警应急机制；承担专利统计工作。

（六）统筹协调本市涉外知识产权事宜，开展专利工作的国际联络、合作与交流活动。

（七）组织开展专利方面法律法规、政策的宣传普及工作；组织制定本市有关知识产权的教育与培训工作规划，并组织实施。

（八）承办市政府交办的其他事项。

党组书记：汪　洪

局长：汪　洪

巡视员：王淑贤

党组成员、副局长：潘新胜　周　砚

党组成员、纪检组长：刘晓军

副局长：李　钟

副巡视员：黄京京　周立权

地址：西城区德胜门东大街8号东联大厦2层

邮编：100009

电话：84080086

网址：www.bjipo.gov.cn

内部机构设置

办公室

负责机关政务工作；负责文电、会务、机要、档案等机关日常运转工作；承担信息、信访、议案、建议、提案、安全、保密、政府信息公开等工作；负责重要事项的组织和督查工作；负责编制部门预决算，管理机关财务及国有资产；负责监督指导所属单位财务和国有资产管理工作。

电话：84080086

邮箱：bangongshi@bjipo.gov.cn

政策法规处

拟订本市专利工作发展规划和工作计划；组织研究知识产权方面的重大问题和国外知识产权发展动态；承担拟订本市知识产权发展战略和规划的有关工作；负责机关推进依法行政综合工作；起草专利方面的地方性法规草案、政府规章草案；负责行政执法工作的监督、指导和协调；承担行政复议、应诉的有关工作；承担机关行政规范性文件的合法性审核和有关备案工作。

电话：84080090

邮箱：faguichu@bjipo.gov.cn

知识产权协调处

承担组织协调全市保护知识产权的有关工作；承担知识产权执法协作机制的相关工作；协调、督办重大侵犯知识产权案件；承担实施本市知识产权战略和规划的有关工作；承担北京市知识产权办公会议的有关工作。

电话：84080092

邮箱：xietiaochu@bjipo.gov.cn

产业促进处

承担推动本市知识产权产业发展的有关工作；拟订促进企事业单位专利工作的政策措施并组织实施；指导企事业单位、行业联盟应对有关知识产权纠纷；指导和规范专利技术市场有关工作，促进专利商用化，承担专利权转让合同、专利实施许可合同和专利申请权转让合同备案管理工作。

电话：84080080

邮箱：chanyechu@bjipo.gov.cn

专利管理处

拟订本市专利中介服务体系发展的政策措施并组织实施；依法管理专利代理机构和专利代理人；承担指导和规范知识产权无形资产评估的有关工作；推动专利权质押工作；指导和监督本市专利信息公共服务体系建设工作，组织建立知识产权预警应急机制；拟订有关知识产权的教育与培训工作规划，并组织实施；指导有关行业协会、社会团体的专利工作；承担专利统计工作。

电话：84080096

邮箱：guanlichu@bjipo.gov.cn

专利执法处

拟订本市专利行政执法的措施办法；负责专利行政执法体系建设工作；依法处理、调解专利纠纷，查处假冒专利行为；统筹协调商品流通领域、展会的知识产权保护工作。

电话：84080098

邮箱：zhifachu@bjipo.gov.cn

宣传教育处

拟订本市有关知识产权的宣传教育和培训工作规划，并组织实施；组织开展《中华人民共和国专利法》及相关法律法规知识的宣传普及工作；负责北京市发明专利奖的评选工作；承担知识产权专家库的建设与管理工作；指导和监督知识产权人才培养基地建设。

电话：84080012

邮箱：xuanjiaochu@bjipo.gov.cn

国际交流合作处

拟订本市知识产权涉外工作的政策；统筹协调本市涉外知识产权事宜；开展本市专利工作的国际联络、合作与交流活动；负责机关及所属单位的外事工作。

电话：84080200

邮箱：guojichu@bjipo.gov.cn

人事处

负责机关及所属单位的人事、机构编制等工

作;承担本市专利代理、知识产权管理从业人员的专业技术职务评定有关工作;负责机关及所属单位离退休人员的管理与服务工作。

电话:84080020

邮箱:renshichu@ bjipo. gov. cn

监察处

按市纪委有关规定派驻。

电话:84080110

邮箱:jianchachu@ bjipo. gov. cn

机关党委(工会)

负责机关及所属单位的党群工作。

电话:84080082

北京市科学技术协会

北京市科学技术协会是北京地区科技工作者的群众组织,是北京市委和市政府联系广大科技工作者的桥梁和纽带,是推动科技事业发展的重要力量;是市政协的组成单位;是中国科协的地方组织,接受中国科协的业务指导。北京市科协成立于1963年,由市学会、基金会、区科协及基层组织组成。目前,市科协拥有市学会、基金会212个,区科协16个,企事业单位、经济技术开发区、科技园区科协等基层组织698个,高校科协20个,会员40余万人。多年来,北京市科协致力于为首都经济建设和社会发展服务,为提高全民科学素质服务,为科技工作者服务。2009年,北京市科协被认定为市级"枢纽型"社会组织,发挥桥梁纽带、业务龙头、服务管理平台作用。

主席:顾秉林

常务副主席:马　林

副主席:马　林　王志珍　王恩哥　尹伟伦　田　文　任福君　华　炜　刘德培　许达哲　许健民　李彦宏　沈　岩　贺福初　刘晓勘　景晓东

驻会领导

党组书记、常务副主席:马　林

党组副书记、副主席:景晓东

党组成员、副主席:田　文　刘晓勘

副巡视员:陈　滕　陈维成

内部机构设置

办公室

负责公文处理、信息、档案、机要、保密、来信来访、安全保卫工作以及重大活动和重要会议的组织协调工作;负责重大决定事项的督察工作;负责本机关的法律事务,指导市科协系统维护科技工作者的合法权益工作,参与北京市有关法规的拟定工作。

电话:84635008,84635009,84647022

传真:84655007

邮箱:bastbgsh@ 126. com,bastbgsh@ bjkp. gov. cn

人事部

负责本机关干部队伍建设工作;负责本机关的人事管理工作;指导直属单位人事管理工作;负责机关离(退)休人员管理和服务工作;负责协调市科协系统的人才工作;指导市科协系统的组织建设工作。

电话:84644971

邮箱:bastrsch@ bjkp. gov. cn

计划财务部

负责编制机关行政事业费及有关专项经费的预、决算;负责对直属事业单位的财务工作进行指导、监督、审计;负责机关财务及固定资产管理;负责本系统综合统计工作。

电话:84634998

邮箱:bastjcch@ bjkp. gov. cn

科普部

负责贯彻落实国家有关科普工作的方针、政策,制定市科协系统科普工作规划;负责联系、指导区县科协、基层组织的工作,组织开展全市性重大科普活动,指导基层科协开展科普活动;负责市科协科普资源共建共享工作,指导基层科普场馆及设施的利用,建设科普志愿者队伍,承办科普表彰奖励工作;承担全民科学素质纲要实施办公室日常工作,督查落实议定事项。

电话:84634995,84644996

邮箱:bastkpbu@ bjkp. gov. cn

学会部

对首都科技社团负有业务指导、服务管理职责,协调落实市科协履行"枢纽型"社会组织职能,致力于全面提升学会能力。指导学会加强秘书处建设,承接政府转移职能、参与公共服务、办好学术期刊等工作;负责市科协系统学术交流活动的组织协调,落实自然科学界和社会科学界、市科协与市政协科技委学术交流合作;开展首都科学道德和学风建设宣讲教育工作,负责市科协青年科技人才培养工作。

电话:84644977,84654997

邮箱:bastxhbu@ bjkp. gov. cn

调研宣传部

负责市科协科学决策工作,组织决策咨询活动,协调征集、上报科技工作者建议,开展重大课题调查研究,承办上级有关部门交办的调研任务;负责市科协相关重要文件、报告和领导讲话的起草工作,提出、拟定市科协发展战略;负责市科协的宣传工作和新闻报道工作,编辑《北京科协》;负责市科协系统精神文明建设工作。

电话:84644973,84639874

邮箱:skxdxb@ 163. com

机关党委

负责北京市科协机关及所属事业单位的党群工作。

电话:84634983,84634970

邮箱:bastjgdw@ bjkp. gov. cn

中关村科技园区管理委员会

中关村科技园区管理委员会(以下简称"中关村管委会")是负责对中关村科技园区(包括海淀园、昌平园、顺义园、大兴—亦庄园、房山园、通州园、东城园、西城园、朝阳园、丰台园、石景山园、门头沟园、平谷园、怀柔园、密云园、延庆园,以下简称园区)发展建设进行综合指导的市政府派出机构。

主要职责

(一)贯彻落实国家有关法律法规和政策,研究拟订园区的发展战略和规划,参与组织编制园区有关空间规划,组织研究园区相关改革方案,促进可持续发展。

(二)研究制定园区发展和管理的相关政策,起草相关地方性法规草案、政府规章草案。

(三)协调整合各类创新资源,开展园区创新创业、高新技术研发及其成果产业化、科技金融、人才资源、中介组织、知识产权保护等方面的促进和服务工作。

(四)负责管理市财政拨付的园区发展专项资金,并协助有关部门监督专项资金的使用。

(五)根据市政府授权,对北京中关村发展集团股份有限公司市级财政投入资金履行出资职责,依法对其国有资产进行监督管理,并加强业务指导。

(六)统筹产业空间布局,对各分园整体发展规划、空间规划、产业布局、项目准入标准等重要业务实行统一领导。

(七)承担示范区领导小组的具体工作,负责园区内各类协会组织的联系工作。

(八)开展园区国际交流与合作,提升园区国际化发展水平。

(九)承担园区外事、宣传、联络等工作。

(十)承办市政府交办的其他事项。

主任:郭　洪

副主任:宣　鸿　王汝芳　侯　云　赵慧君　张永强

委员:陈文奇　赵　清

党组书记:隋振江

党组副书记:郭　洪

地址:海淀区阜成路73号裕惠大厦

邮编:100142

电话:68709990

传真:88828882

网址:www. zgc. gov. cn

内部机构设置

办公室

负责本机关的政务工作;负责公文处理、信息、议案、建议、提案和信访、档案、保密工作,以及重要会议、活动的组织工作;负责重要文件和会议决定事项的督查工作;负责机关联络接待、服务保障、安全保卫等工作。

电话:88828800

传真:88828954

产业发展促进处

研究和拟订园区产业规划和政策并组织实施;督促落实发展园区高新技术企业的各项政策;促进重大科技成果产业化;扶持高新技术企业做强做大。

电话:88828831

传真:88827984

自主创新能力建设处

研究和拟订园区自主创新能力建设及战略性新兴产业培育的规划、政策并组织实施;推动园区产业技术联盟的组建和发展;推动关键技术的示范应用;建设园区技术创新服务体系;促进园区科技基础设施建设;协调园区知识产权保护和促进工作,推动园区技术标准创新工作。

电话:88828923

传真:88828939

规划建设协调处

研究制定园区发展规划并协调组织实施;参与组织编制园区的空间规划、土地利用规划和生态规划等工作;负责园区重大建设项目信息的收集和分析。

电话:88827104

传真:88828882

科技金融处

负责研究提出园区投融资体系建设方案;研究分析园区投融资发展状况,并提出政策建议,搭建园区投融资政策平台;推动园区企业的股权交易和上市融资工作;组织协调投融资机构为园区产业发展提供支持,发展适合园区企业的多种融资方式,促进科技与金融的结合;促进园区信用体系建设工作。

电话:88828872,88828873

传真:88828854

人才资源处

研究拟订园区人才资源发展战略规划;研究拟订园区培养、吸引、使用人才等方面的有关政策,并协调组织实施;建立健全人才资源的服务体系,优化园区人才发展环境。

电话:88828909

传真:88828894

创业服务处

研究拟订园区创业服务体系的发展规划,提出创业服务政策措施并组织实施;促进大学科技园、孵化器、行业协会和社会中介组织建设,搭建创业服务平台;整合园区创业服务资源,完善园区创业服务体系和环境。

电话:88827011

传真:88828882

军民融合创新工作处

落实军地战略合作框架协议中关于中关村国家自主创新示范区的任务;研究拟定中关村军民融合科技创新相关政策、规划并组织实施;组织开展军地会商、供需对接、项目联合攻关等工作;促进军民融合科技创新成果的转化和产业化;推进中关村军民融合科技创新示范基地建设。

电话:88827085

传真:88828882

经济分析处

协助统计主管部门开展园区统计调查工作;配合统计主管部门建立健全园区经济运行、重点产业评测及预测预警系统;跟踪分析国内外相关地区和相关产业发展情况;利用统计资料开展统计分析工作,为园区发展提供服务。

电话:88828963

传真:88827941

国际交流合作处

负责园区的国际交流与合作工作;负责园区派遣人员因公临时出国(境)和邀请外国经贸科技人员来华事项的审批工作;负责园区驻海外联络处的建设、联络和管理工作。

电话:88827965

传真:88828882

研究室(法制处)

研究拟订园区发展规划;承担园区体制和机制创新及其配套改革措施的研究工作;组织研究园区发展建设中的重大问题,并提出相关对策、建议;起草有关地方性法规草案、政府规章草案及配套文件;组织有关地方志、年鉴的编纂工作。

电话:88827913,88827139

传真:88828882

宣传处

负责园区宣传工作,制定园区宣传方案并组织实施;组织园区新闻发布会;组织园区重要活动、重要工作的新闻报道工作。

电话:88827949

传真:88827942

资产监管和审计处

承担北京中关村发展集团股份有限公司国有资产监督管理工作;负责机关及所属单位的国有资产管理工作;负责机关和所属事业单位的内部审计以及园区发展专项资金内部审计工作;协助有关部门监督专项资金的管理使用。

电话:88827190

传真:88828882

财务处

负责机关及其所属单位的财务管理工作;负责园区发展专项资金预算编制和管理工作;配合财税部门开展园区财政税收政策的研究和落实工作。

电话:88828998

传真:88828984

人事处

负责机关及所属单位的干部人事、机构编制、教育培训及退休人员的管理服务工作。

电话:88827933

传真:88828882

机关党委

负责本机关及所属事业单位的党群工作。

电话:88827935

传真:88828882

监察处

履行派驻纪检监察机构职责。

电话:88827937

传真:88827999

北京科技协作中心

北京科技协作中心于1983年成立,是经市人民政府批准成立的负责联系中央在京科研院所、高校及其他科研机构的唯一综合性事业单位(正局级),由北京市科学技术委员会归口管理。

北京科技协作中心坚持以"整合中央在京科研院所资源,为北京市经济建设服务"为工作中心,以广泛开展国际协作、区域合作。以科技协作支撑产业集群为工作方向,通过与外国在京使领馆、商务处、国际NGO组织,各省市及中央在京科研院所、大专院校及企业开展多元化沟通等6条工作途径不断提升服务中央在京科研院所水平。根据京编办事〔2007〕119号文件,北京科技协作中心内设办公室、区域与国际合作处、项目管理处、公共服务处、技术合同登记处、政策研究室、财务审计处。下设事业单位北京科技协作咨询服务中心,为科研机构科技成果的转化和产业化提供项目对接、成果展示、协作招标和政策、信息咨询等服务。下属北京首科集团公司直接投资的全资、控股及参股企业10余个,是面向市场、以高新技术产业为主体、产学研相结合的企业集团。

主要职责

协助政府有关部门制定和落实北京地区科技工作方面的规划、计划和政策、措施;承担联系中央在京科研机构的事务性、辅助性工作,协助整合首都科技资源,具体组织本市与中央在京科研机构的科技协作;承担中央在京科研机构的技术合同认定登记工作;协助承担本市自主创新产品的认定工作;协助实施北京地区对外科技交流与合作工作。

地址:海淀区四季青路7号院2号楼2层

邮编:100195

电话:66517145

传真:66518005

邮箱:bstcc@ beijingstcc. gov. cn

网址:www. beijingstcc. gov. cn

北京科学技术开发交流中心

北京科学技术开发交流中心是北京市政府办公厅1981年9月批准成立的直属于北京市科委的事业单位。中心的主营业务包括区域合作、国际合作、院市合作、科技培训及科普交流。中心依托首都高校、科研院所、中央企业及高科技公司等创新资源优势,开展科技交流、技术对接、人才培养等相关业务,推动科技成果转化和区域协同创新发展。同时,中心担任科技部科技成果转化促进联盟、北京院市合作协同创新联盟、北京技术市场协会的副理事长单位。

地址:西城区西直门南大街16号西楼6层

邮编:100035

电话:66510939

传真:66510803

邮箱:bjstdec@ 126. com

网址:www. bjstdec. com

北京市自然科学基金委员会办公室

北京市自然科学基金(简称"市基金")于1990年10月30日由北京市人民政府设立,围绕北京市经济社会发展的战略需求,坚持公开、公平、公正的工作原则,遵循尊重科学、发扬民主、激励创新、促进合作、凝聚资源、服务首都的工作方针,采取宏观引导、自主申请、平等竞争、同行评审、择优支持的遴选机制,资助自然科学和与自然科学相交叉的学科领域的基础研究、应用基础研究及其相关的环境条件促进活动,为本市战略性新兴产业培育、高技术产业发展,新兴学科与优势学科建设提供知识、技术和人才储备。北京市自然科学基金主要资助九大学科门类,包括数理学科、化学与材料学科、工程学科、信息学科、生物学科、农业学科、医药学科、城市建设与环境学科和管理学科。北京市自然科学基金委员会(简称“基金委”)负责编制自然科学基金发展规划和项目指南,审定自然科学基金资助项目,审议自然科学基金管理的重大事项等工作。北京市自然科学基金委员会办公室(简称“基金办”)承担基金委的日常工作,负责自然科学基金资助工作的具体实施和管理。基金办下设研究发展部、学科管理部、项目与成果管理部和综合管理部,其职能包括:组织基础性研究,提高创新能力,培养优秀人才。基金办按照《北京市自然科学基金委员会章程》管理基金,制定相应管理办法,资助基础性研究项目、科技出版物、对华科技交流、学术会议和实验室建设;编制、发布发展规划、项目指南、申请书及相应软件,组织科技培训、咨询、服务、成果转让等。

地址:海淀区四季青路7号院2号楼3层311室
邮编:100195
电话:66153609
传真:66157137
邮箱:bjnsf@ mail. bsti. ac. cn
网址:www. bjnsf. org

北京市科学技术奖励工作办公室

北京市科学技术奖励工作办公室是由北京市机构编制委员会正式批准成立的、北京市科委直属事业法人单位,经费由财政拨款。北京市科学技术奖励工作办公室业务范围包括:贯彻执行北京市科学技术奖励政策和法规,承担北京地区科技奖励,负责科技奖励的统计、数据分析、信息化建设等;承担北京地区科技成果管理和宣传推广,开展北京地区获奖成果的国际交流工作;负责北京地区社会力量设奖登记与管理;负责北京地区国家科学技术奖的推荐工作;市科委交办的其他工作。

地址:海淀区四季青路7号院2号楼(北京市科学技术委员会)2层
邮编:100195
电话:66188227－603、602
传真:66162876
邮箱:cuiyq@ mail. bsti. ac. cn
网址:www. bjjlb. org. cn

北京市实验动物管理办公室

北京市实验动物管理办公室是经市人民政府批准成立、隶属于北京市科学技术委员会的独立法人单位,其前身为北京市实验动物管理委员会办公室。根据北京市人大常委会通过的《北京市实验动物管理条例》规定:北京市科学技术委员会主管本市实验动物工作,北京市实验动物管理委员会负责本市行政区域内实验动物管理的协调工作。经市政府办公厅批准,北京市实验动物管理委员会成立专家委员会,为本市实验动物科学发展和管理提供咨询。北京市实验动物管理办公室作为该委员会的常设机构,负责本市行政区域内实验动物的日常管理工作。其主要职责是:执行北京地区实验动物管理及质量监督工作。负责组织认证“北京市实验动物质量检测机构”和“北京市实验动物培训机构”从业人员的考核工作,进行实验动物许可证的验收、发证、年检工作,以及从业人员的考核工作,进行实验动物质量检测、学术交流、参加实验动物法律法规调研与制定。

地址:海淀区四季青路7号院2号楼(北京市科学技术委员会)1层106
邮编:100195
电话:68722982,68722983,68722057
传真:68479601
邮箱:ligp@ baola. org
网址:www. baola. org

北京生物技术和新医药产业促进中心

北京生物技术和新医药产业促进中心成立于1996年6月24日,直属于北京市科委的事业单位。主要任务是:为北京市的生物技术和新医药产业提供专业服务,协调北京市生物技术和新医药产业发展。中心成立后,始终以发展北京生物工程和新医药产业为己任,密切与政府有关部门、科研机构、知名高校、制药企业及相关组织和学术团体的关系,充分发挥首都科技优势,大力促进产业进行广泛国际交流。北京生物技术和新医药产业促进中心下设:项目培育与投资管理部、战略研究部、行政与信息环境部、财务部。

地址:海淀区马连洼北路151号(中国医学科学院药用植物研究所院内)
邮编:100193
电话:62896868－831
传真:62899978

邮箱:linshi@ newlife. org. cn
网址:www. newlife. org. cn

北京新材料发展中心

北京新材料发展中心隶属北京市科委,作为政府职能的延伸,其宗旨是促进北京新材料产业发展,辅助政府决策,服务新材料产业,营造创新创业环境,成为沟通政府、科研机构、企业和社会的桥梁。主要任务:为市科委在新材料领域决策提供支撑。新材料方面的调研和课题研究,组织重大科研项目的论证、推荐、跟踪和评价,研究国内外新材料领域发展动态,负责创建新材料产业孵化体系促进成果转化,组织开展有关方面的培训、展示、技术交流、技术研讨等活动,主办《新材料产业》期刊,受市科委委托负责对新材料产业发展基金的具体管理。

地址:海淀区学院路30号方兴大厦5层
邮编:100083
电话:62341509
传真:62333998
邮箱:infor@ materials. net. cn
网址:www. materials. net. cn

北京技术交易促进中心

北京技术交易促进中心(简称"中心")是直属于北京市科学技术委员会的事业单位,是北京地区促进技术转移环境建设和行业发展的专设机构,科技部首批国家技术转移示范机构。中心以中国国际技术转移中心和国家技术转移集聚区为载体,以"提升技术交易参与者的交易能力、通畅技术交易的渠道与环节、建立健全技术交易服务体系"为目标,致力于成为北京地区乃至全国开展国内外技术转移的高端服务平台,有效带动首都技术交易的规模扩大和质量提高,促进企业创新能力提升与科技成果产业化,成为全国科技创新中心建设的重要支撑。中心是首都科技条件平台、首都科技创新券、首都创新大联盟、中意技术转移中心、北京创业投资协会和北京安恒星创技术转移创业投资基金的建设运营单位,还承担着北京市重点实验室、北京市工程技术研究中心、北京市企业研发机构、首都科技创新券和技术合同登记等组织管理工作。

地址:海淀区苏州街甲49号
邮编:100080
电话:62578706,62577242,62577305,82621690
传真:62619816
邮箱:hp1180@ vip. 163. com
网址:btec. net. cn

北京高技术创业服务中心

北京高技术创业服务中心是北京市科学技术委员会直属的具有独立法人资格的事业单位,成立于1989年,是北京市最早成立的科技企业孵化器。地处中关村科技园区,紧邻京昌高速公路与北四环路,交通便利,环境优越。中心现有孵化场地5万平方米,面向国内外各类中小型科技企业,可提供提供咨询、代办服务,组织协调科技开发诸要素的结合,从事风险投资,协助筹措资金,组织人才培训,推动国内外科技合作等。

地址:朝阳区安翔北里11号1号楼
邮编:100101
电话:64853169,64873538
传真:64853178
邮箱:chyzhx@ mail. bsti. ac. cn
网址:www. bjcy. net. cn

北京市高新技术成果转化服务中心

北京市高新技术成果转化服务中心成立于2002年,是北京市政府设立的为北京市高新技术企业和北京市高新技术成果转化项目提供"一站式"服务的机构,为市科委直属全额拨款事业单位。具体负责本市高新技术成果转化项目的受理、组织评审和对外公布工作;协调落实市政府支持高新技术成果转化项目的有关政策。

地址:朝阳区安翔北里11号A座
邮编:100101
电话:64874216
传真:64853178
网址:www. bjcy. net. cn
邮箱:cyzx@ bjcy. net. cn

北京市科委农村发展中心

北京市科委农村发展中心的主要职责包括:开

展都市生态农业及农村科技创新创业研究，为区域协同创新提供服务支撑；推进北京国家现代农业科技城建设，构建农村科技创新创业服务体系，服务全国农业发展；开展农业科技区域合作交流工作，促进农业科技成果转化与应用；开展专业化、社会化的科技项目管理服务，承担科技部、北京市科委等单位的农村科技项目委托管理工作。

地址：海淀区曙光花园中路 11 号北京农科大厦 B 座 1101 号
邮编：100097
电话：51501853
传真：51501850
邮箱：bjnczx@126. com
网址：www. nczx. cn

北京技术市场管理办公室

北京技术市场管理办公室（简称"市场办"）于1990 年 5 月经北京市政府批准成立。2002 年 7 月18 日北京市人大常委会通过的《北京市技术市场条例》，规定市科学技术行政部门是本市技术市场的主管部门，市场办在市科学技术行政部门的领导下，具体负责技术市场的管理、监督工作。主要职责是：负责宣传贯彻和组织实施有关技术市场的法律、法规和政策，组织调查研究并制定相应规章制度；负责对技术市场发展与技术交易活动实行规划管理与协调指导，负责技术市场表彰奖励工作；负责管理技术合同认定登记工作，管理技术合同登记机构并办理设立、撤销事宜，审核认定重大技术合同；负责管理技术市场发展资金；负责技术市场统计和分析，发布技术市场信息；会同有关部门检查技术交易活动，依法处罚违法行为，调解技术合同纠纷，参与技术合同纠纷的仲裁；会同市财税部门落实技术市场财税优惠政策；会同有关部门开展国内外技术转移和技术市场的研究与交流；会同有关部门联系服务技术转移机构和培养技术经纪人才；负责联系北京技术市场协会。

地址：西城区西直门南大街 16 号
邮编：100035
电话：66161862
传真：66161862
邮箱：dongqc@ bjkw. gov. cn
网址：www. cbtm. gov. cn

北京市可持续发展科技促进中心

北京市可持续发展科技促进中心（简称"可持续中心"）成立于 2000 年 10 月，是北京市科学技术委员会直属的具有独立法人资格的事业单位。作为政府职能的延伸，中心注重一流的人才建设，拥有业界卓有影响的专家团队和一群敬业、进取、高素质的优秀员工，不仅是一所推动经济社会可持续发展的非营利科技服务机构，也承担北京市能源、环境等领域九大产业联盟秘书处的日常工作。可持续中心下设有项目管理部、城市建设与管理部、能源环境部、区域可持续发展部、信息宣传部、科普部 6 个业务部门，以战略规划、项目调研、技术咨询、项目凝练、政策研究、成果推广、宣传培训、机制创新为手段，为社会提供科技服务，促进经济社会的可持续发展。工作内容：社会发展领域的战略规划与研究咨询；北京市科技计划项目的申报、咨询与辅导；为企业提供联合攻关、成果推介、资源共享等中介服务；开展北京市可持续发展实验区的组织、咨询、协调和管理；北京市科普工作的组织与管理；组织可持续发展领域的宣传、培训、交流、会议展览等；组织可持续发展领域国内外合作与交流。

地址：西城区西直门南大街 16 号院内
邮编：100035
电话：64841457，64841457 - 803
传真：64841456
邮箱：bsdc2008@ 163. com
网址：www. bsdc. net. cn

北京生产力促进中心

北京生产力促进中心是北京市科委直属的面向中小企业提供全方位、多层次、综合性服务的不以赢利为目的的公益性社会化科技服务机构。作为国内首家"亚洲典范借鉴中心"区域会员与国家级示范生产力促进中心，该中心是国家技术创新服务体系的重要组成部分。该中心秉承"背靠政府、面向企业、集成资源、顾客至上、诚信科学、持续发展"的宗旨，努力发展成为满足北京市中小企业共性和个性化需求的服务集成中心、首都经济创新服务体系的核心枢纽、技术创新与创业辅导的开放式服务平台，具有专项特色精品服务的国际化品牌的一流生产力促进组织。2005 年 3 月,在政府的宏观指导下,中心在原有业务基础上加挂牌成立北京现代服务业科技促进中心,致力于促进符合市场经济规律的服务产业体系的建设,推动高新技术向服务业延伸、渗透,促进有利于现代服务业的发展环境建设,推动现代服务业实现跨越式发展,促进北京成为全国高端服务聚集区和现代服务业的重要节点。

地址:海淀区北三环中路 31 号(马甸桥西北)生产力大楼 B 座 8 层
邮编:100088
电话:82003609
传真:82003613
邮箱:bjpc@ bjpc. org. cn
网址:www. bjpc. org. cn

北京市科技传播中心

北京市科技传播中心是北京市科委直属事业法人单位。中心主要承担本市科普管理的事务性、辅助性工作;具体承担科技宣传和相关科技活动的组织实施工作。

地址:西城区西直门南大街 16 号院内南楼 4 层
邮编:100035
电话:66155240
传真:66155240
网址:www. bjkepu. org. cn
邮箱:kejichao@ 126. com

北京市科委行政事务服务中心

北京市科委行政事务服务中心是由市编办 1996 年批准设立的全额拨款正处级事业单位,主要承担市科委机关的安全保卫和后勤服务工作。

地址:海淀区四季青路 7 号院 2 号楼 3 层
邮编:100195
电话:66153396
传真:66153396
邮箱:cuiym@ mail. bsti. ac. cn

北京市科技信息中心

北京市科技信息中心,由北京市机构编制委员会正式批准成立,是北京市科委直属事业法人单位。中心成立于 1998 年,前身是北京软件与信息服务业促进中心,2010 年正式更名为北京市科技信息中心。中心主要承担北京市信息技术与空间技术领域促进科技发展政策措施的研究工作,以及相关科技计划项目管理和科技条件平台建设的辅助性工作,承担北京市科委机关电子政务方面的建设、管理和技术保障工作,承担北京市科技成果产业化情报系统的建设和运行维护工作,是北京市政府在信息技术领域开展科技研发,实现科技成果产业化的辅助决策机构和沟通政府与企业的桥梁。

地址:海淀区上地西路 8 号院上地科技大厦 4 号楼 5 层
邮编:100085
电话:58851812
传真:58851813
网址:www. bsw. gov. cn
邮箱:zhb@ bsw. gov. cn

北京工业设计促进中心

北京工业设计促进中心成立于 1995 年,北京市科委直属单位,是政府传播设计价值和推动设计发展的促进机构,具有独立法人资格。中心旨在依托首都文化、科技、人才和设计等资源优势,提升企业设计创新能力,促进科技成果转化和推动设计产业发展。落实“设计之都”政府事务和承担日常事务;开展设计领域统计调查及分析研究;提供设计政策研究及宣传支持保障;促进设计产业发展和管理设计提升项目;推进国内外设计交流和组织相关活动;评选工业设计奖和设计博物馆展示维护。组织中国创新设计红星奖和红星原创奖的年度评选,承办北京国际设计周。建有北京 DRC 工业设计创意产业基地、中国设计交易市场、设计之都文化中心、红星设计博物馆、中国工业设计技术服务联盟、递加设计培训学院、红星梦工厂和北京 – 内罗毕创意设计研究中心。北京工业设计促进中心是国际工业设计联合会(ICSID)、国际平面设计联合会(ICOGRADA)和国际室内建筑设计师联合会(IFI)会员。

地址:海淀区北三环中路 31 号(马甸桥西北生产力大楼)B 座 912 室
邮编:100088

电话:82002055
传真:82004066
网址:www. bidcchina. com
邮箱:bibc@ bidcchina. com

北京科学仪器装备协作服务中心

北京科学仪器装备协作服务中心是经市人民政府批准成立,隶属于北京市科学技术委员会的独立法人单位。按照《北京科学仪器装备协作共用资金管理暂行办法》《国务院关于国家重大科研基础设施和大型科研仪器向社会开放的意见》(国发〔2014〕70 号)、《进一步加强首都科技条件平台建设 促进重大科研基础设施和大型科研仪器向社会开放的实施意见》(京政办发〔2016〕34 号),中心是为发挥北京地区科学仪器装备资源优势,增强北京地区科学仪器装备资源共享能力与水平而设置的服务机构。中心的主要职责是:开展科学仪器装备为核心的资源共享服务;承担科研条件建设项目过程管理、基础性工作和政策研究;承担北京地区科技基础条件资源调查,开展资源分析和决策咨询;辅助市科委系统行政事业单位国有资产管理和财政项目相关服务。目前是承担首都科技条件平台检测与认证领域中心建设和运营管理的服务单位。

地址:西城区西直门南大街 16 号
邮编:100035
电话:68471836
传真:68471699
邮箱:sun5133000@ 126. com

北京市科学技术委员会人才交流中心

北京市科学技术委员会人才交流中心成立于 1995 年,是北京市科学技术委员会直属的,为科委及社会提供人力资源服务的事业单位。中心始终秉承“以人为本、服务至上”的宗旨,致力于人才服务行业发展,为市科委及社会各类用人单位和人才个体提供多元化、全方位的人力资源服务。自 1998 年以来连续被北京人力资源服务行业协会评为优秀人才服务机构,2002 年取得了 ISO9001 的国际质量管理体系认证,构筑起完整的质量保证与管理体制。2007 年通过由北京人力资源服务行业协会认证的 3A 级人才服务机构等级认证。中心工作职责:围绕一条主线、三项职能提供人事人才服务。一条主线是为市科委及社会发展提供人才保证和智力支持,三项职能是不断强化人事代理、市场化人才服务和人才培训。①围绕流动人员人事档案开展人事档案接转,毕业生转正定级,自然科学研究系列的职称认定,出具人事证明,代办社会保险、住房公积金等各项管理服务。②以科技人才网为龙头,建立人才数据库,发布人才供求信息,并搭建大学生就业实习服务平台。③围绕市科委工作做好人才状况及人才开发调研工作,有效开发人才资源。④根据现代高端企业人才资源开发管理需要,开展现代人力资源咨询、诊断、培训及事务性人事代理服务。⑤受市科委委托,引进紧缺专业非北京生源毕业生。⑥负责存档人员流动党员的教育和管理工作。⑦承担市科委的科技项目、软课题研究、培训等多项研究工作,为市科委相关工作提供有效支撑。

地址:西城区西直门南大街 16 号西楼 9 层
邮编:100035
网址:www. bjkjrc. com
电话:82002238,82002897,82004543
传真:82002238
网址:www. bjkjrc. com
邮箱:office_kwrc@ 163. com

市科委老干部服务中心(老干部处)

市科委老干部服务中心(老干部处)负责为老干部提供有关服务,负责委机关和直属单位离退休的管理和服务工作,负责本系统老干部工作的业务指导。

地址:西城区西直门南大街 16 号南楼 2 层
邮编:100035
电话:66153413
传真:66153410
邮箱:lgbzx@ mail. bsti. ac. cn

北京软件产品质量检测检验中心

北京软件产品质量检测检验中心隶属市科委,主要职责是规范软件产品市场秩序,提高软件产品质量,帮助企业提高软件开发能力和质量保证能力,提升软件企业国际化能力,为政府、行业用户和软件企业等机构开展软件测试、咨询、培训及质量评测服务。中心已拥有国际先进的软件测试平台、规范的测试规程和质量管理体系，拥有近百人的专业化软件测试队伍，通过了国家实验室认可（CNAS）和国家计量认证（CMA），是软件领域唯一授权的国家质检中心（CAL），并成为2008年北京奥组委软件系统测试定点服务的唯一提供商。中心同时还负责国内最为先进的渲染平台的建设与运营，先后完成了奥运会、国庆六十周年庆典、世博会等重大项目的技术保障服务，同时提供集群运算、项目对接、就业与培训、技术咨询等多项服务，目前已成为北京地区数字媒体领域重要的技术支撑平台。中心职责：承担软件产品质量监督抽查业务，开展法定强制的软件检测和安全检查业务，为市科委行使职能提供支撑保障。

地址：海淀区东北旺路8号中关村软件园3A楼
邮政编码：100193
电话：82825511
传真：82826408
网站：www. nast. gov. cn
邮箱：zhouyue@ bsw. net. cn

北京市新能源汽车发展促进中心

北京市新能源汽车发展促进中心为北京市科委直属事业单位，主要职责是：承担协调促进本市新能源汽车发展的事务性工作；开展新能源汽车领域科技项目管理的事务性工作。

地址：西城区西直门南大街16号南楼6层
邮编：100035
电话：66158705
传真：64847720
网址：www. bjxnyqc. org
邮箱：shifanyingyong8705@ 163. com

中关村高科技产业促进中心

中关村高科技产业促进中心的主要职责：承担中关村国家自主创新示范区高科技产业促进政策的宣传和落实工作；承担高科技产业促进信息的收集、整理与分析，为中关村示范区内的企业提供政策咨询等服务；组织开展产学研用创新协作和交流活动。

地址：海淀区阜成路73号裕惠大厦
邮编：100142
电话：88827103
传真：88828882

中关村政府采购促进中心

中关村政府采购促进中心的主要职责：承担搭建中关村自主创新产品政府采购综合服务平台工作，承担信息收集、项目推介和对接、项目跟踪服务等工作。

地址：海淀区阜成路73号裕惠大厦
邮编：100142
电话：88827051，88827037
传真：88827044

中关村人才特区建设促进中心

中关村人才特区建设促进中心的主要职责：承担中央和市委、市政府关于中关村国家自主创新示范区建设人才特区政策的宣传和落实工作，联系和吸引海内外高层次人才到中关村示范区创新创业，为中关村示范区内的人才事业发展提供服务保障。

地址：海淀区阜成路73号裕惠大厦
邮编：100142
电话：88828910
传真：88828894

北京市知识产权信息中心

北京市知识产权信息中心是经市编办批准成立的正处级全额拨款事业单位，隶属于北京市知识产权局。中心组织实施北京市政府折子工程项目“北京市知识产权公共信息服务平台”建设与运行维护，打造北京市城市创新信息服务基础设施，构造北京市专利及知识产权信息服务体系，为政府、企事业单位和社会公众提供多层次、全方位的知识产权信息服务。中心的主要职责是：承担市知识产权公共信息服务平台和公共信息服务体系的建设和完善工作；承担专利及知识产权基础信息资源的采集、加工工作，并对重大项目和重要产业进行专题分析；承担市知识产权局电子政务建设、管理和技术保障工作；承担专利技术交易推动和服务工作。

地址:海淀区知春路 23 号量子银座 2 层

邮编:100191

电话:82356446,82357338,82359396

传真:66126466

北京市保护知识产权举报投诉服务中心(12330)

北京市保护知识产权举报投诉服务中心,为市编办批准成立的、全额拨款正处级事业单位。

主要职责

负责受理本市知识产权侵权行为投诉举报的接转工作,负责案件处理情况的跟踪和汇总,提供知识产权方面的法律咨询服务。承担国家知识产权局知识产权维权援助工作。

接收范围

(一)侵犯商标权。

(二)侵犯著作权。

(三)专利侵权、假冒他人专利和冒充专利行为。

(四)侵犯商业秘密。

(五)侵犯地理标志使用权。

(六)侵犯植物新品种权。

(七)侵犯集成电路布图设计专有权。

(八)其他侵犯知识产权行为。

接收条件

(一)有明确的举报投诉对象。

(二)有具体的举报投诉事实。

(三)属于行政执法机关的受案范围和管辖。

(四)举报投诉人应当提供本人的姓名、联系方式等真实情况。举报投诉人不愿提供,但足以证明侵犯知识产权行为存在的,应当接收。

举报投诉电话:12330

网址:beijing. ipr. gov. cn

中关村知识产权促进局

2003 年 10 月 27 日,中关村国家知识产权制度示范园区暨中关村知识产权促进局挂牌成立。该局为实行企业化管理的事业法人单位,在业务上接受国家知识产权局和北京市知识产权局的监督和指导,设有办公室、知识产权信息中心、专利技术转移中心、知识产权法律中心。知识产权信息中心负责园区的知识产权信息服务工作。通过建立知识产权信息服务平台,面向园区的高等院校、科研院所、高新技术企业等创新创业主体提供全方位的优质知识产权信息服务。专利技术转移中心负责园区的专利技术转移服务工作。按照市场机制运营方式,利用专利创业转型资金,开展转让、许可、孵化等工作,推动园区专利技术创业,促进其知识产权创新与产业化的良性循环。知识产权法律中心负责园区的知识产权法律服务工作。通过建立知识产权法律服务平台,面向园区的高等院校、科研院所、高新技术企业等创新创业主体提供全方位的优质知识产权法律服务,优化中关村知识产权发展和保护环境。同时,负责高校知识产权办公室和知识产权中介服务联盟的日常工作。

地址:海淀区知春路 23 号量子银座 3 层

邮编:100083

电话:82356358

传真:82356470

网址:www. zgcip. org. cn

北京市知识产权服务中心

北京市知识产权服务中心是经市政府批准成立的具有独立法人资格的事业单位,其上级主管机关为北京市知识产权局。宗旨是,充分运用知识产权制度,促进首都经济发展和科技创新,促进和提高我国综合实力和核心竞争能力,在知识产权方面为全社会提供全方位服务。主要职责是:建立首都知识产权网和专利信息服务体系,提供专利技术查新检索,专利法律状态鉴定,专利技术分析评估,专利申请事务咨询服务,知识产权诉讼代理和法律咨询服务,负责涉外知识产权纠纷和专利侵权行为的举报投诉和案件登记移送,组织知识产权培训教育,为企业制定专利战略提供服务等。

地址:西直门南大街 16 号 11 层

邮编:100035

电话:66187220,66188936,66173160

网址:www. bjip. org. cn

国家知识产权局专利局北京代办处

国家知识产权局专利局北京代办处经国家知识产权局审核批准,2004 年 2 月 10 日正式成立。

北京代办处是国家知识产权局设在北京市知识产权局的专利业务派出机构，由北京市知识产权局直接管理，办公地址设在中关村科技园区。北京代办处受国家知识产权局委托，面向全国服务。受理专利申请，接收、审核、处理专利申请文件，发放受理通知书；收缴专利费用、确定缴费日、开具专利费用收据。北京市知识产权局在北京代办处特别设立了“资助窗口”。符合条件的专利申请人，在代办处提交申请并交纳费用后，可以凭相关材料，直接在“资助窗口”办理专利申请资助手续，领取国内专利申请资助金。北京市的企事业单位向国外申请专利的，也可凭相关材料，领取国外专利申请资助金。作为国家知识产权局和北京市知识产权局共同对外服务的窗口，以“热情、严谨、务实、高效”的工作作风和“真诚、热诚、忠诚”“热心、耐心、诚心”的服务理念，积极拓展服务职能、强化服务意识、提升服务质量、提高服务效率，为申请人提供优质的服务。

地址：海淀区海淀南路甲21号中关村知识产权大厦A座3层

电话：82612209

北京市科协信息中心

北京市科协信息中心负责市科协信息网络及计算机硬件设备的技术保障；应用系统软件的开发、维护；负责为全市的科普事业发展提供信息服务。

电话：84649879，84650077转8304

北京科普之窗：webmaster@bjkp.gov.cn

北京市科协网：bjkp01@bjkp.gov.cn

学生科技网：bjkp@chinats.net

北京科普发展中心

北京科普发展中心于2002年11月经市编办批准成立，是北京市科协直属事业单位。中心的主要业务范围包括：负责开展科普宣传、科普文化交流和科普培训工作，为社会和公众提供科普服务；举办科普展览和各类科普文化活动；整合科普资源，对科普产品进行研发、制作、推广。北京科普发展中心依托北京市科协拥有的学（协）会专家资源优势、北京地区科研院所科技资源优势、科普教育基地和科普场馆展教品资源优势、科技传媒宣传资源优势及新媒体信息化传播手段，充分调动各种社会要素参与科普工作的积极性与主动性，致力于建设北京地区全方位、立体化、多层次的科普资源共建共享平台，有效促进公益性科普事业与经营性科普产业繁荣发展、科普联动工作机制不断完善、可持续发展动力强劲的北京地区社会化科普工作格局的形成。负责开展科普宣传、科普文化交流和科普培训工作，为社会和公众提供科普服务；举办科普展览和各类科普文化活动；整合科普资源，对科普产品进行研发、制作、推广。

地址：朝阳区北四环东路69号华仑大厦A座7层

邮编：100101

电话：87258923

邮箱：bjkpfzzx9@163.com

北京青少年科技中心

北京青少年科技中心是北京市科协下属的事业单位，主要围绕《全民科学素质行动计划纲要》，团结和组织北京地区从事青少年科技教育事业的科技工作者、科技辅导员、科普工作者、热心于青少年科技教育事业的单位和个人，多形式、多渠道地开展具有示范性、前瞻性、创新性的青少年科技教育活动。

电话：84634991，84640967

邮箱：bastqsn@126.com

北京国际科技协作中心

北京国际科技协作中心（国际联络部）是市科协直属事业单位，负责管理、指导、组织、协调市科协机关及事业单位的外事工作；负责市科协系统的民间国际科技交流与合作；负责组织、协调市科协系统同香港特别行政区、澳门特别行政区、台湾地区的科学技术交流活动；承办上级部门交办的外事工作，开展海外科技人才工作。

电话：84644978，84630170

邮箱：bast_iad@hotmail.com

北京科技咨询中心

北京科技咨询中心成立于1991年，为北京市科协直属事业单位，独立法人。中心在市科协党组和相关职能部门的大力支持下，坚持“围绕科协重点工作、拓展自身关键业务、发挥资源比较优势、构筑科协支撑体系”的工作定位，充分发挥科协系统的组织优势和人才优势，坚持科学化、专业化、职业化和国际化的发展方向，不断提升公益服务能力。中心现主要职责及工作如下。决策服务：以凝聚科技工作者群体智慧服务首都科学发展为目标，搭建面向市委、市政府及有关机构的科技决策咨询服务体系，包括首都科技思想库建设，决策咨询沙龙等工作。创新服务：以促进首都科技创新中心建设为目标，搭建面向创新主体企业的科技创新服务支撑体系，包括院士专家工作站建设、金桥工程、国际经贸交流、创新理论培训等工作。人才服务：以激发调动科技工作者创新创造活力为目标，搭建面向科技工作者的人才服务支撑体系，包括老科学家学术成长采集工程，大学生科技创新作品及专利成果展示推介会，中国科协、北京市科协主管的多个人才奖项评审工作。

地址：朝阳区东三环南路96号农业部农机鉴定总站B座5层
电话：67233263
传真：67235950，67235953
网址：bstcc. bast. net. cn
邮箱：bstcc@ bstcc. com. cn

北京科学中心

北京科学中心为北京市科协直属事业单位，主要职责是：承担北京科学中心筹建的相关工作，承担协调编制北京科学中心建设方案和展陈方案并组织实施，承担北京科学中心展陈布置、信息化建设、队伍建设等运行前的相关准备工作等。

地址：朝阳区小营育慧里4号
电话：84650586

北京市科技进修学院

北京市科技进修学院围绕首都科技经济发展，贯彻落实《全民科学素质行动计划纲要》和《首都中长期人才发展规划纲要》等有关方针政策，按照市科协“三服务、一加强”的工作定位，加强理论研究，多形式、多渠道为广大科技工作者、科普工作者等开展继续教育服务。学院负责北京市科协系统继续教育和培训工作；面向领导干部和公务员开展科学普及教育与培训工作；面向北京市广大科技工作者、专业技术人员开展继续教育，为科技人员专业发展服务；按照首都联合职工大学的工作职责，做好学历教育；开展相关继续教育和培训活动。

地址：大兴区圣和巷7号
邮编：102600
电话：69249686
传真：69249686
邮箱：basthdzx@ bjkp. gov. cn

北京科技社团服务中心

北京科技社团服务中心是经北京市政府批准成立的，北京市科协直属公益一类事业单位。中心承担市科协“枢纽型”社会组织管理与服务职责。承担市科协组织推进本市科技社团承接政府转移职能、参与政府购买服务的职能；组织实施科技类社会组织党建工作，履行市科协社会组织党建委办公室职责；负责市科协“枢纽型社会组织平台”的管理；推动科技类社会组织联合开展科技服务和科技成果转化；负责北京老年科技工作者总会所属团体的服务管理工作，承担老年科技人才工作；负责科技类社会组织专兼职干部的业务指导和能力提升工作。

地址：海淀区北太平庄路27号铁道部党校3号教学楼5层
邮编：100088
电话：51949270，51949264

北京电脑天地学校

北京电脑天地学校的主要职责推广普及计算机应用，培养青少年科技人才。人才培训，等级考核，技术咨询，软件开发，维修服务，对外交流。

地址：崇文区永外西革新里98号
电话：84636485

北京科技报社

北京科技报社的主要职责：出版《北京科技报》，传播科技新闻和信息；设计制作发布广告信息;开展科学普及、文化事业活动。制作科普(动漫)视频。为拓展科学传播形式,北京科技报社开发制作了动漫短片、科普视频、人物短片等视频形式,为中国科协、中关村管委会、北京市科委等多家单位制作了视频。推动科普信息化工作,北京科普信息化联盟秘书处常设于北京科技报社,秘书处负责处理联盟日常工作。北京市科普信息化联盟是中国首个科普信息化联盟。北京科技报社已受中国科协委托,搭建科学答人网络线上竞答系统及统筹线下推广及活动。受北京市科委委托,承办“健康科学100分”等线上线下互动竞答活动,并为中关村园区管委会、市环保局、市经济信息化委等多家单位的信息化工作提供了技术服务。

社址:朝阳区白家庄东里23号A栋北京青年报社大厦3层

邮编:100026

邮发代号:1-17

发行热线:65901203

网址:www.bkweek.com

国内统一刊号:CN11-0144

订阅电话:4000885266

微信号:科通社(scipress)

北京市科协服务管理部

北京市科协服务管理部是北京市科协直属事业单位,负责机关及有关事业单位的后勤服务保障工作;承办市科协固定资产和物业管理工作;承担市科协机关安全保卫的组织实施工作。近年来,服务管理部承担了大量为北京科技界开展学术交流、科普教育和各类科技活动服务任务。

地址:崇文区永外西革新里98号

邮编:100077

电话:84635012

北京反邪教协会秘书处

北京反邪教协会秘书处业务范围:弘扬科学精神和人文精神,团结社会各界人士,反对一切危害社会安定的邪教组织,执行理事会制订的工作计划,负责协会会员大会及理事会的组织工作,组织协会的学术研讨、科普培训、展览、报告等活动,联系会员和理事,并及时向理事会及领导提供有关信息,承办有关团体和部门委托的与协会宗旨相关的工作和任务。

地址:崇文区永外西革新里98号

邮编:100077

电话:87267589

北京市科协所属学会(协会、研究会)一览表

序号	学会名称	电　话	通信地址	邮　编
1	北京数学会	62759855/62755521	北京大学数学科学学院	100871
2	北京计算数学学会	62759090	北京大学数学科学学院	100871
3	北京物理学会	62758139/62751615/62571137	北京大学物理楼北459	100871
4	北京心理学会	62756614/62751833	北京大学心理系	100871
5	北京运筹学会	82570865	北京理工大学管理与经济学院	100081
6	北京化学会	58802962-511	北京师范大学化学学院500室	100875
7	北京细胞生物学会	62784794	清华大学医学院C244	100084
8	北京气象学会	68400804/68400820	海淀区紫竹院路44号	100089
9	北京遗传学会	85976699-6718	朝阳区姚家园251号北京妇产医院生死医学科	100026

续表

序号	学会名称	电 话	通信地址	邮 编
10	北京微生物学会	52245049	北京市经济技术开发区经海二路38号一幢201室	100176
11	北京实验动物学学会	84922374	朝阳区北苑路28号院北科创业大厦9层	100012
12	北京地质学会	51560214	海淀区西四环北路123号地质大厦	100195
13	北京光学学会	84024561	东城区东皇城根北街甲20号	100010
14	北京声学学会	63523263	宣武区陶然亭路55号	100054
15	北京昆虫学会	51503688/51503695	海淀曙光花园中路9号农林科学院植保环保所植保楼311室	100097
16	北京天文学会	51583037/86238807	西城区西外大街138号北京天文馆403室	100044
17	北京植物学会	67020649	天桥南大街126号	100050
18	北京动物学会	67020650	天桥南大街126号	100050
19	北京微量元素学会	68902490－801	安外惠新西街6号楼17－2	100029
20	北京地理学会	67235026	崇文区永外西革新里98号	100077
21	北京地球物理学会	88828552	西城区阜外百万庄大街26号	100037
22	北京生物化学与分子生物学学会	65296913	东城区东单三条5号	100005
23	北京核学会	69357222/69359002	北京275信箱65分箱	102413
24	北京生态学学会	62836273	海淀区香山南辛村20号	100093
25	北京计算机学会	82338861	北京大学计算机系理科2号楼2125室	100871
26	北京人工智能学会	67396155	北京工业大学电子信息与控制工程学院	100022
27	北京表面工程学会	82317113	海淀区学院路37号北京航空航天大学内	100191
28	北京图学学会	82317093	海淀区学院路37号北京航空航天大学科技开发楼A座307	100191
29	北京航空航天学会	82317095	海淀区学院路37号北京航空航天大学内	100191
30	北京振动工程学会	82316009/82314446	海淀区学院路37号北京航空航天大学内	100191
31	北京膜学会	62773234	海淀区清华大学化工系工物馆454	100084
32	北京消防协会	82215750/82215752	西城区西内大街190号	100035
33	北京公路学会	83122331/83128592	宣武区槐柏树后街23号	100053
34	北京水利学会	88613202	海淀区玉渊潭南路普惠北里10号水利局老干部活动站	100036
35	北京铁道学会	51822880/51822480	复兴路6号(北京铁路局)	100860
36	北京通信学会	66499190	西城区复兴门南大街6号	100031
37	北京邮政通信学会	65196343	东城区建内大街北京邮政管理局	100001
38	北京标准化协会	84255247	东城区和平里东街20号	100013
39	北京金属学会	88296997	石景山区杨庄大街69号首钢技术研究院417室(特钢院内)	100043
40	北京电工技术学会	62985677	海淀区东北旺路中关村软件园8号楼231室	100093
41	北京电子学会	64007711－806	宣武区槐柏树街2号院3号楼134号	100053
42	北京制冷学会	62116811	西直门外四道口1号2号楼413室	100081
43	北京纺织工程学会	65565349/65581830/65567754/65589653	朝阳区八里庄东里新纺经济酒店3层	100025

续表

序号	学会名称	电　话	通信地址	邮　编
44	北京工艺美术学会	64220927	朝阳区垡头东路陶庄路40号院南楼209室"工美聚艺"内	100023
45	北京硅酸盐学会	88721856	西城区宣武门西大街129号金隅大厦A配楼407室	100031
46	北京电力电子学会	56982387	丰台区科学城富丰路6号北京金宇天正智能控股有限公司	100070
47	北京仪器仪表学会	62003598	西城区德外人定湖西里12号楼342号(西城区新街口大七条11号	100011
48	北京科学美容研究会		丰台区邻枫路5号院怡锦园B座208室	100061
49	北京粘接学会	82626721/82671516	海淀区中关村北大街123号华腾科技大厦1501室(北京2653信箱)	100084
50	北京烟草学会	67009780/677009778/67009785	朝阳区南新园西路2号1321室	100122
51	北京化工学会	69345966	房山区燕山岗南路1号C座113室(燕山石化公司科技部)	102500
52	北京真空学会	61778126/61778316	海淀中关村北二条13号(北京市2724信箱)	100080
53	北京内燃机学会	80868805/80868803	通州区经济开发区东区靓丽三街1号(北京汽车动力总成有限公司)	101100
54	北京汽车工程学会	87664224	朝阳区东三环南路25号汽车大厦	100021
55	北京电机工程学会	88072006	复兴门外地藏庵南巷1号	100045
56	北京安全技术学会	64002120	朝阳区安定门外安华里504号A座317	100011
57	北京石油学会	84879039	朝阳区安慧北里安园21号	100101
58	北京腐蚀与防护学会	62183235/62188750	海淀区学院南路76号钢研南院主楼440室	100081
59	北京水力发电工程学会	51972516	朝阳区定福庄西街1号(北京勘测设计研究院办公室)	100024
60	北京照明学会	67736971/67737052	朝阳区大北窑厂坡村甲3号(北京电光源研究所院内)	100022
61	北京能源学会	52052622	朝阳区安外小关东里甲2号北京节能环保中心410室	100029
62	北京粉体技术协会	88417670/88423190	海淀区西三环北路27号理化测试中心	100089
63	北京测绘学会	63988846	海淀区复外羊坊店路15号测绘学会主楼532室	100038
64	北京机械工程学会	65007531/85236729	朝阳区工体北路4号(市机电研究所)	100027
65	北京土木建筑学会	68023484/68054845	西城区二七剧场路3号	100045
66	北京理化分析测试技术学会	68731259	海淀区西三环北路27号北科大厦1层	100089
67	北京人类生态工程学会	68417337/67396122/67390125	西城区地安门白米北巷7号	100009
68	北京工程爆破协会	51849315/51871075	海淀区大柳树路2号铁科院	100081
69	北京造船工程学会	64832091	朝阳区德胜门外双泉堡甲2号	100085
70	北京宇航学会	68198712	北京9200信箱21分箱	100076
71	北京热物理与能源工程学会	62571060/82543113/62572799	北京2706信箱	100080

续表

序号	学会名称	电　话	通信地址	邮　编
72	北京图象图形学学会	82525258	海淀区北四环西路11号热物理研究所办公楼710号	100080
73	北京市绿色建筑促进会	66016180/67782487	西城区西交民巷73号	100031
74	北京乐器学会	58677088/57039019	西城区广内大街304号1号楼2层208室	100025
75	北京农村专业技术协会	80795715/80797218	昌平区回龙观北农路北京农学院经济管理学院	102206
76	北京农业工程学会	62736203/62737186	海淀清华东路17号中国农大东区57号信箱	100083
77	北京果树学会	84236716	西城区裕民中路8号	100029
78	北京林学会	62381455	西城区裕民中路8号214室	100029
79	北京园林学会	62073575	西城区北三环裕民中路8号1号楼233室	100029
80	北京屋顶绿化协会	67115339	朝阳区团结湖路15号	100026
81	北京农药学会	65937010	朝阳区麦子店街22号楼农约检定所	100026
82	北京农产品质量安全学会	51503892	北京2449－26信箱	100097
83	北京作物学会	51503341/51503416	海淀区板井北京市农林科学院作物所	100097
84	北京农业信息化学会	51503593	北京2449信箱26分箱(海淀区板井北京市农林科学院信息中心)	100097
85	北京土壤学会	51503524	海淀区板井北京市农林科学院营资所	100097
86	北京植物病理学会	67235034	崇文区永外西革新里98号	100077
87	北京畜牧兽医学会	51503210	海淀区曙光花园中路9号北京市农林科学院畜牧兽医研究所综合楼401室	100097
88	北京蔬菜学会	51503386	北京2443信箱(北京市农林科学院蔬菜研究中心)	100097
89	北京食用菌协会	51503437/51503432	海淀区板井北京市农林科学院	100097
90	北京食品学会	62386131	海淀区北土城西路197号联大应用文理学院实验楼108室	100083
91	北京水产学会	67582511/67586268	丰台区永外角门路18号水产研究所409	100068
92	北京山区发展研究会	50503310/51503911	海淀区曙光花园中路9号北京市农林科学院综合所	100097
93	北京市营养学会	82801575	北京大学医学部营养与食品卫生学系	100083
94	北京神经科学学会	82805188	海淀区学院路38号北京大学医学部中心楼10层2号	100083
95	北京免疫学会	66551736/83572388	西城区西什库大街8号北京大学第一医院科研楼315室	100034
96	北京针灸学会	65594125	东单三条甲7号北京中医药杂志编辑部	100005
97	北京医学会	65594123/65255365	东城区东单三条甲7号	100005
98	北京康复医学会	63503106	丰台区太平桥西里甲1号	100073
99	北京预防医学学会	64407288/64407289	东城区和平里中街16号	100013
100	北京医师协会	64097257	东城区安定门东大街28号雍和大厦A座510室	100005
101	北京药学会	65001117－895/897	朝阳区向军北里28号院1号楼3层	100020
102	北京中医药学会	65223477	东城区东单三条甲7号	100005
103	北京中西医结合学会	65250460	东城区东单三条甲7号	100005

续表

序号	学会名称	电　话	通信地址	邮　编
104	北京超声医学学会	66936501－834/66939532	北京市海淀区复兴路28号解放军总医院超声科	100853
105	北京生物医学工程学会	62352152	北京西城区新街口东路31号积水潭医院教学楼309房间	100035
106	北京物理医学工程学会	51570115	北京经济技术开发区西环南路18号A座519室	100176
107	北京环境诱变剂学会	67095576	北京经济技术开发区景园街2号北京协和建昊医药技术开发有限责任公司317室	100176
108	北京防痨协会	62252394/62252650/62254649	西城区新街口东光胡同5号	100035
109	北京生理科学会	69156964/65273665	东城区东单三条5号医科院基础所明日楼	100005
110	北京解剖学会	67235026	崇文区永外西革新里98号	100077
111	北京抗癌协会	88196171	海淀区阜成路52号	100036
112	北京心理卫生协会	65131245	朝阳区八里庄西里远洋天地小区56号楼2门601室 东交民巷1号同仁医院临床心理科	100025 100730
113	北京药理学会	83198855/83198881	宣武区长椿街45号宣武医院药理室	100053
114	北京生殖健康研究会	64014411－2937/84046004	北京西直门北大街58号7号楼305室	100700
115	北京亚健康防治协会	84042715/51001648	朝阳八里庄南里甲1号1号楼1603室	100025
116	北京口腔医学学会	57099428	东城区天坛西里4号北京口腔医院行政楼2层	100050
117	北京糖尿病防治协会	84014692	东城区灯市口大街33号国中商业大厦410B	100006
118	北京自然辩证法研究会	62519633	海淀区圆明园西路2号	100913
119	北京传播技术研究会	62322618	海淀区北四环中路269号北京城市学院教1楼410室	100083
120	北京循环经济促进会	82314523	海淀区学院路37号北京航空航天大学经管学院	100083
121	北京创造学会	52591968/51201165	朝阳区立水桥北甲1号石化管理干部学院	100012
122	北京城市规划学会	68018265/68029683/88070812	西城区三里河东路乙10号	100045
123	北京城市科学研究会	88073513	西城区三里河东路乙10号	100045
124	北京土地学会	64409581	东城区和平里北街2号704室	100013
125	北京科学技术普及创作协会	84650077－8605	朝阳区育慧里4号	100101
126	北京科技记者编辑协会	84650077－8605	朝阳区育慧里4号	100101
127	北京科技声像工作者协会	84650077－8605	朝阳区育慧里4号	100101
128	北京幼儿科普协会	82271034	崇文区永外西革新里98号	100101
129	北京反邪教协会	87267586/87267589	崇文区永外西革新里98号	100077
130	北京减灾协会	68400821	海淀区紫竹院路44号	100089
131	北京继续教育协会	65236993/65256300	东城区台基厂3条3号北京市人事局	100005
132	北京城市管理科技协会	68515969/68539010	西城区三里河北街甲3号408室	100045
133	北京原创设计推广协会	84599369	朝阳区酒仙桥路4号正东综合楼207室	100015
134	北京工程管理科学学会	67256839/63928040	宣武区广莲路1号北京建工大厦0812室	100055
135	中关村民营科技企业家协会	62960213	海淀区上地西路时代大厦38号C座1层	100085
136	北京知识产权研究会	66175475/66157651	西城区西直门南大街16号1035室	100035
137	北京科学技术期刊学会	64883659	德胜门外北沙滩1号16号	100083

续表

序号	学会名称	电　话	通信地址	邮　编
138	北京青少年科技教育协会	84644991	朝阳区小营育慧里4号青少部	100101
139	北京数字科普协会	84650077－8602	朝阳区小营育慧里4号	100101
140	北京系统工程学会	87810506	崇文区永外西革新里98号	100077
141	北京技术经济与管理现代化研究会	67237754	崇文区永外西革新里98号	100077
142	北京科技情报学会	68315460/68355751	海淀区紫竹院南路23号402、418室(北京科技情报所)	100044 100044
143	北京体育科学学会	87255470	丰台区东罗园146号北京体育科研所	100075
144	北京UFO研究会	85616607	朝阳区芳草地西街23－4－301	100020
145	北京生产力学会	64444015/64444199	朝阳区安定门外小关街53号中国化工信息中心C座102室	100029
146	北京科技教育促进会	57892887	朝阳区小庄6号院中国第一城A座1106室	100026
147	北京烹饪协会	65227859	朝阳区和平里西街21号北京商报大厦503室	100013
148	北京听力协会	84611210	朝阳区惠新里甲10号泰德商务花园B座217室	100029
149	北京市学习科学学会	62216123	海淀区西直门北大街47号1号楼3单元333室	100044
150	北京公益学学会	68915225	海淀区中关村南大街5号北京理工大学教育研究院	100081
151	中关村赛德科技企业成长互助促进会	62041870	海淀区中关村大街11号E世界财富中心C座648A室	100080
152	北京脑血管病产业技术创新战略联盟	83198930	西城区长椿街45号宣武医院综合五楼416	100053
153	中关村数字内容产业协会	62342036	海淀区牡丹园北里甲2号市政投资商务楼302室	100191
154	中关村亚洲杰出企业家成长促进会	62680817－801	海淀区北四五西路66号中国技术交易大厦B座1728室	100080
155	中关村肿瘤微创治疗产业技术创新战略联盟	83997438	丰台区右安门外玉林里1号楼西段80709室	100069
156	中关村社会组织联合会	62960696	海淀区花园路2号牡丹创业楼416室	100191
157	中关村人才协会	62563533－606	海淀区苏州街甲49号606	100080
158	北京科技人才研究会	82427136	海淀区清河小营东路12号	100192
159	北京长风信息技术产业联盟	82826732	海淀区东北旺西路8号中关村软件园3A楼3层1340室	100194

资料来源:北京市科学技术协会。

北京市重点实验室一览表

序号	实验室名称	依托单位
1	城市综合应急科学北京市重点实验室	清华大学
2	动物源食品安全检测技术北京市重点实验室	中国农业大学
3	分子与微结构可控高分子材料技术北京市重点实验室	北京科技大学
4	飞机/发动机综合系统安全性北京市重点实验室	北京航空航天大学
5	大功率电力电子北京市重点实验室	全球能源互联网研究院
6	太阳能发电技术北京市重点实验室	中国科学院电工研究所
7	安全生产智能监控北京市重点实验室	北京邮电大学
8	细胞工程和抗体药物北京市重点实验室	中国人民解放军总医院
9	生物饲料添加剂北京市重点实验室	中国农业大学
10	新能源汽车动力总成技术北京市重点实验室	北京交通大学
11	轨道工程北京市重点实验室	北京交通大学
12	城市交通运行仿真与决策支持北京市重点实验室	北京交通发展研究院
13	二氧化碳资源利用与减排技术北京市重点实验室	清华大学
14	冶金工业节能减排北京市重点实验室	北京科技大学
15	低品位能源多相流与传热北京市重点实验室	华北电力大学
16	分布式冷热电联供系统北京市重点实验室	中国科学院工程热物理研究所
17	新能源材料与器件北京市重点实验室	中国科学院物理研究所
18	高端机械装备健康监控与自愈化北京市重点实验室	北京化工大学
19	车路协同与安全控制北京市重点实验室	北京航空航天大学
20	流域水环境与生态技术北京市重点实验室	北京市水科学技术研究院
21	水体污染源控制技术北京市重点实验室	北京林业大学
22	工业场地污染与修复北京市重点实验室	轻工业环境保护研究所
23	环境噪声与振动北京市重点实验室	北京市劳动保护科学研究所
24	植物基因资源与低碳环境生物技术北京市重点实验室	首都师范大学
25	恩泽生物质精细化工北京市重点实验室	北京石油化工学院
26	离子液体清洁过程北京市重点实验室	中国科学院过程工程研究所
27	先进电池材料理论与技术北京市重点实验室	北京大学
28	特种陶瓷与耐火材料北京市重点实验室	中国钢研科技集团有限公司
29	镀膜靶材北京市重点实验室	安泰科技股份有限公司
30	水泥混凝土节能利废技术北京市重点实验室	北京金隅水泥节能科技有限公司
31	防水材料北京市重点实验室	北京东方雨虹防水技术股份有限公司
32	职业安全健康北京市重点实验室	北京市劳动保护科学研究所
33	燃气、供热及地下管网运行安全北京市重点实验室	北京城市系统工程研究中心
34	地下工程建设预报预警北京市重点实验室	北京市市政工程研究院
35	数字化印刷装备北京市重点实验室	北京印刷学院
36	高端印刷装备信号与信息处理北京市重点实验室	北京印刷学院

续表

序号	实验室名称	依托单位
37	语言声学与内容理解北京市重点实验室	中国科学院声学研究所
38	分子影像北京市重点实验室	中国科学院自动化研究所
39	移动计算与新型终端北京市重点实验室	中国科学院计算技术研究所
40	无线通信测试技术北京市重点实验室	北京星河亮点技术股份有限公司
41	第四代移动通信技术研究北京市重点实验室	大唐移动通信设备有限公司
42	网络体系构建与融合北京市重点实验室	北京邮电大学
43	云计算关键技术与应用北京市重点实验室	北京市计算中心
44	网络密码认证技术北京市重点实验室	北京市科学技术情报研究所
45	软件测试技术北京市重点实验室	北京软件产品质量检测检验中心
46	嵌入式实时信息处理技术北京市重点实验室	北京理工大学
47	文化遗产数字化保护与虚拟现实北京市重点实验室	北京师范大学
48	网络安全防护技术北京市重点实验室	中国科学院信息工程研究所
49	可信计算北京市重点实验室	北京工业大学
50	软件安全工程技术北京市重点实验室	北京理工大学
51	电子系统可靠性技术北京市重点实验室	首都师范大学
52	集成电路测试技术北京市重点实验室	北京自动测试技术研究所
53	矿冶过程自动控制技术北京市重点实验室	北京矿冶研究总院
54	液晶材料分析及应用技术北京市重点实验室	北京八亿时空液晶科技股份有限公司
55	啤酒酿造技术北京市重点实验室	北京燕京啤酒股份有限公司
56	特种弹性体复合材料北京市重点实验室	北京石油化工学院
57	微量分析测试方法与仪器研制北京市重点实验室	清华大学
58	油气装备材料失效与腐蚀防护北京市重点实验室	中国石油大学(北京)
59	农产品有害微生物及农残安全检测与控制北京市重点实验室	北京农学院
60	出入境食品安全检测北京市重点实验室	北京出入境检验检疫局检验检疫技术中心
61	食物中毒诊断溯源技术北京市重点实验室	北京市疾病预防控制中心
62	食品安全毒理学研究与评价北京市重点实验室	北京大学
63	农业智能装备技术北京市重点实验室	北京市农林科学院
64	现代农业装备优化设计北京市重点实验室	中国农业大学
65	肉类加工技术北京市重点实验室	中国肉类食品综合研究中心
66	种子病害检验与防控北京市重点实验室	中国农业大学
67	绿化植物育种北京市重点实验室	北京市园林科学研究院
68	葡萄科学与酿酒技术北京市重点实验室	中国科学院植物研究所
69	抗性基因资源与分子发育北京市重点实验室	北京师范大学
70	高温超导材料及应用技术北京市重点实验室	北京英纳超导技术有限公司
71	生物电磁学北京市重点实验室	中国科学院电工研究所
72	煤基节能环保炭材料北京市重点实验室	煤炭科学技术研究院有限公司
73	射频集成电路与系统北京市重点实验室	中国科学院半导体研究所
74	航空材料检测与评价北京市重点实验室	中国航空工业集团北京航空材料研究院

续表

序号	实验室名称	依托单位
75	精密合金技术北京市重点实验室	钢铁研究总院
76	绿色可循环钢铁流程北京市重点实验室	首钢总公司
77	药物非临床安全评价研究北京市重点实验室	中国食品药品检定研究院
78	药物靶点研究与新药筛选北京市重点实验室	中国医学科学院药物研究所
79	活性物质发现与适药化北京市重点实验室	中国医学科学院药物研究所
80	中药成分分析与生物评价北京市重点实验室	北京市药品检验所
81	心血管植入材料临床前研究评价北京市重点实验室	中国医学科学院阜外医院
82	生物制品安全性评价北京市重点实验室	北京昭衍新药研究中心股份有限公司
83	全牙再生与口腔组织功能重建北京市重点实验室	首都医科大学附属北京口腔医院
84	热带病防治研究北京市重点实验室	首都医科大学附属北京友谊医院
85	丙型肝炎和肝病免疫治疗北京市重点实验室	北京大学人民医院
86	乙型肝炎与肝癌转化医学研究北京市重点实验室	首都医科大学附属北京佑安医院
87	艾滋病研究北京市重点实验室	首都医科大学附属北京佑安医院
88	药物传输技术及新型制剂北京市重点实验室	中国医学科学院药物研究所
89	单克隆抗体上游研发技术北京市重点实验室	北京义翘神州生物技术有限公司
90	蛋白质组学北京市重点实验室	北京市蛋白质组研究中心
91	结合疫苗新技术研究北京市重点实验室	北京民海生物科技有限公司
92	DNA 损伤应答北京市重点实验室	首都师范大学
93	基因组学研究北京市重点实验室	北京诺赛基因组研究中心有限公司
94	脑肿瘤研究北京市重点实验室	北京市神经外科研究所
95	神经精神药理学北京市重点实验室	中国人民解放军军事医学科学院毒物药物研究所
96	脑功能疾病调控治疗北京市重点实验室	首都医科大学宣武医院
97	磁共振成像设备与技术北京市重点实验室	北京大学第三医院
98	中药药理北京市重点实验室	中国中医科学院西苑医院
99	脑血管病转化医学北京市重点实验室	首都医科大学
100	证候与方剂基础研究北京市重点实验室	北京中医药大学
101	中医药防治重大疾病基础研究北京市重点实验室	中国中医科学院医学实验中心
102	道地中药材功能基因组研究北京市重点实验室	中国中医科学院中药研究所
103	生化诊断试剂检验技术北京市重点实验室	北京利德曼生化股份有限公司
104	器官移植与免疫调节北京市重点实验室	中国人民解放军第三〇九医院
105	造血干细胞移植治疗血液病北京市重点实验室	北京大学人民医院
106	临床流行病学北京市重点实验室	首都医科大学
107	皮肤损伤修复与组织再生北京市重点实验室	中国人民解放军总医院
108	肾脏疾病研究北京市重点实验室	中国人民解放军总医院
109	科技政策模拟与决策支撑北京市重点实验室	北京科学学研究中心
110	跨媒体出版北京市重点实验室	北京印刷学院
111	恶性肿瘤转化研究北京市重点实验室	北京市肿瘤防治研究所
112	皮肤病分子诊断北京市重点实验室	北京大学第一医院

续表

序号	实验室名称	依托单位
113	脊柱疾病研究北京市重点实验室	北京大学第三医院
114	生殖内分泌与辅助生殖技术北京市重点实验室	北京大学第三医院
115	消化疾病癌前病变北京市重点实验室	首都医科大学附属北京友谊医院
116	生物医药成分分离与分析北京市重点实验室	北京理工大学
117	膜分离过程与技术北京市重点实验室	北京化工大学
118	营养健康与食品安全北京市重点实验室	中粮营养健康研究院有限公司
119	太阳能与建筑节能玻璃材料加工技术北京市重点实验室	中国建筑材料科学研究总院
120	民用飞机设计数字仿真技术北京市重点实验室	中国商用飞机有限责任公司北京民用飞机技术研究中心
121	配电变压器节能技术北京市重点实验室	中国电力科学研究院
122	民用飞机结构与复合材料北京市重点实验室	中国商用飞机有限责任公司北京民用飞机技术研究中心
123	射频识别芯片检测技术北京市重点实验室	北京中电华大电子设计有限责任公司
124	基于IPv6的电信网络技术北京市重点实验室	中国电信股份有限公司北京研究院
125	二氧化碳捕集与处理北京市重点实验室	中国华能集团清洁能源技术研究院有限公司
126	骨科再生医学北京市重点实验室	中国人民解放军总医院
127	中枢神经系统损伤研究北京市重点实验室	北京市神经外科研究所
128	儿童发育营养组学北京市重点实验室	首都儿科研究所
129	鼻病研究北京市重点实验室	首都医科大学附属北京同仁医院
130	泌尿生殖系疾病(男)分子诊治北京市重点实验室	北京大学第一医院
131	磁共振成像脑信息学北京市重点实验室	首都医科大学附属宣武医院
132	衰老及相关疾病研究北京市重点实验室	中国人民解放军总医院
133	帕金森病研究北京市重点实验室	北京市老年病医疗研究中心
134	癫痫病临床医学研究北京市重点实验室	首都医科大学三博脑科医院(北京)有限公司
135	精神疾病诊断与治疗北京市重点实验室	首都医科大学附属北京安定医院
136	心血管受体研究北京市重点实验室	北京大学第三医院
137	新发突发传染病研究北京市重点实验室	首都医科大学附属北京地坛医院
138	耐药结核病研究北京市重点实验室	北京市结核病胸部肿瘤研究所
139	肺损伤与感染北京市重点实验室	中国人民解放军总医院
140	儿童血液病与肿瘤分子分型北京市重点实验室	首都医科大学附属北京儿童医院
141	糖尿病防治研究北京市重点实验室	首都医科大学附属北京同仁医院
142	中药(天然药物)创新药物研发北京市重点实验室	中国医学科学院药用植物研究所
143	抗肿瘤分子靶向药物临床研究北京市重点实验室	中国医学科学院肿瘤医院
144	晶型药物研究北京市重点实验室	中国医学科学院药物研究所
145	低温生物医学工程学北京市重点实验室	中国科学院理化技术研究所
146	心脏药械技术与循证医学研究北京市重点实验室	北京美中双和医疗器械股份有限公司
147	新药作用机制研究与药效评价北京市重点实验室	中国医学科学院药物研究所
148	肿瘤系统生物学北京市重点实验室	北京大学
149	人机交互北京市重点实验室	中国科学院软件研究所
150	网络多媒体北京市重点实验室	清华大学

续表

序号	实验室名称	依托单位
151	石油数据挖掘北京市重点实验室	中国石油大学(北京)
152	新一代通信射频芯片技术北京市重点实验室	中国科学院微电子研究所
153	材料领域知识工程北京市重点实验室	北京科技大学
154	毫米波与太赫兹技术北京市重点实验室	北京理工大学
155	高速交通工具智能诊断与健康管理北京市重点实验室	北京航天测控技术有限公司
156	光电测试技术北京市重点实验室	北京信息科技大学
157	化学电源与绿色催化北京市重点实验室	北京理工大学
158	先进化学蓄电技术与材料北京市重点实验室	中国人民解放军防化研究院
159	纳米能源材料北京市重点实验室	安泰科技股份有限公司
160	能量转换与存储材料北京市重点实验室	北京师范大学
161	非常规天然气能源地质评价与开发工程北京市重点实验室	中国地质大学(北京)
162	工业废水处理与资源化北京市重点实验室	中国科学院生态环境研究中心
163	污染场地风险模拟与修复北京市重点实验室	北京市环境保护科学研究院
164	油气污染防治北京市重点实验室	中国石油大学(北京)
165	云降水物理研究和云水资源开发北京市重点实验室	北京市气象局
166	园林绿地生态功能评价与调控技术北京市重点实验室	北京市园林科学研究院
167	林木生物质化学北京市重点实验室	北京林业大学
168	温室气体封存与石油开采利用北京市重点实验室	中国石油大学(北京)
169	城市道路交通智能控制技术北京市重点实验室	北方工业大学
170	城市交通节能减排检测与评估北京市重点实验室	北京交通发展研究院
171	低维半导体材料与器件北京市重点实验室	中国科学院半导体研究所
172	纳米光子学与超精密光电系统北京市重点实验室	北京理工大学
173	高温合金新材料北京市重点实验室	钢铁研究总院
174	辐射新材料北京市重点实验室	北京市射线应用研究中心
175	材料电化学过程与技术北京市重点实验室	北京化工大学
176	固体微结构与性能北京市重点实验室	北京工业大学
177	功能分子与晶态材料科学与应用北京市重点实验室	北京科技大学
178	精密超精密制造装备及控制北京市重点实验室	清华大学
179	复杂构件数控加工工艺及装备北京市重点实验室	中国航空工业集团公司北京航空制造工程研究所
180	城市运行应急保障模拟技术北京市重点实验室	北京航空航天大学
181	城市有毒有害易燃易爆危险源控制技术北京市重点实验室	北京市劳动保护科学研究所
182	环境有害化学物质分析北京市重点实验室	北京化工大学
183	蔬菜种质改良北京市重点实验室	北京市农林科学院
184	农业基因资源与生物技术北京市重点实验室	北京农业生物技术研究中心
185	设施蔬菜生长发育调控北京市重点实验室	中国农业大学
186	森林资源生态系统过程北京市重点实验室	北京林业大学
187	畜禽疫病防控技术北京市重点实验室	北京市农林科学院
188	蔬菜有害生物控制与优质栽培北京市重点实验室	中国农业科学院蔬菜花卉研究所

续表

序号	实验室名称	依托单位
189	植物源功能食品北京市重点实验室	中国农业大学
190	林业食品加工与安全北京市重点实验室	北京林业大学
191	博物馆展陈设计与空间实现北京市重点实验室	北京工业大学
192	文化创意产业标准化研究北京市重点实验室	北京市科学技术情报研究所
193	空间热控技术北京市重点实验室	北京空间飞行器总体设计部
194	计算智能与智能系统北京市重点实验室	北京工业大学
195	高动态导航技术北京市重点实验室	北京信息科技大学
196	数字动画技术研究与应用北京市重点实验室	中国传媒大学
197	交通数据分析与挖掘北京市重点实验室	北京交通大学
198	电弧等离子应用装备北京市重点实验室	中国航天空气动力技术研究院
199	生物制造与快速成形技术北京市重点实验室	清华大学
200	高能束流增量制造技术与装备北京市重点实验室	中国航空工业集团公司北京航空制造工程研究所
201	飞行器装配机器人装备北京市重点实验室	北京航空航天大学
202	核检测技术北京市重点实验室	清华大学
203	机械结构非线性振动与强度北京市重点实验室	北京工业大学
204	多维多尺度计算摄像北京市重点实验室	清华大学
205	物联网信息安全技术北京市重点实验室	中国科学院信息工程研究所
206	分数域信号与信息处理系统北京市重点实验室	北京理工大学
207	智能物流系统北京市重点实验室	北京物资学院
208	精密光电测试仪器及技术北京市重点实验室	北京理工大学
209	反劫持装备技术北京市重点实验室	中国人民武装警察部队特种警察学院
210	区域大气复合污染防治北京市重点实验室	北京工业大学
211	城市空间信息工程北京市重点实验室	北京市测绘设计研究院
212	湿地生态功能与恢复北京市重点实验室	中国林业科学研究院
213	结构风工程与城市风环境北京市重点实验室	北京交通大学
214	热电生产过程污染物监测与控制北京市重点实验室	华北电力大学
215	热力过程节能技术北京市重点实验室	中国科学院理化技术研究所
216	综合交通运行监测与服务北京市重点实验室	北京市交通信息中心
217	生物燃气高值利用北京市重点实验室	中国石油大学(北京)
218	精准林业北京市重点实验室	北京林业大学
219	生物质炼制工程北京市重点实验室	中国科学院过程工程研究所
220	非能动核能安全技术北京市重点实验室	华北电力大学
221	仿生能源材料与器件北京市重点实验室	北京航空航天大学
222	先进功能材料与结构分析北京市重点实验室	中国科学院物理研究所
223	光功能材料与器件北京市重点实验室	首都师范大学
224	特种涂层材料与技术北京市重点实验室	北京矿冶研究总院
225	稀贵金属绿色回收与提取北京市重点实验室	北京科技大学
226	光电功能材料与微纳器件北京市重点实验室	中国人民大学

续表

序号	实验室名称	依托单位
227	金属材料表征北京市重点实验室	钢研纳克检测技术有限公司
228	光电转换材料北京市重点实验室	北京理工大学
229	玉米 DNA 指纹及分子育种北京市重点实验室	北京市农林科学院
230	畜禽遗传改良北京市重点实验室	中国农业大学
231	奶牛遗传育种与繁殖北京市重点实验室	北京奶牛中心
232	花卉种质创新与分子育种北京市重点实验室	北京林业大学
233	生物多样性与有机农业北京市重点实验室	中国农业大学
234	林木有害生物防治北京市重点实验室	北京林业大学
235	果蔬农产品保鲜与加工北京市重点实验室	北京市农林科学院
236	代谢及心血管分子医学北京市重点实验室	北京大学
237	代谢紊乱相关心血管疾病北京市重点实验室	首都医科大学
238	儿童耳鼻咽喉头颈外科疾病北京市重点实验室	首都医科大学附属北京儿童医院
239	心血管疾病微创技术研究北京市重点实验室	中国人民解放军总医院
240	运动医学关节伤病北京市重点实验室	北京大学第三医院
241	视网膜脉络膜疾病诊治研究北京市重点实验室	北京大学人民医院
242	肝硬化转化医学北京市重点实验室	首都医科大学附属北京友谊医院
243	老年认知障碍疾病北京市重点实验室	首都医科大学宣武医院
244	临床生物力学应用基础研究北京市重点实验室	首都医科大学
245	中医正骨技术北京市重点实验室	中国中医科学院望京医院
246	神经系统小血管病探索北京市重点实验室	北京大学第一医院
247	传染病分子诊断新技术北京市重点实验室	中国人民解放军军事医学科学院放射与辐射医学研究所
248	生物工程与传感技术北京市重点实验室	北京科技大学
249	非编码核酸北京市重点实验室	中国科学院生物物理研究所
250	病原微生物耐药与耐药基因组学北京市重点实验室	中国科学院微生物研究所
251	肿瘤治疗性疫苗北京市重点实验室	首都医科大学附属北京世纪坛医院 首都医科大学肿瘤医学院
252	环境毒理学北京市重点实验室	首都医科大学
253	高血压病研究北京市重点实验室	首都医科大学附属北京朝阳医院
254	药物临床风险与个体化应用评价北京市重点实验室	北京医院
255	中医养生学北京市重点实验室	北京中医药大学
256	高端植介入医疗器械优化设计与评测技术北京市重点实验室	北京航空航天大学
257	基因组与精准医学检测技术北京市重点实验室	中国科学院北京基因组研究所
258	药物依赖性研究北京市重点实验室	北京大学
259	城市绿色发展科技战略研究北京市重点实验室	北京师范大学首都科技发展战略研究院
260	包装印刷新技术北京市重点实验室	中国印刷科学技术研究所
261	新媒体动画技术北京市重点实验室	北京电影学院
262	大规模流数据集成与分析技术北京市重点实验室	北方工业大学

续表

序号	实验室名称	依托单位
263	云计算标准与测试验证北京市重点实验室	工业和信息化部电信研究院
264	超高速宽带通信北京市重点实验室	中国电信股份有限公司北京研究院
265	航天机电产品环境可靠性试验技术北京市重点实验室	北京卫星环境工程研究所
266	空间智能机器人系统技术与应用北京市重点实验室	北京空间飞行器总体设计部
267	电火花加工技术北京市重点实验室	北京市电加工研究所
268	网络化协同空管技术北京市重点实验室	北京航空航天大学
269	油气光学探测技术北京市重点实验室	中国石油大学(北京)
270	道路工程材料与检测鉴定技术北京市重点实验室	北京市道路工程质量监督站(北京市公路工程检测中心)
271	新能源乘用车节能与安全北京市重点实验室	北京新能源汽车股份有限公司
272	高速铁路信号系统北京市重点实验室	北京和利时系统工程有限公司
273	新兴有机污染物控制北京市重点实验室	清华大学
274	环境损害与污染修复北京市重点实验室	中国科学院地理科学与资源研究所
275	绿色催化与分离北京市重点实验室	北京工业大学
276	工业典型污染物资源化处理北京市重点实验室	北京科技大学
277	微细尺度流动与相变传热北京市重点实验室	北京交通大学
278	灾害救援医学北京市重点实验室	中国人民武装警察部队总医院
279	安防大数据处理与应用北京市重点实验室	北京声迅电子股份有限公司
280	金属矿山智能开采技术北京市重点实验室	北京矿冶研究总院
281	地铁火灾与客流疏运安全北京市重点实验室	中国安全生产科学研究院
282	移动媒体与文化计算北京市重点实验室	北京邮电大学世纪学院
283	有机材料检测技术与质量评价北京市重点实验室	北京市理化分析测试中心
284	首都区域空间规划研究北京市重点实验室	清华大学
285	现代演艺技术北京市重点实验室	中国传媒大学
286	数字出版标准符合性测试北京市重点实验室	中国新闻出版研究院
287	纳米材料与器件物理北京市重点实验室	中国科学院物理研究所
288	非金属矿物与固废资源材料化利用北京市重点实验室	中国地质大学(北京)
289	超材料与器件北京市重点实验室	首都师范大学
290	高端金属材料特种熔炼与制备北京市重点实验室	北京科技大学
291	生物质废弃物资源化利用北京市重点实验室	北京联合大学
292	煤制清洁液体燃料北京市重点实验室	中科合成油技术有限公司
293	新型薄膜太阳电池北京市重点实验室	华北电力大学
294	气动热力储能与供能北京市重点实验室	北京航空航天大学
295	杂交小麦分子遗传北京市重点实验室	北京市农林科学院
296	奶牛营养学北京市重点实验室	北京农学院
297	渔业生物技术北京市重点实验室	北京市水产科学研究所
298	花卉发育与品质调控北京市重点实验室	中国农业大学
299	圈养野生动物技术北京市重点实验室	北京动物园

续表

序号	实验室名称	依托单位
300	肿瘤侵袭和转移机制研究北京市重点实验室	首都医科大学
301	骨与软组织肿瘤研究北京市重点实验室	北京大学人民医院
302	痴呆诊治转化医学研究北京市重点实验室	北京大学第六医院
303	头颈部分子病理诊断北京市重点实验室	首都医科大学附属北京同仁医院
304	胎儿心脏病母胎医学研究北京市重点实验室	首都医科大学附属北京安贞医院
305	肝硬化肝癌基础研究北京市重点实验室	北京大学人民医院
306	媒介生物危害和自然疫源性疾病北京市重点实验室	中国人民解放军军事医学科学院微生物流行病研究所
307	结核病诊疗新技术北京市重点实验室	中国人民解放军第三〇九医院
308	儿童病毒病病原学北京市重点实验室	首都儿科研究所
309	儿童呼吸道感染性疾病研究北京市重点实验室	首都医科大学附属北京儿童医院
310	低氧适应转化医学北京市重点实验室	首都医科大学宣武医院
311	免疫炎性疾病北京市重点实验室	中日友好医院
312	移植耐受与器官保护北京市重点实验室	首都医科大学附属北京友谊医院
313	儿科遗传性疾病分子诊断与研究北京市重点实验室	北京大学第一医院
314	中医络病研究北京市重点实验室	首都医科大学
315	神经电刺激研究与治疗北京市重点实验室	北京市神经外科研究所
316	中医感染性疾病基础研究北京市重点实验室	北京市中医研究所
317	中医药防治过敏性疾病北京市重点实验室	中日友好医院
318	血液安全保障技术研究北京市重点实验室	中国人民解放军军事医学科学院野战输血研究所
319	抗感染药物研究北京市重点实验室	中国医学科学院医药生物技术研究所
320	创新药物非临床药物代谢及药代/药效研究北京市重点实验室	中国医学科学院药物研究所
321	放射生物学北京市重点实验室	中国人民解放军军事医学科学院放射与辐射医学研究所
322	蛋白质修饰与细胞功能北京市重点实验室	北京大学
323	工程化构建与力学生物学北京市重点实验室	中国科学院力学研究所
324	中药鉴定与安全性评估北京市重点实验室	中国中医科学院中药研究所
325	生物应急与临床POCT北京市重点实验室	中国人民解放军军事医学科学院微生物流行病研究所
326	医疗器械检验与安全性评价北京市重点实验室	北京市医疗器械检验所
327	大数据管理与分析方法研究北京市重点实验室	中国人民大学
328	三维及纳米集成电路设计自动化技术北京市重点实验室	中国科学院微电子研究所
329	复杂信息数学表征分析与应用北京市重点实验室	北京理工大学
330	食品安全大数据技术北京市重点实验室	北京工商大学
331	无机可延展柔性信息技术北京市重点实验室	中国科学院半导体研究所
332	轻型工业机器人与安全验证北京市重点实验室	首都师范大学
333	机器人仿生与功能研究北京市重点实验室	北京建筑大学
334	直流电网技术与仿真北京市重点实验室	全球能源互联网研究院
335	地铁运营安全保障技术北京市重点实验室	北京市地铁运营有限公司
336	新能源汽车高效动力传动与系统控制北京市重点实验室	北京航空航天大学
337	城市轨道交通车辆服役性能保障北京市重点实验室	北京建筑大学

续表

序号	实验室名称	依托单位
338	大气颗粒物监测技术北京市重点实验室	北京市环境保护监测中心
339	水中典型污染物控制与水质保障北京市重点实验室	北京交通大学
340	室内空气质量评价与控制北京市重点实验室	清华大学
341	过程流体过滤与分离技术北京市重点实验室	中国石油大学(北京)
342	放射性废物处理北京市重点实验室	清华大学
343	建构筑物检测评估技术研究北京市重点实验室	中冶建筑研究总院有限公司
344	建筑环境优化设计与评测北京市重点实验室	中国建筑设计研究院有限公司
345	金属矿产资源评价与分析检测北京市重点实验室	北京矿冶研究总院
346	北京文博文物科技保护研究与应用北京市重点实验室	首都博物馆
347	结构可控先进功能材料与绿色应用北京市重点实验室	北京理工大学
348	先进核能材料与物理北京市重点实验室	北京航空航天大学
349	材料基因工程北京市重点实验室	北京科技大学
350	发电系统功能材料北京市重点实验室	国电新能源技术研究院
351	微藻生物能源与资源北京市重点实验室	中国电子工程设计院
352	食品非热加工北京市重点实验室	中国农业大学
353	农产品产地环境监测北京市重点实验室	北京农业质量标准与检测技术研究中心
354	数字植物北京市重点实验室	北京市农林科学院
355	口腔数字医学北京市重点实验室	北京大学口腔医院
356	儿童器官功能衰竭北京市重点实验室	中国人民解放军陆军总医院
357	聋病防治北京市重点实验室	中国人民解放军总医院
358	妊娠合并糖尿病母胎医学研究北京市重点实验室	北京大学第一医院
359	儿童慢性肾脏病与血液净化北京市重点实验室	首都医科大学附属北京儿童医院
360	雾霾健康效应与防护北京市重点实验室	国家纳米科学中心
361	眼内肿瘤诊治研究北京市重点实验室	首都医科大学附属北京同仁医院
362	行为与心理健康北京市重点实验室	北京大学
363	心血管疾病分子诊断北京市重点实验室	中国医学科学院阜外心血管病医院
364	急性心肌梗死早期预警和干预北京市重点实验室	北京大学人民医院
365	神经损伤与康复北京市重点实验室	中国康复研究中心
366	心肺脑复苏北京市重点实验室	首都医科大学附属北京朝阳医院
367	幽门螺杆菌感染及上胃肠疾病防治研究北京市重点实验室	北京大学第三医院
368	骨骼畸形遗传学研究北京市重点实验室	中国医学科学院北京协和医院
369	传染病相关疾病生物标志物北京市重点实验室	首都医科大学附属北京佑安医院
370	功能性胃肠病中医诊治北京市重点实验室	中国中医科学院望京医院
371	银屑病中医临床基础研究北京市重点实验室	北京市中医研究所
372	尿液细胞分子诊断北京市重点实验室	首都医科大学附属北京世纪坛医院
373	上气道功能障碍相关心血管疾病研究北京市重点实验室	首都医科大学附属北京安贞医院
374	创新药物临床药代药效研究北京市重点实验室	中国医学科学院北京协和医院
375	脑网络组北京市重点实验室	中国科学院自动化研究所

续表

序号	实验室名称	依托单位
376	分子药剂学与新释药系统北京市重点实验室	北京大学
377	干细胞新药研发及临床转化研究北京市重点实验室	中国医学科学院基础医学研究所
378	治疗性基因工程抗体北京市重点实验室	中国人民解放军军事医学科学院基础医学研究所
379	中药生产过程控制与质量评价北京市重点实验室	北京中医药大学
380	新发再发传染病动物模型研究北京市重点实验室	中国医学科学院医学实验动物研究所
381	老年功能障碍康复辅助技术北京市重点实验室	国家康复辅具研究中心
382	中药品质评价北京市重点实验室	北京中医药大学
383	航空发动机结构强度北京市重点实验室	北京航空航天大学
384	精密转动和传动机构长寿命技术北京市重点实验室	北京控制工程研究所
385	数字化塑性成形技术及装备北京市重点实验室	中国航空工业集团公司北京航空制造工程研究所
386	天基空间环境探测北京市重点实验室	中国科学院国家空间科学中心
387	航天绿色推进剂研究与应用北京市重点实验室	北京航天试验技术研究所
388	基于大数据的城市科学研究北京市重点实验室	北京国际城市发展研究院
389	固态量子器件北京市重点实验室	北京大学
390	半导体神经网络智能感知与计算技术北京市重点实验室	中国科学院半导体研究所
391	天地互联与融合北京市重点实验室	北京邮电大学
392	超高频、大功率化合物半导体器件与集成技术北京市重点实验室	中国科学院微电子研究所
393	工业大数据系统与应用北京市重点实验室	清华大学
394	智能交通数据安全与隐私保护技术北京市重点实验室	北京交通大学
395	建筑大数据智能处理方法研究北京市重点实验室	北京建筑大学
396	机器人“手－眼－脑”融合智能研究与应用北京市重点实验室	中国科学院自动化研究所
397	金属轻量化成形制造北京市重点实验室	北京科技大学
398	节能照明电源集成与制造北京市重点实验室	北方工业大学
399	深水油气管线关键技术与装备北京市重点实验室	北京石油化工学院
400	电动汽车动力电池检测北京市重点实验室	北京市产品质量监督检验院
401	城市轨道交通全自动运行系统与安全监控北京市重点实验室	北京市轨道交通建设管理有限公司
402	城市轨道交通深基坑岩土工程北京市重点实验室	北京城建勘测设计研究院有限责任公司
403	微波感知与安防应用北京市重点实验室	北京航空航天大学
404	城市水循环与海绵城市技术北京市重点实验室	北京师范大学
405	绿色建筑环境与节能技术北京市重点实验室	北京工业大学
406	能源环境催化北京市重点实验室	北京化工大学
407	城市地下空间工程北京市重点实验室	北京科技大学
408	矿物环境功能北京市重点实验室	北京大学
409	城市大气挥发性有机物污染防治技术与应用北京市重点实验室	北京市环境保护科学研究院
410	燃料清洁化及高效催化减排技术北京市重点实验室	北京石油化工学院
411	生活垃圾检测分析与评价北京市重点实验室	北京市环境卫生设计科学研究所
412	塑料卫生与安全质量评价技术北京市重点实验室	北京工商大学
413	电力调度自动化技术研究与系统评价北京市重点实验室	中国电力科学研究院

续表

序号	实验室名称	依托单位
414	服装工效与功能创新设计北京市重点实验室	北京服装学院
415	光场成像与数字几何北京市重点实验室	首都师范大学
416	建筑遗产精细重构与健康监测北京市重点实验室	北京建筑大学
417	磁电功能材料与器件北京市重点实验室	北京大学
418	磁光电复合材料与界面科学北京市重点实验室	北京科技大学
419	微纳能源与传感北京市重点实验室	北京纳米能源与系统研究所
420	轻量化多功能复合材料与结构北京市重点实验室	北京理工大学
421	先进功能高分子复合材料北京市重点实验室	北京化工大学
422	建筑结构与环境修复功能材料北京市重点实验室	北京建筑大学
423	共伴生能源精准开采北京市重点实验室	中国矿业大学(北京)
424	需求侧多能互补优化与供需互动技术北京市重点实验室	中国电力科学研究院
425	农田土壤污染防控与修复北京市重点实验室	中国农业大学
426	功能主食创制与慢病营养干预北京市重点实验室	中国食品发酵工业研究院
427	植物蛋白与谷物加工北京市重点实验室	中国农业大学
428	北方果树病虫害绿色防控北京市重点实验室	北京市农林科学院
429	骨科机器人技术北京市重点实验室	北京积水潭医院
430	神经影像大数据与人脑连接组学北京市重点实验室	北京师范大学
431	脑功能重建北京市重点实验室	首都医科大学附属北京天坛医院
432	神经退行性疾病生物标志物研究及转化北京市重点实验室	北京大学第三医院
433	针灸神经调控北京市重点实验室	首都医科大学附属北京中医医院
434	结直肠癌诊疗研究北京市重点实验室	北京大学人民医院
435	临床合理用药生物特征谱学评价北京市重点实验室	首都医科大学附属北京世纪坛医院
436	肝衰竭与人工肝治疗研究北京市重点实验室	首都医科大学附属北京佑安医院
437	造血干细胞治疗及转化研究北京市重点实验室	中国人民解放军第三〇七医院
438	女性盆底疾病研究北京市重点实验室	北京大学人民医院
439	眼部神经损伤的重建保护与康复北京市重点实验室	北京大学第三医院
440	核医学分子靶向诊疗北京市重点实验室	中国医学科学院北京协和医院
441	出生缺陷遗传学研究北京市重点实验室	首都医科大学附属北京儿童医院
442	慢性心衰精准医学北京市重点实验室	中国人民解放军总医院
443	侵袭性真菌病机制研究与精准诊断北京市重点实验室	中国医学科学院北京协和医院
444	过敏性疾病精准诊疗研究北京市重点实验室	中国医学科学院北京协和医院
445	冠心病精准治疗北京市重点实验室	首都医科大学附属北京安贞医院
446	生物材料与神经再生北京市重点实验室	北京航空航天大学
447	动物衰老细胞生物学北京市重点实验室	北京生命科学研究所
448	病原微生物感染与免疫防御北京市重点实验室	北京生命科学研究所
449	慢性疾病的免疫学研究北京市重点实验室	清华大学
450	无人机自主控制技术北京市重点实验室	北京理工大学
451	深低温技术研究北京市重点实验室	北京宇航系统工程研究所

续表

序号	实验室名称	依托单位
452	先进光学遥感技术北京市重点实验室	北京空间机电研究所
453	一带一路数据分析与决策支持北京市重点实验室	北京第二外国语学院
454	城市群系统演化与可持续发展的决策模拟研究北京市重点实验室	首都经济贸易大学
455	绿色发展大数据决策北京市重点实验室	北京信息科技大学
456	能源经济与环境管理北京市重点实验室	北京理工大学
457	新能源电力与低碳发展研究北京市重点实验室	华北电力大学

资料来源:北京市科学技术委员会。

北京市工程技术研究中心一览表

序号	中心名称	依托单位
1	北京市大容量注射剂质量工程技术研究中心	华润双鹤药业股份有限公司
2	北京市智能康复工程技术研究中心	北京大学
3	北京市空间生物工程技术研究中心	航天神舟生物科技集团有限公司
4	北京市有源显示工程技术研究中心	北京大学
5	北京市生殖避孕药物工程技术研究中心	华润紫竹药业有限公司
6	北京市射线成像技术与装备工程技术研究中心	中国科学院高能物理研究所
7	北京市煤矿安全工程技术研究中心	煤炭科学技术研究院有限公司
8	北京市太阳能热利用工程技术研究中心	北京市太阳能研究所集团有限公司
9	北京市变频技术工程技术研究中心	北方工业大学
10	北京市集中生物燃气利用工程技术研究中心	清华大学
11	北京市劣质铁矿石综合利用工程技术研究中心	神雾科技集团股份有限公司
12	北京市中低速磁浮交通系统工程技术研究中心	北京控股磁悬浮技术发展有限公司
13	北京市动力锂离子电池工程技术研究中心	北大先行科技产业有限公司
14	北京市光伏装备工程技术研究中心	北京京仪集团有限责任公司
15	北京市城镇生活固废综合处理与资源化工程技术研究中心	北京环境工程技术有限公司
16	北京市有机废弃物资源化工程技术研究中心	北京嘉博文生物科技有限公司
17	北京市污水脱氮除磷处理与过程控制工程技术研究中心	北京工业大学
18	北京市锂电正极材料工程技术研究中心	北京当升材料科技股份有限公司
19	北京市村镇污水处理及资源化工程技术研究中心	总装备部工程设计研究总院
20	北京市安全防范报警与安检工程技术研究中心	北京声迅电子有限公司
21	北京市城市安全生产综合监管工程技术研究中心	北京亚思顿科技发展有限公司
22	北京市岩土锚固工程技术研究中心	中国京冶工程技术有限公司
23	北京市建筑安全监测工程技术研究中心	北京建筑大学
24	北京市功能性高分子建筑材料工程技术研究中心	北京市建筑工程研究院有限责任公司
25	北京市预拌砂浆工程技术研究中心	北京建筑材料科学研究总院有限公司
26	北京市数控机床工程技术研究中心	北京北一机床股份有限公司
27	北京市金属件先进成形技术与装备工程技术研究中心	机械科学研究总院

续表

序号	中心名称	依托单位
28	北京市金融机具工程技术研究中心	中钞长城金融设备控股有限公司
29	北京市广播电视技术工程技术研究中心	北京北广科技股份有限公司
30	北京市氯碱装备工程技术研究中心	蓝星(北京)化工机械有限公司
31	北京市无纸化办公信息采集设备工程技术研究中心	汉王科技股份有限公司
32	北京市智能化技术与系统工程技术研究中心	中国科学院自动化研究所
33	北京市数字视频工程技术研究中心	新奥特(北京)视频技术有限公司
34	北京市政务信息化工程技术研究中心	太极计算机股份有限公司
35	北京市物联网软件与系统工程技术研究中心	北京工业大学
36	北京市数字城市工程技术研究中心	中国科学院电子学研究所
37	北京市海量语言信息处理与云计算应用工程技术研究中心	北京理工大学
38	北京市数据中心运营和服务工程技术研究中心	北京世纪互联宽带数据中心有限公司
39	北京市云制造平台与服务工程技术研究中心	北京慧点科技有限公司
40	北京市小卫星遥感信息工程技术研究中心	二十一世纪空间技术应用股份有限公司
41	北京市软件服务运营工程技术研究中心	神州数码信息系统有限公司
42	北京市集成电路先导工艺工程技术研究中心	中国科学院微电子研究所
43	北京市太赫兹与红外工程技术研究中心	首都师范大学
44	北京市 MOCVD 工程技术研究中心	北京北方华创微电子装备有限公司
45	北京市激光应用技术工程技术研究中心	北京工业大学
46	北京市全固态激光先进制造工程技术研究中心	中国科学院半导体研究所
47	北京市轮胎绿色制造工艺工程技术研究中心	北京橡胶工业研究设计院
48	北京市碳纤维工程技术研究中心	中国蓝星(集团)股份有限公司
49	北京市纳米材料绿色打印印刷工程技术研究中心	中国科学院化学研究所
50	北京市饲料安全生物调控工程技术研究中心	北京大北农科技集团股份有限公司
51	北京市乳品工程技术研究中心	北京三元食品股份有限公司
52	北京市食品安全分析测试工程技术研究中心	北京市理化分析测试中心
53	北京市非常规水资源开发利用与节水工程技术研究中心	北京市水科学技术研究院
54	北京市缓控释肥料工程技术研究中心	北京市农林科学院
55	北京市草莓工程技术研究中心	北京市农林科学院
56	北京市蛋鸡工程技术研究中心	北京市华都峪口禽业有限责任公司
57	北京市工业建筑特种材料工程技术研究中心	中冶建筑研究总院有限公司
58	北京市大型关键金属构件激光直接制造工程技术研究中心	北京航空航天大学
59	北京市铸轧工程技术研究中心	中冶京诚工程技术有限公司
60	北京市特种车辆部件先进制造与评估工程技术研究中心	北京北方车辆集团有限公司
61	北京市工业部件表面强化与修复工程技术研究中心	北京矿冶研究总院
62	北京市电子信息用新型钎焊材料工程技术研究中心	北京有色金属与稀土应用研究所
63	北京市先进铝合金材料及应用工程技术研究中心	中国航发北京航空材料研究院
64	北京市难熔金属材料工程技术研究中心	安泰科技股份有限公司
65	北京市生态环境材料及其评价工程技术研究中心	北京工业大学

续表

序号	中心名称	依托单位
66	北京市呼吸与危重症诊治工程技术研究中心	首都医科大学附属北京朝阳医院
67	北京市人工听觉工程技术研究中心	首都医科大学附属北京同仁医院
68	北京市心脑血管医疗技术与器械工程技术研究中心	首都医科大学附属北京安贞医院
69	北京市脂质靶向制剂工程技术研究中心	北京泰德制药股份有限公司
70	北京市口服固体制剂产业化工程技术研究中心	华润赛科药业有限责任公司
71	北京市心脏病介入诊疗设备工程技术研究中心	乐普(北京)医疗器械股份有限公司
72	北京市医用内植物工程技术研究中心	北京纳通科技集团有限公司
73	北京市新型人用预防性疫苗工程技术研究中心	北京科兴生物制品有限公司
74	北京市基因工程抗体药物工程技术研究中心	百泰生物药业有限公司
75	北京市重组蛋白药物工程技术研究中心	北京凯因科技股份有限公司
76	北京市传染病诊断工程技术研究中心	北京万泰生物药业股份有限公司
77	北京市钢铁冶金节能减排工程技术研究中心	北京中冶设备研究设计总院有限公司
78	北京市纳米结构薄膜太阳能电池工程技术研究中心	北京低碳清洁能源研究所
79	北京市风电设备可靠性工程技术研究中心	国电联合动力技术有限公司
80	北京市电动汽车充换电工程技术研究中心	中国电力科学研究院
81	北京市电站自动化工程技术研究中心	北京国电智深控制技术有限公司
82	北京市低质燃料高效清洁利用工程技术研究中心	中国华能集团清洁能源技术研究院有限公司
83	北京市集成电路电子设计自动化工程技术研究中心	北京华大九天软件有限公司
84	北京市火电厂烟气净化工程技术研究中心	北京国电龙源环保工程有限公司
85	北京市电子系统可靠性评测工程技术研究中心	工业和信息化部计算机与微电子发展研究中心
86	北京市弱磁检测及应用工程技术研究中心	北京科技大学
87	北京市光电通信线路工程技术研究中心	北京亨通斯博通讯科技有限公司
88	北京市数字交通枢纽工程技术研究中心	北京竞业达数码科技股份有限公司
89	北京市光纤传感系统工程技术研究中心	北京航天时代光电科技有限公司
90	北京市复杂产品先进制造系统工程技术研究中心	北京仿真中心
91	北京市下一代网络安全软件与系统工程技术研究中心	北京神州绿盟信息安全科技股份有限公司
92	北京市气环境监测工程技术研究中心	北京航天益来电子科技有限公司
93	北京市物联网技术与系统工程技术研究中心	首都信息发展股份有限公司
94	北京市北斗卫星导航技术与装备工程技术研究中心	北京北斗星通导航技术股份有限公司
95	北京市卫星通信导航工程技术研究中心	北京华力创通科技股份有限公司
96	北京市移动卫星应用工程技术研究中心	北京中交通信科技有限公司
97	北京市太阳能热发电工程技术研究中心	中国科学院电工研究所
98	北京市有色金属新能源基础制品工程技术研究中心	北京有色金属研究总院
99	北京市蛋白和抗体研发及制备工程技术研究中心	神州细胞工程有限公司
100	北京市裸质粒基因治疗药物工程技术研究中心	北京诺思兰德生物技术股份有限公司
101	北京市肿瘤与糖尿病小分子靶向新药工程技术研究中心	北京赛林泰医药技术有限公司
102	北京市重组蛋白及其长效制剂工程技术研究中心	北京双鹭药业股份有限公司
103	北京市长效干扰素工程技术研究中心	北京三元基因药业股份有限公司

续表

序号	中心名称	依托单位
104	北京市纳微化结构药物工程技术研究中心	北京万生药业有限责任公司
105	北京市免疫试剂临床工程技术研究中心	首都医科大学附属北京天坛医院
106	北京市核医学装备工程技术研究中心	北京大基康明医疗设备有限公司
107	北京市儿童外科矫形器具工程技术研究中心	首都医科大学附属北京儿童医院
108	北京市临床检验工程技术研究中心	北京医院
109	北京市多模态医学影像工程技术研究中心	清华大学
110	北京市大血管外科植入式人工材料工程技术研究中心	首都医科大学附属北京安贞医院
111	北京市污水资源化工程技术研究中心	北京城市排水集团有限责任公司
112	北京市新型污水深度处理工程技术研究中心	北京大学
113	北京市污水资源化膜技术工程技术研究中心	北京碧水源科技股份有限公司
114	北京市高能耗电机变频节能工程技术研究中心	北京动力源科技股份有限公司
115	北京市粉体物料气力输送工程技术研究中心	北京国电富通科技发展有限责任公司
116	北京市低变质煤与有机废弃物热解提质工程技术研究中心	神雾科技集团股份有限公司
117	北京市城轨运行控制系统工程技术研究中心	交控科技股份有限公司
118	北京市城市交通运行保障工程技术研究中心	北京工业大学
119	北京市城市交通信息智能感知与服务工程技术研究中心	北京交通大学
120	北京市高速公路智能交通工程技术研究中心	北京云星宇交通科技股份有限公司
121	北京市城市交通基础设施建设工程技术研究中心	北京建筑大学
122	北京市特种粉末冶金材料工程技术研究中心	安泰科技股份有限公司
123	北京市金属粉末工程技术研究中心	有研粉末新材料(北京)有限公司
124	北京市水性聚合物合成与应用工程技术研究中心	北京化工大学
125	北京市纤维素及其衍生材料工程技术研究中心	北京理工大学
126	北京市市政路桥绿色建材工程技术研究中心	北京市政路桥建材集团有限公司
127	北京市纳米材料工程技术研究中心	国家纳米科学中心
128	北京市精密测控技术与仪器工程技术研究中心	北京工业大学
129	北京市工业控制系统工程技术研究中心	北京和利时系统工程有限公司
130	北京市变截面辊弯成形工程技术研究中心	北方工业大学
131	北京市铁路车辆安全检测工程技术研究中心	北京康拓红外技术股份有限公司
132	北京市物质成分分析仪器工程技术研究中心	北京北分瑞利分析仪器(集团)有限责任公司
133	北京市数字电视系统工程技术研究中心	北京数码视讯科技股份有限公司
134	北京市高效节能矿冶技术装备工程技术研究中心	北京矿冶研究总院
135	北京市轻纺机械机器视觉工程技术研究中心	北京经纬纺机新技术有限公司
136	北京市蛋白功能肽工程技术研究中心	中国食品发酵工业研究院
137	北京市农业物联网工程技术研究中心	北京农业信息技术研究中心、中国农业大学
138	北京市农村远程信息服务工程技术研究中心	北京市农林科学院
139	北京市植物工厂工程技术研究中心	北京京鹏环球科技股份有限公司
140	北京市园林植物工程技术研究中心	北京林大林业科技股份有限公司
141	北京市高速磁悬浮电机技术及应用工程技术研究中心	北京航空航天大学

续表

序号	中心名称	依托单位
142	北京市清洁热处理工程技术研究中心	北京机电研究所
143	北京市轨道交通电气工程技术研究中心	北京交通大学
144	北京市融合网络与泛在业务工程技术研究中心	北京科技大学
145	北京市混合现实与新型显示工程技术研究中心	北京理工大学
146	北京市无线医疗与健康工程技术研究中心	清华大学
147	北京市工业波谱成像工程技术研究中心	北京科技大学
148	北京市微振动环境控制工程技术研究中心	中国电子工程设计院
149	北京市自动化物流装备工程技术研究中心	北京起重运输机械设计研究院
150	北京市特异物质安全检测技术与装备工程技术研究中心	同方威视技术股份有限公司
151	北京市摩擦焊接工艺与装备工程技术研究中心	中国航空工业集团公司北京航空制造工程研究所
152	北京市轨道交通维护装备工程技术研究中心	中车北京二七机车有限公司
153	北京市数字航空遥感工程技术研究中心	北京天下图数据技术有限公司
154	北京市地理信息系统平台软件研发与应用工程技术研究中心	北京超图软件股份有限公司
155	北京市低空遥感数据处理工程技术研究中心	中测新图(北京)遥感技术有限责任公司
156	北京市宽带接入应用交付工程技术研究中心	北京星网锐捷网络技术有限公司
157	北京市平板显示工程技术研究中心	京东方科技集团股份有限公司
158	北京市虚拟仿真与可视化工程技术研究中心	北京大学
159	北京市低温多效热法海水淡化工程技术研究中心	中国电子工程设计院
160	北京市过程污染控制工程技术研究中心	中国科学院过程工程研究所
161	北京市环境岩土工程技术研究中心	北京市勘察设计研究院有限公司
162	北京市水处理环保材料工程技术研究中心	北京化工大学
163	北京市水土保持工程技术研究中心	北京林业大学
164	北京市高污染化工废水资源化工程技术研究中心	北京万邦达环保技术股份有限公司
165	北京市物联网应急平台工程技术研究中心	北京辰安科技股份有限公司
166	北京市核化安全工程技术研究中心	中国人民解放军防化研究院
167	北京市轨道交通线路安全与防灾工程技术研究中心	北京交通大学
168	北京市轨道交通工程技术研究中心	北京市轨道交通设计研究院有限公司
169	北京市高层和大跨度预应力钢结构工程技术研究中心	北京工业大学
170	北京市食品环境与健康工程技术研究中心	中央民族大学
171	北京市小城镇污水处理与回用工程技术研究中心	北京桑德环境工程有限公司
172	北京市新能源汽车电机系统工程技术研究中心	精进电动科技股份有限公司
173	北京市生物燃料工程技术研究中心	清华大学
174	北京市燃气轮机用高温合金工程技术研究中心	北京钢研高纳科技股份有限公司
175	北京市先进钛合金精密成型工程技术研究中心	中国航发北京航空材料研究院
176	北京市空间电源变换与控制工程技术研究中心	北京卫星制造厂
177	北京市半导体微纳集成工程技术研究中心	中国科学院半导体研究所
178	北京市印刷电子工程技术研究中心	北京印刷学院
179	北京市低维碳材料工程技术研究中心	北京大学

续表

序号	中心名称	依托单位
180	北京市新能源车用动力电池系统集成工程技术研究中心	北京普莱德新能源电池科技有限公司
181	北京市交通与能源用特殊钢工程技术研究中心	北京科技大学设计研究院有限公司
182	北京市超硬材料制品工程技术研究中心	北京安泰钢研超硬材料制品有限责任公司
183	北京市先进弹性体工程技术研究中心	北京化工大学
184	北京市口腔材料工程技术研究中心	安泰科技股份有限公司
185	北京市能源用钢工程技术研究中心	首钢集团有限公司
186	北京市兽用多肽疫苗设计与制备工程技术研究中心	中牧实业股份有限公司
187	北京市作物分子育种工程技术研究中心	北京大北农科技集团股份有限公司
188	北京市系统营养工程技术研究中心	北京市营养源研究所
189	北京市畜禽健康养殖环境工程技术研究中心	中国农业大学
190	北京市食用菌工程技术研究中心	北京市农林科学院
191	北京市乡村景观规划设计工程技术研究中心	北京农学院
192	北京市食品添加剂工程技术研究中心	北京工商大学
193	北京市中兽药工程技术研究中心	北京生泰尔科技股份有限公司
194	北京市落叶果树工程技术研究中心	北京市农林科学院
195	北京市骨科植入医疗器械工程技术研究中心	中国人民解放军总医院第一附属医院
196	北京市纳米生物医学检测工程技术研究中心	国家纳米科学中心
197	北京市神经药物工程技术研究中心	北京市老年病医疗研究中心
198	北京市抗肿瘤新药创制工程技术研究中心	百济神州(北京)生物科技有限公司
199	北京市生物大分子药物转化工程技术研究中心	中国科学院生物物理研究所
200	北京市缓控释制剂工程技术研究中心	北京星昊医药股份有限公司
201	北京市中药配方颗粒工程技术研究中心	北京康仁堂药业有限公司
202	北京市手术与危重症系统工程技术研究中心	北京谊安医疗系统股份有限公司
203	北京市细菌性疫苗工程技术研究中心	北京智飞绿竹生物制药有限公司
204	北京市服装产业数字化工程技术研究中心	北京服装学院
205	北京市数字内容工程技术研究中心	中国科学院自动化研究所
206	北京市硅基高速片上系统工程技术研究中心	北京理工大学
207	北京市能源电力信息安全工程技术研究中心	华北电力大学
208	北京市电磁兼容与天线测试工程技术研究中心	北京空间飞行器总体设计部
209	北京市互动电视运营和服务工程技术研究中心	北京四达时代软件技术股份有限公司
210	北京市轨道交通电磁兼容与卫星导航工程技术研究中心	北京交通大学
211	北京市特种安保救援智能装备工程技术研究中心	北京机械设备研究所
212	北京市无人机应用系统工程技术研究中心	中国航天空气动力技术研究院
213	北京市无人机空管航电工程技术研究中心	中航航空电子有限公司
214	北京市数字化医疗3D打印工程技术研究中心	北京工业大学
215	北京市高效绿色数控加工工艺及装备工程技术研究中心	北京航空航天大学
216	北京市机器人伺服与控制系统工程技术研究中心	北京自动化控制设备研究所
217	北京市准分子激光工程技术研究中心	中国科学院光电研究院

续表

序号	中心名称	依托单位
218	北京市新能源汽车工程技术研究中心	北汽福田汽车股份有限公司
219	北京市高速铁路运行控制系统工程技术研究中心	北京全路通信信号研究设计院集团有限公司
220	北京市供水管网系统安全与节能工程技术研究中心	中国农业大学
221	北京市可持续城市排水系统构建与风险控制工程技术研究中心	北京建筑大学
222	北京市再生水水质安全保障工程技术研究中心	北控水务(中国)投资有限公司
223	北京市城市热管理工程技术研究中心	北京大学
224	北京市建筑高能效与城市生态工程技术研究中心	北京市建筑设计研究院有限公司
225	北京市建筑能源高效综合利用工程技术研究中心	北京建筑大学
226	北京市绿色建筑设计工程技术研究中心	中国建筑科学研究院
227	北京市现场物证检验工程技术研究中心	公安部物证鉴定中心
228	北京市地震观测工程技术研究中心	中国地震局地壳应力研究所
229	北京市冶金三维仿真设计工程技术研究中心	北京首钢国际工程技术有限公司
230	北京市信息化建筑设计与建造工程技术研究中心	北京市建筑设计研究院有限公司
231	北京市历史建筑保护工程技术研究中心	北京工业大学
232	北京市互动媒体艺术工程技术研究中心	北京理工大学
233	北京市第三代半导体材料及应用工程技术研究中心	中国科学院半导体研究所
234	北京市高纯金属溅射靶材工程技术研究中心	有研亿金新材料有限公司
235	北京市金属先进成形制造工程技术研究中心	北京有色金属研究总院
236	北京市多级结构催化材料工程技术研究中心	北京化工大学
237	北京市真空玻璃工程技术研究中心	北京新立基真空玻璃技术有限公司
238	北京市智能微电网控制工程技术研究中心	北京四方继保自动化股份有限公司
239	北京市农业功能微生物工程技术研究中心	保罗生物园科技股份有限公司
240	北京市盐碱及荒漠化地区生态修复与固碳工程技术研究中心	清华大学
241	北京市果树良种繁育工程技术研究中心	中国农业大学
242	北京市花卉园艺工程技术研究中心	北京市植物园
243	北京市食品安全免疫快速检测工程技术研究中心	北京勤邦生物技术有限公司
244	北京市生物医学分子检测工程技术研究中心	中国科学院生物物理研究所
245	北京市医用影像诊断装备工程技术研究中心	北京万东医疗科技股份有限公司
246	北京市基因测序与功能分析工程技术研究中心	北京市理化分析测试中心
247	北京市蛋白质药物工程技术研究中心	舒泰神(北京)生物制药股份有限公司
248	北京市新型联合疫苗工程技术研究中心	北京民海生物科技有限公司
249	北京市天地一体化信息安全工程技术研究中心	航天恒星科技有限公司
250	北京市电力高可靠性集成电路设计工程技术研究中心	北京智芯微电子科技有限公司
251	北京市卫星移动宽带通信工程技术研究中心	中国空间技术研究院
252	北京市智慧管网安全评价及运营监管工程技术研究中心	正元地理信息有限责任公司
253	北京市高效能及绿色宇航推进工程技术研究中心	北京控制工程研究所
254	北京市航天器焊接技术与装备工程技术研究中心	北京卫星制造厂
255	北京市空间水气净化与再生工程技术研究中心	北京机械设备研究所

续表

序号	中心名称	依托单位
256	北京市航天产品智能装配技术与装备工程技术研究中心	北京卫星环境工程研究所
257	北京市微电子刻蚀与薄膜工艺装备工程技术研究中心	北京北方华创微电子装备有限公司
258	北京市海洋声学装备工程技术研究中心	中国科学院声学研究所
259	北京市振动测试设备工程技术研究中心	北京强度环境研究所
260	北京市高速铁路宽带移动通信工程技术研究中心	北京交通大学
261	北京市轨道结构工程技术研究中心	北京城建设计发展集团股份有限公司
262	北京市流域环境生态修复与综合调控工程技术研究中心	北京师范大学
263	北京市钢与混凝土组合结构工程技术研究中心	清华大学
264	北京市供水水质工程技术研究中心	北京市自来水集团有限责任公司
265	北京市被动式低能耗建筑工程技术研究中心	北京建筑材料科学研究总院有限公司
266	北京市应急生存保障工程技术研究中心	中国人民解放军总后勤部军需装备研究所
267	北京市道路与市政管线地下病害工程技术研究中心	北京市勘察设计研究院有限公司
268	北京市地基基础与地下空间开发利用工程技术研究中心	建研地基基础工程有限责任公司
269	北京市智能机械创新设计服务工程技术研究中心	北京联合大学
270	北京市城市设计与城市复兴工程技术研究中心	北京市建筑设计研究院有限公司
271	北京市纺织纳米纤维工程技术研究中心	北京服装学院
272	北京市先进运载系统结构透明件工程技术研究中心	中国航发北京航空材料研究院
273	北京市页岩气勘探开发工程技术研究中心	神华地质勘查有限责任公司
274	北京市农业监测预警工程技术研究中心	中国农业科学院农业信息研究所
275	北京市粮油加工工程技术研究中心	中国农业机械化科学研究院
276	北京市畜禽生物制品工程技术研究中心	北京大北农科技集团股份有限公司
277	北京市植物组织培养工程技术研究中心	北京市海淀区植物组织培养技术实验室
278	北京市饲用微生态制剂工程技术研究中心	北京大伟嘉生物技术股份有限公司
279	北京市生鲜乳质量安全工程技术研究中心	中国农业大学
280	北京市3D打印骨科应用工程技术研究中心	北京爱康宜诚医疗器材有限公司
281	北京市呼吸疾病药物工程技术研究中心	扬子江药业集团北京海燕药业有限公司
282	北京市神经系统3D打印临床医学转化工程技术研究中心	首都医科大学附属北京天坛医院
283	北京市神经介入工程技术研究中心	首都医科大学附属北京天坛医院
284	北京市面向智能网联汽车的5G传输工程技术研究中心	普天信息技术有限公司
285	北京市电子证照公共服务平台工程技术研究中心	方正国际软件(北京)有限公司
286	北京市云计算节能工程技术研究中心	曙光信息产业(北京)有限公司
287	北京市民航大数据工程技术研究中心	中国民航信息网络股份有限公司
288	北京市网络空间数据分析与应用工程技术研究中心	北京锐安科技有限公司
289	北京市涉密信息载体安全管理工程技术研究中心	北京京航计算通讯研究所
290	北京市航空发动机先进焊接工程技术研究中心	中国航发北京航空材料研究院
291	北京市航天试验技术与装备工程技术研究中心	北京航天试验技术研究所
292	北京市陆表遥感数据产品工程技术研究中心	北京师范大学
293	北京市航空智能遥感装备工程技术研究中心	北京空间机电研究所

续表

序号	中心名称	依托单位
294	北京市微电子制备仪器设备工程技术研究中心	中国科学院微电子研究所
295	北京市平板显示视觉检测智能装备工程技术研究中心	北京兆维电子(集团)有限责任公司
296	北京市直流输配电工程技术研究中心	中电普瑞电力工程有限公司
297	北京市邮政智能装备工程技术研究中心	邮政科学研究规划院
298	北京市海洋深部钻探测量工程技术研究中心	中国科学院声学研究所
299	北京市化学机械平坦化工艺设备工程技术研究中心	中国电子科技集团公司第四十五研究所
300	北京市智能网联驾驶测试与评价工程技术研究中心	工业和信息化部计算机与微电子发展研究中心(中国软件评测中心)
301	北京市功率型动力电池工程技术研究中心	中信国安盟固利动力科技有限公司
302	北京市氢燃料电池发动机工程技术研究中心	北京亿华通科技股份有限公司
303	北京市既有建筑改造工程技术研究中心	中国建筑技术集团有限公司
304	北京市工业污染场地土壤修复工程技术研究中心	首钢环境产业有限公司
305	北京市城市桥梁安全保障工程技术研究中心	北京市市政工程设计研究总院有限公司
306	北京市工业挥发性有机污染物检测工程技术研究中心	谱尼测试集团股份有限公司
307	北京市真空计量检测工程技术研究中心	北京东方计量测试研究所
308	北京市民航安全分析及预防工程技术研究中心	中国民航科学技术研究院
309	北京市石墨烯及应用工程技术研究中心	中国航发北京航空材料研究院
310	北京市核电先进堆型焊接与检测工程技术研究中心	中国核工业二三建设有限公司
311	北京市功能花卉工程技术研究中心	北京农业生物技术研究中心
312	北京市智能精量播种工程技术研究中心	北京德邦大为科技股份有限公司
313	北京市畜产品质量安全源头控制工程技术研究中心	中粮营养健康研究院有限公司
314	北京市水溶性高分子凝胶贴膏剂工程技术研究中心	北京泰德制药股份有限公司
315	北京市人类重大疾病实验动物模型工程技术研究中心	中国医学科学院医学实验动物研究所
316	北京市肝炎与肝癌精准医疗及转化工程技术研究中心	北京市肝病研究所

资料来源:北京市科学技术委员会。

北京地区专利代理机构一览表

序号	机构名称	地　　址	邮　编	负责人	电　话	设立日期	是否备案
1	北京国林贸知识产权代理有限公司	东城区建国门内大街18号恒基中心办公楼1座6层605室	100005	李桂玲	65150103	1985年7月8日	否
2	北京路浩知识产权代理有限公司	海淀区丹棱街3号B座18楼08、09、10、11、17室	100081	谢顺星	62196988	2001年4月25日	否
3	北京中创阳光知识产权代理有限责任公司	海淀区厂洼1号200室	100080	尹振启	62017761	2001年9月30日	否

续表

序号	机构名称	地　址	邮　编	负责人	电　话	设立日期	是否备案
4	北京中建联合知识产权代理事务所（普通合伙）	西城区百万庄子区38楼316室	100037	朱丽岩	68330021	2001年10月19日	否
5	北京律诚同业知识产权代理有限公司	海淀区知春路甲48号2号楼16层	100098	梁　挥	58733366	1999年11月29日	否
6	北京邦信阳专利商标代理有限公司	朝阳区永安东里甲3号通用时代国际中心1号写字楼0501—0503室	100022	张秋生	58793300	1999年3月19日	否
7	北京市中实友知识产权代理有限责任公司	西城区安德路112号1号楼108室	100120	张少宏	62366429	1991年12月19日	否
8	北京金富邦专利事务所有限责任公司	朝阳区小关街53号	100029	孙伯庆	64249828	1993年1月20日	否
9	北京英特普罗知识产权代理有限公司	西城区车公庄大街9号五栋大楼C座11层	100044	胡　棋	88395588	1998年9月23日	否
10	北京华夏正合知识产权代理事务所（普通合伙）	西城区西外大街1号院西环广场2号楼17层C7、C13室	100044	韩登营	58301655	2011年7月23日	否
11	北京德琦知识产权代理有限公司	海淀区知春路1号学院国际大厦7层	100083	宋志强	82339088	2001年4月28日	否
12	北京中原华和知识产权代理有限责任公司	朝阳区北辰东路8号汇宾大厦A座909室	100101	寿　宁	64993855	2001年6月6日	否
13	中科专利商标代理有限责任公司	海淀区西三环北路87号11层4－1105室	100089	张立岩	68619696	1991年12月19日	否
14	北京振安创业专利代理有限责任公司	海淀区花园东路30号花园商务会馆6402室	100083	祁纯阳	82029709	2001年12月17日	否
15	中国国际贸易促进委员会专利商标事务所	西城区阜成门外大街2号8层	100037	马　浩	68516688	1993年8月13日	否
16	北京知本村知识产权代理事务所	宣武区牛街东里一区8号楼1603室	100053	周自清	63894911	2001年12月26日	否
17	北京乾诚五洲知识产权代理有限责任公司	西城区北三环中路甲29号院2号楼底商B－402室	100029	付晓青	82250113 82252476	2005年6月9日	否
18	北京北新智诚知识产权代理有限公司	西城区西直门南大街16号	100035	朱丽华	66168467	2001年12月24日	否
19	北京市柳沈律师事务所	海淀区彩和坊路10号1号楼10层	100080	杨　梧	62681616	1993年3月11日	否
20	北京太兆天元知识产权代理有限责任公司	海淀区马甸东路19号13层1609室	100088	马灵洁	82800237	1994年10月13日	否
21	北京万慧达知识产权代理有限公司	海淀区中关村南大街1号友谊宾馆颐园写字楼226号	100873	白　刚	68921000	1994年3月12日	否

续表

序号	机构名称	地　址	邮　编	负责人	电　话	设立日期	是否备案
22	北京天昊联合知识产权代理有限公司	东城区建国门内大街28号民生金融中心D座10层	100005	张天舒	85295526	1995年8月21日	否
23	北京载博知识产权代理事务所(普通合伙)	海淀区苏州街1号8170室	100080	朱小莺	82193223	1985年4月1日	否
24	北京永创新实专利事务所	海淀区学院路37号	100191	周长琪	82332256	2001年6月25日	否
25	北京三友知识产权代理有限公司	金融街35号国际企业大厦A座16层	100033	李　辉	88091921	1991年10月10日	否
26	北京海虹嘉诚知识产权代理有限公司	海淀区海淀南路21号中关村知识产权大厦B座9层	100080	张　涛	82370871	2001年11月30日	否
27	北京华科联合专利事务所(普通合伙)	朝阳区农展馆南路5号京朝大厦1号楼3层3017室	100044	王　为	68314404	2001年12月29日	否
28	小松专利事务所	西城区前门西大街8号楼1002室	100051	陈祚龄	63172986	1987年6月18日	否
29	北京博浩百睿知识产权代理有限责任公司	海淀区知春路甲48号1号楼10层11B	100098	宋子良	58732381	2001年7月18日	否
30	北京同汇友专利事务所(普通合伙)	大兴区黄村镇兴政街31号	102600	高云瑞	69242225	2001年7月31日	否
31	北京金之桥知识产权代理有限公司	海淀区知春路6号锦秋国际大厦A608室	100088	林建军	82800716	1994年7月20日	否
32	北京三高永信知识产权代理有限责任公司	海淀区学院路蓟门里和景园A座1单元102室	100088	何文彬	62042352	1991年12月14日	否
33	北京科龙寰宇知识产权代理有限责任公司	海淀区知春路6号锦秋国际大厦A-1303室	100088	孙皓晨	82800568	1992年7月3日	否
34	北京君尚知识产权代理事务所(普通合伙)	海淀区北四环西路68号左岸工社1316-1317室	100080	余长江	82529027	2001年7月17日	否
35	北京清亦华知识产权代理事务所(普通合伙)	海淀区清华园清华大学照澜院商业楼301室	100084	宋合成	62792171	2001年7月13日	否
36	北京思海天达知识产权代理有限公司	朝阳区平乐园100号	100124	张　慧	67392381	2002年1月24日	否
37	北京英赛嘉华知识产权代理有限责任公司	海淀区知春路甲48号盈都大厦A座19A	100098	王达佐	58732666	2001年9月19日	否
38	北京同立钧成知识产权代理有限公司	海淀区西直门北大街32号枫蓝国际A座8F-6	100082	臧建明	62260318	2001年5月28日	否
39	北京华谊知识产权代理有限公司	北京科技大学科技园方兴大厦705(海淀区学院路30号1区)	100083	刘月娥	62332031	2001年9月14日	否

续表

序号	机构名称	地　　址	邮　编	负责人	电　话	设立日期	是否备案
40	北京纽乐康知识产权代理事务所(普通合伙)	海淀区东北旺西路8号中关村软件园8号楼227B室	100193	田　磊	62684358	1993年11月23日	否
41	北京轻创知识产权代理有限公司	海淀区知春路7号致真大厦A座1404、1405室	100191	杨　立	51651144	1985年4月1日	否
42	北京申翔知识产权代理有限公司	西城区西直门南小街国英1号大厦0429号	100035	周春发	58561176	1993年1月15日	否
43	北京三幸商标专利事务所(普通合伙)	朝阳区北辰东路8号汇欣大厦B座0811号	100101	刘　彦	84970375/84976188	1993年3月16日	否
44	北京思创毕升专利事务所	朝阳区北三环东路14号	100013	孙向民	64201667	1994年3月4日	否
45	中原信达知识产权代理有限责任公司	西城区金融街19号富凯大厦B座11层	100140	陆锦华	66576688	1995年7月21日	否
46	北京捷诚信通专利事务所(普通合伙)	西城区三里河一区5－5	100045	庞炳良	68589998	1994年6月1日	否
47	北京元中知识产权代理有限责任公司	海淀区知春路7号致真大厦A座1401	100191	王明霞	82263396	1994年10月7日	否
48	北京金阙华进专利事务所(普通合伙)	朝阳区东大桥8号尚都国际中心2312室	100020	陈建春	58702027	1994年10月27日	否
49	北京金信知识产权代理有限公司	海淀区紫竹院路116号嘉豪国际中心B座11层	100097	张晓晨	58930011	2002年4月16日	否
50	北京中知法苑知识产权代理事务所(普通合伙)	海淀区北三环西路蓟门里小区22号楼(政法大厦A座)305室	100191	常玉明	82090902	1994年12月28日	否
51	北京集佳知识产权代理有限公司	朝阳区建外大街22号赛特广场7层	100004	于泽辉	85115888	1995年2月28日	否
52	北京汇泽知识产权代理有限公司	海淀区知春路6号锦秋国际大厦18层18A13	100088	张　瑾	82961618	1995年3月29日	否
53	北京金言诚信知识产权代理有限公司	海淀区知春路1号1幢(学院国际大厦)908室	100088	朱　力	82665269	1995年4月8日	否
54	北京万科园知识产权代理有限责任公司	海淀区北太平庄路25号(豪威大厦)1幢312A室	100088	张亚军	82076997	1995年4月25日	否
55	北京慧泉知识产权代理有限公司	海淀区蓟门里和景园A座1单元302室	100088	王顺荣	82023315	1995年10月17日	否
56	北京科兴园专利事务所	朝阳区酒仙桥路13号	100016	王　蕴	64355266	1995年11月1日	否
57	中国商标专利事务所有限公司	西城区月坛南街14号月新大厦	100045	宋义兴	68571620	1993年1月3日	否

续表

序号	机构名称	地　址	邮　编	负责人	电　话	设立日期	是否备案
58	北京市广友专利事务所有限责任公司	海淀区花园东路31号牡丹宾馆7002房间	100191	张仲波	82090980	1996年3月15日	否
59	北京博圣通专利事务所	海淀区北四环中路229号海泰大厦1706室	100083	黄　薇	82884000	1997年3月25日	否
60	北京天平专利商标代理有限公司	朝阳区朝外大街16号1号楼1206A室	100020	王　怡	65883010	1994年6月13日	否
61	北京康信知识产权代理有限责任公司	海淀区知春路48号盈都大厦A座16层	100098	余　刚	56571588	1994年9月28日	否
62	北京双收知识产权代理有限公司	朝阳区安贞西里五区3号楼B506－507室	100029	吴忠仁	82041781－1782	1997年9月5日	否
63	北京诺孚尔知识产权代理有限责任公司	海淀区紫竹院路81号院1号楼801A	100089	白　帆	68430973/68430975/68480976	1999年5月13日	否
64	北京银龙知识产权代理有限公司	海淀区西直门北大街32号院枫蓝国际中心2号楼10层	100082	许　静	82252547	1998年11月30日	否
65	北京市合德专利事务所	海淀区北三环中路77号－90号信箱	100088	李本源	82047900	1998年11月5日	否
66	北京纪凯知识产权代理有限公司	丰台区广安路9号5号楼15A层	100055	赵蓉民	63509806	1998年12月16日	否
67	北京众合诚成知识产权代理有限公司	西城区车公庄大街甲4号物华大厦A座1707室	100044	黄家俊	68003961	1999年6月17日	否
68	北京市中咨律师事务所	西城区平安里西大街26号新时代大厦7层	100034	林柏楠	66091188	2001年9月29日	否
69	北京中安信知识产权代理事务所（普通合伙）	海淀区学清路甲38号金码大酒店11层1103－1105室	100083	张小娟	82837725/82837726	2001年7月17日	否
70	北京中恒高博知识产权代理有限公司	朝阳区东土城路8号林达大厦A座23层A室	100013	张秋云	68001852	1999年4月28日	否
71	北京三聚阳光知识产权代理有限公司	海淀区海淀南路甲21号中关村知识产权大厦A座503室	100080	张　杰	62382785	2000年8月7日	否
72	北京科迪生专利代理有限责任公司	海淀区知春路111号理想大厦507－508室	100080	关　玲	82615576	2001年9月20日	否
73	北京维澳专利代理有限公司	朝阳区建国门外大街22号赛特大厦1702室	100004	翟向红	65598871	2001年12月29日	否
74	北京中北知识产权代理有限公司	西城区月坛北街2号月坛大厦16层1号	100045	袁世寰	68081365	1992年8月1日	否
75	北京连城创新知识产权代理有限公司	北京市海淀区北三环西路48号1号楼B座6B	100086	刘伍堂	62146667	2002年6月25日	否

续表

序号	机构名称	地 址	邮 编	负责人	电 话	设立日期	是否备案
76	北京市商泰律师事务所	朝阳区朝外大街10号昆泰大厦1219室	100020	郭 华	65995719	2002年7月8日	否
77	北京市金杜律师事务所	朝阳区东三环中路1号环球金融中心办公楼东楼20层	100020	王俊峰	58785588	2002年7月9日	否
78	北京正理专利代理有限公司	西城区车公庄大街甲4号物华大厦A座1505室	100044	诸葛北华	68001882	2001年7月20日	否
79	北京东方亿思知识产权代理有限责任公司	东城区东长安街1号东方广场东方经贸城东2座1602室	100738	高卢麟	85189318	2002年9月17日	否
80	北京金硕果知识产权代理事务所	海淀区学清路16号学知轩4层402内406室	100083	张 玫	62379509	2002年11月11日	否
81	北京凯特来知识产权代理有限公司	西城区广安门外大街168号1幢7层2－808－01	100055	郑立明	62197221	2002年8月9日	否
82	北京安信方达知识产权代理有限公司	海淀区学清路8号B座1601A室	100192	郑 霞	82730790	2002年10月16日	否
83	北京高默克知识产权代理有限公司	西城区月坛北街2号月坛大厦303室	100045	陆式敬	68083081	2002年10月29日	否
84	北京华夏博通专利事务所（普通合伙）	朝阳区光华路甲14号1幢10层1001内1015A3室	100020	刘 俊	51263027	2003年1月27日	否
85	北京挺立专利事务所（普通合伙）	丰台区菜户营58号1307－3室	100054	叶树明	63385335	2003年3月14日	否
86	北京工信联合知识产权代理事务所（普通合伙）	海淀区中关村东路18号财智国际大厦B座706室	100083	叶万东	82600180	2003年3月26日	否
87	北京嘉和天工知识产权代理事务所（普通合伙）	朝阳区八里庄西里98号住邦2000商务中心3号楼1201室	100025	甘 玲	85869056	2003年4月23日	否
88	北京派特恩知识产权代理有限公司	海淀区海淀南路21号中关村知识产权大厦2层	100080	张颖玲	59797750	2003年4月15日	否
89	北京安博达知识产权代理有限公司	海淀区大钟寺13号院1号楼华杰大厦B215室	100098	徐国文	62379723	2003年4月23日	否
90	北京富天文博兴知识产权代理事务所（普通合伙）	海淀区苏州街1号2层200－44室	100080	刘寿椿	62630520	2003年7月11日	否
91	北京中博世达专利商标代理有限公司	海淀区交大东路31号11号楼8层	100044	申 健	62123380	2004年8月16日	否
92	北京同恒源知识产权代理有限公司	海淀区知春路6号锦秋国际大厦A座511室	100088	王维绮	82800977/82800978	2003年6月4日	否

续表

序号	机构名称	地　址	邮　编	负责人	电　话	设立日期	是否备案
93	北京市浩天知识产权代理事务所(普通合伙)	朝阳区朝外大街18号丰联广场1511单元	100020	刘云贵	65888825	2003年6月7日	否
94	北京林达刘知识产权代理事务所(普通合伙)	东城区北三环东路36号北京环球贸易中心C座16层	100013	刘新宇	58256366	2003年8月21日	否
95	北京连和连知识产权代理有限公司	东城区东长安街1号东方广场东方经贸城东一办公楼12层7、8室	100738	刘小峰	85186118	2003年7月11日	否
96	北京中誉威圣知识产权代理有限公司	东城区东四块玉南街32号鸿运商务楼3层	100061	丛　芳	58309377	2003年7月1日	否
97	北京泛华伟业知识产权代理有限公司	朝阳区朝阳门外大街16号中国人寿大厦10层1002－1005室	100020	徐　舒	85253778	2003年8月11日	否
98	北京明和龙知识产权代理有限公司	海淀区中关村南大街17号3号楼1505室	100081	郁玉成	88570772	2003年7月30日	否
99	北京中海智圣知识产权代理有限公司	海淀区北三环西路甲18号院2号楼6层616室	100098	曾永珠	82336061	2003年8月14日	否
100	北京润平知识产权代理有限公司	海淀区北四环西路9号银谷大厦509－511室	100190	刘国平	62800922	2003年8月1日	否
101	北京北翔知识产权代理有限公司	海淀区学院路35号世宁大厦908室	100191	姜建成	82311199	2003年9月22日	否
102	北京铭硕知识产权代理有限公司	海淀区温泉镇高里掌路1号院3号楼	100095	韩明星	83038188	2003年11月12日	否
103	北京律盟知识产权代理有限责任公司	东城区建国门南大街7号万豪中心A座2202室	100005	王允方	85187141	2003年10月16日	否
104	北京瑞成兴业知识产权代理事务所(普通合伙)	西城区新街口外大街2号3号楼(有研大厦)A座301室	100088	李　慧	82025963	2004年7月12日	否
105	北京信慧永光知识产权代理有限责任公司	海淀区知春路9号坤讯大厦1106室	100191	王维玉	82335586	2004年4月9日	否
106	北京同达信恒知识产权代理有限公司	海淀区知春路7号致真大厦A1304－1305室	100191	黄志华	82263133	2004年7月20日	否
107	北京怡丰知识产权代理有限公司	朝阳区曙光西里甲5号凤凰置地广场写字楼H座903室	100028	于振强	84554556	2003年7月11日	否
108	北京五月天专利商标代理有限公司	昌平区立汤路188号北方明珠大厦1号楼2810室	102218	吴宝泰	58608566/58608535	2005年5月8日	否
109	北京东方汇众知识产权代理事务所(普通合伙)	海淀区中关村南大街甲6号铸诚大厦A座1216室	100086	张淑贤	57035447	2005年6月7日	否
110	北京鑫媛睿博知识产权代理有限公司	西城区宣武门外大街28号B0603室	100052	龚家骅	83540218	2005年3月11日	否

续表

序号	机构名称	地 址	邮 编	负责人	电 话	设立日期	是否备案
111	北京泛诚知识产权代理有限公司	海淀区知春路6号锦秋国际大厦B1402室	100191	文 琦	68086266	2005年6月3日	否
112	北京市卓华知识产权代理有限公司	朝阳区安翔里48号楼138室	100101	申 率	64830754	2004年10月8日	否
113	北京瑞盟知识产权代理有限公司	东城区建国门内大街7号光华长安大厦2座817室	100005	刘 昕	51298098	2005年9月21日	否
114	北京汇智英财专利代理事务所(普通合伙)	海淀区大柳树路17号富海国际港902室	100081	郑玉洁	62155155	2005年12月20日	否
115	北京华沛德权律师事务所	朝阳区朝外大街乙12号昆泰国际大厦1008室	100020	张永福	58790131	2005年12月30日	否
116	北京方韬法业专利代理事务所	海淀区三里河路21号甘家口大厦14层1412B室	100037	马丽莲	68335705	2006年5月10日	否
117	北京信远达知识产权代理事务所(普通合伙)	北京经济技术开发区科创十三街18号院30号楼401室	100176	魏晓波	50947007	2006年8月14日	否
118	北京君智知识产权代理事务所(普通合伙)	海淀区中关村南大街12号科技综合楼212室	100081	向 华	62137220	2006年9月14日	否
119	北京德恒律师事务所	西城区金融街19号富凯大厦B座12层	100033	王 丽	52682666	2007年2月13日	否
120	北京元本知识产权代理事务所	海淀区花园路12号时代玉成403室	100088	秦力军	62361567	2007年3月21日	否
121	北京亿腾知识产权代理事务所	海淀区知春路49紫金数码园3号楼7层0707室	100190	陈 霁	62662772	2007年9月20日	否
122	北京立成智业专利代理事务所(普通合伙)	西城区红莲南路28号6－1幢红莲大厦B座0610室	100055	张江涵	51379233	2007年5月9日	否
123	北京天悦专利代理事务所(普通合伙)	海淀区彩和坊路8号7层715－716室	100081	田 明	84934084	2007年6月1日	否
124	北京东正专利代理事务所(普通合伙)	海淀区北三环西路32号恒润大厦1807室	100086	蔡仲德	62195890	2007年6月17日	否
125	北京市铸成律师事务所	西城区北展北街华远企业号A座8层	100044	司义夏	88369999	2007年6月12日	否
126	北京戈程知识产权代理有限公司	东城区东长安街1号东方广场东三办公楼19层	100738	程 伟	85188598	2007年9月11日	否
127	北京国昊天诚知识产权代理有限公司	朝阳区小关北里2号渔阳置业大厦B605室	100028	许志勇	59946677	2007年10月9日	否
128	北京一格知识产权代理事务所(普通合伙)	海淀区花园路12号时代玉成207室	100088	滑春生	82013217	2007年9月10日	否
129	北京润文专利代理事务所(普通合伙)	西城区茶马街6号院4号楼1单元304室	100055	丁继恩	56120809	2007年10月15日	否

续表

序号	机构名称	地　　址	邮　编	负责人	电　话	设立日期	是否备案
130	北京法思腾知识产权代理有限公司	海淀区中关村北二条 13 号 1 号楼 202 室	100190	杨小蓉	62672128	2008 年 1 月 2 日	否
131	北京润泽恒知识产权代理有限公司	海淀区中关村南大街 31 号神舟科技大厦 7 层 702 室	100081	苏培华	68118728	2008 年 1 月 9 日	否
132	北京王景林知识产权代理事务所(普通合伙)	海淀区中关村大街 27 号中关村大厦 515 室	100080	王景林	82381044	2008 年 1 月 23 日	否
133	北京市京大律师事务所	西城区车公庄大街甲 4 号 A1706 室	100044	李光松	82689930	2008 年 1 月 2 日	否
134	北京尚诚知识产权代理有限公司	西城区平安里西大街 28 号光大国际中心 18 层 1801 室	100034	龙　淳	66256655	2008 年 2 月 3 日	否
135	北京市隆安律师事务所	朝阳区建国门外大街 21 号北京国际俱乐部 188 室	100020	王　丹	65325588	2008 年 1 月 15 日	否
136	北京金恒联合知识产权代理事务所	西城区白广路枣林前街 37 号裕隆苑宾馆 217 室	100191	李　强	82373196	2008 年 2 月 2 日	否
137	北京中伟智信专利商标代理事务所	海淀区知春路甲 48 号 3 号楼 10 层 1 单元 11E 室	100098	张　岱	58732159/58732259	2008 年 2 月 2 日	否
138	北京市路盛律师事务所	朝阳区光华东里 8 号院 2 号楼中海广场 1602 室	100020	张再平	65693038	2006 年 2 月 21 日	否
139	北京鸿元知识产权代理有限公司	朝阳区光华路 7 号汉威大厦 18A6 室	100004	陈英俊	66018031	2008 年 5 月 4 日	否
140	北京汉德知识产权代理事务所(普通合伙)	朝阳区民族园路 2 号 3 幢 3 层 3045 室	100029	李　洁	82858207	2008 年 5 月 4 日	否
141	北京龙双利达知识产权代理有限公司	海淀区北清路 68 号院 3 号楼 101 室	100094	肖　鹂	82606695	2008 年 6 月 23 日	否
142	北京市立方律师事务所	东城区东四十条甲 22 号南新仓商务大厦 A1105 室	100007	谢冠斌	64096099	2002 年 6 月 12 日	否
143	北京康盛知识产权代理有限公司	朝阳区安定路 35 号安华发展大厦 1502 室	100029	张宇峰	64455377	2009 年 1 月 19 日	否
144	北京品源专利代理有限公司	海淀区莲花池东路 39 号西金大厦 6 层西侧 605 室	100036	杨生平	63377266	2008 年 7 月 30 日	否
145	北京兆君联合知识产权代理事务所(普通合伙)	昌平区西环南路钰阳商业楼 A 单元 2 层	102200	初向庆	13701232818/89745363	2008 年 7 月 14 日	否
146	北京国帆知识产权代理事务所(普通合伙)	朝阳区建外大街 21 号北京国际俱乐部 116 室	100043	李增朝	82037380	2008 年 7 月 14 日	否
147	北京汇信合知识产权代理有限公司	海淀区中关村东路 66 号世纪科贸大厦 C 座 12 层 1206 室	100190	翟国明	13718148622	2008 年 8 月 6 日	否

续表

序号	机构名称	地　址	邮　编	负责人	电　话	设立日期	是否备案
148	北京市磐华律师事务所	朝阳区建国门外大街22号赛特大厦902室	100004	董　巍	65594091	2008年6月19日	否
149	北京市盛峰律师事务所	海淀区中关村大街27号中关村大厦501室	100080	于国富	51656805	2008年6月19日	否
150	北京挚诚信奉知识产权代理有限公司	海淀区西直门北大街32号院2号楼5层505室	100082	邢　悦	62220567	2008年10月30日	否
151	北京市安伦律师事务所	朝阳区酒仙桥路10号恒通商务园55幢C座4层06室	100020	田晓东	65795210	2002年11月5日	否
152	北京天奇智新知识产权代理有限公司	海淀区蓟门里小区1幢316室(政法大厦)	100088	王泽云	82095055	2008年12月11日	否
153	北京瑞思知识产权代理事务所(普通合伙)	海淀区蓝靛厂东路2号B区写字楼603室	100097	李　涛	13810886697	2009年1月5日	否
154	北京市汉衡律师事务所	朝阳区东三环中路39号建外SOHO社区8号楼31层	100022	冯　波	58691166－288	2009年2月11日	否
155	北京友联知识产权代理事务所(普通合伙)	海淀区学清路8号科技财富中心A座506室	100192	尚志峰	13910501686	2009年1月6日	否
156	北京市盈科律师事务所	朝阳区东四环中路百子湾甲76号大成国际中心1号楼C座6层	100022	梅向荣	59626911	2009年6月23日	否
157	北京蓝智辉煌知识产权代理事务所(普通合伙)	海淀区上地信息产业基地北区5号上地辉煌国际中心4号楼1803室	100085	陈　红	13701167505	2009年6月23日	否
158	北京汇智胜知识产权代理事务所(普通合伙)	海淀区高粱桥斜街59号中坤大厦908室	100044	赵立军	82253103	2009年6月30日	否
159	北京鼎佳达知识产权代理事务所(普通合伙)	朝阳区北苑路172号欧陆大厦11号楼2002室	100101	刘铁生	84854657	2009年9月30日	否
160	北京金思港知识产权代理有限公司	东城区北三环东路36号1号楼B802室	100013	邵毓琴	59575761	2009年7月30日	否
161	北京科亿知识产权代理事务所(普通合伙)	海淀区蓟门里和景园1－2－502号	100088	汤东凤	62351944	2009年7月30日	否
162	北京大成律师事务所	朝阳区东大桥路9号侨福芳草地D座7层	100020	彭雪峰	58137799	2009年7月30日	否
163	北京市惠诚律师事务所	东城区新中街68号聚龙花园8号楼4层403室	100032	范世汶	66080518	2009年7月30日	否
164	北京市兰台律师事务所	朝阳区三元桥曙光西里甲1号第三置业大厦B座29层	100028	杨　光	13501189281	2009年7月30日	否
165	北京泰吉知识产权代理有限公司	朝阳区朝阳公园路19号佳隆国际大厦7层705室	100125	张雅军	13801115422	2009年9月18日	否

续表

序号	机构名称	地　址	邮　编	负责人	电　话	设立日期	是否备案
166	北京同辉知识产权代理事务所(普通合伙)	海淀区青云里满庭芳园小区9号楼当代青云大厦9层909室	100088	刘洪勋	62123078	2009年8月24日	否
167	北京神州华茂知识产权有限公司	西城区车公庄大街甲4号物华大厦B座1901室	100044	王宏星	68005195/68005068	2009年10月12日	否
168	北京高文律师事务所	朝阳区东大桥路9号侨福芳草地大厦C座9层	100020	张亚梅	84512800	2009年10月12日	否
169	北京万象新悦知识产权代理事务所(普通合伙)	海淀区颐和园路1号北京资源燕园宾馆6层1625号	100080	贾晓玲	62756339	2009年10月12日	否
170	北京市联德律师事务所	朝阳区朝外大街16号中国人寿大厦1009室	100020	刘元月	85253366	2009年10月12日	否
171	北京联创佳为专利事务所(普通合伙)	海淀区海淀大街3号1幢鼎好电子大厦1401-A1617室	100080	郭　防	62604588	2009年10月12日	否
172	北京弘权知识产权代理事务所(普通合伙)	朝阳区安定路35号6层35-10-2内620室	100029	郭　放	84195899	2010年2月4日	否
173	北京市中联创和知识产权代理有限公司	海淀区知春路甲48号3号楼1单元12D室	100098	张松林	58732809	2010年2月4日	否
174	北京卓言知识产权代理事务所(普通合伙)	海淀区西三环北路72号世纪经贸大厦A座2607室	100048	赵国虹	68453656	2010年3月18日	否
175	北京国枫律师事务所	东城区建国门内大街26号新闻大厦7层	100005	张利国	66090088	2010年4月6日	否
176	北京驰纳智财知识产权代理事务所(普通合伙)	朝阳区惠新东街6号院2号办公楼9层909室	100029	孙海波	64987793	2010年6月7日	否
177	北京世誉鑫诚专利代理事务所(普通合伙)	海淀区海淀苏州街18号院-2楼11层1107室	100044	刘秀珍	68473908	2010年6月23日	否
178	北京远大卓悦知识产权代理事务所(普通合伙)	西城区阜成门外大街2号7层711-2室	100037	靳　浩	64068271	2010年6月28日	否
179	北京汉昊知识产权代理事务所(普通合伙)	东城区东长安街1号东方广场西1区1111室	100738	冯谱	85188900	2010年7月6日	否
180	北京超凡志成知识产权代理事务所(普通合伙)	海淀区北四环西路68号左岸工社12层1218室	100080	李丙林	62137097	2010年7月19日	否
181	北京聿宏知识产权代理有限公司	西城区宣武门外大街6号庄胜广场第一座西翼713室	100052	吴大建	66412868	2010年7月20日	否
182	北京攀腾专利代理事务所(普通合伙)	海淀区北太平路18号城建大厦C401-C403室	100088	彭　蓉	62091268	2010年7月27日	否
183	北京市炜衡律师事务所	海淀区北四环西路66号第三极大厦A座16层	100080	王　冰	62684688	2010年7月28日	否

续表

序号	机构名称	地　　址	邮　编	负责人	电　话	设立日期	是否备案
184	北京永新同创知识产权代理有限公司	金融街投资广场 A 座 1802 室	100140	吴静波	66211849	2010 年 7 月 28 日	否
185	北京航忱知识产权代理事务所(普通合伙)	大兴区黄村镇火神庙国际商业中心 D 座 7 层 709 室	100101	陈立航	13910882319	2010 年 7 月 28 日	否
186	北京尚德技研知识产权代理事务所(普通合伙)	东城区和平里七区 16 号 207 室	100013	严勇刚	64219345	2010 年 9 月 8 日	否
187	北京金知睿知识产权代理事务所(普通合伙)	海淀区万泉河路 68 号紫金庄园 4 号楼 201 室	100086	林　俐	82657356	2010 年 9 月 6 日	否
188	北京鑫浩联德专利代理事务所(普通合伙)	西城区新兴东巷 15 号 10 号楼 408 室	100044	吕爱萍	18611512691	2010 年 9 月 10 日	否
189	北京汲智翼成知识产权代理事务所(普通合伙)	西城区珠市口西大街 120 号太丰惠中大厦 806－809 室	100050	陈　曦	63525320	2010 年 10 月 13 日	否
190	北京瑞恒信达知识产权代理事务所(普通合伙)	海淀区大柳树路 17 号富海中心 2 号楼 9 层 909 室	100081	曹津燕	13701319396	2010 年 11 月 5 日	否
191	北京青松知识产权代理事务所(特殊普通合伙)	海淀区知春路 9 号坤讯大厦 3 层 305 室	100191	郑青松	82327118	2011 年 1 月 18 日	否
192	北京方圆嘉禾知识产权代理有限公司	东城区安定门东大街 28 号 1 号楼 C 单元 710 室	100007	刘增光	64097451	2011 年 2 月 9 日	否
193	北京天达知识产权代理事务所(普通合伙)	海淀区西三环北路 91 号 7 号楼三层 C11 室	100048	马东伟	68530588	2011 年 5 月 23 日	否
194	北京五洲洋和知识产权代理事务所(普通合伙)	西城区阜成门外大街 2 号 A1908 室	100037	刘春成	68016746	2011 年 4 月 7 日	否
195	北京市中闻律师事务所	东城区东直门南大街甲 3 号居然大厦 18 楼	100007	吴　革	51783535	2011 年 4 月 26 日	否
196	北京市振邦律师事务所	朝阳区建外大街 19 号国际大厦 2003 室	100004	罗培君	65926142	2011 年 5 月 13 日	否
197	北京和信华成知识产权代理事务所(普通合伙)	昌平区黄平路 19 号院 2 号楼 15 层 1517 室	100096	胡剑辉	82540092	2011 年 5 月 13 日	否
198	北京智汇东方知识产权代理事务所(普通合伙)	海淀区花园路 13 号 5 幢 320 室	100083	范晓斌	62660129	2011 年 5 月 30 日	否
199	北京卫平智业专利代理事务所(普通合伙)	西城区阜成门外大街 2 号万通大厦 A1206 室	100037	符彦慈	87186530	2011 年 6 月 1 日	否
200	北京市维诗律师事务所	东城区建国门内大街 7 号光华长安大厦 1 座 1009 室	100005	杨安进	65101010	2011 年 6 月 8 日	否
201	北京卓恒知识产权代理事务所(特殊普通合伙)	海淀区马甸东路 19 号 11 层 1215 室	100088	唐曙晖	13911143242	2011 年 6 月 8 日	否
202	北京恒都律师事务所	王府井东街 8 号 702－A 室	100006	江锋涛	57600587	2010 年 12 月 10 日	否

续表

序号	机构名称	地　　址	邮　编	负责人	电　话	设立日期	是否备案
203	北京思睿峰知识产权代理有限公司	东城区南竹杆胡同2号1幢7层50831室	100088	谢建云	81050776	2011年7月4日	否
204	北京新知远方知识产权代理事务所(普通合伙)	海淀区花园东路10号高德大厦4层408室	100083	马军芳	82038906	2011年7月8日	否
205	北京魏启学律师事务所	东城区北三环东路36号环球贸易中心C座1605室	100013	魏启学	58256366	2011年7月8日	否
206	北京冠和权律师事务所	东城区建国门内大街18号恒基中心办公楼1座1408室	100005	朱　健	65662083	2011年8月8日	否
207	北京商专永信知识产权代理事务所(普通合伙)	海淀区知春路1号9层901室	100083	葛强	62285107	2011年9月2日	否
208	北京金智普华知识产权代理有限公司	海淀区青云里满庭芳园当代青云大厦18层1809室	100086	巴晓艳	62139681	2011年9月23日	否
209	北京再言智慧知识产权代理事务所(普通合伙)	海淀区大柳树路17号富海国际港603室	100081	马少东	62123716	2011年9月23日	否
210	北京风雅颂专利代理有限公司	西城区西直门外大街112号阳光大厦2层206B室	100081	李　弘	82294888	2011年9月23日	否
211	北京钧鼎律师事务所	海淀区上地十街1号院3号楼13层1306室	100085	王忠法	82890950	2011年10月18日	否
212	北京德和衡律师事务所	朝阳区建国门外大街永安东里16号CBD国际大厦1608A室	100022	蒋琪	85219100	2011年10月28日	否
213	北京格罗巴尔知识产权代理事务所(普通合伙)	东城区北三环东路36号2号楼C1912室	100007	孙德崇	58257189	2012年6月13日	否
214	北京彭丽芳知识产权代理有限公司	东城区南竹杆胡同6号楼北京INN大厦9层901室	100010	彭丽芳	58641526	2012年1月19日	否
215	北京寰华知识产权代理有限公司	西城区宣武门外大街28号B1105室	100052	穆文通	68010310	2012年1月19日	否
216	北京德恒律治知识产权代理有限公司	西城区阜成门外大街22号1幢1602－2室	100037	章社杲	52682666	2012年1月19日	否
217	北京市中伦律师事务所	朝阳区建国门外大街甲6号SK大厦36－37层	100022	张学兵	59572288	2012年1月30日	否
218	北京联瑞联丰知识产权代理事务所(普通合伙)	西城区阜成门外大街22号外经贸大厦第11层1101－16室	100037	郑自群	59508217	2012年3月20日	否
219	北京鸿德海业知识产权代理事务所(普通合伙)	海淀区知春路6号锦秋国际大厦5层A08室	100088	袁　媛	82961255	2012年4月27日	否

续表

序号	机构名称	地　址	邮　编	负责人	电　话	设立日期	是否备案
220	北京柏杉松知识产权代理事务所(普通合伙)	西城区北三环中路27号商房大厦413室	100029	刘继富	84109559	2012年8月2日	否
221	北京递进知识产权代理事务所(特殊普通合伙)	西城区右安门西街8号中国铁道出版社招待所727室	100054	田　丰	13521883910	2012年7月3日	否
222	北京博思佳知识产权代理有限公司	海淀区上地三街9号嘉华大厦B座409室	100085	林　祥	50868480	2012年7月27日	否
223	北京律恒立业知识产权代理事务所(特殊普通合伙)	海淀区大钟寺13号院1号楼华杰大厦B210室	100098	庞立岩	62190280	2012年7月24日	否
224	北京庆峰财智知识产权代理事务所(普通合伙)	海淀区东北旺北京中关村软件园孵化器2号楼3层2330室	100193	李文军	82600690	2012年7月24日	否
225	北京思益华伦专利代理事务所(普通合伙)	朝阳区建国门外大街1号(一期)16幢3层OC326－328室	100004	赵　飞	65055210	2012年8月15日	否
226	北京爱普纳杰专利代理事务所(特殊普通合伙)	东城区东大地街1号25号楼2层208室	100061	王玉松	59468763	2012年8月14日	否
227	北京罗杰律师事务所	建国门外大街1号国贸1座818室	100004	罗正红	59335500	2012年9月5日	否
228	北京天盾知识产权代理有限公司	朝阳区南湖东园122楼6层北区712室	100102	王洪臣	84721601	2012年9月5日	否
229	北京骥驰知识产权代理有限公司	西城区北礼士路甲98号525室	100037	唐晓峰	13520579081	2012年10月9日	否
230	北京市中银律师事务所	朝阳区东三环中路39号建外SOHO东区A座31层	100022	李炬	58698899	2012年10月31日	否
231	北京修典盛世知识产权代理事务所(特殊普通合伙)	海淀区羊坊店路18号2幢11层1153室	100038	杨方成	13810281007	2012年10月31日	否
232	北京市金栋律师事务所	朝阳区六里屯西里甲7号	100026	张朝栋	65076099	2013年1月6日	否
233	北京康思博达知识产权代理事务所(普通合伙)	昌平区回龙观西大街9号院12号楼15层2单元1803室	102208	刘冬梅	57018288	2013年1月24日	否
234	北京科家知识产权代理事务所(普通合伙)	海淀区彩和坊路8号4层404室	100080	陈　娟	53609878	2013年2月1日	是
235	北京中济纬天专利代理有限公司	朝阳区东三环北路甲2号8号楼5层0549室	100027	潘剑敏	57150818	2013年2月21日	是
236	北京市诚辉律师事务所	海淀区海淀南路19号时代网络大厦7000室	100080	李东辉	66001917	2013年2月21日	否
237	北京博华智恒知识产权代理事务所(普通合伙)	海淀区北三环西路甲18号院2号楼6层612室	100098	樊卫民	63998880	2013年3月6日	是

续表

序号	机构名称	地　　址	邮　编	负责人	电　话	设立日期	是否备案
238	北京旭知行专利代理事务所(普通合伙)	朝阳区东三环中路39号院23号楼6层0701室	100022	王　轶	59009732	2013年3月28日	是
239	北京市百伦律师事务所	朝阳区永安东里甲3号通用国际中心A座1904室	100022	杨志立	58795658	2013年3月28日	否
240	北京献智知识产权代理事务所(特殊普通合伙)	海淀区交大东路46号1幢403室	100044	杨献智	51562661	2013年4月22日	是
241	北京志霖恒远知识产权代理事务所(普通合伙)	东城区安定门东大街28号1号楼D单元1509室	100027	陈姗姗	52664099	2013年4月22日	是
242	北京华睿卓成知识产权代理事务所(普通合伙)	东城区东直门外大街42号宇飞大厦821室	100027	程　淼	64094682	2013年5月17日	是
243	北京市邦道律师事务所	朝阳区东三环北路30号1号楼1座28D室	100026	武绍智	85892499	2013年4月24日	否
244	北京律智知识产权代理有限公司	朝阳区慧忠路5号B座1605、1606、1607室	100101	于宝庆	84892939	2013年5月2日	是
245	北京远峰律师事务所	北京亦庄经济技术开发区科创十三街18号院锋创科技园7号楼1101室	100176	刘海峰	82905230	2013年5月24日	否
246	北京京万通知识产权代理有限公司	丰台区南三环西路16号2号楼7层801室	100068	万学堂	63922467	2013年5月31日	是
247	北京市清华源律师事务所	海淀区清华大学学研大厦B座1005室	100084	王承继	62703507	2013年5月31日	否
248	北京博雅睿泉专利代理事务所(特殊普通合伙)	朝阳区朝外大街10号昆泰大厦1202室	100020	王昭智	65994801	2013年6月4日	是
249	北京格旭知识产权代理事务所(普通合伙)	海淀区马甸东路19号1002室	100088	雒纯丹	82207705	2013年7月1日	是
250	北京汇思诚业知识产权代理有限公司	海淀区高梁桥斜街59号院1号楼中坤大厦603室	100044	王刚	82600492	2013年7月1日	是
251	北京律和信知识产权代理事务所(普通合伙)	朝阳区朝外大街丰联广场B座12层1212室	100053	武玉琴	64863103	2013年7月18日	是
252	北京英创嘉友知识产权代理事务所(普通合伙)	海淀区中关村南四街18号紫金数码园3号楼902室	100190	桑传标	62662766	2013年7月29日	是
253	北京中强智尚知识产权代理有限公司	朝阳区北苑路13号院领地OFFICE A座603室	100107	田　治	52086583	2013年7月18日	是
254	北京成创同维知识产权代理有限公司	西城区德外大街新风街2号天成科技大厦A座409室	100088	蔡　纯	82272448	2013年8月15日	是
255	北京欣永瑞知识产权代理事务所(普通合伙)	海淀区马甸东路17号4层513室	100088	张庆敏	82005506	2013年8月5日	是

续表

序号	机构名称	地　址	邮　编	负责人	电　话	设立日期	是否备案
256	北京展翼知识产权代理事务所(特殊普通合伙)	海淀区中关村东路18号1幢15层B-1503室	100083	屠长存	82350668	2013年8月5日	是
257	北京名华博信知识产权代理有限公司	海淀区清河嘉园东区甲1号楼9层936室	100085	李冬梅	62515851	2013年8月5日	是
258	北京市万瑞律师事务所	西城区金融街35号国际企业大厦B-16室	100033	陈坚	88093118	2013年8月2日	否
259	北京海智友知识产权代理事务所(普通合伙)	西城区西直门外大街18号楼1单元2026室	100044	施蕾	88334114	2013年8月23日	是
260	北京纽盟知识产权代理事务所(特殊普通合伙)	朝阳区朝阳北路11号楼3层1单元312室	100024	许玉顺	52882784	2013年9月18日	是
261	北京律谱知识产权代理事务所(普通合伙)	西城区西直门外大街18号楼3层2单元308室	100044	黄云铎	88358207	2013年9月18日	是
262	北京鼎宏元正知识产权代理事务所(普通合伙)	西城区茶马街8号院2号楼701室	100044	邓金涛	62211976	2013年9月18日	是
263	北京吉锐鸿诚知识产权代理事务所(普通合伙)	朝阳区常通路4号院1号楼1单元701内706室	100035	朱允龙	88334126	2013年9月18日	是
264	北京权泰知识产权代理事务所(普通合伙)	朝阳区樱花西街樱花园甲23号华昌行商务楼204室	100029	王道川	64450696	2013年9月18日	是
265	北京金律言科知识产权代理事务所(普通合伙)	海淀区上地东路5号院3号楼8层815、817室	100085	罗延红	82177906	2013年9月18日	是
266	北京众元弘策知识产权代理事务所(普通合伙)	昌平区城南街道凉水河路1号院1号楼5层512室	102200	孙东风	62923893	2013年9月18日	是
267	北京华凯弘信专利代理事务所(特殊普通合伙)	海淀区北四环西路68号1516室	100068	张云肖	51627909	2013年9月25日	是
268	北京奉思知识产权代理有限公司	海淀区知春路6号锦秋国际大厦1403室	100191	邹轶鲛	68086266	2013年11月27日	是
269	北京慕达星云知识产权代理事务所(特殊普通合伙)	西城区红莲南路28号6-1幢A1207室	100055	王鹏	53305119	2013年12月17日	是
270	北京君恒知识产权代理事务所(普通合伙)	海淀区中关村南大街5号二区683号楼科技大厦901室	100081	黄启行	82856695	2014年1月20日	是
271	北京德崇智捷知识产权代理有限公司	朝阳区酒仙桥路14号A5楼7层701室	100015	王金双	84775707	2014年1月20日	是
272	北京市科名专利代理事务所(特殊普通合伙)	顺义区仁和镇新顺南大街8号院2幢6层607室	101300	陈朝阳	61428460	2014年2月13日	是
273	北京恩赫律师事务所	海淀区中关村东路18号财智国际大厦A座805、806室	100083	刘守宪	56296556	2014年3月10日	否

续表

序号	机构名称	地　址	邮　编	负责人	电　话	设立日期	是否备案
274	北京精金石专利代理事务所（普通合伙）	海淀区知春路1号学院国际大厦1510室	100191	刘　晔	82002851	2014年3月10日	是
275	北京细软智谷知识产权代理有限责任公司	房山区长阳镇长阳一村村南京广铁路东105米路北	102445	毕　强	18001162568	2014年3月10日	是
276	北京方安思达知识产权代理有限公司	海淀区中关村北二条13号6幢202室	100190	王宇杨	62670388	2014年3月10日	是
277	北京隆源天恒知识产权代理事务所（普通合伙）	海淀区中关村东路66号2号楼17层2004室	100088	刘湘舟	82418483	2014年4月3日	是
278	北京孚睿湾知识产权代理事务所（普通合伙）	西城区地安门西大街丙28号B段2层207室	100009	王冬杰	58443756	2014年4月3日	是
279	北京市天达律师事务所	朝阳区东三环北路8号亮马河大厦2座19层	100004	陈　烽	65906639	2014年4月3日	否
280	北京誉加知识产权代理有限公司	朝阳区东四环中路37号3层303室	100025	胡　冰	50959952	2014年4月11日	是
281	北京尚伦律师事务所	朝阳区东三环北路2号南银大厦31层3108室	100027	魏　群	64609388	2014年4月11日	否
282	北京市众天律师事务所	海淀区北四环西路9号银谷大厦17层1711－1717室	100190	苌宏亮	62800408	2014年4月25日	否
283	北京市鼎慧知识产权代理事务所（普通合伙）	海淀区知春里甲10号楼3层307室	100086	芦宁宁	62620991	2014年5月8日	是
284	北京翔瓯知识产权代理有限公司	朝阳区东四环南路53号院4号楼7层816室	100122	王　瑾	57926697	2014年5月15日	是
285	北京睿邦知识产权代理事务所（普通合伙）	东城区绿景馨园东区13号楼409室	100061	徐丁峰	87190097	2014年5月30日	是
286	北京瀚仁知识产权代理事务所（普通合伙）	东城区王府井大街99号A512A室	100006	宋宝库	65258340	2014年6月17日	是
287	北京云科知识产权代理事务所（特殊普通合伙）	海淀区志新村16号楼310A室	100101	张　飙	64869588	2014年6月17日	是
288	北京市嘉元知识产权代理事务所（特殊普通合伙）	海淀区海淀南路30号航天精密大厦B座305室	100080	刘　彬	68748341	2014年6月17日	否
289	北京市东方至睿知识产权代理事务所（特殊普通合伙）	海淀区苏州街1号2层200－59室	100029	霍金虎	82066230	2014年6月17日	是
290	北京博维知识产权代理事务所（特殊普通合伙）	东城区王府井大街99号世纪大厦A709室	100006	王　艺	57226390	2014年6月17日	是
291	北京中企鸿阳知识产权代理事务所（普通合伙）	海淀区海淀苏州街18号院－4楼1605室	100029	汪　斌	82609660	2014年6月17日	是

续表

序号	机构名称	地　　址	邮　编	负责人	电　话	设立日期	是否备案
292	北京莫番律师事务所	朝阳区阜通东大街6号方恒国际B座1205室	100102	张永欣	84783318	2014年7月4日	否
293	北京中政联科专利代理事务所(普通合伙)	昌平区回龙观镇北清路1号院6号楼2单元211室	102206	陈　超	60709971	2014年7月9日	是
294	北京英诺万知识产权代理事务所(普通合伙)	海淀区北四环中路238号柏彦大厦603室	100191	唐铁军	82331688	2014年7月21日	是
295	北京国坤专利代理事务所(普通合伙)	朝阳区五里桥二街2号院10号楼1105室	100024	姜　彦	57189001	2014年7月21日	是
296	北京市永新智财律师事务所	西城区金融大街27号投资广场A1801室	100033	邵　伟	66211836	2014年7月21日	否
297	北京市创世宏景专利商标代理有限责任公司	朝阳区东大桥路8号院3号楼12层1209室	100089	朱　丹	82378488	2014年7月28日	是
298	北京坤瑞律师事务所	海淀区海淀大街8号中钢国际广场A座21层A/D区	100080	巫肖南	62506868	2014年8月11日	否
299	北京正鼎专利代理事务所(普通合伙)	海淀区北四环西路9号银谷大厦516室	100190	岳　亚	82600812	2014年9月23日	是
300	北京君泊知识产权代理有限公司	海淀区中关村东路18号1号楼16层B-1607室	100190	胡玉章	56265707	2014年9月23日	是
301	北京市正见永申律师事务所	朝阳区朝外大街12号昆泰国际大厦2603室	100020	李静冰	58790066	2014年9月23日	否
302	北京智为时代知识产权代理事务所(普通合伙)	海淀区大钟寺13号华杰大厦6A10室	100098	王加岭	88862583	2014年9月23日	否
303	北京市浩东律师事务所	海淀区西三环北路25号青政大厦5层	100089	左世民	88569370	2014年10月8日	否
304	北京律知言知识产权代理事务所(特殊普通合伙)	朝阳区南湖东园122楼6层北区703室	100102	陈　英	64719368	2014年9月29日	是
305	北京国智京通知识产权代理有限公司	房山区长阳镇昊天北大街48号208号楼3层C座302室	102445	焦　丽	18600549315	2014年11月1日	是
306	北京远立知识产权代理事务所(普通合伙)	海淀区白家疃尚水园1号楼3层326室	100095	彭晓玲	66328358	2014年11月1日	是
307	北京维知知识产权代理事务所(特殊普通合伙)	海淀区昌运宫7号楼1幢3层327室	100080	王　涛	89539588	2014年11月1日	是
308	北京力量专利代理事务所(特殊普通合伙)	顺义区南法信大街118号院1号楼7层1704室	100035	宋林清	66008806	2014年11月21日	是
309	北京布瑞知识产权代理有限公司	朝阳区广顺北大街5号院32号B228室	100102	孟　潭	62416205	2014年12月8日	是

续表

序号	机构名称	地　址	邮　编	负责人	电　话	设立日期	是否备案
310	北京东方灵盾知识产权代理有限公司	海淀区海淀大街3号1幢20层1801－A2002－2室	100080	苏向银	56180956	2014年12月23日	是
311	北京维正专利代理有限公司	西城区莲花池东路102号1101室	100055	郑兴旺	57185919	2014年12月23日	是
312	北京宣言律师事务所	海淀区西三环北路21号久凌大厦南楼1708室	100089	叶　勇	68405588	2014年12月23日	否
313	北京华圣典睿知识产权代理有限公司	石景山区政达路6号院4号楼2层220室	100043	陈国伟	57796901	2015年1月12日	是
314	北京得信知识产权代理有限公司	朝阳区民族园路2号3幢4层4051室	100055	袁伟东	63634866	2015年1月12日	是
315	北京迎硕知识产权代理事务所(普通合伙)	海淀区马甸东路19号13层1606室	100088	张群峰	82207963	2015年1月12日	是
316	北京远创理想知识产权代理事务所(普通合伙)	海淀区蓟门里小区1号楼1间308室	100191	李蔚君	57109568	2015年1月12日	是
317	北京酷爱智慧知识产权代理有限公司	海淀区信息路30号上地大厦8层801室	100085	安　娜	82697057	2015年1月16日	是
318	北京君华知识产权代理事务所(普通合伙)	海淀区北四环西路65号9层0978室	100080	李海峰	82484270	2015年1月16日	是
319	北京文苑专利代理有限公司	西城区红莲南路57号1幢1209室	100055	王　怡	83060218	2015年1月16日	是
320	北京市君合律师事务所	东城区建国门北大街8号华润大厦20层	100005	肖　微	85191300	2015年1月29日	否
321	北京奥翔领智专利代理有限公司	朝阳区酒仙桥路14号院5号楼1至7层101内3层305室	100015	路　远	56204327	2015年1月29日	否
322	北京智信四方知识产权代理有限公司	朝阳区广顺北大街33号院1号楼9层1单元1001内1008室	100102	宋海龙	53347715	2015年1月29日	是
323	北京万贝专利代理事务所(特殊普通合伙)	石景山区石景山路乙18号院5号楼16层1818室	100040	陈　领	57731613	2015年2月13日	是
324	北京市英智伟诚知识产权代理事务所(普通合伙)	海淀区中关村南大街甲6号铸诚大厦7层708室	100086	刘丹妮	62530383	2015年2月13日	否
325	北京煦润律师事务所	海淀区中关村东路18号财智国际大厦B座1605室	100083	梁小川	82600565	2015年3月2日	否
326	北京卓孚知识产权代理事务所(普通合伙)	海淀区彩和坊路8号天创科技大厦907C室	100080	刘光明	62680518	2015年4月20日	是
327	北京红福盈知识产权代理事务所(普通合伙)	海淀区北三环西路甲30号403室	100086	陈月福	52660332	2015年4月29日	是

续表

序号	机构名称	地 址	邮 编	负责人	电 话	设立日期	是否备案
328	北京航信高科知识产权代理事务所(普通合伙)	东城区中剪子巷 17 号 201A 室	100009	高原	64553987	2015 年 6 月 1 日	是
329	北京悦成知识产权代理事务所(普通合伙)	通州区新华西街 58 号院 3 号楼 23 层 2318 室	101199	樊耀峰	60513188	2015 年 6 月 1 日	是
330	北京恒博知识产权代理有限公司	海淀区中关村东路 66 号世纪科贸大厦 B 座 1605 室	100027	王海洋	84852663	2015 年 6 月 1 日	是
331	北京金永海智专利代理事务所(普通合伙)	西城区红莲南路 28 号 6－1 幢 B 座 0419 室	100055	董云海	51379142	2015 年 6 月 8 日	是
332	北京高航知识产权代理有限公司	朝阳区朝外雅宝路 12 号 8 层 801 室	100176	赵永强	57031488	2015 年 6 月 9 日	是
333	北京汇捷知识产权代理事务所(普通合伙)	丰台区菜户营 58 号财富西环 1307 室	100055	于 鹏	66418608	2015 年 6 月 9 日	是
334	北京市天玺沐泽专利代理事务所(普通合伙)	朝阳区建国路 15 号院甲 1 号北岸 1292 三间房创意生活园区 6－410 室	100102	鲍 晓	58430898	2015 年 6 月 18 日	是
335	北京环球智慧知识产权代理有限公司	海淀区花园路 2 号牡丹创业楼 207 室	100191	王汎琳	62061236	2015 年 6 月 18 日	是
336	北京奥文知识产权代理事务所(普通合伙)	朝阳区南磨房路 37 号 24 层 2701 室	100022	张 文	53779955	2015 年 7 月 17 日	是
337	北京知元同创知识产权代理事务所(普通合伙)	海淀区上地三街 9 号 E 座 705 室	100085	刘元霞	62669046	2015 年 7 月 27 日	是
338	北京惟诚致远知识产权代理事务所(普通合伙)	海淀区上地十街 1 号院 3 号楼 12 层 1220 室	100085	吕 品	58715242	2015 年 8 月 4 日	是
339	北京天江律师事务所	朝阳区安慧里四区 15 号楼中国五矿大厦 1010 室	100010	曹 颖	62369188	2015 年 8 月 18 日	否
340	北京谨诚君睿知识产权代理事务所(特殊普通合伙)	朝阳区麦子店西路 3 号 5 层 520 室	100016	孙 征	84585120	2015 年 8 月 18 日	是
341	北京慧诚智道知识产权代理事务所(特殊普通合伙)	朝阳区北辰西路 69 号峻峰华亭 D 座 1210 室	100029	李 楠	56180456	2015 年 8 月 18 日	是
342	北京元周律知识产权代理有限公司	西城区德胜门外大街 36 号楼 17 层 2 单元 1713 室	100088	张 莹	82062878	2015 年 9 月 7 日	是
343	北京卓唐知识产权代理有限公司	海淀区海淀南路甲 21 号 1 幢 6 层 A603 室	100085	胡志凤	59824356	2015 年 9 月 7 日	是
344	北京久诚知识产权代理事务所(特殊普通合伙)	昌平区立汤路 186 甲 4 号楼 3 层 322 室	102218	翟丽红	84812671	2015 年 9 月 10 日	是
345	北京恒冠智创知识产权代理有限公司	丰台区汽车博物馆东路6 号院 3 号楼 2 单元701－2 室	100073	马东瑞	83833095	2015 年 9 月 19 日	是

续表

序号	机构名称	地址	邮编	负责人	电话	设立日期	是否备案
346	北京金蓄专利代理有限公司	西城区红莲南路57号中国文化大厦505室	100055	孙巍	83060688	2015年10月10日	是
347	北京合智同创知识产权代理有限公司	海淀区大钟寺13号院1号楼5A1-2室	100098	李杰	62120067	2015年9月29日	是
348	北京策略律师事务所	东城区朝内大街南竹杆胡同1号朝阳门SOHO1001室	100010	谢会生	85197758	2015年10月10日	否
349	北京英赛律师事务所	海淀区知春路甲48号1号楼19B室	100098	王静安	58732666	2015年10月10日	否
350	北京华仲龙腾专利代理事务所(普通合伙)	海淀区蓟门里小区1号楼2层206室	100088	李静	62015080	2015年10月10日	是
351	北京德高行远知识产权代理有限公司	海淀区羊坊店路18号光耀东方广场S座10层1005室	100048	黄启法	57176630	2015年10月10日	是
352	北京知舟专利事务所(普通合伙)	经济技术开发区景园北街2号院67号楼6层713室	100176	赵宇	87169786	2015年10月19日	是
353	北京华创博为知识产权代理有限公司	海淀区中关村西区善缘街1号立方庭大厦1-701室	100080	管莹	82527980	2015年10月22日	是
354	北京智乾知识产权代理事务所(普通合伙)	丰台区东大街东里15号1-3-320A室	100071	华冰	62580655	2015年10月28日	是
355	北京观韬中茂律师事务所	西城区金融大街5号新盛大厦B座18层	100032	韩德晶	66578066	2015年11月9日	否
356	北京金讯知识产权代理事务所(特殊普通合伙)	海淀区中关村南大街48号九龙商务中心C座C4026室	100081	黄剑飞	62158081	2015年11月9日	是
357	北京市怡丰律师事务所	朝阳区曙光西里甲5号凤凰置地广场写字楼H座905室	100028	于春生	84554556	2015年11月25日	否
358	北京恒创益佳知识产权代理事务所(普通合伙)	昌平区城北街道西关路20号琥珀郡4号楼825室	102200	宋华	58639128	2015年11月25日	是
359	北京卫智畅科专利代理事务所(普通合伙)	西城区茶马街8号院2号楼7层714室	100055	唐维铁	58469239	2015年11月30日	是
360	北京天澜智慧知识产权代理有限公司	东城区东水井胡同5号楼北京INN大厦A805室	100010	尚继栋	58642935	2015年12月8日	是
361	北京市跃扬知识产权代理事务所(普通合伙)	西城区西直门外大街18号楼3层1单元329室	100044	李玉秋	50855057	2015年12月10日	是
362	北京智桥联合知识产权代理事务所(普通合伙)	丰台区科学城航丰路8号1幢3层320室	100079	张晓煜	57746273	2015年12月10日	是

续表

序号	机构名称	地　址	邮　编	负责人	电　话	设立日期	是否备案
363	北京隆诺律师事务所	朝阳区慧忠路5号B1803室	100101	洪　燕	84891188	2015年12月10日	否
364	北京东方盛凡知识产权代理事务所(普通合伙)	昌平区城北街道西关路20号2号楼3层2－312室	102299	宋　平	56339228	2015年12月10日	是
365	北京汇彩知识产权代理有限公司	丰台区星火路1号5层Q510室	100070	宋春妮	83681681	2015年12月10日	是
366	北京东和长优知识产权代理事务所(普通合伙)	昌平区立汤路186甲1号楼6层617室	102218	周　捷	84366311	2015年12月10日	是
367	北京国之大铭知识产权代理事务所(普通合伙)	房山区拱辰街道月华大街1号A8－38室	102488	张伟凤	56707525	2015年12月18日	是
368	北京市京轩律师事务所	朝阳区十里堡甲3号都会国际大厦A座5C	100025	张红艳	51315606	2015年12月22日	否
369	北京旭路知识产权代理有限公司	海淀区丹棱街3号B座18楼03室	100080	瞿卫军	62196988	2016年1月13日	是
370	北京至诚君合知识产权代理有限公司	朝阳区望京街9号商业楼4层411－1、411－2室	100102	唐维宁	64758835	2016年1月13日	是
371	北京高沃律师事务所	海淀区彩和坊路11号6层602室	100080	王加贵	82873665	2016年1月26日	是
372	北京众达德权知识产权代理有限公司	朝阳区朝外大街乙12号办公楼9层0－1008A室	100020	刘　杰	58790575	2016年1月28日	是
373	北京雷曼昊华专利代理有限责任公司	朝阳区左家庄路15号4号楼8107室	100028	陈发志	85321919	2016年2月2日	是
374	北京卓特专利代理事务所(普通合伙)	顺义区南法信镇南法信大街118号天博中心C座8层3802－812H室	101300	托　娅	59432847	2016年2月2日	是
375	北京华智则铭知识产权代理有限公司	大兴区宏业路9号院7号楼1307室	100162	胡　毅	56420846	2016年2月3日	是
376	北京律远专利代理事务所(普通合伙)	丰台区马家堡东路106号2号楼10层1004室	100068	全成哲	67715366	2016年2月24日	是
377	北京志霖律师事务所	东城区安定门东大街28号1号楼D单元1508号	100007	雷志刚	64097197－8083	2016年3月9日	否
378	北京市恒有知识产权代理事务所(普通合伙)	海淀区八里庄路62号院1号楼10层1102室	100142	薛　瑞	88117150	2016年3月11日	是
379	北京创遇知识产权代理有限公司	海淀区西三环北路27号1区5号楼420室	100085	武　媛	68960181	2016年3月16日	是
380	北京集智东方知识产权代理有限公司	昌平区科技园区振兴路36号院2号楼2层228室	102200	关兆辉	60789936	2016年3月18日	是

续表

序号	机构名称	地　　址	邮　编	负责人	电　话	设立日期	是否备案
381	北京镭维联合知识产权代理有限公司	西城区西直门外大街18号楼9层1单元1002室	100044	赵中璋	68315490	2016年3月16日	是
382	北京国电智臻知识产权代理事务所(普通合伙)	昌平区回龙观镇朱辛庄北农路2号主楼D座15楼东区22号	102206	吴红飞	62019885	2016年3月18日	是
383	北京瀚群律师事务所	海淀区蓟门里小区1号楼3层312室	100088	安筱琼	82095266	2016年3月16日	是
384	北京久维律师事务所	西城区德胜门外大街18幢735室	100088	邢江峰	80442378	2016年3月16日	是
385	北京华旭智信知识产权代理事务所(普通合伙)	大兴区西红门镇宏业路9号院1号楼5层503室	100162	冯　云	52475307	2016年3月24日	是
386	北京智晨知识产权代理有限公司	海淀区中关村南大街17号3号楼9层906室	100081	张婧	88516900	2016年3月24日	是
387	北京金岳知识产权代理事务所(特殊普通合伙)	房山区书院南街10号院11号楼8层818室	102488	王文生	63841860	2016年3月28日	是
388	北京天达共和知识产权代理事务所(特殊普通合伙)	朝阳区东三环北路8号4号楼20层2001室	100004	张　嵩	65107055	2016年4月5日	是
389	北京汇知杰知识产权代理事务所(普通合伙)	海淀区上地二街2号626室	100085	蔡伦	62983448	2016年4月6日	是
390	北京华仁联合知识产权代理有限公司	海淀区苏州街1号7层051室	100080	苏雪雪	57181128	2016年4月6日	是
391	北京劲创知识产权代理事务所(普通合伙)	昌平区沙河镇站前路11号3号楼2层8207室	102206	王　闯	52707075	2016年4月6日	是
392	北京市领专知识产权代理有限公司	海淀区花园东路30号北京海淀花园饭店5号楼5418室	100088	林辉轮	53677031	2016年4月13日	是
393	北京东方芊悦知识产权代理事务所(普通合伙)	通州区翠景北里1号楼5层611室	101121	彭秀丽	64843093	2016年4月19日	是
394	北京天驰君泰律师事务所	朝阳区北辰东路8号6层A座B座、7层A座B座、20层A座	100101	徐　波	61848000	2016年4月21日	否
395	北京博讯知识产权代理事务所(特殊普通合伙)	海淀区知春路甲48号3号楼3单元8B室	100086	潘光兴	58733316	2016年4月26日	是
396	北京知联天下知识产权代理事务所(普通合伙)	海淀区清华大学东门华业大厦三区3层	100083	王　冲	62780099	2016年4月26日	是
397	北京科石知识产权代理有限公司	海淀区学院南路38号智慧大厦203B室	100082	高元吉	62231399	2016年5月4日	是

续表

序号	机构名称	地　址	邮 编	负责人	电 话	设立日期	是否备案
398	北京易光知识产权代理有限公司	海淀区知春路7号北航致真大厦A座1205室	100191	崔晓光	82263248	2016年4月29日	否
399	北京睿派知识产权代理事务所(普通合伙)	朝阳区望京园603号楼9层1025室	100102	刘　锋	64753622	2016年5月4日	是
400	北京思元知识产权代理事务所(普通合伙)	海淀区永泰中路25号中关村永泰创新园B座226室	100192	余光军	57340288	2016年5月6日	是
401	北京东方昭阳知识产权代理事务所(普通合伙)	海淀区蓟门里小区1号楼104室	100191	吕玉健	62023429	2016年5月13日	是
402	北京德杏知识产权代理事务所(普通合伙)	海淀区学清路甲18号西小楼1层1393室	100083	王栓庆	62120067	2016年5月13日	是
403	北京度衡知识产权代理有限公司	朝阳区建国门外大街甲6号1幢A座31层1－31内3103室	100022	杨黎峰	59572079	2016年5月13日	是
404	北京市汉坤律师事务所	东城区东长安街1号东方广场C1座906室	100738	李卓蔚	85255500	2016年5月27日	否
405	北京晟睿智杰知识产权代理事务所(特殊普通合伙)	通州区新华西街58号院2号楼19层1919室	101100	于　淼	60533862	2016年6月1日	是
406	北京睿驰通程知识产权代理事务所(普通合伙)	大兴区兴华大街2段3号院1号楼209室	102627	潘俊林	63868311	2016年6月2日	否
407	北京崇智专利代理事务所(普通合伙)	海淀区紫竹院路116号嘉豪国际中心C座908室	100097	程旭辉	51709110	2016年6月2日	是
408	北京华进京联知识产权代理有限公司	海淀区知春路7号致真大厦A1403室	100191	哈　达	82263399	2016年6月13日	是
409	北京白洲磐华知识产权代理事务所(普通合伙)	朝阳区建国门外大街22号赛特大厦9层905室	100022	宋冬涛	65594091	2016年6月15日	是
410	北京共腾智慧专利代理事务所(普通合伙)	丰台区长兴路16号院1号楼2层220室	100000	白海佳	58403069	2016年6月17日	是
411	北京格允知识产权代理有限公司	朝阳区安苑东里一区2号楼5层506室	100029	谭　辉	64976782	2016年6月22日	是
412	北京太合九思知识产权代理有限公司	西城区北展北街5、7、9、11、13、15、17号3层9号(B303)	100070	刘　戈	88329099	2016年6月22日	是
413	北京聿华联合知识产权代理有限公司	朝阳区东三环南路19号联合国际大厦1310室	100021	朱　绘	87633400	2016年6月27日	是
414	北京金咨知识产权代理有限公司	海淀区大钟寺13号院1号楼3层C306室	100098	严业福	62168211	2016年7月4日	是

续表

序号	机构名称	地　址	邮　编	负责人	电　话	设立日期	是否备案
415	北京易捷胜知识产权代理事务所（普通合伙）	海淀区苏州街长远天地大厦A2座12楼1212室	100080	齐胜杰	61196988	2016年7月7日	是
416	北京思创大成知识产权代理有限公司	昌平区回龙观镇东大街336号院4号楼707室	102208	张清芳	59475044	2016年7月12日	是
417	北京慧智兴达知识产权代理有限公司	西城区德胜门东大街8号1－3东联大厦4层	100009	韩　龙	84084158	2016年7月12日	是
418	北京盛凡智荣知识产权代理有限公司	海淀区苏州街1号9层057A室	100000	戴　翔	0516－82157656	2016年7月22日	是
419	北京瑞盛铭杰知识产权代理事务所（普通合伙）	丰台区贾家花园15号院7号楼1724室	100079	郑海松	87642418	2016年8月3日	是
420	北京汉鼎理利专利代理事务所（特殊普通合伙）	海淀区西三环北路87号国际财经中心D606室	100089	陶　梅	68981288	2016年8月4日	是
421	北京辰权知识产权代理有限公司	海淀区中关村东路66号1号楼12层1502室	100080	郎志涛	82449961	2016年8月11日	是
422	北京智乾律师事务所	海淀区四季青路8号3层318室	100195	崔明远	88499656	2016年8月16日	否
423	北京和联顺知识产权代理有限公司	朝阳区朝阳路8号4层2单元401室	100123	叶友伟	57105312	2016年8月24日	是
424	北京汇众通达知识产权代理事务所（普通合伙）	丰台区汽车博物馆东路6号3号楼1单元11层1101－Y87（园区）	100041	梁明升	52879606	2016年8月30日	是
425	北京晋德允升知识产权代理有限公司	石景山区古城南街路东53号－1弯月亮宾馆222室	100043	杨　移	64786628	2016年8月29日	是
426	北京卓岚智财知识产权代理事务所（特殊普通合伙）	房山区长阳镇昊天北大街48号208号楼3层C座304室	102445	任潄晨	81313159	2016年8月30日	是
427	北京合智世信知识产权代理事务所（普通合伙）	西城区广安门外大街248号1号楼519A室	100055	陈依虹	63476266	2016年9月19日	是
428	北京安杰律师事务所	朝阳区东方东路19号亮马桥外交办公大楼D1座19层	100600	詹　昊	85672904	2016年9月18日	否
429	北京知迪知识产权代理有限公司	朝阳区劲松南路1号1幢7层747室	100021	王胜利	89941178	2016年9月23日	是
430	北京臻之知识产权代理有限公司	朝阳区五里桥二街1号院6号楼2层0209室	100000	周丽莉	64736786	2016年9月28日	是
431	北京君有知识产权代理事务所（普通合伙）	西城区茶马街8号院1号楼5层501室	100760	焦丽雅	62018271	2016年9月29日	是

续表

序号	机构名称	地 址	邮 编	负责人	电 话	设立日期	是否备案
432	北京市大地律师事务所	西城区华远北街2号通港大厦10层1016－1021室	100032	梁人华	68091988	2016年10月12日	否
433	北京七夏专利代理事务所（普通合伙）	海淀区中关村南大街17号3号楼6层613室	100081	刘毓珍	88579979	2016年10月14日	是
434	北京中理通专利代理事务所（普通合伙）	西城区红莲南路57号1幢2层02－C5室	100055	刘 岩	83060580	2016年10月20日	是
435	北京市中伦文德律师事务所	朝阳区西坝河南路1号金泰大厦19层	100028	陈 文	64402232	2016年10月26日	否
436	北京思格颂知识产权代理有限公司	东城区东四西大街46号院3号楼207室	100010	潘 珺	65126087	2016年10月31日	是
437	北京方向标知识产权代理事务所（普通合伙）	丰台区造甲街110号43幢1075室	100071	段 斌	57201557	2016年10月31日	是
438	北京智信禾专利代理有限公司	东城区天坛东路74号北玻大厦106B室	100061	赵 欣	67183565	2016年10月31日	是
439	北京权智天下知识产权代理事务所（普通合伙）	丰台区菜户营58号806室	100054	王新爱	56244489	2016年11月1日	是
440	北京理工正阳知识产权代理事务所（普通合伙）	房山区书院南街10号院6号楼807室	102488	王民盛	68913475	2016年11月1日	是
441	北京中索知识产权代理有限公司	朝阳区建国路甲23号院6号楼1层117室	100024	商金婷	65756136	2016年11月9日	是
442	北京金宏来专利代理事务所（特殊普通合伙）	朝阳区阜通东大街1号院3号楼3单元7层130803室	100102	李柱天	51298511	2016年11月10日	是
443	北京恒泰铭睿知识产权代理有限公司	海淀区安宁庄西三条9号1单元501室	100000	何 平	62946930	2016年11月23日	是
444	北京润川律师事务所	海淀区西四环北路160号玲珑天地A座5层一区519号	100142	张 超	88151760	2016年12月13日	否
445	中国专利代理（香港）有限公司	香港湾仔港湾道23号鹰君中心22字楼	100035	曾祥交	0852－28284688	1984年3月1日	否
446	永新专利商标代理有限公司	香港九龙尖沙咀东部科学馆1号康宏广场南座1805－06室	100140	刘世铨	27391818	1987年6月26日	否
447	隆天知识产权代理有限公司	香港干诺道中168－200号信德中心西翼15楼1512室	100101	郑特强	0852－23041729	1994年8月1日	否

资料来源：北京市知识产权局。

北京地区技术合同登记机构一览表

序号	登记处名称	地　址	办公时间	电　话
1	北京技术交易促进中心技术合同登记处	海淀区苏州街甲49号	9:00～11:30 13:30～16:00	62577125/62577304 转登记处
2	北京市科学技术协会技术合同登记处	朝阳区东三环南路96号,农业部农机鉴定总站508室	9:00～11:30 13:30～17:00	67235944
3	北京市经委经济技术市场发展中心技术合同登记处	东城区鼓楼东大街48号	8:30～11:30 13:30～17:00	64019720/64019718
4	北京市职工技术协会技术合同登记处	西城区虎坊路13号	8:30～11:30 13:30～17:30	83570103
5	北京市知识产权局技术合同登记处	西城区西直门南大街16号楼11层1102室	9:00～11:30 13:30～17:00	66127237/66123343
6	中国航空工业科学技术总公司技术合同登记处	朝阳区西大望路甲2号航空大厦6层603室	8:30～12:00 13:30～17:00	84929867
7	核工业科技开发咨询中心技术合同登记处	西城区月坛西街乙二号院5号楼4层	8:30～11:30 13:00～16:30 (周五下午不对外办公)	68021966
8	中国科学院信息咨询中心技术合同登记处	海淀区中关村北四环西路33号6D	8:30～12:00 13:00～17:00	62568696
9	中国科协企业创新服务中心技术合同登记处	朝阳区白家庄东里13号812室	8:30～11:30 13:30～16:30 (周一、周二、周四对外办公)	62137487
10	中国电子工业科学技术交流中心技术合同登记处	西城区新街口外大街8号综合楼5层	8:30～11:30 13:00～16:30	62384846/62006660
11	北京经济技术开发区技术合同登记处	经济技术开发区荣华中路10号亦城A座9层912室	8:30～11:30 13:30～17:00	67806298
12	朝阳区科学技术协会技术合同登记处	朝阳区日坛北街33号	9:00～12:00 14:00～16:00	65099728
13	北京航空航天大学科学技术研究院技术合同登记处	海淀区北四环中路238号柏彦大厦701室	9:00～11:30 下午不对外办公	82339836
14	顺义区科学技术委员会技术合同登记处	顺义区光明南街24号	8:00～11:30 14:00～17:30	69442523
15	东城区科学技术委员会技术合同登记处二部	东城区东四十一条83号南楼516室	9:00～11:30 14:00～17:30	67136204/64041867
16	西城区科学技术委员会技术合同登记处一部	北三环中路31号北京生产力大楼B座508B室	9:00～11:30 13:30～17:00 (周三、周五对外办公)	82000925

续表

序号	登记处名称	地　址	办公时间	电　话
17	海淀园管委会（海淀区科委）技术合同登记处	海淀区海淀南路甲21号中关村知识产权大厦A座1层东侧	9:00～11:30 13:30～17:00	82612561
18	东城区科学技术委员会技术合同登记处一部	东城区东四十一条83号南楼522室	9:00～11:30 13:30～17:00	67136204
19	北京市经济技术合作办公室技术合同登记处	朝阳区中纺街乙30号9层	9:00～11:30 13:30～17:00	65014090
20	石景山区科学技术委员会技术合同登记处	石景山区实兴大街64号（工商局1层）	9:00～12:00 14:00～17:30	88796895
21	中关村科技园区昌平园管理委员会技术合同登记处	昌平科技园区超前路9号	9:00～12:00 13:00～17:00	80113211
22	北京技术交易促进中心技术合同登记处亦庄分部	经济技术开发区科创十四街99号33号楼D座801室	9:00～11:30 13:30～17:00	59755313
23	通州区科学技术委员会技术合同登记处	通州区梨园南街326号9号楼	9:00～12:00 13:30～17:30	89526652－1035
24	密云区科学技术委员会技术合同登记处	密云区西滨河路2号	8:30～11:30 13:00～17:30	69045776
25	房山区科学技术委员会技术合同登记处	房山区良乡政通东路1号房山区科委223室	9:00～11:30 13:30～17:30	89350223
26	西城区科学技术委员会技术合同登记处二部	西城区广安门南街68号1216室	9:00～11:30 13:30～17:00 （周一、周四对外办公）	83976191
27	中关村科技园区丰台园管理委员会技术合同登记处	丰台区科兴路9号103室	9:00～11:30 13:30～18:00	63740110
28	北京科技协作中心技术合同登记处	西城区西直门南大街16号西楼10层1013室	8:30～11:30 13:30～16:30	66517191，66517146
29	海淀园管委会（海淀区科委）技术合同登记处招商大厦分部	海淀区四季青路6号海淀招商大厦1层西大厅	9:00～12:00 14:00～17:00	88497811，88497030
30	北京市科学技术研究院技术合同登记处	西城区西直门外大街140号首建金融中心11层	8:30～11:30 13:00～17:00	68343152
31	大兴区科学技术委员会技术合同登记处	大兴区兴政街31号科技大厦210室	9:00～11:00 14:00～17:00 （周一至周四办公）	69265635
32	丰台区科学技术委员会技术合同登记处	丰台区西三环南路1号北京市政务服务大厅2层C区1号窗口	9:00～12:00 13:30～17:00	89150339
33	中关村科技园区电子城科技园管理委员会技术合同登记处	朝阳区酒仙桥路甲12号电子城科技大厦	9:00～11:30 13:00～17:30	64310422

续表

序号	登记处名称	地　址	办公时间	电　话
34	北京产权交易所有限公司技术合同登记处	西城区金融大街甲 17 号	9:00～11:30 13:30～18:00	66295773,62679530
35	昌平区科学技术委员会技术合同登记处	昌平区府学路科技中心大楼	9:00～11:30 13:30～17:30	69744174
36	北京版权保护中心技术合同登记处	东城区朝阳门内大街 55 号 302 室	9:00～11:30 13:30～17:00	82357087
37	朝阳区科学技术委员会技术合同登记处	朝阳区大屯路西奥中心 B 座 22 层	9:00～11:30 13:30～17:00	64842996,84681120
38	平谷区科学技术委员会技术合同登记处	平谷区平谷镇府前西街 26 号 1 层 104 室	8:30～11:30 13:30～17:30	69971656
39	怀柔区科学技术委员会技术合同登记处	怀柔区湖光小区 24 号	8:00～11:30 13:00～17:30	69697671
40	北京产权交易所有限公司技术合同登记处中国技术交易所分部	海淀区北四环西路 66 号中国技术交易所大厦 B 座 16 层	8:30～11:45 13:30～17:30	62679530,62679531
41	北京工业设计促进中心技术合同登记处	西城区北三环中路 31 号生产力大楼 B 座 912 室	8:30～11:30 13:30～17:30	82003627
42	海淀园管委会(海淀区科委)技术合同登记处上地分部	海淀区上地信息中路 26 号中关村创业大厦 106－1 室	9:00～12:00 13:30～17:00	82898750

资料来源:北京技术市场管理办公室。